中国科协学科发展预测与技术路线图系列报告
中国科学技术协会　主编

冶金工程技术学科路线图

中国金属学会 编著

中国科学技术出版社
·北京·

图书在版编目（CIP）数据

冶金工程技术学科路线图 / 中国科学技术协会主编；中国金属学会编著 . -- 北京：中国科学技术出版社，2021.11

（中国科协学科发展预测与技术路线图系列报告）

ISBN 978-7-5046-7903-1

Ⅰ.①冶… Ⅱ.①中… ②中… Ⅲ.①冶金工业—学科发展—研究报告—中国 Ⅳ.① TF

中国版本图书馆 CIP 数据核字（2018）第 291406 号

策划编辑	秦德继　许　慧	
责任编辑	何红哲	
装帧设计	中文天地	
责任校对	杨京华	
责任印制	李晓霖	

出　　版	中国科学技术出版社
发　　行	中国科学技术出版社有限公司发行部
地　　址	北京市海淀区中关村南大街 16 号
邮　　编	100081
发行电话	010-62173865
传　　真	010-62173081
网　　址	http://www.cspbooks.com.cn

开　　本	787mm×1092mm　1/16
字　　数	690 千字
印　　张	37
版　　次	2021 年 11 月第 1 版
印　　次	2021 年 11 月第 1 次印刷
印　　刷	河北鑫兆源印刷有限公司
书　　号	ISBN 978-7-5046-7903-1 / TF・27
定　　价	198.00 元

（凡购买本社图书，如有缺页、倒页、脱页者，本社发行部负责调换）

本书编委会

首席科学家

殷瑞钰

指导委员会

主　　任　殷瑞钰
副 主 任　干　勇
委　　员　（按姓氏笔画排序）
　　　　　王一德　王国栋　王海舟　毛新平　朱　静
　　　　　李　卫　余永富　张寿荣　邵安林　周国治
　　　　　翁宇庆　谢建新　蔡美峰

专家委员会

主　　任　赵　沛
副 主 任　王大义　李文秀　洪及鄙
委　　员　（按姓氏笔画排序）
　　　　　王　喆　王　强　王习东　王化军　王世普　王昭东
　　　　　王玺堂　王新江　龙红明　白晨光　冯光宏　曲　英
　　　　　朱苗勇　传秀云　刘宏民　刘相华　许家彦　苍大强
　　　　　李　楠　李龙男　李崇坚　李维国　李新创　杨天钧
　　　　　杨春政　吴夜明　吴爱祥　余　斌　邱俊明　邹宗树

初建民	张　晨	张欣欣	张春霞	张建华	张曾蟾
林晨光	周志安	郑文华	郑贻裕	柳学全	殷瑞钰
黄　导	黄　波	梁英华	隋铁流	蒋伯群	韩国祯
韩国瑞	程小矛	鲁雄刚	曾加庆	曾建华	温　治
温燕明	谢　兵	赫冀成	蔡焕堂	翟玉春	穆怀明
戴　坚					

编写委员会

主　　任　洪及鄙

副 主 任　王新江

委　　员（按姓氏笔画排序）

丁　波	王　立	王　刚	王　星	王　谦	王方杰
王运敏	王恩刚	王海娟	王新华	王镇武	王耀祖
尹忠俊	尹怡新	孔　宁	石　干	代碧波	成国光
朱　荣	任忠鸣	刘　锟	刘国勇	刘征建	刘洪波
刘福斌	闫柏军	阳建宏	孙彦广	孙炳泉	苏天森
杜　涛	杜　斌	李　冰	李士琦	李万明	李红霞
李茂林	李洪波	李艳琳	杨　荃	杨树峰	杨晓东
何生平	谷丽萍	汪　斌	沙永志	沈峰满	张　杰
张延玲	张国旺	张建良	张家芸	张福明	张殿华
陈　雯	陈其安	罗光敏	周光华	郑　忠	赵振锐
姜周华	贺东风	秦　勤	耿　鑫	贾文涛	贾成厂
倪伟明	徐安军	徐金梧	郭占成	唐立新	曹建国
康永林	彭　锋	董　凯	董艳伍	韩跃新	程小舟
焦克新	储少军	蔡九菊	臧喜民	熊　超	熊　樱

前 言

冶金工程技术学科研究的内容是从金属资源（包括矿石和废旧金属等）中提炼金属或化合物，并制成具有良好加工性能和使用性能的材料这一过程中所有的原理、过程、方法、装备及环境影响等，其发展水平不仅代表着一个国家科学技术发展在国际上的地位，还会对国家其他学科的建设和未来新兴前沿学科的形成和发展具有支撑和引领作用。冶金工业是现代工业的基础，是国民经济的重要基础产业，是一个国家综合国力和工业化水平的重要标志。金属材料是人类使用最多的材料，在社会生产生活的各个领域都有着广泛的应用，是不可或缺的战略性基础工业品。

经过不断发展和优化，我国冶金工程技术学科已成为体系完备、门类齐全、结构合理、基础坚实、队伍优秀、研究前沿、成果不断、具有国际先进水平的学科。按照习近平总书记在2016年"科技三会"上提出的建设世界科技强国的要求，和党中央、国务院关于建设世界一流大学和一流学科重大战略决策部署的精神，我国冶金学科理应争先实现目标。

2015年6月底，中国科协发布了"学科方向预测及技术路线图"研究项目，旨在促进学科建设、指导学科发展，在研究总结本学科发展态势和规律的基础上，预测学科发展趋势，提出学科发展方向，制定本学科发展的路线图，为本学科在各个方面的中期和中长期发展提出具体目标和可操作的执行方案，为谋划学科布局、抢占科技发展制高点以及促进相关产业发展和民生建设提出建议。

中国金属学会承担了"冶金工程技术学科方向预测及技术路线图"研究项目，依据国家标准GB/T 13745—2009，并根据行业发展形势变化及学科发展需要，面向世界冶金科技发展前沿，面向国家重大战略需求，选择冶金物理化学、冶金反应工程、冶金原料与预处理、冶金热能工程、冶金技术（仅限于粉末冶金、真空冶金、电磁冶金）、钢铁冶金（炼铁、炼钢）、轧制、冶金机械与自动化等原有的重点二级、三级分学科，并特别新增了冶金流程工程学、电渣冶金及冶金辅助材料（耐材、炭素、熔剂与保护渣、气体）等未来需引起重点关注的分领域。在该项目首席科学家殷瑞钰院士和中国金属学会理事长干勇院士的直接领导下，一百六十余位国内冶金领域专家参与研究，其中包括十五位院士。共组织了九次专家综合研讨会和评审会，近百次分组讨论会和工作布置会。现已完成全部课题报告，包括综合报告和分报告两部分。分报告由冶金物理化学、冶金反应工程、采矿工程、选矿工程、废钢铁、冶金热能工程、粉末冶金、真空冶金、电磁冶金、电渣冶金、炼铁、炼钢、铁合金冶炼、轧制、冶金机械、冶金自动化、冶金环保与生态、冶金流程工程学、冶金耐火材料、冶金炭素材料、人造冶金渣剂、冶金工业气体二十二个分领域组成。报告分2025和2050两个阶段，对建设具有中国特色、面向绿色化、智能化的冶金工程学科体系，及需要重点研究的关键课题进行了预测和剖析，并对国家科技政策和学科发展规划提出了切实建议。

由衷感谢本课题研究过程中参与撰写、研讨、评审、编辑、出版的专家们。由于专家对未来预测把握难度较大，在本书编写过程中难免有错误和疏漏之处，敬请指正。

中国金属学会

2017年11月

目 录

第一章	综合报告	1
第一节	学科基本定义和范畴	1
第二节	国内学科发展现状、成绩	1
第三节	学科发展评价、存在问题和发展趋势	29
第四节	与相关行业、相关民生的链接	39
第五节	政策建议	41
第二章	冶金物理化学	44
第一节	学科基本定义和范畴	44
第二节	国内外发展现状、成绩、与国外水平对比	44
第三节	本学科未来发展方向	53
第四节	学科发展目标和规划	56
第五节	政策建议	61
第三章	冶金反应工程	71
第一节	学科基本定义和范畴	71
第二节	国内外发展现状	73
第三节	本学科未来发展方向	80
第四节	学科发展目标和规划	86
第四章	采矿工程	90
第一节	学科基本定义和范畴	90
第二节	国内外发展现状、成绩、与国外水平对比	90

　　　　第三节　本学科未来发展方向…………………………………………………100
　　　　第四节　学科发展目标和规划……………………………………………………109
　　　　第五节　与相关行业、相关民生的链接…………………………………………119
　　　　第六节　政策建议…………………………………………………………………121

第五章　选矿工程……………………………………………………………………………127
　　　　第一节　学科基本定义和范畴……………………………………………………127
　　　　第二节　国内外发展现状、成绩、与国外水平对比……………………………127
　　　　第三节　本学科未来发展方向……………………………………………………147
　　　　第四节　学科发展目标和规划……………………………………………………148
　　　　第五节　与相关行业、相关民生的链接…………………………………………156
　　　　第六节　政策建议…………………………………………………………………157

第六章　废钢铁………………………………………………………………………………165
　　　　第一节　学科基本定义和范畴……………………………………………………165
　　　　第二节　国内外发展现状、成绩、与国外水平对比……………………………166
　　　　第三节　本学科未来发展方向……………………………………………………172
　　　　第四节　学科发展目标和规划……………………………………………………173
　　　　第五节　与相关行业、相关民生的链接…………………………………………174
　　　　第六节　政策建议…………………………………………………………………174

第七章　冶金热能工程………………………………………………………………………176
　　　　第一节　学科基本定义和范畴……………………………………………………176
　　　　第二节　学科发展进程及研究进展………………………………………………177
　　　　第三节　学科主要方向及建设目标………………………………………………192
　　　　第四节　学科发展规划及技术路线图……………………………………………195

第八章　粉末冶金……………………………………………………………………………202
　　　　第一节　学科基本定义和范畴……………………………………………………202
　　　　第二节　国内外发展现状与成绩…………………………………………………202
　　　　第三节　本学科未来发展方向……………………………………………………203
　　　　第四节　学科发展目标和规划……………………………………………………203
　　　　第五节　与相关行业、相关民生的链接…………………………………………208

第九章 真空冶金 ... 209
第一节 学科基本定义和范畴 ... 209
第二节 国内外发展现状、成绩、与国外水平对比 ... 209
第三节 本学科未来发展方向 ... 230
第四节 学科发展目标和规划 ... 232
第五节 与相关行业、相关民生的链接 ... 240

第十章 电磁冶金 ... 242
第一节 学科基本定义和范畴 ... 242
第二节 国内外发展现状、成绩、与国外水平对比 ... 242
第三节 本学科未来发展方向 ... 252
第四节 学科发展目标和规划 ... 258
第五节 与相关行业、相关民生的链接 ... 265
第六节 政策建议 ... 265

第十一章 电渣冶金 ... 267
第一节 学科基本定义和范畴 ... 267
第二节 国内外发展现状、成绩、与国外水平对比 ... 267
第三节 本学科未来发展方向 ... 278
第四节 学科发展目标和规划 ... 280
第五节 与相关行业、相关民生的链接 ... 289

第十二章 炼 铁 ... 291
第一节 学科基本定义和范畴 ... 291
第二节 国内外发展现状、成绩、与国外水平对比 ... 292
第三节 本学科未来发展方向 ... 305
第四节 学科发展目标和规划 ... 312
第五节 与相关行业、相关民生的链接 ... 325
第六节 政策建议 ... 326

第十三章 炼 钢 ... 331
第一节 学科基本定义和范畴 ... 331
第二节 国内外发展现状、成绩、与国外水平对比 ... 332
第三节 本学科未来发展方向 ... 337

　　　　　第四节　学科发展目标和规划························341
　　　　　第五节　与相关行业、相关民生的链接················354
　　　　　第六节　政策建议····································354

第十四章　铁合金冶炼··355
　　　　　第一节　学科基本定义和范畴··························355
　　　　　第二节　国内外发展现状、成绩、与国外水平对比······356
　　　　　第三节　本学科未来发展方向··························365
　　　　　第四节　学科发展目标和规划··························367
　　　　　第五节　与相关行业、相关民生的链接················377
　　　　　第六节　政策建议····································378

第十五章　轧　制··381
　　　　　第一节　学科基本定义和范畴··························381
　　　　　第二节　国内发展现状及与国外水平对比················382
　　　　　第三节　本学科未来发展方向··························398
　　　　　第四节　学科发展目标和规划··························402
　　　　　第五节　与相关行业、相关民生的链接················408
　　　　　第六节　政策建议····································410

第十六章　冶金机械··413
　　　　　第一节　学科基本定义和范畴··························413
　　　　　第二节　国内外发展现状、成绩、与国外水平对比······414
　　　　　第三节　本学科未来发展方向··························426
　　　　　第四节　学科发展目标和规划··························431

第十七章　冶金自动化··441
　　　　　第一节　学科基本定义和范畴··························441
　　　　　第二节　国内外发展现状、成绩、与国内外水平对比····442
　　　　　第三节　本学科未来发展方向··························447
　　　　　第四节　学科发展目标和规划··························449
　　　　　第五节　与相关行业、相关民生的链接················460
　　　　　第六节　政策建议····································461

第十八章　冶金环保与生态······463
    第一节　学科基本定义和范畴······463
    第二节　国内外发展现状、成绩、与国外水平对比······464
    第三节　本学科未来发展方向······472
    第四节　学科发展目标和规划······476
    第五节　与相关行业及社会的链接······487
    第六节　政策建议······487

第十九章　冶金流程工程学分学科······489
    第一节　学科基本定义和范畴······489
    第二节　国内外发展现状、成绩、与国外水平对比······491
    第三节　本学科未来发展方向······499
    第四节　学科发展目标和规划······504
    第五节　与相关行业、相关民生的链接······514
    第六节　政策建议······515

第二十章　冶金耐火材料······518
    第一节　学科基本定义和范畴······518
    第二节　国内外发展现状、成绩及国外耐火材料的发展······519
    第三节　本学科未来发展方向······525
    第四节　学科发展目标和规划······531

第二十一章　冶金炭素材料······536
    第一节　学科基本定义和范畴······536
    第二节　国内外发展现状、成绩、与国外水平对比······536
    第三节　本学科未来发展方向······544
    第四节　学科发展目标和规划······546

第二十二章　人造冶金渣剂······551
    第一节　学科基本定义和范畴······551
    第二节　国内外发展现状······551
    第三节　本学科未来发展方向······558
    第四节　学科发展目标和规划······561

第五节　与相关行业、相关民生的链接 567

第六节　政策建议 568

第二十三章　冶金工业气体 569

第一节　学科基本定义和范畴 569

第二节　国内外发展现状、成绩、与国外水平对比 569

第三节　本学科未来发展方向 572

第四节　学科发展目标和规划 573

第五节　与相关行业、相关民生的链接 577

第六节　政策建议 579

第一章 综合报告

第一节 学科基本定义和范畴

冶金学科是研究从矿石等资源中提取金属或化合物，并制成具有良好使用性能和经济价值材料的工程技术领域。

随着科学技术的发展，冶金已从狭义的从矿石提取金属，发展为广义的冶金与材料制备过程工程，即研究利用一切可利用的资源，制备国民经济发展所必需的各类材料，并逐步实现冶金－材料制备一体化、冶金－材料制备过程绿色化、冶金工厂多功能化。随着科技进步和时代发展的需求，冶金工程已由简单的制造与加工过程发展为冶金过程的化学设计、计算机辅助反应器设计、过程的数学物理模拟和过程优化、制造流程优化，进而使冶金工程进入了一个绿色化、智能化的新发展阶段。

冶金学科是工程技术学科中的重要学科，它是推动冶金行业发展的基础和保证。

根据行业发展形势变化及学科发展情况，本学科专题报告包括冶金过程物理化学、冶金传输原理与反应器工程、冶金原料与预处理、冶金热能工程、冶金技术（仅限于粉末冶金、真空冶金、电磁冶金）、钢铁冶金（炼铁、炼钢）、轧制、冶金机械与自动化等分支，特别增加了冶金流程工程学、电渣冶金和冶金辅助材料（耐材、炭素、熔剂与保护渣、气体）及废钢铁等内容。本报告不包括有色冶金学。

第二节 国内学科发展现状、成绩

一、发展现状

（一）冶金学科建设投入保持增长态势

近年来，学科发展环境不断优化，学科投入增加，学科队伍不断壮大，学科平台建设渐趋完善，基础研究、应用研究和研发（R&D）不断加大投入，学科间交叉融合孕育着创新，并逐步改变学科的结构（见表 1-1~表 1-5）。

表 1-1 中国 R&D 全时当量人力和经费支出

项目	2014年	2013年	2012年	2011年	2010年	2009年	2008年	2007年	2006年
R&D 全时当量（万人·年）	371.06	353.28	324.68	288.29	255.38	229.13	196.54	173.62	150.25
基础研究	23.54	22.32	21.20	19.32	17.37	16.46	15.40	13.81	13.13
应用研究	40.70	39.56	38.38	35.28	33.56	31.53	28.44	28.60	29.97
试验发展	306.82	291.40	265.09	233.73	204.46	181.14	152.20	131.21	107.14
全国 R&D 经费内部支出									
R&D 内部支出（亿元）	13015.63	11846.60	10298.41	8687.01	7062.58	5802.11	4616.02	3710.24	3003.10
基础研究	613.54	554.95	498.81	411.81	324.49	270.29	220.82	174.52	155.76
应用研究	1398.53	1269.12	1161.97	1028.39	893.79	730.79	575.16	492.94	488.97
试验发展	11003.56	10022.53	8637.63	7246.81	5844.30	4801.03	3820.04	3042.78	2358.37
R&D/GDP	2.05	2.01	1.93	1.79	1.73	1.68	1.46	1.38	1.38

从表 1-1 可见，我国 R&D 的投入，全时当量和经费每年都在增加。R&D 的经费占 GDP 的比重也逐年增加。投入主要在研发方面，应用研究、基础研究投入比较少。

表 1-2 R&D 经费内部支出（按执行部门分组）

项目		2014年	2013年	2012年	2011年	2010年	2009年	2008年	2007年	2006年
R&D 总支出（亿元）		13015.6	11846.6	10298.4	8687.0	7062.6	5802.1	4616.0	3710.2	3003.1
企业	支出	10060.6	9075.8	7842.2	6579.3	5185.5	4248.6	3381.7	2681.9	2134.5
	占比	77%	76.6%	76%	76%	73%	73%	73%	72%	71%
研究研发机构	支出	1926.2	1781.4	1548.9	1306.7	1186.4	995.9	811.3	687.9	567.3
	占比	14.8%	15%	15%	15%	16.8%	17%	17.6%	18.5%	18.9%
高等学校	支出	898.1	856.7	780.6	688.9	597.3	468.2	390.2	314.7	276.8
	占比	6.9%	7.2%	7.6%	7.9%	8.4%	8.0%	8.5%	8.5%	9.2%
其他	支出	103.7	132.6	126.7	112.1	93.4	89.4	32.9	25.7	24.5

从表1-2，按执行部门分组看，R&D经费支出，企业占71%～77%，研发机构占19%～15%，高等学校占7%～9%。从发展趋势看，企业占比在增加。

表1-3 黑色金属冶炼及压延加工工业（企业情况）（2011年后只反映规模以上）

项目	2014年规模以上	2013年规模以上	2012年规模以上	2011年规模以上	2010年规模以上	2010年大中型	2009年规模以上	2009年大中型	2008年规模以上
企业数	10363	11010	10880	6743	—	1184	7667	1108	7881
有研发机构企业数	1065	1025	939	630	—	261	326	240	298
有R&D活动企业数	1297	1174	975	503	—	269	449	271	640
R&D人数	157520	148418	145131	112747	—	97598	89700	86857	168087
R&D全时当量（人·年）	114220	107190	100753	81788	—	68282	62453	60363	—
R&D经费支出（万元）	6420463	6330374	6278473	5126475	—	4021200	3117999	3054462	6585616
R&D项目	9871	9767	10101	7514	—	6510	5640	5287	
项目人员折合全时当量（人·年）	102986	95694	89640	98995	—	83713	68157	66044	
经费（万元）	5475560	5363743	5473631	4318181	—	3554246	2609186	2556092	
企业办研发机构数	1269	1191	1116	489	—	344	436	348	392
机构人员	68318	75247	76071	55445	—	54951	51166	49628	41314
机构经费（万元）	3739376	2932029	2835615	1951839	—	1825031	1452091	1422757	1816363
新产品开发项	9733	8971	9235	7371	—	6363	6087	5700	4177
专利申请数	15419	13874	12112	8381	—	5813	5295	4824	3677
发明专利	6337	5767	4644	2711	—	2102	2005	1836	1400
有效发明专利	9543	7018	5976	4119	—	2836	2280	2065	1362
引进技术经费（万元）	264436	347126	368708	564414	—	418592	546593	545817	698771
消化吸收经费（万元）	98401	169462	135182	226740	—	296019	311336	311161	213089
技术改造经费（万元）	4878928	5566461	6619577	8438384	—	8714488	10424841	10228133	12939979

从表1-3看,与冶金工程技术学科密切相关的行业为黑色金属冶炼及压延加工工业,其规模以上企业约一万家,设立研究机构的企业和有R&D活动的企业仅占10%。R&D的全时当量和经费支出逐年有所增加。特别是R&D的项目和新产品开发项目逐年增多。申请专利数和授权发明专利数逐年增加较多。但从近年看,引进技术的经费以及技术改造经费,不但没增加,反而有下降。

表1-4 黑色金属冶炼及压延加工工艺(研发机构)

项目		2014年	2013年	2012年	2011年	2010年	2009年	2008年	2007年	2006年
研发机构数		4	4	4	4	5	5	—	—	—
从业人员		132	140	149	152	215	216	113	116	93
R&D全时当量(人·年)		27	44	46	32	32	30	30	30	30
研究和试验(万元)		284	365	387	230	511	307	381	375	297
课题数		14	14	34	29	78	24	26	22	20
投入人员		78	33	109	106	177	62	49	46	48
投入经费(万元)		1774	388	2566	2162	2006	798	644	765	499
科技产出	科技论文	7	11	8	13	13	3			
	专利	1	1	1	1	—	—			
科技产出	发明专利	1	—							
	有效专利	2	2	2		—	—			

从表1-4看,黑色金属冶炼和压延加工工业的独立研究和开发机构较少,R&D研发人员及经费支出都很少。因此论文和申请的专利也很少。

表1-5 高等学校R&D课题数、投入人数和经费情况

项目		2014年	2013年	2012年	2011年	2010年	2009年	2008年	2007年	2006年	2005年
R&D课题数(项)	材料	20783	19077	17579	17298	15656	13692	12547	10901	10741	9562
	矿山工程	7055	7372	7396	7806	6121	6345	6785	5447	5905	4231
	冶金工程	1910	1822	1966	1578	1870	1524	1481	1381	1362	1110
R&D投入人数(人·年)	材料	11321	10495	9828	10227	9868	9748	9861	9374	9854	9207

续表

项目		2014年	2013年	2012年	2011年	2010年	2009年	2008年	2007年	2006年	2005年
R&D投入人数（人·年）	矿山工程	3243	3655	3472	3667	3235	3566	3584	3175	4068	3071
	冶金工程	1053	1254	1191	951	1365	1364	1065	988	1104	933
R&D经费（万元）	材料	385370	334371	307613	318738	207524	230052	203531	162968	179606	133815
	矿山工程	116655	136134	151069	164294	109716	98753	92275	68285	67666	51733
	冶金工程	45536	77080	95348	30001	45963	39425	37705	33481	64761	20495

从表1-5看，高等学校与冶金工程技术学科相关的主要是材料工程、矿山工程和冶金工程。从R&D的课题数、投入人数、投入经费看，这三大专业逐年都有所增加。其中材料专业无论在课题数、投入人数和投入经费上都占比最大，增长最快，其次是矿山工程，再次是冶金工程。冶金工程课题数增加，投入人数和经费反而下降。

目前支持我国科学研究和学科建设的资金投入渠道，包括自然科学基金、国家重点基础研究发展计划（"973"计划）、国家重点科学研究计划、国家高新技术研究发展计划（"863"计划）、国家科技支撑计划和国家重点实验室建设计划等，各渠道投入呈增长趋势。以表1-6国家自然科学基金项目为例，可以看出对本学科支持的趋势。

表1-6 国家自然科学基金项目

项目		2014年	2013年	2012年	2011年
E0412	冶金物化	39	45	53	27
E0413	冶金化学与冶金反应工程	7	4	5	2
E0422	资源利用科学技术及其他	35	27	71	12
E0414	钢铁冶金	40	23	27	11
E0416	冶金过程工程	58	63	60	52

（二）学科研究成果显著

随着"国家中长期科学和技术发展规划纲要（2006—2020）"的实施，我国科学研究和学科建设投入不断增加，发展步伐明显加快，创新能力逐步提高，国家影响力日益扩大，取得一批重大成果，整体水平大幅度提高。

根据世界知识产权组织发布的"世界知识产权指标（2014年）"指出：中国专利申请量在当年全世界260万件专利申请中占1/3，排名世界第一。

按国际专利标准分类与本学科关联度最大的是以下三类：黑色冶金，冶金学、合金、有色金属，金属加工、涂料、防腐防锈。

但根据有关报道，我国申请国际发明专利数较少。

表1-7 学科有关专利的申请、授权和有效专利情况

项目		2014年	2013年	2012年	2011年	2010年	2009年	2008年	2007年	2006年	2005年
黑色冶金	受理数	5392	5475	5123	3661	3033	2013	1729	1120	927	716
	授权数	3577	3351	2959	2421	1863	1307	802	630	457	444
	有效数	14779	12427	9930	7538	5503	3696	—	—	—	—
冶金学、合金、有色金属	受理数	8808	7682	6337	4811	2716	2744	2501	2212	1615	1146
	授权数	3007	2753	2650	2114	1697	1505	1075	793	597	508
	有效数	14260	12140	10038	7940	6327	4744	—	—	—	—
金属加工、涂料、防腐防锈	受理数	6651	6511	5673	4225	3539	2114	2299	1935	1578	1163
	授权数	3045	2814	2845	2323	1764	1470	809	641	518	561
	有效数	13592	11657	9589	7326	5439	3779	—	—	—	—

从表1-7看出，2005—2014年10年间，黑色冶金专利申请数是原来的7.5倍，发明授权专利是原来的8.0倍，有效发明专利是原来的4.0倍。冶金学、合金、有色金属申请专利是原来的7.6倍，发明授权专利是原来的5.9倍，有效发明专利是原来的3倍。金属加工、涂料、防腐防锈申请专利是原来的5.7倍，发明授权专利是原来的5.4倍，有效发明专利是原来的3.6倍。

进入21世纪以来，中国学者发表国际科学论文数量呈现惊人的增长速度，引起国际科技界的广泛关注。

表 1-8　国外主要检索工具收录我国科技论文分布情况

项目		2013年	2012年	2011年	2010年	2009年	2008年	2007年	2006年	2005年
材料科学	SCI篇数	16272	13242	12512	8653	6860	7516	7501	5929	6657
	占位	5	5	4	4	5	4	4	5	5
	EI篇数	16483	11411	12579	11442	9094	8917	7593	3867	3433
	占位	1	1	1	4	5	2	—	—	—
	CPCI-S篇数	9070	15125	14391	8063	2256	3323	3305	1247	1973
	占位	2	1	1	3	4	3	—	—	—
矿山工程	SCI篇数	131	85	99	77	72	28	12	12	14
	占位	37	36	36	34	33	34	18	26	—
	EI篇数	423	299	230	217	391	786	1367	608	565
	占位	25	26	28	24	23	20	—	—	—
	CPCI-S篇数	3	3	305	51	1	211	522	160	18
	占位	34	36	15	30	32	21	—	—	—
冶金、金属学	SCI篇数	1840	1098	3665	1516	1226	1143	1137	1218	1132
	占位	18	16	10	14	17	16	11	13	13
	EI篇数	3121	2445	2058	1264	1096	3141	4670	2250	2007
	占位	15	15	16	18	15	11	—	—	—
	CPCI-S篇数	104	266	210	349	322	396	500	238	355
	占位	20	19	18	22	16	18	—	—	—

注：SCI（Science Citation Index）美国"科学引文索引"，1961年成立。

EI（The Engineering Index）美国"工程索引"，1884年创刊。

CPCI-S（Conference Proceedings Citation Index-Science）原名ISTP，是美国科学情报研究所出版的科学技术会议录索引。

表1-8反映了与本学科关联较大的三个学科（材料科学，矿山工程，冶金、金属学）在国外主要检索工具中收录的科技论文情况。

从材料科学看，SCI、EI和CPCI-S论文收录每年都有较大增长，SCI占世界第4~5位，EI进入世界第一位，CPCI-S进入世界第1~2位。

从矿山工程看，SCI、EI论文收录每年都有较大增长，但篇数较少，SCI占世界第37位，EI占世界第25位，CPCI-S占世界第34位。

从冶金、金属学看，SCI、EI 论文收录每年都有较大增长，篇数比不上材料科学，但比矿山工程多，SCI 占世界第 18 位，EI 占世界第 15 位，CPCI-S 占世界第 20 位。

但根据有关资料报道，我国论文引用数较低，关键性论文较少。

（三）学科平台建设渐趋完善

国际科技发展的经验和我国科技发展的历史证明，国家实验室已经成为推进学科发展的中心和引领原始创新的新基地，建设国家实验室是促进国家创新体系建设的重要措施，是提升国家核心竞争力和原始创新的必要形式和原动力，也是深化科技体制改革和加强基础研究的重要手段。以国家目标和科技重大需求为导向，进一步推进资源配置、人事和评价制度、跨领域交叉机制等方面的综合性改革，从制度上保障了科学、技术和工程的有机结合，为实施创新驱动发展战略提供新模式，创造新经验。

我国目前已形成由国家实验室、国家重点实验室、企业国家重点实验室、军民共建国家重点实验室、港澳伙伴国家重点实验室、省部共建国家重点实验室培育基地组成的国家重点实验室体系。具体有：①国家实验室 1 个：材料科学国家实验室，2000 年由中科院沈阳金属所建立；②科技部的国家重点实验室 16 个，国家工程技术研究中心 15 个；③国家发改委的国家工程实验室 5 个，国家工程研究中心 5 个，企业技术中心 34 个。详细见表 1-9 到表 1-13。

表 1-9 科技部国家重点实验室

序号	名称	备注	序号	名称	备注
1	钢铁冶金新技术国家重点实验室	北京科技大学	5	内蒙古自治区白云鄂博多金属资源综合利用省部共建国家重点实验室	
2	新金属材料国家重点实验室	北京科技大学	6	汽车用钢开发与应用国家重点实验室	
3	上海市现代冶金与材料制备省部共建国家重点实验室		7	先进不锈钢材料国家重点实验室	太原钢铁（集团）有限公司
4	山西省冶金设备设计理论与技术省部共建国家重点实验室		8	先进耐火材料国家重点实验室	中钢集团洛阳耐火材料研究院

续表

序号	名称	备注	序号	名称	备注
9	先进钢铁流程及材料国家重点实验室	钢铁研究总院	13	金属腐蚀与防护国家重点实验室	中国科学院金属研究所
10	钒钛资源综合利用国家重点实验室	攀钢集团有限公司	14	轧制技术及连轧自动化国家重点实验室	
11	金属矿山安全与健康国家重点实验室		15	深海矿产资源开发利用技术国家重点实验室	
12	金属矿山技术国家重点实验室		16	高效钢铁冶金国家重点实验室	

表 1–10　科技部国家工程技术研究中心

序号	名称	备注	序号	名称	备注
1	国家板带生产先进装备工程技术中心	北京科技大学 燕山大学	9	国家金属矿产资源综合利用工程技术中心	
2	国家非晶微晶合金工程技术中心		10	国家金属矿产资源综合利用工程技术中心（北京）	
3	国家钢结构工程技术中心	中国建筑科学研究院	11	国家金属矿山固体废物处理与处置工程技术中心	
4	国家钢铁生产能效优化工程技术中心	中冶南方工程技术有限公司	12	国家金属线材工程技术中心	
5	国家钢铁冶炼装备系统集成工程技术中心	中冶赛迪集团有限公司	13	国家烧结、球团装备系统工程技术中心	
6	国家硅钢工程技术中心		14	国家自动化工程技术中心	
7	国家金属采矿工程技术研究中心		15	国家自动化工程技术中心（沈阳分中心）	
8	国家金属腐蚀控制工程技术研究中心				

表 1-11 发改委国家工程实验室

序号	名称	备注	序号	名称	备注
1	真空冶金国家工程实验室	昆明理工大学	4	钢铁制造流程优化国家工程实验室	冶金自动化院
2	生物冶金国家工程实验室	北京有色金属研究院	5	湿法冶金清洁生产技术国家工程实验室	中科院过程所
3	先进金属材料涂镀国家工程实验室	中国钢研科技集团有限公司			

表 1-12 发改委国家工程研究中心

序号	名称	备注	序号	名称	备注
1	炼焦技术国家工程研究中心		4	连铸技术国家工程研究中心	
2	高效轧制国家工程研究中心		5	制造业自动化国家工程研究中心	
3	耐火材料国家工程研究中心				

表 1-13 发改委企业技术中心

序号	名称	序号	名称
1	首钢总公司技术中心	18	江阴兴澄特钢钢铁有限公司技术中心
2	安泰科技股份有限公司技术中心	19	江苏沙钢集团有限公司技术中心
3	天津钢管集团股份有限公司技术中心	20	马鞍山钢铁股份有限公司技术中心
4	天津天铁冶金集团有限公司技术中心	21	新余钢铁集团有限公司技术中心
5	天津钢铁集团有限公司技术中心	22	济钢集团有限公司技术中心
6	新兴际华集团有限公司技术中心	23	山东泰山钢铁集团技术中心
7	唐山钢铁集团有限责任公司技术中心	24	中钢洛耐院有限公司技术中心
8	邯郸钢铁集团有限责任公司技术中心	25	安阳钢铁集团有限公司技术中心
9	中钢集团邢台机械轧辊有限公司技术中心	26	武汉钢铁集团公司技术中心
10	太钢集团有限公司技术中心	27	大冶特殊钢股份有限公司
11	包头钢铁（集团）有限公司技术中心	28	中冶南方工程技术有限公司技术中心
12	鞍山钢铁集团有限公司技术中心	29	广州钢铁集团有限公司
13	本钢钢铁集团有限公司技术中心	30	番禺珠江钢管有限公司技术中心
14	东北特殊钢集团有限公司技术中心	31	攀枝花钢铁（集团）公司技术中心
15	中冶北方工程技术有限公司技术中心	32	重庆钢铁集团有限责任公司技术中心
16	宝钢集团有限公司技术中心	33	云南冶金集团股份有限公司技术中心
17	江苏法尔胜泓昇集团有限公司技术中心	34	酒泉钢铁集团有限责任公司

二、成绩

（一）冶金学科与工程结合发展主要成绩

1. 以冶金流程工程学为指导的新一代钢铁制造流程达世界领先水平

（1）国家"十一五"重大科技发展支撑项目"新一代可循环钢铁制造流程装备与工艺技术"的研究成果对京唐钢铁公司完善设计、制造、施工和运行取得较好效果。

（2）利用冶金流程工程学为指导，对工厂布局进行优化，对工艺和设备进行协同和优化，对生产流程进行整体集成创新。从首先实现产业化的京唐钢铁公司投产多年的实践看，新一代钢铁制造流程实现了流程紧凑、高效、顺畅，各工序优化衔接匹配，动态有序运行，节能减排和很好的经济、社会、环境效益；发挥了钢铁产品制造、能源高效转化、利用和消纳－处理社会大宗废弃物三大功能。

（3）新一代钢铁制造流程对国内外先进技术高效集成并进行自主创新，如世界第一个 5500 m^3 高炉煤气全干式除尘，世界最大干熄焦炉（260 t/h），500 m^2 大型烧结机，铁水罐的多功能化，取消鱼雷罐车运输、多罐倒包等环节，节约倒罐站建设，减少系统降温和倒包过程的烟尘排放。工艺上采用全"三脱"（脱硅、脱硫、脱磷），脱磷炉和脱碳炉生产周期仅为 20~28min，比传统转炉炼钢时间缩短，渣量减少，成本降低，成品 [S][P] 含量可稳定控制在不大于 0.007%。快速 RH 真空精炼和高效板坯连铸（大于 2m/min），高效轧制居世界一流水平。

国内许多后续新厂建设和老厂改造以及工程设计院在国际竞标过程中都参考了这些理念和集成技术。

2. 低品位难选矿综合利用达世界先进水平

（1）采用重选、磁选、反浮选、电选等几种选矿工艺的优化组合，结合我国自主开发的大型选矿机械和新型浮选药剂，使我国矿石资源中占 98% 的低品位难选矿综合利用达世界先进水平，部分达国际领先水平。

（2）鞍山式磁铁矿和赤铁矿采用弱磁选－强磁选－反浮选或磁选－重选－反浮选联合流程，磁铁矿品位达 68%，回收率 80%；赤铁矿品位达 66%，回收率达 70%，SiO_2 < 4%。某些适宜的矿石经细磨再选后，Fe 品位达 71%，SiO_2 < 2%，可作为超级铁精粉用于生产高品质球团，代替进口球团。

（3）太钢微细粒复杂难选红磁混合铁矿采选技术采用"分矿体与分矿类"精细采配矿，采用弱磁－强磁－反浮选工艺流程，创造性开发自吸式和充气式浮选组合，高压辊磨和超滤技术，使选矿铁品位达65.14%，SiO$_2$达3.21%，金属回收率达73.04%，建成亚洲最大2000万吨级铁矿山，其技术属国际领先水平。

（4）攀枝花和承德钒钛磁铁矿采用磁选、重选、浮选、电选或强磁-浮选的联合流程，回收钒钛磁铁矿中的铁、钒、钛，其中利用提取的钒渣开发出V$_2$O$_5$、V$_2$O$_3$、V-Fe、N-V合金，钒电池电解液及相关工艺。从钒钛矿尾矿中提钛已生产出高钛渣、钛白粉、海绵钛、金属钛及钛合金等。最近又从高炉渣中采取高温炭化、低温选择性氯化的方法提钛已实现工程化，可经济地提取钛。这些新工艺、新技术在西昌新基地建设中得到应用，并促进攀西、承德、滇中三大产业基地建设。白云鄂博矿综合回收铁和稀土，并开展了稀土在各领域的工业应用。菱铁矿经特殊处理后，再选矿可达铁品位61%，成本达可经济开采水平，已有一些钢铁企业采用。

3. 高效低成本转炉洁净钢生产技术达国际先进水平

利用冶金物理化学理论，与冶金流程工程学结合，开发出包括铁水预处理、转炉炼钢、二次精炼、连铸的洁净钢低成本生产系统技术，其关键工艺和技术包括：高效-低成本铁水预处理技术、快捷-长寿转炉冶炼技术、快速-协同的二次精炼技术、高速-恒速的无缺陷连铸技术、简捷-优化的流程网络技术、动态-有序的物流技术。

达到生产高效化，冶炼周期≤25min；钢水洁净化，转炉终点[S+P]≤150×10^{-6}，终点[O]≤350×10^{-6}；转炉冶炼过程控制自动化，终点控制精度[C]≤±0.01%，温度≤±10℃，命中率≥90%，自动化炼钢率达90%；生产过程绿色化，实现转炉全工序负能炼钢，转炉钢渣粉末、转炉煤气得到充分利用。

北京科技大学和首钢合作开发的"留渣+双渣"的少渣炼钢工艺，取得石灰消耗降低42%，轻烧白云石降低47%，渣量降低30%，终点[C]和温度（℃）双命中率和一次倒炉率≥90%。

4. 大中型高炉在高风温和长寿化取得长足进步

（1）采用我国自主研发的顶燃式热风炉技术、空气和煤气双预热，以及热风炉围管和阀门保温和保养技术、高炉优化操作等技术，使我国多座高炉保持1250±50℃持续高风温，特别是单烧低热值煤气（Q≤3000kJ/m^3）达到风温1280±20℃的整套高风温生产技术。

（2）采用优化的高炉设计炉型，耐火材料优化选择和布置，冷却系统的匹配，严把耐火材料质量和施工质量关，严格控制原料中碱金属和锌负荷，精心操作和合理护炉，使我国大型高炉寿命接近20年。

（3）为改善高炉运行，最近研发了基于相控阵雷达的可视化高炉布料控制系统，高炉炉顶红外摄像装置的开发和应用，激光在线探测高炉料面形状技术。

5. 冶金装备大型化、自动化、智能化方面取得良好进展

（1）近年来，我国自主设计、制造了4000m³和5000m³的特大型高炉及配套特大型焦炉、烧结球团设备，其自动化、数字化达到国际先进水平。

（2）自主研发了200 t的电炉成套设备，设计制造了世界最大断面（φ1000mm）圆坯连铸机，特大方、矩形坯连铸机，特厚板坯连铸机已达国际先进水平。

（3）我国自主研发的400T级矿用汽车和大型模锻设备实现产业化。

（4）在轧钢设备上，2000mm以下宽带连轧机组，4000mm以下中厚板机组完全自主设计，集成并实现国产化。冷轧机组国产化已从单机架向连轧机推进，从中宽带向宽带轧机推进。宝钢梅山1420酸洗冷连轧机组建成投产，国产化率达100%，标志着我国酸洗冷连轧技术装备自主集成能力迈上新台阶。

6. 新一代控轧控冷技术达国际先进水平

我国自主研发的新一代控轧、控冷基本原理包括：在奥氏体区间，在适于变形的温度区间内完成连续大变形和应变积累得到硬化奥氏体；轧后立即进行超快速冷却，使轧件迅速通过奥氏体相区，保持轧件奥氏体硬化状态；在奥氏体向铁素体相变的动态相变点终止冷却；后续依照钢材组织和性能需要进行冷却路径的控制，实现资源节约、节能减排的钢铁产品制造过程；采用该技术可节约合金用量30%，或提高钢材强度100～200MPa，大幅度提高冲击韧性，节约钢材使用量5%～10%，有些产品可提高生产效率35%，工序节能10%～15%。

7. 特钢企业的四大先进生产流程形成了"专、精、特、新"发展道路，满足高品质特钢的需求

（1）特钢企业在高品质特钢升级中采用电渣重熔、真空冶炼等高洁净度冶炼技术，精确控制化学成分和夹杂物，采用凝固组织控制达到细晶化、均质化，钢材表面质量和尺寸的精度控制，钢材探伤和精整、热处理等技术，形成我国特钢四大先进生产工艺流程：特钢棒线材生产流程、特钢扁平材生产流程、特钢无缝管材生产流程、特钢锻材和锻件生产流程。

（2）高品质特殊钢质量得到较大提高，轴承钢含氧量可降低到4×10^{-6}，齿轮钢带状组织可控制到一级，轴承钢碳偏析可控制在1.10，非调质钢碳含量可控制在±0.02%，易切削钢硫含量控制在±0.015%，棒材热轧可控制尺寸精度±0.01mm。

（3）我国特钢企业可按国际组织标准和先进国家标准组织生产（如 ISO，GB，ASTM，JIS，DIN 等）。

（4）300 系列奥氏体不锈钢和 400 系列铁素体不锈钢板材在家居和工业领域得到广泛应用。特钢企业已经能生产大多数汽车用棒线材。石油开采用各种级别和特殊扣的无缝钢管、电站用超超临界机组用锅炉管、转子钢、叶片钢、核电换热用耐蚀合金 U 形管和大飞机用特殊钢。

8. 在量大面广的产品升级和关键品种开发上取得好成绩

采用强力轧制形变诱导铁素体相变以及相变和形变耦合的组织超细化理论和技术，以及针对低碳（超低碳）微合金贝氏体钢中温转变组织细化的理论和技术开发出一系列产品。

（1）建筑用钢，如≥400MPa 螺纹钢、抗震钢筋、高强度硬线，在钢结构中高强度抗震、耐火、耐候钢板和 H 型钢得到推广应用。

（2）造船用高品质耐蚀钢板、大型液化天然气（LNG）运输船用低温压力容器板，汽车用 700MPa 大梁板，780～1500MPa 高强汽车板，超高强度帘线钢，高强度镀锌板和高表面质量汽车板批量生产。研发了家电用薄规格防指纹镀铝锌板、热镀锌无铬钝化板、无铬彩涂板、电工钢环保涂层板。电力工业用超超临界火电机组用耐热耐高压管、核电机组用高性能不锈钢、合金钢管、低铁损、高磁感取向硅钢、非晶带材等。特别是低温工艺生产高牌号取向硅钢（HiB）在宝钢和武钢等企业取得突破，并成功应用在我国三峡枢纽工程等重点工程中。

（3）在许多重大工程关键品种开发中也取得较好成绩。如西气东送工程中 X80 厚规格管线钢，港珠澳大桥工程用双相不锈钢筋及配套产品，超深复杂井用 TP155V 高强度高韧性套管及特殊管串结构，世界最长输煤管线（神渭输煤工程）用高强度耐冲蚀耐磨损的煤浆管线钢，世界首座第三代核电项目（AP1400）反应堆安全壳，核岛关键设备、核电配套结构件。

9. 节能减排技术取得新成绩

钢铁行业以系统节能理论和构造钢厂能量流网络为指导，以余热余能转化回收和利用为重点。新世纪以来加大对节能减排、环境保护、污染物治理和废弃物综合利用等方面的投入，重点推广了"三干三利用"节能减排技术（干法熄焦、高炉煤气干法除尘、转炉煤气干法除尘、水处理和循环综合利用、冶金煤气利用、高炉渣转炉渣综合利用）。

到2012年，我国建成干熄焦炉158套，产能为2亿吨/年，重点统计钢铁企业焦化干熄焦率达90%，居世界第一。高炉煤气干法除尘余热发电（TRT）2010年达597套，居世界第一。转炉煤气干法除尘49套。2014年重点统计企业焦炉煤气利用率达99.01%，高炉煤气利用率达97.15%，高炉渣综合利用率达97.4%，转炉渣综合利用率达93%，吨钢综合能耗由2010年的604.6kgce/t下降到2015年的571.85kgce/t。吨钢耗新水由2010年的4.11m³/t下降到2015年的3.25m³/t（见表1-14）。吨钢SO_2和NO_x及粉尘都呈现下降趋势。

表1-14 2015年中钢协会员单位能耗情况对比（单位：kgce/t）

年份	吨钢综合能耗	烧结	球团	焦化	高炉	电炉	转炉	轧钢	吨钢水耗（m³/t）
2015	571.85	47.20	27.65	99.66	387.29	59.67	-11.65	58.00	3.25
2010	604.60	52.56	29.39	105.89	407.76	73.98	-0.16	61.69	4.11

到2014年年底全国共有600多台烧结机进行脱硫技术改造，超过全国烧结机面积75%，从而保证了SO_2单位排放强度和排放总量双下降。

以"能量流"运行规律，"能量流网络"优化为理论指导，40多家钢铁企业完成企业级能源管控中心建设，具备了能量流网络优化和控制的基础。以产业生态学为指导，建成了一批具有国际先进水平的清洁生产、环境友好型企业，使钢铁企业社会形象得到了很大改善。

10.冶金前沿技术取得进展

（1）薄带铸轧技术：宝钢经历15年的持续研发、中试、工业示范线自主集成，建成国内第一条薄带连铸连轧示范线，进行铸轧控制模型的研发，开发和集成了布流器和抑湍板相结合的新型布流器，开发了一系列与生产和质量控制密切相关的工艺技术，自主集成了薄带连铸单机架热轧机、侧封材料、轧辊维护技术等。

2011年宝钢在宁波钢铁公司建成50万吨/年薄带连铸连轧工业示范线，2014年成功铸轧出0.9mm超薄热轧带钢，并实现3炉连浇，在技术、装备产业化方面具备世界领先水平。

（2）无头轧制技术：日照钢铁公司从国外引进多条ESP（全无头薄板生产线），采用转炉（300×3）炼钢→连铸（拉速5m/min，1450mm宽，100mm厚）→三机架四辊压下（从100mm压成20mm）→感应加热（14组300MW）→5机架精轧→冷却→飞剪（3组）产品0.8mm×1450mm等几种宽度，作业线全长约180m。

从已投产的三条生产线看，板形控制较好，性能合格均匀稳定。目前主要问题是如何实现国产化，降低成本，完善其他品种开发。

我国首座换热式两段新焦炉，克服了预热煤装炉等困难进行了试验。我国首座Hismelt熔融工业化炼铁厂建成并试运行。

（3）清洁能源在钢铁生产中的应用：风能和太阳能已在鞍钢鲅鱼圈和重庆钢铁公司等企业得到应用，并取得较好效果。

CO_2在炼钢生产中的应用取得初步成果。

（二）二、三级分学科主要发展成绩

1.冶金物理化学分学科

（1）复杂熔渣体系物理性质的测定与预报，周国治院士提出新一代统一的溶液模型来计算溶液（包括溶体）的热力学性质，后将此模型推广到预报溶液（包括溶体）的物理性质。

（2）连铸保护渣和精炼渣的结构和性质研究，与国外研究者同处于国际前沿位置。

（3）熔体组元的热力学性质与相关的相平衡，围绕攀枝花钒钛磁铁矿高炉冶炼产生的高炉渣进行一系列工作。在金属熔体领域，国内外近年来发表的研究成果甚少。

（4）冶金过程热力学与动力学。我国学者用气/液平衡热力学测定1550～1625℃的$CaO-MgO-Al_2O_3-SiO_2-CrO_X$渣的硫容。在脱磷研究方面，通过高温热力学实验及计算得出碱金属添加剂（Na_2O，K_2O）提高磷在$CaO-SiO_2-FeTO-P_2O_5$熔渣和碳饱和铁液间分配比的作用，定量研究这一作用影响因素。钢液中夹杂物的生成、运动和去除是个复杂物理化学过程，关于不同钢种使用不同镇静剂及脱氧剂在精炼条件下夹杂物的生成、相组成、相态、性态演变和去除做了大量深入研究。我国学者研究处于国际先进水平。

（5）冶金电化学。

1）我国学者提出将碳热还原和熔盐电解的FFC（二氧化钛直接电解）结合，用钛精矿或高钛渣制备金属钛和钛合金的新技术。与英国D. J. Frag教授2001年提出的FFC法相比，电流效率和过程速率有较大提高。

2）我国学者从含钛矿物和钛冶金含钛副产物中以绿色环保方式经济有效地提取钛。

3）我国在熔盐电化学方向的研究与国际先进水平相当。

（6）资源和环境物理化学。我国学者在攀枝花铁矿综合利用上做了大量研究：如高钛型高炉渣高温碳化，低温选择性氯化制取 $TiCl_4$；高钛高炉渣合成钙钛矿和真空熔炼高钛渣获取高品位二氧化钛的方法。

张懿院士提出清洁生产各种重金属的方法，以亚熔盐态的碱金属氢氧化物作反应介质，在常压较低温度下，高效从铬矿中生产铬盐，开发了含铬钒矿的清洁处理技术，建成铬钒分离清洁生产新技术万吨级示范工程。

钢铁冶金固体废弃物和废旧电子产品综合利用也取得较好的成绩。

我国在钛铁矿和高钛渣综合利用基础研究领域已处于国际前沿水平。在清洁利用金属铬等矿物的基础研究与绿色生产流程开发已处于国际领先水平。在废旧电子产品回收利用研究领域与国际先进水平同步。

（7）计算冶金物理化学。计算冶金物化解决问题的三个基本要素：数学模型、必要基本数据和计算机计算方法。前两者为冶金物化研究内容。

我国学者提出硅基熔体中组元活度的模型及含磷、钒、钛的铁合金中组元活度模型，二者分别对太阳能电池板用硅的生产和高钛渣综合利用具有指导意义。

在冶金过程研究方面，如中间包及气体搅拌的钢包中的流场、传质、夹杂物的行为，钢包中的脱硫动力学、凝固及电磁冶金过程等的模拟和预报等都有所突破。

在不含复杂化学反应的冶金过程流场、温度场、电磁场及浓度场预报领域的研究和国际先进水平同步。

2.冶金反应工程学分学科

（1）冶金反应器数学物理模拟及分析。近年来，冶金反应工程学的研究十分活跃。当前围绕冶金工艺过程中涉及的各种反应器针对其中发生的流体流动、物质传递及各类化学反应，人们做了大量数值模拟和分析工作。如高炉炼铁反应器，对高炉整体内部的传输现象进行仿真，包括炉内多种复杂现象的耦合、操作解析和优化、铁碳复合新型炉料制备和应用、炉顶煤气循环、高炉喷吹焦炉煤气、炉料热装等炼铁新工艺解析等方面进行有益指导。

转炉炼钢反应器、二次精炼各类反应器、连铸中间包冶金、连铸结晶器冶金均进行了数值模拟与分析，对深入认识其中"三传一反"的规律和机理起到了显著的推动作用。

（2）基于外场冶金新工艺开发。如电磁冶金应用于金属冶炼、精炼、铸造、连续铸轧及液态金属检测等领域在强化物质能量传递、改善材料内部及表面组织结构方面表现出良好前景。

微波冶金（频率300MHz～300GHz）波长1mm～1m，位于红外辐射和无线电波之间的电磁波引入冶金领域，在选矿、冶炼，直到材料深加工产品制造都开展了工作，特别在难选矿预处理、浸取分离、烧结、微波等离子体等方面不断取得进展。

超重力在强化相际分离的显著优势被引入冶金领域。

超声冶金在湿法冶金中用于强化浸出、萃取、过滤和净化等分离过程，在金属液净化除杂、有机毒物降解、浸出和萃取以及金属液凝固过程中都进行了探索性研究。

（3）面向特色资源综合利用的新工艺、新技术开发。一方面围绕我国特色铁矿资源开发资源对应型的非高炉炼铁工艺；另一方面针对当前高炉炼铁工艺获得富含特色资源的炉渣，开展"特色炉渣综合利用"的研究，致力于特色炉渣中特色资源的富集与分离，实现特色资源的高效综合利用。

3. 采矿分学科

（1）在露天开采工艺连续化、运输方式多样化、高效化方面，我国大部分都达到国际先进水平。

（2）在难采矿的开采技术和工艺处于世界领先水平。

（3）矿山装备水平落后于国外先进水平。

4. 选矿分学科

（1）选矿基础理论。我国学者应用楔形磁极建立竖直向上的磁浮力，构建出非磁性矿粒在磁流体静力分选中动力学模型。在重力和离心力等作用下，颗粒运动规律的认识是重力选矿的理论基础，我国学者以离心选矿机为例，建立了球形颗粒在离心分选机分层区和分选区的动力学模型。浮选药剂分子结构及其设计是浮选理论研究的核心内容，我国学者对阴、阳离子反浮选捕收剂进行了大量的理论研究。在化学选矿理论特别是微生物浸出理论方面，建立了难选铁矿石深度还原理论基础模型。

（2）选矿工艺。以余永富院士为代表的团队提出"提铁降杂"，建立了"铁精矿质量铁、硅、铝三元素综合评价"理论体系，在微细粒贫磁铁矿、红铁矿、多金属共生矿、菱铁矿、褐铁矿等选矿得到开发应用。

（3）浮选药剂。根据我国铁矿资源特点，反浮选捕收剂以阴离子捕收剂为主，在几十年的攻关研究中，我国铁矿选矿工艺和药剂均取得了巨大成就，成为世界铁矿选矿技术的创新中心。阴离子捕收剂配制和所需浮选温度较高，增加了生产成本。目前常温（15～25℃）捕收剂处于试制阶段。

（4）选矿设备。从弱磁→强磁，从电磁→永磁，从干式→湿式，出现多机种较好水平磁选设备。

（5）选矿自动化。矿山生产管理信息化、生产过程自动化、数字化装备水平有很大提高。

（6）资源综合利用上取得较好成效。如低品位难利用矿综合利用，共生矿综合回收利用，矿山废石、尾矿综合利用均取得较好成绩。

5. 废钢铁分学科

（1）废钢铁消耗量持续增长，大中型企业废钢分类管理水平提高，为钢铁工业的节能减排做出贡献，提供绿色环保原料。

（2）产业规范发展，行业面貌明显改变，废钢加工设备国产化率和水平较大提高。

（3）废钢加工、配送产业链初步形成，进行行业准入认证等管理。

6. 冶金热能工程学分学科

（1）工业炉窑热工理论取得长足发展，居国内外同行前列。

（2）创立系统节能理论，为我国钢铁工业节能做出重要贡献。陆钟武院士在20世纪80年代初提出"载能体"概念，创立了"系统节能理论和技术"。

（3）开发了"能量流"和"能量流网络"研究，推动钢铁生产流程优化进入新阶段。2008年殷瑞钰院士相继提出"能量流""能量流网络"和网络优化等概念，以物质流与能量流协同优化为主要特征的能源管理中心建设在我国大中型钢铁企业相继展开。

（4）能源管控中心的建设和运行推动我国钢铁工业信息化、智能化建设。

（5）余热余能回收利用在大中型钢铁企业普遍展开，为提升能量流的高附加值和系统能效开辟了新途径。

（6）工业生态学成为本学科新增长点，推动钢铁工业生态化建设。

7. 炼铁分学科

（1）焦化技术。21世纪以来，我国焦化行业得到了快速发展，总体装备水平不断完善，基本形成了炼焦炉型齐全、资源利用广泛、深度加工工艺充分的中国特色的焦化工业体系。焦炉大型化及干熄焦技术的推广普及，促进了焦炭质量的稳步改善，降低了炼焦耗热量，减少了温室效应气体二氧化碳和氮氧化物的排放量，标志着我国炼焦技术跨入世界先进行列。我国投产和建成了158套干熄焦装置，生产能力已达2.0亿吨/年，并研发了世界领先的260 t/h干熄焦装置。我国科技工作者在拓展弱黏结煤应用、煤场科学管理、优化配煤、提高焦炭质量、降低生产成本等方面开展了深入研究。

（2）高炉高风温技术。研究适合1280℃送风温度的热风炉结构，采用双预热技术，使燃烧单一煤气的热风炉拱顶温度达1400℃，并缩小拱顶温度与送风温度差，优化热风管道系统结构，合理设置管道波纹补偿器和拉杆，防止炉壳发生晶间应力腐蚀，使高炉风温保持（1280±20）℃水平。

（3）高炉长寿技术。采用合理操作炉型，严把耐火材料质量和修砌施工质量，完善监测手段，严控炉料中碱金属和锌负荷，精心操作，合理护炉，使我国有些高炉寿命接近20年。

（4）烧结–高炉一体化配料系统。高炉炉顶装料设备国产化及炉料分布控制技术、高炉富氧喷吹煤粉技术、专家系统和高炉可视化技术取得较好进展。

（5）在烧结工艺上，低温烧结，超厚料层（1000mm料层厚度）烧结，添加适宜MgO的烧结矿制备技术，热风烧结、复合烧结技术、烧结烟气循环都取得较好效果。

（6）在发展含钛含镁低硅球团、赤铁矿氧化球团、大型带式烧结机生产赤铁矿球团方面取得较好进展。

（7）非高炉炼铁理论和工艺的研究。宝钢COREX–3000搬到新疆并顺利投产，国内也积极探索煤制气–竖炉还原。

8.炼钢分学科

（1）铁水脱硫预处理。铁水脱硫预处理目前采用喷吹法和机械搅拌法（包括KR法等）两种方法。2006年以后更多采用机械搅拌式铁水预处理（KR），与喷吹脱硫工艺相比，KR法具有铁水和炉渣搅拌强度大、效率高、硫含量可降低到0.001%以下的特点。脱硫后颗粒状炉渣易于扒除，回硫少，显著降低成本，提高生产效率。国内采用机械搅拌法时，除吸收日本KR法技术外，在脱硫剂种类和搅拌器结构上有所创新。

（2）转炉脱磷+转炉脱碳炼钢工艺技术。首钢京唐公司在国内首先采用包括转炉预脱磷和脱硅，处理后铁水在另一转炉在少渣条件下进行脱碳，与传统工艺相比，炼钢石灰消耗和炉渣生成量大幅下降，炼钢周期可缩短至30min以内，炼钢过程控制稳定性提高，出钢下渣少，钢水质量提高。生产高碳钢时可添加锰矿进行直接合金化，冶炼钢水中[S][P]含量可稳定控制在0.007%以下，脱碳转炉一次命中率大幅提高。

（3）"留渣+双渣"少渣炼钢工艺技术。在转炉冶炼前期，温度低易于脱磷，并在温度上升至对脱磷不利之前把炉渣部分倒出，然后加入新渣料进行第二阶段吹炼，结束后出钢，将液态渣留下、固化、装入废钢、铁水进行下一炉吹炼。由于上一炉炉渣为下一炉利用，因而显著降低石灰消耗和排放的渣量。

（4）炉外精炼工艺技术。进入21世纪，国产化RH装置迅速占据主导地位，满足了品种优化和质量提高的要求，并使投资大幅下降。我国新建RH装置在提高真空抽气能力、钢水循环速率、缩短精炼周期、保证冶金效果方面处于国际领先行列。

重庆钢铁（集团）有限责任公司新区建成了国内第一台机械真空泵RH装置，取代蒸汽喷射泵，在大幅度节能、提高系统稳定性和优化总图布置上均有一定优势。包头钢铁（集团）有限责任公司建成机械真空泵DV处理装置。

（5）超低氧特殊钢精炼连铸技术。轴承钢、齿轮钢、弹簧钢等高品质特钢要求[O]控制在$(4\sim8)\times10^{-6}$超低氧范围，采用铝脱氧、高碱度精炼渣、RH真空精炼、严格保护浇铸等工艺、实现钢中非金属夹杂微米尺寸、球状和低熔点的控制技术。

（6）高拉速、恒拉速的连铸技术。首钢京唐公司和北京科技大学合作，采用高拉速连铸结晶器保护渣，优化结晶器铜板冷却结构和强冷却，采用FC结晶器（电磁制动）加强冷却，防止铸坯鼓肚，浇铸237mm厚铸坯时拉速达到2.3m/min，连铸周期由40~50min减少到32min。

拉速变动会改变结晶器内钢水流动状态，造成保护渣卷入、拉漏等问题。通过提高炼钢、精炼、连铸的协同生产组织水平，严控钢水到达连铸平台的时间和温度，加强设备检修维护，减少拉漏预报系统的误报率等措施，大幅度减少连铸过程拉速的变动，恒拉速率（规定拉速的时间/全部浇铸时间×100）达93%以上。

（7）电炉炼钢。我国电炉钢产量已达7800万吨/年。大型化国产100~200吨级电炉已在多个钢厂和重型机械制造厂投入使用。电炉炼钢集束射流氧枪已在国内电炉生产中占主导地位。电炉冶炼自动化控制技术、电炉顶底复合吹炼技术取得较好进展，底吹元件寿命达700炉，电炉炼钢主要指标（冶炼周期、电耗、电极消耗、用氧、炉龄）达到国际先进水平。

（8）转炉采用滑动水口挡渣出钢。可显著降低出钢时下渣量，使挡渣成功率达100%，有利于控制包内钢液含氧量，并可提高合金回收率和减少钢包中钢的回磷量。

9.轧制分学科

（1）基于超快冷的TMCP技术基本特点是：①在奥氏体区，适于变形的温度区间完成连续大变形和应变积累，得到硬化奥氏体；②轧后立即进行超快冷，使轧件迅速通过奥氏体区，保持轧件奥氏体硬化状态；③在奥氏体向铁素体相变的动态相变点终止冷却；④依照材料组织和性能需要进行冷却路径的控制。

东北大学与多家钢铁企业在中厚板、热连轧板、H型钢、棒线材都得到广泛应用。在普碳钢、高强钢、管线钢等品种上实现了工业化大规模生产并取得显著成效。

（2）轧制塑性变形理论和数值模拟分析技术。近年来，发展和应用轧制过程塑性变形及三维热力耦合数值模拟分析进行都取得较好效果，如①全轧程三维热力耦合数值模拟分析优化；②高强度轧材中残余应力预测分析；③热轧冷轧板形分析模型；④基于全流程监测和控制技术的板形控制理论；⑤无缝钢管穿孔轧制过程中金属流动变形分析。

（3）组织性能预测监测与控制。目前可通过高速计算机对热轧过程中显微组织的变化和奥氏体铁素体相变行为全程模拟，建立钢的性能与工艺参数关系，使轧后钢材组织性能的预报和控制成为可能。

（4）薄板坯连铸连轧钢中纳米粒子析出、控制理论。对薄板坯连铸连轧过程中各种微合金元素的固溶析出规律、组织演变规律和强化机理进行深入研究并取得较好工业应用成果。

（5）半无头和无头轧制技术。涟源钢铁集团有限公司和北京科技大学合作，对半无头轧制从流程生产组织模式、工艺、设备和自动化控制等方面进行系统研究，突破关键技术，实现半无头轧制高质量薄规格宽带钢的大批量生产应用。日照钢铁公司从国外引进多条无头轧制薄板坯生产线（ESP），从已投产的三条生产线看，板形控制较好，性能合格。国内大学联合攀钢集团有限公司、山东钢铁集团有限公司等钢铁企业开发高质量钢轨及复杂断面型钢轧制数字化技术，成功开发出复杂断面型钢制造CAD-CAE-CAM数字化集成系统。利用该技术大幅度提升了钢轨及复杂断面型钢设计制造水平、效率与精度，该技术成功推广应用于百米重轨高精度控制，并开发出J型等多种复杂断面型钢，使我国在轧制数字化与应用方面进入国际前列。

10.冶金机械分学科

（1）冶金机械新理论、新方法和新技术不断取得新进展，为冶金装备现代化提供了新的理念和依据。

（2）冶金装备的现代化支撑了我国钢铁工业的快速发展。

（3）重大冶金装备的自主设计水平和自主集成创新能力不断增强，具有自主知识产权的中国冶金装备质量品牌的形成，为减少引进和加快装备"走出去"步伐奠定了良好基础。

（4）冶金关键设备运行状态和服役质量的实时监测与故障诊断、设备智能管理水平的提升，对提高设备运行可靠性和安全性，避免各种灾难性事故，延长设备使用寿命等至关重要。

（5）钢铁智能制造的冶金装备的发展趋势以数字化、智能化和绿色化为主要标志。

11. 冶金自动化分学科

（1）生产过程自动控制。将工艺知识、数学模型、专家经验和智能技术结合，应用于炼铁、炼钢、连铸和轧钢等典型工位的过程控制和过程优化，取得了许多成功应用。其中选矿作业智能控制，烧结机智能闭环控制，高炉操作平台专家系统，"一键式"全程自动化转炉炼钢，智能精炼炉控制，加热炉燃烧优化控制、热连轧模型控制，冷连轧模型控制等具有国际先进水平。

（2）生产管理控制。制造执行系统（MES）在重点钢铁企业基本普及。通过信息化促进生产计划调整、物流跟踪、质量管理控制、设备维护、库存管理水平的提升。通过建立能管中心（EMS）实现了电力、燃气、动力、水等能源介质远程监控，集中平衡调配，能源精细化管理等功能。全流程物流依次动态跟踪。炼、铸、轧一体化设计编制、高级计划排产、设备在线诊断、一贯制质量过程控制、基于大数据的产品质量分析等具有国际先进水平。

（3）企业信息化。基于互联网和工业以太网的（ERP）企业资源计划，客户关系管理（CRM）和供应链管理（SCM）电子商务等取得成功应用，在更好满足客户需求、缩短交货期、控制成本方面发挥作用。一些重点企业在聚集海量生产经营信息资源基础上，建立了数据仓库、联机数据分析决策和预测警示系统，着手进行数据挖掘，商业智能深度开发。一些企业建立集团信息化系统，企业一体化购销和异地经营产销一体化，供应链深度协同达到国际先进水平。

12. 冶金流程工学分学科

1993年，殷瑞钰院士分析了现代钢铁生产流程的演变及单元工序的功能转化进程，针对我国情况，撰写了《冶金工序功能的演进和钢厂结构的优化》专题论文，由此开创了冶金流程工学的研究工作。

2000—2004年，在原有理论和实践应用过程出现问题及解决过程中，基本形成的冶金流程工程学的完整理论框架，其标志性成果是2004年出版的《冶金流程工程学》。

具体而言，冶金流程工程学具有工程科学性质。理论上研究冶金制造流程运行的动力源和流程运行的宏观动力学机制，实质是揭示冶金制造流程整体运行的本质（负熵输入）和运行规律（动态－有序、协同－连续），以协调钢厂生产过程中物质流、能量流、信息流的优化。理论上研究冶金制造流程的组成结构，实质是通过集成创新使冶金制造流程的整体过程优化和整体功能优化，以构建新一代钢厂，并为钢厂的多目标运行提供理论指导。理论上强调冶金制造流程的动态有序运行，实质是构建准连续／连续化运行冶金制造流程优化的耗散结构，以提高钢厂的各项技术经济指标。理论上研究冶金制造流程动态运行的"三要素"（即流、流程网络、流程运行程序），实质是使冶金制造流程运行过程的耗散"最小化"，以提高钢厂的市场竞争力和可持续发展能力。

学科主要内容包括以下几种。

（1）钢铁制造流程属于耗散结构与自组织过程，钢铁制造流程是一种复杂非平衡开放体系，包括加热、熔炼、精炼、凝固、相变和塑性变形等物理化学过程，其各单元工序之间具有异质性和非线性的相互作用，流程系统和环境之间进行着多种形式的物质能量信息的交换，整个流程形成动态有序运行的耗散结构。

（2）冶金生产流程中基本参数和派生参数的研究。流程的运行过程是一种耗散结构的自组织过程，为描述流程的整体行为，需用少量几个参数来描述整个冶金生产流程动态有序运行过程，经过研究得出物质量 Q（重量、流量、浓度）、温度 T、时间 t 三个基本变量。通过综合调控这些基本参数来实现物质流的衔接匹配连续和稳定。

（3）冶金制造流程中时间因素的研究。不应把时间作为简单的随机自变量而忽视。为表示时间因子在流程动态协调运行中的作用，要将时间作为重要的目标函数来研究，会有效促进不同操作方式的复杂生产流程实现稳定，连续，准连续运行。时间参数在流程中表现形式可区分为时间点，时间序，时间域，时间位，时间周期，时间节奏等形式。

（4）界面技术的研究。从流程动态运行过程的研究认识到，工序之间关系协调优化具有重要意义。为此引发了一系列界面技术的概念和方法。如高炉－转炉之间的"一罐到底"技术等。

（5）钢铁制造流程的动态运行研究。从流程中原料储存及处理、高炉、铁水预处理、转炉、炉外精炼、连铸、加热炉和热轧等工序／装置的动态运行过程的特征，模拟为"刚性"组元和"柔性"组元。这些异质、异构的组元通过非线性相互作用，形成了"弹性链谐振"方式的动态运行，呈现出"推力""缓冲器""拉力"的宏观动力学运行机制。同时引入流程组织和控制的动态 Gantt 图，控制系统运行的有序性、协同性、稳定性和连续性。

（6）流程宏观运行动力学的机制和运行规律的研究。为使工序/装置在整体运动运行中实现动态-有序、协同-准连续/连续运行，提出了以下规则：①间隙运行工序/装置要适应和服从连续/准连续的工序/装置；②准连续/连续的工序装置要引导和规范间歇运行的工序/装置；③低温连续运行的工序/装置要服从高温运行的工序/装置；④在串联并联流程结构中，尽可能多地实现"层流式"运行，避免不必要的"横向"干扰，导致"紊流式"运行；⑤上、下流工序/装置之间能力的匹配对应和紧凑布局是"层流式"运行的基础；⑥制造流程整体运行一般应建立起推力源、缓冲器、拉力元的动态有序，协同连续运行的宏观运行动力学机制。

（7）钢厂动态精准设计理论和方法研究。

工程设计应体现诸多技术要素，技术单元的动态集成，以确保工程系统运行中整体有序性、协同性和稳定性并易于形成现实生产力（达产快，运行有效）。

选择是工程设计的关键一步，即钢厂的生产流程和产业链的构建和延伸。要适应自然、社会、经济、市场和工艺技术不断变化不断进步的时代性趋势。

工程设计要克服传统的静态、局部的单体技术设计方法，不是孤立的选择新技术，而应从流程整体动态协同运行的总目标出发，进行概念设计、顶层设计，使各单元技术形成一个动态-有序，协同-连续运行的工程整体集成效应；达到多目标优化。这种动态精准设计理论和方法在首钢京唐公司曹妃甸钢厂的设计中得到应用。现在冶金流程工程学已在国内诸多大学中作为必修课或选修课课程。

13. 冶金环保与生态分学科

（1）吨钢综合能耗逐年下降，2015 年达到 571.8kgce/t，完成了"十二五"规划目标。

（2）钢铁生产污染防治步入注重前端和过程控制及末端治理并举和强化多污染物协同控制的技术路线，行业整体环保面貌显著改善，2015 年吨钢 SO_2 排放降至 0.85kg，吨钢新水消耗降至 $3.25m^3$。

（3）钢铁厂消纳社会废弃物工作有了大幅提高，垃圾焚烧发电、城市中水利用、钢厂余热供城市采暖等社会效益显著。

（4）殷瑞钰院士提出的钢铁企业"三大功能"的理论对于冶金环保与生态分学科发展的指导意义日益显现，使我国冶金环保与生态分学科的研究的系统性进入国际先进行列。

14.其他分学科

（1）电磁冶金分学科。电磁冶金是具有广阔前景的分学科。近年来电磁脉冲细化晶粒的研究取得重大进展，其他还有电磁搅拌、电磁制动技术研究，软接触电磁连铸技术，电磁悬浮熔炼晶体生长控制技术。电磁场下液态金属两相流控制技术，电磁成型技术、电磁取向技术、磁场热处理技术，磁致过冷机理研究，磁场下微观偏析控制，磁场下扩散机理，磁致塑性效应等研究都取得了新进展。

（2）粉末冶金分学科。开发了多项粉末冶金新技术，如粉末注射成形、温压成形、快速全向压制、热等静压、粉末锻造、热挤压、爆炸固结、大气压力烧结、放电等离子烧结、微波烧结、燃烧合成、快速凝固、喷射成形、机械合金化等。研发了很多新材料，如粉末高速钢、稀土永磁材料、金刚石-金属工具材料、金属陶瓷、超导材料、多孔金属、复合材料、储氢材料、形状记忆合金、粉末高温合金、弥散强化镍基合金、粉末高性能铝合金、粉末钛合金、纳米微粒和纳米材料、非晶态合金粉末材料等。中国已经是名副其实的粉末冶金大国。多年来，不仅为一般工业与民用提供了大量的粉末冶金材料与制品，还为"两弹一星""神舟飞船""载人航天""探月工程"等国家重点工程提供了一大批粉末冶金材料，为我国的国防军工建设提供了强有力的保障和科技支撑。

（3）特种真空冶金分学科：已能设计制造8t以下的设备，变频电源功率已达10MW；冷坩埚熔炼在坩埚结构和电源参数设计方面取得重大突破；真空自耗电弧重熔理论研究不断取得新成果；真空凝壳炉熔炼技术取得丰硕成果；电子束熔炼炉功率已可达1200 kW，真空二冷精炼技术已成为高品质钢生产的必要手段。

（4）电渣冶金分学科。电渣冶金基础理论研究（如渣系物理化学性质、电渣过程数学模型等）有突飞猛进的进步；电渣熔铸水轮机导叶和叶片、抽锭电渣炉设备和工艺、空心锭电渣重熔设备和工艺、特大型板坯电渣炉设备与工艺、导电结晶器技术等方面达到国际领先水平；大型电渣炉设计和特大型钢锭制造走在前列，世界上首台200 t，450 t 电渣炉都诞生在中国；电渣钢产品方面也有长足的进步。

（5）炭素制品分学科。我国在超高功率（UHP）电炉用大直径（ϕ700mm以上）石墨电极，电解铝用阳极炭块和阴极炭块技术装备水平明显提高，清洁生产得到普遍重视，节能降耗取得显著成效。

（6）耐火材料分学科。耐火材料性能提高、质量提高、品种增多，促进各类冶金炉的炉龄有较大提高。特别是高炉陶瓷杯用微孔刚玉砖和高炉热风炉用低蠕变耐火材料，MgO-CaO 系代替 MgO-Cr$_2$O$_3$ 系砖在 AOD 炉使用，消除了铬污染。

不定形耐火材料理论和技术发展迅速，不定型耐火材料生产工艺绿色、环保、节能、高效，易于实现机械化、自动化施工，易于进行后期修补，延长寿命等优点，我国在高温工业实际应用比例和应用技术已接近世界先进水平。

隔热耐火材料过去是薄弱领域，现已开发了微孔轻质骨料耐火材料、纳米孔隔热材料、微孔纳米孔结构复合结构的系列、新型高效隔热耐火材料。

（7）铁合金分学科。我国铁合金 90% 用于钢铁生产，其余 10% 用于铸造、有色等行业。

2010 年以来，我国累计淘汰铁合金产能 1080 万吨，矿热炉装备以 6300 kVA 为主升级到 12500 kVA 矿热炉为主，其中有 75000 kVA 高碳铬铁炉、60000 kVA 的镍铁炉、45000 kVA 的硅锰合金炉和 33000 kVA 的工业硅炉。尽管我国铁合金工业的产业结构和生产局面得到进一步优化，装备水平生产技术和工业水平有所提升，但许多高品质铁合金仍需要进口，如微碳低硫磷铬铁、钼铁、钨铁、低磷锰铁、金属铬等。先进生产设备仍需进口，如大型密闭铬铁矿热炉、大型密闭电石炉、大型镍铁电炉等。

（8）钢铁用工业气体分学科。主要指氧气、氮气和氩气。近年来我国空分行业取得的主要成绩：①大型化已能生产 12 万 m^3/h 等级空分设备；②装备国产化方面，沈鼓已能生产 10 万 m^3/h 空分配套的空压机，气量为 60 万 m^3/h，出口压力 6.0MPa；③高效化大型空分设备单位制氧电耗由 0.6kWh/Nm^3 降到 0.4 kWh/Nm^3，氧提取率大于 99%，运转周期大于 2 年甚至 4 年。

（9）冶金溶剂与保护渣分学科。国内保护渣基本满足钢厂需求，竞争力不断提高，建立了较为完善的行业标准；精炼渣的理论研究不断深入，熔渣物理化学性能理论研究取得较大进展，精炼渣产品生产企业与用户之间的结合更为紧密，精炼渣的二次利用方法不断拓展；电渣渣系在总结国外物理化学性质基础上开展了大量性能测定和模型研究，总结归纳了渣系的基本设计原则，低氟和无氟渣的研究取得重大进展，自主研发了一系列新的渣系，尤其是节能渣和用于抽锭工艺的渣系。

（三）学术交流、学术专著、人才培养方面取得良好成绩

（1）2012—2016 年，由中国金属学会主办的国内外学术交流会议 424 次，其中国际会议 34 次，如第十届国际轧钢大会、第五届亚洲钢铁大会、第六届国际炼钢科技大会等，参会人员 54121 人次，发表论文 25135 篇。

（2）学科科研成果获奖率和水平提高。

2010—2016年，冶金科技奖获奖数见表1-15，国家奖见表1-16。

表1-15 中国钢铁工业协会、中国金属学会冶金科技奖获奖数量

奖项	2016	2015	2014	2013	2012	2011	2010	总计
特等	1	—	2	1	1	1	—	6
一等	10	12	8	10	12	10	12	74
二等	19	25	26	24	23	28	26	171
三等	32	41	43	41	40	40	40	277
获奖总数	62	78	79	76	76	79	78	528

表1-16 钢铁冶金领域获国家发明奖和国家科技进步奖数量

年份	国家发明奖 一等	国家发明奖 二等	国家科技进步奖 特等	国家科技进步奖 一等	国家科技进步奖 二等
2013	—	1	—	1	5
2012	—	2	1	—	7
2011	—	—	1	1	14
2010	—	—	—	2	13

2011年、2013年、2015年近三届钢铁冶金领域共有7人获中国青年科技奖，第八届至第十一届共有4人获光华工程科技奖。

第一届（2004年）到第七届（2016年）共有85人获"中国金属学会冶金青年科技奖"称号，127人获"中国金属学会冶金先进青年科技工作者"称号。

（3）学科专著出版量增加，期刊水平有所提高。2015年《金属学报》《钢铁》《中国冶金》获得中国科协组织的精品科技期刊项目资助。《金属学报》《材料科学技术》获得2012年和2013年精品期刊和重点资助期刊。

（4）学科人才培养有新的进步。以冶金工程技术学科为主要专业的北京科技大学，东北大学，中南大学等重点学院实施"211"工程、"985"工程、国际工程师教育认证（华盛顿协议）、卓越工程师计划、优秀学科创新平台建设，每年有大量大学生、博士生、硕士生毕业走上工作岗位。

我国在创造双一流大学中也取得较好成绩。

根据上海软科公布世界一流学科，我国有关高校在冶金工程学科上处于世界第1~4名。

第三节 学科发展评价、存在问题和发展趋势

一、学科发展评价

我国冶金工程技术学科总体上达国际先进水平，部分领域达国际领先水平。

（1）冶金物理化学。在冶金熔体热力学及物理性质模型研究方向，我国继续保持国际前沿地位，将熔盐电解与碳热还原结合，有效地改进金属钛及合金制备技术，在亚熔盐法清洁生产铬盐和综合利用钒渣等研究与应用上处于国际先进水平。

（2）冶金反应工程学。国内冶金反应工程学科近年来充分吸收计算流体力学、信息技术、应用数学等领域的最新成果，应用于冶金反应器内多相流动的数值模拟和解析工作。同时将多种外场技术引入冶金工艺，如电磁、微波、超声波、超重力等。在复杂矿综合利用、强化相际分离方面显示出巨大优势。

（3）采矿、选矿。在露天开采工艺连续化，运输多样化、高效化研究方面继续保持国际先进水平。

我国选矿工艺不断创新，在开发有特色高效选矿新工艺、新设备和选矿浮选药剂方面达到国际先进水平。

（4）冶金热能工程学。工业炉窑热工理论和控制方法取得长足发展，居国际先进水平。我国学者较早提出钢铁制造流程中物质流、能量流、信息流及其协调优化，注意多介质能量流和能量流网络优化方法及动态仿真，能源管控中心建设和运行，推动了我国冶金热能工程向信息化和智能化方向发展。

（5）炼铁。高炉煤气干法除尘技术和设备已在我国得到普及，配合TRT发电取得节能减少污染的较好效果，高炉长寿化技术有一定进展，有些高炉寿命已接近20年。在高炉高风温技术研发方面，有些高炉已可稳定控制在1280℃，达到国际先进水平。

（6）炼钢。具有中国特色的高效低成本转炉洁净钢生产技术达到国际先进水平，RH真空装置和工艺技术、转炉滑板出钢技术、钢中非金属夹杂物控制技术、薄板坯连铸连轧技术、常规板坯的恒拉速技术、炼钢过程模拟和优化技术都达到国际先进水平。

（7）轧制。基于轧后超快冷的新一代TMCP技术，在理论开发和实际应用上都处于国际先进水平，薄板坯半无头轧制技术处于国际先进水平，应用细晶钢轧制理论及工艺控制技术，在量大面广产品的升级、部分关键品种开发（如高铁在线热处理钢轨，高牌号取向硅钢等）达到国际先进水平。

（8）冶金机械与自动化。在板形控制理论和技术上建立具有多机架参与前馈和反馈并重，可实现控制目标与控制手段双解耦合冷轧板形平坦度与边降自动控制方法模型和系统，发展了板形控制理论。板带表面缺陷在线监测方法和系统达到国际先进水平，冶金设备集成创新在大型化、智能化上达到国际先进水平（如大型高炉、大型烧结机、冷热连轧机组，机械真空泵在RH和VD的应用等）。

在生产过程自动控制，如烧结机闭环自动控制、高炉操作专家系统、"一键式"全程自动化转炉炼钢、热连轧、冷连轧模型控制等都达到国际先进水平。

在生产管理控制和企业信息化上都有长足进步，一些企业建立集团信息化系统，企业一体化购销和异地经营产销一体化、供应链深度协同等达到国际先进水平。

（9）冶金流程工程学。基于冶金流程工程学理论和动态精准设计理念和方法为我国冶金设计人员所接受，工程设计思维模式和设计理念发生了重大转变，已从孤立、静态的工程设计模式转变为具有整体性、动态性、协同性的动态精准设计模式，在京唐钢铁厂等工程设计和建设中取得显著成效，冶金过程、物质流－能量流－信息流协调运作和物质流－能量流网络的耦合控制理论已经和冶金热能工程窑炉热工和系统节能等方向研究工作结合，取得明显节能效果。层流式动态运行生产模式已经在转炉炼钢－连铸作业线生产中实际体现，达到降低能耗实际效果，界面技术的研究和应用取得显著成效。

中国首先提出冶金流程工程学学科方向，在理论和实践方面进行了大量卓有成效的探索，形成独有的创新性研究领域，相关研究处于国际领先水平。

二、存在问题

（1）冶金物理化学。冶金物化在熔渣热力学、相关相平衡与相图实验研究以及冶金反应过程预报等领域与国际先进水平比存在比较明显的差距，基于这些研究的计算冶金物化研究水平与国际先进水平比有明显差距。

在冶金过程热力学和动力学领域我国研究较少，更缺少独创性研究。

（2）冶金反应工程学。在基础研究中对共生矿在提取铁元素后的渣系的基础物性参数（如黏度、熔点、多元相图等）以及相关的传输参数研究较少，可供查阅数据有限；对高合金熔体（如铁合金、高合金钢水等）组元的热力学行为缺乏系统研究；动力学研究明显不足，缺乏本征参数的系统研究，难以实现过程精准控制。在开展高效、节能、减排再资源化中，工艺模型的理论研究和生产工艺研究结合不够。

（3）采矿、选矿。在深井开采关键技术上与国外差距明显，在矿山装备水平上落后于国外水平，数字化矿山（资源管理数字化、技术装备自动化、过程控制自动化、生产调度可视化和生产管理科学化）存在较大差距。在选矿理论方面，特别是重选理论一直没有新的突破。在选矿药剂方面，阳离子捕收剂、反浮选螯合捕收剂等需加强研究，选矿、磨矿设备大型化、高效化等还有待改进。

（4）冶金热能。钢铁生产中低温度余热、炉渣余热回收仍然没有很好解决。

（5）炼铁。高炉燃料比高（高出 30~50 kg/t，）炉渣显热没回收。炼铁过程基础理论研究薄弱，原创性技术创新少。

（6）炼钢。重大工艺技术创新仍以"学习跟随"为主。高端重要用途钢材品种生产技术仍存在差距，如高铁用轮对（车轮、轴承等）、硅片用切割钢丝等。国内大多数钢厂尚未对炼钢生产使用萤石、含铬耐材等进行限制。

（7）轧制。热轧板带无头轧制技术在国际上已得到成功应用，如 JFE 热带无头轧制，韩国中间坯剪切压合技术，ARVEDI 公司的薄板坯无头轧制技术，我国还处于引进吸收消化阶段。钢材组织性能精确预报及柔性轧制与国外比仍有差距。

（8）冶金机械。目前仍有少量需国外引进的装备及关键部件，如超宽带热冷连轧机组（2000mm 以上），薄板坯连铸连轧机组，8000m^3/min 以上高炉鼓风机。设备状态数据相对分散，信息孤岛多，缺乏系统、全流程分析平台，一些关键装备参数缺乏在线检测、设备故障诊断和分析平台。装备设计研究的数字化研究正朝着多对象、多介质、多尺度、多目标的方向发展。目前，建立虚拟模型对象与实体物理对象的数字化镜像–信息物理系统方面的研究我国落后于国外。

（9）冶金自动化。一些高端硬件和检测装置，如高精度板形仪、表面缺陷检测装置、高性能控制器、大功率交–直–交调速装置等主要依赖进口，国内样机的可靠性和稳定性还有差距。在过程控制模型的适应性和优化控制精度和稳定性方面需要提高。国外高炉运行的三维可视化和数据分析系统有助于高炉的稳定操作，我国存在差距。国内在炼铸轧一体化编制、高级计划排产等算法研究和企业应用取得较好的成果，但在 PCS 和 MES 衔接，实现多工序多目标协同优化还有差距。国内在基于数据挖掘离线分析产品缺陷等方面取得较好成果，但在全流程质量在线监控和优化基于数据的全流程产品质量自动分析方面与国外先进水平仍有差距。

三、发展趋势

（一）国内本学科未来发展方向

1.重视钢铁流程工艺的绿色和可循环发展

钢铁是 21 世纪最具创新潜力和可持续发展的材料之一。钢铁冶金企业绿色发展要实现两个转化，在发展模式上从单纯追求数量扩张的粗放型向节能减排、清洁生产、低碳绿色发展、循环经济的科学发展模式转变；在企业功能上从单纯钢铁产品制造向产品制造、能源高效转换和消纳社会废弃物的生态型钢铁企业转变。

在产品开发上，应重视质量和质量稳定性提高，重视产品生产过程的节能减排，关注新产品给其他行业使用过程中带来的节能减排效果。

在产业链延伸和管理上，要加强对产品全生命周期、全方位的管理，把工程设计、物资采购、生产过程、运输过程、营销和产品回收利用等过程有机结合起来，尽量减少对环境的影响。

要研究低碳冶金技术和电弧炉短流程工艺，多采用废钢以减少矿石消耗；积极探索采用碳以外的还原剂和能源，如氢能、电能/生物能、新能源替代，研究二氧化碳分离、利用、存储和固化。

要通过钢厂物质流和能源流的延伸、链接，与其他企业和社会形成循环经济工业生态园，实现与社会的和谐发展。

2.重视钢铁工业的智能制造

"中国制造 2025"将智能制造作为主攻方向之一，钢铁工业是流程型制造业，钢厂智能制造是典型信息、物理融合系统，在这个系统中物理系统（整个制造流程系统）通过卓越网络化建构和优秀程序化控制，能对外界条件（如信息环保、价格、法律等）做出自感知，也能做出自决策、自执行、自适应，实现动态、有序、协同、连续运行。

信息、物理融合系统强调的内容有：①物理系统创新优化，这是智能化的关键基础；②与相关信息的有效融合，这需要通过信息化、数字化、网络化、云计算等手段实现。

智能化钢厂的内涵应包括智能化工厂设计、智能化工厂生产运行管理、智能化供应链和智能化服务体系等高层次、全局性问题，着眼点和落脚点是企业级整体解决方案，实现冶金过程关键工艺变量的高度闭环控制和物质流、能量流、信息流、资金流的协同优化。

3.重视冶金流程工程学与冶金工厂设计、生产运行的结合

以动态精准设计的理念，构建我国冶金工厂设计创新理论和设计方法的完整体系，既重视在新厂建设中的应用，更重视在现有工厂改造和指导日常生产中的应用。

4.加强以企业为主体的产学研用之间的协同创新能力建设

我国钢铁冶金企业所属的研究机构还比较弱，虽然有些大中型企业成立了自己的研究机构，但主要从事新工艺、新产品开发，较少从事基础研究和原始创新工作，大量基础研究和原始创新工作在高校。另外，钢铁产品在用户中使用性能的研究也较弱，所以加强产学研用之间的协同创新十分重要。

在工艺装备创新、产品研发与升级、节能减排、绿色生产、智能制造及产业链上下游延伸中应注意发挥学科交叉集成优势。

5.加强行业和学科创新支撑体系建设

包括政策支撑体系、技术服务体系、投融资服务体系、知识产权（法律）服务体系、人才培养和激励体系等建设。

（二）国外本学科未来发展方向

应关注国际冶金工程学科在各领域的研发热点和重点，特别是对行业和学科可能带来重大影响的研究方向和主要研究成果。

（1）国际钢协在"世界钢铁2050报告"中提出二氧化碳减排六项关键技术：①高炉炉顶煤气回收，碳捕获和储存技术；②新直接还原技术（结合碳捕获和储存技术）；③HISARNA熔融还原结合碳捕集和储存技术；④铁矿石碱性电解法；⑤熔融氧化物电解法；⑥氢闪速熔炼法。

国际钢协在世界钢铁行业可持续发展报告中提到：①环境可持续发展；②社会的可持续发展（包括员工的安全与健康、员工培训和服务社区）；③经济的可持续发展（好业绩，增加创新和价值等）。

（2）欧盟提出欧洲钢铁技术平台。

2004年3月12日，在布鲁塞尔正式成立欧洲钢铁技术平台，提出战略目标：①通过创新和新技术，确保欧盟钢铁工业利润：加强创新和开发新型钢铁生产技术，增强钢铁产品智能制造能力，开发新兴钢铁产品，减少产品上市时间和实施供应链概念；

②通过与相关工业伙伴的合作迅速满足社会需求：加强同汽车业、建筑业、能源业等部门合作；③在高效生产的同时，保持环境良好：开发突破性技术降低污染，以满足环境保护要求；④吸引和保护钢铁人力资源：有力地吸引和保护钢铁人力资源，优化欧盟钢铁人力资源部署。

为实现此战略目标，提出钢铁业中长期内采取的研发行动，包括成立创新汽车伙伴、建筑业伙伴、能源业伙伴、环境和人力资源几大工作组，制定了有巨大社会影响力的三大产业计划。研发主题简介如下：

1）开发安全、清洁、节省成本和低资本密集度技术计划。

确定三大研发主题：①开发新型的规模成本低和能源利用效率高的钢铁处理技术，包括氧化的降低和控制技术，避免二次氧化的新型技术，热能回收技术；②柔性和多功能生产链技术，优先研发近终形的连铸连轧技术，多功能小型加工技术；③智能制造技术，包括高自动化生产链技术、过程总体控制技术和模拟工具的优化技术。

2）合理使用能源、资源及废物管理计划。①开发应对温室气体挑战的技术，优先研发：替代碳源技术、电能高效利用技术、电弧炉中能源直接输入技术和其他方式输入技术、超低 CO_2 排放技术；②开发能源高效利用和资源节约型技术，优先研究：新能源在钢铁工业应用技术，能源和资源可持续使用技术；③发挥钢铁作为社会影响材料的优势，优先研发：宏观调控水平研究、微观调控水平研究、重新定义生命周期评估的方法研究、数据收集和确认研究、动态物体的评估模型研究等。

3）面向终端用户的具有吸引力的钢铁解决方案计划。

确定三个部门进行合作的研发主题：①汽车业伙伴：新钢种开发技术和复杂零件的新型制造技术、车用钢板表面技术；②建筑业伙伴：安全健康的钢铁建筑技术、可持续钢铁密集型建筑技术；③能源业伙伴：能源开发、生产、运输三个研究主题，使用石化燃料和其他燃料发电方面四个主要研究主题。

（3）日本 1999 年制定了"日本钢铁工业科学技术战略"，明确"灵活适应变化资源、能源建立兼顾环境，再生利用的生产技术、产品设计技术和应用技术"的发展思路，提出：

1）适应新变化上：①旨在扩大资源、能源适应能力的新一代焦炉技术；②下一代炼钢技术（下一代电炉炼钢、电磁连续生产无缺陷连铸坯）；③处理钢厂周边垃圾和利用钢厂低温余热供应城市的"城市型钢厂"；④打造工业生态联合体的设想；⑤廉价氢炼铁、生物碳炼铁；⑥钢渣吸附固定 CO_2 技术。

2）循环型钢铁材料发展上：①强调从传统注重材料性能成本向注重材料高效生产、充分利用资源、循环再生、极限性能和考虑用户使用性的发展思路转变；②晶粒细化实现钢材强度和寿命提高一倍的新世纪结构材料（STX-21）；③新一代材料连接技术；④计算机材料设计技术。

（4）韩国则制定了确保世界级的钢铁生产设施和技术，确保长期自主创新的战略目标，制定通过确保下一代技术优势，引领世界钢铁技术发展，关注高附加值产品，开发专有技术，建立国际合作与研发网络、开发新市场的技术战略方针，以实现韩国钢铁工业从数量增长为导向转变为以质量、价值和技术为导向的发展。

浦项钢铁公司是典型由引进技术消化吸收为主模仿追踪创新体系向以自主技术创新体系的转变。POSCO每年发明专利约150项，科技资金投入20年平均占销售额1.4%的高水平，一批战略性产品和技术处于世界领先（如汽车用钢、API钢、400系列不锈钢、下一代结构钢，熔融还原工艺商业化，薄板铸轧等）水平。技术创新回报率达1:8，技术创新对企业效率贡献率达70%~80%。

浦项建立五个方面三个层次（战略性、战术性、自控性）技术创新战略体系，即：

1）优异性能与高附加值产品战略，开发140个高性能高附加值产品，使高质量产品比例从39.9%提高到2004年的44.4%。

2）降低生产成本战略，重点是：①自动化降低成本技术；②利用低质量资源技术；③设备长寿化技术。

3）用户导向的应用技术战略，重点是：与汽车建筑及基础设施、罐状容器等用户合作，提供钢材解决方案。

4）环境友好工艺和产品策略，重点是：①减少CO_2排放技术；②降低能源消耗技术；③减少渣量产生及提高副产品利用率等。

5）下一代新技术战略，重点是：①Finex熔融还原技术；②薄带钢连铸连轧；③超细晶结构钢。

（三）我国中短期和中长期发展路线图

我国中短期和中长期发展路线图见图1-1。

目标、研究方向和关键技术		2025 年	2050 年
目标	总目标	1. 建设新冶金学体系 （1）微观基础冶金和工艺冶金学进一步完善和提升 （2）以冶金流程工程学为指导，构建我国冶金工厂设计新理论和新方法 （3）以冶金流程工程学为理论导向优化冶金工厂生产运行调控技术和方法 （4）冶金流程工程学与现有冶金热能工程学结合开拓冶金生态工程学 2. 高品质特殊钢将满足战略产业和新兴产业的关键品种需要，量大面广的普通钢质量更稳定，品质更均一 3. 绿色低碳工艺流程达国际先进水平 （1）现有长流程高效节能减排系统完善，指标达国际先进水平。 （2）电炉短流程突破一些关键技术，在高效节能减排上达国际先进水平 （3）一批关键核心工程技术达国际先进水平，如高炉富氧喷煤、炼钢"窄窗口"控制、轧钢近终形控制等 （4）一批前沿技术取得突破，如非碳还原冶金技术、CO_2 捕集分离储备和利用技术 技术指标： ·吨钢能耗小于 550kgce/t ·废钢综合单耗大于 300kg/t ·吨钢耗新水小于 3.0m³/t ·吨钢 CO_2 排放小于 1.6t/t 4. 建成数字化钢厂，完成智能钢厂试点，具备推广条件	1. 建成世界领先的新冶金学体系 （1）微观基础冶金学、工艺冶金学、冶金流程工程学、冶金工程生态学进一步完善提升 （2）以冶金流程工程学为基础，与信息技术结合进一步创建新的冶金信息工程学，指导冶金工程智能化设计、智能化运行、智能化管理和智能化服务 2. 高品质特殊钢将满足国内和部分国外战略新兴产业发展需要，高级钢和品牌钢成为主导产品 （1）纳米材料、复合材料、3D 打印材料得到广泛应用 （2）材料基因工程研究为材料研发和应用提供更快捷，更低成本的方案 3. 绿色、低碳和可循环发展达世界领先水平 高炉炉顶煤气回收和高效利用；新的直接还原技术和新熔融还原技术工业应用取得较好效益；高效节能大型电炉炼钢已成炼钢主流程；冶金过程污染物和 CO_2 排放得到严格控制，大部分得到综合利用 技术指标： ·吨钢能耗小于 320kgce/t ·电炉钢比为 60%～70% ·吨钢耗新水小于 2.0m³/t ·吨钢 CO_2 排放小于 1.0t/t 4. 智能制造技术达世界先进水平 5. 全面建成"创新引领、智能高效，绿色低碳"为核心的工程技术创新体系 自主创新能力大幅度提升，核心关键技术达世界领先水平，科技支撑和创新引领得到充分发挥。
主要研究方向和关键技术	冶金物理化学	1. 多元熔渣组元热力学性质实验研究，用于钢的精炼改进 2. 氧化物电解脱氧制备金属铁及合金 3. 炉渣等固体副产品或废弃物深度利用 4. 复杂多金属矿综合提取和利用 5. 冶金新工艺和新方法相关基础研究，如闪速炉用于氧化矿的还原熔炼，超重力场、电磁场用于金属提取和精炼研究，制氢、储氢和氢冶金研究 6. 冶金软科学及第一性原理应用	1. 深化冶金新工艺和新方法基础研究与工程应用 2. 建立适合于高合金钢的浓溶液理论，建立含熔渣、金属液、熔盐等溶体物理化学数据库 3. 计算冶金物化取得重大突破，跻身国际第一梯队

图 1-1

目标、研究方向和关键技术		2025年	2050年
	冶金反应工程	1. 非常规冶金熔体/特殊流体基础物性参数数据库建设 2. 多相反应过程中本征动力学参数测试和表征 3. 炼铁工艺改进和新型反应器设计 4. 炼钢工艺技术进步与高效反应器设计 5. 面向特色矿产资源的新工艺新技术开发	1. 建立冶金反应工程精准控制模型，实现冶金生产过程精准控制 2. 开发适于我国资源特点的炼铁技术 3. 开发新一代炼钢工业技术，最大化利用炼钢过程的物理热及化学能，大量消纳含铁尘泥；电炉炼钢生产效率接近转炉生产水平
	采矿	1. 防止地面污染的高效地下开采和深部开采技术 2. 复杂矿体绿色开采技术（无废、少废开采技术） 3. 矿山智能化开采和装备技术，如无人、少人自动化开采技术	1. 形成一套资源高效绿色开采技术，资源总回收达80%，能耗下降50%，三废排放下降80%，达国际领先水平 2. 深部井下选矿、排废和精矿水力提升技术，深部固体资源流态化开采技术 3. 智能化采矿装备全部国产化 4. 生物采矿，深海采矿取得突破
	选矿	1. 复杂难选铁矿石的选冶一体化基础研究 2. 新型高效绿色浮选剂设计和合成基础研究 3. 选矿设备（破、磨、预选）大型化、高效化研究 4. 高效选矿工艺技术研究（如高效细磨、高效强磁等）	1. 深化选冶一体化技术和理论 2. 选矿过程强化处理技术和理论 3. 地下采选一体化技术和装备 4. 选矿过程大数据平台建立和智能化控制和管控一体化技术
	废钢铁	1. 废钢铁按成分精细分选技术 2. 废钢铁破碎尾渣无害化处理技术	废钢铁自动检测、检验技术和装备
	冶金热能工程	1. 物质流、能量流、信息流的耦合优化技术 2. 回收利用各生产工序余热余能技术 3. 与冶金流程工程学结合开拓冶金生态工程学	1. 实现物质流、能量流、信息流网络之间"三网"协同优化和融合技术 2. 建立冶金生态工程学理论体系和方法 3. 建立以冶金工厂为核心的工业生态群
	炼铁	1. 适于提高废钢比的铁水质量控制技术 2. 开发新型高炉炼铁炉料技术 3. 高炉长寿综合技术 4. 非高炉炼铁理论与工艺技术	1. 开发二氧化碳与废物联合减排技术 2. 氢冶金炼铁应用技术建成示范工程 3. 开发非高炉炼铁工艺技术和装备
	炼钢	1. 加强高级钢、品牌钢冶金技术研究 2. 炼钢－精炼－连铸一体化协同连续智能化技术 3. 全废钢绿色、高效电炉冶炼技术 4. 高拉速、恒拉速连铸技术开发、示范 5. 炼钢车间智能化控制技术 6. 固体废弃物综合利用技术	1. 电炉炼钢流程智能化工程系统 2. 大型转炉车间智能化推广 3. 薄带铸轧技术工程化应用 4. 高效率、柔性精炼站建设 5. 二氧化碳的资源化利用技术

图 1-1

目标、研究方向和关键技术		2025年	2050年
	轧制	1. 轧制绿色化关键技术，如无加热轧制 2. 轧制智能化技术 3. 高效、高精度轧制关键技术和装备，如近终形轧制、无头轧制 4. 满足关键品种开发的工艺装备技术	1. 连铸－轧制一体化的绿色轧制技术 2. 冶金－连铸－轧制全流程工艺、质量管控，在线分析预测的智能化轧制技术 3. 新一代无头轧制、铸轧一体化技术与装备 4. 高性能钢材高精度、高均一性的精准轧制控制技术
	冶金机械	1. 完善装备设计理念，实现智能化、绿色化、服务化关键技术 2. 绿色化高炉、烧结、焦化生产装备与技术 3. 新型高炉炉顶布料装置革新 4. 大型炼钢装备技术（如新型电弧记、机械真空泵、RH\VD\VOD） 5. 连铸坯凝固末端重压下装备与技术 6. 宽幅热轧机成套装备与技术 7. 新型热连轧无头轧制装备与技术 8. 新一代超快冷装备与技术 9. 关键设备在线检测技术	1. 钢厂全流程及制造过程智能化技术（如智能机器人技术，设备运行和维护在线监测技术等） 2. 制造过程绿色化技术装备（如新型氧气高炉装备、无头轧制技术、新一代TMCP装备） 3. 适于产品高质量、高级化、品牌化的关键技术（如复合板坯、管坯轧制技术，产品内部质量在线监测、检测技术）
	冶金自动化	1. 构建面向生产管控、供应链、产品全生命周期的统一协同的信息化运行平台，建成不同流程典型企业智能化工厂示范技术 2. 研发工艺参数实时监控，冶炼和轧制工艺过程的闭环控制等重大智能装备与技术 3. 研发产品全生命周期质量管控，产供销一体化，物质流、能源流协同调配，供应链全面管理系统，形成完善的钢铁智能工厂运营支撑保障体系	1. 自动化生产技术，包括全流程在线连续自动化检测、自动控制技术，冶炼－轧制高度协同，实现满足用户个性需求、批量定制、柔性化生产要求 2. 科学化设计技术，包括制造流程离线仿真和在线集成模拟技术 3. 知识化经营技术，通过在线数据分析和数据挖掘，实现有关市场、成本、质量等数据－信息－知识的递阶演化 4. 社会化协同技术，研究物质、能源、环境动态优化，供应链全面优化，跨行业生产工厂智能设计系统，形成面向社会、网络化新型业务协作和敏捷供应链整体运作模式
	冶金流程工程学	1. 冶金制造流程中工序功能的解析－优化技术、流程动态精准设计技术、物质流能量流信息流协同计划调度技术 2. 冶金制造流程中各类"界面技术" 3. 冶金流程物理系统耗散过程的研究及耗散结构工程化模型的研究，以支撑动态精准设计理论和方法 4. 冶金流程工程学在与能源、环境交叉领域的技术发展 5. 冶金流程工程学与信息、自动化交叉领域的技术发展	1. 智能化钢厂物理系统的本构特征及其网络优化研究 2. 智能化钢厂的耗散过程与耗散结构研究 3. 产品设计智能化、生产控制智能化、供应链管理智能化和服务智能化等技术 4. 复杂网络协同与控制、大系统协同控制和分布式协同优化等技术 5. 以生态工业园、循环经济工业区为对象的废物资源化技术

图1-1 中短期和中长期发展路线图

第四节 与相关行业、相关民生的链接

冶金工程技术学科是与其他学科关联度较大的工程学科。冶金学科与材料学科、资源科学、环境学科、信息学科等密切相关，并将进一步互相融合，互相促进。冶金学科与上游产业和辅助产业也密切相关，如矿山开采和选矿业、煤化工产业、耐材行业、碳素行业、气体行业等。

一、冶金学科发展涉及下游行业较多，为下游产业转型升级结构调整提供大量基础、关键性材料

相关产业发展规划见表1-17。

表1-17 相关产业发展规划（与钢铁材料有关部分）

学科	相关产业、相关民生链接发展规划
冶金学科	1. 机械制造 （1）2020年高端装备与新材料超12万亿产值 （2）重点领域取得突破：新一代信息技术，航天航空装备，海洋工程、先进船舶、轨道交通、高档数控机床和机器人，新能源汽车、农机装备、高性能医疗器械、新材料、生物医药等十大战略重点 （3）2025年智能制造体系基本建立 （4）绿色发展主要指标达国际先进水平
	2. 汽车 （1）2025年汽车产销达3500万辆 （2）新能源汽车达150万~180万辆 （3）汽车轻量化、燃料消耗接近国际先进水平 （4）智能网联汽车，一级自动化（驾驶辅助功能）新车渗透达50%；二级自动化（有条件自动化）新车渗透达10%
	3. 船舶 （1）2025年建成船用设备研发、设计制造服务体系 （2）本土化船用设备平均装船率达85%，成为世界主要船用设备制造强国
	4. 家电 （1）产品高档化、能效升级 （2）产品大容量发展，如多开门冰箱、大容量洗衣机 （3）厨房电器新品类上升，如高端油烟机、高端燃气灶等

续表

学科	相关产业、相关民生链接发展规划
	5. 铁路 （1）到 2025 年，铁路网规模达 17.5 万千米，其中高铁 3.8 万千米 （2）基本实现内外互联互通，区际多路畅通，省会高铁联通，地市快速通达，县城基本覆盖 （3）发展现代化高速铁路网 **6. 公路** 到 2030 年，国家公路网规划达 40.1 万千米，由普通国道（15.92 万千米）和高速公路（11.8 万千米）两个路网构成，全面连接县以上行政区交通枢纽、边境口岸和国防设施。高速公路（3.84 万千米 + 11.8 万千米）全面连接地级系行政中心及 20 万人口的中等城市 **7. 地铁** 目前开通城市轨道 27 个，总里程达 3300 km，到 2020 年将新增城轨里程 2400 km、投资 1.6 万亿元 **8. 水运** （1）截至 2015 年，沿海港口千吨以上泊位 5114 个，万吨以上泊位 2207 个，码头通过能力 79 亿吨，其中集装箱 1.274 亿 TEU。高等级航道达标里程 1.36 万千米 （2）到 2020 年，长江黄金水道类和高等级航道功能显著提升，海运大国向海运强国迈进，建成有国际影响力的现代海运体系 **9. 房地产** （1）建筑用钢材是钢材消费量最大的品种，约占 50%，而房地产建筑用钢又占建筑用钢的 50% 以上 （2）2016 年房屋施工面积 745122 万平方米，同比上升 2.9%，房屋新面积 151303 万平方米，同比上升 7.6% （3）国家大力发展节能省地型住宅和建筑，希望钢结构用材占全国用钢材 10%，钢结构住宅占房屋总面积的 15% **10. 能源** （1）煤炭：2016 年全国煤炭消费量约 34.9 亿吨（1~11 月），2020 年全国规划煤炭控制在 30 亿吨 / 年 （2）水电：目前水电装机容量达 3.0 亿千瓦，年发电量 1 万亿千瓦时，2020 年水电装机容量将达 3.8 亿千瓦，年发电量达 1.25 万亿千瓦时 （3）风电：到 2015 年年底，风电并网装机达 1.29 亿千瓦，年发电量 1863 亿千瓦时，占总发电量的 3.3%；2020 年，风电发电量将达到 4200 亿千瓦时，占全国发电量的 6% （4）核电：到 2020 年核电装机容量达 5800 万千瓦，在建容量达 3000 万千瓦以上 **11. 海洋工程** （1）海底油气田开采，矿产资源利用和输送工程用钢材 （2）海上固定平台、海底管线 （3）浮式生产储游轮，（FPSO）钻井平台，大型起重船，半潜式自航工程船，深水多功能工程船 **12. 城市服务产业** （1）市政道路桥梁、公园、公共设施建设 （2）城市住宅和钢结构建设

续表

学科	相关产业、相关民生链接发展规划
	13. 节能环保产业 （1）城市污水处理 （2）冶金余热，余热回收给城市供热 （3）城市垃圾无害化处理 （4）城市土壤，沿河沿海改造

二、涉及民生领域

（1）随着冶金行业转型升级和推进多元化发展，涉及不少民生领域，如城市服务产业、市政道路、桥梁、城市绿化、公共设施投资等。

（2）节能环保产业，冶金行业利用具有高效能源转化和消纳废弃物功能为城市的污水处理，余热回收提供市政、城市废弃物处理、城市垃圾处理、土壤改良等提供服务。

第五节 政策建议

（1）要建设具有中国特色、面向绿色化、智能化的冶金工程学科体系。要形成微观基础冶金学（冶金过程物理化学）、工艺冶金学（炼铁学、炼钢学、冶金反应工程学、冶金热能工程学等）和动态宏观冶金学（冶金流程工程学、冶金生态工程学、冶金信息工程学等）相互支撑的新冶金工程学科体系。

（2）当前应大力推动动态宏观冶金学进入大学本科必修课教育，特别是冶金流程工程学。

（3）绿色化、智能化是冶金工业和其他重化工行业的发展方向，冶金流程工程学应作为冶金企业、研究院、工程设计院以及相关大学的教师继续教育的重要内容。

（4）提高行业和学科自主创新能力建设，完善行业科技创新体系和创新支撑体系建设。

国家应从政策上（税收、金融）、法规上（知识产权劳动就业高级人才培养）制定鼓励创新、激发创新、营造创新环境，加大科技投入，特别是基础研究的投入，统筹协调行业发展战略、科技、教育、人才规划。建立和完善知识产权保护和服务市场和技术交易体系，建立高水平的产学研用创新联盟和技术研究平台，突破行业重点关键共性技术。全面建设"创新引领智能、高效、绿色、低碳"为核心的冶金工程技术创新体系。

（5）以淘汰落后产能和控制过量出口为切入点，调整产业结构，提高企业竞争力和可持续发展能力。

（6）实行严格资源环境政策，倒逼行业绿色发展。

征收资源税（如水资源、水环境容量）、环保税。实行开发资源收费制，限制高能耗产品的生产，鼓励高附加值和名牌产品的研发和生产，建立行业绿色发展监督评价体系。

对资源节约环境保护有重大意义的工程科技项目，从财政、金融、税收等方面进行扶持和奖励。

（7）加大科技投入，推动行业数字化、智能化发展。

由于目前行业数字化、智能化发展参差不齐，建议：①统一规划指导智能化发展；②建立专项资金，出台积极财政政策，通过无偿资助贷款贴息，补助（补贴）资金，创投风险资金等，支持冶金工业数字化、网络化、智能化制造关键技术研发产业化应用；③推动产学研用共建国家级智能化制造技术中心，促进自主创新成果产业化。

（8）促进学科之间交叉融合，形成多学科工程科技的整体优化。

鼓励科研人员跨越界限，促进不同学科专家学者之间的联合、协作。加强学科交叉和领域融合，采取利益引导、学术环境建设等来克服人为学术分割，组织机构僵化，人员流动受限的阻碍，建立流动开放融合的新机制。

（9）加强知识产权体系和技术标准体系建设，加强创新成果转化和产业化步伐。

加强重大发明专利、商标等知识产权的申请、注册和保护，鼓励国内企业申请国外专利。

制定和实施新兴产业标准发展规划。加快重要标准研制速度，健全标准体系，提升钢材质量标准，缩小与国际先进标准差距。

（10）加强对领军人才和骨干科技人才的培训、培养和激励。

通过现有冶金高校、研究院所、企业研究中心和关键岗位的继续教育和培训，培养和锻炼一大批适应现代冶金科技发展的科技创新人才、科技管理人才和高技能人才，完善有利于人才培养成长的通道建设和发挥才能的激励机制，形成鼓励创新宽容失败的创新文化。

参考文献

[1] 国家统计局，中国统计年鉴[M]．北京：中国统计出版社，2006—2015．

[2]《中国钢铁工业年鉴》编辑委员会，中国钢铁工业年鉴[M]．北京 2011—2016．

[3] 中国金属学会，中国钢铁工业协会．2011—2020 中国钢铁工业科学与技术发展指南[M]．北京：冶金工业出版社，2012．

[4] 中国科学技术协会主编，中国金属学会编著．2012—2013 冶金工程技术学科发展报告[M]．北京：中国科学技术出版社．

[5] 中国钢铁工业协会．中国钢铁工业发展报告[M]．2013 北京（内部资料）．

[6] 中国钢铁工业协会．钢铁行业 2015—2025 技术发展预测[M]．北京 2014（内部资料）．

[7] 中国金属学会年度报告（2012—2015 年），北京 2015，2014，2013，2012（内部资料）．

[8] 制造强国战略研究项目组．制造强国战略研究（二）钢铁工业强国战略研[M]．北京：电子工业出版社，2015．

撰稿人：洪及鄙　苏天森

第二章 冶金物理化学

第一节 学科基本定义和范畴

冶金物理化学又称冶金过程物理化学，是将物理化学应用于冶金过程，以实验为基础产生的学科。冶金物理化学与钢铁冶金、有色金属冶金同属冶金工程学科，但研究的特点不同，冶金物理化学是冶金工艺技术的理论基础。

为适应当时冶金工业发展的需求，启普曼（Chipman，美国）、申克（Schenck，德国）等在20世纪30年代创立了冶金物理化学学科，其发展对当时钢铁生产技术的进步起到了推动作用。魏寿昆院士的导师申克教授，1932年出版了 *Introduction to the physical chemistry of steelmaking*，这是冶金物理化学第一本专著，对冶金物理化学学科的发展有重要的影响。

我国冶金物理化学学科由魏寿昆、邹元爔、陈新民、邵象华等老一代科学家在20世纪50年代创立。历经五六十年的发展，已成为包括冶金熔体与溶液理论、冶金过程热力学、冶金过程动力学、冶金电化学等主要分支并具有重要国际影响的学科。计算机和计算技术的发展，使计算冶金物理化学在20世纪末成为冶金物理化学一个新的分支；环境问题的严峻挑战、国民经济可持续发展的战略需求，使得资源与环境物理化学逐渐成为我国冶金物理化学的又一个新的分支。

第二节 国内外发展现状、成绩、与国外水平对比

一、冶金熔体与溶液理论

1. 复杂熔渣体系物理性质的测定与预报

冶金熔体的物理性质包括密度、黏度、表面及界面张力、导热系数、电导等。这些性质又取决于熔体的微观结构。其中，复杂熔渣体系的物理性质又影响金属及合金

的熔炼和精炼过程,如熔渣的黏度与钢中夹杂物的上浮和分离、精炼反应的速度等密切相关;熔渣的电导率直接影响电渣重熔过程的电流效率和工艺参数的选取等。

近年来,我国学者对冶金熔体的研究主要集中于复杂熔渣体系的黏度、电导及相关体系的结构方面。例如,对不同含钛氧化物熔渣的黏度进行了一系列的实验测定,还测定了含钒、铬及钛等多种变价金属氧化物炉渣的黏度。前者对钛磁铁矿的熔炼和高钛渣的综合利用具有实际意义;后者与多种合金钢精炼有密切关系。实验还测定了含钛熔渣在不同氧分压下的电导,这些信息对用电化学法进一步富集和提取熔渣中的钛氧化物具有实际应用价值。熔体的物理性质决定于其结构,在进行上述研究的同时,相关作者所还采用了拉曼光谱(Raman)、核磁共振(NMR)及付立叶红外光谱(FTIR)等近现代方法研究了相应熔渣体系的结构。

周国治院士曾提出新一代统一的溶液模型来计算完全互溶的溶液(包括熔体)的热力学性质,后将此模型推广到预报溶液(包括熔体)的其他物理化学性质。20世纪初又提出了质量三角形模型,预报了局部互熔熔体的物理化学性质。但是,鉴于实际应用中尚缺乏相应的二元系的完整的物理化学性质数据。针对这一情况,周国治院士等学者提出了基于硅铝酸盐熔体(如高炉渣等)结构,计算其中氧离子含量、预报复杂熔渣体系黏度和电导率的新模型。首先以 $CaO-MgO-Al_2O_3-SiO_2$ 四元渣为主要对象,建立了首个能够成功预测含 Al_2O_3 熔渣体系电导率的模型。又定义了不同类型的氧离子来描述硅铝酸盐熔体的结构,提出计算氧离子含量的方法。基于不同类型的氧离子浓度的估算,用所建立的黏度模型预测了含 MgO、CaO、SrO、BaO、FeO、MnO、Li_2O、Na_2O、K_2O、Al_2O_3 和 SiO_2 熔渣体系黏度随成分和温度的变化关系,并成功地解释了其他黏度模型无法解释的 $CaO-Al_2O_3-SiO_2$ 熔体中加入 K_2O 后黏度上升等现象。在此基础上,还建立了硅铝酸盐熔体电导率和黏度的定量关系。其后又拓展了模型中熔体的成分范围,将 CaF_2、TiO_2、Fe_2O_3、P_2O_5 也包括在内,即将高炉、氧气炼钢、钢包精炼及连铸保护渣都包括在内。以上成果在国内外获得一致肯定和热烈反响,部分成果已被 K. C. Mills 等国际知名学者引用。

近期国际同行对复杂熔体物理性质的研究同样十分重视。其中,有些实验研究更接近于生产条件。例如,澳洲学者测定了与金属铁处于平衡条件下含铁氧化物熔渣的黏度;瑞典学者测定了泡沫渣的表观黏度等。多元熔渣黏度的预报在国外也得到重视,如澳洲昆士兰大学学者建立的以高炉渣型为主的熔渣黏度预报模型,德国学者以缔合溶液模型为基础的多元熔渣黏度预报模型等。

2. 连铸保护渣和精炼渣的结构和性质研究

除了钢水的内在质量及连铸的工艺外,连铸保护渣的性质对铸坯的质量起着关键性的作用。因此,国内外对连铸保护渣的研究一直给予足够的重视。其研究的重点集中在几个方面:①以碱金属氧化物和(或)三氧化二硼部分或全部替代氟化钙,开发无氟或低氟保护渣以降低环境污染;②硅铝酸钙型(CAS)保护渣在高铝高强度钢(如 TRIP 及 TWIP)连铸中的应用;③以二氧化钛取代部分二氧化硅的保护渣用于钛稳定的不锈钢连铸的研究。

应指出,与国外同类工作相比,我国学者的上述工作在选题及研究手段与方法上与国外同步。例如,普遍地使用了拉曼光谱等手段研究相关保护渣的微观结构及结晶特性;温度时间转变图(TTT)、连续冷却转变曲线图(CCT)及单一热电偶技术(SHTT)已成为各种不同的连铸保护渣结晶特性及热辐射性质研究的常用手段;还将分子动力学模拟(MD)方法用于 CAS 渣的研究,考察 Al_2O_3/SiO_2 比变化对渣结构的影响等。这些研究有利于解决在工业生产中控制渣成分的问题。应该说,在连铸保护渣研究领域,我国与韩国、加拿大、德国等国家同处于国际前沿位置。

3. 熔渣组元热力学性质与相关的相平衡

过渡族金属铌(Nb)与钒(V)和(或)钛(Ti)等作为钢中的微合金化元素,能够细化钢的晶粒,提高钢的强度而不降低其韧性;金属铬(Cr)是提高材料抗蚀性的重要变价元素。数年前,我国有关的研究只集中于这类材料的组织和性能与这些元素含量间关系上。近年来,我国学者已经开始了相关熔渣的热力学研究。例如,测定了电渣炉渣精炼条件即 16000℃、低氧分压下,渣中二价及三价铬氧化物的活度系数;在 2012 年举行的第九届国际熔渣、熔剂及熔盐学术会议上还报告了含铌氧化物炉渣中相平衡研究的初步结果等。

围绕攀枝花钒钛磁铁矿高炉冶炼过程产生的大量高钛渣,我国学者进行了一系列工作,主要为以黏度为主的物理性质和相关渣系的相图研究。

冶金熔体如熔渣、液态金属等的存在温度高,对耐火材料的侵蚀性大,离子型组元存在的价态与氧势的关系密切,这些都使其热力学实验研究十分困难。可喜的是,近年来我国加大了在此研究领域的投入,取得了如上所述的代表性成果。

4. 金属熔体、熔锍及熔盐等的热力学及物理化学性质

自 20 世纪 50 年代至 21 世纪初,我国学者在金属熔体热力学性质领域曾进行大量卓有成效的研究,其中包括魏寿昆院士等在 20 世纪 70 年代关于钢液中氧活度的研

究及关于铁液中砷活度及铁铌合金液中铌的活度等。这些研究分别对钢的精炼、铁水除砷及铌铁合金的熔炼起到重要指导作用。同期，北京钢铁研究总院、北京科技大学、东北大学等单位学者还研究了钢液及铁液中镧和铈等稀土元素的热力学性质，并指导了它们在钢和铸铁中的应用研究，有效改善相应材料的组织和性能。20世纪90年代以前有关金属熔体物理化学性质的研究成果基本上收录于冶金专著、教材中，相应的数据大部分汇总于如Thermocalc等合金材料计算软件中。

由于金属熔体的熔化温度比熔渣更高且极易氧化，对耐材的侵蚀性也很强，其实验研究比熔渣更困难，投入也要更大。鉴于这些原因，近年来我国对于金属熔体（包括含稀土的熔体）物理化学性质的研究主要集中在相关的预报模型领域，相关的实验研究则相对较少。

熔锍是重有色金属（如铜、镍等）火法提取冶金过程的主要中间产物。掌握熔锍相关物理化学性质、相平衡及相图等信息对实现重有色金属冶金生产过程优化控制十分重要。遗憾的是国内近年来在此领域的投入不足，相关的研究有待加强。

氯化物熔体、氟化物熔体等是电化学冶金中的主要电池电解质材料，对于不同化学组成的熔盐体系的研究主要集中于以电导率为主的物理性质方面，这对于优化熔盐电解的工艺、提高电流效率非常重要。例如，在进行铝、钛、稀有金属、稀土和难熔金属的电化学提取的研究中，对相关的熔盐体系的电导率曾进行了一系列的研究。

5. 我国冶金熔体和溶液理论研究与国际先进水平的比较

与西方先进的工业化国家及近邻日本、韩国等相比，我国在研究的深度和广度上都存在一定差距。例如韩国学者测定了与熔渣关系密切的高温复杂氧化物 MnV_2O_4 在1550℃的Gibbs标准生成自由能，系统地研究了铬氧化物的热力学性质。长期以来，澳洲学者对含氧化铁的多种炉渣的相平衡进行了系统的研究，这些工作对钢的精炼、多种有色金属的熔炼具有应用价值；又如，比利时学者研究了 $CaO-SiO_2-Nd_2O_3$ 三元系中的相关系，这对稀土金属钕的回收利用具有指导意义。在相关体系热力学性质的计算方面，澳大利亚和加拿大学者的成绩突出。由上述比较可见，在复杂三元系和多元系热力学性质的实验研究与预报方面，我国与加拿大、澳大利亚等国还是有一定差距的，尤其是实验方面的研究工作尚待加强。

还应注意，在金属熔体领域，无论是铁基熔体还是其他金属为基的熔体，无论属于稀溶液还是属于浓溶液范畴，国内外近年来发表的实验研究成果甚少，急待突破性的发展。

二、冶金过程热力学与动力学

金属的熔炼和精炼过程的热力学和动力学研究对制定合理的工艺，从而提高产品质量和生产效率至关重要。钢铁冶金中熔渣的脱磷能力（磷酸物容量或简称磷容）、脱硫能力（硫化物容量或简称硫容）关系着铁水和钢液的质量。洁净钢要求的硫、磷及氧含量很低，相应地对生产流程中熔炼和精炼环节中渣的物理化学性质要求也就更苛刻。虽然脱硫、脱磷是经典问题，但这类问题的深度研究仍具理论意义和实用价值。在硫容研究方面，我国学者用气/液平衡热力学方法测定了 1550~1625℃ CaO-MgO-Al_2O_3-SiO_2-CrOx 渣的硫容。在脱磷研究方面，通过高温热力学实验及计算得出了碱金属添加剂（Na_2O、K_2O）提高磷在 CaO-SiO_2-FetO-P_2O_5 熔渣和碳饱和铁液间分配比的作用，定量研究了这一作用的影响因素，所得结果对优化铁水炉外脱磷的操作具有实际意义和应用价值。在氧气转炉炼钢脱磷方面，我国学者注意到多相脱磷渣（液相渣 –2CaO·SiO_2）技术的出现，研究了磷从液态渣到 2CaO·SiO_2 固相中的传质动力学。此外，对高磷的鲕状赤铁矿在氢与甲烷混合气体还原过程中磷的行为进行研究，有利于合理地综合利用我国的这一铁矿资源。

在国际上，近年来有关脱硫脱磷等问题有较为深入的讨论。例如，对硫容的研究涉及不同的冶金过程，包括铁水预处理及钢包精炼等。特别是发现了氧势对含多价态金属氧化物组元熔渣的硫容的影响，并注意到了硫容概念的某种局限性。美国、韩国和加拿大学者对于脱磷过程物理化学进行了更为深入研究，我国学者对还原条件下脱磷的物理化学进行相关的基础研究。在这些领域，虽然与过去相比我国进步不小，但与西方国家和韩国等仍存在明显的差距。

洁净钢生产涉及的核心是夹杂物问题。钢液中夹杂物的生成、运动和去除是复杂的物理化学过程与很多因素有关，包括钢液和熔渣的物理化学性质、精炼和（或）连铸的工艺、耐火材料的化学及相组成等多种因素。关于不同钢种在使用不同镇静剂及脱氧剂精炼条件下夹杂物的生成、相组成、相态、性状演变和去除，我国学者进行了大量的深入研究和讨论。从已经发表的研究工作来看，我国学者近年来的工作不仅在量的方面超过其他国家，在研究的深度和广度也不输日本、韩国等国家的学者，相关论述的主要部分是炼钢学科分报告的内容。应指出，精炼过程中夹杂物的生成与去除的核心问题仍是钢液脱氧反应的热力学与动力学，而对钢液、渣相、气氛和耐火材料这种多组元多相体系中热力学平衡的研究特别是其中氧的平衡的研究，有助于更深入地研究和理解脱氧反应的热力学,有利于改进洁净钢的精炼工艺。可喜的是,我国学者的研究已开始深入到这一层面,与国外同类工作同处国际先进水平。

还应指出,近年来我国冶金动力学的理论研究水平有明显的提高。例如,对于气固反应动力学,提出了基于真实物理图像的气固反应动力学模型(RPP模型);又如,将不可逆热力学引入冶金过程,从一个新的角度研究和分析过程的动力学等。这些都成为我国冶金动力学研究的新特色。

三、冶金电化学

周期表中第四、五族金属及稀土金属等与氧的亲和力极强,要在很高的温度下才能用火法从氧化矿物中将它们还原出来,所以还原的能耗也是很高的。碱金属、碱土金属的熔盐体系熔化温度远低于氧化矿物的还原熔炼温度。如果能在熔盐体系通过电解沉积的方法获得金属或合金,将会减少环境污染和能耗。所以,国内外科技人员极为重视熔盐电化学法提取稀有金属(如钛、锆、铪等)、稀土金属和直接制备其合金技术研发。英国的 D. J. Fray 教授在 2001 年提出二氧化钛直接电解的技术(FFC法)用以获得钛和其他一些稀有金属。我国学者曾提出将碳热还原与熔盐电解的 FFC 法结合,用钛精矿或高钛渣制备金属钛和钛合金的新技术。与 FFC 法相比,该法在电流效率和过程速率方面都有较大的提高。

近年来,我国冶金电化学发展的主要成绩还体现在利用熔盐电解法获取稀贵或难熔金属、高纯金属、它们的合金及金属间化合物等方面。例如,利用氯化锂与氯化钾共熔体为电解质在镍阴极上合成了镍–铽金属间化合物。又如,以氯化钙熔盐为介质,在 950~1050℃实现电化学脱氧,从含钛、钙、镁、铝的复合氧化物中,获得 Ti_5Si_3 化合物,实现钛与钙、镁、铝的分离;在多元氯化物与 AlF_3 的共熔体中制备镁、铝、钇合金等。此外,我国学者应用冶金物理化学理论与实验技术,在绿色清洁能源如锂离子电池材料等方面也取得令人瞩目的成绩。

金属钛及钛合金在国防、航天事业中具有重要战略地位,而钛冶金中氯化加金属镁热还原的传统的 Kroll 流程成本高,污染严重,所以从含钛矿物及钛冶金中含钛副产物以绿色环保的方式经济有效地提取钛,多年来一直是我国和国外冶金电化学研究的一个重点。近年来国内外研究的内容,既包括具体的应用研究,也涉及相关的基础研究。

从总体上看,在冶金电化学领域中,我国在熔盐电化学方向的研究与国际先进水平大体相当。

四、资源与环境物理化学

国内外资源与环境物理化学研究的重点：一是探求改进现有的冶金工艺技术路线的途径，使生产过程更高效、能耗更低、排放更少，或是开发新的工艺技术路线达到高效和清洁生产的目的；二是研究冶金和其他工业废弃物有效回收利用的技术和途径。鉴于我国铁矿资源多为贫矿和（或）多金属复合矿，长期以来我国学者的研究多集中于攀枝花含钒钛磁铁矿和含稀土的内蒙白云鄂博铁矿的综合利用领域。另外，从铬矿获取各种铬产品的清洁生产流程的开发也是研究的重点。

1. 钛磁铁矿和高钛渣的综合利用

除了前面曾提到的将碳热还原与熔盐电解的 FFC 法结合，用钛精矿或高钛渣制备金属钛和钛合金的技术，近年来我国学者还在攀枝花钛铁矿的综合利用方面做了大量的研究。例如，提出了用高钛高炉渣合成钙钛矿和真空熔炼高钛渣获取高品位二氧化钛的方法，并研究了这些过程的机理。

同期，日本学者提出了用选择性氯化的方法从钛精矿和高钛渣中除铁得到高品位的二氧化钛。

2. 重金属矿开发利用的绿色过程研究

铬和钒等金属矿的成分复杂，这类金属的提取过程产生的污染较大，用绿色过程处理这类金属矿物，清洁生产各种重金属产品多年来是以张懿院士为首的中科院绿色过程工程实验室的研究目标。例如，曾提出以亚熔盐态的碱金属氢氧化物为反应介质，在常压、较低温度下高效、高选择性地用铬铁矿生产铬盐的新工艺技术，并获 2005 年国家技术发明二等奖。该团队从 1994 年起，用 20 年时间完成了亚熔盐铬盐清洁生产技术从实验室技术研发到万吨级产业化过程。新技术将资源利用率由原来的 20% 提高到 90% 以上；由传统工艺原来 1200℃ 的高温焙烧反应转变为新技术的 300℃ 左右的亚熔盐新反应介质处理过程，节约了大量能源；反应介质近百分之百地再生循环利用。传统的由氧化钙焙烧工艺产生的铬渣，必须采用无害化技术还原其中的六价铬，才能填埋堆放，或作为炼铁和水泥原料。新技术产生的含铬铁渣，经脱铬后生产脱硫剂产品。

作为上述铬盐清洁生产技术的延伸拓展，该团队与企业合作，开发了含铬钒矿的清洁处理技术，建成了钒铬分离清洁生产新技术的万吨级示范工程，进行铬与钒两种金属的萃取分离，同时得到合格产品，该项目获得 2013 年国家技术发明二等奖。

上述亚熔盐处理重金属矿，清洁生产重化工产品的技术曾进一步延伸到我国中低品位铝土矿综合利用和解决赤泥污染难题；此项技术还已延伸到提出制备二氧化钛的优化工艺，以低碱耗、低成本处理钛铁矿或高钛渣，将其中的钛转化为钛酸盐中间体，并实现钛与钙、镁、铁的分离。

3. 钢铁冶金固体副产物及废旧电子产品的综合利用

近年来，我国粗钢产量达到世界粗钢总产量的近一半，为7亿~8亿吨，同时产生大量冶金渣及其他固体废弃物。目前，占钢产量接近40%的高炉渣因其化学成分与天然岩石和硅酸盐水泥相似，使其作为水泥等建筑材料原料回收利用较充分；而占钢产量约1/4的炼钢炉渣，因含游离氧化钙而具有不稳定性，加上成分复杂，其综合利用率仅达到22%。

近年来，我国科技人员在冶金固体废弃物的综合利用和无害化处理新技术及相关基础研究取得不少进展。例如，在一些特殊成分高炉渣的利用方面，先后对利用富硼高炉渣合成 α′-赛龙-氮化铝-氮化硼复合陶瓷粉末、利用高钛渣合成氮化钛/O′-赛龙陶瓷，并进行了相关基础研究。特别是在高钛高炉渣的利用方面进行了大量深入的基础和应用研究，这还成为我国在资源与环境物理化学研究的重要特色。

近年来，随着智能手机及电脑等电子产品的普及，废弃电子产品量大增。在这些电子产品中含不少有价金属，如镍、钴、锂和金银等，遗弃它们不仅造成资源浪费，还会引起严重的环境污染。最近，安徽工业大学学者利用 Al_2O_3-FeO_x-SiO_2 三元渣系，从废弃智能手机中提取有价金属，得到含少量金和银的 Cu-Fe-Sn-Ni 合金，依据相关渣系与合金系相图的知识确定提取用渣的成分和温度等条件，这几种金属的提取率可以达到95%。此外，国内外从废弃电子产品中提取有价金属的技术发展较快。例如，用 MnO-SiO_2-Al_2O_3 渣系从废弃锂离子电池中得到 Co-Ni-Cu-Fe 合金，用冶金废渣从废弃镍氢电池中提取稀土金属等。

4. 与国际先进水平的比较

从总体上看，我国资源与环境物理化学近年来发展较快，已大大缩小了与国际先进水平的差距。其中，由于矿产资源的特点所致，我国在钛铁矿和高钛渣的综合利用基础研究领域已处于国际前沿水平。在清洁利用金属铬等矿物的基础研究与绿色生产流程开发方面处于国际先进水平。在废弃电子产品的回收利用研究领域我国与国际先进水平同步。但是，从总体上看，在将研究成果转化为先进的技术，以及将先进技术转化为生产力方面与国际先进水平存在较大差距。

在钢铁冶金废渣作为普通建筑材料的原料利用方面，从研究到生产，我国都达到国际前沿水平。值得注意的是，日本等国在炼钢炉渣开发利用的研究方面出现的一些新动向。例如，对于如何避免在处理不锈钢渣时生成的六价铬，以减少环境污染，有利于回收不锈钢渣作为建材的原料使用进行了研究。又如，通过实验提出用高温碳还原方法将炼钢炉渣中的磷还原出来，与还原出来的铁熔合得到磷铁，加以利用，剩余炉渣中的磷已降到 0.3% 以下，可以返回作为炼铁熔剂使用；还可用铝铁将 SiO_2-Al_2O_3-CaO 渣中硅还原到铝铁中。此外，因为炼钢炉渣中含二价铁，氧化钙及二氧化硅等成分，日本学者已开始研究利用炼钢炉渣作为营养物质，以利于海藻等的生长，来修复岩石裸露于海水中的近海的生态环境。

五、计算冶金物理化学

计算冶金物理化学是将数学方法、计算机技术与物理化学原理结合，并应用于冶金物理化学研究，在 21 世纪初形成的一个新的学科分支。例如，基于热力学平衡体系的吉布斯自由能最小原理、计算机数据库技术和一些必要的热化学数据，可以进行合金或熔渣的相图计算。又如，根据流体力学的质量、动量和能量守恒原理及冶金反应器的几何和操作等基本参数，可以计算中间包等冶金反应器中的流场和温度场等。

用计算冶金物理化学解决问题的三个基本要素是数学模型（包括基本原理、定理和定律等）、必要的基本数据和计算机计算方法。其中，前两者为冶金物理化学的研究内容。目前，计算物理化学对于不发生激烈化学反应的过程中的物理现象，如连铸过程中的三传等的预报效果较好。例如，某些钢包冶金过程可以简化处理为仅含一两个主要的化学反应，其过程动力学预报也收到较好的效果。

除了前述有关溶液热力学和物理性质计算的通用的理论模型外，我国计算物理化学研究近期也取得一些进展。例如，先后提出了硅基熔体中组元活度的模型及含磷、钒、钛的铁合金中组元活度模型，二者分别对太阳能电池板用硅的生产及高钛渣的综合利用具有指导意义。此外，在冶金过程研究方面，如中间包及气体搅拌的钢包中的流场、传质、夹杂物的行为，钢包中的炉外脱硫动力学、凝固及电磁冶金过程等的模拟和预报等都有新突破。与国外同类工作相比，我国在不含复杂化学反应的冶金过程流场、温度场、电磁场及浓度场预报领域的研究与国际先进水平同步。

对于含复杂物理化学反应的冶金过程模拟，我国与国际先进水平存在明显差距。此外，我国计算冶金物理化学所应用的计算工具，无论是三传的计算，还是相图或热力学的计算基本上都是用国外的软件，我国缺少具有自主知识产权的相关软件产品。应该指出，现有不少软件还是我国出生的华裔科学家编写的。

六、我国冶金物理化学发展的特点及与国际同类学科的比较

我国冶金物理化学近年来发展较快，而且所包含的学科分支或门类比所有其他国家都要齐全，本学科在总体及各个分支的研究水平近期都有不同程度的提高。其重要表现之一是高水平论文的数量增加较快。例如，在 2012 年前后，在国际几大冶金杂志，*Metallurgical and Materials Transactions B*、*ISIJ International* 及 *Steel Research International* 刊登的我国学者论文的比例为 25%~30%。但是，2015 年和 2016 年这一比例已提高到 45%~50%。我国主办的有影响的国际会议增加，交流的深度和影响得到国际同行公认。

还应看到，我国冶金物理化学各分支以及同一分支的不同研究方向上，发展的基础和水平是不同的，下面将分别叙述。①溶液热力学和物理性质的通用的理论模型、铬钒等金属矿开发利用的绿色过程研究及开发、钛资源的综合利用等领域处于国际先进水平；②熔渣（包括连铸保护渣）物理性质的测定、洁净钢精炼过程中夹杂物的行为、稀有金属提取的熔盐电化学及冶金反应器物理场预报等处于国际前沿水平；③在熔渣热力学、相关相平衡与相图实验研究，以及冶金反应过程预报等领域，我国近期虽发展较快，但与国际先进水平相比还存在比较明显的差距。基于这些研究的计算冶金物理化学研究水平同国际先进水平同样存在明显的差距；④在冶金过程热力学与动力学领域，相比西方及日韩等国，我国进行的实验研究较少，已发表的工作尚待深入。此外，在看到我们取得的成绩的同时，还应注意到与发达国家相比我们的研究工作还存在创新力度不足，特别是缺少独创性研究等普遍性问题。

第三节 本学科未来发展方向

一、冶金熔体

1. 熔体物理性质

由于合金钢精炼过程控制的需要，低氧分压下的含多价态金属氧化物（包括过渡族金属氧化物）的熔渣物理性质测量将成为今后一段时期研究重点。此外，基于过程控制的需要，在接近实际生产条件下（如泡沫渣及多相平衡状态下等）的熔体物理性

质也将是今后一段时期的研究重点。

2. 熔体热力学、相平衡与相图

含过渡族金属氧化物的复杂熔体热力学的研究将得到重视，以适应合金钢特别是低合金高强度钢研发和生产的需要。基于同样的理由，低氧分压下含过渡族金属氧化物（包含 TiO_2 或含稀土氧化物等）熔渣相平衡和相图也将是重点之一。此外，硅基熔体热力学性质研究也将得到加强，以适应太阳能作为清洁能源发展的需要。

3. 高铝钢连铸保护渣及无氟连铸保护渣

这两类连铸保护渣的结构、性质及连铸过程反应模型及成分变化的研究将得到进一步加强。前者是高铝钢研发的需要，后者是为环境保护的要求。

二、镍合金、钛合金等非铁基合金精炼物理化学、稀土提取物理化学

镍合金、钛合金虽需求量远不及钢铁材料大，但它们是重要的航空航天及国防事业中的重要材料，稀土是影响电子科技及国防事业发展重要元素。基于这些原因，目前国外对于镍合金、钛合金等合金精炼的物理化学，以及稀土提取物理化学十分重视，估计将有较快的发展。

三、铁矿还原新方法的研究

在钢铁生产过程中高炉生产排放的二氧化碳占人类生产活动和生活总二氧化碳排放量的 2/3，为实现大幅度减排二氧化碳的目标，以美国为主的西方国家已经开始并将继续进行铁矿还原三种主要新方法的研究。

1. 悬浮炉气体还原法

利用悬浮状态下的铁矿粉被氢气、天然气或其他还原性气体快速还原的原理得到金属铁。此法效率高、速度快，可省去造块烧结等步骤，一般可减排二氧化碳 30% ~ 60%。

2. 熔融氧化物电解法还原

氧化铁与二氧化硅和氧化钙形成的熔渣，在 1600℃下电解，在阳极产生氧气，在阴极产生金属铁。此法还可以用于铬、钛、镍、锰等金属的生产。从原理上讲，用熔融氧化物电解法还原可以完全排除二氧化碳的产生，关键是电解所用的电能应是清洁的方法廉价获得的。该方法要付诸工业实践，还需要解决一系列基础研究层面上的问题，例如无碳电极的选择、电解池的效率和优化的设计等问题。

3. 氢还原

用氢作还原剂，还原的产物是金属和水，二氧化碳减排幅度最大。主要的问题是如何以经济、高效、无污染的方式获得氢气。

四、资源与环境物理化学

1. 二氧化碳的分离、回收技术的相关基础研究

钢铁生产是工业生产中二氧化碳的排放大户，如果能用经济、高效的物理的或（和）化学的方法分离和回收排放的二氧化碳，就能实现它的再利用，达到减排的效果。日本等国正在并将继续进行此项研究。

2. 以炉渣为主的冶金固体副产物及废弃物深度利用的研究

炉渣中含有的氧化钙、二氧化硅、氧化锰、氧化铁等组分。寻求经济、高效地深度利用炉渣中这些有价元素的方法一直是冶金物理化学研究的重点之一。例如用它们生产锰铁、硅铁，或用不锈钢的炼钢炉渣来获得铬铁等。

3. 电化学法制备金属及合金的基础和应用研究

电化学冶金可以避免传统的火法冶金所需的高温以及二氧化碳的高排放。如前所述，用熔盐电解法提取稀有金属和直接制备其合金的研究已广泛证明了其可行性。进一步的研究将主要集中于电极材料选择、电池的设计、提高电流效率的有效途径及卤素气体的回收等问题上，以期在绿色、高效、经济几个方面有所突破。

近期电化学冶金中氧化物直接电解法研究受到重视。这一方面与很多金属的天然矿物为氧化矿及氧化矿直接电解释放出的是无污染的氧气有关，也与目前国际上对治理环境污染问题前所未有的高度重视有关。估计在今后很长一个时期里，氧化物直接电解法研究会是电化学冶金的另一个研究重点。

五、计算冶金物理化学的发展

自20世纪70年代起，冶金过程模拟已经发展成为一个重要的学科方向。但是，主要还是应用计算流体力学软件模拟冶金过程中的物理现象。近年来，将物理现象与化学反应结合模拟过程逐渐成为一个发展趋势，并使得预报参与冶金反应体系中各相的化学成分成为可能，这同时也推动了预报软件的开发与改进。由于过程控制及产品改进的需求，这一趋势还将延续。

量子化学中的分子动力学及密度泛函等属于第一性原理的计算方法已应用于材料

结构研究，国内外学者已开始尝试应用第一性原理的方法计算材料的结构，分子动力学与蒙特卡洛法结合还曾用于研究铝电解过程中金属铝在电解质熔体中熔解损失的机理。随着高温技术的发展，高温冶金熔体的结构将陆续被揭示，应用第一性原理计算熔体结构及性质的研究也将得到进一步发展。

第四节 学科发展目标和规划

一、中短期（到2025年）发展目标和实施规划

制定本学科中短期发展目标的指导思想含两点：

（1）服务于《中国制造2025》中提出的战略目标与任务，考虑如何满足《中国制造2025》中提出的发展重点之一——新材料的突破性发展对本学科的要求。同时，还要贯彻《中国制造2025》提出的创新驱动、绿色发展的战略方针，以及支持《中国制造2025》中强化关键基础材料研发和生产的战略任务。

（2）根据冶金物理化学作为应用基础学科是冶金工艺技术的基础的特点，考虑近年来本学科发展的现状与实际水平，以及国际上本学科发展的大趋势，为实现《中国制造2025》中与钢铁及有色金属材料生产工艺的创新与质量的提高、新材料研发有关的目标服务，为全面推行绿色制造的目标服务。

1. 中短期（到2025年）内学科发展主要任务、方向（目标）

（1）在冶金熔体与溶液理论、冶金过程热力学与动力学、冶金电化学、资源与环境物理化学主要学科分支的重点方向上达到国际先进研究水平。

为实现上述目标，首先要保持并巩固和加强我国冶金物理化学几个主要分支的数个优势方向目前在国际上所处的优势地位，包括溶液物理化学性质模型（含熔渣物理性质的模型与预报）、洁净钢精炼过程中夹杂物的行为、稀有金属提取的熔盐电化学、钛资源的综合利用及清洁利用金属铬等研究领域。

此外，还要加强冶金物理化学的几个主要分支中其他与国际先进水平尚有一定差距的重点方向的研究。例如，在冶金熔体及溶液理论分支中就包括如下几个主要部分。

1）熔渣物理性质的实验研究，特别是加强对目前比较欠缺的熔体表面与界面性质、传递性质如导热系数、电导率、扩散系数等的研究与预报。因为这些性质与冶金

过程动力学研究、工艺优化及过程控制关系密切。

2）多元熔渣中组元热力学性质的实验研究，特别是加强过渡族金属氧化物组元在低氧分压下热力学性质的实验研究。这对于低合金高强度钢等的精练具有重要意义。

3）复杂氧化物体系的相平衡与相图的实验研究，特别是要加强在低氧分压下的实验研究，因为这是熔渣和耐火材料研究的重要基础，在此基础上加强气–渣–金属多元多相平衡的研究。

4）铁基金属熔体热力学性质的实验研究，特别是加强在极低氧含量条件下的熔体热力学性质和组元交互作用规律的研究。这项工作对夹杂物的去除和洁净钢的精练具有重要意义。

5）还要加强现行工艺流程中熔炼与精炼过程的热力学与动力学的研究，以利于实现工艺流程的优化和改进，并帮助新工艺或流程的开发。

在冶金电化学领域，今后一方面要保持我国在稀有金属提取的熔盐电化学国际前沿地位，另一方面还要加强以下两个方向的研究：①氧化物电解脱氧制备金属铁及铁合金，以及其他在国民经济及国防建设中占有重要地位的金属及合金的相关研究；②储氢电池、锂离子电池等新型二次清洁能源的相关研究。

在资源与环境物理化学领域，一方面要保持我国在钛资源的综合利用及清洁利用金属铬等研究方向上的优势地位，另一方面还要加强以下两个方向的研究：①炉渣等冶金厂固体副产物或废弃物的深度利用途径的研究；②我国复杂多金属矿的综合提取和利用途径的研究。

（2）为了实现《中国制造2025》中制定的节能减排目标进行的下列冶金新方法和工艺的相关基础研究取得突破性进展：

1）将用于硫化矿氧化熔炼的闪速炉法用于氧化矿的还原熔炼研究。

2）将物理场如超重力场、电磁场等用于金属提取、精练等过程的研究。

3）再次启动制氢、储氢和氢冶金的研究。

4）冶金材料生产一体化的相关基础研究。

（3）启动目前我国冶金物理化学尚缺的及着力加强目前比较薄弱的如下领域的研究：

1）非铁合金溶液的结构与物理化学性质。

2）浓溶液理论。

3）熔体微观结构的实验及理论。

4）冶金软科学及第一性原理应用。

2.中短期（到2025年）内主要存在的问题与难点（包括面临的学科环境变化、需求变化）

本学科作为冶金工艺的应用基础为冶金工艺发展和技术进步所必需。在今后十年内，冶金工业面临的环境问题的挑战和国际竞争，就是本学科面临和需要应对的环境变化和需求变化。估计这一挑战和竞争的事态会发展得越来越严峻。

从前一段时间本学科的发展情况来看，取得比较明显进步的领域在技术上相对容易和简单，还存在大量的重复性研究。而难度较大的方向或课题很少有人触碰，这就导致了研究的创新不足等普遍性问题。

目前阶段冶金物理化学仍是以实验为基础的学科。冶金物理化学实验多为高温液态，对温度、成分、气氛等的测量精度要求高，实验耗时长，经费耗费大，研究周期也比较长。目前和今后一段时间内，主要的资金资助来源是国家自然科学基金工程科学一处的矿冶学科。与几年前相比，单项资助力度有所提高，但是还难以支撑一个项目能在所在方向上实现较大的突破。由于矿冶学科包括很多二级学科，每年能批准的冶金物理化学的项目很有限。实现上述目标，研究经费来源需要拓宽，有关的单项实验经费以及数据库方面的经费需要大幅度提高。

冶金物理化学进一步的深入实验研究需要配套的材料作为物质基础，包括数量、质量与品种三方面。例如，多种优质的耐火材料、高纯的气体和金属材料等。这些不可能完全依靠进口解决，急需我国的相关制造业在质量和品种等方面一个新的提高。

冶金物理化学中如熔体物理化学性质等的研究需要以相关熔体的结构为基础。其中金属和某些熔渣的熔化温度比较高，高温液态物质的结构研究对高温测试的仪器设备和技术有严格的要求。这些涉及对我国高温物理及高温化学测试技术和设备发展的进一步要求。可以看出，冶金物理化学中某些分支的发展在一定程度上将受其他相关学科发展的制约，从而增加了实现发展目标的某种不确定性。

冶金物化学发展对研究人员的理论基础及实验技术要求比较高，人员的培养周期比较长，保持一个高水平的稳定的冶金物理化学术梯队对实现上述发展目标非常重要。虽然目前的学术梯队已经较前有了很大发展，早已摆脱了青黄不接的状况，但仍有隐忧。值得注意的是，当前科研立项、项目评审、评奖，甚至业绩考核、晋级提职等方面出现了一种"唯杂志影响因子至上"的倾向。众所周知，对于冶金科学来讲，即使业内的顶级杂志的影响因子也达不到2，远远低于材料和化学等学科中的一些热门方向。用不同学科的同一尺度衡量不同的学科是极不科学的，即使在同一学科，单独用杂志的影响因子来评价科研也是不适当的。我们的体会是，科研业绩如何评估是影响到年轻学者的积极性和学术梯队稳定性的问题，必须加以重视。此外，我们的激励机制也存在严重的问题。在"国家杰出青年"和"长江学者"的评审中不管学科的差异，一律用所谓文章的"影响因子""文章的篇数"等偏向材料学科和理科的指标来对待冶金学科，以致冶金学科很难得到"优秀青年""国家杰出青年"和"长江学者"这样的头衔，造成原本就生源不足的"冶金学科"人才进一步的流失。

3. 中短期（到2025年）内解决方案、技术发展重点

冶金物理化学属于冶金工艺技术的应用基础学科。它今后的发展重点等已在中短期内学科发展主要任务、方向（目标）中说明，此处不再赘述。

二、中长期（到2050年）发展目标和实施规划

1. 中长期（到2050年）内学科发展主要任务、方向（目标）

（1）科学研究方面的任务、方向。

1）继续保持我国冶金物理化学几个主要分支目前在国际上的优势地位。

2）为了实现《中国制造2025》中制定的节能减排目标进行的冶金新方法和工艺的相关基础研究取得重大突破，包括将用于硫化矿氧化熔炼的闪速炉法用于氧化矿的还原熔炼；将物理场如超重力场、电磁场等用于金属提取、精炼；制氢、储氢和氢冶金的研究；冶金材料生产一体化的相关基础研究等。

3）实现冶金熔体及溶液理论领域在非铁合金溶液的结构与物理化学性质、熔体微观结构的实验及理论几个方向的全面、突破性的进展，建立适合于高合金钢的浓溶液理论，建立含各种熔渣、各种金属液及熔盐等熔体物理化学性质及相关相图的数据库。

4）计算冶金物理化学取得重大突破性进展，跻身国际第一梯队。

5）在研究工作中实现信息化、网络化，充分利用大数据作为分析的工具。

上述目标的实现将使我国冶金物理化学的各个分支全面达到国际领先水平，在21世纪中叶形成创新的理论体系，在国际上起到引领的作用。这样，我国冶金物理化学将能够在理论层面为我国冶金工程实现绿色化、智能化和精准化制造奠定必要的基础。

（2）在人才培养、梯队建设及冶金科技教育方面的目标。

1）到21世纪中叶，建成一个国际一流的冶金物理化学学术梯队。其中既有一批青年学者，又有相当数量的年富力强、有国际影响的学术骨干，以及在国际冶金物理化学领域大师级的领军人物。

2）将我国主要的冶金物理化学学科点建成国际高水平冶金物理化学人才培养的基地和教育中心。

2. 中长期（到2050年）内主要存在问题与难点（包括面临的学科环境变化、需求变化）

从2025年到2050年是一个较长的时期，预计这将是一个科学技术高速发展变革的时期。本学科所面临的环境可能发生一些难以预期的变化，对本学科发展的需求也会肯定随之发生变化。这种不可预期性会增加给未来的工作带来一定的困难，解决的方法只有一个，就是要适应环境和需求的变化来调整发展的目标。

3. 中长期（到2050年）内解决方案、技术发展重点

冶金物理化学属于冶金工艺技术的应用基础学科，它今后的发展重点等已在中长期内学科发展主要任务、方向（目标）中说明，此处不再赘述。

三、中短期和中长期发展路线图

中短期和中长期发展路线图见图2-1。

目标、研究方向和关键技术	2025年	2050年
目标	1. 冶金熔体与溶液理论、冶金过程热力学与动力学、冶金电化学、资源环境物理化学的重点研究方向达国际先进水平 2. 冶金新方法、新工艺相关的基础研究取得突破性进展 3. 启动我国冶金物理化学薄弱领域的研究	1. 冶金物理化学学科的各个分支领域全面达到国际领先水平 2. 计算冶金物理化学取得重大突破性进展，跻身国际第一梯队
学科主要研究方向和关键技术	1. 重点基础理论研究 · 多组元熔渣体系物化性质的实验研究 · 复杂氧化物体系的相图及相平衡 · 高浓度铁基熔体的热力学性质 · 氧化物电解脱氧制备高纯金属 · 储氢及新能源材料和器件	1. 冶金物理化学各分支学科全面保持或达到国际领先地位 2. 第一性原理计算方法用于材料设计和熔体物性数据的预报 3. 建立适用于高合金熔体的浓溶液理论

图 2-1

目标、研究方向和关键技术	2025 年	2050 年
·冶金固体废弃物深度利用 ·复杂共生矿的综合利用 2. 冶金新方法和新工艺 ·闪速炉法用于还原熔炼 ·外场如超重力场、电磁场等用于金属提取、精练 ·制氢、储氢和氢冶金 ·冶金材料生产一体化基础研究 3. 需着力发展的薄弱研究方向 ·非铁合金熔体的结构和物化性质 ·浓溶液理论 ·熔体微观结构的实验及理论 ·冶金软科学第一性原理应用		

图 2-1 中短期和中长期发展路线图

第五节 政策建议

（1）长远的战略目标和近期目标确定后，资助的力度就应予以保证，并避免以往那种资金投入过于分散的情况，保证最擅长的团队得到最适合的项目。

（2）由于研究的周期比较长，应考虑到客观情况变化的情况，对目标作适当的调整。

（3）制定科学、符合实际的成绩业绩考核办法，鼓励创新、肯定实质性的成绩，不单纯以论文发表的杂志的影响因子论成绩。

参考文献

[1] Kai Zheng, Zuotai Zhang, Lili Liu. Investigation of the viscosity and structural properties of CaO–SiO$_2$–TiO$_2$ slags[J]. Metall Mater Trans B, 2014, 45B（4）: 1389–1397.

[2] YuLan Zhen, GuoHua Zhang, KuoChih Chou. Viscosity of CaO–MgO–Al$_2$O$_3$–SiO$_2$–TiO$_2$ melts containing TiC particles[J]. Metall Mater Trans B, 2015, 46B（1）: 155–161.

[3] Chenguang Bai, Zhimin Yan, Shengping Li et al. Thermo-Physical-Chemical properties of blast furnace slag bearing high TiO$_2$[C]. In the proceedings of the Tenth International Conference on Molten Slags, Fluxes and Salts, Molten 2016, sponsored by TMS, Seattle USA, 2016, 5(26-30): 405-414.

[4] Zhimin Yan, Xuewei Lv, Jie Zhang et al. The effect of TiO$_2$ on the liquidus zone and apparent viscosity of SiO$_2$-CaO-8wt% MgO-14wt% Al$_2$O$_3$[C]. In the proceedings of the Tenth International Conference on Molten Slags, Fluxes and Salts, Molten 2016, sponsored by TMS, Seattle USA, 2016,5(26-30): 415-422.

[5] Weijun Huang, Min Chen, Xia Shen, et al. Viscosity and raman spectroscopy of FeO-SiO$_2$-V$_2$O$_5$-TiO$_2$-Cr$_2$O$_5$[C]. In the proceedings of the Tenth International Conference on Molten Slags, Fluxes and Salts, Molten 2016, sponsored by TMS, Seattle USA, 2016, 5(26-30): 455-464.

[6] Junhao Liu, Guohua Zhang, Yuedong Wu, et al. Electrical conductivity and electronic/ionic properties of TiOx-CaO-SiO$_2$ slags at various oxygen potentials and temperatures[J]. Metall Mater Trans B, 2016, 47B(1):798-803.

[7] Kuochih Chou, Shoukun Wei. New general solution model[J]. Metall Mater Trans B, 1997, 28B(3): 439-445.

[8] Lijun Wang, Shuanglin Chen, Kuochih Chou, et al. Calculation of density in a ternary system with a limited homogenous region using a geometrical model[J]. CALPHAD, 2005, 29: 149-154.

[9] Lijun Wang, Kuochih Chou, Shuanglin Chen, et al. Estimation ternary surface tension for systems with limited solubility[J]. Z. Metallkd. 2005, 96(8): 948-950.

[10] Guohua Zhang, Kuochih Chou. Simple method for estimating the electrical conductivity of oxide melts with optical basicity[J]. Metall Mater Trans B, 2010, 41B(1): 131-136.

[11] Guohua Zhang, Kuochih Chou, Qingguo Xue, et al. Measuring and modeling viscosity of CaO-Al$_2$O$_3$-SiO$_2$(-K$_2$O) melt[J]. Metall Mater Trans B, 2012, 43B(4): 841-848.

[12] Guohua Zhang, Kuochih Chou. Correlation between viscosity and electrical conductivity of aluminosilicate melts[J]. Metall Mater Trans B, 2012, 43B(4): 849-855.

[13] Guohua Zhang, Kuochih Chou, Ken Mills. A structurally based viscosity model for oxide melts[J]. Metall Mater Trans B, 2014, 45B(2): 698-706.

[14] Mao Chen, Sreekanth Raghunath, Baojun Zhao. Viscosity of SiO$_2$-"FeO"-Al$_2$O$_3$ system in equilibrium with metallic Fe[J]. Metall Mater Trans B, 2013, 44B(4): 820-827.

[15] Johan Martinsson, Björn Glaser, Du Sichen. Study on apparent viscosity and structure of foaming slag[J]. Metall Mater Trans B, 2016, 47B(4): 2710-2713.

[16] Masanori Suzuki, Evgueni Jak. Quasi-Chemical viscosity model for fully liquid slag in the Al$_2$O$_3$-CaO-

MgO–SiO$_2$ system.Part I: revision of the model[J]. Metall Mater Trans B, 2013, 44B（6）:1435–1450.

[17] Masanori Suzuki, Evgueni Jak. Quasi-Chemical viscosity model for fully liquid slag in the Al$_2$O$_3$–CaO–MgO–SiO$_2$ system. Part II: evaluation of slag viscosities[J]. Metall Mater Trans B, 2013, 44B（6）: 1451–1465.

[18] Guixuan Wu, Sören Seebold, Elena Zayhenskikh，et al. A structure based viscosity model and database for multicomponent oxide melts[C]. In the proceedings of the Tenth International Conference on Molten Slags, Fluxes and Salts, Molten 2016, sponsored by TMS, Seattle USA, 2016,5（26–30）：397–404.

[19] Juan Wei, Wanlin Wang, Lejun Zhou，et al. Effect of Na$_2$O and B$_2$O$_3$ on the crystallization behavior of low fluorine mold fluxes for casting medium carbon steels[J]. Metall Mater Trans B, 2014, 45B（2）: 643–652.

[20] Boxun Lu, Kun Chen, Wanlin Wang, et al. Effects of Li$_2$O and Na$_2$O on the crystallization behavior of lime–alumina–based mold flux for casting High–Al steels[J]. Metall Mater Trans B, 2014, 45B（4）:1496–1509.

[21] Huan Zhao, Wanlin Wang, Lejun Zhou，et al. Effects of MnO on crystallization, melting and heat transfer of CaO–Al$_2$O$_3$–Based mold flux used for high Al–TRIP steel casting[J]. Metall Mater Trans B, 2014, 45B（4）:1510–1519.

[22] Zhen Wang, Qifeng Shu, Kuochih Chou. Crystallization kinetics and structure of mold fluxes with SiO$_2$ being substituted by TiO$_2$ for casting of titanium–stabilized stainless steel[J]. Metall Mater Trans B, 2013, 44B（3）: 606–613.

[23] Jun Yong Park, Gi Hyun Kim, Jong Bae Kim，et al. Thermo–Physical properties of B$_2$O$_2$–Containing mold flux for high carbon steels in thin slab continuous casters: structure, viscosity, crystallization, and wettability[J]. Metall Mater Trans B, 2016, 47B（4）:2582–2594.

[24] Min Su Kim, Su–Wan Lee, Jung–Wook Cho，et al. A reaction between high Mn–High Al steel and CaO–SiO$_2$–Type molten mold flux: Part I. Composition evolution in molten mold flux[J]. Metall Mater Trans B, 2013, 44B（2）: 299–308.

[25] Youn–Bae Kang, Min–Su Kim, Su–Wan Lee，et al. A reaction between high Mn–High Al steel and CaO–SiO$_2$–Type molten mold flux: Part II. Reaction mechanism interface morphology, and Al$_2$O$_3$ accumulation in molten mold flux[J]. Metall Mater Trans B, 2013, 44B（2）:309–316.

[26] Kai Zheng, Zuotai Zhang, Feihua Yang，et al. Investigation of the structural properties of calcium aluminosilicate slags with varying Al$_2$O$_3$/SiO$_2$ ratios using molecular dynamics[C]. In Proceedings of the Ninth International Conference on Molten Slags, Fluxes and Salts, CD Version, Molten 2012, sponsored by CSM, Beijing China, May 27–31, 2012.

[27] Baijun Yan, Fan Li, Hui Wang, et al. Study of chromium oxide activities in EAF slags[J]. Metall Mater Trans B, 2016, 47B(1): 37-46.

[28] Baijun Yan, Ruibing Guo, Jiayun Zhang. A study on phase equilibria in the CaO–Al$_2$O$_3$–SiO$_2$–"Nb$_2$O$_5$" (5 mass pct) system in reducing atmosphere[C]. In Proceedings of the Ninth International Conference on Molten Slags, Fluxes and Salts, CD version, Molten 2012, sponsored by CSM, Beijing China, May 27-31.

[29] Junjie Shi, Lifeng Sun, Bo Zhang, et al. Experimental determination of the phase diagram of the CaO–SiO$_2$–5%MgO–10%Al$_2$O$_3$–TiO$_2$ system[J]. Metall Mater Trans B, 2016, 47B(1): 425-433.

[30] 北京科技大学.《魏寿昆院士百岁寿辰纪念文集》[M]. 北京：科学出版社出版，2006.

[31] Qiyong Han.Rare Earth, Alkaline Earth and Other Elements in Metallurgy[M]. Japan Technical Service, 1998.

[32] Dong-Ping Tao.Prediction of All Component Activities in Iron-Based Liquid Ternary Alloys Containing Phosphorus, and Vanadium[J]. Metall Mater Trans B, 2014, 45B(6):2232-2246.

[33] Daya Wang, Baijun Yan, Du Sichen. Determination of activities of niobium in Cu–Nb melts containing dilute Nb[J]. Metall Mater Trans B, 2015, 46B(2): 533-536.

[34] 郑鑫，朱卫花，彭光怀，等. NdF3–LiF–Nd$_2$O$_3$体系熔盐电导率的研究[J]. 中国钨业，2013, 28(1): 30-34.

[35] Morigengaowa Bao, Zhaowen Wang, Bingliang Gao, et al. Electrical conductivity NaF–AlF$_3$–CaF$_2$–Al$_2$O$_3$–ZrO$_2$[J]. Trans. Nonferrous Met. Soc. China, 2013, 23(12): 3788-3792.

[36] Min-Su Kim, Hae-Geon Lee, Youn-Bae Kang. Determination of gibbs free energy of formation of MnV$_2$O$_4$ solid solution at 1823K (1550 ℃)[J]. Metall Mater Trans B, 2014, 45B(1):131-141.

[37] Ayush Mittal, Galina Jelkina Albertsson.Some thermodynamic aspects of the oxides of chromium[J]. Metall Mater Trans B, 2014, 45B(2): 338-344.

[38] Hongquan Liu, Zhixiang Cui, Mao Chen, et al. Phase equilibrium study of ZnO–"FeO"–SiO$_2$ system at fixed P$_{O_2}$ 10^{-8}atm[J]. Metall Mater Trans B, 2016, 47B(1):164-173.

[39] Hongquan Liu, Zhixiang Cui, Mao Chen. Phase equilibria study of the ZnO–"FeO"–SiO$_2$–Al$_2$O$_3$ system at P$_{O_2}$ 10^{-8} atm[J]. Metall Mater Trans B, 2016, 47B(2): 1113-1123.

[40] Thu Hoai Le, Annelies Malfliet, Bart Blanpain, et al. Phase relations of the CaO–SiO$_2$–Nd$_2$O$_3$ system and the implication for rare earths recycling[J]. Metall Mater Trans B, 2016, 47B(3):1736-1744.

[41] Taufiq Hidayat, Denis Shishin, et al. Thermodynamic optimization of the Ca–Fe–O system[J]. Metall Mater Trans B, 2016, 47B(1):256-281.

[42] Elmira Moosavi-Khoonsari, In-Ho Jung. Critical evaluation and thermodynamic optimization of the

Na$_2$O–FeO–Fe$_2$O$_3$–SiO$_2$ system[J]. Metall Mater Trans B, 2016, 47B（1）:291–308.

[43] Lijun Wang, Yaxian Wang, Kuo–chih Chou. Sulfide capacities of CaO–MgO–Al$_2$O$_3$–SiO$_2$–CrOx slags[J]. Metall Mater Trans B, 2016, 47B（4）: 2558–2563.

[44] Guangqiang Li, Chengyi Zhu, Yongjun Li, et al. The effect of Na$_2$O and K$_2$O flux on the phosphorus partition ratio between CaO–SiO$_2$–Fe$_t$O–P$_2$O$_5$ slags and carbon saturated iron[C]. In Proceedings of the Ninth International Conference on Molten Slags, Fluxes and Salts, Molten 12, CD version, organized by CSM, Beijing China, May 27–30, 2012.

[45] Senlin Xie, Wanlin Wang, Zhican Luo, et al. Mass transfer behavior of phosphorus from the liquid slag phase to solid 2CaO·SiO$_2$ in the multiphase dephosphorization slag[J]. Metall Mater Trans B, 2016, 47B（3）: 1583–1593.

[46] Henghui Wang, Guangqiang Li, Jian Yang. The behavior of phosphorus during reduction and carburization of high–phosphorus Oolitic hematite with H$_2$ and CH4[J]. Metall Mater Trans B, 2016, 47B（4）:2571–2581.

[47] David Lindström, Du Sichen.Kinetic study on desulfurization of hot metal using CaO and CaC$_2$[J]. Metall Mater Trans B, 2016, 46B（1）:3–92.

[48] Carl Allertz, Du Sichen. Sulfide capacity in ladle slag at steelmaking temperatures[J]. Metall Mater Trans B, 2015, 46B（6）:2609–2615.

[49] Carl Allertz, Malin Selleby, Du Sichen.The effect of oxygen potential on the sulfide capacity for slags containing multivalent species[J]. Metall Mater Trans B, 2016, 47B（5）:3039–3045.

[50] In–Ho Jung, Elmira Moosavi–Khoonsari, et al. Limitation of sulfide capacity concept for molten slags [J]. Metall Mater Trans B, 2016, 47B（2）:819–823.

[51] Christopher P. Manning, Richard J. Fruehan.The rate of the phosphorous reaction between liquid iron and slag[J]. Metall Mater Trans B, 2013, 44B（1）:37–44.

[52] Min–Kyu Paek, Jung–Mock Jang, Youn–Bae Kang, et al. Aluminum deoxidation equilibria in liquid iron: Part I. Experimental[J]. Metall Mater Trans B, 2015, 46B（4）:1826–1836.

[53] Kezhuan Gu, Neslihan Dogan, Kenneth S. Coley. Kinetics of phosphorus mass transfer and the interfacial oxygen potential for bloated metal droplets during oxygen steelmaking[C]. In the proceedings of the Tenth International Conference on Molten Slags, Fluxes and Salts, Molten 2016, sponsored by TMS, Seattle USA, May 26–30, 2016, 989–998.

[54] Peixian Chen, Guohua Zhang, Shaojun Chu. Study on reaction mechanism of reducing dephosphorization of Fe–Ni–Si Melt by CaO–CaF2 slag[J]. Metall Mater Trans B, 2016, 47B（2）: 16–18.

[55] Chunyang Liu, Fuxiang Huang, Xinhua Wang.The effect of refining slag and refractory on inclusion

［56］Ying Ren, Lifeng Zhang, Wen Yang, et al. Formation and thermodynamics of Mg-Al-Ti-O complex inclusions in Mg-Al-Ti-Deoxidized steel［J］. Metall. Mater Trans B, 2015, 45B（6）: 2057-2071.

［57］Lifeng Zhang, Ying Ren, Haojian Duan, et al. Stability diagram of Mg-Al-O System inclusions in molten steel［J］. Metall. Mater Trans B, 2015, 45B（4）: 1809-1825.

transformation in extra low oxygen steels［J］. Metall Mater Trans B, 2016, 47B（2）: 999-1009.

［58］Yintao Guo, Shengping He, Gujun Chen. Thermodynamics of complex sulfide inclusion formation in Ca-Treated Al-Killed structural steel［J］. Metall Mater Trans B, 2016, 47B（4）: 2549-2557.

［59］Min-Kyu Paek, Kyung-Hyo Do, Youn-Bae Kang, et al. Aluminum deoxidation equilibria in liquid iron: Part III—experiments and thermodynamic modeling of the Fe-Mn-Al-O system［J］. Metall Mater Trans B, 2016, 47B（4）: 2837-2847.

［60］Jae Hong Shin, Yongsug Chung, Joo Hyun Park. Refractory-Slag-Metal-Inclusion multiphase reactions modeling using computational thermodynamics: kinetic model for prediction of inclusion evolution in molten steel［J］. Metall Mater Trans B, 2017, 48B（1）: 46-59

［61］KuoChih Chou, Xinmei Hou. Kinetics of high-temperature oxidation of inorganic nonmetallic materials ［J］. Journal of the American Ceramic Society, 2009, 92（3）: 585-594.

［62］王锦霞, 谢宏伟, 翟玉春. 锌精矿浸出过程的不可逆过程热力学研究［J］. 中国稀土学报, 2012, 30（8）: 55-58.

［63］G Z Chen, D J Fray, T W Farthing. Direct electrochemical reduction of titanium dioxide to titanium in molten calcium chloride［J］. Nature, 2000, 407: 361-364.

［64］Shuqiang Jiao, Hongmin Zhu. Novel metallurgical process for titanium production［J］. J. Mater. Res. 2006, 21（9）:2172-2175.

［65］Wei Han, Qingnan Sheng, Milin Zhang, et al. The electrochemical formation of Ni-Tb intermetallic compounds on a nickel electrode in the LiCl-KCl eutectic melts［J］. Metall Mater Trans B, 2014, 45B（3）: 929-935.

［66］Xingli Zou, Xionggang Lu, Z Zhou, et al. Direct electrochemical reduction of titanium-bearing compounds to titanium-silicon alloys in molten calcium chloride［J］. Electrochimica Acta, 2011, 56（24）:8430-8437.

［67］Mei Li, Yaochen Liu, Wei Han, et al. The electrochemical Co-reduction of Mg-Al-Y alloys in the LiCl-NaCl-MgCl$_2$-AlF$_3$-YCl$_3$ melts［J］. Metall Mater Trans B, 2015, 46B（2）:644-652.

［68］Zhang J, Luo S, Zhai Y, et al. In-situ growth of LiMnPO$_4$ on porous LiAlO$_2$ nanoplates substrates from AAO synthesized by hydrothermal reaction with improved electrochemical performance［J］. Electrochimica Acta, 2016, 193:16-23.

[69] 陈玉华，余碧涛，付化荣，等. 锂离子电池正极材料磷酸铁锂专利申请情况分析[J]. 陶瓷学报，2014, 35（2）: 193-197.

[70] Toru H. Okabe, Yuki Taninouchi. Recycling titanium and its alloys by utilizing molten salts[C]. In the proceedings of the Tenth International Conference on Molten Slags, Fluxes and Salts, Molten 2016, sponsored by TMS, Seattle USA, May 26-30, 2016, 751-760.

[71] Farzin Fatollahi-Faed, Petrus Cristiaan Pitorius. Electrochemistry upgrading iron-rich titanium ores[C]. In the proceedings of the Tenth International Conference on Molten Slags, Fluxes and Salts, Molten 2016, sponsored by TMS, Seattle USA, May 26-30, 2016, 761-770.

[72] Jungshin Kang, Toru H Okabe, Toru H Okabe. Development of a novel titania slag upgrading process using titanium tetrachloride[J]. Metall Mater Trans B, 2016, 47B（1）:320-329.

[73] Min Ho Kang, Jianxun Song, Hongmin Zhu, et al. Electrochemical behavior of titanium (II) ion in a purified calcium chloride melt[J]. Metall. Mater Trans B, 2015, 486（1）:162-168.

[74] Qiuyu Wang, Jianxun Song, Guojing Hu, et al. The equilibrium between titanium ions and titanium metal in NaCl-KCl equimolar molten salt[J]. Metall. Mater Trans B, 2013, 44B（4）:906-913.

[75] Carsten Schwandt, Derek J. Fray. Use of molten salt fluxes and cathodic protection for preventing the oxidation of titanium at elevated temperatures[J]. Metall Mater Trans B, 2014, 45B（6）:2145-2152.

[76] Shuqiang Jiao, Hongmin Zhu. Novel metallurgical process for titanium production[J]. J. Mater. Res. 2006, 21（9）:2172-2175.

[77] Meilong Hu, Lu Liu, Xuewei Lv, et al. Crystallization behavior of perovskite in the synthesized high-titanium-bearing blast furnace slag using confocal scanning laser microscope[J]. Metall Mater Trans B, 2014, 45B（1）: 76-85.

[78] Lu Liu, Meilong Hu, Yuzhou Xu, et al. Structure, growth process, and growth mechanism of perovskite in high-titanium-bearing blast furnace slag[J]. Metall Mater Trans B, 2014, 45B（4）:1751-1759.

[79] Kai Zhang, Xuewei Lv, Run Huang, et al. Preparation of high-grade titania slag from ilmenite-bearing high Ca and Mg by vacuum smelting method[J]. Metall Mater Trans B, 2014, 45B（3）: 923-928.

[80] Jungshin Kang, Toru H. Okabe. Thermodynamic consideration of the removal of iron from titanium ore by selective chlorination[J]. Metall Mater Trans B, 2014, 45B（4）:1260-1271.

[81] Toru H. Okabe. Development of a novel titania slag upgrading process using titanium tetrachloride[J]. Metall Mater Trans B, 2016, 47B（1）: 320-329.

[82] 徐红彬，张懿，李慧慧，等. 一种由铬酸钾制备铬酸酐的方法[P]. 中国发明专利，申请号：201010163726.9.

[83] Ran Zhang, Shili Zheng, Shuhua Ma, et al. Recovery of alumina and alkali in bayer red mud by the

formation of andradite-grossular hydrogarnet in hydrothermal process [J]. Journal of Hazardous Materials, 2011, 189 (3): 827-835.

[84] T Jiang, J Wu, X Xue, et al. Carbothermal formation and microstrutural evolution of alpha '-Sialon-AlN-BN powders from boron-rich blast furnace slag [J]. Advanced Powder Technology, 2012, 23: 406-413.

[85] T Jiang, X Xue, P Duan, et al. Characterization and mechanical properties of TiN/O '-Sialon ceramics prepared from high titania slag [J]. Materials and Design, 2011, Pts 1-3:1353-1357.

[86] Youqi Fan, Yaowu Gu, Songwen Xiao, et al. Experimental study on smelting of waste smartphone PCBs based on Al_2O_3-FeO_x-SiO_2 slag system, in the proceedings of the tenth international conference on molten slags [C].Fluxes and Salts, Molten 2016, sponsored by TMS, Seattle USA, May 26-30, 2016.

[87] Recovery of valuable metals from spent lithium-ion batteries by smelting reduction process based on MnO-SiO_2-Al_2O_3 [C]. In the proceedings of the Tenth International Conference on Molten Slags, Fluxes and Salts, Molten 2016, sponsored by TMS, Seattle USA, May 26-30, 2016, 211-220.

[88] Kai Tang, Arjan Cifija, Casper vander Eijk, et al. Recycling of rare earth oxides from spent NiMH batteries using waste metallutgical slag [C]. In Proceedings of the Ninth International Conference on Molten Slags, Fluxes and Salts, Molten 12, CD version, organized by CSM, Beijing China, May 27-30, 2012.

[89] Ryo Inoue, Yoshiya Sato, Yasushi Takasaki, et al. Immobilization of hexavalent chromiumin stainless steelmaking slag [C]. In the proceedings of the Tenth International Conference on Molten Slags, Fluxes and Salts, Molten 2016, sponsored TMS, Seattle USA, May 26-30, 2016, 865-872.

[90] Kenji Nakase, Akitoshi Matshi, Naoki Kikuchi, et al. Fundamental research on a rational steelmaking slag recycling system by phosphorua separation and collection [C]. In Proceedings of the Ninth International Conference on Molten Slags, Fluxes and Salts, Molten 12, CD version, organized by CSM, Beijing China, May 27-30, 2012.

[91] Jiwon Park, Seetharaman Sridhar, Richard J Fruehan. Ladle and continuous casting process models for reduction of SiO_2 in SiO_2-Al_2O_3-CaO slags by Al in Fe-Al(-Si) melts [J]. Metall. Mater Trans B, 2015, 46B (1): 109-118.

[92] Xiaorui Zhang, Hiroyuki Matsuura, Fumitaka Tsukihashi. Utilization of steelmaking slags at marine environment for coastal revegitation [C]. In Proceedings of the Ninth International Conference on Molten Slags, Fluxes and Salts, Molten 12, CD version, organized by CSM, Beijing China, May 27-30, 2012.

[93] Dongping Tao.Prediction expressions of component activity coefficients in Si-Based melts [J]. Metall.

Mater Trans B, 2014, 45B（1）:142-149.

[94] Chao Chen, Peiyuan Ni, et al. A model study of inclusions deposition, macroscopic transport, and dynamic removal at steel-slag interface for different tundish designs[J]. Metall. Mater Trans B, 2016, 47B（3）: 1916-1932.

[95] Wentao Lou, Miaoyong Zhu. Numerical simulations of inclusion behavior in gas-stirred ladles[J]. Metall. Mater Trans B, 2013, 44B（3）: 762-782.

[96] Wentao Lou, Miaoyong Zhu. Numerical simulation of desulfurization behavior in gas-stirred systems based on computation fluid dynamics-simultaneous reaction model（CFD-SRM）coupled model[J]. Metall Mater Trans B, 2014, 45B（5）: 1706-1722.

[97] Mianguang Xu, Miaoyong Zhu, Guodong Wang. Metall numerical simulation of the fluid flow, heat transfer, and solidification in a twin-roll strip continuous casting machine[J]. Metall Mater Trans B, 2015, 46B（3）: 1510-1519.

[98] Qiang Wang, Zhu He, Baokuan Li, et al. A general coupled mathematical model of electromagnetic phenomena, Two-Phase flow, and heat transfer in electroslag remelting process including conducting in the mold[J]. Metall Mater Trans B, 2014, 45B（6）: 2425-2441.

[99] Yansong Shen, Baoyu Guo, Sheng Chew, et al. Three-dimensional modeling of flow and thermochemical behavior in a blast furnace[J]. Metall Mater Trans B, 2015, 46B（1）: 432-448.

[100] Xolisa Goso, Johannes Nell, Jochen Peterson. Review of liquidus surface and phase equilibria in the TiO_2-SiO_2-Al_2O_3-MgO-CaO slag system at PO_2 applicable in fluxed titaniferous magnitite smelting [C]. In the proceedings of the Tenth International Conference on Molten Slags, Fluxes and Salts, Molten 2016, sponsored TMS, Seattle USA, May 26-30, 2016, 105-116.

[101] Eli Ringdalen, Merete Tangstad. Softening and melting of SiO_2, an important parameters for parameters with quartz in Si production[C]. In the proceedings of the Tenth International Conference on Molten Slags, Fluxes and Salts, Molten 2016, sponsored TMS, Seattle USA, May 26-30, 2016, 43-52.

[102] Min Su Kim, Youn-Bae Kang. A reaction model to simulate composition change of molten flux during continuius casting of high al steel, in the proceedings of the tenth international conference on molten slags[C]. Fluxes and Salts, Molten 2016, sponsored TMS, Seattle USA, May 26-30, 2016, 271-278.

[103] Jian Yang, Jianqiang Zhang, Yasushi Sasaki, et al. Effect of Na_2O on crystallisation behaviour and heat transfer of fluorine-free mould fluxes, in the proceedings of the tenth international conference on molten slags[C]. Fluxes and Salts, Molten 2016, sponsored TMS, Seattle USA, May 26-30, 2016, 335-342.

[104] Jun-Gil Yang, Joo Hyun Park. Thermodynamics of 'ESR' Slag for producing nickel alloys[C].

In the proceedings of the Tenth International Conference on Molten Slags, Fluxes and Salts, Molten 2016, sponsored TMS, Seattle USA, May 26-30, 2016, 745-750.

[105] 美国钢铁技术路线图研究项目，见《冶金工程技术学科方向预测及技术路线图》（内部参考资料），第13-23页，中国金属学会编印，2016年6月.

[106] Haitao Wang, H Y Sohn. Metall hydrogen reduction kinetics of magnetite concentrate particles relevant to a novel flash ironmaking process[J]. Metall Mater Trans B, 2013, 44B（1）: 133-145.

[107] 环境和谐型炼铁工艺技术开发—Course50，见《冶金工程技术学科方向预测及技术路线图》（内部参考资料），第38-45页，中国金属学会编印，2016年6月

[108] Jean Lehmann.Applications of arcelormittal thermodynamic computation tools to steel production[C]. In the proceedings of the Tenth International Conference on Molten Slags, Fluxes and Salts, Molten 2016, sponsored TMS, Seattle USA, May 26-30, 2016, 697-706.

撰稿人： 张家芸　闫柏军

第三章 冶金反应工程

第一节 学科基本定义和范畴

冶金反应工程研究冶金生产中的反应器内的各类传递过程以及冶金化学反应的规律，解析冶金反应器和系统的操作过程规律，最终实现冶金反应器和系统的优化操作、优化设计和比例放大，是设计开发新工艺新流程、优化完善既有流程的核心环节，也是必不可少的环节。当今的冶金工业面临资源、能源、环境保护的巨大压力，急需新工艺、新流程的研究开发，冶金反应工程学的深入发展具有重要意义。

冶金反应工程学科面向冶金技术领域，重点探讨单元、装备等较大尺度单元工序级的技术科学问题，其研究领域主要包括以下几方面。

一、冶金反应宏观动力学

综合考察传质、流动状况下的化学反应速度及机理，满足探讨冶金过程反应速率的需要。耦合冶金工艺条件下的传热、传质及流体流动等宏观动力学行为是冶金反应工程的重要研究领域。

二、冶金熔体的热物理性质及传输参数

在宏观动力学及各类传输现象的数值计算中，有两类与熔体相关的参数至关重要。一是由熔体结构所决定的热物理性质，如密度、黏度、扩散系数、表面张力、蒸气压、热导率、电阻率等，这一类数据和物质的本性有关，基础研究工作应该建立完善的数据库，能像热力学数据那样可供查阅应用；第二类是由熔体流动特征所决定的传输性质，如湍流黏度、传热系数、传质系数以及湍流模型中的湍动能的产生和耗散有关的系数等，这类系数应结合具体的流体流动状况、部分情况下需结合相似理论来确定。

三、反应器数值模拟及解析

冶金反应器内,既包括以化学方式进行的熔炼或精炼过程,也包括以物理方式进行的熔化、凝固、挥发、相变等过程,同时涉及多种流体的流动及相关的传热、传质等现象。这类高温、多元、多相的复杂体系,鉴于实验及分析手段的局限,直观的实验研究所获得的信息是极为有限的。实践表明,借助于一定的数学物理模拟方法来对反应器进行模拟及解析是可靠的。尤其是当前现代数学及信息科学技术蓬勃发展,冶金学科充分吸收这些学科的最新成果,针对冶金反应器的数值模拟及解析也越来越科学、合理、并充分接近实际状况。

四、新工艺新技术开发

冶金工业的发展脱离不开资源、能源和排放等与环境密切相关的条件,而环境容量不可能是无限的,所以必然会面临越来越多的压力和挑战,迫使冶金工作者需开发诸多的新工艺新技术以应对。新工艺新技术开发必将涉及新型反应器的设计、优化与工程放大,同时关乎多种单元操作之间的耦合与衔接,与此相关的模拟解析、冷态及热态实验等。有效运用这些方法和原理以较小的代价开发新工艺,属于冶金反应工程学的重点研究内容。

五、工程放大

新工艺新技术的开发应用需要将实验室成果转化为工程装备,工程放大问题永远是工艺创新要解决的理论和技术问题。数学模拟可以用较低的代价研究工程放大作用,但不能仅仅靠数学模拟解决冶金过程的工程放大问题。因为反应器内的过程既有化学的,又有传输现象的,而且各相的状态也缤纷多样。冶金反应器还需同时考虑物理现象和化学现象的放大,这是更复杂的问题,需要更多的创新研究。

六、系统优化

冶金生产是多工序、多形态、多功能的复杂制造流程,各工序的功能不是固定不变的,工序间的衔接、匹配、协调,需要利用系统工程的思想整体指导以实现系统的多目标最优化。

第二节 国内外发展现状

一、学科基础研究方面

冶金学科的理论基础是冶金物理化学与冶金反应工程学。我国乃至世界冶金技术近几十年来获得了巨大发展，这无疑得益于冶金物理化学及冶金反应工程学在基础理论方面的深入发展和基础知识的不断更新。20 世纪 30 年代，德国 Schenck、美国 Chipman 等学者把化学热力学导入冶金领域，并开始用热力学方法研究冶金反应，冶金工业也借此从一项技艺发展成为一门科学。到目前为止，与常规高温冶金化学反应有关的标准自由能变化、平衡常数、熔体中主要组元活度（或相互作用系数）等大都有了较可靠的热力学数据。冶金反应动力学的研究与热力学相比开始得较晚，50~60 年代，动力学方面的研究主要集中在表观动力学方面，如化学反应级数、反应速度常数等。20 世纪 50 年代，叶渚沛就提倡用传输现象理论研究冶金过程。自 70 年代后，冶金工作者应用"三传"（热量、质量、动量传递）分析研究冶金过程速率，同时引入反应器设计、单元操作、最优化等方法，相继形成宏观反应动力学及冶金反应工程学。冶金过程涉及的如气 – 固、气 – 液、液 – 固、液 – 液、固 – 固等多相反应的相关机理大都已被研究过，也已经初步形成了各类反应的动力学模型。

冶金过程往往是多相体系，在一系列并行的物理化学反应的基础上，存在复杂的动量、质量和热量的传递。反应器内如熔体的流动、搅拌与混合、气泡 – 颗粒 – 团簇等的碰撞与聚合等对以上过程均产生重要影响。定量分析各种物理量的传递过程及变化对冶金过程朝着所期望的方向和目标发展至关重要，这也是实现冶金过程优化与控制的基础。冶金反应工程学在宏观动力学的基础上，研究冶金多相流动、传热、传质，并运用现代计算流体力学、数值计算等手段对各类反应器内的冶金过程进行模拟与解析，并在此基础上完成对各类冶金反应器的优化设计与工程放大。

近几十年来，以上冶金学科基础理论的系统发展为以铁矿石为主要原料的高炉 – 转炉长流程和以废钢为主要原料的电炉短流程钢铁工业提供了必要、及时的基础支撑，为世界钢铁工业大发展做出了不可磨灭的贡献。但随着科学技术及行业发展，钢铁工业将面临新的压力和挑战。新工艺新技术的开发，还需要新的基础数据、基础理论的及时补充。

1. 特殊冶金熔体的基础物性数据及相关参数尚需补充

当前，对于以含铁富矿为主要原料的高炉－转炉流程涉及的主要渣系如 CaO-SiO$_2$-Al$_2$O$_3$-MgO（高炉渣/精炼渣）、CaO-FeO-SiO$_2$（-MgO）（转炉渣）等，其物理性质如黏度、熔点、电导率等以及表征其吸杂能力的化学性质如磷容量、硫容量等，大都已经有了较为完备的基础数据。除了实验测试数据之外，诸多研究者已开发出相应模型进行不同条件下的预测。商业软件如 FactSage 等对该类渣系黏度、液相区以及与不同熔体达到平衡态时各种常见元素如 P、S 等在渣金两相的分配比均能够进行相应预测，预测结果完全可用于实际生产实践的指导。

但对于与 Fe 共生的其他金属矿产资源，例如钒钛磁铁矿、稀土矿、红铬矿等经高炉或其他反应器完成铁元素提取后得到的是含 TiO$_x$、RE$_x$O$_y$、CrO$_x$ 等的渣系，即 CaO-SiO$_2$-Al$_2$O$_3$-MgO（-TiO$_x$，-ReO，-CrO$_x$）等；含 V 铁水（钒钛磁铁矿提 Fe 后的金属产物）经吹氧脱碳后获得的是 FeO-SiO$_2$-VO$_x$ 基多元渣系。而这类渣系的基础物性参数如黏度、熔点甚至相关的多元相图，目前可供查阅的数据却极为有限。

另外，金属熔体中组元的活度系数是决定其热力学行为的重要参数。目前人们关于 Fe 基稀溶液中 S、P、C、N、H 等元素的热力学行为认识非常充分。基于 Wagner 模型的、Fe 基稀溶液中各元素间的活度相互作用系数大都已经有了较为完善的热力学数据，人们从参考手册中可方便获得这类数据。它的广泛应用对于推动炼钢及二次精炼技术进步起到了不可替代的重要作用。但是，由于以上模型主要适用于无限稀溶液，浓度越低、计算越准确，当溶质浓度达到一定数值时，利用该模型估算的活度值与实验数据相差较大。冶金生产中的一些高合金熔体如铁合金熔体、高合金浓度的钢水等，针对其中组元的活度，Wagner 模型不再适用。随着人们对金属材料性能要求越来越高，高品质钢种必须实现合金元素含量的精确控制，这也促使人们必须对高合金熔体组元的热力学行为进行系统研究。

2. 动力学研究方面明显不足

如前所述，与热力学相比，关于冶金反应动力学的研究开始得较晚。迄今，与冶金过程相关多相反应如气－固、气－液、液－固、液－液、固－固反应等，各类反应的相关机理大都已被研究过，也已经初步形成了各类反应的动力学模型。但由于动力学问题的复杂性，各类动力学模型及相关参数的普适性和可靠性较差，远逊于冶金过程热力学和活度理论的水平。主要是因为当前获得的各类动力学参数多为表观动力学参数，难以表征其本征的反应机理。另外，与各类传输现象相关的传输参数，需要借助于特定的流体状况或基于相似理论进行表征，这方面的研究也明显不足。正是基于此，目前对于较多复杂的冶金过程尚难以实现精确、定量的控制。新工艺、新技术的开发也由于基础物理化学研究方法的局限而缺少科学理论支撑。

二、冶金反应器数学物理模拟及解析

近几年来冶金反应工程学的研究非常活跃，涉及冶金领域的方方面面，产生了大批先进成果。尤其是在冶金反应器数学物理模拟及解析领域，现代数学及计算科学技术迅猛发展后带来的最新成果，极大地推动了冶金反应器数值模拟及解析技术的发展。当前围绕冶金工艺过程中涉及的各个反应器，针对其中发生的流体流动、物质传递及各类化学反应，人们做了大量的数值模拟及解析工作。研究结果对于推动人们更深入认识、优化改进冶金反应器的功能和机构提供了重要的基础借鉴。

1. 高炉炼铁反应器

高炉是一个密闭的逆流式热交换竖炉，所涉及的冶金过程极为复杂，其内部的各种物理化学现象及动力学特征至今尚未得到完全和充分的认识。因此，建立合理的数学模型对高炉内部复杂多场多相耦合作用现象进行系统研究对高炉炼铁技术进步和钢铁产业的可持续发展具有重要意义。高炉数学模型经历了从无到有，从局部到全高炉过程的不断发展历程。当前围绕高炉局部传输现象及反应机理进行了系统的数值模拟及解析工作，包括大型高炉圆周方向风口回旋区内固体炉料的速度、应力分布以及炉墙和炉底的受力情况；高炉软熔区域的气体流动行为；高炉炉缸、炉底温度场模拟；以及高炉喷吹煤粉后高炉风口回旋区内的传输现象等。在以上研究的基础上，冶金工作者们进一步针对全高炉整体内部的传输现象进行仿真研究，包括炉内多种复杂现象的耦合、操作解析及优化、碳铁复合新型炉料制备与应用、炉顶煤气循环、高炉喷吹焦炉煤气、炉料热装等炼铁新工艺解析等方面。以上研究为低碳高炉炼铁新技术的开发提供了有益参考和指导。

2. 转炉炼钢反应器

转炉氧气炼钢工艺过程涉及顶吹的超声速射流、底吹鼓泡流、熔池内金属液和渣的高度弥散流动等复杂情况。冶金工作者尝试利用VOF多相流模型描述多孔氧枪顶吹射流与受冲击液体间的相互作用区域，利用DPM离散相模型描述底吹气流对熔池搅拌作用。炼钢过程内，脱碳、脱磷、脱硫、硅/锰/铁的氧化及还原反应在转炉内是同时进行的，人们为了对其进行解析和优化，开发了多相反应模型和基于这种模型的工艺模拟研究。

3. 二次精炼各类反应器

围绕底吹氩精炼钢包内的气液两相流行为、气泡的生成/长大及其弥散性以及钢液内夹杂物的上浮/碰撞聚合/渣金界面的分布等，均进行了大量的数值模拟及冷态实验工作。两相流模型中引入了气泡湍流扩散力考虑了液体湍流脉动对气泡分散性的影响，同时引入气泡诱导湍流考虑了由气液速度差产生的液体湍流行为，进一步完善了钢包内气液两相流行为的理论体系。针对精炼过程中的夹杂物行为，采用CFD-PBM耦合数学模型研究了钢包内夹杂物的碰撞聚合、尺寸分布和去除行为，建立了气泡尾涡去除夹杂物模型，提出了夹杂物湍流随机速度模型来分别计算夹杂物－夹杂物、夹杂物－气泡的湍流随机碰撞速率，并考虑了渣眼尺寸等参数模型对夹杂物传输和去除行为的影响。针对RH精炼装置内为气、液、固多相高温反应，在描述气液两相流动及混合行为的基础上，耦合脱碳反应的热力学及动力学知识，同时充分考虑夹杂物的碰撞、长大及去除行为，建立了RH精炼装置内流动、混合、脱碳及夹杂物去除的数学模型，并运用合理的数学方法进行求解，进而对RH精炼装置展开充分的模拟与仿真计算。

4. 连铸中间包冶金

近年来，我国在中间包内流动特性分析理论模型、控流元件优化设计、气幕中间包、中间包加热及新型纳米级隔热材料在中间包内的应用等方面取得了显著进步。利用数学物理模拟方法对现场生产所用中间包内控流元件进行优化设计已被广泛应用并取得较好的冶金效果；气幕中间包和中间包加热技术已在一些钢厂进行了工业试验；能减少中间包耐火衬热损失的新型纳米级隔热材料也已开始在国内某些钢厂使用。中间包内流动在钢包更换期间的非稳定状态对连铸坯质量控制特别重要，现在研究的尚不够。

5. 连铸结晶器冶金

钢连铸过程的本质是采用合理策略控制热量释放，面临裂纹、偏析和夹杂物三大质量问题，结晶器内传输现象的探讨也一直围绕此进行。同时，考虑到提高铸机寿命可降低生产成本和增强工艺稳定性，对结晶器本身在高温高应力环境下的失效原因分析也成为主流研究方向，并且随着工程经验的积累和基础科学的进步，越来越多的研究将结晶器内传输现象和结晶器本身工作状态耦合分析。目前针对板坯、薄板坯、方坯/圆坯连铸结晶器内的温度分布、钢液流动、夹杂物上浮去以及电磁制动和吹氩过程中各参数对以上行为的影响,均进行了数值模拟与解析。

6. 反应器的智能化

基于对反应器各种物理化学过程的正确认识,应用人工智能和信息管理的新发展,使反应器的运行达到智能化调整,不同反应器之间协调运转,实现工业生态的绿色化。

三、基于外场冶金的新工艺技术开发

为了进一步提高生产效率,有效促进物质传递及相际分离效果(冶金流程中温度较高,化学反应速度很快,通常不会成为限制性环节),近年来冶金工作者纷纷将各种外场技术引进冶金领域,极大地推动了当今及未来冶金工业的技术进步。

电磁冶金将电磁场引入冶金过程,利用电磁力及电磁热效应等实现能量传输、强力搅拌、运动控制与形状控制,从而实现强化冶金过程的目的。它的基本特点是,借助于电流与磁场所形成的电磁力,对材料加工过程中物质传递、流动和材料的表面形态等施加影响,以便有效地控制其变化和反应过程,改善材料的组织结构。鉴于电磁力可以通过不直接接触的方式传递到金属材料内部,有利于在冶金过程中避免大气和炉衬材料对金属材料的二次氧化,被认为是一种清洁能源,环境污染少。目前电磁冶金技术已广泛应用于金属冶炼、精炼、铸造、连续铸轧及液态金属检测等领域,在强化物质/能量传递、改善材料内部及表面组织结构方面表现出强大的生命力。

微波冶金是将一种频率在 300MHz～300GHz 之间、即波长 1mm～1m、位于红外辐射和无线电波之间的电磁波引入冶金领域。这种微波是一种在介质中可以转化为热量的能量形式,属于体积性加热,它的热效应在工业上具有重要作用。微波加热具有与传统的传导和对流方式显著不同的特点:即时加热、整体加热、选择性加热等,并且升温迅速、温度均匀。除热效应外,微波对于化学反应过程还具有更复杂的作用机理。一方面反应物分子运动速度由于吸收微波之后大幅加快,整个运动过程杂乱无章,导致熵增加;另一方面微波迫使极性分子按照电磁场频率变化,从而又使熵减小。在化学反应过程中,它可以使某些化学键振动或转动,最终导致这些化学键的减弱,从而有效降低反应的活化能,提供更好的动力学条件。迄今为止,微波在冶金工业领域从选矿、冶炼、材料直到深加工产品制造都开展了工作,在难选矿的预处理、浸取分离、烧结、微波等离子体方面都不断取得进展。尤其是在复杂矿处理方面,微波处理显示出显著优势。

近几年来，超重力由于其在强化相际分离方面的显著优势而被逐渐引入冶金领域。地面上超重力实质上是在离心场作用下产生的一种强大离心力。两相接触过程的动力因素即浮力因子 $\Delta \rho g$（$\Delta \rho$，密度差；g，重力加速度）决定了相间相对运动速度及相际传递过程。g 越大，两相间因密度差产生的相间流动越剧烈，同时产生的巨大切应力（表面张力显得微不足道）导致相间接触面积增大。由此，超重力场使得分子间扩散和相间传质过程要比常重力环境下快得多，气 – 液、液 – 液、液 – 固两相在超重力环境下的多孔介质或孔道中流动接触，巨大剪切力会将液体撕裂成微米甚至纳米级的液膜、液丝和液滴，快速更新相界面，极大程度上强化了微观混合和传质过程，对于由密度差导致的相际分离也显然具有强化作用。近年来，有冶金学者利用超重力技术富集分离含钛高炉渣、含稀土高炉渣及含钒钢渣等我国特色炉渣中的含 Ti、RE、V 等有价金属元素富集相，取得了非常好的效果。含钛高炉渣富钛相的富集分离实验结果表明，当超重力系数达到 750g、处理温度为 1300℃时可获得纯度很高的钙钛矿（TiO_2% 大于 50%，高于制取钛白原料的标准要求）、且 Ti 的回收率高达 80% 以上。另外，金属熔体中第二相粒子的去除，例如钢液夹杂物去除、熔体如 Al、Al-Si、Al-Fe 合金中 Fe、B、P 等杂质相的去除等，引入超重力技术后均取得了良好的净化效果。

超声冶金的基础是超声功率作用于液体（熔体）和固体及固液多相媒质所产生的热学、力学、化学等一系列效应，在这些效应的基础上可实现以下三种作用：机械作用、空化作用和热作用。超声波在媒质中传播，其振动能量被媒质不断吸收转变为热能，引起媒质及空化形成激波时波前处和边界外的局部温度等升高。火法冶金过程中，超声可加速多相冶金反应，提高反应速率、降低反应条件和开辟新的反应途径。湿法冶金中利用超声强化浸出、萃取、过滤和净化等分离过程，不仅可以大大提高传质速率，强化动力学过程，而且超声能量与物质件的独特的相互作用形式可能打破固有相界面平衡，提高过程收率。另外，有研究证明，在金属或合金凝固过程中，采用超声处理可起到除气作用、净化熔体、改善凝固组织，提高金属或合金的机械性能。当前超声波技术在矿石还原、金属液净化除杂、有机毒物降解、浸出与萃取以及金属液凝固过程中，人们均进行了探索性研究工作。

四、面向特色资源综合利用的新工艺技术开发

目前全世界 70% 以上的粗钢由高炉 – 转炉长流程生产，在我国该比例更是高达约 90%。该流程以 Fe 元素的提取与净化 / 合金化为主要目的，因此更适合于含铁品

位较高的富矿，但对于矿物中与Fe共生的其他有价金属元素如V、Ti、RE、B、Mg等，基本无法完成富集与分离工作。众所周知，我国富铁品位矿资源匮乏，却具有非常丰富的伴生矿及其他复杂矿资源，例如钒钛磁铁矿、稀土矿、硼镁铁矿等。当前，我国针对该类伴生铁矿资源也主要是在高炉－转炉流程中完成Fe元素的冶炼和提取，其直接后果是与之伴生的Ti、V、RE、B等资源零散分布在该流程的多种副产品如高炉渣、钢渣中，由于缺乏有效的富集分离技术，至今这类特色二次资源仍大量堆积，一方面造成资源的严重浪费，另一方面也存在巨大的安全隐患。

近几年来，我国冶金工作者围绕我国特色铁矿资源综合利用开展了系统的基础研究工作。从技术处理的工艺原型来看，基本分为两种处理思路：一是围绕这类特色资源开发非高炉炼铁工艺技术，二是针对当前高炉炼铁工艺获得的富含特色资源的特色炉渣，开展"特色炉渣综合利用"的研究工作。

1. 面向特色资源的直接还原－电炉熔分工艺

我国冶金工作者围绕钒钛磁铁矿、硼镁矿、稀土矿、高磷矿的综合利用，分别开展了直接还原－电炉熔分工艺的基础研究。针对前三种矿资源主要是利用转底炉直接还原－电炉熔分，对高磷矿主要采取气基还原－电炉熔分工艺，并分别对熔分后获得的特色资源富集渣开展了系列特色资源的分离提取工作。当前实验室研究中取得了非常好的结果，能够有效完成Fe与Ti、V、B、RE、P等元素的分离工作。

2. 特色炉渣中特色资源的分离提取

为了有效提取以上特色共生铁矿资源为原料的高炉炼铁工艺后获得的特色炉渣，诸多冶金工作者针对炉渣中Ti、V、B、RE、P等资源的富集分离行为开展了系列基础研究工作。在以上研究的基础上，提出选择性富集－选择性析出－相际分离的技术思路。该思路的基本思想主要包括三部分：①高温熔融状态下，创造适宜的物理化学条件，促使散布于各矿物相内的有价元素选择性地转移并富集于某种矿物相内，完成"选择性富集"；②熔体结晶过程中，合理控制温度等相关因素，促进富集相析出、长大；③采取某种手段，完成富集相与其余熔体的有效分离。大量结果证明，富集相分离（步骤③）是限制该工艺顺利实施的制约环节。由于热力学数据的完善，对于工艺思路中的阶段①，有价元素的"选择性富集"能够顺利完成，而②中的析出相必须长到足够尺寸，才能够经磨矿分选后有效分离。该技术思路具有流程短、可控性强、环境友好等诸多优势，是处理我国特色二次资源的有效途径。为了能够顺利实施，我国学者在上述步骤③中引入超重力技术，能够进一步强化物质传递、促进析出相聚集长大，获得的富集相中特色资源含量高、分离效果好，显示出未来工业应用的强大生命力。

3. 冶金过程中间产品和副产品中高品质热能的利用

冶金是高温制造生产过程，生产过程的中间产品带有高焓值热能。现在钢坯热能已通过连铸－直轧工艺有效利用，而各工序的渣还有大量未被利用的热能。不仅其中资源需要大量回收，其热能也不应该损失。

第三节 本学科未来发展方向

一、非常规冶金熔体/特殊流体基础物性数据库建设

如前所述，当前传统含铁富矿经高炉－转炉流程生产后形成的主要渣系如 $CaO-SiO_2-Al_2O_3-MgO$（高炉渣/精炼渣）、$CaO-FeO-SiO_2(-MgO)$（转炉渣）等，其基础物性大都已经有了较为完备的基础数据。但为了适应新形势下对冶金物理化学基础数据、基础理论的要求，同时为了有效拓宽可利用铁矿资源范围，国内外冶金学者开始着手研究含有 Ti、V、Cr、Nb、RE 等特殊金属元素的渣系的基础物化性质。这类特殊元素的渣系大多同时或部分具备以下特点：一是这类元素如 V、Ti、Cr 等在熔渣中多为变价元素，其价态随气氛、温度、渣系组成的变化而变化，不同价态的氧化物在渣系中的作用或者对渣系性质/结构的影响是完全不同的，如 CrO 在熔渣中起碱性氧化物的作用，而 Cr_2O_3 在渣中偏酸性氧化物的倾向。但目前对渣中变价态金属（除 Fe^{2+}、Fe^{3+} 之外）尚缺乏有效的、能够广被认可的分析方法，由此造成人们对该类渣系的性质、结构认识非常有限。二是以上特殊渣系多为高熔点，如含 Ti 渣、Cr 渣，部分渣系熔点在 1600℃，甚至 1700℃以上，目前常用的分析检测装置如黏度仪、熔点测试仪等难以企及如此高的温度。该类渣系的研究工作借助于先进分析检测技术的研发进步正在逐步展开。

随着人们对金属材料性能要求越来越高，高品质钢种必须实现合金元素含量的精确控制，这也促使人们必须对高合金熔体组元的热力学行为进行系统研究。这类高合金熔体中组元的活度行为，Wagner 模型已不再适用。Darken 提出的二次式模型以及基于此推导得到的 Redlich-Kister 关系式本质上可以解决全浓度范围内的溶液活度系数表达式的问题。另外，Pelton 和 Bale 于 20 世纪 90 年代初提出了多元体系在有

限浓度时满足热力学一致性的修正式——"统一相互作用参数式"(Unified Interaction Parameter Model,简称 UIP 模)。该模型的特点是热力学上在全浓度范围内有效,且满足 Gibbs-Duhem 关系。近年来,国际上部分学者开始围绕利用这两类模型获得高合金熔体组元的活度系数开展系列研究工作。但迄今为止,基于这两类模型结构的元素间的活度相互作用系数可查阅、参考的数量非常有限。我国冶金工作者对于这类模型的研究基本没有见到报道。对于这两类模型中涉及的大量参数如基于 R-K 关系式的各组元间的各级 $^0\Omega_{1-2}$、$^1\Omega_{1-2}$ 等,以及基于 UIP 模型的 ε_{ij}、ε_{ijk}、ε_{ijkl} 等各级相互作用系数当前均需要大量的基础测试及相关研究工作。

此外,以上提及的冶金熔体多为均匀液相的熔体,这类熔体的基础物性参数通常借助于标准的实验方法来测试或表征。但实际冶金生产过程中经常涉及非均相、非常规的特殊流体。例如气固两相流中的颗粒流体,冶金熔渣、金属熔体中当含有一定量的微小固体质点时呈现出高温胶体的特性。这类特殊流体的基础物性直接影响过程控制,如颗粒流体的黏性是揭示气/固两相流流动行为的重要参数,特别是对于揭示黏结失流的机理具有重要意义。高温胶体的黏性是描述熔体在固/液相交界温度附近区域流动性的重要参数,对于研究复杂矿金属化球团高温熔分、半固态铸造等技术具有重要意义。针对这类特殊流体物性参数的测试与表征,国内外已有部分学者开始着手研究。

二、本征动力学参数测试及过程精准控制

如前所述,当前各类动力学模型适用性较差,以致于难以实现生产过程的精准控制。其中一个主要原因是在动力学研究过程中,由于实验方法的欠缺,通常获得的是表观动力学参数,难以体现其本征的反应机理。一方面基础实验研究过程中普遍采用的反应器偏大,反应物在反应前后均存在明显的温度、浓度梯度,属于积分反应器,难以获得本征动力学参数。近年来,国内外冶金学者开始着手设计更精准的反应装置,以获得更具有普适性的本征动力学参数。例如我国学者设计的微型流化床反应器,床层高度小于 30mm,因此反应器温度梯度很小,可近似为均匀温度场,且可以实现在线快速送样技术。利用该装置进行气固两相流氧化、还原、分解动力学研究时,可有效保证气体的入口和出口浓度一致,温度的均匀性也能够保持一致。这种实验条件下有望获得本征的反应机理及动力参数。另外,像高炉喷煤、煤粉燃烧、高炉喷吹废塑料或生物质等,过去主要采用 TG/DSC 热综合分析仪研究其动力学问题,由

于 TG/DSC 加样方法及升温速度的局限，只能采用非等温实验，其动力学研究结果很难用于实际，这是目前冶金过程数值模拟缺少符合实际的动力学参数的主要原因。而恒温反应器同时解决加样和快速检测技术，可获得更为接近生产实践的数据。另一方面，实验室实验中反应器环境对反应过程的"污染"问题、分析误差等难以彻底根治，也是动力学参数普适性不高的原因之一。近年来开发的多种先进实验技术，例如借助于电磁悬浮技术，可将样品悬浮于坩埚内，由于不与坩埚接触，可有效避免样品在实验过程中可能受到的"污染"。采用这类实验技术能够获得更为本征的动力学参数。

此外，随着现代科学技术的发展，一大批先进分析检测技术相继涌现。高温共聚焦激光显微镜以及研究者充分利用各种先进装置自主集成搭建的高温热台等，使得高温条件下、原位在线观察物质在反应过程中的结构变化、相变过程成为可能。这为深入认识更本征的反应动力学机理提供了有力的技术保障，也成为当前的研究热点。

三、新型反应器解析及数值物理模拟

为了适应新工艺新技术开发的需求，反应器解析及数值模拟工作显得越来越重要。尤其是近年来信息科学、计算科学领域的快速发展，为复杂过程的数值模拟与解析工作提供了强有力的技术支撑。

高温冶金过程本质上都是气、液、固多相反应，以及流体流动、传热及传质的耦合，强化物质及能量的传递过程对于提高效率、降低消耗尤为重要，特别是对复杂矿高温分离、氧化物熔态还原和钢液精炼过程中相关复杂体系，需要掌握动量、热量和质量分布特征、传输通量、传输过程的耦合性以及时空多尺度特征。对于冶金过程、弥散的气泡群、液滴群在连续相内的产生及其分布特征，对多相反应和传递行为起主要作用。由于对此现象研究困难，只在部分领域有一些结果，是当前研究活跃的领域。

近年来，人们探索研究了氧气高炉、流化床、精炼炉等反应器中流场、温度场和浓度场的时空分布、协同效应及其对冶金过程的影响；反应器中动量、热量和质量的传递速率及其对冶炼效率和能耗的影响；气固两相流的复杂性和多尺度特性对冶金过程或单元操作的影响规律；气-固-液弥散多相流体系中，颗粒的运动、浮升和凝并长大的影响因素和行为规律。这些工作为后续具体冶金工艺流程中反应器设计与优化、工艺参数优化等提供了重要的基础借鉴。

在以上研究的基础上，冶金学者将逐步对新的反应器及工艺过程进行深入解析。通过建立和解析全高炉数学模型，研究气、固、液、粉相（特别是未燃煤粉）的行为及相互作用机理、炉内煤气的产生和消耗机理以及炉内主要反应的机理，掌握高炉冶炼过程的传输规律；通过数值模拟和仿真，清晰描述转炉顶吹射流和底吹气泡对钢液流动与搅拌的影响规律和熔池温度的时空分布规律，结合热力学和动力学理论，定量研究转炉吹炼过程各元素的传递和反应行为规律，为实现转炉精确吹炼与过程动态控制提供理论基础；通过对精炼过程动态模拟，研究精炼过程钢液混合特性、杂质元素和夹杂物去除行为，为精炼过程钢液洁净化提供理论基础。

结合已有的研究结果，有望在不远的将来，针对直接还原、氧气高炉炼铁、钢液精炼去杂等冶炼过程，在掌握过程化学反应速率和传输速率规律的基础上，结合新的冶金流程和资源特点，通过冷态、热态模拟实验和数学模拟手段进行新型反应器结构、尺寸等对内部传质、传热、动量传递以及相关化学反应速度的影响研究，并结合传输过程的耦合关系，综合工程放大试验和理论研究，达到系统物质转化和能量利用优化控制，完成高效气基流化床、氧气高炉、高效精炼炉等新型反应器的原型设计。

四、基于节能减排的新炼铁工艺技术开发

进入 21 世纪，人类社会对地球环境以及温室气体的排放提出越来越高的要求。冶金是众所周知的高能耗行业，我国钢铁冶金的能耗占到工业一次能源消费总量的 16% 左右，CO_2 和污染物的排放与能源消费比例基本一致。近年来，越来越多的冶金科技工作者将研究重心转移到了以实现低消耗、高循环利用、可持续发展为目标的领域中来。在产业界，新日本制铁公司（简称新日铁）率先建成了"生态与循环冶金"示范工程，欧洲最大的钢铁公司 ARCELOR 也在推进生态与循环冶金的工作，我国建设的首钢曹妃甸工程也充分体现了可持续发展的理念。在许多具有冶金学科优势的大学，纷纷成立了以节能减排和循环利用为目标的研究机构，旨在加强低碳排放和资源、能源高效利用过程的基础理论研究及技术开发。

高炉-转炉长流程依然是当今主要的钢铁生产流程，在我国长流程生产规模更是高达 90% 以上。该流程内近 70% 的能耗及污染物排放产生于炼铁及铁前原料准备工序。鉴于此，近年来在炼铁技术领域人们更加注重节能减排技术的研究与应用。一系列减少能源消耗和废弃炉渣、烟尘、NO_x、SO_x、CO_2 排放的新技术得到开发应用。例如钢铁厂余热、余压、副产煤气发电（CDQ、TRT、CCPP）等，少渣炼钢技术、炼钢

炉渣循环利用、新型干法静电除尘、利用转底炉或回转窑处理炼铁炼钢烟尘等。与此同时，大批先进的、基于节能减排的炼铁新工艺新技术目前处于最前沿的研究热点，有望在本领域内取得突破性进展。

1. 先进烧结工艺与技术

近年来，日本东北大学、东京大学等与JFE等企业合作开展预还原烧结、厚料层烧结的节能减排新技术。预还原烧结技术为将铁矿粉制成块并同时进行预还原的技术。预还原烧结矿，即在烧结工序就发生部分预还原，甚至产生部分金属铁，把对铁矿的一部分还原由高炉转移到烧结工序，以此来减少高炉冶炼的还原剂消耗量。其基本理论依据是：铁矿石在高炉内的还原主要是以CO为还原剂的间接还原，其还原产物及气体成分受反应$FeO+CO=Fe+CO_2$的化学平衡限制，使碳的利用率不能无限提高。但在烧结过程中，铁矿石的还原主要是以碳为还原剂在固态下进行的直接还原，不受气体平衡的限制，碳的利用率较高。因此将铁矿石的一部分还原由高炉工序转移到烧结工序，可以提高碳的使用效率，从而降低碳耗，减少CO_2排放。研究表明，在高炉中使用预还原炉料可以提高利用系数、降低焦比和燃料比、有利于炉况稳定顺行。除此之外，JFE钢铁公司为了节能目前积极开发燃料喷吹技术（超级烧结技术）。该技术通过从烧结机台车侧上方喷吹含氢气体燃料，能够长时间地保持最佳烧结温度。在不增加还原剂比的条件下，生产出高强度烧结矿，同时提高能量利用效率，降低CO_2排放。研究表明，超级烧结技术的应用可以使得JFE钢铁公司的CO_2排放量每年减少26万吨。

2. 超低CO_2排放的炼铁工艺与技术

为了减少CO_2排放，欧盟2004年启动了由15个国家的48家企业、研究院所、高校参加的超低二氧化碳排放的钢铁生产技术（ULCOS），目标是使钢铁生产二氧化碳排放在现有基础上减少50%。其核心技术主要包括以下几方面：高炉炉顶煤气循环TGRBF；先进的直接还原工艺ULCORED（气基直接还原+CO_2封存捕集）；电解铁矿石技术；新型熔融还原工艺Hisarna（将Isarna的熔融旋涡熔炼炉和HIsmelt熔融炉相结合，并伴随喷吹纯氧）。日本2008年启动了由6家主要钢铁公司共同承担的环境友好型炼铁技术开发项目（COURSE 50），计划于2030年前完成工艺技术研究，2050年前大规模投入工业生产，预计CO_2排放可减少30%。它的主要核心技术包括分离、回收CO_2技术、部分利用H_2作为还原剂，以及提高焦炉煤气中的H_2含量，焦炉煤气改质。此外，也有人提出未来的氢炼铁工艺技术原型及设想了未来氢炼铁高炉的反应器装置结构，用氢炼铁的最大优点是有助于直接削减 CO_2 排放量。研究认为利用氧-氢燃的高热量能够高速熔化炉料，对炉料强度的要求降低，而且与 $CO-CO_2$ 系比较，H_2-H_2O 系气体透气阻力小，可以导出大量的煤气。更重要的是，氢还原几乎不发生杂质的还原，最终得到的是可以直接炼钢的高纯度铁。

我国冶金工作者在该领域围绕全氧高炉炼铁工艺开展了系列基础研究工作，包括在高富氧（或全氧）情况下，大量喷吹煤粉是实现以煤代焦、煤气循环炼铁的关键技术，通过系统研究煤粉的高效燃烧与强化供氧技术，促进目前高炉生产中富氧喷煤技术的进步，为未来全氧条件下煤气循环炼铁技术工业化应用奠定坚实基础。同时对高炉反应器内富氧或全氧条件下各种反应机理及气-液-固多相流体流动行为进行了系统解析。2010 年开始开展了产、学、研合作研究开发，拟于近期进行工业规模示范装置建设。

五、基于能量利用最大化的转炉炼钢技术

转炉炼钢目前仍是世界上最主要的炼钢方法，但转炉炼钢过程中能量出现大量"富余"。围绕如何最大化利用这些能量，人们逐步开发一些炼钢的新工艺新技术原型。20 世纪 80 年代后期，日本大部分的转炉变为了顶底复吹转炉。有关转炉脱碳特性、脱磷特性、吹炼末期的钢水和炉渣过氧化行为等目前复吹转炉吹炼的基础研究取得了很大发展。近年来，精炼技术的开发进入成熟期。顶底复吹转炉鉴于其独有的特点，逐渐向多功能化的方向发展。

1. 作为熔融还原炉

日本研究人员研发了用转炉直接对铬矿石进行熔融还原的技术替代铬铁生产不锈钢的技术。熔融还原技术的最大特征是矿石的还原反应和碳质能源燃烧的氧化反应同时进行，它利用大量的炉渣对被搅拌的钢液和氧气流进行隔离，促进渣中氧化物的还原。

2. 大量使用冷铁料，能量利用最大化

随着转炉反应器的改进以及如喷吹等多种单元操作工序的引入，转炉使用废钢等冷铁料的比例越来越大。西门子冶金技术部依靠喷吹工艺为转炉操作提供了一种能够使用多达 100% 废钢和海绵铁的方案，使炼钢生产企业能够灵活地应对原料的供应瓶颈和价格的短期波动。JFE 钢铁公司在铬矿熔融还原炉上开发了矿石喷嘴加热添加喷枪，并将之应用于东日本制铁所千叶地区炼钢厂。近期内又在原来的铬矿投入烧嘴

基础上，将氢系气体作为燃料赋予纯氧烧嘴功能，从而可以在炉内通过烧嘴火焰加入粉、粒状铬矿。由于利用氢系燃料代替一部分顶底复吹氧的碳材燃烧能源，可削减作为燃料的碳材用量，并且因火焰加热的矿粒有传热介质功能，可以将烧嘴燃烧热有效地传递给铁水和熔渣，结果使单位矿石的供给能量降低了20%。由于该技术的开发和应用，既比原来的熔融还原炉提高了铬原料选择的自由度，又能利用单位能源的减少降低 CO_2 排放。

3. 优化、改进喷吹工艺，大幅推动转炉炼钢技术进步

当前转炉炼钢中大幅提高冷铁源使用比例，主要是得益于各种喷吹工艺的技术进步。JFE 钢铁公司在转炉中实施铬矿熔融还原，主要是借助于通过炉底风口喷吹氧气、石灰和煤，还能利用一支顶枪吹入热风，以向熔池引入更多的能量。一支顶枪被用来在熔池上方吹入富氧量高达30%、温度约为1300℃的热风。除了温度高，热风的速度和流量也很大，因而具有出色的混合效果，使熔池放出的一氧化碳几乎完全被燃烧，且优化了二次燃烧热量向钢水的传播。新日铁广畑制铁所开发了利用现有的转炉设备对冷铁源进行熔化的技术。作为熔化用的热介质有从底吹风口喷吹石灰和废轮胎等。废轮胎中的炭黑可以替代煤，钢丝可以替代铁源，橡胶可以作为转炉的副产气体回收。可行性研究表明，与以往的电炉法相比，如果考虑到回收的气体能源，顶底复吹转炉的一次能源消耗可降低25%。我国冶金学者针对传统转炉纯氧吹炼过程中存在的种种问题，近期提出了 CO_2-O_2 混合喷吹炼钢工艺控制方法，可有效解决炼钢过程粉尘产生量大（铁损失大）、脱磷过程控温难、不锈钢冶炼过程铬损较大等技术难题。目前已完成工业试验研究工作，有望在未来的炼钢工艺中取得突破性进展。

第四节 学科发展目标和规划

现阶段钢铁工业的可持续发展面临资源、环境、能源的巨大压力，未来亟须绿色、生态型新工艺新技术开发。冶金反应工程学科将为这类新工艺新技术开发提供必要的基础借鉴。一方面，鉴于冶金工艺过程高温、多元、多相的复杂特征，对于生产者而言依然为"黑箱"，为了深入认识其本征机理，必须要借助于合适的数学物理模拟仿真系统；另一方面，随着科学技术的快速发展，已积累了大批具有相当发展前景的实验室成果，这批成果急需恰当的工程放大技术实现工业应用。以上均属于冶金反

应工程学科领域的研究范畴。这类新工艺新技术开发亟需冶金反应工程学科相关理论的基础支撑。

中长期内，随着冶金反应工程学科在完善基础数据（包括热物性参数、传输系数、动力学速率常数等）、完善数学物理模拟方法、建立过程精准控制模型、完善反应器设计理论、完善工程放大技术等方面的系统发展，有望在2050年有效解决我国钢铁工业在资源、能源、环境方面的巨大压力。通过开发我国特色资源对应型炼铁工艺，适当降低我国铁矿石对外依存度；大量循环使用废弃金属资源，降低对原生矿石资源的依赖；大幅降低能耗与排放，通过优化反应器结构及工艺模式，使实际能耗接近理论能耗，同时实现CO_2封存捕集；转炉炼钢过程最大化利用富余能量，借助于各种喷吹及二次燃烧技术，实现铬矿、锰矿、钼矿等直接合金化，降低铁合金使用比例；开发合适的工艺技术，大幅提高钢铁工业消纳社会废弃物的能力，最终建立绿色、和谐、生态型工业发展链。

为了实现以上目标，中短期（到2025年）与中长期（2026年到2050年）发展规划分别如下所示。

一、中短期（到2025年）发展目标和实施规划

中短期（到2025年）内学科发展拟完成的任务主要包括以下几方面。

1. 非常规冶金熔体/特殊流体基础物性参数数据库建设

迄今为止，与传统冶金流程相关的冶金熔体热物性参数已基本完善。但为了更好地促进冶金工艺技术进步、适应新工艺新技术开发的需要，亟需非常规冶金熔体、特殊流体基础物性参数的数据库建设。包括与我国特色资源密切相关的冶金熔体、高温过程中经常出现的液固两相流体、气固两相流中的颗粒流体等非常规熔体与特殊流体的基础物性参数。

2. 多相反应过程中本征动力学参数测试及表征

借助于合适的数学物理模拟方法，深入认识冶金多相反应过程；同时充分利用先进的检测分析手段，清楚掌握多相反应过程的本征机理，获取其本征动力学参数，为实现生产过程的精准控制提供基础参数。

3. 炼铁工艺改进与新型反应器设计

充分考虑我国铁矿资源的区域特征，科学评估不同矿石特点下烧结矿、球团矿的冶金性能及其能耗指标，建立资源对应型、科学合理的高炉炉料结构；明确高炉能耗

极限，优化、改善高炉反应器结构，优化富氧操作，开发形成 CO_2 封存捕集技术，实现高品质高炉煤气循环；优化设计/改善新型移动床、流化床等炼铁反应器，深入推动非高炉炼铁技术发展。

4. 炼钢工艺技术进步与高效反应器设计

优化改进转炉炼钢反应器结构，借助于喷吹、二次燃烧等各种单元操作，充分利用转炉炼钢过程的能量，一方面实现锰矿、铬矿、钼矿等直接合金化技术，降低铁合金使用比例；另一方面加大富 Fe 尘泥在炼钢工艺中的循环使用比例，借助于转炉富余能量及铁水的高 C 势还原提取尘泥中的 Fe 元素，推动资源循环利用，降低环保负担。同时，深入研究废钢熔化机理，结合电炉反应器结构的优化和改进，开发废钢快速熔化技术，有效提升冶炼效率，大幅提高废弃金属资源的循环利用比例。

5. 面向特色矿产资源的新工艺新技术开发

开发我国特色资源如钒钛磁铁矿、高磷矿、稀土矿等的综合利用新工艺，充分利用电磁、微波、超声波、超重力等外场技术，并完善其相应的基础理论。

二、中长期（到2050年）发展目标和实施规划

（1）在非常规冶金熔体/特殊流体基础物性参数数据库建设和多相反应过程中本征动力学参数测试及表征的基础上，建立冶金反应工程精准控制模型，实现生产过程精准控制。

（2）在炼铁工艺改进与新型反应器设计的基础上、并结合特色矿产资源的新工艺新技术开发的研究结果，在全国不同区域，明确建立资源对应型的炼铁炉料结构，并开发形成与之相适应的炼铁技术。高炉炼铁与非高炉炼铁技术并存，高炉炼铁能耗接近理论极限，CO_2 全部实现封存捕集，炉顶富 CO 煤气全部实现循环利用。

（3）在炼钢工艺技术进步与高效反应器设计的基础上开发建立新一代炼钢工业技术，最大化利用炼钢过程的物理热及化学能，大量消纳富铁尘泥；电炉炼钢生产效率接近转炉生产水平，全部循环使用废弃金属资源。

（4）在特色矿产资源的新工艺新技术开发的基础上，大批外场技术实现工业应用，开发建立我国特色资源对应型新工艺新技术，并实现工业应用。

三、中短期和中长期发展路线图

中短期和中长期发展路线图见图 3-1。

目标、方向和关键技术	2025 年	2050 年
目标	（1）完善冶金反应过程基础理论，建立完整的热物性、传输系数等基础参数数据库 （2）完善数值物理模拟方法，探求本征机理 （3）完善工程放大理论	（1）实现冶金过程精准控制 （2）冶金过程实现高效强化，接近热力学平衡极限 （3）开发新一代绿色冶金新工艺新技术
方向	（1）大幅降低能耗与排放 （2）提高我国特色铁矿资源综合利用比例 （3）大量循环使用废金属资源 （4）钢铁工业大量消耗社会废弃物	（1）实际能耗接近理论极限，实现 CO_2 封存捕集 （2）推广应用资源对应型炼铁工艺及技术 （3）实现钢铁工业绿色、可持续发展 （4）与社会和谐共处，建立和谐、生态型企业发展链
关键技术	（1）建立资源对应型高炉合理炉料结构，明确高炉能耗极限 （2）开发 CO_2 封存捕集技术，开发高炉煤气高效循环利用技术 （3）设计/改善新型移动床、流化床等炼铁反应器，推广非高炉炼铁技术 （4）开发多功能转炉炼钢技术，实现能量利用最大化 （5）完善电磁、微博、超重力、超声波等外场冶金技术基础理论 （6）完善高磷矿、稀土矿、硼镁矿等特色矿产资源综合利用基础理论	（1）实现各类冶金过程精准控制 （2）针对区域资源特点，推广应用资源对应型炼铁工艺及技术 （3）新一代转炉炼钢技术实现工业应用 （4）大批外场冶金技术实现工业应用 （5）特色矿产资源综合冶炼新工艺新技术

图 3-1　中短期和中长期发展路线图

撰稿人：张延玲　郭占成

第四章 采矿工程

第一节 学科基本定义和范畴

中国的矿产资源开采和利用已有几千年的历史,是世界上矿业起源最早的国家之一。明代末年宋应星所著《天工开物》一书已经具体记述了当时的采矿、选矿和安全技术情况。我国的矿业工程学科则是在中华人民共和国成立后才真正奠定基础和逐步发展起来。

经过五十多年发展,我国冶金矿山采矿工程学科已经发展成为包含露天采矿、地下采矿、露天与地下联合采矿、采矿工程管理/矿业经济等多个分支并具有国际影响的学科;冶金矿物加工工程学科在对氧化赤铁矿、褐铁矿、菱铁矿等选矿分选技术取得突破后,成为具有世界先进水平的学科。

第二节 国内外发展现状、成绩、与国外水平对比

一、发展现状

近年来,在国内需求的拉动之下,我国钢铁工业发展迅速。粗钢产量从 2000 年的 1.26 亿吨增长到 2015 年的 8 亿吨,年均增长 12.2%。我国占世界钢产量的比重从 2000 年的 15.8% 迅速增长到 2015 年的 49.35%。与此对应,我国铁矿石产量从 2000 年的 2.22 亿吨增长到 2015 年的 13.81 亿吨,增长幅度巨大。近几年由于国家对勘探工作的重视和勘探投入的增加,新发现资源量在持续增加,为开采强度的增加提供了资源保证。截至 2015 年年底,我国铁矿查明资源储量达到了 841 亿吨,比过去 10 年增加了 200 多亿吨。目前,我国已形成十大铁矿石生产基地:鞍山—本溪,西昌—攀枝花,冀东—密云,五台—岚县,包头—白云鄂博,鄂东,宁芜,酒泉,海南石碌,

邯郸—邢台地区。虽然我国铁矿资源开发强度持续加大，但同时进口铁矿石量依然持续加大，进口铁矿石从2000年的0.6997亿吨增长到2015年的9.52亿吨，达到国内需求的84%，进口依赖程度越来越高。

我国锰矿已形成广西、贵州、福建、湖南、云南等生产基地，但我国锰矿生产80%来自中小矿山。2015年我国锰矿产量超过1400万吨，比2009年增长18.4%。锰矿进口量1576万吨，比2014年下降2.8%。在我国已经发现的锰矿资源中，大多数为低品位的贫矿。在我国一些锰系产品生产集中的地区，所使用碳酸锰矿的品位已经由含锰18%~20%降低到13%~15%，而另一方面，大量含锰20%~25%的软锰矿，却因为还原过程成本过高，或环境污染严重等问题得不到利用。

钒、铬作为我国重要的战略资源，随着我国经济的复苏及社会的发展，其需求持续上升。2015年我国钒产量（折合V_2O_5）约为4.1万吨，约占世界产量的52%，其中钒产量的90%~93%以钒铁或钒氮合金的形式添加于钢铁中。近几年铬盐产量每年以10%~15%的速度增长，目前我国铬盐总产能接近40万吨，约占世界总产能的1/3以上。但我国铬矿资源极为紧缺，90%的铬资源依赖进口。

近两年全球经济陷入疲软，我国经济持续下行，经济结构深度调整，钢铁需求继续下降。铁矿石巨头坚定增产，全球铁矿资源供应过剩的情况进一步加剧，加上美元指数走强，原油价格暴跌，商品货币大幅贬值，多方面因素与市场悲观预期形成相互循环的放大效应，导致铁矿石市场价格连续两年出现"腰斩"。而国内矿山成本与价格倒挂严重，2015年进口铁矿石价格跌破40美元/吨，而国内50%以上的铁矿山企业生产完全成本在80美元/吨以上，造成国内铁矿山近乎全行业亏损。据不完全统计，2015年我国30%的大型铁矿山、50%的中型铁矿山和80%的小型铁矿山已停产。

总体来说，我国冶金矿产资源供给不足、环境污染严重、粗放型经济增长的模式没有发生根本转变。我国冶金矿产资源赋存环境恶劣、埋藏深、品位低、复杂难处理，贫矿石占全部矿石储量的98%，绝大部分矿石必须经过选矿富集、提纯后才能使用，且大多难采、难选，难以得到高效开发利用。

二、成绩

在矿山科技工作者的共同努力下，我国冶金矿山科技领域取得了丰硕成果，一大批关键技术攻关取得突破，如露天矿陡坡铁路关键技术、露天转地下开采平稳过渡关键技术、地下矿安全高效开采技术、富水及破碎等难采矿体开采技术、全尾砂胶结充填绿色开采技术等。同时，采矿装备机械化程度逐步提高、矿山数字化技术初步得到应用等。

1. 大型深凹露天矿陡坡铁路运输关键技术

有效解决了陡坡铁路爬行、机车牵引力不足、网路安全供电的技术难题，成功突破了大型深凹露天矿陡坡铁路运输的"瓶颈"问题。该成果应用到攀钢集团朱家包包铁矿，铁路坡度由25‰提高至45‰，延深铁路运输深度45m，多采出铁矿石3000万吨，减少剥采比0.42吨/吨，铁运比提高20.72%，延长矿山服务年限15年，开采成本降低25.33%，直接经济效益7.23亿元。成果推广到本溪钢铁集团公司歪头山露天铁矿，延深铁路运输深度72m，节省投资1.5亿元，采矿成本降低30.43%，直接经济效益5.6亿元。

2. 露天间断-连续开采工艺

从20世纪80年代开始，我国部分金属露天矿（如东鞍山铁矿、大孤山铁矿、德兴铜矿等）开采先后开始采用间断-连续开采运输工艺。该工艺在采场工作面通过铲运机装载矿岩至汽车，经汽车运输至采场内的破碎站破碎后，由胶带运输机将矿岩运出采场。此工艺综合了汽车运输机动灵活和胶带运输机输送能力大、成本低等优点，尤其适合于深凹露天矿开采。可移动式破碎站是间断-连续开采工艺的核心技术装备之一。随着开采深度的增加，为了使汽车运输始终保持最佳运距，破碎机组必须随时快速移动。近些年针对固定式破碎机组建设时间长、造价高、移动拆装工作量大、搬迁困难、费用高的缺点，大型移动破碎机组的研发取得了快速发展。国外大型露天矿诸如澳大利亚的纽曼山铁矿、加拿大的兰德瓦利铜矿、美国的西雅里塔铜钼矿等的间断-连续开采工艺也多采用可移式破碎站。我国鞍钢齐大山铁矿于1997年在国内首次建成了采场内矿、岩可移式破碎胶带运输系统，该系统自投产后一直运转正常，标志着我国深凹露天矿间断-连续开采工艺达到了世界先进水平。

3. 大型深凹露天矿岩土工程灾变控制技术

该技术针对露天开采的三大危险源：采场边坡、排土场和尾矿库，通过地质条件分析、材料参数测试及分析、爆破震动测试分析、地震危险性分析、综合稳定性分析、参数优化设计决策分析、灾害控制技术研究，实现露天开采三大危险源灾变的控制。该技术率先采用多目标优化决策理论，对边坡设计方案进行优化，建立相应的边坡方案优化多目标决策模型，对多个矿山边坡设计方案进行优化，经济效果显著。在国内外首次提出了"临界滑动场"分析方法，该方法是从边坡整体滑动机制出发，建立在最优原理基础上，通过数值分析得出的边坡在临界状态下边坡体各点的最危险滑动趋势组成的"场"。由滑动场代替滑动面，能更好地分析边坡的稳定性，同时避开了临界滑动面的搜索。开发出一套从排土场稳定性到排土场规划、防治的排土场综合技术，为排土场灾害控制提供了全面的技术支撑。在国内首次建立了一种 Arctg（x）函数来表征基质吸力与含水率的非饱和滞水曲线模型，解决了尾矿坝非饱和区的渗流场分析建模问题。该技术重点攻克了露天矿岩土工程灾害防治的共性难题，有效抑制了灾害事故的发生，改善了矿区周边生态环境，从而逐步达到了经济、社会和环境的协调发展，经济效益、社会效益、环境效益十分明显，推动了矿山行业灾害防治技术进步。

4. 特大型露天矿安全高效开采技术

该技术针对我国以及我国在海外拥有的特大型露天铁矿山矿床赋存特点，从高效、经济、安全的角度，开发出急倾斜露天矿床剥离洪峰控制动态优化技术、基于经济动态评估、采剥总量均衡的生产规模优化技术、特大露天矿开采多因素干扰下的矿石损失贫化控制自适应技术、特大型露天矿新水平多区段开拓技术等，突破了特大型露天矿山高效、低成本开采关键技术难点，建立了特大型露天矿山开采技术经济体系。涵盖了特大型露天矿山从规划、设计、施工到生产四个方面，有效地降低了我国海外矿山开采的成本，奠定了促进和保持我国铁矿石稳定需求的科技基础，对保障国家矿产资源安全、提升我国相关产业竞争力具有极大的经济和社会效益。

5. 露天转地下开采平稳过渡关键技术

露天转地下平稳过渡开采技术是一项庞大而复杂的系统工程，但其技术内涵及外延不完整和明确，对诸如开拓系统衔接，安全高效采矿方法，过渡期应力应变场的动态演变过程和预测预报技术，采空区破坏与控制等的露天转地下开采平稳过渡关键技术，国内外还缺乏系统性研究，亟待攻关解决。该技术提出了露天转地下开采的矿山发展三阶段的技术思想，系统研究了露天转地下开采的合理时空界限，揭示了覆盖层移动迹线和覆盖层雨水渗漏规律，提出了安全覆盖层厚度计算方法，建立了保持覆盖层移动迹线的连续性和完整性与降低贫化损失的定量关系，实现了矿石资源的高效回收利，成果已在多个矿山应用，效益十分显著，技术整体上处于国际领先水平。

6. 地下矿安全高效开采技术

由于矿山设备逐步大型化，地下矿山的三种高效率采矿法——大直径深孔落矿空场采矿法、机械化充填采矿法及大结构参数无底柱分段崩落采矿法，在大规模开采和集中强化开采中发挥着重要作用。

大直径深孔落矿空场采矿法在我国得到了推广应用。如凡口铅锌矿，采用ROC-306型潜孔钻机，孔径165mm，采场出矿能力达1000t/d，为普通采矿法的3~5倍。安庆铜矿采用simba-260潜孔钻机凿岩，孔径165mm。同一采场连续回采高度达120m，金川二矿区、金厂峪金矿、凤凰山铜矿等相继开展了大直径深孔采矿技术的试验研究，并取得了成功。

新桥硫铁矿采用凿岩台车、铲运机、锚杆台车配套的机械化水平分层充填采矿法。两步骤回采，矿柱宽度10m，矿房宽度12m，最大控顶高度5m，分层回采高度3.2m。首先回采矿柱，胶结充填后，形成人工矿柱，在人工矿柱的保护下，第二步回采矿房，进行非胶结充填。采场生产能力可达300t/d，机械化装备水平高，降低了工人劳动强度。

无底柱分段崩落法自引进以来，历经几十年的发展，其结构参数由最初的10m×10m逐步加大到20m×20m。该技术具有组织生产容易、开采强度大、机械化程度高、开采安全、采矿成本相对较低等技术经济优点，在梅山铁矿、大红山铁矿、镜铁山铁矿等国内大型地下矿山得到了很好的应用。针对该方法损失率与贫化率高的技术难题，建立了以崩落体为核心的系统优化理论，并在弓长岭井下矿得到了应用，为优化无底柱分段崩落法结构参数、降低损失贫化率提供了新的途径。

7. 富水矿床开采关键技术

针对铁矿较强电磁干扰特性，采用 γ 能谱和电磁波CT联合探测方法，查明矿区导水通道，为注浆封堵提供了设计依据。探索了应力、位移、渗流"三场"耦合分布规律，提出了不同导水断层与地应力、水压力及顶板厚度条件下的顶板稳定性与突水风险定量关系。

8. 全尾矿充填技术得到广泛应用

凡口铅锌矿利用尾矿作采空区充填料，其尾矿利用率达95%。冬瓜山铜矿利用全尾砂成功处理了数百万立方米的特大型空区，不仅避免了采空区崩落带来的安全问题和崩落区的复垦难题，而且不需占用大量土地建设尾矿库，经济效益巨大。安徽省前常铜铁矿位于淮北平原，选矿厂排放的尾矿经过技术处理后，全部用于充填采空区。济南钢城矿业公司采用胶结充填采矿法，矿石回采率提高20%以上。

9. 采矿装备机械化程度逐步提高

随着矿山开采规模的大型化，露天采矿装备逐步实现大型化、自动化、智能化。地下采矿装备成龙配套，机械化程度逐步提高，以铲运机为核心的无轨采矿设备及其工艺、连续出矿设备及其工艺已得到应用。

10. 数字化技术开始应用到矿山领域

随着数字化信息技术的不断快速发展，矿山数字化技术开始应用到我国矿山开采及设计领域，包括矿山采掘数字化系统技术和运输数字化系统技术等。2012年9月国家安全监管总局启动了"非煤矿山安全科技'四个一批'项目"。"四个一批"包括：一批安全生产科研攻关课题；一批可转化的安全科技成果；一批推广的安全生产先进适用技术；一批安全生产技术示范工程。在"一批安全生产技术示范工程"中，首钢杏山铁矿被确定为"地下金属矿山数字化矿山建设示范工程"。矿山数字化不仅提升了矿山的生产效率，而且也有效地服务于矿山安全生产管理等方面。

三、与国外水平对比

1. 在露天开采工艺连续化，运输方式多样化、高效化方面，我国大部分都达到了国际先进水平

陡帮开采方面，我国陡帮开采的工作帮坡角在40°左右，而露天采矿技术较先进的美国、加拿大、俄罗斯工作帮坡角已达45°左右。和国外一样，我国大部分矿山的间断-连续开采工艺实现了采场内可移动式矿岩破碎-胶带运输。陡坡铁路可使铁路运输延深至露天矿更深的阶段，运输能力提高25%，运输成本降低20%，我国已实现了陡坡铁路限坡45‰~50‰。高台阶采矿，我国在南芬铁矿实现了18m的高台阶生产，降低了单位开采成本。

在露天开采工艺方面，我国大部分都达到了国际先进水平。

2. 难采矿体的开采技术及工艺处于世界领先水平

据统计，在全国16座重点铁矿山中，属难采矿山的占1/3。主要表现在矿体赋存条件及地压环境复杂、矿岩较破碎、开采约束条件多，可供选择的采矿方法受到限制，采矿效果较差。

受自身资源禀赋差影响，我国开展难采矿体研究起步较早，在该技术领域处于世界领先水平。

3. 深井开采关键技术与国外先进国家差距逐步减小，部分达到国际先进水平

近些年，我国部分矿山已陆续转入深部开采，深井的高应力、高温等特定的开采环境和由此诱发的岩爆、热灾害和深井提升、深井开采方法、支护及深井带来的

对人的心理影响等方面的研究才逐步展开。

而国外深井开采研究起步较早，据不完全统计，国外开采超千米深的金属矿山有80多座，其中最多为南非。南非绝大多数金矿的开采水平都在1000m以下。其中，Anglogold有限公司的西部深水平金矿，采矿深度达3700m；WestDriefovten金矿，矿体赋存在地下600m，并一直延伸至6000m以下。印度的科拉尔金矿区，已有3座金矿采深超过2400m，其中钱皮恩里夫金矿共开拓112个阶段，总深3260m。俄罗斯的克里沃罗格铁矿区，已有捷尔任斯基、基洛夫、共产国际等8座矿山采准深度达910m；开拓深度到1570m；深部将达到2000~2500m。另外，加拿大、美国、澳大利亚的一些有色金属矿山采深亦超过1000m。

国外科技工作者根据深井开采面临的问题，开展深井开采研究工作起步较早。最早观察到深井岩爆是在1900年的印度Kolar金矿。在美国Atlantic矿，1906年5月26日发生了一次较大的岩爆，当时估计的地震强度达到了里氏3.6级，这次地震导致矿区内的铁轨压缩成S型，整个矿山被迫停工。在南非，由于金矿赋存较深，早在1908年就成立了专门委员会研究深井岩爆问题。南非从1998年7月开始启动了一个"Deep Mine"的研究计划，包括安全技术研究、地质构造研究、采场布置与采矿方法、降温与通风、采场支护、岩爆控制、超深竖井掘进、钢绳提升技术和无绳提升技术等，旨在解决3000~5000m深度的金矿安全、经济开采所需解决的一些关键问题，已在南非金矿深井开采技术上取得了系列创新性成果。加拿大于1928年在Ontario矿首次出现岩爆，R. G. K.Morrison于1942年完成了一份研究报告，至今仍被视为这方面的经典岩爆研讨报告。

在深部金属矿采矿方法和模式方面，世界矿业发达国家，如南非Mponeng金矿、澳大利亚Mount Isa铜矿等都根据深部矿床开采技术条件，对传统的采矿方法与模式进行了技术革新，实现了深部资源的机械化、规模化开采。我国深部矿床开采仍基于浅部开采理论与技术，采用相对独立的凿岩爆破、出矿、充填等回采工序在矿房、矿柱间实现二步骤回采，工序协同差，不能满足深井高强度连续回采的需要，亟需开发不同于浅部矿床开采的新模式与新方法。

在利用深部高应力精准爆破落矿方面，澳瑞凯公司研发了高精度起爆器材，瑞典吕勒奥理工大学研究了扇形深孔短延时爆破技术，中南大学等研究机构初步从理论和室内试验揭示了深部高储能有序释放诱导矿岩致裂的可行性，北京矿冶研究总院实践了束状孔规模爆破高效落矿技术。然而上述研究成果未涉及高应力深部开采实践。

在采场充填方面，西澳大学、加拿大高达科技咨询公司等机构突破了尾矿高效浓密脱水技术，发展了膏体柱塞流输送理论，研制了膏体输送柱塞泵等装备，膏体充填开始得到应用。我国北京科技大学等单位对尾砂浓密、制备及输送等开展了大量应用研究，并取得丰硕成果。然而，深部采场充填又面临凝结时间长、管道磨损严重、强度演变规律不明等新问题，亟需突破膏体高效精细化制备、深部膏体输送稳态化与充填强度匹配精准化等技术，形成新型复合材料配方，研发深部充填成套装备，以实现不脱水膏体充填。

地压控制是深部安全开采的关键问题。南非、加拿大等国开发了以矿山微震系统为主的多源监测技术、矿山动力灾害防控技术和装备，建立了多维数据灾害分析系统。我国研发了基于多源信息综合分析的岩爆灾害危险性防控技术、研制了能量吸收锚杆等支护装置。但现有微震技术定位精度不高、多源信息融合程度不深；现有动力灾害防控装备仍不能满足深部大变形、高强度冲击条件下的工程加固要求。

我国进入深部开采的时间较晚，从事深井开采岩爆研究的时间也不长。但近年来，在岩爆诱发机理及其预测与防控研究方面取得了重大进展，首次提出了基于开采扰动能量的岩爆诱发机理，根据未来开采规划设计和开采扰动能量分析，已能对未来开采岩爆的发展趋势及震级做出理论上的预测。当前的主要问题是岩爆的监测和预报还缺少成熟的技术，还做不到准确的现场短期和临震预报。为此，必须研究创新的技术，精准监测深部开采过程中岩体能量聚集、演化和动力释放的过程，只有对能量的释放过程做出精准监测，才能为岩爆的实时预测预报提供可靠依据。

4. 矿山装备水平落后国外先进水平，国产大型采掘设备研制取得突破

从目前国内外矿山采掘运装备状况来看，我国矿山采用的装备水平明显落后世界先进国家。

露天矿设备，我国仅 8% 矿山采用牙轮钻；而国外露天矿普遍采用牙轮钻（最大直径 559mm）。国内露天矿电铲斗容量最大为 16.8m^3；国外电铲斗容量为 16.8m^3、21m^3、30m^3、38m^3、43m^3，其中液压铲占 26%。国内露天矿汽车载重量 170 t；而国外普遍采用载重 240 t、320 t 的汽车。国内露天矿电机车粘着重量 150 t；国外电机车黏着重量 300～480 t。

地下矿设备，我国矿山 55% 铲运机依靠引进，斗容在 0.38～6.1m^3，普遍以中小型铲运机为主；而国外铲运机载重大，已广泛采用矿用自卸车等无轨运输设备，并实现了无人驾驶。国内中深孔和深孔凿岩设备以 YG-90 和 T-100 为主，近年来，自动

控制的全液压钻机、装药机我国部分矿山虽有应用，但主要是依靠引进 Atlas 等国外厂商的设备；而国外普遍采用全液压钻机，自控、程控和遥控水平较高。

地下有轨运输方面，我国首钢矿业公司的杏山铁矿通过"十二五"科技攻关，实现了无人技术，走进了世界先进行列。

地下支护与设备方面，国外的巷道支护主要采用喷锚网联合支护方式。锚杆和钢筋网安装使用锚杆台车，喷射混凝土由遥控混凝土喷射机完成。大量智能遥控机械设备的投入使用，大大减少了支护工作量和成本，提高了支护效果；而我国的支护方式种类较多，机械化与自动化程度不高。

近几年，国产大型采掘设备研制取得新突破。以大型露天矿用挖掘机为例，WK 系列大型矿用挖掘机研制成功，具有自有知识产权，与国外目前技术水平最好的同类产品相比，在挖掘性能、整机寿命等主要性能指标均达到国际同类产品，在动力驱动及智能控制、回转和行走传动系统等技术方面处于国际领先水平。建立了我国自己的矿用挖掘机设计理论和数字化设计、制造、集成技术支持系统平台，掌握了重大型结构件和传动系统的设计和制造关键技术，突破了大功率交流变频驱动和控制系统在大型矿用挖掘机上集成应用的难题，实现了大型矿用挖掘机的高效和智能化控制，打破了发达国家对大型矿用挖掘机关键技术的封锁和市场垄断。但是，要形成真正的国际竞争力，大型采掘装备的可靠性还有待提高，同时应加快全面推广应用。

5. 数字化矿山处于起步阶段

高度自动化和智能化的矿山系统和设备是确保安全高效开采的关键。矿山生产实现数字化与无人化，不仅是矿山安全生产的需求，也是提高企业劳动生产率、降低生产成本的必然选择。从 20 世纪 90 年代开始，芬兰、加拿大、瑞典等国家为取得在采矿工业中的竞争优势，先后制定了"智能矿山"或"无人化矿山"的发展规划。芬兰在 1992 年宣布了智能化矿山技术规划，内容涉及采矿实时过程控制、资源实时管理、矿山信息网建设、新机械应用和自动控制等 28 个专题。瑞典也制定了向矿山自动化进军的"crountecknik2000"战略计划。澳大利亚于 1997 年制定了一项关于煤炭勘探与开采研究的三年计划，围绕资源评估、采矿工艺革新、自动化、安全和材料等几方面开展研究。如瑞典基律纳铁矿基本实现了"无人智能采矿"，仅依靠远程计算机集控系统，工人和管理人员就可实现在远程执行现场操作。在井下作业面除了检修工人在检修外，几乎看不到其他工人。这一切都得益于大型机械设备、智能遥控系统的投入使用以及现代化的管理体系。又如澳大利亚的 Rio Tinto 公司的 West Angelas 铁矿，在实现了露天矿钻探、测量、穿孔作业、装卸载与运输的无人化后，在其"未来矿山"计划中，正在研究与推进矿石铁路运输的无人化。

而从21世纪起，计算机在我国矿山得到广泛应用，经过近十几年的努力，矿山信息化的建设取得了长足进步，不过前些年信息技术的应用主要停留在以企业财务、综合统计、报表生成为主的管理系统方面。数字化建设缺乏系统的整体规划，功能单一、重复建设现象严重，信息资源共享难以实现；管理模式与信息技术的要求不相适应，所带来的效益甚微。但是，近几年来，以首钢杏山铁矿为代表的一批矿山，在全面推进数字化矿山建设的同时，矿山生产的自动化和遥控智能化作业的水平也有了长足的进步。目前，杏山铁矿已实现破碎、装卸矿、运输、提升、排水、通风、供电系统全过程自动化控制，实现了皮带无人看护、井下运输电机车地面遥控无人驾驶、中深孔凿岩台车遥控自动化作业等，向遥控智能化无人采矿的远大目标迈出了重要一步。

此外，虽然近些年我国黑色金属矿山行业集约化、规模化发展水平有大幅提升，但是"多、小、散"的状况还普遍存在。同时，我国当前矿区生态环境建设严重滞后，矿山废弃土地的复垦率只有12%，而发达国家高达70%~80%。

从总体上看，我国黑色金属矿采矿总体落后于矿业发达国家，基本是跟随本领域国际研究趋势，差距在逐步缩小。但是，从技术角度来分析，我国的采矿技术与矿业发达国家相比并不落后，已达到国际先进水平。矿山整体差距主要体现在大量矿山的采矿设备比较落后，导致生产效率低、资源损失严重。先进采矿设备主要从国外进口，价格昂贵。这是制约我国采矿进步的关键问题。为了解决这个问题，我国必须加大科技投入，以引进－消化吸收－再创新为基础，立足自主创新，首先在自动化采矿装备研制方面取得突破，在较短时间内实现大型自动化采矿装备国产化。这就为加速提高我国的采矿水平，特别是自动化智能采矿技术的推广应用创造了可靠的条件。从检索的核心专利技术起源角度分析，我国在这个领域的研发实力较强，应进一步注重科技成果转化与工程化推广应用，使我国黑色金属矿采矿整体技术水平处于国际领先水平。

第三节　本学科未来发展方向

世界采矿科学技术与20世纪90年代相比，已经不可同日而语。新的学术思想、理论、装备、技术与工艺不断涌现，已突破了传统的学科范畴。必须站在世界矿业科技前沿的高度，去审视我国矿业科技的发展状况，思考未来，走向前沿，否则就会失去发展动力，甚至失去发展先机。为了加速我国矿业现代化，大力提升国际竞争力，依据国情，对未来金属矿业可归纳为以下三大发展主题：①绿色开发。遵循矿业可持续发展模式。②深部开采。开拓金属矿业的前沿领域。③智能采矿。走向金属矿业的未来目标。

上述三大发展主题将引领冶金矿业的发展方向，并影响未来冶金矿业发展的历史轨迹。

一、遵循矿业可持续发展模式——绿色开发

1. 矿业可持续发展理念的提出

20世纪是人类生产力发展最快的百年，也是人类对地球破坏最严重的百年，它动摇着人类生存的根基，迫使人类不得不重新审视走过的发展道路，为人类带来新的觉醒。

1972—1987年，国际论坛发表了许多具有划时代意义的研究报告，如《增长的极限》《世界保护策略》《我们共同的未来》等。这些报告分析了资源和环境保护与可持续发展之间的相互依存关系，第一次明确提出了可持续发展定义，即"可持续发展是既满足现代人类的需求，又不对后代人满足其需求的能力构成危害的发展"。

1972—2002年举行过三次国际会议，通过了三个重要文件——《人类环境行动计划》《21世纪议程》和《可持续发展世界首脑会议实施计划》。这些会议彻底否定了工业革命以来那种"高生产、高消费、高污染"的传统发展模式和"先污染、后治理"的发展道路。从此，"可持续发展"成为人类普遍认同的道德规范，成为人类活动的整体效益准则和各国发展的重要议程。这三次国际会议是人类转变传统的发展模式和生活方式、走可持续发展道路的里程碑。

2. "绿色开发"是可持续发展理念的延伸

矿业是最早兴起的工业，从18世纪中叶产业革命开始，就成为国家经济的基础

产业，可谓居功至伟。但是，现代矿业的发展是把双刃剑，在为人类提供大量工业原料的同时，也给人类的生存环境带来了严重破坏：①采矿活动破坏了大量的耕地和生产建设用地；②诱发地质灾害，造成大量人员伤亡和经济损失；③使矿区的水均衡系统遭受破坏，下游水质污染；④开采废渣、废气排放，产生大气污染和酸雨；⑤采矿破坏村庄和景观，引发社会纠纷越来越大。

矿业是破坏环境的主要行业之一，我们必须正视这一现实。为了地球和人类，为了使矿业开发"既满足现代人类的需求，又不对后代人满足其需求的能力构成危害"，矿业工作者必须认真负起社会责任，彻底否定"大开采、低利用、高排放"的传统矿业发展模式，坚定地走矿区"绿色开发"的道路，否则，未来矿业将会陷入前所未有的麻烦和灾难。

何谓矿区"绿色开发"？把矿区的资源与环境作为一个整体，在充分回收、有效利用矿产资源的同时，协调开发、利用和保护矿区的土地、水体、森林等各类资源，实现资源—经济—环境三者统一协调的开发过程，称为"绿色开发"。"绿色开发"是可持续发展理念在矿业中的延伸，它阐明了矿床开采的发展模式，指明了金属矿业的发展道路。

3. 矿区"绿色开发"的科技创新内涵

矿区"绿色开发"就是在为国家建设提供大量工业原料的同时，还要为人类自己的明天建设一个与自然结合良好的、具有生态良性循环的人居和生产环境。

（1）矿区资源的绿色开发设计。

矿产资源开发过程中，矿区生态环境不可避免会受到破坏，但其破坏程度是可预见的。由于矿区生态环境与矿山的开发设计和生产密切相关，所以，矿区环境保护与生态修复应由过去的"先破坏、后修复"的被动模式，转变为贯穿于矿区开发全过程的动态的、超前的主动发展模式。为此，传统的矿山设计应该转变为矿区资源绿色开发设计（包括矿床开采设计、矿区生态环境设计和矿山闭坑规划设计），使矿山在生产、流通和消费过程中能更好地推行减量化、资源化和再利用。科技创新需求主要有：①矿区资源绿色开发设计；②经济—生态—环境统一的开采方法与采掘工艺；③矿区循环经济园区规划设计；④矿区各类资源的保护与利用规划；⑤矿物资源综合利用与产品高值化。

（2）固体废料产出最小化和资源化。

在金属矿物的加工过程中，原料中的80%～98%被转化为废料。当前，我国金属矿山的废石、尾砂、废渣等固体废物堆存量已达180多亿吨,每年的采掘矿岩总量还以超过10亿吨的速度在增长。因此,大力开发和推行废石、尾砂回填采空区的工艺技术,推行尾砂、废石延伸产品的规模化加工利用,有相当大的发展空间。

现代矿山的开拓系统与采掘工程设计在满足生产高度集中、工艺环节少和开采强度大的同时,要从源头上控制废石产出率,采用合理的采矿方法,降低矿石损失贫化,强化露天边坡的管理与控制,减少废石剥离量等,努力实现废石产出最小化。科技创新需求主要有:①矿山无废开采程度的可行性评价;②开拓与采矿工程的废石产出最小化;③废石、尾砂不出坑的工艺技术创新;④深井全尾砂、废石胶结充填设备与工艺;⑤矿区尾矿规模化综合利用技术。

(3)矿产资源的充分开发与回收。

矿产资源的主要特征是稀缺性、耗竭性和不可再生性,人类必须十分重视合理开发利用和保护矿产资源。当前,我国露天矿的采矿回采率为80%~90%,而地下矿只有50%~60%。随着地表资源枯竭,地下开采比重逐步增加。地下开采损失贫化大,回采效率较低,要大力创新采矿技术。科技创新需求主要有:①地下大型化智能化无轨采掘设备研制;②地下金属矿山连续开采技术;③两步骤回采所留矿柱的整体高效回收技术;④特大型矿床深部开采综合技术;⑤矿块自然崩落智能采矿技术;⑥露天井下协同开采技术;⑦井下采选一体化无废开采技术;⑧露天矿智能无人开采技术;⑨露天矿高台阶开采综合技术研究。

(4)矿区水资源的保护、利用与水害防治。

采矿过程中,矿岩被采动后所形成的导水裂隙可能破坏地下含水层,使含水层出现自然疏干过程,致使矿区地下水位发生变化,对地表的生态带来严重影响;在开采过程中,耗水过高,不仅浪费水资源,同时增大了污水排放量和水体污染负荷;水污染使水体丧失或降低了其使用功能,并造成水质性缺水,加剧水资源的短缺。所以,矿区水资源的保护与利用直接影响人类的健康、安全和生态环境,关系到矿业的发展。科技创新需求主要有:①汞、镉、铅、铬、砷等污染水体的防治技术;②区域、流域的水污染防治综合技术;③废水处理与污水回用技术;④不同开采环境的保水技术;⑤矿山地下水污染控制与修复技术。

国际潮流要求矿业走"绿色开发"的道路;现实国情迫使矿业走"绿色开发"道路;社会责任需要我国走"绿色开发"的道路。

二、开拓金属矿业的前沿领域——深部开采

1. 深部开采是矿业发展的必然

何谓深部开采？学术表达为：地应力随开采深度逐步增大，当到达某深度时，岩爆发生频率明显增加，这时定义为进入深部开采。但因矿岩结构复杂，如在构造应力较大的情况下，即使在浅部也可能频繁发生岩爆，所以学术表达有其不确定性，因此，一般界定为：金属矿山开采深度达到 800~1000m 时，视为矿山转入了深部开采。

国外有大批金属矿山进入深部开采。据不完全统计，国外金属矿开采深度超过 1000m 的矿山有 80 多座，其中为数最多的是南非。按开采深度划分：深度 1000~2000m 的有 60 多座；2000~3000m 的 12 座；3000m 以上的有 3 座。其中最深的是南非卡里顿维尔金矿，竖井 4164m，开采深度已达 3800m。

我国的金属矿山也有一批进入了深部开采：夹皮沟金矿 1600m、会泽铅锌矿 1360m、红透山铜矿 1300m、冬瓜山铜矿 1100m、寿王坟铜矿 1000m，还有凡口铅锌矿、金川镍矿、高峰锡矿、湘西金矿、弓长岭铁矿等。在未来的 15~20 年内，我国将有大批金属矿山转入深部开采。

我国过去深部资源勘探不足，主要开采 600m 以上矿床。近五年来，实施深部找矿工程，有 160 多个矿山在深部找到了价值超过 1 万多亿元的矿产资源。深部资源潜力很大，深部开采是矿业发展的必然。

2. 深井特殊开采环境下的矿床开采问题

深部开采是人们涉足较晚的领域，其开采环境与浅部不同，突出表现为"三高"，即高应力、高井温、高井深。这是个特殊的开采环境，导致采矿过程出现种种深井灾害。

（1）关于高应力（40~80MPa）灾害。

在高应力坏境下，如果采掘空间围岩内形成较大的集中应力和聚集大量的弹性变形能，则变形能可能在某一诱因下突然释放，导致岩石突然从岩体工程壁面弹射、崩出的一种动态破坏现象，即为"岩爆"。岩爆是以一种突发性的碎岩喷射现象，其猛烈程度足以致人伤亡，甚至造成井下重大事故，如美国某矿 1906 年发生一次岩爆，地震强度达到了里氏 3.6 级，导致铁轨弯曲，还诱发空气爆炸，导致火灾。

我国胜利煤矿于 1933 年最早出现岩爆问题，目前，红透山铜矿等 20 多个矿井也

有过发生岩爆的记录。在深部高应力环境下，围岩受到岩性、水分、温度等因素的影响，可能发生大变形；如果围岩过量变形，就可能出现岩石裂纹，采场片帮、冒落，巷道鼓底、断面收缩等。如果传统采矿工艺和支护技术与深井高应力环境不相适应，必然危及作业安全。关于高应力灾害，国内外开展过许多研究，主要包括岩爆发生机理、微震监测、岩爆预报、岩爆区的支护体系、岩爆和天然地震信号与核爆信号的差异判别等。

（2）关于高井温（30~60℃）灾害。

根据欧洲对2000m的钻孔观测，地温梯度大体为0.025~0.03℃/m。在深部开采的特殊环境下，影响井下温度的因素很多，主要热源有围岩散热、坑内热水放热、矿岩氧化放热、机电设备放热、空气压缩放热和人体放热等。我国冬瓜山铜矿（井深1100m）开拓范围内的井温为32~40℃，南非的西部矿（井深3300m）井下气温达到50℃，日本丰羽铅锌矿（井深500m）因受裂隙热水影响，井下气温达到80℃。

深井高温环境对人的生理影响很大，使工伤事故上升，劳动效率大幅下降。根据国外统计资料，当井下温度超过26℃以后，温度每增1℃，井下工伤事故上升5%~14%，工人劳动生产率下降7%~10%；当井下气温超过35℃时，将威胁人的生命。此外，深井通风和降温费用增加，生产成本大增。

（3）关于高井深（1000~5000m）难题。

高井深将直接影响矿井提升、通风、充填、排水、供水、供电、信息等各大系统的工程复杂性，增加系统建设、运行和维护的困难，增大系统的运行成本。

深井通风系统的风流路线长，总风阻大，井下通风降温所需风量大，能耗大。此外，风流沿千米风井垂直下行时，在井筒围岩干燥的情况下，风流的自压缩将成为进风井筒升温的主要热源，它将助升井下热环境。

充填采矿法是深部开采的主要采矿法之一。由于深井垂直高度大，充填砂浆压力过高，易引起充填系统漏浆和管爆；若输送砂浆的流态不稳定，易产生水击现象，也会引发充填爆管事故。此外，充填砂浆在垂直输送的过程中，由于高速运动的砂浆向管壁迁移冲刷，会造成管路高速磨损，如果管段带有倾斜，则磨损更加严重，以致降低充填系统的可靠性。

应该特别指出的是深井提升问题。随着井深增加，提升钢绳的质量直线增大，而提升机的有效提升量（矿石）则显著下降，提升费用大幅增加。如果开采深埋贫矿床，则提升成本将很大程度影响到开采的经济性。

关于深部开采的合理深度问题，国外深井提升一般不超过2000m，当达到2000～4000m井深时，往往采用两段提升。南非德兰士瓦公司在设计矿井时以4000m作为极限开采深度，因为4000m深井的地压大，采矿爆破后可能集中引发岩爆，甚至出现一次能量大释放的地震事故；另外，4000m深处的原岩温度通常达到45～50℃，矿井降温、排水和通风问题更加突出。

3. 深部开采的科学技术问题

深部开采中有许多浅采未曾涉及的问题。未来的采矿科研工作要逐步转向深部开采，这是金属矿业的前沿研究领域。

（1）拓宽深部开采的科研思路。

如上所述，"三高"环境孕育着各种灾害，带来许多技术难题。过去的科研工作主要集中在研究岩爆机理、热害防治、提升自动化等，这些无疑是很重要的研究课题。但是，任何事物都有它的两面性。"三高"环境是致灾因素，但是否也能转化为可以利用的因素呢？是否可突破传统思维，以更宽阔的视野去破解一些更大的科学技术问题呢？

1）高应力本身就是能量，是否有利于坚硬矿岩的致裂破碎，从而提高矿石破碎质量呢？可否用来创造一种高应力诱导致裂的破岩新技术和诱导致裂破碎的连续采矿法呢？

2）高井温是否有利于深部贫矿原地破碎溶浸采矿呢？是否可用热管技术导出深井高温进行发电呢？是否可将热水输送到地面利用，经地面热交换后再送井下降温呢？

3）高井深客观上存在高压水头，是否可以作为新的动力源，用于开发水动力采矿设备？是否可利用高压水头实现深井矿物的水力提升或深井高压注浆、水力充填呢？是否促使人们更坚定地走深井废石不出坑的绿色开采道路呢？

（2）深井开采的重要科学问题。

近几年来，我国深部开采取得了一些科研成果，积累了一定的经验。但是，在矿床埋藏深、岩温高、岩爆倾向大、品位低、开采强度大的条件下，如何实现安全、经济、高效、清洁生产，许多科学问题有待深入研究。

1）深部开采岩体力学行为与成灾机理。重点研究深井掘进和采矿活动诱致岩爆、突水等的成灾机理，为灾害预防、预测提供理论基础。

2）深井高应力矿岩诱导致裂的研究。重点研究高应力环境下的矿岩诱导致裂机理、工程动力扰动的能量传递、矿岩致裂的临界环境，为寻求坚硬矿岩的致裂方法、创造深部矿岩诱导破碎采矿技术提供科学依据。

3）深部采动围岩二次稳定控制理论。重点研究深部采动围岩应力的时空分布及矿压显现规律，以建立采掘空间、变形破坏自适应控制与支护相互作用的二次稳定性控制理论开发相关控制技术。

4）深井开采中高温环境控制研究。岩体裂隙介质中多相流耦合作用机制、深井热环境控制方法，深井高温、高湿环境的事故诱发机理等。

5）深井原创性采矿模式研究。重点研究采动围岩结构与采场、巷道动力灾害的关系，揭示高应力岩石破裂演化与岩体分区破碎的机理，为建立诱导破碎连续采矿模式、采矿系统与工程结构等提供科学依据。

上述科学问题和研究项目主要涉及深井岩石力学问题。今后的研究在思路与方法上应该有所突破——不要局限于静载环境下的岩石力学研究，要更加重视动、静组合加载环境下的岩石力学问题，因为任何矿岩工程客观上都受到动载荷的作用。现有的岩石力学实验装置也有其局限性，需要创新。要加强深井岩石力学的研究，才能更好地揭示深部岩石力学现象，引导深井采矿工程技术走向科学。

4. 深部开采的重大工程技术问题

深部开采是一个特殊的作业环境，面临安全、工效、成本、资源回收等新的挑战。采矿科技工作要逐步向深部开采转移，引导深部采矿技术走向前沿。

（1）深井开采对地面环境的影响评价——深井开采对地面建、构筑物安全的影响程度，安全等级的划分与设计理论。

（2）深部矿床开采的组合式开拓方法——实现深井开拓工程最小、提运效率最高、成本最低，推进间断式采矿作业向矿石提运作业连续化发展。

（3）深井连续出矿的工艺系统——提高矿山机械化自动化水平，解决落矿高效率与出矿低效率的问题。

（4）深井环境再造大直径深孔采矿技术——通过采矿环境再造，实现深部松软破碎矿体和缓倾斜厚矿体的高效采矿。

（5）深井高应力矿岩诱导致裂落矿连续采矿技术——研究深井环境下的应力转移可控技术、强制与诱导耦合落矿技术，创造集中强化连续采矿技术；深部高应力条件下爆破技术应用。

（6）深井高应力环境下的采矿系统与工程结构——最大限度地减少巷道变形、井筒破裂、采场失稳和冲击地压问题。

（7）深井高浓度浆体和膏体充填技术——研究高浓度浆体和膏体输送技术，深管暴裂、磨损和废石充填注浆技术。

（8）水动力设备研制——以深井高压水头为动力，研发水力钻机、水力支柱、水力通风机、水力降温机等。

（9）深井低品位矿床原地破碎溶浸采矿——重点研究采用小型补偿空间、一次爆破矿岩的致裂技术。

（10）井下选矿、排废与精矿水力提升技术——减少提升投入，废料就地回填，减少深井提升量，大幅降低提升成本。

（11）深井上行开采技术——合理调控工作线长度，减少工程对上部的扰动，实现无（少）废开采。

（12）深井上行与下行协同开采技术——研究深部厚大矿体极大产能集中强化开采综合技术。

（13）深井开采移动目标跟踪、定位与井下灾害预警——深井采矿作业、环境与采矿设备的动态监测与灾害预警。

（14）远程遥控和自动化采矿示范工程——建设深井开采自动化、信息化、智能化的采矿示范工程。

在我国，深井采矿工程技术研究已经逐步开展，如正在开展的"十三五"深地资源勘查开采第一批、第二批重点研发项目已陆续启动。争取在深部金属矿建井与提升技术、深部岩体力学与开采理论、深部安全高效开采等方面有所突破。

在国外，南非深井采矿技术研究取得了许多创新性成果，如水压支柱、水力钻机、深井制冷降温、采场刮板运输机、快速连续采矿法等；还进行过在井下粗磨－浮选，并将富集的细粒精矿泵送至地表的研究。

三、走向金属矿业的未来目标——智能采矿

用信息技术改造传统产业，是国家经济结构调整和转变经济增长方式的重要任务，矿业也不例外。未来矿山的智能采矿是21世纪矿业发展的重要方向和前瞻性目标。

1. "智能采矿"的科技内涵

何谓"智能采矿"？在矿床开采中，以开采环境数字化、采掘装备智能化、生产

过程遥控化、信息传输网络化和经营管理信息化为特质，以实现安全、高效、经济、环保为目标的采矿工艺过程，称为"智能采矿"。

"智能采矿"是世界矿业正在生长发展的、富有知识经济时代特点的采矿模式，其科技内涵大致包括：①矿床建模和矿区绿色开发规划与工程设计；②金属矿山智能化采掘、装载、运输设备；③与智能采矿设备相适应的采矿工艺技术；④矿山通讯、视频与数据采集的传输网络；⑤矿山移动设备遥控与生产过程集中控制；⑥生产辅助系统监测与设备运行智能控制；⑦矿山生产计划组织与经营管理信息系统等。

智能采矿是 21 世纪矿业科技创新的重要方向，概括地说，其所追求的综合技术目标是：①智能化的遥控采矿装备和与其相适应的高效率采矿技术；②矿山生产系统集中控制与生产组织经营管理的信息化和科学化。

2. 实现"智能采矿"需要多学科交叉

矿床赋存是一个条件复杂、形态多变、信息隐蔽的大系统，而采矿工程是以矿产资源评估、矿床开采技术和现代经营管理为主线的综合性的工程学科。在推进智能采矿的过程中，矿山数字化是基础，它为矿山资源评价、开采设计、生产过程控制与调度自动化、生产安全和管理决策等提供新的技术平台，这需要多目标的科学技术创新；它所涉及的领域非常广泛，因此，需要包括数字、地质学、岩体力学、现代采矿学、信息与系统工程、机器人与自动控制理论、现代工程管理等多学科交叉，以及相关工业部门的密切合作；要有自动化、信息化、智能化等高技术的强力支撑。

在"智能采矿"实施过程中，矿业工作者一方面要与时俱进，充实、更新知识；另一方面要在新一代信息技术的基础上把握矿山设计、矿山生产和管理的全局，在实现采矿安全、高效、低耗、环保及资源充分回收利用的总体目标中，在多学科、多部门的紧密合作中，要顺势而为，始终处于开发矿业的主导地位。

3. "智能采矿"将给矿业带来深远影响

随着信息技术的飞速发展，"智能采矿"已经成为世界矿业共同关注和优先发展的技术前沿，它的实现将给矿业带来深远的影响。

（1）实现采矿作业室内化。使大批矿工远离井下工作面，深部开采的工人远离有高温、岩爆危害的恶劣环境。将最大限度地解决矿山井下安全问题。

（2）实现生产过程遥控化。可大幅度减少井下生产人数，降低矿井通风降温费用，全面提高井下的技术装备水平。这对深部开采具有特别重大的意义。

（3）实现矿床开采规模化。智能采矿有利于推进集中强化开采，提高矿山产能，实现矿山规模效益。这有利于使大量低品位金属矿床得以充分的开发利用。

（4）实现技术队伍知识化。传统矿业将向知识型产业过渡，职工素质将大幅提高，工资待遇得到改善。将使矿工这一弱势群体的社会地位得到根本改变。

（5）推动矿业的全面升级。实现矿业的跨越式发展，推动我国从矿业大国向矿业强国过渡。此外，还将带动机械制造与信息技术等产业链的延伸和发展。

4. 稳步推进金属采矿的智能化

随着电子技术和卫星通信技术的飞速发展，采矿设备自动化与智能化的进程明显加快，无人驾驶的程式化控制和集中控制的采矿设备正逐步进入工业应用阶段，它为"智能采矿"的实现提供了重要技术条件。

在我国，许多矿山在开采深度增大、开采条件恶化、矿石品位下降、安全环保标准提高、国际金属市场价格波动等情况下不时陷入困境。针对这种状况，围绕智能采矿开展相关技术研究，转变经济增长方式，逐步提升采矿技术水平具有重要现实意义。

"智能采矿"是21世纪矿业发展的前瞻性目标，它是个渐进的发展过程，我们首先可在条件较好的大、中型矿山起步，在引进、研发相关智能采矿设备的条件下，开展智能采矿各个专项研究，然后集成已有的研究成果，开辟示范采区，开展综合试验。智能采矿试验可选择采矿工序简单、作业集中、产量大的自然崩落法或采矿工序在不同空间平行连续进行的连续采矿法，这些方法的作业环境比较适应智能采矿要求，能更好地发挥智能采矿的优越性。

国外开展"智能采矿"研究已有20多年的历史，但时至今日尚未成熟。"智能采矿"是研究成果不断积累、集成的过程，也是各类矿山结合实际应用相关成果、逐步提升采矿水平的过程，要真正实现矿山整体上的智能采矿，有很长的路要走，但时不我待，在世界矿业的竞争中，我们要不失时机，跟踪和超越先进国家，稳步推进我国金属采矿的智能化。

第四节　学科发展目标和规划

一、中短期（到2025年）发展目标和规划

1. 中短期（到2025年）内主要存在问题与难点

与世界技术先进国家相比，我国冶金矿山行业的发展长期面临着资源、能源紧缺

和生态环境恶化的多重压力，粗放型经济增长的模式没有发生根本转变。我国是铁矿石资源人均占有量较低的国家，且多为贫矿，浅部易采铁矿床开采殆尽，大量深部贫铁矿床与复杂难采矿床将投入开采。目前，我国采矿水平尚不能完全满足深部等难采矿体高效开采需求，采矿整体技术的适应性同国际先进水平相比还有不小差距，采矿装备及数字化矿山等方面的差距更大，致使矿山产能低，经济效益差。主要存在问题具体表现在：

（1）大型露天矿山深部开采面临的运输、高陡边坡、有害气体和粉尘等难题。国内许多大型露天矿山逐渐进入深部开采阶段，深凹露天矿开采不仅面临因装备水平不能满足开采的要求造成产能下降；高陡边坡的滑坡失稳、岩崩等灾害，穿孔、爆破、铲装、汽运等工艺环节产生的有害气体和粉尘等污染问题也成为我国露天深部开采技术瓶颈问题。

（2）随着浅部资源、易采资源的逐渐消耗和枯竭，我国矿山转入深部矿体开采。据不完全统计，我国 2/5 的矿山将陆续转入深部开采。特别是近年来，新发现的辽宁大台沟铁矿、辽宁本溪思山岭铁矿及山东济宁铁矿等典型资源均为深埋特大型矿床，且规划年生产能力大于 1000 万吨。但是深井矿床的高应力、高温、高孔隙水压特性，抑制了矿山生产能力和矿产资源的高效回采。

（3）随着矿产资源的消耗迅猛增长，开采条件好、品位高的矿床基本上都已经被投入了开采，而矿石品位低、上部有水体（流砂）、建筑物、主要运输干线等（统称为"三下"矿床）、主矿体开采后的残留体（包括境界外矿体）等复杂难采矿床正逐步被开发利用。该类矿体开发将随之出现一系列安全和技术问题，如地表塌陷、开采扰民、破坏环境、开采成本高等。

（4）大型采矿装备国产化水平仍较低。露天大型设备研制虽取得新突破，但设备可靠性还有待提高。地下采矿设备特别是大型采矿设备和无人采矿设备还基本处于研究阶段，成熟实用的大型采矿设备和无人采矿设备基本依赖进口，自动化、智能化、网络化等先进技术在国产设备上的应用尚不多见。中小型国产铲运机设备可靠性、质量及寿命均不如世界先进国家。如整机的平均无故障时间比国外产品低 1 倍以上，国外产品一般可达到 600h 无故障，国内产品低于 300h。国产采矿装备与世界采矿业发达国家的差距影响了我国资源的高效开发和矿业技术的进步。

（5）采矿智能化水平低。"智能采矿"是 21 世纪矿业发展的重要方向和前瞻性目标，在矿床开采中，其以开采环境数字化、采掘装备智能化、生产过程遥控化、信息传输网络化和经营管理信息化为特质，以实现安全、高效、经济、环保为目标的采矿工艺过程。我国科研工作者虽在"十一五""十二五"期间，国家"863"计划在"数字矿山""智能采矿"等领域开展研究，并取得了一些研究成果。但是与加拿大、瑞典、美国、澳大利亚等世界领先国家相比还有不小差距。

此外，随着我国的采矿量越来越大，开采品位越来越低，废弃物量排放越来越大，占地堆存，严重影响环境，使得矿产、土地、水体、森林构成的矿区环境系统严重恶化。

2. 中短期（到2025年）内学科发展主要方向和目标

为了解决上述分析的问题和难题，加速冶金矿山行业现代化，大力提升我国冶金矿产资源自给率和企业的国际竞争力，本着先进性与实用性高度结合的原则。中短期（到2025年）内我国冶金行业采矿技术重点研究任务及方向为：复杂环境下矿体绿色开采、智能化采矿以及深部矿体高效开采。

（1）绿色开发发展目标。

依靠科技创新来提供有力支撑，将矿区环境保护与生态修复由过去的"先破坏、后修复"的被动模式，转变为贯穿于矿区开发全过程的动态的、超前的主动发展模式。实施矿区资源的绿色开发设计理念，传统的矿山设计应该转变为矿区资源绿色开发设计（包括矿床开采设计、矿区生态环境设计和矿山闭坑规划设计）。具体发展目标为：

1）大力开发和推行废石、尾砂回填采空区的工艺技术，推行尾砂、废石延伸产品的大宗资源化利用，解决矿山开采产生固体废弃物的堆置问题，实现无废开采。

2）研究开发出膨胀充填材料，实现无沉降开采，达到矿体开采不对地表良田、村庄等造成影响，保护地表生态。

3）减少矿体开采过程中地下水排放量，研究开发地下含水层的保护措施。尤其是针对富水矿床，开采过程中破坏了地下含水层的原始径流，大量排出地下水，造成区域含水层水位下降，形成大规模地下水降落漏斗，直接影响到区域水文地质条件。

（2）深部矿体高效开采发展目标。

1）实现2000m以浅金属矿地下开采基地示范；构建2000m以浅深部岩体力学与开采理论体系；初步揭示岩爆发生机理及预测防治技术体系；创新深井采矿工艺，开发高应力矿岩诱导冒落碎裂技术，形成深井充填管道输送理论及技术；形成一整套高温环境调控理论及方法；形成2000m以浅建井与提升技术装备能力；创新深井岩层控制及支护技术，提出新的支护材料及喷层，实现深井开采理论及技术达到国际先进地位。

2）解决露天矿开采工艺、防灾变、高效运输的技术难题，形成具有自主知识产权的大型露天矿深部开采高效集运与整备系列技术体系，增强我国露天采矿的核心竞争能力。

（3）智能采矿发展目标。

实现"智能采矿"的核心内涵是建设包括资源、设计、生产、安全及管理等功能集于一体的矿山综合信息平台；研发自动定位和导航、遥控全自动高效采、掘、运等成套设备，以及地下矿山无线通信系统等；研究与智能采、掘设备相适应的集约化开采系统和以矿段为回采单元的、规模化的采矿技术工艺。具体目标为：实现采矿作业室内化，实现生产过程遥控化，实现矿床开采规模化，实现技术队伍知识化，推动矿业的全面升级。

3. 中短期（到2025年）内技术发展重点

（1）复杂环境下矿体绿色开发。

复杂环境难采矿体开采，一方面面临着开采技术上的难题，另一方面需兼顾绿色开采理念，如"三下"矿体开采的无沉降开采技术、保水开采技术等。

中短期（到2025年）复杂环境下矿体绿色开采拟开展的项目为：复杂环境下难采矿体绿色高效开采关键技术和大型地下铁矿崩落法转充填法绿色经济开采关键技术。

1）复杂环境下难采矿体绿色高效开采关键技术。

复杂环境下难采矿体绿色高效开采关键技术将通过对"三下"矿体、矿岩松软破碎及其他工程地质环境复杂矿体和残留矿体开采进行技术攻关，提出一整套复杂环境下矿体开采工艺和灾害防治措施体系，同时，开展资源－经济－环境相协调的矿产资源开采模式，构建和谐矿区，实现矿区的可持续发展。技术发展重点：开展以解决松软破碎矿床开采方法问题为主线的安全高效综合开采技术研究；开展以解决厚大第四系流沙含水层和大水矿床开采问题为主线的防治水综合技术研究；解决充填采矿接顶难题，研究开发膨胀充填材料。开展以解决在回采地下残留矿体时的安全问题为主线的地下残留矿体综合开采技术研究。

关键技术：平原富水金属矿床大规模绿色高效开采关键技术；强富水条件下松散软岩矿床采矿生态系统重塑技术；厚大第四系下复杂矿体绿色开采关键技术；地下开采水害灾变机理及预报与防控综合技术；充填体与围岩相互作用机理与岩移控制技术；

矿山固体废料充填料低成本制备技术；膨胀充填料浆输送性能和膨胀充填体蠕变损伤规律研究；复杂矿床开采综合质量经济评判模型；绿色开采评价理论体系和可视化评定程序；高寒地区环保型高效开采关键技术；软破矿岩地压控制关键技术；深缓软破矿产资源开采关键技术；缓倾斜松软顶板矿床连续条带卸荷充填开采技术。

2）大型地下铁矿崩落法转充填法绿色经济开采技术。

发展重点：崩落法改充填法开采可行性评价指标及权重研究；崩落法转充填法联合高效开采关键技术及工艺研究；超细高浓度全尾胶结高效充填系统、工艺及充填质量控制研究；复合采场地压显现规律动态监测与预警系统研究及应用；崩落法与充填法联合开采期间井下通风系统优化研究。

关键技术：崩落法开采塌陷区危害控制技术；无底柱分段崩落法精确开采关键技术；崩落法转充填法过渡开采关键技术；大型金属矿山崩落法转充填法协同开采关键技术；大型采场结构参数优化与放矿模拟技术；崩落法残矿资源化安全高效回采关键技术；大型地下金属矿山诱导冒落高效开采关键技术；强制崩落与自然崩落相结合的采矿工艺及技术；充填法开采地表沉降规律与地下水保护措施；地表岩移预测与控制技术。

（2）矿山智能化开采技术与装备。

我国金属矿业智能化开采水平落后于矿业发达国家，也落后于国内大多数行业，主要表现在矿业增长主要依靠要素投入，技术水平提升缓慢；矿山装备研发能力不强，中小矿山的技术装备水平长期得不到提升等。该项目技术我国尚刚起步，未来矿业的发展目标具有广阔的应用前景。

智能化开采技术与装备中短期（到2025年）技术发展重点为：建设包括资源、设计、生产、安全及管理等功能于一体的矿山综合信息平台；研发（或引进）自动定位和导航、遥控全自动高效采、掘、运等成套设备，以及地下矿山无线通信系统等；研究与智能采、掘设备相适应的集约化开采系统和以矿段为回采单元的、规模化的采矿技术工艺。

关键技术：精细化的矿床模型建立与开采设计技术；与自动化采矿相适应的开采工艺技术；开采过程可视化模拟与虚拟现实技术；特定条件下的少人（或无人）采矿技术；动态不确定环境下生产过程控制技术；地下矿山灾害智能化监控与预警技术；基于物联网的矿山灾害预警与应急系统等。

（3）深部矿体高效开采。

我国经济持续增长为冶金行业带来了新的发展空间，钢材产品的市场需求旺盛，而作为生产钢材最主要原材料之一铁矿石的需求也保持迅猛增长。我国在建国初期建立了一批冶金矿山，经过长期的开采，特别是近期开采力度加大，浅部资源大部分已消耗殆尽，不管是地下铁矿还是露天铁矿都转入或即将转入深部开采。

但是，地下深部矿床面临着岩爆、热灾害等恶劣的开采环境，大型深凹露天面临着采场污染环境加剧、常规的运输工艺难以满足技术要求等难题亟需解决，中短期（到2025年）我国在深部高效开采领域拟开展的项目主要有：千万吨级深部矿床开采关键技术及装备和大型极深露天矿高效开采关键技术与集运装备研究。

1）千万吨级深部矿床开采关键技术及装备。

发展重点：深井矿山地质灾害监控预警技术研究、深井矿山高应力矿岩的岩爆研究、千万吨深井矿床采矿方法与回采技术研究和千万吨级深井金属矿床高温控制与综合利用技术研究四个方面。

关键技术：深井开采矿山岩体力学和开采基础理论；多场耦合作用下采空区岩体损伤与致灾机理；深井大规模低成本采矿方法及工艺；深井岩爆灾害预警与地压监测及控制；超大采场灾变风险监控预警与稳定性控制技术；深井矿山应急灾情识别评估与决策；低品位铁矿床充填法开采经济效益优化；低成本胶结充填新材料；大产能充填制备站建设与充填控制技术；深井管道输送关键技术；深井矿床高温控制采场工作气候保障与综合利用；深井提升运输、井下排水与节能技术。

2）大型超深露天矿高效开采关键技术与集运装备技术。

发展重点：大型超深露天矿集约化开采工艺技术与配套装备研究、大型超深露天矿高效连续运输技术及装备研究、大型超深露天矿智能调控精确控制爆破技术与装备研究、大型超深露天矿高效开采安全保障技术、大型超深露天矿坑内空气污染分布机理及净化技术与装备研究，形成大型超深露天矿工艺、运输、爆破、安全、环保的高效开采技术与集运装备体系。

关键技术：超深露天矿超高台阶开采结构参数与高效设备配套技术；露天矿矿石爆破损伤与破碎适配技术；露天矿超前破岩高效开采技术；台阶深孔疏化爆破与高效集运块度优化技术；露天铁矿高效节能大倾角运输设备关键技术；露天铁矿移动式输送连续化工艺与装置；露天铁矿高效连续化运输智能控制技术；极深露天矿生产边坡防灾变处置技术；露天经济边坡高效开采关键技术；极深露天矿开采粉尘与有毒有害气体抑制技术。

二、中长期（到2050年）发展目标和规划

1. 中长期（到2050年）内主要存在的问题与难点

在中长期内，本学科领域技术将会发生巨大变化，各方向发展从微观到宏观各个尺度向纵深演进，学科多点突破、交叉融合趋势日益明显，但我国本行业技术与国外矿业发达国家的巨大差距和行业本身发展的滞后性致使发展难点凸显。

（1）多学科融合发展面临统筹薄弱困境。采矿系统工程、现代信息技术、人工智能、现代数学、运筹学等的知识理论均将在未来采矿业中广泛应用，尤其是智能采矿，涉及诸多行业和领域，但受矿产资源赋存条件、外部资源因素及学科本身的边缘性影响，国内本行业在多领域融合发展面临统筹乏力和人才支撑。

（2）生物技术的发展将会对采矿业有革命性的渗透和影响，能为人类解决当今世界所面临的矿产资源和环境保护等诸多重大问题提供有力的手段，但在反应速度、细菌对环境的适应性、普适性细菌成活等方面存在较大的技术难点。

（3）海洋采矿和太空采矿需要协同国家战略性发展方向，并且由于经济成本和综合社会成本等因素致使大型设备研发制造和技术工艺研究在未来一段时间内尚无法实现在市场条件下的普化，发展难点较大。

2. 中长期（到2050年）内学科发展主要目标和方向

21世纪是一个充满挑战和想象力的世纪。所有类型的采矿方法都有可能遭遇变革。在人类对环境、卫生、安全的追求下，在各领域科技日新月异的形势下，通过发展新概念、新原理和新技术，无废采矿（绿色开发）、深部开采、无人矿山、智能采矿、生物采矿、海洋采矿、太空采矿等都将成为现实。采矿业将以一个与更需要我们想象力才能描绘的形象伴随人类的文明而向前发展。因此，冶金矿山采矿学科中长期（到2050年）发展方向和目标包括以下几方面。

（1）绿色开发。形成一整套资源高效绿色开采技术，矿产资源总回收率达到80%，矿产资源综合利用率达到80%，能耗下降50%，"三废"排放量降低到80%，基本控制采选生产环节对生态环境的破坏和污染。综合技术达到国际领先地位。

（2）深部开采。开采深度达到3000m，并全面解决3000m以浅金属矿山地下开采面临的各类理论及技术难题，研发出深部固体矿产资源流态化开采技术，建成3000m以浅金属矿地下开采示范基地。实现深井开采理论及技术达到国际领先地位。

（3）无人矿山。实现无人的自动化采矿，通过有线或无线的方式远程控制矿山

（矿井）的关键生产设备，实现凿岩、装药、铲装、运输自动化，开采设备界面探测、自动诊断和自动导航，支护设备自动支护和移架等。实现矿山安全及生产水平达到国际领先地位。

（4）智能采矿。智能化系统及其相关的软件配套实现国产化，露天、井下可实现无人（遥控）采矿作业，人工智能采矿决策系统可代替人类进行相关的采矿科研及设计。综合技术达到国际领先地位。

（5）生物采矿。采用生物采矿技术有效实现金属矿物开采，通过生物技术开采含量非常低的矿物质，进行生产并发挥良好的效益。除了可以提炼矿物质外，还可以去除矿石中不需要的物质。对于矿石资源正逐渐减少的现实而言，生物采矿技术研究具有非常重要而长远的意义。

（6）海洋采矿。实现赋存水深4000～5000m的深海底多金属结核资源的开发，包括海面采矿船、水下集矿和水下扬矿三部分的深海采矿系统彻底应用，水力提升采矿法、气力提升采矿法和连续绳斗采矿法应用并完善。实现海洋采矿技术与发展保持国际领先地位。

（7）太空采矿。由于往返运输的开销过大，太空采矿大部分是为太空工业发展提供原材料，支持人类去火星甚至更远的星体探索。基本发展开展探测小行星之间的太空之旅以便以后进行太空采矿，重点发展在月球上开采氦-3，2050年以后实现到小行星乃至更远行星采矿。初步达到国际领先水平。

3. 中长期（到2050年）内技术发展重点

（1）大型、高效自动化采矿装备制造。国产自动化装备水平达到国际领先水平，矿山装备全部实现国产化，同时向国际市场迈进占领一定国际市场份额。

（2）生物采矿。开发出生物采矿技术，研发出生物采矿高效专属菌种。生物采矿技术事实上是通过利用微生物来提取金属，如铜、金、铅、锌、银等，目前澳大利亚在研究的生物采矿技术对采矿业来说是一项意义重大的革命，生物技术在保健、农业等方面都已经做出了巨大的贡献。

（3）深海采矿（海洋采矿）。深海开采核心技术是适应海底作业环境回采率高的智能化采集设备，回采过程形态复杂多变的软管输送技术，高效、安全可靠的多相流提升技术和设备，深海开采水下设备吊放回收技术及悬吊采矿系统的起伏摇摆补偿装置，开采过程采矿船、提升管道、采集设备随动定位及作业过程的监测控制，水下大功率高压输配电技术等。到2050年，形成一整套集矿机加矿浆泵管道提升（输送）的深海采矿系统技术，并建成系统装备示范，可实现深海采矿作业，综合技术达到国际领先水平。

（4）太空采矿。发现正确的月球表土区或合适的小行星并将其转变为原料，以供预想中的太空作业使用。将月球原土层转变成各种产品，开发多化学的和物理的选矿工艺。氧、铁、硅石和铝是最有可能从月球表土中获得的初级产品，在月球后期开发中处理大量月球表土时回收氢、碳、氮和氨。涉足太空采矿领域，对太空采矿相关技术及装备进行研发，并取得一定突破。

三、中短期和中长期发展路线图

中短期和中长期发展路线图见图4-1。

目标、方向和关键技术	2025年	2050年
目标	（1）矿山"三废"的减量化、无害化及资源化 （2）矿山开采规范化、合法化 （3）矿山建设生态化、和谐化 （4）资源利用高效化、持续化 （5）生产工艺清洁化、环保化 （6）生产管理标准化、安全化 （7）排放标准达标化、减量化 （8）解决露天矿开采工艺、防灾变、高效运输的技术难题，形成具有自主知识产权的大型露天矿深部开采高效集运与整备系列技术体系，增强我国露天采矿的核心竞争能力 （9）构建深部岩体力学与开采理论体系 （10）初步揭示岩爆发生机理及预测防治技术体系 （11）创新深井采矿工艺，开发高应力矿岩诱导冒落碎裂技术 （12）形成深井充填管道输送理论及技术 （13）形成一整套高温环境调控理论及方法 （14）形成2000m以浅建井与提升技术装备能力 （15）实现2000m以浅金属矿地下开采基地示范，实现深井开采理论及技术达到国际先进地位 （16）实现少人或无人化采矿作业，生产操控远程化、自动化、智能化，矿山生产过程管控数字化、一体化；大型、高效采矿智能设备研制跟随国际领先水平，形成一整套国产化装备能力 （17）实现对井下突水的准确预报及治理 （18）全面解决各类复杂难采矿体开采理论及技术，并建立相应的示范矿山	（1）形成一整套资源高效绿色开采技术，矿产资源总回收率达到80%，矿产资源综合利用率达80%，能耗下降50%，"三废"排放量降低80%，基本控制采选生产环节对生态环境的破坏和污染。综合技术达到国际领先地位 （2）开采深度达到3000m，并全面解决3000m以浅金属矿山地下开采面临的各类理论及技术难题；建成3000m以浅金属矿地下开采示范基地，实现深井开采理论及技术达到国际领先地位 （3）实现完全无人化开采 （4）智能开采决策系统可代替人类进行相关采矿科研及设计；国产智能化采矿装备水平达到国际领先，采矿装备实现全部国产化 （5）研发出生物采矿高效专属菌群 （6）形成一整套集矿机加矿浆泵管道提升的深海采矿系统技术，并建成系统装备示范，可实现深海采矿作业，综合技术达到国际领先地位 （7）涉足太空采矿领域，对太空采矿相关技术及装备进行研发，并取得一定突破

图4-1

目标、方向和关键技术	2025 年	2050 年
方向	绿色开采、智能采矿、深部开采、特殊条件采矿	绿色开采、深部开采、智能采矿、特殊条件采矿
关键技术	（1）无废（少废）开采工艺 （2）矿山采充一体化技术与工艺 （3）矿区水系保护性开采技术 （4）矿山固体废料充填料低成本制备技术 （5）尾矿库复垦技术 （6）尾矿生态无害化处置技术 （7）矿山生态环境修复技术 （8）重金属迁移规律与治理技术 （9）矿山污染物排放控制与治理技术 （10）矿山环境多源遥感监测技术 （11）绿色开采评价理论体系和可视化评定程序 （12）为环境设计的矿山规划与设计技术 （13）高效管道输送与采空区充填技术及设备 （14）水污染治理、循环利用技术及设备 （15）固体废物综合治理技术及设备 （16）矿山生态环境综合整治技术 （17）大型超深露天矿高效开采关键技术与集运装备技术 （18）深部开采岩体力学行为与成灾机理 （19）深井高应力矿岩诱导致裂技术 （20）深部采动围岩二次稳定控制理论 （21）深井开采中高温环境控制 （22）深井原创性采矿模式 （23）深井开采对地面环境的影响评价 （24）深部矿床开采的组合式开拓方法 （25）深井连续出矿的工艺系统 （26）深井环境再造大直径深孔采矿技术 （27）深井高应力矿岩诱导致裂落矿连续采矿技术 （28）深井高应力环境下的采矿系统与工程结构 （29）深井高浓度浆体和膏体充填技术 （30）水动力设备研制 （31）深井低品位矿床原地破碎溶浸采矿 （32）深井上行开采技术 （33）深井上行与下行协同开采技术 （34）深井开采移动目标跟踪、定位与井下灾害预警 （35）精细化的矿床模型建立与开采设计技术 （36）特定条件下的少人（或无人）采矿技术 （37）与自动化采矿相适应的开采工艺技术 （38）矿区开采环境三维可视化模型构建技术	（1）智能采掘设备、采矿机器人的研发 （2）矿山固体废料100%资源化利用技术，实现生态矿山 （3）无废采矿技术 （4）无人采矿技术 （5）智能采矿技术 （6）生物采矿技术 （7）深海采矿技术 （8）深地采矿技术 （9）太空采矿技术

图 4-1

目标、方向和关键技术	2025年	2050年
	（39）开采过程可视化模拟与虚拟现实技术 （40）动态不确定环境下生产过程控制技术 （41）地下矿山灾害智能化监控与预警技术 （42）凿岩、铲装设备的视频、遥控、伺服控制软、硬件开发 （43）作业人员不在作业面的可视范围内有线、无线遥控操作技术 （44）特种设备与复杂地下环境的适应性研究 （45）适于采场作业环境的小型、轻量化、高效装备 （46）矿山生产经营智能决策支持系统 （47）基于工业物联网的矿业数据采集与管控技术 （48）开采装备与生产过程的建模与仿真技术 （49）矿业云服务平台和远程服务专家系统 （50）智能化开采标准体系构建 （51）平原富水矿床大规模安全高效开采关键技术 （52）强富水条件下松散软岩矿床采矿生态系统重塑技术 （53）高寒地区绿色高效开采关键技术 （54）软破矿岩地压控制关键技术 （55）地下开采水害灾变机理及预报与防控综合技术等	

图4-1 中短期和中长期发展路线图

第五节 与相关行业、相关民生的链接

随着中国经济发展进入新常态，国内钢材需求已呈下降趋势，国内钢铁产能过剩矛盾更加突出，冶金矿山行业低盈利时代将会持续较长时间，冶金矿山行业围绕主业发展多元产业或涉足新兴产业已是大势所趋，多元产业所涉及的领域也越来越广泛。近年来，我国冶金矿山行业在多元产业发展和产业选择上呈现出以下特点：

（1）加快钢铁产业供应链建设的发展步伐。钢铁产业与上游的铁矿石、焦煤、废钢等行业密切相关，产业关联度高、影响力大。经过最近10年的发展，钢铁企业已越来越能体会到关注钢铁上游原燃料产业链对钢铁产业自身发展的重要性。

（2）积极开展钢材下游深加工项目。通过延伸钢材深加工产业链，不仅可以创造更多的价值，还可以缩短用户采购供应链，产生双赢的效果。

（3）发展以钢铁配套服务为主体的产业。钢铁配套服务产业主要包括商贸物流、工程技术服务、机械维修制造、冶金辅料与煤化工、循环经济与环保以及金融等。

（4）积极投入国家倡导的战略性新兴产业。节能环保产业、新一代信息技术产业、生物产业、高端装备制造业、新能源产业、新材料产业、新能源汽车产业七大重点领域构成了战略性新兴产业的主体。

（5）发展地区特色的区位性优势产业。很多冶金矿山企业结合区域独特优势，创造性地开发有特色的多元产业。一些城市钢铁企业以依托城市、服务城市的理念，实现共赢发展。例如，首钢的工业遗址公园和中国动漫游戏城，代表着文化旅游产业的特色项目；酒钢结合所在地域的特殊自然环境，培育种植葡萄，其葡萄酒酿造产业已具有一定品牌效应。

新常态是冶金矿山行业加快结构调整、转型升级的战略机遇期。对企业而言，应遵循企业发展规律，紧跟区域发展机遇，积极争取各项国家政策，在转型升级过程中推进多元产业发展。与相关产业领域、相关民生领域链接规划发展方向主要包括以下几方面：

（1）国际化发展方向。随着国家"一带一路"的稳步推进，将带动钢铁企业海外矿产资源开发、钢材贸易、国际物流、冶金装备和工程等产业"走出去"战略的实施。

（2）城市服务产业。随着城镇化建设的深入推进，市政道路、桥梁等方面的建设日渐完善，城市污水处理、燃气管道的铺设、城市绿化、垃圾处理、公园建设等公共设施投资将成为未来基础设施投资的重点，成为钢铁企业城市服务产业的发展重点。

（3）智能制造产业。工业4.0是德国《高技术战略2020》确定的十大未来项目之一，旨在支持工业领域新一代革命性技术的研发与创新，强调智能制造。《中国制造2025》（中国版工业4.0）规划重点实施的领域为新一代信息技术产业、高端装备制造产业、新能源产业等。工业4.0拉开了全球"智造时代"的大幕，新一轮高端制造业竞争已经开启，钢铁行业智能制造产业须提前谋划，挺身融入这一轮新的智能升级浪潮中，寻找自身转型升级的市场机遇。

（4）电子商务产业。积极发展基于电子商务的钢铁物流产业。钢铁企业原有的电子销售系统已经不能满足低成本、高效率的需要，企业的物流、信息流和资金流需要进行专业化融合，升级为第三方冶金产品电商平台，以实现网上贸易、信息资讯、在线融资、资金管理、个性化增值服务等功能，促进并创新钢铁物流产业发展。

（5）节能环保产业。新环保法和新的钢铁行业系列标准全面实施，在这一史上最严环保政策的压力下，以往钢铁行业粗放式发展积累的一些环保欠账，将在"十三五"时期集中进行整改和完善；按照"绿色采购、绿色物流、绿色制造、绿色产品、绿色产业"五位一体的理念，将推动冶金节能环保设备和工程产业的发展。

（6）金融产业。在我国大力推行金融体制改革的背景下，钢铁行业化解过剩产能、城市钢厂搬迁、兼并重组和"走出去"战略的实施，都需要金融行业的支持。同时，为增加钢铁企业的利润、确保资金链安全，金融产业也应该积极开展期货、资本运营、保险、多元化、融资租赁、中小金融机构、海外融资等产融结合业务。

第六节　政策建议

一、国家层面

国家层面应按照市场法则有重点地扶持。国家应不断按照市场发展法则，改革和完善重大专项技术装备研发资金投入机制，从宏观上把握，有选择、有针对性、有计划地通过专项技术研发资金投入，指导科研企业与相关企业开展重大技术装备的引进消化吸收和再创新活动；支持对重大技术装备研制和重大产业关键共性技术的研究开发，提高自主创新能力，增强产业的核心竞争力。

建议结合国家相关发展规划重点发展的重大领域发展需求，促进科研院所科研工作有效、有序地快速推进，形成长效机制，采取"政府主导、市场运作、多方投入"的方式。"政府主导"就是发挥科技政策作用，财政资金对专项资金投入发展的研发项目实行导向作用。国家按照"市场运作"的规律，建立多方联动的投入机制，在组织架构和内部管理上建立全新的运行机制，把广大科技人员的积极性激发出来，最终通过市场化运作解决运行、发展问题。

扶持重点要在三个方面下功夫：一是提升产业层次，通过重大科研项目的研发，推动企业加速差异化创新，提升特色块状经济和传统产业的比较优势，提高产业链附加值。二是推动节约集约发展，资源和环境承载力始终是发展的硬约束。三是突破国际贸易技术壁垒，努力攻克一批全局性、带动性大的关键共性技术，推动一批重点产业、重点产品竞争力的提升。

二、行业层面

行业层面应做好科技资源共享机制。长期以来，由于科研资源缺乏有效整合，以资本为纽带的合作措施乏力，财政性运营补贴支撑体系不健全等原因，致使创新资源合作关系松散，彼此独立运营，各自为战，创新主体间缺乏有效协同、创新链条联结不紧密，同质化严重，浪费了有限的科研资金，制约了技术研发与产业化发展。

科技资源共享机制，是充分应用信息、网络等现代技术，对科技基础条件资源进行战略定位和系统优化，是促进科技资源高效配置和综合利用的有效方式，是科技资源合理配置的重大举措，将不断改善创新创业环境，优化创新资源品质，增加专业化公共服务的有效供给，降低创新创业的成本与风险，提升研究开发和产业化的能力和水平，提高科技创新资源的使用效率，营造人才脱颖而出的科技环境。

三、企业层面

科技创新应以企业为中心。科技型企业处于市场经济第一线，知道研制什么样的技术装备可以帮助一些行业摆脱困境，攻克哪一类先进技术可以促进实现经济增长方式的转变和产业化升级。企业技术工程中心、产业化基地的建设以及科研研发内容有较强的目的性，它可使企业活力不断增强，占领产业发展制高点，在一些优势领域实现核心和关键技术的突破，推进产业技术进步和升级。同时，企业技术中心可以建设成为开展技术创新的人才高地，大幅度提高技术创新的效率。

加快企业科技创新平台建设是推进新型工业化和实现可持续发展的需要。我国由于部分产业层次低、产品档次低，加上长期以来走的是典型的依赖原材料消耗、依赖投资拉动、粗放增长的传统工业化道路，企业缺乏技术创新能力和可持续发展能力，资源、环境、市场约束不断加剧。因此，调整和优化经济结构，推进产业结构升级，走新型工业化的道路，都必须发挥科学技术作为第一生产力的重要作用。而科技创新平台建设既是区域创新体系建设的重要组成部分，又是经济、社会、科技可持续发展的重要基础和必要条件。加快企业科技创新平台建设，必将促进科技的传播及应用，充分发挥知识资源在社会经济发展中的主导作用，推动产业结构从劳动密集型向知识和技术密集型转化。

四、多方联动推进

重大科技项目研发工作涉及科技、经济、人才等多个领域,因此,政府、部门、企业以及相关单位应坚持从实际出发,科学规划,合理布局,多方联动、齐抓共管,突出重点。应深入调研重点行业、重点区域的市场需求,充分整合存量资源,优化增量配置,持之以恒,扎实推进。应探索中央、地方、企业、金融界多渠道、多层次的重大专项科研项目研发投资体系,根据不同科研活动主体和不同资金来源进行区分,使科研专项重大项目技术市场得以发展,然后让技术作为商品在技术市场上通过技术转让、技术经济承包和创办科技经济实体等形式进入经济和社会的各领域,促使科技成果的商品化转换,形成市场机制、竞争机制以及经济、社会与科技之间有机的供需关系为核心的新的专项重大科研项目研发运行机制。

进一步加强产学研联合,增强利用外部科技资源的能力。产学研结合能够吸引创新要素向创新平台集聚,重点凝聚一批行业领军的技术英才,把企业技术中心建设成为开展技术创新的人才高地。

参考文献

[1] 第十二届全国人民代表大会. 中华人民共和国国民经济和社会发展第十三个五年规划纲要:2016年3月16日第十二届全国人民代表大会第四次会议批准[EB/OL].[2016-03-17].http://www.gov.cn/xinwen/2016-03/17/content_5054992.htm.

[2] 中华人民共和国国务院. 国务院关于印发"十三五"国家科技创新规划的通知:国发〔2016〕43号[EB/OL].[2016-08-08]. http://www.gov.cn/zhengce/content/2016-08/08/content_5098072.htm.

[3] 科技部,国土资源部,水利部. 科技部 国土资源部 水利部关于印发《"十三五"资源领域科技创新专项规划》的通知:国科发社〔2017〕128号[EB/OL].[2017-05-08]. http://www.most.gov.cn/mostinfo/xinxifenlei/fgzc/gfxwj/gfxwj2017/201705/t20170517_132852.htm.

[4] 科技部,国土资源部,海洋局. 科技部 国土资源部 海洋局关于印发《"十三五"海洋领域科技创新专项规划》的通知:国科发社〔2017〕129号[EB/OL].[2017-05-08]. http://www.most.gov.cn/mostinfo/xinxifenlei/fgzc/gfxwj/gfxwj2017/201705/t20170517_132854.htm.

[5] 古德生,周科平. 现代金属矿业的发展主题[J]. 金属矿山,2012(7):1-8.

[6] 陈田林. 我国采矿技术的现状及发展趋势［J］. 技术与市场, 2011（7）: 504.

[7] 孟亚周. 探索采矿走科学化的路线［J］. 河南科技, 2013（18）: 234.

[8] 黄涛. 我国采矿技术的现状与发展［J］. 机械管理开发, 2016（10）: 176-177.

[9] 贺媛. 浅谈我国金属矿山采矿技术现状及发展方向［J］. 科技信息, 2012（33）: 412-413.

[10] 闫见荣. 当代采矿技术发展趋势及未来采矿技术的研究［J］. 山东煤炭科技, 2016（9）: 207-208.

[11] 王亚龙. 当代采矿技术发展趋势及未来采矿技术探讨［J］. 中国高新技术企业, 2015（9）: 165-166.

[12] 孔鹏莒. 新常态下我国采矿业的机遇与挑战［J］. 新丝路（下旬）, 2016（2）: 35-36.

[13] 张卫华. 三、分地区数据 3-19 按地区分组的其他采矿业主要经济指标. 中国工业统计年鉴［M］, 北京: 中国统计出版社, 2015.

[14] 中国钢铁工业年鉴［J］. 冶金管理, 2015（5）: 65.

[15] 苏迅, 韩海青. 中国国土资源统计年鉴—矿山环境保护情况［M］. 北京: 地质出版社, 2015.

[16] 唐复平. 全球铁矿行业技术发展指南［M］. 北京: 冶金工业出版社, 2015.

[17] 吕振华. 我国铁矿采矿技术"十三五"发展趋势分析［J］. 国土资源情报, 2015（11）: 27-30.

[18] Sanda M A. Johansson J, Johansson B, et al. Understanding social collaboration between actors and technology in an automated and digitised deep mining environment［J］. Ergonomics, 2011, 54（10）: 904-916.

[19] 顾清华, 卢才武, 江松, 等. 采矿系统工程研究进展及发展趋势［J］. 金属矿山, 2016（7）: 26-33.

[20] 张立飞, 刘可. 采矿环境再造与矿业发展新路径研究［J］. 中国高新技术企业, 2016（7）: 150-151.

[21] 梁新贵. 浅析采矿工程中存在的问题及解决办法［J］. 山东煤炭科技, 2016（7）: 179-181.

[22] 孔红杰, 李国庭, 李梅广. 铁矿石资源产业的未来发展［J］. 山东冶金, 2012（4）: 6-9.

[23] 黄光兰. 矿山机械发展现状分析及未来前景思考［J］. 科技经济导刊, 2017（8）: 49.

[24] Nadica Drljevic. Influence of the future mine radljevo at the demography viewed through socio-economic conditions of local population during mine's development［M］. Springer International Publishing, 2014.

[25] 曾庆田, 袁明华, 孙宏生, 等. 地下金属矿山数字化建设技术研究与应用实践［J］. 中国金属通报, 2014（S1）: 5-8.

[26] 游敏. 井下采矿技术和井下采矿的发展趋势［J］. 世界有色金属, 2016（6）: 88-89.

[27] Xie Heping, Ju Yang, Gao Feng, et al. Groundbreaking theoretical and technical conceptualization of fluidized mining of deep underground solid mineral resources［J］. Tunnelling and Underground Space

Technology incorporating Trenchless Technology Research, 2017, 67:68–70.

[28] 段鹏. 露天采矿技术及其采矿设备的发展思考[J]. 企业技术开发, 2015(36): 175, 177.

[29] 李恒武. 探究露天采矿技术及采矿设备的发展形势[J]. 科技创新导报, 2012(32): 62.

[30] 池洪斌. 露天采矿技术及发展方向探讨[J]. 中国新技术新产品, 2011(4): 108.

[31] 孟稳权. 深井开采束状孔大规模落矿技术研究[D]. 长沙:中南大学, 2009.

[32] 陈冬梅. 秀山锰资源绿色开发利用及保障度研究[D]. 重庆:重庆大学, 2011.

[33] 刘丰韬. 新城金矿资源绿色开采效果评价研究[D]. 沈阳:东北大学, 2014.

[34] 王新民. 基于深井开采的充填材料与管输系统的研究[D]. 长沙:中南大学, 2006.

[35] 胡汉华. 金属矿山热害控制技术研究[D]. 长沙:中南大学, 2008.

[36] 杨承祥. 深井金属矿床高效开采及地压监控技术研究[D]. 长沙:中南大学, 2007.

[37] 李素蓉. 深部金属矿山地震活动特性及岩爆的支持向量机预测研究[D]. 长沙:中南大学, 2011.

[38] 孟稳权. 深井开采束状孔大规模落矿技术研究[D]. 长沙:中南大学, 2009.

[39] 张荣宽. 关于矿山机械发展前景的一些思考[J]. 矿山机械, 2014(11): 1-4.

[40] Duan B F, Zhang M, Li L, et al. Technology of safe and efficient submarine deposit mining[J]. Applied Mechanics & Materials, 2011, 1446(90): 1960–1964.

[41] 肖业祥, 杨凌波, 曹蕾, 等. 海洋矿产资源分布及深海扬矿研究进展[J]. 排灌机械工程学报, 2014(4): 319–326.

[42] 刘少军, 刘畅, 戴瑜. 深海采矿装备研发的现状与进展[J]. 机械工程学报, 2014(2): 8–18.

[43] 杨放琼. 基于信息融合的移动机器人定位导航及其深海采矿应用研究[D]. 长沙:中南大学, 2010.

[44] 文兴. 基律纳铁矿智能采矿技术考察报告[J]. 采矿技术, 2014(1): 4–6.

[45] 徐国群. 澳大利亚铁矿工业的现状与发展[J] 世界钢铁, 2011(4): 68–72.

[46] 杜新光, 官良清, 周伟新. 深海采矿发展现状及我国深海采矿船需求分析[J]. 海峡科学, 2016(12): 62–67.

[47] 马有力, 樊旭磊. 地下金属矿山采矿技术的发展探究[J]. 科技与企业, 2015(13): 165.

[48] 张海波, 宋卫东, 许英霞. 充填采矿技术应用发展及存在问题研究[J]. 黄金, 2010(1): 23–25.

[49] 古德生、周科平. 现代金属矿业的发展主题[J]. 金属矿山, 2012, 47(7): 1–8.

[50] 温彦良, 张国建, 张治强. 无底柱分段崩落法放矿规律的数值试验研究, 矿业研究与开发, 2014, 34(5): 3–6.

[51] G.J. Zhang School of Resources & Civil Engineering,University of Science and Technology

Liaoning,Anshan,China. A study on natural classification of loose covering strata and its effect on drawing［A］. The International Society for Rock Mechanics(ISRM) Commission on Education.Rock Mechanics:Achievements and Ambitions—Proceedings of the 2nd ISRM International Young Scholars' Symposium on Rock Mechanics［C］.The International Society for Rock Mechanics(ISRM) Commission on Education,2011:3.

［52］焦玉书. 世界铁矿资源开发实践［M］. 北京：冶金工业出版社, 2013.

撰稿人： 王运敏　汪　斌　代碧波　王　星

第五章　选矿工程

第一节　学科基本定义和范畴

选矿是根据矿石中不同矿物的物理、化学性质，将矿石破碎磨细单体以后，采用重选法、浮选法、磁选法、电选法等，将有用矿物与脉石矿物分开，并使各种共（伴）生的有用矿物尽可能相互分离，除去或降低有害杂质，以获得冶炼或其他工业所需原料的过程。选矿能够使矿石中的有用矿物组分分别富集，降低冶炼或其他加工过程中燃料、电力、药剂、运输等的消耗，使低品位的矿石能得到经济利用。选矿试验所得数据是矿床评价及建厂设计的主要依据。

第二节　国内外发展现状、成绩、与国外水平对比

一、发展现状

我国铁矿资源具有"贫、细、杂、散"特点，虽然储量大，但禀赋差、品位低，平均铁品位不足32%，2015年，重点铁矿山平均入选铁品位为30.2%，98%的铁矿石要经过选矿才能利用，且复杂难选、粒度微细的红铁矿储量大，矿床类型多，组成矿石的铁矿物种类复杂，多组分共（伴）生复合铁矿石所占比重大，综合利用难度大。

我国选矿工作者为高效开发利用我国铁矿资源，开展了大量深入细致的科学技术研究和协同攻关，针对不同地区、不同类型铁矿石开展研究，从理论到实践，解决了磁铁石英岩铁矿石、微细粒赤铁矿、菱铁矿、褐铁矿等矿石选矿难题，使我国铁矿石选矿技术取得重大突破，使中国铁精矿质量达到或超过国际先进水平，近30年来，我国一直是世界铁矿选矿技术的创新中心和领跑者，选矿装备、智能选矿和信息化进步明显，资源综合利用水平不断提高。

但由于我国铁矿资源复杂难选、工艺流程复杂、采选成本相对较高，铁矿企业整体竞争力不强、经济效益差。随着钢铁工业的发展，国内铁矿石原矿产量大幅快速增长，从2010年起，国内铁矿石原矿产量已超过10亿吨，且连续多年增幅超过1亿吨，2014年原矿产量甚至超过15亿吨。2015年受投资和产能增速下降影响，产量有所减少，但铁矿石原矿产量仍高达13.8亿吨。尽管如此，我国铁矿石生产仍不能满足国内激增的钢铁产能需求，2011年全国进口铁矿石6.9亿吨，2015年全国进口铁矿石高达9.5亿吨，对外依存度超过了80%，严重影响我国钢铁行业和国民经济的健康持续发展，对国家经济安全构成威胁。

铁矿石资源已成为我国战略性矿产资源，是钢铁工业及经济社会发展的基本原料和重要保障。铁矿资源的全面节约与高效利用对选矿学科发展提出更高的要求与挑战，也必将促进选矿学科更好地发展。

二、成绩

1. 选矿基础理论

孙传尧院士在国际上率先提出了基因矿物加工的概念，通过成因矿物学、结晶学、晶体化学等基础研究，揭示矿物的基因特性本质，结合矿物加工大数据分析，为选矿工艺流程的制定和指标优化提供了理论指导。

颗粒在磁选设备中的受力分析研究是磁选理论研究中的重要内容之一。张应强等人从磁流体 Bernonuli 方程、应力张量方程和牛顿定律出发，应用楔形磁极建立竖直向上的磁浮力，构建出非磁性矿粒在磁流体静力分选中动力学模型。魏红港等人从分析感应辊分选间隙磁场特性入手，分别求解出磁场强度 H 和磁场梯度 grad H 函数曲线，通过对矿粒的受力分析求解出脱离角与辊体转速 ω 和矿粒比磁化系数 χ_0 的关系，建立了单颗粒弱磁性矿物运动轨迹数学模型。刘鹏等人通过对高梯度磁选中单颗粒球形微粉煤的动力学分析，建立了气固流态化分选过程中的单颗粒煤粉运动态数学模型。随着计算机仿真技术的发展，通过使用大型有限元分析软件，对特定磁场进行仿真计算和可视化分析，为磁选机的结构优化和设计制造提供参考依据，已经成为磁选研究中的主要内容。张义顺等人基于 Magnet 软件模拟辊式磁选机单环磁系、四级拼接磁系等磁力线及感应强度的分布情况，得出各磁系磁场沿磁辊表周向变化趋势及磁感应强度与分选行程变化函数关系。曹晓畅等人利用计算流体力学（CFD）数值模拟方法对高梯度磁选机内部的流场进行分析，观察料浆在不同结构内部的流场，为立环磁选机的内部结构优化设计提供理论依据。磁介质是高梯度磁选机的主要组成部分，对产生高磁场梯度的聚磁介质的研究是磁选领域的主要研究内容之一。郑霞裕等人利用 ANSYS 软件模拟了不同的磁介质排列组合下对磁介质周围磁场分布的特征，研究了高梯度磁选机磁介质饱和磁化强度对磁介质聚磁性能的影响。S. Mohanty 等人采用 CFD 技术对湿式高梯度磁选机的分选过程进行仿真研究，对磁性颗粒在磁介质中的捕获概率进行了预测，仿真结果与实验室试验结果基本吻合。

在重力和离心力等作用力的干涉条件下，颗粒运动规律的认识深化是重力选矿理论完善的基础。刘祚时等人以流体动力学基本方程和单流体模型为基础，对立式离心选矿机分选锥内的矿浆流膜在径向、切向和轴向进行动力学分析，通过一定的简化假设和理论计算，分别建立了矿浆在径向、切向和轴向的计算模型。温雪峰等人以 Falcon SB 离心选矿机为例，建立了球形颗粒在离心分选机分层区和分选区的动力学方程。D. Boucher 等人采用 PEPT 颗粒追踪技术研究了实验室型螺旋溜槽分选过程中的不同粒径和密度的颗粒运动规律。S. Viduka 等人将 CFD 和 DEM 技术相结合对跳汰过程中流体运动、颗粒分布规律等进行了模拟与仿真研究，并对跳汰过程中不同密度和粒度颗粒的运动轨迹进行了描述和分析。T. Yamamoto 等人对立式离心机中颗粒分级行为进行研究，并对其中流体行为进行仿真分析。M. A. Doheim 等人采用欧拉方程和湍流模型对螺旋溜槽分选过程中颗粒的速度、分布率和分选效果进行仿真分析，仿真结果与试验数据可以较好地吻合。

浮选药剂分子结构及其设计是浮选理论研究的核心内容之一。多年来，国内外选矿工作者针对铁矿石阳离子反浮选捕收剂进行了大量的理论研究。刘长淼等研究了四种十二取代叔胺对石英的浮选行为，Papini 等通过红外光谱分析手段研究了多种醚胺、脂肪胺和缩合胺的浮选性能，Montes-Sotomayor 等研究了不同 pH 和胺浓度下淀粉在石英和赤铁矿表面的吸附机理，Lazarov 等研究了温度从 20℃提高到 40℃时石英–十二胺浮选体系中的泡沫浮选动力学和三相接触的特性。李晓安等通过矿物可浮性和动电位测定考察了不同 pH 条件下六偏磷酸钠对十二胺在磁铁矿和绿泥石表面吸附性能的影响，刘亚川等通过 ζ 电位测定、吸附量测定、红外光谱分析等手段研究了十二胺在长石、石英表面的吸附情况及 pH 值对吸附的影响。东北大学朱一民等提出了氧化矿浮选药剂极性基与矿物表面氢键吸附的重要作用，提出了铁矿石浮选药剂"氢键耦合多基团协同"的分子结构设计新方法。

在铁矿石浮选理论方面，印万忠等提出了浮选过程中矿物之间交互作用的新观点，首次发现菱铁矿、铁白云石与赤铁矿、石英之间的交互影响与吸附罩盖是含碳酸盐铁矿石难以分选的本质原因，创建了"固－固罩盖界面调控"浮选理论研究模型。

化学选矿理论，尤其是微生物浸出理论是实现矿产资源高效清洁利用的重要基础研究内容。Escobar、Jedlicki 等应用放射学，Poglazova、Mitskevich 等运用光谱荧光分析，Bennett、Karan 等应用 C14 蛋白质固定等不同方法，首先研究了 T.f 菌在矿物表面上的吸附及吸附特征。Jerez、Arrendodo 采用免疫荧光分析技术等生物化学方法研究了不同菌株在矿物表面上的作用，证实了 T.f 菌在矿物表面的吸附。Brierly 认为，虽然细菌可直接分解矿物，但由细菌氧化产生的 Fe^{3+} 是硫化矿浸出的关键，Majima、Hirato、Mcdonald 等研究了 Fe^{3+} 对黄铜矿的氧化浸出，认为 Fe^{3+} 对黄铜矿具有较好的浸出作用，但浸出过程会产生元素硫和铁矾覆盖在矿物颗粒表面阻碍浸出。王军等研究了经不同驯化培养的氧化亚铁硫杆菌在不同条件下对黄铁矿的氧化抑制效果及氧化抑制规律；Leahy 等研究并建立了一种嗜温和中等嗜热菌浸出辉铜矿的热平衡模型；李寿朋等分析了中等嗜热菌在一水硬铝石型高硫铝土矿脱硫过程的脱硫行为；韩跃新等研究并建立了难选铁矿石深度还原理论基础模型，形成了高磷鲕状赤铁矿深度还原高效分选理论研究方法。

2. 选矿工艺

针对我国铁矿资源的特点和现状，钢铁行业大力提倡节能降耗、降本增效的战略，以余永富院士为代表的专家学者更是创造性提出"提铁降硅（杂）""铁前成本一起核算""集团效益最大化"的学术思想，并建立了"铁精矿质量铁、硅、铝三元素综合评价"理论体系，为实施科技创新驱动、可持续发展战略提供了理论指导，经过多年的研究和实践，针对不同地区、不同类型铁矿石开展研究，开发出多种选矿工艺技术与装备，解决了微细粒磁铁矿、赤铁矿分选、鞍山式含碳酸盐铁矿石的技术难题，使国内铁矿石选矿技术取得重大突破，多项技术水平居国际领先水平，不同类型的矿石突出表现在：

（1）微细粒贫磁铁矿石选矿，开发大块干式预选（或粗粒湿式预选）技术、采用阶段磨矿－阶段磁选流程，为进一步提高铁精矿品位，研发反浮选、淘洗磁选机、磁选柱、离心跳汰等提质降杂工艺，当前工业开发利用的贫磁铁矿磁性铁含量已降至5%，大大拓展了有工业开发利用价值的磁铁矿储量。

（2）赤铁矿选矿集中体现了我国铁矿选矿技术水平，针对不同类型矿石采用不同工艺流程。中细粒嵌布的鞍山式赤铁矿石，工业生产采用阶段磨矿－粗细分级－粗粒重选－细粒强磁－阴离子反浮选经典联合流程，可得品位 TFe 66.5%、回收率高于 78% 的铁精矿；针对细粒嵌布的袁家村类型铁矿，采用阶段磨矿－弱磁－强磁－阴离子反浮选工艺流程，生产获得铁精矿品位 TFe 65%、回收率 75% 的良好技术指标；针对微细粒嵌布的祁东铁矿，应用阶段磨矿－弱磁－强磁－絮凝脱泥－阴（阳）离子反浮选工艺流程，工业生产可得品位 TFe64%、回收率高于 70% 的铁精矿。针对鞍山式含碳酸盐铁矿石，研发了"分步－分散协同浮选"新技术，用于鞍钢集团东鞍山烧结厂，使过去只能堆存的含碳酸盐铁矿石得到了有效利用。一系列微细粒类型赤铁矿选矿厂生产实践表明，我国赤铁矿选矿技术位居国际领先水平。

（3）多金属共生的复合铁矿石工业开发利用，大多采用磁选、重选、浮选联合流程，以磁铁矿为主、共伴生的硫化矿物含量较低的复合铁矿石适于采用磁选－浮选工艺；磁选－重选－浮选流程主要适用于分选矿石铁品位较高，并且铁矿物嵌布粒度较粗的伴生多金属硫化物的铁矿石；浮选－磁选（或单一浮选）流程适用于分选含硫化矿物较高或铁矿物中有较多赤铁矿、褐铁矿的复合铁矿石，尤其对含有较多磁黄铁矿的矿石，可有效降低铁精矿中的硫含量。

（4）针对菱、褐铁矿等复杂难选铁矿资源的开发利用，多年来致力于研发高效节能焙烧工业装置，根据矿石类型、给矿粒度的不同，选择不同焙烧炉型，粗粒块矿采用全粒级回转窑磁化焙烧－磁选－（浮选）工艺，粉矿应用闪速磁化焙烧－磁选－（浮选）联合流程，大西沟菱铁矿（回转窑）、新疆菱褐铁矿（回转窑）、黄梅菱褐铁矿（闪速炉）成功应用磁化焙烧技术，对复杂难选铁矿的工业开发利用具有里程碑意义。

（5）破碎、磨矿设备的技术进步突出表现在高压辊磨机、自磨机（或半自磨机）成功的工业应用，借助高压辊磨机等高效破碎设备，可大幅度降低工业生产中球磨机给矿粒度（-12mm 降至 -3mm）、提高设备台时处理能力，节能效果显著；自磨机（或半自磨机）具有磨矿、破碎双重功能，一段粗碎即可达到自磨给矿粒度 -350mm，大大简化了碎矿流程，大型自磨机的工业应用实现了选矿厂高效大型化生产。大型立式螺旋搅拌磨机的工业应用，实现了节能降耗，同时改善了磨矿产品质量，有力地促进了选别指标的改善。

（6）针对我国西部缺水地区磁铁矿的选矿问题，国内相关单位开发了高压辊粉碎－分级－磁选全干法选矿新工艺，取得了精矿品位 62%~65%、磁性铁回收率 95% 以上的技术指标，为我国西部缺水地区磁铁矿的开发利用开辟了新的途径。

3. 浮选及浮选药剂

我国铁矿捕收剂的研究工作始于20世纪50年代，研究及生产均以正浮选铁矿物为主，而铁矿石的浮选及浮选药剂经过几十年的深入研究和生产实践证明，铁矿石反浮选效果好。随着铁矿石阴离子捕收剂的反浮选工艺开发成功，近20年来，我国铁矿反浮选工艺和反浮选药剂均取得了巨大成绩，成为世界上铁矿选矿技术的创新中心。国内铁矿捕收剂主要以阴离子为主，需求量在5万~6万吨/年，占铁矿捕收剂用量的90%，其应用主要集中在鞍本地区、河北滦县迁西地区、山西吕梁尖山峨口地区、安徽六安地区、山东地区等，捕收剂型号主要有 RA-系列、CY-系列、GK-系列、MZ-系列和MH-系列；阳离子捕收剂占5%左右，主要用在磁选铁精矿和焙烧-磁选铁精矿提质降杂工艺中；其他类型的捕收剂占5%。阴离子捕收剂反浮选工艺具有对矿石性质变化适应性强、生产稳定、指标好的优点，缺点是捕收剂配制和所需浮选温度较高（配制温度通常为50~70℃，矿浆温度一般为35~40℃），导致浮选矿浆需要加温处理，增加了生产成本。随着国家对矿山企业节能减排、清洁生产工作的日益重视，常温铁矿捕收剂的研制成为相关专家和学者的研究热点，先后开发出DMP-1、DMP-2、DMP-3、DTX-1、DL-1、DZN-1、Fly-101、CY-20、MG 等一系列具有低温溶解性、捕收性强、选择性优的新型常温高效捕收剂，实现了在常温（15~25℃）下对铁矿石的有效分选。但目前这些新型捕收剂尚处于实验室研究或半工业试验阶段，需加快工业应用进程。

4. 选矿设备

（1）破碎、磨矿分级设备。

1）旋回破碎机及辊压机。在消化吸收国外先进水平的基础上，破碎机规格提升结构改进及大型化取得了一定成绩：北方重工集团有限公司设计制造的 PXZ1623 旋回破碎机，装机功率620kW，中信重工机械股份有限公司设计制造的 PXZ-152/287 旋回破碎机装机功率1200kW。北京凯特破碎机有限公司开发的 GYP-1500 型惯性圆锥破碎机，装机功率315kW，处理能力180~300 t/h，一段开路破碎 P80 产品粒度可达 -12mm。四川成都利君公司和合肥水泥院研制了矿用高压辊磨机，其中四川成都利君公司开发了规格为 φ2400mm×1600mm，最大装机功率7200kW，最大处理能力可达 2200 t/h。

2）自磨技术的发展。随着国外自磨技术的崛起，中国自磨技术也在不断完善和成熟。近十多年来，新建的大中型铁矿选矿厂，碎磨工艺都引用自磨机/半自磨机大型化新设备、新工艺建设。太钢袁家村半自磨流程：3台 $\phi 10.36m \times 5.49m$ 半自磨机，3台 $\phi 7.32m \times 12.5m$ 球磨机，3台 $\phi 7.32m \times 11.28m$ 球磨机，最终磨矿产品 P_{80} 28μm，规模2200万吨/年。2013年1月建成调试及生产，原矿石 TFe31.8%，得到铁精矿铁品位65%及回收率73%，运行良好。这样用自磨机不仅处理量大，而且取代了中、细破碎机，粉碎设备段数少，设备少，流程简化。碎矿机理发生了变化，粉碎产品解离度好，有利于后续磨矿及浮选作业，如太钢袁家村碎磨2200万吨/年半自磨–二段球磨，产品细度达到 $P80$ 28μm，比常规老三段破碎–筛分–三段球磨老流程仅建设投资就少80116万元。先后按自磨机/半自磨机新工艺建设的铁矿选矿厂还有：①昆钢大红山选矿厂1台 $\phi 8.53m \times 4.42m$ 半自磨机，一台 $\phi 4.72m \times 7.92m$ 球磨机，规模400万吨/年，2006年调试；②攀枝花白马钒钛磁铁矿工艺一台 $\phi 8.5m \times 4.57m$ 半自磨机，一台 $\phi 5.5m \times 8.5m$ 球磨机，规模400万吨/年，2013年调试；③中信泰富澳大利亚 SiNO 铁矿，6台 $\phi 12.19m \times 10.97m$ 半自磨机，6台 $\phi 7.92m \times 13.60m$ 球磨机，现在3个系列已经投产运行。随着一大批自磨机选矿投产生产，生产运行能耗、钢耗降低，生产成本降低，预示着中国自磨技术新的应用和发展。

3）细磨/超细磨设备。长沙矿冶研究院在小型系列化研究的基础上成功研制了1000kW立磨机，其技术达到国际先进水平；国产中小型（小于400kW）立磨机在铁矿、铜矿、铅锌矿、钼矿等金属矿山行业实现了普遍推广应用，有效降低了矿山企业的细磨成本，提高了矿产品的市场竞争力。

艾砂磨超细磨机研发：艾砂磨机是磨矿细度小于0.074mm（–400目）的高效超级细磨磨机，在我国已有引进研发单位和应用，这预示着我国超细磨矿行业将快速发展。

4）分级设备。一段磨矿（粗粒、高浓度）分级平底旋流器取代锥形旋流器、螺旋分级机得到成功应用，有效提高了溢流产品细度、分级效率及球磨机产能。唐山陆凯公司 MVS 高频振动细筛也有很大进展，在性能上虽不如美国的德瑞克细筛，但在国内选矿厂应用也很多，主要是价廉、方便。

（2）浮选设备。

北京矿冶研究院自1997年 KYF–50～KYF–320系列大型充气机械搅拌式浮选机研制成功，得到了广泛推广应用。有力推动了我国矿山大型化、现代化的跨越式发展，实现了矿产资源尤其是低品位矿产资源的大规模高效开发。单槽容积320m³的 KYF–320浮选机在中国黄金集团乌奴格吐山铜钼矿二期选矿厂、中铁资源鹿鸣钼矿、中铝秘鲁 Toromoch 等项目推广应用，降低了矿山的投资及运行成本。该型号浮选机在国内使用量占90%左右，也批量出口国外。

（3）磁选和电选设备。

磁选是铁矿选矿主要方法，近些年，磁选设备研发与应用取得很大进展，从弱磁到强磁，从电磁到永磁，从干式到湿式，出现了多种机型的较高水平磁选设备。

1）弱磁选设备。对于磁铁矿类型不同，不同型号的永磁圆筒型弱、中磁选机仍然是粗粒预先抛尾、粗选、精选和扫选的主体设备；对于磁铁矿选矿厂尾矿和低品位页岩型微细粒磁铁矿资源的开发利用，目前除了筒式磁选机之外，还开发应用了尾矿回收机；对于磁铁矿弱磁选精矿开发了磁选柱、磁筛机（磁-重分选）、淘洗磁选机等精选设备。永磁筒式磁选机大型化显著。北方重工沈阳矿山机械分公司研制成功 ϕ1500mm×4500mm永磁筒式磁选机，在弓长岭选矿厂首次工业试验中即可采用1台取代3台CTB1232规格磁选机。北京矿冶研究总院也研制出同规格设备并进行了工业试验。沈阳隆基磁电设备有限公司研制出 ϕ1500mm×8000mm永磁筒式磁选机。山东华特磁电科技股份公司研制出 ϕ1800mm×5000mm大型永磁筒式磁选机，并应用于首钢塔东矿业公司处理低贫磁铁矿，在磨前湿式预选工艺段其处理量达350~450 t/h。目前，我国的大型永磁筒式磁选机技术和应用达到了国际先进水平。

2）强磁选设备。对于细粒级氧化铁矿的磁选仍以电磁强磁选设备为主，Slon立环脉动高梯度磁选机是目前国内外性能最好，应用最为广泛的设备。赣州金环磁设备公司研制了Slon-1500~Slon-4000系列型号的强磁选机。Slon-3000处理能力为250 t/h，Slon-4000处理能力为550 t/h。目前，已有近3000台应用于国内外各大氧化铁矿（在国内应用占90%以上，近百台出口到印度、秘鲁、巴西、澳大利亚等国）。

长沙矿冶研究院研制成功了ZH-3200组合式强磁选机，组合式强磁选机突破琼斯型强磁选机技术瓶颈，采用梯级梳理式磁系设计，磁场强度可达2.0T，从而强化了微细粒铁矿（-10μm粒级）的回收，提高了资源利用效率，促进了微细粒铁矿的高效利用。

成功研制了磁重复合力场弱磁铁矿预选设备——ZCLA重磁拉磁选机，并应用于钒钛磁铁矿的预选。

研制了工业型超导磁选机，如山东华特磁电科技股份有限公司、潍坊新力超导磁电科技有限公司与中国科学院高能物理研究所合作研制的双筒式超导磁选机，目前已在工业中应用。

3）电选设备在锆钛矿和海滨沙矿分离应用上取得了突破,是攀钢钒钛铁矿和硅酸盐脉石分选的关键设备。

（4）重选设备。

成功研制了多种微细粒重选设备。如昆明理工大学研制的悬振锥面选矿机,对（-37+19）μm粒级微细粒黑（白）钨矿、锡石、赤铁矿、金红石矿物具有良好的分选效果。今后重点是要突破现有设备单机处理能力。

（5）浓缩脱水设备。

成功研制了高压浓密与高压结合的高压浓密机。长沙矿冶研究院研制了HRC系列高压浓密机,HRC-60（φ60m）型高压浓密机用于歪头山铁矿马耳岭选矿车间尾矿浓密,底流浓度达到48.75%,溢流含固量仅为30mg/L。

膏体浓密机取得了突破。淮北矿机研制了φ25m膏体浓密机用于沙特AI Jalamid磷矿选矿厂,底流浓度达到47%,溢流含固量低于0.15‰。

压滤机在单块滤板过滤面积、隔膜压榨压力和设备大型化方面取得了长足的进展。北京中水长固液分离技术有限公司研制出单块滤板过滤面积达到10m^2,单台设备过滤面积可以达到600~1000m^2,单台350m^{2}快开压滤机过滤某铁矿尾矿日处理量达到1000 t。江苏新宏大集团研制出HDLY/III-144m^{2}立式全自动压滤机在山东信发华宇公司获得应用。

河北衡水海江压滤机集团有限公司生产了GPJ96型加压过滤机用于中国黄金集团内蒙古矿业公司铜精矿脱水,铜精矿粒度-0.045mm占90%以上,滤饼水分控制在8%以下。

陶瓷过滤机实现了陶瓷过滤板的国产化。江苏省宜兴非金属化工机械有限公司研究开发出新一代陶瓷过滤板,陶瓷板的耐压强度和耐腐蚀性能也大幅度提高,降低了过滤阻力,从而大大延长了陶瓷板的使用寿命。

5.选矿自动化

我国选矿自动控制技术研究始于20世纪50年代末60年代初。70年代,有少数选矿厂开始实施对球磨机给矿、分级机溢流浓度等回路的单参数、单回路控制。随着计算机技术的发展,到了80年代计算机应用技术开始应用于选矿厂的自动化控制,并出现了单板机、可编程控制器（PLC）组成的过程调节控制系统。到了90年代,随着国内自控技术的发展,并引进、消化、吸收国外自控技术,DCS系统（集散控制）开始应用于少数选矿厂,实现了选矿厂自动化的集中管理、分散控制。同时,90年代中后期一种新型结构的控制系统FCS（现场总线控制系统）开始出现。2000年后，尤其是随着黑色金属矿山黄金期的到来，我国选矿自动化技术得到突飞猛进的发展。选矿自动化系统基本是新建矿山的标配，自动化系统已经成为新建矿山初步设计和施工设计中不可缺少的重要章节之一。很多老旧选矿厂也不约而同地进行了选矿自动化系统的实施、完善或更新升级。国内部分大型矿山企业开始着手推进自动化和信息化的融合，使矿山生产管理的信息化、生产过程的自动化智能化数字化、装备水平的智能化有了较大幅度的提高。近几年，主要体现在生产规模的提升和设备大型化、自动化方面，因此选矿过程控制技术和控制目标也发生了变化。选矿过程控制可以分为工艺单元回路控制、设备单元控制和工艺优化控制三个层次。

选矿整个生产过程相当复杂，从原矿石破碎到最终的铁精矿产品输出需要经历相当长一段处理时间。控制过程也受多变量输入、大滞后、时变性和噪声扰动等多方面因素影响。根据铁矿选矿工艺的物理分布及控制需求，将铁矿选矿自动控制分为破碎筛分、磨矿分级、选别、浓缩脱水、尾矿输送、三水平衡和相关的辅助设施控制七大部分。由于尾矿输送、三水平衡和相关的辅助设施的控制属于基础自动化控制类别，控制技术和检测手段均非常成熟，在此不做赘述。我国铁矿山选矿生产过程自动控制现状及取得成绩如下：

（1）破碎筛分自动控制。

破碎筛分部分的生产过程相对简单但其具有生产流程长、设备的物理布置分散、环境粉尘大、设备管理难、劳动强度大等特点，故破碎筛分部分的自动控制焦点集中在保证流程生产顺畅、设备安全防护、缩短流程的启停时间、降低劳动强度和能耗上，并最终达到提高破碎效率、实现多碎少磨的目的。相较于铁矿磨选流程的自动控制，针对目前国内常规的三段一闭路破碎筛分过程自动化控制技术、高压辊磨控制技术和相应的检测仪表技术发展相对成熟和稳定。目前破碎筛分自动化已具备生产设备的一键启停功能、连锁保护功能、设备故障和过载预警功能（比如皮带的跑偏、打滑、撕裂防护，压筛预警，破碎机过铁预警、破碎机的润滑系统检测预警等）、破碎机的给矿稳定控制功能、筛子的振动频率控制功能等。在设备控制上主要围绕破碎机的挤满给矿控制为核心，其控制手段主要是破碎机的恒功率控制、根据圆锥破机功率及负荷优化调整破机排矿口尺寸等。在优化控制方面主要是针对粗中细破碎机及矿仓间负荷平衡分析与控制、最终破碎粒度的优化控制和碎磨综合平衡控制等。

高压辊磨的控制主要包括与配套工艺设施的连锁启停、高压辊磨机的保护控制

(过铁、润滑系统检测)、给料量控制(确保高压辊磨机的给料均匀、稳定,防止大料流对辊面的冲击)、处理量调节控制和破碎粒度控制等。

破碎部分使用的检测仪表主要是针对矿仓的料位检测、皮带机的跑偏、打滑和防撕裂检测、皮带秤等。目前料位检测技术主要分为雷达、超声波、激光等,无论是国内还是国外的产品性能均可满足控制要求。皮带的跑偏、打滑、速度及过载检测仪表性能稳定成熟,但对皮带的撕裂预警和自校正技术需要进一步完善。皮带秤根据其测量原理可分为核子秤、电子秤等,其性能均能满足控制要求,但电子秤在使用时需要注意大块矿石冲击的影响。

(2)磨矿分级自动控制。

磨矿过程是铁矿选矿过程中最重要的环节之一,同时也是整个选矿过程中耗能最多的环节(占整个选厂能耗的40%~50%)。其目的是使矿石中有用成分与脉石达到充分的单体解离,为下一选矿工序提供合格的物料。对磨矿分级过程控制的好坏直接关系到选矿工艺指标、能源消耗和生产成本,同时关系到选矿生产的处理量和产品质量。国内常规的磨矿工艺传统控制(工艺单元回路控制)、工艺优化控制、设备单元控制和控制中常用的仪表的科学现状及取得的成绩如下:

1)工艺单元回路控制及工艺优化控制。磨矿控制策略分传统控制策略和现代控制策略,传统的控制策略包括PID控制策略、解耦控制策略和Smith控制策略等,现代控制策略包括Fuzzy+PID、MPC(预测模型控制策略)、专家系统、神经网络和智能控制等。球磨机台时量、磨矿浓度、溢流浓度和溢流粒度是磨矿分级系统中关键的技术指标。目前磨矿分级的传统控制策略也是以这四个关键点作为切入点进行控制。除流程设备的连锁启停、保护等控制功能外,已实现传统磨矿单回路控制的有粉矿仓自动布料控制、球磨给矿量稳定控制(恒定给矿和变量给矿)、磨矿浓度比例给水控制、旋流器泵池稳定控制、旋流器给矿压力与浓度控制、旋流器(分级机)溢流浓度和细度控制等,这些传统单回路控制基本都是基于PID算法控制。当球磨给料性质相对稳定时,实现上述单回路的稳定控制即可得到较好的磨矿分级指标。但是我国绝大部分铁矿山的矿石性质复杂、变化快,而且选矿厂缺少堆取料场和配矿,造成球磨入磨的矿石性质变化较快,这给磨矿分级控制过程带来一定的难度。但也给球磨分级的优化控制提供了发展空间。目前国内使用的新型优化控制策略有采用二维模糊控制器对磨矿给矿量设定值进行模糊控制、采用模糊控制自调整PID法控制磨机给矿量和面向多任务分解的磨矿控制系统等。近几年,我国磨矿分级整体控制技术得到较大幅度的提高，但总体上还是停留在基于传统控制策略的单回路基础自动化控制阶段。虽然有部分学者将现代控制测量应用于磨矿分级过程控制并达到相应的效果，但还缺少成熟的、得到国外认可的磨矿过程智能控制手段。

2）备单元控制。在众多选矿设备中，磨机的运行成本高、能耗大，其运行状态和效率的控制一直是实现磨矿过程优化节能控制的关键。如果能够及时有效地掌握磨机内的物料装载量和磨机衬板磨损程度等就能够及时调整磨机作业过程，从而达到最佳处理量、提高效率和磨机作业率等目的。磨机设备单元优化控制的主要方法有电耳（磨机频谱分析仪）声响检测法和基于振动测量的磨机负荷监测法等。电耳声响检测法是根据磨机工作时产生的声响来判断磨机内部的物料装载量。基于振动测量的磨机负荷监测法是通过检测磨机在生产过程中筒壁所产生的振动信号来判断磨机的装载量和运行状态。

3）磨矿分级过程控制中所涉及的在线检测仪表。在线检测分析仪表是获取生产过程知识和信息的必要工具。对于选矿过程来说，矿石性质的不确定性、不可控、复杂性和多变性对生产过程的平衡和稳定造成破坏。因此，选矿过程关键工艺参数的在线检测分析仪表就显得非常重要，同时也是选矿过程优化控制、建模等技术有效性的决定因素。选矿过程在线检测分析仪表按照其用途可分为设备运行状态在线检测仪表和工艺过程参数在线检测仪表二类。磨矿分级过程中设备运行状态检测仪表主要包括电流变送器、电子（核子）称、电磁流量计、料（液位）位计、压力变送器等。国内的设备状态在线检测仪表较为成熟。磨矿分级工艺过程参数在线检测仪表主要包括在线浓度检测仪、在线品位分析仪（矿石品位和矿浆）、在线粒度仪（矿石粒度和矿浆粒度）等。目前该类仪表在国内均有成功应用，但存在很多问题。

（3）选别过程控制。

目前国内铁矿山选别技术主要分磁选、重选和反浮选等。磁选和重选工艺相对简单，浮选是实现有价金属富集、回收和提质降杂的作业过程。目前，反浮选自动控制主要包括浮选槽液位稳定控制、浮选加药控制和浮选机充气量控制等。辅助控制过程有浮选的设备一键启停和设备的安全保护等功能。目前，浮选过程检测仪表（液位计、气体流量计等）技术相对成熟可靠并在国内矿山大量应用。

对浮选柱的稳定控制主要包括矿浆入料量控制、矿浆液位稳定控制和偏流控制三个方面，但控制的关键还是浮选柱的液位稳定。在液位稳定控制的基础上，保证浮选柱运行在最佳分选状态，并尽可能地节约能耗和药剂消耗。

（4）浓缩脱水过程控制。

浓缩脱水是介质脱水回水和水资源的回收再利用过程。目前国内对浓缩脱水的控制已实现给料流量、底流浓度、底流流量和底流泵的稳定和优化控制，并在此基础上实现了浓密机、陶瓷过滤机、压滤机等主要设备的运行状态检测与控制、连锁保护等功能。

6. 资源综合利用

铁矿资源综合利用一般认为，在一定经济技术条件下，通过科学的选冶工艺，最大限度地综合开发利用共（伴）生、低品位和难利用资源；综合回收或有效利用采选冶过程中产出的废弃物，包括废石（渣）、尾矿等。

近年来，铁矿行业全面贯彻节约优先战略，按照"综合勘查，综合评价，综合开采，综合利用"的方针，加强低品位铁矿资源、共（伴）生资源综合利用，矿山固体废弃物等方面利用，提高资源开采回采率、选矿回收率和综合利用率，减少资源浪费、矿山废弃物排放和固体废弃物堆存占地，促进铁矿转型升级和生态文明建设，铁矿资源节约和综合高效利用工作成效显著。

（1）低品位矿和难利用矿综合利用产业化应用取得了长足进展。

近年来，新设备、新材料、新药剂、新工艺不断涌现并得到应用，矿山企业通过开展低品位表外矿的技术研究，低品位矿得到有效回收利用，盘活了大批资源，提高了资源利用效率。

马钢集团南山矿业有限责任公司高村铁矿原矿铁品位为20.37%、磁性铁品位15.79%，为极贫铁矿石，通过超细碎作业采用高压辊磨机，辊压产品粗细分级、分别抛废后，可获铁品位35.62%、铁回收率79.53%、磁性铁回收率93.48%的粗精矿，入选铁品位在原有基础上提高了15.25个百分点，预先抛除开采过程中混入的围岩、脉石和品位极低的贫磁铁矿石，使铁品位较低的极贫磁铁矿资源得以利用，实现了"多碎少磨、节能降耗"的选矿理念，解决了极贫磁铁矿加工成本高、尾矿量大的难题，是极贫铁矿石选矿技术的重大突破之一。

鞍钢集团矿业公司针对鞍山式极贫赤铁矿品位低（TFe＜20%）、结晶粒度微细、矿物组成复杂的特点，建立了以磁介质特征参数优化为目标的梯级感应磁场调控机制，形成了基于物料粒度特征与分选空间和介质体系几何参数相适应的粗粒湿式强磁预选新技术，建成了450万吨/年的极贫赤铁矿资源化利用示范工程，获得了合格铁精矿和建筑用砂，实现了过去作为废石排弃的极贫赤铁矿资源化利用。

据中国冶金矿山企业协会统计数据显示，近年来，通过低品位矿利用、难采残留矿回收、难选冶矿技术攻关，盘活铁矿资源100亿吨以上，其中低品位矿75亿吨、残留矿10亿吨、难选冶矿15亿吨。

（2）共（伴）生资源综合回收取得较好的经济效益。

目前，我国从开采的铁矿石中综合回收利用的组分已多达27种以上，其中可选出单独精矿的有铁、铜、硫（钴）、锌、钒、钛、硼、稀土、重晶石、萤石和磷灰石等12种，呈分散状态在冶炼中回收的有Au、Ag、Co、Ni、Se、Te、Sc、Ge、Ga、Bi、Cd、Nb、Ta、La、Nd 15种元素。特别是钒钛磁铁矿、铁稀土多金属矿、硼铁矿等的综合回收利用技术取得新突破。近年来，通过攀枝花、白云鄂博、丹东硼铁矿矿产资源综合利用示范基地建设，回收了大量钒、钛、稀土等稀有金属及硼矿物，对推进全国矿产资源综合利用工作起到了很好的示范作用。河北承德等地矿山对矿石中富含的有益元素进行了综合回收利用，给企业带来巨大的经济效益。

（3）矿山废石和尾矿综合利用成效显著。

据《中国资源综合利用年度报告》数据显示，2007—2015年，铁尾矿排放总量超过60亿吨，铁尾矿排放占全国尾矿排放总量的51%。目前，我国铁矿尾矿再利用主要有四种途径：一是作为二次资源再选；二是用于制作高标号水泥基免烧砖等建材；三是用作矿山充填材料；四是用作土壤改良剂及微量元素肥料或利用铁尾矿复垦植被。其中，矿山空场充填是尾矿利用的主要方式，占尾矿利用总量的53%。

东北大学与鞍钢集团矿业公司等单位联合，创造性地提出"预富集－悬浮磁化焙烧－磁选"尾矿回收新技术。该项目主要针对赤铁矿尾矿进行处理，采用悬浮磁化焙烧工艺，使尾矿中弱磁性的赤褐铁矿石、菱铁矿石转化为磁性铁矿物，再通过细磨磁选工艺回收利用。该技术完成了扩大试验，取得了较好的技术指标。

近些年，尾矿矿山空场充填、制作建材、用作土壤改良与复垦植被等成效明显，尾矿利用率逐年提高。

三、与国外水平对比

1. 选矿理论

我国选矿工程基础理论和方法研究与国际先进水平相比，还存在一定的差距。造成这种状况除了历史性的原因外，与我国选矿工程技术研究中存在的问题不无关系：

（1）矿物加工学科与物理、化学、生物学、信息等学科的交叉融合不够深入。

（2）分析测试仪器和实验装置总体水平低，引进的先进设备利用效率低。

（3）针对特定学科方向，持续开展基础研究、稳定的学术团队较少。

（4）基础研究经费不足，缺乏后劲。

为使我国选矿理论赶上并超过国际先进水平，我们需要以超前的科学思想为指导，采取跨越式发展战略，广泛吸收基础科学与相关学科的知识与技术，促进学科交叉，强调以实现工程与技术变革和重大进步为目标，坚持创新，大力培养人才，推进国际交流与合作，稳步支持学科基地建设，设定相关的重点支持方向与重点支持项目。

2. 选矿工艺

由于国外铁矿资源多为富矿，因此较少对复杂难选铁矿资源进行开发利用及研究，早期（20世纪五六十年代）美国曾利用过磁性铁燧岩及蒂尔登微细粒铁矿石，后者为氧化铁矿石，磨矿细度需达到-500目占95%以上，采用絮凝脱泥-阳离子反浮选方法，将铁精矿品位提高到65%以上，回收率达到70%。国外对复合氧化铁矿石、菱铁矿等复杂难选铁矿石虽有开发利用，但效果均不理想。苏联、保加利亚、法国曾用洗矿-重选-磁选、焙烧磁选-重选等方法处理过鲕状褐铁矿和菱铁矿，但精矿品位普遍较低，市场竞争力不强，目前都已停产。

我国铁矿石具有"贫、细、杂、散"的特点，一系列高效精选设备在选矿厂得到应用，一些选矿新工艺和技术达到了国际先进或领先水平。近年来研制并在生产上应用成功的铁矿石选矿新工艺具有代表性的有：

（1）本钢南芬选矿厂的原生磁铁矿铁品位28.84%，按弱磁选-细筛-磁选柱方案分选，铁精矿品位69.87%，SiO_2含量3.65%，铁回收率81.47。而美国伊里原生磁铁矿曾用弱磁选-细筛方案分选，铁精矿品位64.9%，SiO_2含量7.6%，硅含量比较高。假如南芬铁矿选矿不用磁选柱，也只是弱磁选-细筛方案，也只能得到铁精矿品位67.5%，SiO_2含量6.5%，主要是SiO_2含量降不下来，这主要是我国独自研制的磁选柱具有重力和磁力耦合产生的合力分选作用所致。

（2）鞍钢齐大山粗细粒嵌布不均匀的磁铁矿和赤铁矿混合铁矿石，采用阶段磨矿-粗细分级-粗粒重选-弱磁强磁-反浮选工艺，原矿含铁31%，铁精矿品位65.5%，SiO_2 5%，铁回收率76%。这个技术指标在国外同类铁矿石选矿是得不到的，因为流程中重选作业可以首先将粗粒铁矿物磁铁矿和赤铁矿直接回收，细粒磁铁矿和赤铁矿经反浮选回收。所以该铁矿石组成虽然很复杂，然而用此组合流程可以实现既节能，铁精矿品位又高，SiO_2 含量低，铁回收率又高的一个多段联合工艺的目的，是鞍钢选矿职工多年经验创新的最佳工艺。

（3）阴离子反浮选工艺，分段向矿浆中加入调整剂、活化剂和阴离子捕收剂对莱钢鲁南选厂含铁63%，SiO_2 11.65%的磁选铁精矿反浮选后，浮选铁精矿含铁提升到67.22%，SiO_2 含量降低至5.25%，反浮选作业回收率为97.00%；对太钢尖山含铁65.92%、SiO_2 8.50%的磁选铁精矿反浮选后，浮选铁精矿铁品位提升到69.10%，SiO_2 降低至3.80%，反浮选作业回收率88.02%。阴离子反浮选后降 SiO_2 效果十分明显。阴离子反浮选工艺及阴离子捕收剂均是根据中国铁矿石的性质自主研制、自主开发出来的。

（4）褐铁矿、菱铁矿的选矿是世界选矿难题，由于这两类矿石在中国储量及与其共生的混合矿有100多亿吨，占中国资源量的20%，经过长期研究研制开发出了闪速（流态化）磁化焙烧－弱磁选工艺，磁化焙烧时使这两种无磁性的铁矿物快速反应变成磁铁矿，磁铁矿在弱磁选时很容易选矿回收为铁精矿。对原矿含铁32.5%的菱褐铁混合矿，取得铁精矿含铁57.5%，铁回收率90.24%的先进技术指标。该工艺创新性强、技术指标高，现在已建厂生产，而国外目前对这两种铁矿石还没有办法选矿利用。

针对鞍山式含碳酸盐铁矿石，提出了"分步浮选"新技术，工业生产获得了综合精矿铁品位63.37%，回收率62.95%的技术指标，且流程结构合理、药剂控制简单、运行稳定可靠，标志着含碳酸盐铁矿石的资源化利用取得历史性突破。

3. 选矿药剂

巴西、澳大利亚等南半球国家的铁矿石成矿条件优越，脉石矿物基本为石英，铁矿浮选一般采用胺类阳离子反浮选工艺。而我国铁矿石用胺类阳离子捕收剂效果不好，技术指标低，而且泡沫黏度大。根据我国铁矿石矿物成分研制的铁矿石反浮选工艺、反浮选药剂是脂肪酸多基团阴离子捕收剂，适应性强，泡沫脆，好操作。现在研制出多种型号，主要有 RA、CY、GK、MZ、MH 等。多种系列阴离子捕收剂以适应不同地区，不同类型的铁矿石。

4. 选矿设备

与国外先进水平相比，我国选矿设备与发达国家的差距虽然在缩小，但差距仍然比较明显：一是仿制的多，自主研发的原创设备少；二是可靠性偏低；三是设备整机性能差；四是规格小。特别是大型破碎设备，大型超细磨矿设备，国内骨干选矿厂中细碎用的圆锥破碎机大多选用国外设备。

（1）破碎筛分设备。

1）旋回破碎机：我国北方重工 PXZ1623 旋回破碎机装机功率 620kW，处理能力 3050~3350 t/h，中信重工设计制造的 PXZ-152/287 旋回破碎机装机功率 1200kW，处理能力 8000 t/h。芬兰美卓公司 Superior MK-II 旋回破碎机占国际市场 70% 以上份额，最新改进型号 60-110E 装机功率 1200kW，给料口尺寸为 1525mm，生产能力 5535~8890 t/h；瑞典山特维克公司 CG880 的装机功率为 1100kW，给料口尺寸为 1650mm×4410mm，生产能力 4810~9750 t/h；德国蒂森克虏伯（ThyssenKrupp）公司国际上最大的旋回破碎机 KB63×114，处理能力 10000 t/h，目前有 3 台该型号的设备在矿山应用。国内设备处理能力及关键部件使用寿命有很大提升空间。

2）圆锥破碎机：我国北京凯特 GYP-1500 型惯性圆锥破碎机装机功率 315kW，处理能力 180~300 t/h，一段开路破碎 P80 产品粒度可达 −12mm。瑞典山特维克公司研制了 CH 型世界上最大单液压缸圆锥破碎机 CH890，装机功率 750kW，最大给矿粒度为 370mm，最大处理能力 2595 t/h，用于二段破碎。CH895 的最大给矿粒度为 120mm，最大处理能力可达到 1170 t/h，装机功率 750kW，用于三段破碎。芬兰美卓（Metso）公司 HP890 多液压缸圆锥破碎机，装机功率 630kW，最大处理能力 1200 t/h。与国外圆锥破碎机相比，国内设备生产效率低，在相同装机功率、同等生产条件下，CH 型圆锥破碎机的生产能力比 PY 型高 30% 以上。

3）高压辊磨机：我国四川成都利君公司 ϕ2400mm×1600mm 型高压辊磨机最大装机功率 7200kW，最大处理能力 2200 t/h。德国 KruppPolysius 公司研制了世界上最大的高压辊磨机，其规格为 ϕ2400mm×1650mm，驱动功率 2×2500kW，已在秘鲁的 Cerro Verde 铜钼选矿厂得到应用，生产能力达到 2900 t/h。

（2）磨矿分级设备。

1）常规磨矿设备：大型自磨机/半自磨机、球磨机等高端磨矿装备方面，国内先进水平与国外先进水平相当。

我国最大的自磨机/半自磨机型号 ϕ12.19m×10.97m，单机安装功率 28MW；芬兰美卓公司（Metso）研制了当前世界最大的短筒型半自磨机 ϕ12.8m×7.6 m，装机功率 28MW，单台设备生产能力 100000 t/h。国内最大溢流型球磨机 ϕ7.93m×13.6m，单机安装功率 7.8MW×2 或单机安装功率 8.5MW×2；国外，最大球磨机为 F. L. Smidth 公司制造的 ϕ8.23m×13.1m，安装功率 18650kW，用于中铝秘鲁特罗莫克铜矿项目。

2）细磨设备：我国工业应用的立磨机最大型号 600kW，研制的立磨机最大型号

1000kW，尚未实现工业应用。美卓矿业的 VTM-1500（1120kW）、日本爱立许公司的 ETM-1500（1119kW）已经实现广泛的推广应用。

我国海王旋流器最大规格750mm，分级效率60%，但细粒分级需采用小直径旋流器，且粒度低于 −38μm 分级效率偏低；F.L.Smidth公司的 Krebs gMAX 旋流器可采用大直径旋流器进行细粒矿物分级，且分级效率高。

（3）浮选设备。

1）机械搅拌式浮选机：我国北京矿冶研究总院成功研制国内最大的 KYF-560 型浮选机，单槽容积560m³，已工业应用处理量最大的是 KYF-320 型浮选机，单槽容积320m³，该机型可进行液位、气量自动控制。F.L.Smidth公司研制了600Series SuperCell，单槽容积600~660m³，并于2015年安装于 KGHM 公司位于美国内华达州的罗宾孙铜钼矿，可以实现液位、泡沫的自动监控；Outotec公司的单槽容积500 m³ 的 TankCell® 在芬兰应用于芬兰凯维萨 Cu-Ni-PGM 矿精选作业，该机能耗低，只有0.4 kW/m³，且精选效率高。

2）细粒浮选柱：我国旋流 - 静态微泡浮选柱最大直径4500mm，有效容积为101.7m³，单机匹配的配套选厂处理能力50万吨/年，缺点为气泡发生器口径小，易堵塞；微泡逆流浮选柱，由中际山河科技有限公司和北京矿冶研究总院制造，最大直径5m，实现了充气量，冲洗水的集成自动控制。澳大利亚詹姆森浮选技术公司的 Jameson 短柱浮选机，同样处理量下，直径可缩小1/4，目前工业应用的最大型号为 B6000/20 用于选煤，矿浆通过能力达4000m³/h；德国洪堡研究院研制的 Penuauto cell 气动浮选机，最大规格6000mm×6000mm，矿浆通过能力 600~1000m³/h；ERIEZ 浮选分公司的 EFD 系列浮选柱（收购加拿大的 CPT），为逆流矿化浮选柱的升级换代产品，利用压缩空气和空化管产生空化气泡，更适合微细粒浮选。目前最大型号 4.5m×12m。

（4）磁选设备。

1）强磁选机：我国赣州金环开发的 SLON-1000、SLON-1250、SLON-1500、SLON-1750、SLON-2000、SLON-2500、SLON-3000、SLON-4000 立环脉动高梯度磁选机系列化都有生产产品，其中 SLON-4000 立环高梯度磁选机，处理能力350~550 t/h，国内外性能最好，已有近3000台应用于国内外各大氧化铁矿（该机在国内应用占比90%左右），近百台出口到印度、秘鲁、巴西、澳大利亚等国。

2）磁选柱：已在本钢南芬选矿厂应用，在全磁工艺中能提高铁精矿品位，降

低 SiO_2 含量（无需用反浮选脱硅，以免对环境的污染，国外脱硅都需要用反浮选技术）。

3）淘洗磁选机：已在山东华联铁选厂应用，能有效提高铁精矿品位，有效降低硅含量（无需用反浮选脱硅，以免对环境的污染）。

4）长沙矿冶研究院研制的 ZH-3200（琼斯型），单机处理能力 75~120 t/h，磁场强度 2.0T，在广西铝厂能从赤泥中回收细粒赤铁矿（小于 $10\mu m$）。

（5）重选设备。

加拿大的 Falcon concentration 生产的 Falcon SB 系列选矿机离心力 200g，对细粒金（$-20\mu m$）具有良好的回收效果，处理能力可达 400 t/h；尼尔森选矿机基本结构与原理与 Falcon 选矿机相类似，虽然离心力较小，最大离心力为 60g，难以回收微细粒级矿物，但其回收区较大，处理量可达 1000 t/h 矿物。

我国处理能力最大的 SLon-2800 型离心选矿机处理量为 4.0~4.5 t/h；悬振锥面选矿机，单台设备处理量 0.9 t/h，可以实现 $-37\mu m$ 矿物的分选。

（6）浓缩脱水设备。

1）高压浓密机：我国高压浓密机 HRC-60 型浓密机，直径 60m，底流浓度 48.75%，溢流含固量 30mg/L。国外 Outotec 研制的 $\phi 50m$ 高效浓密机，在峨口铁矿选矿厂尾矿水循环系统应用，沉降速率 0.35-1.5 $t/m^2 \cdot h$，处理能力高，处理能力是原来浓密机的 3 倍。

2）膏体浓密机：我国膏体浓密机最大直径 25m，底流浓度 47%，溢流含固量低于 0.15‰。Outotec 根据在中国的设计使用经验，研制了世界上最大的 $\phi 45m$ 膏体浓密机用于智利某铜矿（100kt/d）的尾矿浓缩，底流浓度 65%~75%，设计扭矩 14.5×106 Nm。

3）压滤机：我国压滤机单板过滤面积最大 $10m^2$，单台设备过滤面积 600~1000m^2。Outotec Larox 研发的世界上最大的立式压滤机 PF180 在芬兰拉普拉塔工厂问世，单块滤板面积达 $9m^2$，最多可装配 28 块滤腔厚度为 60mm 滤板，最大过滤面积可达 $252m^2$；Outotec Larox 开发的卧式 FFP 3512 型快开隔膜压滤机，最大过滤面积达 $991m^2$。

5. 选矿自动化

随着改革开放的不断深入及全球经济一体化的到来，我国选矿自动化水平得到了快速提高，也取得了非凡的成绩，但与发达国家先进自动化水平相比还相差甚远，主要表现在：

（1）检测分析技术落后。

随着电子技术、控制技术及计算机等技术的发展，我国检测分析技术进步较快，但与国外先进技术相比还较为落后。不仅体现在对选矿生产过程的单一工艺参数检测方面，同时也表现在对设备的运行信息、生产异常或者故障状态的预估和分析方面。

（2）控制理论和控制方法落后。

控制理论的进步与发展需要积累大量的原始数据来支持，而我国选矿自动化发展起步相对较晚，同时在前期的发展过程中也忽略了原始数据的积累、存储与分析。而国外选矿自动化技术的发展得益于生产过程数据的大量积累，以及在此基础上对生产过程和生产设备的建模、生产运行规律知识的发掘。

（3）数学建模能力及仿真工作落后。

选矿工艺指标追求的是统计规律上的稳定和提升，而且我国每座矿山选矿厂的矿石性质都有着自己的独特性。因此，选矿生产的历史数据蕴含了大量丰富的矿物性质和流程信息，亟待挖掘其中蕴含的规律和知识，并在此基础上建立预测模型及用仿真工具去验证。国外的优化控制技术和方法均体现在对历史数据的学习能力和对未来过程的建模与仿真预测能力上，而此正是我国所欠缺与不及的。

（4）智能优化控制软件开发能力落后。

磨矿分级自动控制系统具有非线性、大滞后、时变性和随机噪声干扰等特点，近几年国内先后自主开发了一些优化智能控制技术，并将这些智能控制软件应用于磨矿过程。虽然利用这些智能优化控制软件提高了磨矿处理能力和稳定提高了分级质量，但总体水平较国外先进智能控制技术差距较大，也尚未有得到国内外同行业认可的磨矿过程智能控制软件出现。

6. 资源综合利用

与世界发达国家相比，我国铁矿资源在综合开发利用共（伴）生、低品位和难利用矿方面取得的成绩显著，如攀枝花、白云鄂博两大铁矿综合利用基地，回收了大量钒、钛、稀土等稀有金属，微细粒铁矿、菱褐铁矿、低品位铁矿等难利用铁矿均得到了开发利用，技术水平达到了国际先进水平。但我国铁矿产量大、品位低，每年铁尾矿的排放量巨大，利用率很低，不到10%。其大量堆场对生态环境和生产安全具有潜在的威胁。国外发达国家对环境保护要求更为严格，对尾矿库的复垦工作十分重视，如德国、俄罗斯、美国、加拿大、澳大利亚等国家的矿山土地复垦率都已达80%以上，我国与发达国家相比，差距很大。

第三节　本学科未来发展方向

在一定经济技术条件下，通过本学科基础理论研究及科学的选冶工艺，先进的选矿装备、药剂，加上智能化的控制及信息化，最大限度地综合开发利用共（伴）生、低品位和难利用资源，综合回收或有效利用选冶过程中产出的废弃物，是铁矿选矿学科的发展方向。

1. 选矿基础理论

（1）有关基因矿物加工的基础性科学问题。

（2）复杂难选铁矿预处理及其对物质分离影响规律。

（3）基于高效化学及物理作用的选矿工程技术的基础性科学问题。

（4）新型绿色选矿药剂的分子设计及其选矿性能的基础性科学问题。

（5）基于数值模拟与仿真的选矿工程技术的基础性科学问题。

2. 选矿工艺

（1）高效、绿色、清洁选矿工艺技术的研究与应用。

（2）信息智能化选矿工艺技术研究与应用。

（3）选矿工艺与大型化、高效化、节能化、智能化设备技术研究与应用。

（4）选矿厂智慧化生产研究与应用。

3. 选矿药剂

（1）阳离子捕收剂的研发与应用。

（2）反浮选选矿药剂复合化研究与应用。

（3）螯合捕收剂的研究与应用。

（4）反浮选低温阴离子捕收剂的研究与应用。

（5）新型抗泥化能力强、环保、易降解的绿色捕收剂研究与应用。

4. 选矿设备

（1）设备的大型化和智能化。破碎机、自磨机/半自磨机、球磨机、立磨机、浮选机、淘洗磁选机、细泥重选装备的大型化；浮选柱、超导磁选机、高梯度磁选机的智能化。

（2）分选场的复合多元化强化分选。磁/重复合力场的磁选设备；磁/浮、磁/重复合力场的浮选设备；离心力场、重力场、剪力场多元复合力场的重选设备。

（3）高耗装备的节能优化。大型自磨机、半自磨机衬板、介质系统优化。

5. 选矿自动化

（1）适应我国铁矿工艺流程特点的检测分析技术与仪表的研发。

（2）选矿过程工艺参数大数据平台的建立。

（3）与新型选矿工艺和选矿设备的结合。

（4）大型关键设备故障诊断技术研究。

（5）智能优化控制软件的开发。

（6）智慧选矿厂的建设。

（7）数字化矿山建设。

6. 资源综合利用

（1）采选联合工艺综合利用低品位铁矿。

（2）高效利用多金属共生铁矿。

（3）高效利用复杂难处理铁矿。

（4）铁尾矿建材的低成本、高值利用。

（5）铁尾矿低成本充填。

（6）铁尾矿农用复垦和用于生态环境治理。

第四节　学科发展目标和规划

通过研究和推广应用选矿新工艺、高效设备、环保药剂等新技术和设备，并加强技术集成和产业化示范，使矿山企业成为资源节约、环境友好、可持续发展的绿色制造业；选冶一体化，选矿设备高效化、大型化、节能化、智能化，选矿厂管理自动化、信息化；成为资源综合利用水平高、经济效益好、具有较强国际核心竞争力的现代化产业。

一、中短期（到2025年）发展目标和规划

1. 中短期（到2025年）内学科发展主要目标和方向

（1）质量指标：磁铁矿与氧化矿精矿品位均达到65%以上，SiO_2 5%以下。原生磁铁矿磁性铁回收率不低于98%，氧化矿回收率达到75%~85%。

（2）能耗指标：入磨前破碎产品（-12mm）能耗低于2.5~5kW·h/t，入磨前破碎产品（-3mm）能耗低于5~8kW·h/t；一段磨矿产品-200目占60%左右时能耗降

低至 5 kW·h/t，二段磨矿产品 –200 目占 85%~90% 时能耗低于 10 kW·h/t，三段磨矿产品 –325 目占 85%~95% 时能耗降低至 15 kW·h/t。

（3）尾矿综合利用率不低于 25%。

（4）选矿厂废水综合利用率不低于 85%。

（5）加强多金属矿综合回收，如包头白云鄂博矿、攀枝花钒钛磁铁矿。

2. 中短期（到2025年）内主要存在问题与难点

（1）选矿基础理论。基于矿石破裂与损伤模拟的破碎理论缺乏系统的研究，矿石破裂的三维体视化研究方面明显落后于美国、澳大利亚等国；在预选基础研究方面国内所做工作尚少，特别是关于依据矿石何种特性开展预选效果最佳，国内研究更少；大型高效破碎机破碎腔形优化方面进展不大；大型搅拌磨机磨矿过程的模拟与放大方面尚需进一步加强。在重选理论方面，一直没有出现新的突破，应该发展和完善基于重力场、磁场等多力场复合作用下的选矿基础理论。在浮选理论研究方面，关于气泡与微细粒矿物之间的作用力、氧化矿表面与药剂的作用机理、浮选药剂的分子设计与组装及合成定向作用强、选择性好、绿色的浮选药剂方面需进一步加强。

（2）选矿工艺。工艺流程复杂，资源利用率低。结合我国铁矿资源的特点研究开发的选矿工艺流程较复杂、选厂大多规模小、效率低、资源利用率不高，生产成本高，各项技术经济指标与矿业发达国家相比缺乏竞争力；菱、褐铁矿等复杂难选铁矿资源开发利用率较低，虽然近些年研发的焙烧磁选技术已经应用，但与磁铁矿、赤铁矿相比，其生产成本相对较高，与国外优质资源相比更是没有竞争优势；矿山工艺、装备系统配套性差、效率低。国外"三大"矿业巨头应用互联网技术，实现了矿山装备互连、信息互通、资源共享、高效集成，达到采选生产过程全自动检测与控制，国内铁矿企业与之相比差距明显；矿山安全与生态环境治理技术创新不足。矿产资源的深度开发容易引发泥石流等地质灾害，对矿山安全生产形势构成严重威胁，废水、尾矿带来的环境问题日益突显，但我国在这方面的技术创新与成果应用严重不足。

（3）选矿药剂。新型高效环保药剂研制与应用需进一步加强，如阳离子捕收剂、抗泥化能力强的捕收剂、反浮选螯合捕收剂、反浮选低温捕收剂、新型环保易降解的绿色捕收剂、具有矿物表面清洗功能的选矿药剂、反浮选选矿药剂复合化研究与应用等。

（4）选矿设备。预选设备、细粒/微细粒处理设备尚处于起步或发展阶段；破碎筛分设备制造业从仿制、自行研制发展到今天的提高阶段，引进国外先进技术后基本处于消化吸收阶段，缺乏自主品牌产品；磨矿设备方面，立磨机需进一步实现大型化及自主化，目前国内已应用的大型立磨机均为国外进口产品，由于缺乏相应的技术服务，立磨机的优势未能充分发挥，自主化大型立磨机尚未实现系列化研制及推广应用；分级设备方面，我国部分选矿厂仍在沿用分级效率低的螺旋分级机，一些中小型选矿厂虽然采用了水粒旋流器进行分级，但由于结构及操作参数不合理、没有实施自动控制，致使分级效率，特别是细粒分级效率偏低，不足40%；浮选设备方面，大型/超大型浮选机在自动监测及控制方面有待提高，细粒矿物浮选柱的效率与结构有待进一步提高；逆流矿化浮选柱矿化效率低，回收率低于机械搅拌浮选机，旋流-静态微泡浮选柱射流发泡器易堵塞且导致生产效率低，气泡发生器使用寿命低；磁选设备方面，组合式强磁选机虽然能强化微细粒矿物的回收，且应用效果良好，但单台设备处理量仍然偏低，需进一步大型化，SLon型立环脉动高梯度磁选机对细粒级弱磁性矿物分离效率偏低，超导磁选机是间断给矿，不能连续给矿，介质冲洗不干净、分选指标不稳定等问题；重选设备方面，流膜型及跳汰型重选设备发展停滞，多年未有重大技术革新；离心型细泥重选设备研制进展缓慢，国内处理能力最大SLon-2800型离心选矿机处理量为4.0~4.5 t/h，悬振锥面选矿机尚处于起步阶段，单台设备处理量不到1 t/h，且尚需进行更深入的设备完善及矿物可选性研究。

（5）选矿自动化。随着全球经济一体化的发展，我国自动化控制的硬件水平已完全达到了国际先进水平，但是我国选矿自动化控制系统的应用状况差强人意，主要表现在：选矿关键过程参数和过程信息的检测分析仪表落后、控制系统建设重硬件轻软件、控制系统重建设轻维护、缺乏复合型专业人才及稳定的研发平台。

（6）资源综合利用。我国铁矿资源在综合开发利用共（伴）生、低品位和难利用资源方面取得显著成绩，但在尾矿利用方面存在较大问题，主要表现在：尾矿利用率低，目前我国绝大多数尾矿尚未被综合利用，综合利用率不足10%，铁尾矿和有色金属尾矿的利用率更低。随着我国矿产资源开采力度的不断加大，尾矿排出量会逐年递增，加快尾矿的综合利用已迫在眉睫；基础工作薄弱，缺乏数据支撑，在我国经济发展统计体系中还没有关于资源综合利用的基础数据统计，更没有关于尾矿综合利用的数据统计，不利于提出科学的政策措施，更不利于根据实际情况对政策措施做出实时调整，尾矿污染防治技术标准体系的不健全，也阻碍了相关污染治理工作的有效开展；尾矿综合利用技术研发投入不足，目前，企业缺少投资开发尾矿综合利用重大关键技术的动力和积极性。同时，国家在尾矿综合利用的前瞻性技术开发方面投入不足，导致大多数尾矿综合利用工艺只停留在简单易行的技术上，缺乏能够使尾矿高效利用和大宗高值利用的原创性技术研发；现有政策支持力度不够，尽管与原矿采选相比，尾矿综合利用的社会效益好，但资源品位低，利用成本高，经济效益差。现有资源综合利用政策缺乏针对性，支持力度不够，企业利用尾矿的积极性不高。

（7）包头白云鄂博矿中的萤石、铌及钪尚未回收，攀枝花矿的钛回收率太低。

3．中短期（到2025年）内技术发展重点

（1）重点应用基础理论研究。

1）复杂难选铁矿石的选冶一体化基础研究。针对复杂多金属矿铁矿、菱铁矿、褐铁矿等难处理铁矿，研究选矿冶金联合工艺技术的基础理论。

2）新型高效绿色浮选药剂设计与合成基础研究。研究矿物晶体化学性质、选矿药剂物理化学性质、选矿药剂分子结构与浮选性能间的定量构效关系、选矿药剂分子设计等。

3）破碎设备、磨矿设备关键部件力学模型。破碎设备、磨矿设备关键部件受力分析研究，为研制耐磨材料，设计大型破碎、磨矿设备提供技术支撑。

4）磁/浮复合力场、重/浮复合力场、离心力/重力复合力场、剪切力/重力复合力场的颗粒运动模型。通过复合力场下颗粒运动模型研究，设计复合力场的磁选设备、浮选设备和重选设备。

5）高梯度磁分离的数学模型。高场强、高梯度磁系研究设计，微细粒弱磁性矿物高效分离研究等。

6）模糊控制、神经网络等控制理论、在线检测分析技术理论研究等。逐步完善和提升自动控制基础理论研究；进一步完善兼顾破碎机传动功率与破碎机排矿口尺寸两参数的圆锥破碎机挤满给矿的模糊控制、神经网络等方面的控制理论研究；浮选过程的泡沫状态分析技术研究、矿浆品位预测模型理论研究；浓缩过程浓密机负荷监测及优化控制理论技术研究等。

7）过程控制模型。主要有：针对自磨半自磨等新工艺的控制理论研究、磨机负荷预测模型理论研究、磨矿过程控制数据建模及软测量技术研究、矿石粒度和品位分析理论研究等。

（2）重大工程技术。

1）破磨设备大型高效化研究及应用。万吨级旋回破碎机的研制；高效能圆锥破碎机的研制；硬矿高压辊磨机应用推广等。

2）预选设备大型化及应用。处理量1000 t/h以上磁铁矿石干式永磁预选磁选机

的研究与应用；处理量 200 t/h 以上赤铁矿石干式永磁预选磁选机的研究与应用；射线预选设备的研制与应用（无线电波分选、红外线分选、光电分选、X 射线吸收法分选、γ 射线散射法分选、γ 射线吸收法分选和天然 γ 散射线分选）。

3）高效细磨分级技术与装备研究。新型高效节能细磨设备研发与应用；磨矿分级工艺技术的研究；优化磨矿产品的粒度组成；细磨设备大型化、高效化应用研究；1000kW 以上立磨机研制等。

4）高效强磁选技术与装备研究。永磁高梯度磁选机的数字化设计与制造；超导磁选机的数字化设计与制造等。

5）难选铁矿石焙烧技术与装备研究及应用。细粒（粉状）铁矿焙烧技术与装备研究；难选铁矿石（菱铁矿、褐铁矿、赤铁矿等）流态化磁化焙烧工程技术研究大规模工业化应用；直接还原熔分/磁选工艺及工业化应用技术研究等。

6）浮选工艺技术及装备研究。浮选工艺技术优化；新型高效浮选设备研制与应用；大型浮选设备推广应用；600m³ 以上浮选机研发应用；大型浮选柱的研制与应用；磁/浮、磁/重/浮复合力场浮选机研制等。

7）浮选药剂研制与应用。阳离子捕收剂的研究与应用；反浮选选矿药剂复合化研究与应用；螯合捕收剂的研究与应用；反浮选低温捕收剂的研究与应用；抗泥化能力强的捕收剂研究与应用；新型环保、易降解的绿色捕收剂研究与应用等。

8）选厂自动控制技术研究与应用。在线检测分析技术（粒度、品位、图像识别等）的推广与应用；破碎、磨矿、浮选、浓缩过滤等工艺自动控制技术研究与应用；自磨半自磨等新工艺的过程控制应用、圆锥破碎（高压辊磨）及磨机负荷精准控制技术、磨矿过程控制数据建模及软测量技术应用、浓密机负荷及底流浓度监测控制等技术应用；选矿厂信息化建设；智能控制软件开发与应用等。

9）尾矿综合利用技术研究。尾矿伴生多金属的高效提取；包头选矿尾矿中的萤石、铌、钪矿物选矿回收研究；攀枝花矿尾矿中钛的选矿回收研究；富铁老尾矿低成本再选；传统尾矿建材的低成本高效率生产；低铁富硅尾矿高值整体利用；低成本充填；铁尾矿农用和用于生态环境治理等方面的共性关键技术；膏体浓密机研制与应用。

二、中长期（到 2050 年）发展目标和规划

1. 中长期（到2050年）内学科发展主要目标和方向

（1）质量指标：磁铁矿与氧化矿精矿品位均达到 65% 以上，原生磁铁矿磁性铁

回收率不利低于98%，氧化矿回收率达到80%~90%。

（2）能耗指标：入磨前破碎产品（-12mm）能耗低于2.0~4 kW·h/t，入磨前破碎产品（-3mm）能耗低于4~6 kW·h/t；一段磨矿产品 -200 目占 60% 左右时能耗降低至4 kW·h/t，二段磨矿产品 -200 目占 85%~90% 时能耗低于8 kW·h/t，三段磨矿产品 -325 目占 85%~95% 时能耗降低至12 kW·h/t。

（3）尾矿综合利用率不低于50%。

（4）选矿厂废水综合利用率不低于90%。

2. 中长期（到2050年）内主要存在问题与难点

（1）选矿工艺短流程、低成本。

（2）选矿设备大型化、高效化、智能化。

（3）选矿、冶金一体化技术与装备。

（4）地下采矿选矿一体化技术与装备。

（5）资源全面高效节约综合利用。

3. 中长期（到2050年）内技术发展重点

（1）选矿过程强化处理技术及理论：通过对矿床、矿石和矿物物性基因测试与研究，建立大数据库并与现代信息技术深度融合，形成基因矿物加工系统工程，取得矿物加工试验研究和工程转化模式的创新；不同的化学选矿方案，改变矿石化学组成及其结构和构造，扩大目的矿物与脉石矿物之间分离特性，提高矿石的可选性，实现复杂难选矿石的高效开发利用；探明浮选药剂分子结构与浮选性能之间的内在影响规律，开发低温或常温下使用的绿色、高效浮选捕收剂；丰富和完善矿物晶体化学与浮选药剂作用原理的理论体系；基于数值模拟与仿真试验，揭示矿物分选过程中矿物颗粒在分选场（重力场、磁场、电场、复合力场）的运动行为规律；研发磁脉冲、电脉冲、微波等预处理强化新技术与装备，从而强化和优化矿物分选过程。

（2）选冶一体化技术及理论：难选铁矿选冶一体化技术；多金属共生矿选冶技术；高效短流程选冶技术。

（3）大型高效选矿设备研制与应用：万吨级旋回破碎机的推广应用；高效能圆锥破碎机推广应用；1000kW 以上立磨机推广应用；磁/浮、磁/重/浮复合力场浮选机研制；智能化浮选柱的推广应用；永磁高梯度磁选机的推广应用；离心力/重力复合力场重选设备的推广应用；剪切力/重力复合力场重选设备的推广应用。

（4）地下采选一体化技术与装备：地下大型硐室的开挖与长期稳定性研究；经济综

合评价与分析；生产自动化、远程监控与调度技术；地下采选一体化采、选、充环节的物料平衡；地下选矿工艺及设备优化；地下采矿方法及充填技术研究；地下选矿厂的安全；采矿、井建、岩石力学、选矿、工程地质、安全和环境等多专业技术协同。

（5）选矿过程大数据平台的建立及智能化控制和管控一体化：计算机仿真预测模型理论技术研究，基于模糊逻辑控制、神经网络、规则推理、专家系统等的智能控制理论研究，用于磨矿过程优化控制的软测量、多变量解耦技术、模型预测理论和基于模型动态优化、粒子群、多代理论方面的研究，前馈人工神经网络预测技术研究，新型控制理论及控制结构的研究，各类优化智能控制软件的开发应用及基于大数据平台的预测模型开发等。

（6）铁资源节约与高效综合利用。矿山开发利用与废弃物排放数据库和信息管理系统建立；尾矿综合利用产品标准体系建立；尾矿整体利用生产建筑材料；尾矿库有价金属回收与复垦、尾矿充填等。

三、中短期和中长期发展路线图

中短期和中长期发展路线图见图 5-1。

目标、方向和关键技术	2025 年	2050 年
目标	质量指标：磁铁矿与氧化矿精矿品位均达到 65% 以上，SiO$_2$ 5% 以下，原生磁铁矿磁性铁回收率不低于 98%，氧化矿回收率达到 75%~85%	质量指标：磁铁矿与氧化矿精矿品位均达到 65% 以上，SiO$_2$ 5% 以下，原生磁铁矿磁性铁回收率不利低于 98%，氧化矿回收率达到 80%~90%
目标	能耗指标：入磨前破碎产品（-12mm）能耗低于 2.5~5kW·h/t，入磨前破碎产品（-3mm）能耗低于 5~8kW·h/t；一段磨矿产品 -200 目 60% 左右时能耗降低至 5kW·h/t，二段磨矿产品 -200 目 85%~90% 时能耗低于 10kW·h/t，三段磨矿产品 -325 目 85%~95% 时能耗降低至 15kW·h/t	能耗指标：入磨前破碎产品（-12mm）能耗低于 2.0~4kW·h/t，入磨前破碎产品（-3mm）能耗低于 4~6kW·h/t；一段磨矿产品 -200 目 60% 左右时能耗降低至 4kW·h/t，二段磨矿产品 -200 目 85%~90% 时能耗低于 8kW·h/t，三段磨矿产品 -325 目 85%~95% 时能耗降低至 12kW·h/t
目标	尾矿综合利用率不低于 25%	尾矿综合利用率不低于 50%
目标	选矿厂废水综合利用率不低于 85%	选矿厂废水综合利用率不低于 90%

图 5-1

第五章 选矿工程

目标、方向和关键技术	2025年	2050年
方向	在一定经济技术条件下，通过科学的选冶工艺，先进的选矿装备、药剂，加上智能化的控制及信息化，最大限度地综合开发利用共（伴）生、低品位和难利用资源，综合回收或有效利用选冶过程中产出的废弃物	选冶一体化，地下采选一体化，选矿设备高效化、大型化、节能化、智能化，选矿厂管理自动化、信息化，资源得到全面高效节约综合利用
关键技术	选矿基础理论：矿物与脉石矿物之间分离特性研究；复杂难选铁矿石的选冶一体化基础研究；药剂分子结构与浮选性能之间的内在影响规律研究；新型高效绿色浮选药剂设计与合成基础研究；矿物分选过程中矿物颗粒在分选场（重力场、磁场、电场、复合力场）的运动行为规律研究等。破碎设备、磨矿设备关键部件力学模型；磁/浮复合力场、重/浮复合力场、离心力/重力复合力场、剪切力/重力复合力场的颗粒运动模型；高梯度磁分离的数学模型；模糊控制、神经网络等控制理论研究；过程控制模型研究等	选矿基础理论：通过对矿床、矿石和矿物物性基因测试与研究，建立大数据库并与现代信息技术深度融合，形成基因矿物加工系统工程；基于高效化学作用的选矿工程技术的基础性科学问题研究；新型绿色选矿药剂的设计及其选矿性能的基础性科学问题研究；基于数值模拟与仿真的选矿工程技术的基础性科学问题研究
	选矿工艺：难选氧化铁矿石焙烧技术与装备研究及应用推广，直接还原熔分/磁选工艺及工业化应用技术研究；微细粒铁矿工艺技术研究与应用推广；低品位铁矿选矿技术研究与应用推广；多金属共生铁矿选矿技术研究与应用推广	选矿工艺：选冶一体化工艺技术研究与应用；生物选矿技术研究与应用；化学选矿技术研究与应用；地下矿采选一体化技术研究与应用
	选矿药剂：阳离子捕收剂的研究与应用推广；反浮选选矿药剂复合化研究与应用推广；螯合捕收剂的研究与应用；反浮选低温捕收剂研究与应用推广；抗泥化能力强的捕收剂研究与应用推广；新型环保、易降解的绿色捕收剂研究与应用等	选矿药剂：新型环保、易降解的绿色选矿药剂研究与推广等
	选矿设备：破碎轴力学模型研究；万吨级旋回破碎机的研制；高效能圆锥破碎机能效模型研究与设备研制；硬矿高压辊磨机研制与应用推广；立磨机搅拌轴及叶片力学模型，1000kW以上立磨机研制；磁/浮、磁/重复合力场浮选机研制；600m³以上浮选机数字化设计与制造及应用推广；新型气泡发生器的数字化设计与制造；智能化浮选柱的设计与制造；500 t/h以上大型琼斯磁选机数字化设计与制造；高梯度磁分离模型；超导磁选机的数字化设计与制造；100 t/h以上离心力/重力复合力重选设备数字化设计与制造；剪切力/重力复合力场重选设备数字化设计与制造；ϕ40m以上膏体浓密机研制与应用推广	选矿设备：万吨级旋回破碎机的应用推广；高效能圆锥破碎机应用推广；1000kW以上立磨机应用推广；磁/浮、磁/重复合力场浮选机推广；智能化浮选柱的应用推广；永磁高梯度磁选机的推广；离心力/重力复合力重选设备推广；剪切力/重力复合力重选设备推广

图 5-1

目标、方向和关键技术	2025年	2050年
	选矿自动化：在线检测分析仪表及技术、图像识别技术等的研究应用及推广；破碎、磨矿、浮选、浓缩过滤等工艺自动控制技术研究应用与推广；选矿厂自动化、信息化建设研究与应用软件开发及应用推广；选矿过程大数据平台的初步搭建	选矿自动化：基于模糊逻辑控制、神经网络、规则推理、专家系统等智能控制技术研究与应用；前馈人工神经网络预测技术研究与应用，新型控制理论及控制技术的研究与应用；矿山生产管理的信息化、生产过程的自动化、数字化、智能化、检测与装备水平的智能化；建立矿山选矿过程大数据服务平台，并在平台基础上实现建模、预测、优化、仿真等优化智能控制和管控一体化实现
	资源综合利用：采选联合工艺综合利用低品位铁矿研究与应用推广；铁尾矿有价金属回收利用研究与应用推广；铁尾矿建材的低成本、高值利用研究与应用；铁尾矿低成本充填研究与应用推广；铁尾矿农用和用于生态环境治理研究与应用	资源综合利用：尾矿整体利用生产建筑材料推广；铁尾矿农用和用于生态环境治理推广

图 5-1　中短期和中长期发展路线图

第五节　与相关行业、相关民生的链接

全球铁矿石资源丰富，可开发年限长，但是铁矿石资源分布不均衡，优质资源分布也不平衡。我国铁矿资源具有"贫、细、杂、散"特点，虽然储量大，但禀赋差、品位低，平均铁品位不足32%，98%的铁矿石要经过选矿，且复杂难选、粒度微细的红铁矿储量大，矿床类型多，组成矿石的铁矿物种类复杂，多组份共（伴）生复合铁矿石所占比重大。

由于我国铁矿资源复杂难选、工艺流程复杂、开采成本相对较高，使得国产铁矿石严重供不应求，远远不能满足钢铁工业发展的需要，我国铁矿企业整体竞争力不强、经济效益差，受澳大利亚、巴西等国外廉价进口矿石的冲击，铁矿石大量依靠进口，2016年对外依存度更是达到了惊人的87.3%，严重影响我国钢铁行业和国民经济的健康持续发展，对国家经济安全构成威胁。

依靠科技进步，提高矿山企业采矿、选矿技术水平，实施降本增效战略是解决铁矿企业生存和发展之道。我国铁矿行业必须保证有一定的底线供应能力，同时，利用

先进采选技术积极开拓国外优质、低成本的铁矿资源已成行业共识。

第六节 政策建议

（1）加强法制建设，完善政策措施，逐步建立政府大力推进、市场有效驱动、全社会积极参与的适合我国国情的铁矿资源开发和综合利用宏观科技管理体系、技术保障体系和产业服务技术体系，促进铁矿开发和综合利用技术快速发展。

（2）加大科技投入力度，以国家科技支撑为手段，配套企业资金。

（3）降低矿山企业税费，取消重复征税和不必要的税种，优化计税方法和可操作性，建议将税赋降到销售收入的10%～12%。目前我国税收项目包括增值税、营业税、所得税、资源税、土地使用税、车船使用税、房产税、印花税、城建税、燃油税、契税、其他税共12项。缴费项目包括资源补偿费、水资源费、水土流失补偿费、排污费、公路建设基金、排水设施费、人防费、占河费、清淤费、养路费、教育附加费、其他费共10多项，税费全计20多项。

（4）制定和落实铁矿资源开发和综合利用的相关鼓励政策和税费减免或优惠。

（5）降低矿山工业用电价格、用水资源税、用气价格等。

参考文献

［1］张应强，魏镜，吴张永，等. 非磁性矿粒在磁流体静力分选中的力学模［J］. 有色金属，2013（4）：49-51.

［2］魏红港，冉红想. GCG型强磁选机高梯度磁场中弱磁性矿粒动力学分析［J］. 有色金属，2014（2）：77-81.

［3］刘鹏，焦红光. 高梯度磁选中单颗粒微粉煤的动力学分析［J］. 矿山机械，2012，40（8）：86-90.

［4］张义顺，史长亮，马娇，等. 辊式磁选机典型磁系结构磁场特性分析［J］. 矿业研究与开发，2013，33（3）：96-99.

［5］曹晓畅，韩立发. 基于CFD数值模拟的磁选机内部结构的优化设计［J］. 东莞理工学院学报，2013，20（1）：46-50.

［6］郑霞裕，李茂林，崔瑞，等. 磁介质饱和磁化强度对高梯度磁选机磁场性能的影响［J］. 金属

矿山，2013（8）：108-112.

[7] Mohanty S, Das B, Mishra B K. A preliminary investigation into magnetic separation process using CFD [J]. Minerals Engineering, 2011, 24（15）: 1651-1657.

[8] 刘祚时，王纯. 立式离心选矿机分选锥流化床动力学分析计算[J]. 矿山机械, 2013, 20（1）: 46-50.

[9] 温雪峰，潘彦军，何亚群. Falcon选矿机的分选机理及其应用[J]. 中国矿业大学学报, 2006, 35（3）: 341-346.

[10] Viduka S M, Feng Y Q, Hapgood K, et al. Discrete particle simulation of solid separation in a jigging device [J]. International Journal of Mineral Processing, 2013, 123: 108-119.

[11] Doheim M A, Abdel Gawad A F, Mahran G M A, et al. Numerical simulation of particulate-flow in spiral separators [J]. low solids concentration（0.3%& .3% solids）[J] Applied Mathematical Modelling, 2013, 37: 198-215.

[12] 刘长淼，曹学锋，陈臣，等. 十二叔胺系列捕收剂对石英的浮选性能研究[J]. 矿冶工程, 2009, 29（3）: 37-39.

[13] Papini R M, Brando P R G, Peres A E C. Cationic flotation of iron ores: amine characterization and performance [J]. Minerals & Metallurgical Processing, 2001, 18（1）: 5-9.

[14] Montes-Sotomayor S, Houot R, Kongolo M. Flotation of silicate gangue iron ores: Mechanism and effect of starch [J]. Minerals Engineering, 1998, 11（1）: 71-76.

[15] Lazarov D, Alexandrova L, Nishkov I. Effect of temperature on the kinetics of froth flotation [J]. Minerals Engineering, 1994, 7（4）: 503-509.

[16] 李晓安，朱巨建，董淑媛. 十二胺对磁铁矿和绿泥石的捕收作用[J]. 中国矿业, 1993, 2（2）: 53-57.

[17] 刘亚川，龚焕高，张克仁. 十二胺盐酸盐在长石石英表面的吸附机理及pH值对吸附的影响[J]. 中国矿业, 1992, 1（2）: 89-93.

[18] 朱一民，乘舟越洋，骆斌斌. 一种新型阳离子捕收剂DCZ浮选性能研究[J/OL]. 矿产综合利用, 2017（1）: 32-36.

[19] 印万忠. 浮选体系中矿物交互影响的研究现状[A]. 中国金属学会、中国有色金属学会、中国冶金矿山企业协会、中钢集团马鞍山矿山研究院、中矿传媒. 中国采选技术十年回顾与展望——第三届中国矿业科技大会论文集[C]. 中国金属学会、中国有色金属学会、中国冶金矿山企业协会、中钢集团马鞍山矿山研究院、中矿传媒, 2012: 6.

[20] Escobar B, Jedlicki E, Wiertz J, et al. A method for evaluating the proportion of free and attached bacteria in the bioleaching of chalcopyrite with Thiobacillus ferrooxidans [J]. Hydrometallurgy,

1996, 40（1-2）：1-10.

[21] Poglazova M N, Mitskevich I N, Kuzhinovsky V A. A spectroflurimetric method for determination of total bacterial counts in environmental samples [J]. Journal of microbiological methods.1996, 24（3）：211-218.

[22] Bennet J C, Tributsch H. Bacterial leaching patterns on pyrite crystal surface [J]. Journal of bacteriology, 1978, 134（1）：310-317.

[23] Karan G. Natarajan K A, Modak J M. Estimation of mineral-adhered biomass of Thiobacillus ferrooxidans by protein assay—some problems and remedies [J]. Hydrometallurgy.1996, 42（2）：169-175.

[24] Jerez C A, Arrendondo R. A sensitive immunological method to enumerate Leptospirillum ferrooxidans in the presence of Thiobacillus ferrooxidans [J]. FEMS Microbiology Letters, 1991, 78（1）：99-102.

[25] Brierley J A. Thermophilic iron-oixdizing bacteria found in copper leaching dumps [J]. Applied Environmental Microbiology, 1978, 36：523-525.

[26] Hajima H, Awakura Y, Hirato T, et al. The leaching of chalcopyrite in ferric chloride and ferric sulfate solution [J]. Canadian Metallurgical Quarterly, 1985, 24（4）：283-291.

[27] Hirato T, Kinoshita M, Awakura Y, et al. The leaching of chalcopyrite with ferric chloride [J]. Metallurgical Transactions, 1986, 17（1）：19-28.

[28] McDonald G W, Udovic T J, Dumesic JA, et al. Equilibria associated with cupric chloride leaching of chalcopytite concentrate [J]. Hydrometallurgy, 1984, 13（2）：125-135.

[29] 王军. 硫化矿细菌浸出的理论及工艺研究 [D]. 长沙：中南工业大学，1999.

[30] Leahy M J, Davidson M R, Schwarz M P. A model for heap bioleaching of chalcocite with heat balance: bacterial temperature dependence [J]. Miner Eng, 2005, 18：1239-1252.

[31] 李寿朋，王瑞，郭玉婷，等. 中等嗜热菌群协同脱除高硫铝土矿中的硫 [J]. 中国有色金属学报，2016, 26（11）：2393-2402.

[32] 韩跃新，孙永升，高鹏，等. 高磷鲕状赤铁矿开发利用现状及发展趋势 [J]. 金属矿山，2012（3）：1-5.

[33] 余永富. 我国铁矿资源有效利用及选矿发展的方向 [J]. 金属矿山，2001, 1（2）：9-11.

[34] 余永富，段其福. 降硅提铁对我国钢铁工业发展的重要意义 [J]. 矿冶工程，2002, 22（3）：1-6.

[35] 余永富，祁超英，麦笑宇，等. 铁矿石选矿技术进步对炼铁节能减排增效的显著影响 [J]. 矿冶工程，2010, 30（4）：27-32.

［36］陈雯，张立刚．复杂难选铁矿石选矿技术现状及发展趋势［J］．有色金属（选矿部分），2013（s1）：19-23．

［37］宋保莹，袁立宾，韦思明．含碳酸盐赤铁矿分步浮选工艺研究及生产实践［J］．矿冶工程，2015，35（5）：63-67．

［38］罗良飞，陈雯，严小虎，等．大西沟菱铁矿煤基回转窑磁化焙烧半工业试验［J］．矿冶工程，2006，26（2）：71-73．

［39］薛生晖，陈启平，毛拥军，等．低品位菱褐铁矿回转窑磁化焙烧工业试验研究［C］//全国选矿年会．2010．

［40］余永富，陈雯，洪志刚，等．褐铁矿、菱铁矿类难处理矿石闪速磁化焙烧及工程转化研究［J］．矿冶工程，2016，36（z）：1-9．

［41］王景玉，张珂，胡沿东，等．高压辊磨—干式分级—弱磁选集成系统工艺技术概述［J］．金属矿山，2016，45（6）：101-106．

［42］孙炳泉．近年我国复杂难选铁矿石选矿技术进展［J］．金属矿山，2006（3）：11-13．

［43］韩跃新，孙永升，李艳军，等．我国铁矿选矿技术最新进展［J］．金属矿山，2015，44（2）：1-11．

［44］刘义云．近年来我国金属矿山主要碎磨技术发展回顾［J］．现代矿业，2013，8：150-152．

［45］邱静雯，郭文哲，付晓蓉．国内外大型液压旋回破碎机的发展现状［J］．金属矿山，2013，41（8）：126-134．

［46］宋艾江，田鹤，李聪杰，等．国产高压辊磨机在矿山行业的应用［J］．矿山机械，2014，42（4）：74-77．

［47］周育，米子军．21世纪新型矿山—太钢袁家村铁矿［J］．中国矿业，2013，22（专刊）：40-44．

［48］曾野．云南大红山铁矿400万t/a选矿厂半自磨系统设计［J］．工程建设，2013，45（3）：41-46．

［49］Tian J, Zhang C, Wang C. Operation and process optimization of Sino Iron ore's autogenous milling circuits：The largest in the world［C］// XXVII International Mineral Processing Congress. Gecamin Digital Publications，2014：141-153．

［50］段其福．中国自磨技术50年回顾与展望［J］．金属矿山，2010（S）：21-42．

［51］张国旺，赵湘，肖骁，等．大型立磨机及其在金属矿山选矿中的应用［J］．有色金属（选矿部分），2013，（增刊）：202-205．

［52］刘伟，王磊，袁广春，等．新型柱式平底旋流器替代螺旋分级机的应用实践［A］．中国采选技术十年回顾与展望［C］，2012．638-639．

第五章　选矿工程

[53] 梅国生，李中昆. 复合振动细筛简介及在铁选厂的应用［J］. 金属矿山，2009（S）：357-359.

[54] 沈政昌. 我国超大型浮选机的研究与应用［J］. 矿业工程，2014（S）：25-29.

[55] 刘梅，贾洪利，陈雷，等. 新型中场强半磁自卸式尾矿回收机的研制与应用［J］. 矿山机械，2013（2）：138-139.

[56] 耿文瑞. 综合力场作用的磁重选设备［J］. 矿山机械，2013，41（9）：144-146.

[57] 冯泉，韩跃新，郭小飞，等. GHC1545永磁筒式磁选机的研制与试验［J］. 金属矿山，2011（2）：111-114.

[58] 张承臣，赵能平，李朝朋，等. 大型高效预选磁选机：中国，201220696826.2［P］. 2013-06-02.

[59] 王兆连，李运德，刘风亮，等. 新型大筒径磁选设备——φ1800mm湿式永磁磁选机［J］. 现代矿业，2012（12）：108-110.

[60] 熊大和. SLon立环脉动高梯度磁选机在多种金属矿选矿中的应用［J］. 矿产保护与利用，2013（8）：51-56.

[61] 王权升，辛业薇. 组合式强磁选机在广西某赤泥选铁中的试验研究［J］. 金属材料与冶金工程，2013，41（4）：150-153.

[62] 柳衡琪，曾维龙，陈志强. 新型磁力预选设备——ZCLA磁选［J］. 矿冶工程，2016，36（1）：49-51.

[63] 何莉娜. 超导磁分离技术的应用研究［J］. 超导技术，2013，41（12）：55-58.

[64] 张华. 莫桑比克某海滨砂矿中蚀变钛铁矿选矿试验研究［J］. 矿冶工程，2013，33（5）：75-78.

[65] 肖日鹏，杨波，贺涛，等. 悬振锥面选矿机再选尾矿的工业应用［J］. 有色金属（选矿部分），2016（3）：87-89.

[66] 李红文，程永维. HRC60高压浓密机在歪头山铁矿　马耳岭选矿车间的应用［J］. 湖南有色金属，201127（2）：57-60.

[67] 李加强，肖友华，孙媛媛. 深锥高效浓密机在沙特选矿厂的应用［J］. 化工矿物与加工，2012（2）：38-40.

[68] 姜义发. 快速压滤机在铁尾矿和铁精矿压滤脱水中的应用［J］. 甘肃科技，2014，1：35-37.

[69] 王光明，周从胜. 采用全自动立式压滤机压滤磷尾矿的干排干堆技术［J］. 磷肥与复肥，2012，3（2）：54-55.

[70] 刘子龙，杨洪英. 加压过滤机在铜钼分离工艺中的应用［J］. 中国钼业，2012，6：28-33.

[71] 许彦春，许璐，杨振民，等. 加压过滤机在铜钼浮选精矿脱水过程中的应用［J］. 有色金属（选矿部分），2014（3）：83-85.

[72] 王开厦. 微孔陶瓷过滤机及其PLC控制系统的应用［J］. 山东陶瓷，2014，2：17-2.3.

[73] 聂光华，等. 选矿厂过程控制的现状及发展前景［J］. 产综合利用，2007，10：29-31.

[74] 周俊武，等. 选矿自动化新进展［J］. 有色金属，2011（S1）1：47-55.

[75] 孙传尧. 第十一届选矿年评选矿厂自动化部分［M］. 矿产资源高效加工与综合利用，2016，6：103-123.

[76] 孙云东，等. 国内选矿自动化技术应用及发展［J］. 电机与自动控制，2010，4：35-38.

[77] 葛之辉，等. 选矿过程自动检测与自动化综述［J］. 中国矿山工程，2006，12：37-42.

[78] 徐宁，等. 关于过程智能化控制技术的探讨［J］. 铜业工程，2011，1：54-60.

[79] 杜五星，等. 我国选矿自动化的现状及发展趋势［J］. 矿产保护与利用，2016，2：75-78.

[80] 周俊武. 选矿过程检测与控制技术新进展［J］. 有色冶金设计与研究，2015，6：6-10.

[81] 秦虎，等. 破碎磨矿及浮选自动化发展趋势［J］. 云南冶金，2010，6：13-16.

[82] 孙晓程. 浅谈选矿自动化的发展［J］. 山东工业技术，2014，24：49-49.

[83] 李振兴. 选矿过程自动检测与自动化综述等［J］. 云南冶金，2008，6：20-24.

[84] 杨琳琳，等. 选矿自动化发展现状及趋势［J］. 现代矿业，2012，4：116-118.

[85] 李小岚，等. 选矿自动化技术的新进展［J］. 金属矿山，2006，6：61-65.

[86] 韩丽娟. 选矿自动化技术的应用与发展［J］. 科技专论，2012，14：337-339.

[87] 柴义晓，等. 选矿自动化技术探讨［J］. 工矿自动化，2011，10：73-76.

[88] 中国国土资源经济研究院. 铁矿资源全面节约和高效利用新空间［N］. 中国国土资源报，2017-04-20（5）.

[89] 袁帅，韩跃新，高鹏，等. 难选铁矿石悬浮磁化焙烧技术研究现状及进展［J］. 金属矿山，2016（12）：9-12.

[90] 王琼杰. "预富集—悬浮焙烧—磁选"新技术让鞍钢集团尾矿资源化利用成为现实［N］. 中国矿业报，2016-03-16（5）.

[91] 王运敏，田嘉印，王化军，等. 中国黑色金属矿选矿实践［M］. 北京：科学出版社，2008.

[92] 张泾生，陈雯. 现代选矿技术手册（第4册）［M］. 北京：冶金工业出版社，2012.

[93] 余永富，陈雯，麦笑宇. 提高铁精矿质量实现高炉节能减排增效［J］. 矿产保护与利用，2009（1）：13-16.

[94] 陈雯，余永富，冯志力，等. 60万t/a难选菱（褐）铁矿闪速磁化焙烧成套技术与装备［J］. 金属矿山，2017（3）：54-58.

[95] 郎世平，兰宪斌，郎宝贤. 旋回破碎机现状及发展趋势［J］. Mining Equipment，2012，5：48-51.

[96] 计志雄. CH895、CH880圆锥破碎机在白马选矿厂的应用［J］. 四川冶金，2014，36（2）：

65-68.

[97] Nordeborg HPTM 系列圆锥破碎机［EB/OL］.［2017-09-12］. http://www.metso.com/contentassets/bcf45fc5860d4f1eb58b54ee239b63d0/nordberg-hp-series_cn.pdf.

[98] 鲁培兴. PY2200 型和 H6800 型圆锥破碎机生产应用对比［J］. 中国矿山工程，2012，7：98-99.

[99] 胡瑞彪，黄光洪，陈典助，等. 有色金属大型高效选矿设备的发展与应用［J］. 湖南有色金属，2011，27（1）：52-56.

[100] 张润身，崔龙栓. VTM 立磨机在庙沟铁矿细磨工艺中的应用研究［J］. 中国矿业，2016，25（9）：127-130.

[101] 温合平，邓琴，王海. ETM-1500 塔磨机在大红山铁矿的应用［J］. 现代矿业，565（5）：229-231.

[102] Krebs Hydrocyclones［EB/OL］.［2017-09-12］. http://www.flsmidthkrebs.com.

[103] 600 Series SuperCell flotation machines［EB/OL］.［2017-09-12］. http://www.flsmidthkrebs.com.

[104] OUTOTEC LAUNCHES THE TANKCELL E630 – THE WORLD'S LARGEST FLOTATION CELL［EB/OL］.［2017-09-12］. http://www.outotec.com/company/media/news/2014/outotec-launches-the-tankcell-e630-the-worlds-largest-flotation-cell/.

[105] 张敏，沈家华，刘东云. 引流介质充填强化旋流–静态浮选过程的研究［J］. 郑州大学学报（工学版），2015，36（1）：54-56.

[106] 浮选柱［EB/OL］.［2017-09-12］. http://www.zjshkj.net/products_list/pmcId=26.html.

[107] Jamson Cell［EB/OL］.［2017-09-12］. http://www.jamesoncell.com/EN/Downloads/Documents/brochure_en.pdf.

[108] Pneuflot flotation technology［EB/OL］.［2017-09-12］. http://www.mbe-cmt.com/fileadmin/user_upload/Download_Produktflyer/mbe_pneuflot_e_RZ_120305.pdf.

[109] 范兆玲，李庚辉，肖启飞. 南芬选矿厂五选磁选柱给矿质量的研究［J］. 本钢技术，2015（3）：1-3.

[110] 杨海龙，马嘉伟，包士雷. 全自动淘洗磁选机在提铁降杂工程中的应用［J］. 矿业工程，2016，14（3）：33-35.

[111] 刘祚时，胡川，段骏. Falcon 离心选矿机的分选特征和应用现状的研究［J］. 矿山机械，2015（2）：81-86.

[112] 曾安，周源，余新阳，等. 重力选矿的研究现状与思考［J］. 中国钨业，2015，30（4）：41-46.

[113] SLon 离心选矿机［EB/OL］. http://www.slon.com.cn/ch/product/detail/?11.html.

[114] 张天祥,任继北,张爱国. 奥图泰高效浓密机在峨口铁矿的应用[J]. 矿业工程,2010,10:39-40.

[115] Bañados F. World's largest paste thickener: From test work to site installation [C]// TAILINGS. 2014:20-22.

[116] 佚名. 奥图泰拉罗克斯发布世界最大的立式压滤机[J]. 中国矿业,2012(11):22.

[117] Outotec Larox FFP [EB/OL]. [2017-09-12]. http://www.outotec.com/

[118] 高扬,等. 选矿自动化建设工程实践[J]. 有色金属,2013[S]:240-243.

[119] 苏伟,等. 自动控制与检测技术在选矿过程中的应用[J]. 有色金属,2015,1:86-90.

[120] 吴立新,等. 数字矿山与我国矿山未来发展[J]. 科技导报,2004,7:29-31.

[121] 颜帅,等. 铁矿选矿自动化的新发展[J]. 山东工业技术,2014,15:31-31.

[122] 王丰雨,等. 我国选矿自动化评述[J]. 国外金属选矿,2006,8:18-22.

[123] 陈虎,沈卫国,单来,等. 国内外铁尾矿排放及综合利用状况探讨[J]. 混凝土,2012(2):88-91.

[124] 耿文瑞,等. 选矿厂自动测量仪表的发展现状[J]. 现代矿业,2014,7:172-174.

[125] 周俊武,等. 我国选冶自动化的现状和未来[J]. 有色冶金设计与研究,2011,10:6-11.

[126] 柴天佑,等. 选矿生产过程综合自动化系统[J]. 首届全国有色金属自动化技术与应用学术年会论文集,2003,10:1-5.

[127] 赵大勇,等. 基于智能优化控制的磨矿过程综合自动化系统[J]. 山东大学学报,2005,6:119-124.

[128] 周俊武,等. 智能选矿厂架构设计[J]. 自动化仪表,2016,7:1-5.

[129] 柴天佑,等. 复杂工业工程运行的混合智能化优化控制方法[J]. 自动化学报,2008,5:505-515.

撰稿人: 李茂林　周光华　陈　雯　韩跃新　张国旺　孙炳泉　程小舟

第六章 废钢铁

第一节 学科基本定义和范畴

废钢铁（steel scrap）是对钢铁生产过程中产生的不合格产品、钢铁材料应用中加工废弃物及使用后报废回收的钢铁材料的总称，简称废钢（以下全文统称为废钢）。废钢按其来源分为自产废钢、加工废钢和折旧废钢。自产废钢（home scrap）也称内部废钢，它是指在钢铁生产过程中钢厂内部产生的废钢，如渣钢、中间包铸余、切头、边角料、废次材等，这些废钢通常只在钢厂内部循环使用，不进入钢铁生产流程以外的社会大循环中去。加工废钢（new scrap 或 prompt scrap），指制造加工工业在对钢铁产品进行机械加工时产生的废钢，一般情况下，这种废钢是不久前生产出来的钢铁产品演变而成的，所以，这种废钢称为"短期废钢"。折旧废钢（old scrap 或 obsolete scrap），指各种钢铁制品（机械设备、汽车、飞机、轮船等耐用品、建筑物、容器以及民用物品等）使用一定年限后报废形成的废钢。这些钢铁制品的使用寿命较长，一般在 10 年以上（除个别钢铁制品，如易拉罐等寿命很短），所以，这种废钢也称为"长期废钢"。加工废钢和折旧废钢合称为社会废钢，约占资源总量的 60%。

废钢与铁矿石同为炼钢生产的主要铁素原料，与用铁矿石生产 1 t 钢相比，用废钢生产 1 t 钢可节约铁矿石 1.3 t，减少能耗 350 kg 标准煤，减排 CO_2 1.4 t，同时可以减少大量废水、废气、废渣的排放，因此又称废钢铁为载能资源和绿色资源。

废钢在钢铁生产中的应用主要分为电炉用料和转炉用料。电炉以废钢为主要原料，废钢比（指废钢消耗量与粗钢产量的比值，以百分数表示）一般为 80%~100%；转炉废钢比一般在 10%~20%。废钢属再生资源，其每年产生量占到全国再生资源总量的 60% 以上。目前全球每年废钢产生量约 6 亿吨，中国占比超过 25%，约 1.6 亿吨。

废钢的利用要经过三个环节：回收—加工（拆解）配送—炼钢（铸造）应用。

第二节 国内外发展现状、成绩、与国外水平对比

一、我国废钢行业发展现状和成绩

1. 我国钢铁行业废钢应用情况

我国钢铁工业使用的废钢主要有三个来源：自产废钢、社会废钢（即加工废钢和折旧废钢之和，以下类同）以及进口废钢。其中，自产废钢和加工废钢的回收率较高，几乎能达到100%，折旧废钢的回收率较低。

21世纪以来，自产废钢和社会废钢的产生总量逐年增长，从2001—2015年，自产废钢的总量增加了214.09%，但随着钢铁生产工艺水平的提升和成材率的提高，自产废钢所占的比例从2001年的8.8%下降到了2015年的5.2%；同期社会废钢增幅为115.26%（表6-1）。由于我国废钢铁资源短缺，自20世纪90年代以来一直是废钢净进口国，废钢进口量曾在2009年达到高峰（1369万吨），但进口废钢量受国际贸易及废钢价格影响波动较大，废钢价格低时废钢进口量增加，反之减少。

表6-1 2001—2015年我国不同来源废钢资源量统计

年份	粗钢产量（万吨）	自产废钢（万吨）	社会废钢（万吨）	进口废钢（万吨）
2001	15163	1334	1900	979
2002	18225	1344	2280	785
2003	22234	1530	3220	929
2004	28280	1700	3300	1023
2005	35239	2220	3680	1014
2006	42266	2750	3820	539
2007	49490	2780	4310	339
2008	50031	2880	4360	359
2009	45784	3080	4600	1369
2010	62665	3250	5400	585
2011	68327	3660	5220	677

续表

年份	粗钢产量（万吨）	自产废钢（万吨）	社会废钢（万吨）	进口废钢（万吨）
2012	73104	3720	4470	497
2013	82200	3850	4650	446
2014	82270	4100	4740	256
2015	80383	4190	4090	233

注：1. 自产废钢和社会废钢数据由中国废钢铁应用协会根据其统计数据推算，其统计范围的粗钢产量约占全国粗钢产量的60%。
2. 进口废钢数据来源于海关统计数据。

尽管近年来废钢资源量逐年升高，但由于我国粗钢产量增加幅度远远大于废钢资源产生量的增幅，2015年与2001年相比，粗钢产量增加了430.13%，废钢消耗量只增加了142.15%，因此造成废钢单耗（生产1t钢消耗的废钢量，单位：kg/t）逐年下降，由2001年的227kg/t，下降到2015年的104kg/t（表6-2）。我国钢铁工业的废钢综合单耗与世界其他国家差距巨大，2015年世界废钢综合单耗为342kg/t，除中国外废钢综合单耗为577kg/t。

表6-2 2001—2015年我国钢铁工业废钢消耗量

年份	废钢消耗量（万吨）				废钢单耗（kg/t）		
	转炉消耗	电炉消耗	其他消耗	总计	综合单耗	转炉单耗	电炉单耗
2001	1310	1930	200	3440	227	104	803
2002	1590	2320	10	3920	215	105	760
2003	1730	3060	30	4790	216	94	784
2004	2220	3134	76	5430	198	95	752
2005	3025	3210	95	6330	178	96	768
2006	3428	3280	32	6740	160	91	742
2007	3195	3570	85	6850	140	74	611
2008	3490	3820	70	7380	144	78	602
2009	4220	4060	90	8370	145	81	728

续表

年份	废钢消耗量（万吨）				废钢单耗（kg/t）		
	转炉消耗	电炉消耗	其他消耗	总计	综合单耗	转炉单耗	电炉单耗
2010	4580	4140	90	8810	138	80	624
2011	5040	4290	10	9340	133	80	605
2012	4597	3910	13	8520	117	69	603
2013	4755	3815	—	8570	104	67	559
2014	5048	3782	—	8830	107	67	584
2015	4932	3398	—	8330	104	66	580

注：废钢消耗量和单耗数据由中国废钢铁应用协会根据其统计数据推算，其统计范围的粗钢产量约占全国粗钢产量的60%。

废钢要经过分类加工成符合钢厂要求的炼钢炉料才能交由炼钢厂使用，早期的废钢加工工艺以落锤爆破、氧气切割为主，不仅存在较为严重的粉尘污染、噪声污染，而且耗能大、金属损耗大。我国废钢加工装备起步较晚，大约历经了三个十年的跨步发展：从20世纪80—90年代，国产废钢打包机和小型废钢剪断机投入市场，将废钢打包加工成压料块的合盖锁紧式打包机是当时我国使用的主要机型；90年代初，门式剪断机进入市场，至此市场上有了规范的剪切料；2001年，首条国产废钢破碎生产线投产，标志着国内市场上开始使用破碎机加工废钢，目前国内的废钢破碎生产线已经有150条以上。

废钢产品的标准化程度较低，我国现行的废钢铁国家标准是GB4223-2004，该国家标准主要根据废钢的厚度尺寸进行分型，并对废钢交货的质量、环保、检验等方面进行要求，近几年行业内专家对该国标进行修订，即将发布新的国家标准。国际上没有统一标准，美国用ISRI的废钢标准，日本有JIS G2401废钢标准，中国外贸进口主要是按出口国标准及中国海关的规定进行检验。

废钢国际贸易非常活跃，每年全球废钢贸易总量为1亿吨左右。我国一直是废钢净进口国，2009年废钢进口量最高曾达到1369万吨（图6-1），"十二五"期间，由于国内外价格倒挂，废钢进口量逐年减少，现在仅占全球贸易总量的3%左右。

图 6-1 2006—2015 我国废钢进口量变化图

二、废钢行业取得的主要成绩

1. 废钢加工配送体系初步建立,产业规范发展,行业面貌明显改变

废钢产业作为一个新兴的再生资源产业,有着良好的发展前景。目前,基本形成以回收—加工(拆解)—贸易—配送—应用构成的废钢产业链。废钢加工供应企业从国内城乡废钢回收网点及产生废钢企业或从境外采购废钢,然后按不同类别进行分选,分类后进行剪切、打包、破碎等加工处理,生产出各种类别和品种的炉料产品,销售或配送给钢铁(铸造)企业使用。国内的废钢回收加工配送体系已基本规范,以废钢的加工配送为主要环节,上游带动废钢回收体系规范运作,下游促进钢厂多使用废钢炼钢。

2012 年工信部发布了《废钢铁加工行业准入条件》和《废钢铁加工行业准入公告管理暂行办法》,到 2015 年年底,已有四批 150 家废钢加工配送企业进入工信部准入公告。这 150 家企业分布在全国 25 个省 90 个市和地区,年加工能力达到 5000 万吨,占社会废钢资源量的 50% 以上。这些企业普遍采用先进的剪切、打包、破碎等废钢加工设备,多数配有废钢破碎生产线及门式废钢剪断机等大型加工装备,他们管理规范,装备精良,环保达标,走上了产业化、产品化、区域化的发展之路,完成了从回收体系向工厂化生产的历史跨越。"定向收购,集中加工、统一配送"的运行模式,为实现钢铁工业的"精料入炉"开创了良好的条件。

"十二五"期间,废钢产业文化发展取得新成果,废钢雕塑艺术品的展示及各类媒体对废钢循环利用的大力宣传,更新了社会对回收行业的传统认识,对推动废钢产业持续健康发展增添了正能量。

2. 废钢消耗量持续增长，为钢铁工业的节能减排绿色发展做出贡献

到2015年年底，全国钢铁积蓄量超过70亿吨，社会的废钢铁资源超过1.6亿吨，为废钢铁循环利用量的逐年增长提供了保障。与用铁矿石生产1 t钢相比，用废钢生产1 t钢可节约铁矿石1.3 t，减少能耗350千克标准煤，减排$CO_2$1.4 t，减少3 t固体废物的排放。"十二五"我国炼钢消耗废钢约4.4亿吨，比"十一五"的3.8亿吨增长15.8%。用废钢炼钢数量约占"十二五"粗钢总量的11.5%。用废钢炼钢与铁矿石炼钢相比共节约5.72亿吨铁矿石，节省1.54亿吨标准煤，减少6.16亿吨CO_2的排放，减少13.2亿吨固体废物的排放。废钢的循环利用对生态环境的改善有着不可替代的重要作用。

3. 行业装备水平明显提升，设备国产化率大幅提高

"十二五"期间，废钢产业的快步发展，废钢加工设备得到推广，废钢破碎线、门式剪断机、液压打包机等加工设备，以及抓钢机、辐射检测仪等配套的装卸、检测设备需求量快速提高。国内设备制造企业加大科技投入，加快科研创新，强化产品技术服务工作，赢得了废钢加工企业的认可，企业生产规模不断扩大，产品品类规格不断增加，设备国产化率达90%以上。《鳄鱼式剪断机》《金属液压打包机》《废钢破碎生产线》《重型液压废金属打包机》等各项行业标准相继制订，为废钢加工设备制造业规范发展奠定基础。同时，国外与废钢相关的设备厂家也积极参与中国废钢市场的竞争，形成了国产设备为主，进口设备为辅的局面，大大提高了国内废钢产业的装备水平。

三、与国外水平对比

1. 我国的废钢应用水平低于全球平均水平，与先进水平有较大差距，流程结构不合理

21世纪以来，随着我国钢铁工业的快速发展，我国炼钢废钢比逐年下降。近几年来，我国炼钢废钢比略高于10%，而全球平均水平在35%左右，除中国外，全球其他国家平均水平超过50%，美国等发达国家的废钢比在70%以上，我国的废钢铁应用水平显著低于全球平均水平，与先进水平有较大差距，行业发展潜力巨大。2015年各国废钢应用情况见表6-3。

表6-3 2015年世界主要国家和地区废钢消耗情况

	粗钢产量（万吨）	废钢消耗量（万吨）	废钢比
美国	7885	5650	71.7%
欧盟	16610	9106	54.8%
日本	10520	3360	31.9%
中国	80380	8330	10.4%
全球	162110	55500	34.2%

国际上除我国以外的电炉基本只用废钢或少量铁块，但我国的电炉普遍加铁水，而且加铁水的比例近十年增加较快，多数电炉生产企业几乎都建了高炉（有的还配建了烧结和焦化），纯用废钢的电炉短流程几近消失，基本都变成了混合型电炉厂。有的电炉铁水比甚至高达70%~80%，变成了电转炉，流程结构很不合理。

2. 产品标准不统一，标准体系有待完善

美国、日本、欧洲分别有自己的废钢产品标准，国际贸易中一般采用美国或日本的标准。我国的废钢国家标准（GB 4223—2004）修订工作已经完成，尚未发布，目前各大钢铁企业都在使用自己的企业标准，例如宝武、鞍钢、首钢、马钢、沙钢等都按企业标准采购废钢，各企业标准都以厚度尺寸分型为主，通常有20个左右品种，同一类型的料型在不同钢铁的品名和类别不尽相同，给废钢产品的流通带来一定的障碍。废钢协会正组织制定废钢加工产品的行业标准，推动废钢产品标准体系的建立。

3. 机械化、自动化程度低于美国、日本等发达国家

美国、日本等发达国家废钢加工行业已基本实现机械化、自动化生产，我国近年来废钢加工行业机械化水平已大幅提高，但仍有部分需要人力拆解和加工，火焰切割和鳄鱼式剪切机等落后工艺仍在使用。例如，国内报废汽车拆解一般先由人工将五大总成、轮胎等主要部件拆除以后，再将壳体进行破碎加工，破碎生产线后端很少配备有色金属及橡胶等分选设备。

4. 社会废钢缺乏系统和有效的分类和统计，缺少详细的统计数据

目前国内的社会废钢仅按照厚度尺寸分类，虽然回收加工企业将加工废钢和折旧废钢分开进行加工处理，但统计系统中只按照重型、中型、小型等料型来统计，并未按照来源进行区分，因此，缺乏按照来源区分的料型统计数据。社会废钢的资源量缺乏有效的统计和调查渠道，只能靠理论计算来推算每年的资源量。

5. 废钢加工产生的固体废物处理能力不足

废钢在剪切、打包和破碎等机械加工的过程中会产生 10%～20% 的非钢杂质，其中有铜、铝等有色金属，也有塑料、玻璃、橡胶等低值固体废物，如易拉罐、包装盒及报废汽车经破碎后还会有残余的油漆。目前国内废钢破碎生产线多数没有配备有色分选设备，破碎尾料中的有色金属无法得到有效的分离，针对废钢破碎产生的其他固体废物的处理技术尚不成熟，多数只能进行填埋或焚烧。

第三节 本学科未来发展方向

一、废钢回收拆解加工配送一体化发展

随着废钢残余价值的降低，其残值将不足以支持多级的回收拆解加工产业链，废钢加工配送体系将逐渐向前端整合，减少产业链中的环节以降低成本，逐步实现一体化发展。废钢加工企业将由产品化向品牌化发展，在国内甚至国际上形成知名品牌，通过先进的过程管控措施实现产品附加值的提高和用户成本的降低。

二、废钢产品标准化发展

废钢标准将根据废钢的厚度、来源、长宽尺寸等多个维度进行精细化分类，废钢加工企业将按照标准将废钢加工成标准化的炉料产品，并按钢厂的冶炼要求进行配送。

三、废钢加工企业绿色化发展

随着人工成本的上升，废钢加工企业机械化程度将逐渐提高；随着企业能源、环境意识和水平的提升，将更多的采用节能、环保的加工装备（如废钢破碎生产线、门式废钢剪断机、移动式废钢加工设备）逐步达到加工过程零污染，加工尾料零排放。

四、废钢利用智能化发展

废钢将按照成分精确检测及分类，钢铁企业将逐步实现根据成分无人化智能配料，以进一步提高其使用价值并降低残余元素带来的潜在风险；钢铁企业对废钢资源达到实时掌握，低库存运营，废钢铁炉料产品达到 JIT 配送。

第四节　学科发展目标和规划

（一）中短期（到 2025 年）发展目标和规划

中短期和中长期发展路线图见图 6-2。

目标、方向和关键技术	2025 年	2050 年
目标	（1）全国炼钢综合废钢比达到 30% （2）规范企业加工配送能力达到废钢资源量的 80% 以上	（1）全国炼钢综合废钢比达到 50% 以上 （2）钢铁企业使用的废钢由规范企业按需求配送比例达 95% 以上
方向	（1）建成和完善与我国钢铁行业相适应的废钢加工配送体系 （2）完善废钢产品国标和行业标准，加强贯标，与国际接轨，推动标准化发展 （3）推动废钢电子商务、期货交易等新兴交易模式的发展 （4）推动废钢行业国际化，加强国际市场的话语权 （5）废钢精细化分类和加工 （6）废钢加工装备大型化、自动化 （7）加强信息统计、资源调查、理论研究等基础性工作 （8）培养从事教育、培训、研究等方面的专业院校、机构和人才	（1）废钢成为炼钢主要的铁素原料 （2）电炉钢的比例大幅提升 （3）智能化废钢加工工厂 （4）废钢按来源和品种自动分选，分类存放及使用
关键技术	（1）社会废钢回收拆解加工配送一体化发展项目 （2）报废汽车拆解与废钢加工一体化处理技术 （3）互联网 + 废钢铁行业信息服务及大数据平台 （4）移动式废钢加工技术和装备 （5）废钢自动检测检验定级技术和装备 （6）废钢按成分精细化分选技术 （7）钢混结构中钢筋剥离技术 （8）废钢破碎线非钢尾料自动化分选技术 （9）废钢加工尾渣无害化处理技术 （10）转炉利用高比例（20% 以上）废钢技术 （11）清洁、绿色新型全废钢的电炉冶炼工艺的开发	（1）废钢按品种或要求智能分选或分类技术 （2）废钢中残余元素精确检测技术 （3）废钢按需求自动配料技术 （4）冶炼过程中残余元素高效去除技术

图 6-2　中短期和中长期发展路线图

第五节 与相关行业、相关民生的链接

（1）基建及房地产行业：当前我国的钢铁消费量约一半用于基础建设，建筑用钢材的消费量极大，2015年建筑用钢约占钢材消费量的45%，这些钢铁多数将在远期（10年以上）逐渐完成生命周期实行报废，由于目前我国的基础建设以钢混结构为主，未来其中的钢铁回收难度较大、成本高，这部分将是未来废钢回收的重点和难点。

（2）汽车行业：2015年我国的汽车保有量已接近2亿辆，按平均10~15年报废期限来算，每年有1500万~2000万辆汽车进行报废，并且相关数据还在快速增长。报废汽车拆解废钢的破碎料属优质废钢，报废汽车拆解将是废钢资源的重要组成部分。

（3）机械制造及造船业：我国的机械制造和造船业消耗大量钢材，所产生的边角余料称为加工废钢或新产废钢，也属优质废钢，这部分资源也是我国废钢资源的重要部分。

（4）家电业：我国家电制造和拆解行业也产生部分废钢铁，但近年来家电行业向轻量化发展，并且部分部件逐渐用其他材料代替钢铁材料。

（5）包装行业：盒、罐等民用的包装物中也有很多钢铁制品，随着经济的发展，这类产品的量会逐渐增加，而此类产品报废产生的废钢多含油漆或涂渡，有害物质多，处理难度大，是废钢处理的难点。

第六节 政策建议

（1）建议国家将废钢产业作为战略新兴产业纳入《国民经济和社会发展五年规划纲要》，加强顶层设计，促进废钢产业科学发展。

（2）建议推动落实国家对于废钢作为再生资源的税收优惠政策，提高税收优惠比例，降低废钢回收加工企业的税负水平。

（3）建议加快研究和制定鼓励钢铁企业多用废钢的政策，从资源、能源、CO_2排放等多个方面综合考虑，降低钢铁企业利用废钢的成本。

（4）建议国家组织相关部门和行业协会开展全国废钢资源普查工作，摸清家底加快资源开发利用。

（5）建议加快推动废钢国标、行标的修制定工作，加强标准宣贯工作，促进废钢产品化、标准化发展。

（6）建议加强信息统计系统及渠道的建设，培养专业的行业信息和大数据平台，加强废钢行业大数据的开发和应用。

（7）加强理论研究等基础性工作的开展及大专院校废钢回收加工相关学科的建立和人才培养。

（8）设立专门的废钢加工利用工艺和装备的研发机构。

参考文献

[1] 陆钟武. 论钢铁工业的废钢资源[J]. 钢铁, 2002, 37（4）: 66~70.
[2] 中国可持续发展矿产资源战略研究 – 黑色金属卷[M]. 北京: 科学出版社, 2006.

撰稿人： 王镇武　王方杰

第七章　冶金热能工程

第一节　学科基本定义和范畴

冶金热能工程学科是冶金工程技术学科（领域）的一个分支，是关于冶金工业中不同形式的各种能量尤其是热能的形成、加工、转换、传输、使用、回收和再利用，关于单体设备、生产工序和冶金企业等不同层次上的能源利用理论与技术（如图7-1所示），以及能源利用与冶金工业产品的产量、消耗、排放等各项指标相互关系的一门学科。它的主要任务是全面研究冶金工业的能源转换-利用-回收等方面的理论和技术，能量流行为、能量流网络及其运行程序，为冶金工业实施"产品先进制造、能源高效转换利用、废弃物消纳处理"三大功能服务，使冶金工业的能源利用、热工装备及技术达到世界一流水平。

冶金热能工程学科不同于一般热能工程学科。它不但要研究能源转换设备（如锅炉、换热器等热交换装置以及燃料转换装置和能量转换装置），还要研究工艺性热工设备（如广泛用于冶金物料或工件的干燥、焙烧、熔化、冶炼、加热和热处理等各式各样的冶金炉窑）；不但要研究热工装置内的燃烧、传热、气体流动等热工过程，还要研究其中的物料运动、化学反应、物性及物相转变等冶金工艺过程；还要研究冶金流程与热工过程之间、各种能量流（如碳素流）与物质流（如铁素流）之间的相互影响与作用。

能源消耗是冶金热能工程学科十分重视的一个指标。改革开放30多年来，我国钢铁工业的能耗指标逐年好转，节能降耗取得了举世瞩目的成绩。"热效率"和"产品能耗"是考核能源利用好坏和热工工作合理程度的两类重要指标：对能源转换设备而言，设备的"热效率"越高，则能源消耗越少，装置的热工性能越好；对工艺性热工设备、生产流程或工业系统而言，生产单位产品的"产品能耗"越低，则能源利用水平越高。保护生态环境，是冶金热能工程学科十分重视的另一个方面。2000年以来，我国钢铁工业在减少排放、保护环境、污染物治理和废弃物综合利用等方面取得较大进步，建设了一批具有国际先进水平的清洁生产、环境友好型企业，企业的生产环境和社会形象得到明显改善。此外，本学科与冶金工业产品的产量、质量和品种等生产指标也直接相关，因为这些指标往往取决于冶金生产过程的能源利用水平和热工工作的合理程度。所以，改善冶金工业的这些生产指标、减少废物排放和保护生态环境，也都是本学科的任务。

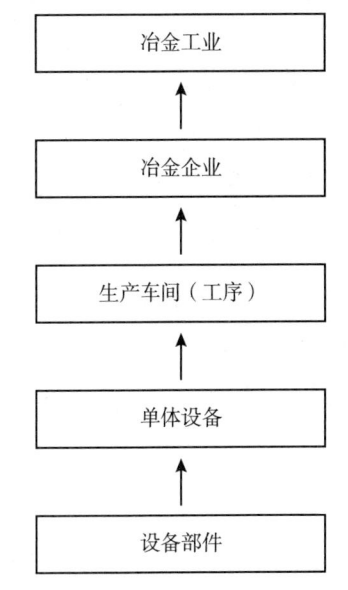

图 7-1　冶金热能工程学科研究对象

第二节　学科发展进程及研究进展

一、发展进程

冶金热能工程学科是在冶金工业提倡节约能源的进程中，在原有冶金炉学科的基础上，逐步形成和发展的。中华人民共和国成立之初，在苏联专家的指导下，东北工学院（现东北大学）创建了国内第一个冶金炉专业和冶金炉学科。冶金炉学科的研究对象包括高炉、平炉、均热炉、加热炉和热处理炉，以及工业锅炉、热交换装置、燃料转换装置和能量转换装置等。此后，随着工程实践的推进和理论认识的深化，面向国际学科前沿和冶金工业节约能源的重大需求，"冶金炉"专业逐步演变为"冶金热能工程"，其过程大体经历了"冶金炉""系统节能""能量流行为与能量流网络""工业生态学"等几个重要发展阶段。

1. "冶金炉"阶段

"冶金炉"专业建于1953年，初始阶段从苏联引进教科书，以燃烧学、传热学和流体力学为理论基础，工业实践的应用目标则是围绕着冶金工艺窑炉的熔炼过程、加热过程、物料平衡和热平衡展开，追求单元装置热效率（"㶲"效率）的提高。在20

世纪 60—70 年代，建立了火焰炉热工基本方程式，完善了冶金炉热工理论，由此指导冶金窑炉的工程设计、节能改造和生产运行。

2. "系统节能"阶段

进入 20 世纪 80 年代，中国学者陆钟武院士提出要以"系统节能"的理念来发展冶金热能工程学科，把节能视野从冶金炉窑扩大到工序、企业乃至整个钢铁行业，从节约能源扩展到节约非能源。提出了"载能体"概念，在全面提高每一单元装置的热效率的同时还要提高整个生产流程的资源效率，逐步建立了工序能耗 – 钢比系数（e-p 方程）等概念，创立了系统节能理论和技术，引领、评价钢铁工业的节能工作。从此，系统节能被原冶金工业部列为我国"七五"计划以来钢铁工业节能的指导方针。

3. "能量流行为与能量流网络"阶段

20 世纪 90 年代中期，随着连铸、连轧等共性关键技术在中国钢铁业的推广，逐步认识到"流程"的概念和本质，进一步发展到冶金工艺装置的结构性功能演变和整个流程的重构性优化，以此来进一步推动"系统节能"。例如，转炉替代平炉、连铸替代模铸 – 初轧 / 开坯、连轧取代往复式轧制等。

进入 21 世纪，殷瑞钰院士提出"能量流"和"能量流网络"等概念；2009 年 9 月，在北京首次召开了以"钢铁制造流程中能源转换机制和能量流网络构建的研究"为主题的香山科学会议第 356 次学术讨论会；2011 年 8 月在沈阳又召开了"钢铁制造流程优化与动态运行"高级研讨会。期间，高等学校、科研院所和部分钢铁企业相继开展了有关能量流与能量流网络的数学描述、能量流预测、能量流网络优化等研究工作。随着对冶金流程工程学认识的深化，通过香山会议等高层次学术研讨论坛的推动，对冶金过程中能量流的认识愈益清晰。其发展进程大体为：

（1）基于流程工程概念的确立，进而认识到能量流推动物质流动态运行过程中两者之间的相互关系。强调"流"的动态运行概念，揭示出在物质流运行过程中与之相应的能量流行为及其轨迹，进而分析研究一次能源、二次能源、三次能源之间的转换 – 匹配关系。

（2）构建出一次能源、二次能源、三次能源的输入 – 转换 – 输出模型，由此构建起与物质流、物质流网络相关的能量流、能量流网络模型以及能量流的宏观运行动力学。

（3）在工业部门的推动下，许多冶金工厂先后建立能源管控中心。

（4）构建与其他工业和民用设施相连的广义能量流网络，拓展钢铁企业的社会服务功能，使得钢铁企业能够与所在社区、城市和谐共存。

4."工业生态学"阶段

工业生态学（Industrial Ecology）又称产业生态学，是20世纪90年代在西方兴起的一门为可持续发展服务的新学科，传入我国的时间是90年代后期。20世纪末，在陆钟武院士引导下冶金热能工程学科把工业生态学作为新的学科方向，把研究对象从钢铁行业拓展到工业系统节能、国民经济发展、生态环境保护领域及其相互关系上面，将节能视野扩展到产品的整个"生命周期"。开辟了中国工业生态学研究新领域，以工业生态学"中国化"为目标，提出了穿越"环境高山"构想、工业物质"大、中、小循环理论"以及物质流分析"跟踪观察法"、复杂工业系统"网络图分析法"等。

二、最新研究进展

冶金热能工程学科服务于国家发展目标和工业化建设等重大需求，不断地引入新的学术思想，形成了鲜明的学科定位和完整的学科体系，在冶金炉热工、能源高效转换与利用、工业系统节能、能量流行为与能量流网络、工业生态学和循环经济等学科方向上取得许多重要成果和突破。完成了多项国家自然科学基金、国家重点基础研究发展计划（"973"计划）、国家高技术研究发展计划（"863"计划）项目、国家重大科技支撑计划，以及省、市重点科技攻关项目和企业科研合同项目。在国内外出版和发表了一批科技专著、教材和学术论文。为国家培养出一批高质量的本科生、硕士生和博士研究生、从事节能工作的科技骨干及高级管理人才，为中国钢铁工业的高速发展、节能减排和生态化建设做出了重要贡献。

1. 工业炉窑热工理论取得长足发展，居国内外同行前列

冶金热能工程学科的研究对象虽然在不断扩展，包括单体设备、生产车间、钢铁企业和工业等多个层面，但是最基本的仍然是单体设备，因为它是组成生产车间、企业和工业的基本单元。其中，工业炉窑的数量最多、应用范围最广，是工业原材料在冶炼、加工或产品制造过程中不可或缺的能源转换设备或工艺性热工设备。所以，工业炉窑的热力学完善程度和能源有效利用程度等热工问题是本学科最基本的研究内容。

工业炉窑热工理论是本学科始终坚持的学科方向，也是冶金热能工程学科区别

于一般热能工程学科的特色和优势所在。本学科开展工业炉窑热工的研究方向，在国内设立最早、研究历史最长，其学术地位一直处于国内外同行的前列。以加热炉为例，工业炉窑热工的研究对象是：在充分考虑生产工艺要求的前提下，研究图7-2中（1）、（2）、（3）三类变量以及它们之间的相互关系。其中，炉子结构（几何形状、尺寸、筑炉材料的种类等）和热工操作（燃料量、空气量、阀门开启度等）的变动，会影响炉内的热工过程（传热、燃烧、气体运动）。而热工过程的变动又会影响炉子的生产指标（产品质量、单位生产率、单位热耗、炉子使用寿命、污染物的排放量等）。人们的目的是提高生产指标，但人们所能直接规定或操纵的因素，既不是热工过程参数，也不是生产指标，而是结构和操作参数。所以，重要的是要在研究炉子热工过程的基础上，弄清（1）、（3）两类变量之间的关系。

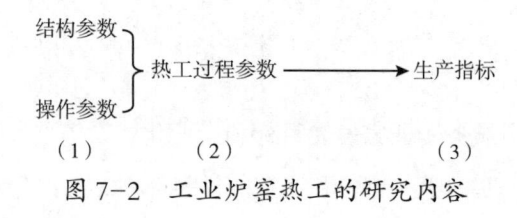

$$\left.\begin{array}{l}\text{结构参数}\\ \text{操作参数}\end{array}\right\} \text{热工过程参数} \longrightarrow \text{生产指标}$$

（1）　　　　　（2）　　　　　　（3）

图7-2　工业炉窑热工的研究内容

多年来的科研和生产实践证明：以上关于炉子热工理论及其研究对象的表述是完全正确的，不仅适用于加热炉、热处理炉和锅炉等，而且也适用于工艺性较强的高炉、竖炉、转炉、焦炉等，对于烧结机、连铸机等也是适用的。由于问题的复杂性以及缺少必要的已知数据，有关炉子热工的理论研究一般都是在某些简化条件下进行的。主要有三种方法：①以简化的炉子模型为对象进行分析研究；②用区域法、流法进行分析研究；③采用经验法直接在（1）、（3）两类变量之间建立联系。近年来，有关工业炉窑热工理论与控制方法得到广泛的推广应用，成功地设计、建造了一批节能型加热炉，炉子的装备水平、热效率及其计算机控制等均达到国际先进水平。

2. 创立了系统节能理论，为我国钢铁工业节能做出重要贡献

20世纪80年代初，陆钟武院士提出"载能体"概念，主张用系统工程的原理和方法研究冶金工业的节能问题，创立了"系统节能理论和技术"。于是，本学科把研究对象从过去的单体设备扩展到生产工序（厂）、联合企业、整个冶金工业，把节能视野从能源扩大到非能源。30多年来，系统节能思想得到冶金界的普遍认同，"系统""载能体"和"钢比系数"等概念早已成为冶金领域耳熟能详的专业术语，系统

节能被确认为"七五"以来乃至今后更长发展时期我国冶金工业节能降耗的指导方针。1980—2010年间，我国钢铁工业的吨钢节能量共计595kgce/t，其中直接节能357.2kgce/t，占吨钢节能量的60%；间接节能237.8kgce/t，占吨钢节能量的40%。如今，系统节能理论和技术已经成熟，在我国钢铁企业得到全面普及和应用，并逐渐推广到有色、石化、建材等工业。钢铁企业应用"e-p分析法""c-g分析法"和"物流分析法"，通过剖析不同时期吨钢能耗的变化，明确了节能率逐年下降的原因，提出了今后的节能方向和途径。

3. 开发"能量流"和"能量流网络"研究，推动钢铁生产流程优化进入新阶段

进入21世纪，殷瑞钰院士提出钢铁联合企业必须从单一的钢铁产品制造功能拓展为三项功能：①钢铁产品先进制造功能；②能源高效转换功能；③废弃物的无害处理—消纳和再资源化功能。2008年，殷瑞钰院士又相继提出"能量流""能量流网络"和"网络优化"等概念。这些新的理念和概念，既是对建设"资源节约型、环境友好型"钢铁工业的科学解读，又是对钢铁制造流程整体水平、企业责任、能量流的性质及结构的再认识和再提升。长期以来，关于钢铁工业的研究命题大多是围绕铁素物质流展开的，对能量具有"流"的性质和"网络"的结构认识不清，对钢铁生产过程中能量流、能量流网络以及能量流与物质流相互关系等研究甚少。由此导致的节能理论研究滞后，原始创新、集成创新能力不足，已成为制约钢铁工业进一步节能降耗的"瓶颈"问题。

"能量流"和"能量流网络"等概念一经提出，便得到了钢铁界和能源界专家、学者及工程技术人员的广泛认可和积极响应。"十一五"期间，关于"能量流"和"能量流网络"的研究课题逐年增多，以物质流与能量流协同创新为主要特征的系统节能在我国大中型钢铁企业相继展开，由此催生的新一轮节能理论和技术成为本学科新的增长点。2009年9月，在北京首次召开了以"钢铁制造流程中能源转换机制和能量流网络构建的研究"为主题的香山科学会议第356次学术讨论会；2011年8月在沈阳又召开了"钢铁制造流程优化与动态运行"高级研讨会，来自钢铁企业、设计院、高校和科研单位的近百名专家、学者参加了讨论会，与会代表总结了钢铁工业节能的前期成果，明确了今后工作方向，断定研究钢铁制造流程能量流网络优化与运行控制等若干重大问题的时机已经成熟。进入"十二五"，高等学校、科研院所和部分钢铁企业相继开展了有关能量流与能量流网络的数学描述、能量流预测、能量流网络优化等研究工作，并取得重要进展。关于物质流与能量流协同优化的研发工作主要表现在

以下三个方面：①煤气、蒸汽、氧气和高炉鼓风等能量流的生产、回收、净化、存储、分配、使用及其管网建设；②前后工序之间"界面技术"的开发与应用，使相邻工序实现"热衔接"，如高炉－转炉区段的"一罐到底"技术（京唐钢铁、重钢等）、连铸机－热连轧机区段的"热装热送"技术。"一罐到底"技术将铁水的承接、运输、缓冲储存、铁水预处理、转炉兑铁、容器快速周转、铁水保温等功能集为一体。"界面技术"把依附于铁水或钢坯的热量不经转换环节直接地输送给下一道工序，最大限度地避免了能量流的过量耗散；③钢铁生产过程余热余能的高效回收、转换与梯级利用，尤其是将余热余能直接用于生产工艺本身，如焦炉的烟道气用于煤调湿（济钢）、富余蒸汽用于高炉鼓风脱湿（马钢）、用海水淡化装置取代汽轮机的凝汽器，用凝汽式电厂冷端的余热资源生产除盐水（京唐钢铁），大幅度地降低了热法海水淡化的生产成本。2012年，"钢铁生产过程高效节能基础研究"正式列入国家"973"计划，2016年顺利完成并通过国家验收。

4. 余热余能的回收利用在大中型钢铁企业普遍展开，为提升能量流的高附加值和系统能效开辟了新途径

随着钢铁工业生产流程的逐步优化和工序能耗的不断降低，科学地回收利用各生产工序产生的余热余能资源成为我国钢铁工业节能的主要方向。多年来，大中型钢铁企业以热力学第一、第二两大定律为指导，根据余热余能的数量、质量以及用户需求，及时高效地回收利用各生产工序产生的余热余能，做到"按质用能、温度对口，有序利用"，有效地降低了钢铁企业的吨钢能耗和污染物排放量。其中，余热余能发电是提升能量流品质和企业能效的普遍手段；以富余煤气为原料用来生产高附加值化工产品（氢、甲醇或二甲醚等），成为提升能量流价值和优化能量流网络的新途径。例如，四川省达州钢铁集团成功地开发了用焦炉煤气所含 H_2 和转炉煤气所含 CO 合成甲醇的新工艺，年创经济效益在 4 亿元以上，获 2013 年中国冶金科学技术一等奖。

迄今为止，我国大中型钢铁企业配备烧结余热回收或发电装置有 66 台；高炉煤气干法除尘余压发电（TRT）装置 597 套，大于 1000m³ 高炉的 TRT 普及率达到 98%；投产或在建的干熄焦（CDQ）装置 159 套，CDQ 普及率为 85%，其中采用高温、高压的 CDQ 占 30%；转炉煤气余热回收及干法除尘装置 40 余套。此外，焦炉荒煤气显热回收、煤调湿、高炉鼓风脱湿、冶金渣综合利用、高炉熔渣直接制备渣棉或岩棉、高炉水淬渣制作微晶玻璃或微细粉等，也都取得了显著的节能减排效果。

5.能源管控中心在钢铁联合企业的建设与运行推动了我国钢铁工业的信息化和智能化建设

到 2012 年年底,我国大型钢铁联合企业已建成的能源管控中心(EMS)增至 30 家,还有一些能源管控中心正在建设之中,其建设水平多数处于能源计量网和能源管理系统的建设阶段,少数进入离线决策和能源系统优化运行的开发期。已建成的 30 家能源管控中心有以下三种类型:一是以宝钢、马钢等为代表的能源管控中心,按照"扁平化"和"集中一贯"的管理理念,将数据采集、处理和分析、控制和调度、能源预测和管理等功能融为一体,取得了良好的节能效果;二是以原济钢等为代表的能源管控中心,将主要能源消耗信息和部分设备的运行信息汇集到能源管控中心,并对部分生产工序进行监控,受限于现场条件,扁平化的能源调度和在线管控功能,还需要进一步完善和提高;三是其他企业的能源管理中心,主要功能是采集能源动力的计量信息,用于编制企业能源管理报表、能耗分析,以及对能源潮流的监测、能源信息的预测和预报等。

目前,钢铁企业的能源管控中心正在从能量流的监控转向对生产过程和系统的综合监控,并继续向管控一体化的方向发展。部分钢铁企业着手开展能量流和能量流网络优化、在线调度的应用研究。由于能源利用与环境保护相互关联,能源管控中心系统将逐步与环境监测系统融合。能源管控中心在大型钢铁联合企业的普遍建成并投入运行,推动了我国钢铁工业的节能进程、信息化和自动化建设,为"十二五"乃至更长时期钢铁企业的深入节能创造了条件。

6.工业生态学成为本学科新的增长点,推动了钢铁工业的生态化建设,研究成果得到了国内外同行的广泛关注

进入 21 世纪以来,冶金热能工程学科在工业领域率先开展了工业生态学的研究,将工业生态学列为新的研究方向和学科增长点,进行了一系列以保护生态环境为目标的研究工作。工业对环境的破坏,归根结底是其过量地、无序地消耗能源和资源造成的。所以,本学科所从事的工作都与环境息息相关,保护生态环境是本学科的责任和任务之一。工业生态学认为,减少或防止污染物的产生比污染物产生后再去治理要有效得多。前者是"源头治理",即治本;后者是"末端治理",即治标。为了进行源头治理,本学科把物质的减量化和保护生态环境的视野扩展到产品的整个"生命周期",即从产品的设计、原料的获得、产品的生产、产品的使用,一直到产品使用报废后的回收等各个环节,使各个环节都能符合保护生态环境的要求。

2002年，国家环境保护总局（现环保部）批准东北大学、中国环境科学研究院、清华大学三个单位联合组建"国家环境保护生态工业重点实验室"。主要工作有：提出"控制钢产量是我国钢铁行业节能、降耗、减排的首选对策"，建立了大、中、小物质循环和物质流分析新方法，构造了具有时间概念的钢铁产品生命周期物流图；提出了评价钢铁工业废钢资源充足程度的指标——废钢指数（S），分析了它与钢铁产品产量变化等因素之间的关系；提出了衡量钢铁工业对铁矿石依赖程度的指标——矿石指数（R），分析了它与钢铁产品产量变化等因素之间的关系。此外，利用这一研究思路和方法，具体地分析美国、日本、中国等国钢铁工业废钢资源问题；分析了废钢循环率对钢铁生产流程资源效率的影响规律，调查了我国铅、铜、铝的循环利用状况，分析了我国铅业资源效率低下的原因，并提出了改进对策；根据世界各国国民经济发展状况与环境负荷之间的关系，分析了世界主要工业发达国家GDP与能源消耗之间的关系，指出我国为了实现可持续发展，必须大幅地降低资源、能源消耗和环境负荷。这些研究成果得到了国内各界的广泛关注。

三、关键共性工程技术的研究进展

1. 工业炉节能技术

近些年来，我国工业炉节能技术主要体现在设计建造节能型加热炉、开发推广高温蓄热燃烧技术和炉子热工计算机控制等方面。

（1）采用辐射管加热的工业炉窑得到迅猛发展，双P型辐射管、双A型辐射管、蓄热式辐射管等不断涌现。辐射管式加热炉避免了炉内烟气与物料直接接触，提高了物料的加热质量。

（2）工业炉窑富氧燃烧技术逐步获得应用。工业炉窑在富氧条件下燃烧具有点火温度低、燃烧速度快、燃烧充分和排放烟气少等优点，可提高工业炉窑的热利用率，达到节约燃料、减少废气排放的效果。尤其是对那些有富余氧气的钢铁企业，选择一些工业炉窑实施富氧燃烧，可消纳部分富余氧气，对降低氧气放散率有积极意义。

（3）脉动燃烧及其控制技术越来越受关注。通过开关烧嘴并控制其燃烧时间来调节煤气供给量，使炉膛温度满足物料的加热工艺要求。这项技术可以使加热炉在待轧、降温等低负荷工况下，保证烧嘴始终处于最佳工作状态，达到节能的目的。

（4）高温蓄热燃烧和以纯高炉煤气为燃料的蓄热式火焰炉技术，在我国中小型钢铁企业广泛推广应用。蓄热式加热炉或热处理炉利用与炉体紧密相连的"内置式""外置式"或"蓄热式燃嘴"等蓄热室换热装置，充分回收来自炉膛的废气显热，既满足了金属加热工艺和炉温制度的要求，又降低了轧钢工序能耗，同时也缓解了部分中小型钢铁企业富余高炉煤气严重放散等问题，具有显著的降低燃料消耗和减少烟气中 NO_x 排放的双重优越性。近些年来，随着蓄热式加热炉应用范围的扩大和钢铁厂煤气结构的变化，燃用纯焦炉煤气或高炉焦炉混合煤气的蓄热式加热炉逐年增多，出现了炉膛压力波动大、炉门冒火、炉子建设投资高、维修频繁和使用寿命短等问题。受原燃料条件、炉子结构和热工操作的影响，以焦炉或混合煤气为燃料的蓄热式加热炉的节能效果受到限制，推迟了蓄热式火焰炉技术在大型钢铁联合企业的广泛推广。加热炉单位燃耗的高低与金属加热工艺及炉子的结构和操作密切相关。无论哪一种类型的炉子，伴随生产工艺变化必须相应地改变炉子结构和热工操作，否则不会收到预期的节能效果。可以预言，为了适应未来钢铁企业原燃料条件、产品结构和轧制工艺的变化，钢铁企业的炉子类型一定是多元化的。

2. 冶金流程中"界面"技术

"界面技术"是指相邻工序之间的衔接－匹配、协调－缓冲、物质流的物理和化学性质调控等技术及其相关装置。发展界面技术可实现物质流、能量流在流量、温度、成分、空间、时间等方面的紧密衔接（尤其是热衔接），促进生产流程整体运行的稳定、协调，实现紧凑化、连续化和高效化。我国十分重视高炉－转炉区段、连铸机－加热炉区段界面技术的开发与应用，其中"一罐到底"界面技术先后在首钢京唐（曹妃甸）、沙钢和重钢新区等新建钢厂投入使用，收到了显著的节能效果。"一罐到底"模式取消了传统的"混铁炉""鱼雷罐车"装置和炼钢车间的倒罐坑，缩短了铁水预处理工艺流程和铁水的传搁时间，紧凑了高炉－转炉区段的总图布置，具有减少热量耗散、减少铁损、减少烟尘排放等多重优越性，是新建钢铁厂高炉－转炉区段"界面"模式的发展方向。

转炉－连铸界面技术侧重二次冶金和连铸中间包的功能、产能及钢包转运机构的运行调控。基于平材、长材等不同产品及产量生产过程对二次冶金和连铸中间包的功能、产能要求，国内开发研究了不同的界面匹配模式和运行调控策略。连铸－轧钢界面技术主要是钢坯热送热装保温过程的装置及调度技术。建立以生产成本、产品质量、加热能耗为目标的热轧区段调度模型和以生产能耗、加热质量为目标的加热炉群调度模型，并将两者有机结合，构建以生产成本最小化和产品质量最优化为目标的热轧区段生产一体化调度模型。

3. 烧结过程余热资源高效回收与利用技术

我国烧结工序的余热回收利用工作先后经历了引进国外先进技术、自主研发和引进消化后再创新等几个阶段，回收利用方式也从最初的简单热回收到生产蒸汽、发电以及热电联产等。目前，我国有66台烧结机配备了烧结余热回收利用装置。图7-3是选择性回收、梯级利用烧结余热资源最具代表性的案例：将置于环冷机最前端的高温热空气与余热锅炉组成第一组闭路循环系统，用余热锅炉生产高品质蒸汽并发电，进入余热锅炉的热空气温度保持在400℃以上；选择300℃左右的烧结废气建立第二组闭路循环系统，采用直接热回收方式将烧结废气返回到烧结机台面，用其预热或干燥烧结原料；将150℃以上的环冷机热空气与烧结机点火炉等组成第三组闭路循环系统，经过两次换热后温度达到250℃左右，再送到烧结机台面作为点火炉的助燃空气和热风烧结等。

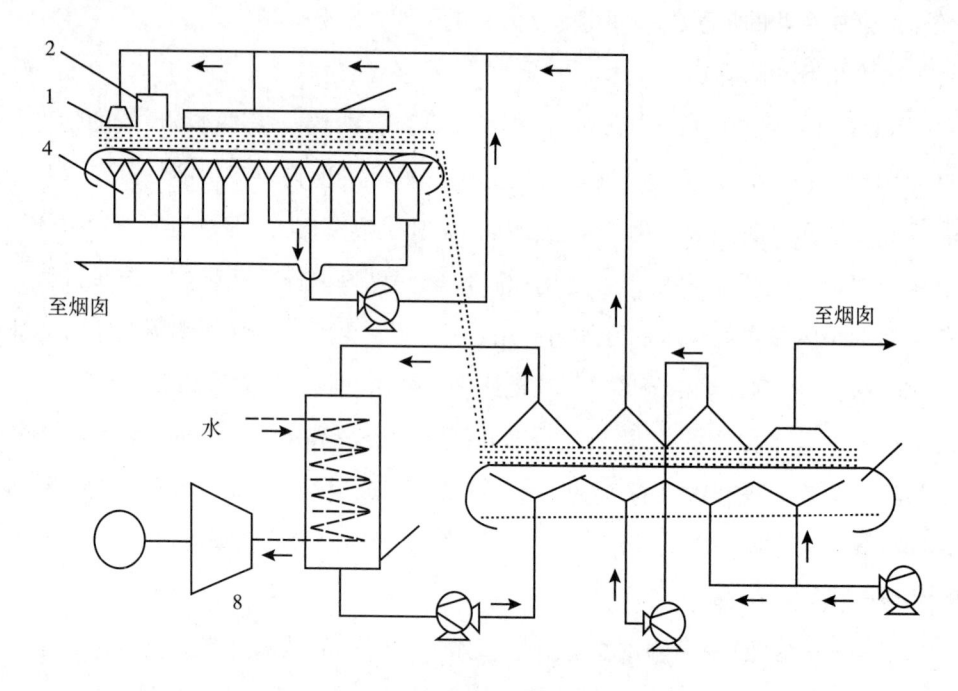

1.热风罩 2.点火炉 3.烧结热风罩 4.烧结机 5.环冷机
6.风机 7.余热锅炉 8.透平机 9.发电机

图7-3 烧结矿余热分级回收与梯级利用流程图

显而易见，最初的烧结矿环冷机是为冷却烧结矿"量身设计"的，所以风量大、层薄、冷却快、漏风严重，不可能实现目前既要快速冷却烧结矿又要高效获得热量的双重目的。2007年，在中国金属学会组织召开的"全国节能环保生产技术会议"上，东北大学提出"烧结矿竖式冷却逆流换热新工艺"。这项工程技术是烧结生产工艺的重大创新，它从工艺及装置两方面彻底解决了传统工艺冷却风量大、漏风率高、换热效率低、烟粉尘无组织排放严重等技术难题。2016年，"烧结矿竖冷窑冷却及显热高效回收发电工艺技术和成套设备开发"项目由天津天丰钢铁股份有限公司投产运行，并通过中国金属学会技术评审。烧结矿竖式冷却热回收技术的成功开发及应用，使我国烧结矿显热回收技术跨上了一个新台阶、跻身世界最前列。该项技术已实现吨矿净发电量27kW，270m^2烧结机余热发电效益4216万元/年，减排二氧化碳5.56万吨/年，减少颗粒物排放250吨/年，经济和社会效益显著。

4. 干熄焦（CDQ）技术

2000年以前我国投产的干熄焦装置均为引进技术，造价高，技术使用受限，推广极为困难。在此背景下，我国对干熄焦装置开展了一系列基础理论研究，探讨了焦炭在干熄炉内的粒度分布、运动行为和换热规律，解决了制约干熄炉冷却能力的炉子结构参数（高径比）和操作参数（气料比）等关键问题。首次应用回转焦、罐接焦等技术，研制出"两高一耐"循环风机等关键装置，最终完成了70~260 t/h干熄焦成套技术并全面实现国产化。干熄焦装置的主要技术指标达到国际先进水平：干熄炉冷却能力3.84 m^3/（t·h），干熄炉高径比0.9，气料比1190 m^3/t，焦炭显热回收率大于80%，焦炭质量M40提高3%~8%，M10改善0.3%~0.8%。研发成果成功应用于马鞍山钢铁集团公司等干熄焦工程，获得了巨大的经济效益、社会效益和环境效益。原济钢的干熄焦国产化技术开发项目"干熄焦技术研究与应用"以及国家发改委组织的"干熄焦引进技术消化吸收'一条龙'开发和应用"项目，先后获"国家科学技术进步奖"二等奖。截至2012年年底，我国已投产和在建的干熄焦装置159套，年干熄焦炭能力15877万吨，占炼铁消耗焦炭量的57.4%，大中型钢铁企业干熄焦普及率为85%，采用高温高压锅炉的干熄焦装置比例达30%。届时，我国干熄焦装置的数量和能力均居世界第一位。

5. 高炉煤气干法除尘技术

进入新世纪以来，我国把高炉煤气干法除尘技术作为高炉炼铁工序的重大节能项目来抓，在大中型企业陆续实施。高炉煤气干法除尘技术主要有布袋除尘器和干式静电除尘器。与湿法比较，经过干法除尘的高炉煤气阻力损失较小（低于20~30kPa）、净煤气温度高（约150℃），而且因为没有净化过程带入的水分，所以煤气的理论燃烧温度高（如果用于热风炉，可以提高热风温度 50~90℃）。经干法除尘的高炉煤气如果用于 TRT 发电，发电效率比湿式提高 30%，湿法 TRT 发电 ≥35kW·h/t，而干法 ≥45kW·h/t。截至 2011 年年末，我国 70% 的大型高炉采用煤气干法除尘技术，其中干式 TRT 装置 330 套，湿式 TRT 装置 78 套。大中型钢铁企业 1000m³ 以上高炉的 TRT 普及率为 98%，平均吨铁发电量 32kW·h/t 铁。首钢京唐两座 5500m³ 高炉均采用干法除尘，吨铁发电量达到 56kW·h/t 铁。待完善的煤气干法除尘技术有：控制煤气温度，防止高炉煤气中酸性介质对管道的腐蚀，解决设备检修量大、滤袋更换频繁等问题。

6. 转炉煤气干法除尘技术

目前，国内外的大部分转炉通常采用未燃法来净化回收转炉煤气，分 OG 湿法和 LT 干法两大类。新日铁开发成功的 OG 湿法技术成熟稳定，安全可靠，操作简单，被国内外钢铁企业广泛应用。在国内广泛应用的是第四代 OG 湿法，由喷淋塔-文氏管（RSW 喉口）净化回收系统组成。转炉的高温烟气（1400~1600℃）经过汽化冷却烟道冷却至 900℃，然后进入蒸发冷却塔，通过喷入雾化水使烟气外温度降至 200℃，烟气含尘量达到 50~80mg/Nm³。在喷淋的同时，还要对烟气进行调质处理，以改变粉尘的比电阻、提高静电除尘器对粉尘的捕集率。经过静电除尘器的合格煤气（150~200℃）流经煤气冷却塔，降温至 70℃后进入转炉煤气柜，烟气含尘量降至 10~20mg/Nm³。LT 干法的投资虽然高于 OG 湿法，但具有节水节电、除尘效率高、风机寿命长、维护工作量小、经济效益好等优点。从宝钢二炼钢厂 250t 转炉首次引进此系统到现在，我国已经有 40 余套。当转炉的铁水比为 90% 时，干法回收的煤气量达 100m³/t 钢以上，可以显著降低转炉炼钢的工序能耗。

7. 焦炉荒煤气显热回收技术

从焦炉炭化室上升管逸出的 650~700℃荒煤气所带出的热量，约占焦炉总输出热量的 30%~35%。为了冷却这些高温荒煤气，不得不喷洒 70~75℃循环氨水。通过循环氨水的大量蒸发，高温荒煤气被冷却至 82~85℃，再经过初冷器冷却至 22~35℃，荒煤气所携带的显热被白白浪费了。喷氨冷却过程，就荒煤气的冷却和初步净化而言虽然是高效的，但其热力学过程却是不完善的。煤气显热大部分被用于蒸发氨水，剩余的热量则消耗在氨水的加热和集气管散热损失上。为回收利用荒煤气的高温显热，我国焦化工作者较早地开发了上升管汽化冷却装置，用来生产低压蒸气。采用上升管气化冷却装置降低了荒煤气的温度和炭化室上升管的外壁温度，从而改善焦炉炉顶的操作条件，减少了后续循环氨水的喷洒量、初冷器的冷却面积和冷却水用量。此外，还有用热管或余热锅炉回收荒煤气显热，以及用荒煤气带出热对焦炉煤气进行高温裂解或重整生产合成氨、合成甲醇及二甲醚等。

河钢邯钢焦化厂 5、6 号焦炉上升管荒煤气显热回收系统于 2015 年 11 月一次性投产成功并正式投入使用，2016 年 11 月通过河北省焦化行业协会组织的专家技术评价。该工程实践表明，荒煤气显热回收技术具有取热充分、可靠性高、安全性强等优点，节能减排效果显著，吨焦回收饱和蒸汽约 100kg，年可回收压力 0.6MPa 的饱和蒸汽 9.2 万吨，折合节约标煤 0.92 万吨，年减排 CO_2 2.3 万吨，整体达到国内外领先水平，在焦化行业具有广阔推广应用前景。

8. 焦炉煤调湿技术

"煤调湿"是"装炉煤水分控制工艺"（CMC）的简称，在装炉前去除炼焦煤中多余的水分，保持装炉煤水分稳定在 6% 左右，然后入炉炼焦。日本全国共有 16 个焦化厂 51 组（座）焦炉，其中有 36 组（座）焦炉配置了煤调湿装置，占焦炉总数的 70.5%。采用 CMC 技术，煤中含水量每降低 1%，炼焦所耗热量降低 62.0MJ/t（干煤）。当煤中水分从 11% 下降至 6% 时，炼焦耗热量降低 10.6kgce/t（干煤）。装炉煤水分的降低，使装炉煤的堆密度提高，干馏时间缩短，因此焦炉生产能力提高 3% ~ 11%；焦炭质量 M40 提高 1 ~ 1.5 个百分点，CSR 提高 1 ~ 3 个百分点；在保证焦炭质量不变的情况下，可多配弱黏结煤 8% ~ 10%。此外，因煤中水分降低可减少 1/3 剩余氨水量，相应减少 1/3 蒸氨用的蒸汽，同时也减轻了废水处理装置的生产负荷。

9. 高炉鼓风脱湿技术

脱湿鼓风是除去高炉鼓风中多余的水分，以实现高炉顺行和节能的目的。高炉鼓风脱湿可以提高高炉风口区的理论燃烧温度、增加喷煤比、降低高炉焦比和鼓风电耗。钢铁企业有大量的余热资源，采用余热蒸汽或高温烟气来驱动吸收式制冷系统，是进行高炉鼓风脱湿的首选。在我国，高炉实施鼓风脱湿的有宝钢、重钢、首钢、永钢和马钢等十几个企业，都取得一定的节能效果。

我国高炉采用脱湿鼓风技术经历了两个阶段。第一个阶段是引进国外的高炉鼓风脱湿装置，1985 年宝钢 4000m³ 高炉从日本引进全冷冻脱湿装置，脱湿机出口空气湿度为 10 ~ 12g/m³，折合每吨生铁的实际节能约 10.6kg 标准煤，投资回收期约为 2 年。第二阶段，国内自主研制脱湿鼓风装置，不仅性能优于国外引进设备，投资也大幅度下降。主要方法有：① 采用电能制冷的冷冻法脱湿，1999 年马钢 2500m³ 高炉采用冷冻法脱湿技术，脱湿机出口空气湿度为 $8\sim10g/m^3$，年节焦 1.8 万吨，年收益 810 万元；② 采用低压余热蒸汽为热源的吸收式制冷技术（承担 100% 冷冻脱湿所需的制冷负荷），如唐钢 1580m^3 高炉以及马钢、莱钢、杭钢等；③ 采用蒸汽溴化锂吸收式冷水机组，先进行初级除湿，再用螺杆冷水机组进行深度除湿。北京硕人海泰能源科技有限公司为江苏永钢 560m^3 高炉设计鼓风脱湿装置，经初级脱湿后空气湿度为 9g/m^3，经深度脱湿后空气湿度降到为 5g/m^3、温度为 4℃。实践表明，高炉鼓风的湿度每减少 1g/m^3，可降低焦比 0.8～1.1kg/t，提高高炉风口区的理论燃烧温度 5～6℃；鼓风机节电 5%～8%。

10. 钢铁企业副产煤气综合利用技术

随着钢铁生产过程的紧凑化、连续化和减量化，钢铁企业的副产煤气产生量增加而主工序消耗量逐渐减少，富余煤气量的瞬时涨落加剧，剩余的副产煤气量逐年增多。钢铁企业副产煤气的综合利用包括以下内容：

（1）煤气热值的综合利用。煤气热值的综合利用主要是指燃气锅炉－蒸汽轮机发电、燃气－蒸汽联合循环发电（CCPP），以及大型锅炉和发电机组发电。2010 年我国已有 15 套 CCPP 发电机组投产，机组容量从 50MW 到 300MW 不等，总装机容量约 2200MW。从已投入运行的 CCPP 机组看，CCPP 发电效率均在 40% 以上。我国除宝钢等少量企业使用全高炉煤气外，其余均为高－焦炉混合煤气，热值约为 1300kcal。就发展循环经济而言，钢铁企业应与其他行业或所在城市构建循环经济产业链，充分利用钢厂的副产煤气和电力行业的大型锅炉及发电机组优势，开展"共同火力"发电。在煤气富余时，共同火力的蒸汽锅炉可以将其全部消耗掉，避免煤气放散，以提高锅炉热效率，降低发电成本；在煤气不足时，"共同火力"的蒸汽锅炉又可以多烧煤，保证正常供电。

（2）富余煤气的资源化利用。富余煤气资源化利用是指以钢铁企业富余的副产煤气为原料，用来生产高附加值的原燃料产品。其中最多的资源化利用方式有焦炉煤气制氢、焦炉煤气和转炉煤气生产甲醇、二甲醚等。例如，四川省达州钢铁集团依据"低质高用、高质高值、动态有序、耦合匹配"的用能原则，开发了以副产煤气为主体的钢铁联合企业能量流的价值优化新模式，将转炉煤气和焦炉煤气转化为甲醇产品的新工艺，实现了副产煤气中碳和氢素流的价值提升和二氧化碳的减排。2009 年，相继建成了首条 10 万吨/年和 20 万吨/年生产线。投产 3 年以来，已累计创利税总额 27568 万元，创增收节支总额 101667 万元。达钢集团的创新模式闯出了一条独具特色的钢铁、煤化工联合企业转型发展，钢铁企业副产煤气再资源化的成功路子，在行业内具有示范和引领作用。此外，钢厂煤气发酵制乙醇等工程项目正在宝钢、首钢和唐钢等企业有序推进。

11.冶金渣综合利用技术

钢铁制造过程产生的大量固体废物，如铁渣、钢渣、氧化铁皮以及除尘系统收集的烟粉尘和冶金尘泥等，统称为冶金渣。冶金渣的综合利用是指高温渣的热利用和资源化利用两个方面。2009年，我国在《钢铁产业调整和振兴规划》的目标是"冶金渣接近100%综合利用"，"十二五"发展规划指出：固废综合利用率要达到72%以上。

熔融渣显热回收技术以处理后的冶金渣必须具有优良的综合利用价值和利用性能为前提。高炉渣量大、回收价值高（1 t 高炉渣含有的热量相当于60g标准煤），是迄今为止钢铁企业尚未得以回收利用的高温余热资源。目前，国内研究较多的是转杯粒化–流化床热能回收法。其实，早在20世纪80年代，国内外就有采用风碎高炉渣进行热回收的技术报道。采用风碎粒化处理工艺时，为了保证处理后高炉渣具有活性，需要大量的冷却风，这使得一方面鼓风动力消耗大、热风温度低，另一方面粒化时粉尘污染大，设备投资高。所有这些问题都使得干法粒化技术很难在工程中推广应用。

（1）高炉熔渣直接制备渣棉、微晶玻璃等高附加值材料的研究较为迅速。高炉水冲渣的综合利用在钢铁厂普遍展开，立式辊磨装备实现国产化并达到国际先进水平，高炉渣微细粉用于水泥混合料或混凝土掺合料的利用率已超过高炉渣总量的76.7%；高钛高炉渣提钛技术已有新进展，高钛型高炉渣高温碳化–低温选择性氯化制取 TiCl 技术，离子熔融还原制取钛硅合金技术，高钛型高炉渣冶金改性处理选择性析出分离技术等研究进入中试阶段。

（2）钢渣处理技术呈现多元化的发展态势，热焖、热泼、滚筒、风淬技术等不断升级。降低钢渣碱度的熔态改质源头固化、带压热焖处理的原位固化，以及钢渣钙镁组分分离提取制备碳酸钙的异位固化，都属钢渣中活性组分稳定化的新技术。其中，有压罐式钢渣余热自解稳定化处理工艺技术已获得工业化应用；棒磨技术与宽带新型磁选提纯技术及钢渣高效细磨与深度选铁装备等发展迅速并实现国产化；钢渣湿法磁选废水的循环利用技术及工艺已投入运行。

（3）冶金尘泥、不锈钢渣、铁合金渣、脱硫渣、精炼渣等利用技术越来越受到重视。鞍山钢铁集团以冶金尘泥为原料,经配料、混合、压球等工序预先制成自还原性含铁锌团块,利用钢铁企业现有装备和余热资源,分别置于高温铁水罐或转炉,实现了将含铁尘泥快速还原、分离、回收铁和锌的目的,解决了钢铁行业含锌尘泥低成本处理和回收的技术难题。自2009年年底开始实施以来,鞍钢有15座转炉、32个铁水罐总计使用含铁尘泥41.4万吨,新增利润5.08亿元,年效益2.16亿元,含铁尘泥综合利用率达100%。申请发明专利12项,已授权6项。该工程项目运行平稳,技术经济环保效益突出,是我国含铁尘泥低成本回收利用技术的发展方向,有广泛的推广应用前景。

第三节 学科主要方向及建设目标

一、面临的问题与挑战

1. 冶金热能工程学科的特点及问题

我国的冶金热能工程学科与国外、特别是与发达国家对应学科有非常大的不同。在我国,冶金热能工程学科由冶金高校的相关专业、国家级和省部级的研究院所以及企业的技术研究院共同来支撑;在国外尤其是发达国家,高校中通常不设冶金热能工程学科,甚至不设热能工程学科,相关学科融合在机械工程学科群(研究对象以航空航天和汽车为主),有关冶金热能工程学科的研究和开发工作主要由企业的研发机构来承当。有关单体设备、热工过程、生产系统的热力学完善程度和能源有效利用程度等热工问题,是我国冶金热能工程学科最基本的研究内容。就能源转换设备或热工过程而言,评价其热力学完善程度及其能源有效利用水平时,通常采用热效率或㶲效率指标;评价不同种类的热工设备或生产系统的能耗水平时只能采用"产品能耗"指标。对于前者,热效率越高单位产品能耗越低,但对于后者则不一定如此。这是本学科与国内外热能工程学科的根本区别。由于学科关注的指标与节能有关,所以本学科与节能减排、发展循环经济、建设资源节约型环境友好型社会最为密切。

2. 冶金热能工程学科面临的挑战

今后,能源供应短缺与能源需求增长的矛盾,过量的资源能源消耗量与有限的资源环境承载力的矛盾,以及能源以煤为主、矿石以贫矿为主等不利因素,都将给我国钢铁工业在技术、经济和管理等方面带来许多难题。将来,艰巨的节能、降耗任务和日趋严格的环保标准,对钢铁工业的资源效率、能源效率和环境效率提出了更高的要求,冶金热能工程学科面临严峻挑战。

(1)基础理论研究滞后,节能理论体系、能量系统分析方法及其评价指标等尚不完善。

长期以来,冶金工业节能一直在热力学第一定律指导下进行,注重能量的"数量",不太注重能量的"品质"和"价值";工业节能依据热力学第二定律以及㶲分析、能级匹配等新方法的工程案例很少,节能缺乏科学理论作指导;评价能耗大小,只有能量"数量"上的评价指标(如吨钢能耗、工序能耗),没用能量"品质"上的评价标准,更缺少合理的能源"价值"定位,导致能源的数量、品质、价值三者不统一,节能与省钱不一致,影响了企业节能的积极性。

(2)冶金节能理论所依据的不仅是热力学第一定律,而是同时依据第一、第二两大定律。

要从能源的"数量"和"质量"两方面分析、评价冶金工业用能的合理性,前者属于第一定律分析法,后者属于第二定律分析法。随着冶金节能的不断深入,节能难度越来越大,第二定律分析方法将显得越来越重要。它是冶金节能问题最严谨、最科学的分析方法,其中的热力学参数"㶲"是这种分析方法的有力工具。

(3)能量流、能量流网络的研究进展缓慢,对钢铁生产过程能量流、物质流的运行规律及其协同作用认识不足。

钢铁领域的研究命题大多围绕铁素物质流的紧凑化、连续化、自动化展开,对能量有效利用方面重视不够,即使有些能量流方面的研究也基本停留在能量平衡的阶段,对于钢铁生产过程的"能量流"运行规律、"能量流网络"的构建和优化以及能量流与物质流相互关系基本没有涉及或研究很少,导致钢铁冶金的节能理论研究滞后,原始创新集成创新能力不足,已经成为制约钢铁工业进一步节能降耗的"瓶颈"环节。因此,"十三五"乃至更长时期钢铁领域的研究工作应着眼于构建钢铁制造流程的能量流网络,分析目前存在的用能不合理模式,实现物质流和能量流协同运行。研究能量流及其能量流网络,从"点空间"到"流空间""场空间",可挖掘出巨大的节能潜力,催生新一轮的节能理论和技术,是新时代背景下钢铁工业的重要研究命题。

(4)"静态""平衡"的观点及研究方法落后,尚不满足企业能源系统生产、使用、管理和控制的需要。

钢铁制造流程是复杂的铁—煤化工过程,是开放的、远离平衡的、不可逆的耗散过程系统。长期以来，用"静态""平衡"的观点和方法，设计、运行、管理和控制能源的生产与使用是不科学的。事实上，无论是能量的输入与输出还是能源的供应与需求，钢铁企业二次能源的生产量与使用量、总供应量与总需求量之间始终是不平衡的。所以，必须用"动态""非平衡""耗散结构"的理论及方法，根据能源介质的数量、品质（热值）和用户需求，科学地规划、设计、调控能源生产与使用，挖掘"非平衡"状态下的节能潜力，发展"界面"技术、原燃料预处理技术、余热余能回收利用技术，是未来钢铁工业节能的有效途径。

二、学科主要方向及研究内容

1. 建设目标

充分发挥冶金热能工程学科在节能减排、建设资源节约环境友好型社会方面的科技优势，服务于国民经济发展重大需求和冶金工业绿色化建设，加强基础科学研究和学术前沿方面的研究，巩固和拓展优势和特色学科方向，培养高水平人才，加强国内外学术交流和合作，提高冶金热能工程学科的整体科研实力和学术水平。到2030年，将冶金热能工程学科建设成知识结构合理、研究方向明确、学科特色突出、专业素质良好的国际一流学科。2050年，达到世界领先水平，主导全球冶金热能工程学科的发展。

2. 学科方向及内容

（1）传热传质与流体流动。①晶体尺度微细界面热质传递机理；②高热/能流密度的能量传递机理；③热物性理论及测试技术；④复杂流动过程的基础理论；⑤多相湍流相间作用机制的可视化。

（2）能源高效转换与梯级利用。①低谷电高效综合利用技术；②能量系统的耗散结构与非平衡热力学分析；③流程工业能源梯级利用技术；④氢源系统与燃料电池集成技术；⑤生物质油制取技术；⑥燃料电池传递过程理论与实验。

（3）清洁燃烧与清洁利用。①高效低污染燃烧理论与设备；②清洁燃料的制备及高效燃烧技术；③燃烧过程多污染物协同治理技术。

（4）系统节能与过程控制。①工业热设备的热测试与热诊断；②工业热过程的模化与控制；③流程工程的运行规律及系统节能；④高耗能产业节能环保新工艺；⑤新型工业炉窑及热交换装置；⑥能源功能材料的研制与开发。

（5）气体分离与人工环境。①基于PSA技术的气体分离技术；②低温气体分离及其节能减排;③人工环境与室内空气品质研究。

(6)工业生态学。①工业生态学与循环经济的基础理论;②资源节约与物质循环;③冶金工程生态链技术;④生态环境材料;⑤生态工业技术评估。

(7)新能源科学与工程。①冶金能源系统工程;②可再生能源及其利用;③新能源开发与利用。

第四节 学科发展规划及技术路线图

一、学科发展方向与规划

1. 物质流、能量流、信息流的耦合优化,将成为实现钢铁生产流程整体优化的时代命题

钢铁制造流程是由相关的、异质的、不同结构功能的工序装置组成的,是一种动态集成运行系统。制造流程必须是可以稳定、高效、安全、可持续运行的生产系统,体现着企业的构成要素、整体结构、运行功能和运行效率,是市场竞争率和可持续性发展的根本,对于我国钢铁工业的可持续发展和建设资源节约、环境友好的循环经济社会具有重要的意义。从根本上来说,钢铁制造流程实质上是物质流、能量流与信息流在时间尺度和空间尺度上通过相互作用、相互影响、相互制约、相互协调而相互转化的过程。其复杂性也充分体现为多组元、多相态、多层次、多尺度的物质流、能量流与信息流在流动中的相互耦合和相互作用。这些物质流、能量流与信息流在系统演化过程中相互联锁、彼此放大,形成一定的行为模式而引起系统行为的变化和波动。钢铁制造流程的物质流、能量流、信息流及其耦合优化已经成为新世纪钢铁制造流程优化的时代命题,是冶金热能工程学科的研究重点。钢铁制造流程的整体信息化,说到底,应该是物质流、能量流、信息流之间互动的综合信息化。破解这样的研究命题,不能只从某一产品的角度来解决,也不能只从某一装置的工艺来解决,只能从流程工程学的层面上来解决。因此,为了掌握钢铁流程工业复杂大系统的动态运行机制,以确定控制和管理的具体方案来解决钢铁工业本身具有的高物耗、高能耗、高污染等问题,必须在系统内处理好物质流、能量流与信息流的相互作用关系。可以预见,未来我国钢铁工业吨钢能耗曲线能否出现较大幅度的下降走势,完全取决于新一轮节能理论、技术和管理手段的支撑,即钢铁制造流程物质流、能量流和信息流的耦合优化。

(1)物质流-能量流网络的运行结构和表现形式。考虑到钢铁制造流程的物质

195

流-能量流网络是一个多因子、多维度、多层次、多目标的复杂性网络,为了从本质上揭示物质流、能量流的运行规律,主要研究物质流-能量流网络的拓扑结构、构成要素以及"流"的性质;构建适用于能源在线管理和智能控制的网络结构;描述物质流-能量流网络的表现形式等。

（2）多因子物质流-能量流控制机理研究。钢铁制造流程是一类开放的、非平衡的、不可逆的、非线性耦合的复杂系统,其动态运行过程的性质是耗散过程。从钢铁制造流程的现代设计、动态运行和智能化调控的角度看,应研究物质流-能量流的不平衡性和非线性作用,建立物质流-能量流之间的相互作用关系,挖掘钢铁制造流程在非平衡态下的节能潜力等。

（3）全流程物质流-能量流网络优化方法。按照能源介质的种类,钢铁制造流程的能量流网络包括煤气流、蒸汽流、电力流、氧氮氩气体和工业水等多介质能量流。主要研究内容包括建立全流程物质流-能量流网络化运行机制,研究能量流高效转换、梯级利用、充分回收、动态缓冲机理和优化方法。

（4）物质流-能量流协同运行机制及控制策略研究。主要研究钢铁制造流程中的物质流、能量流以及二者之间的协同关系和协同运行机制,构建物质流-能量流协同运行评价方法和评价指标,开发一系列基于物质流-能量流协同的关键技术,制定物质流-能量流协同控制策略等。

（5）物质流-能量流-信息流协同运行评价指标体系的建立。主要分析现行能源消耗评价指标体系的不合理性,研究制定科学、合理的评价方法;研究物质流-能量流-信息流协同运行的评价指标和指标体系;研究物质流-能量流-信息流协同运行模式。

2. 回收利用各生产工序所产生的余热余能,使其再能源化或再资源化,是未来钢铁工业节能的潜力所在

据不完全统计,我国每生产1 t钢所产生的余热资源量为8.44GJ,约占吨钢能耗的37%,分别由中间或最终产品、熔渣、废（烟）气和冷却水所携带。目前回收利用量约为2.649 GJ/t钢,占余热余能资源总量的31%（见表7-1）。在高温余热资源中,数高炉、转炉和电炉渣的温度高,且尚未回收。我国除了高炉熔渣采用水淬法回收余热水以外,风淬法和化学法均在实验研究阶段。粒化是高温熔渣显热回收的关键,发达国家为此研究了几十年,成效甚微。我国必须吸取国外研究工作的经验与教训,发挥后发优势,决不能重复别人走过的路。

在冶金工程领域，余热余能的梯级利用技术包括烧结矿余热和炼钢转炉烟道废气余热的高效回收利用，高温高压自循环干熄焦、大型高炉干式 TRT 发电，以及燃用低热值混合煤气的燃气–蒸汽联合循环发电技术等。

表 7-1 我国钢铁企业的余热资源量及回收利用情况（2014） GJ/t 钢

工序	余热资源类别	余热资源量 %	余热资源量 GJ/t 钢	回收量 %	回收量 GJ/t 钢	回收率 %
炼焦	焦炭显热	5.53	0.467	5.26	0.149	31.9
炼焦	焦炉煤气显热	1.92	0.162	—	—	—
炼焦	烟气显热	2.56	0.216	—	—	—
烧结	烧结矿显热	12.30	1.038	10.80	0.286	27.6
烧结	烧结烟气显热	8.00	0.675	—	—	—
炼铁	铁水显热	14.45	1.220	41.53	1.10	90.2
炼铁	高炉熔渣显热	7.17	0.605	0.76	0.02	3.3
炼铁	高炉煤气显热	4.94	0.416	—	—	—
炼铁	热风炉烟气显热	4.92	0.415	6.95	0.184	44.3
炼铁	高炉冷却水显热	12.96	1.094	—	—	—
转炉	钢渣显热	1.79	0.178	—	—	—
转炉	钢坯显热	6.80	0.574	12.80	0.339	59.1
转炉	转炉煤气显热	3.15	0.266	7.51	0.199	74.8
热轧	钢材显热	2.98	0.251	—	—	—
热轧	加热炉烟气显热	8.96	0.756	11.06	0.293	38.8
热轧	炉子冷却水显热	1.27	0.107	2.98	0.079	73.8
合计		100	8.44（290 kgce/t）	100	2.649（90 kgce/t）	31

（1）根据煤气资源的数量、品质和用户需求不同，合理分配使用煤气，完善煤气存储及缓冲系统。煤气的平衡与调度尽量做到就近利用、梯级利用，低热值煤气充分利用，富余的高热值燃料优先考虑作为原料气或集中制氢，实现副产煤气资源化利用和高碳能源低碳化利用。

（2）余热以蒸汽形式回收较为普遍，对于蒸汽系统的研究包括热源的品质和稳定性、热用户的需求及输送方式等。余热利用要避免不必要的能量转换，回收的余热要尽可能地直接用于生产工艺本身，如用炉窑排出的废气预热助燃空气、煤气或干燥物料，以减少熵增造成的能量损失。

（3）根据不同能源介质的特性充分考虑经济输送半径，在合理半径内集中更多的能量，把多种余热余能集中在同一个系统内，提高设备的生产能力和开工率，建立具有一定规模的区域性余热余能回收利用系统。

3. 建立健全智能化能源管控中心，从能量流一侧推动冶金工厂的绿色化、智能化进程

实践表明，企业能源管控中心不是单纯的能源管理部门，也不是单一的计算机信息采集系统，而是能源生产、运行及控制系统的实体。企业能源管控中心配备各种数字式监控仪表和大型计算机，把煤气、蒸汽、电等多种能源介质以及气体（氧、氮、氩、压缩空气）、工业水（新水、环水、软水和外排水）等各种信息集中在一个平台上，既有对能源流向的监测、能源信息显示、预测、预报功能，还要根据物质流的生产情况对能源实施动态优化调度，确保生产用能的稳定供应、经济运行和高效利用。

今后，必须用"动态""非平衡"的观点，重新认识钢铁企业中能源供需关系的基本规律、科学地规划并制定能源供应与使用间的"不平衡"策略，特别是富余煤气、氧气、热力的缓冲和使用问题，科学准确地预示各种能源介质的发生量、消耗量和剩余量。分析构建钢铁企业物质流、能量流协同优化模型，采用全流程动态调控技术，在保证产品产量和质量的前提下，节能降耗，减少排放。在制造流程结构优化和动态有序–协同连续运行概念的指引下，进一步实施物质流网络–能量流网络–信息流网络之间的"三网"协同/融合，以"流"–"流程网络"–"运行程序"协同优化特别是能量流网络优化作为"切入口"，来推动冶金工厂深层次的绿色化、智能化进程。

4. 强化冶金传输过程与反应过程的协同作用，不断提高钢铁生产过程的资源、能源和环境效益

钢铁生产是物质、能量传输和化学反应相耦合的过程，传输过程与反应过程的协同强化是钢铁生产过程实现顺行、高效的关键。2004年，为应对日益严峻的全球气候变化，欧洲15国制订并实施了"超低CO_2排放的钢铁生产"（ULCOS）研究计划，氧气高炉–煤气循环炼铁就是其中的关键技术之一。高炉采用氧气代替传统的热风，

一方面增加了煤粉喷吹量、炉顶煤气经脱除 CO_2 再喷入高炉循环利用；另一方面，由于采用氧气造成高炉下部炉缸温度过高（俗称"下热"），由于煤气发生量减少致使高炉上部气固热交换不足（俗称"上冷"）。由此可见，传热过程与化学反应之间的协同强化是氧气高炉急需解决的关键科学问题：其一是通过数学模型研究煤气循环量、加热温度、循环喷吹位置等关键工艺参数，研究炉内温度场和流场的协同，以实现氧气高炉的顺行；其二是研究高炉在还原势气氛中炉料还原过程的强化机制及其性能演变。

5. 开发低碳冶金技术，及早编制实施我国钢铁工业低碳技术发展路线图

2002 年，欧洲 15 国的 48 个组织在 Arcelor Mittal 协调下，制订了"超低 CO_2 排放的钢铁生产"（ULCOS–Ultra Low CO_2 Steelmaking）研究计划，其中 ULCOS Phase II 采用纯氧和去除挥发分的预热煤，保证排出气体是纯 CO_2，以便捕集和回收。现已有 8 t/h 的中试装置，2030 年可取代到龄高炉；ULCOS Phase III 是完全不用碳的铁矿石电解法（碱液浸出或热电解）。此研究目前还处于实验室小试阶段，期望在 2050 年前后，非化石能源成为主流，钢铁工业届时进入低碳技术时代。

日本通过 Cool Earth 50（COURSE50）创新技术，积极参与国际钢铁协会和欧盟的行动计划，推进日本钢铁工业的二氧化碳减排进程，到 2030 年前减排二氧化碳 30%。其中炼铁工序的 CO_2 排放将从 1.64 吨/吨粗钢，降到 1.15 吨/吨粗钢。日本钢铁学会协同六大钢铁工业公司提出 COURSE50 的建议书，其核心是用重整后的焦炉煤气（H_2 65%、CO 35%），对铁矿石进行直接还原或喷吹到高炉中。

中国钢铁工业以矿石和焦炭为原料的高炉–转炉流程为主，电炉钢约占 10% 左右，CO_2 减排任务尤为艰巨。中国钢铁工业急需及早制定 CO_2 减排路线图，深入开展节能减排，以及在熔融还原、直接还原和焦炉煤气重整等已有工作基础上，开展氢还原的基础研究。

二、学科发展目标及技术路线图

1. 中短期（到2025年）目标及技术路线图

（1）建立基于热力学第一和第二两大定律的冶金工业系统节能理论体系、能量系统分析方法以及能效评价指标体系等，开发一批具有国际领先水平的节能降耗减排技术、建立"动态""非平衡""耗散结构"的理论及方法，指导企业能源系统的生产、使用，管理和控制。吨钢能耗实现 550kgce/t。

（2）在制造流程结构优化和动态有序 – 协同连续运行概念的指引下，深入开展钢铁制造流程物质流网络、能量流网络和信息流网络的耦合优化研究，以及智能化能源管控中心的升级改造，实现"三流""三网"的动态 – 有序、协同 – 连续运行，实现综合经济效益最大化。

（3）原燃料预处理技术、焦炉煤调湿技术、高炉鼓风脱湿技术等得到广泛应用。以"高炉 – 转炉区段""转炉 – 连铸区段""连铸 – 轧钢区段"为代表的"界面"技术得到普遍推广。

（4）工业炉类型实现多元化，更好地适应钢铁企业原燃料条件、产品结构和轧制工艺的变化。辐射管加热技术、富氧燃烧技术、脉动燃烧及其控制技术、高温蓄热燃烧和以纯高炉煤气为燃料的蓄热式火焰炉技术等工业炉节能技术得到普遍应用。

（5）余热余能回收利用技术升级推广。"烧结矿竖式冷却热回收""高炉/转炉煤气干法除尘""转炉烟道废气余热回收""焦炉荒煤气显热回收""高温高压自循环干熄焦""大型高炉干式TRT发电"等技术在大中型钢铁企业广泛推广应用。

（6）副产煤气综合利用技术优化组合。以锅炉 – 蒸汽轮机发电、燃气 – 蒸汽联合循环发电（CCPP）为代表的"煤气热值综合利用技术"和以富余的副产煤气为原料生产高附加值原燃料产品的"富余煤气资源化利用技术"有机组合，取得显著经济效益。

（7）冶金渣综合利用技术迅速发展。高炉渣、钢渣、冶金尘泥、不锈钢渣、铁合金渣、脱硫渣、精炼渣等冶金渣综合利用技术不断进步，综合利用率接近100%。

（8）低碳冶金技术扩大开发应用。强化冶金传输过程与反应过程的协同作用，熔融还原、直接还原和焦炉煤气重整直接还原等技术不断完善，钢铁生产过程的资源、能源和环境效益不断提高，钢铁工业加大CO_2减排步伐。

2. 中长期（到2050年）目标及技术路线图

（1）高炉 – 转炉长流程紧凑、高效，能效水平国际领先。电炉短流程长足发展，全废钢电炉短流程成为我国钢铁生产的主要流程。吨钢能耗实现320kgce/t。

（2）非化石能源冶炼、超低CO_2冶炼技术、氢还原技术等实现工程应用，钢铁工业进入低碳技术时代。

（3）冶金工业生态学理论体系日益完善和成熟，基于冶金过程中的生态位及其有序化、消纳代谢机制、供需生态链及相应的价值链等理论得以建立，载能体网络构筑完成，并与社会资源、能源系统合理链接，实现冶金工业与社会经济系统的高效融合。

参考文献

[1] 陆钟武. 我国冶金热能工程学科的任务和研究对象[J]. 钢铁, 1985, 20（2）: 63-67.

[2] 陆钟武, 周大刚. 钢铁工业的节能方向和途径[J]. 钢铁, 1981, 16（10）: 63-66.

[3] 陆钟武, 谢安国. 再论我国钢铁工业节能方向和途径[J]. 钢铁, 1996, 31（2）, 54-58.

[4] 殷瑞钰. 冶金流程工程学[M]. 北京: 冶金工业出版社, 2004.

[5] 殷瑞钰. 钢铁制造流程的本质、功能与钢厂未来发展模式[J]. 中国科学E辑: 技术科学, 2008, 38（9）: 1365-1377.

[6] 苏伦·埃尔克曼. 工业生态学[M]. 徐兴元, 译. 北京: 经济日报出版社, 1999.

[7] 殷瑞钰. 节能、清洁生产、绿色制造与钢铁工业的可持续发展[J]. 钢铁, 2002, 37（8）: 1-8.

[8] 殷瑞钰, 蔡九菊. 钢厂生产流程与大气排放[J]. 钢铁, 1999, 34（5）: 61-65.

[9] 古宾斯基, 陆钟武. 火焰炉理论[M]. 沈阳: 东北大学出版社, 1996.

[10] 蔡九菊, 赫冀成, 陆钟武. 过去20年及今后5年中我国钢铁工业节能与能耗剖析[J]. 钢铁, 2002, 37（11）: 68-73.

[11] Ayres R U. Rationale for a physical account of economic activities[M]//Managing a material world. Springer Netherlands,1998:1-20.

[12] Fischer-Kowalski M. Societys Metabolism. On the Development of Concepts and Methodology of Material Flow Analysis. A Review of the Literature[C]//ConAccount Conference on Material Flow Accounting, Univ. of Leiden, January. 1997: 21-23.

[13] 陆钟武, 蔡九菊. 系统节能基础（第2版）[M]. 沈阳: 东北大学出版社, 2010.

[14] 蔡九菊, 孙文强. 中国钢铁工业的系统节能和科学用能[J]. 钢铁, 2012, 47（5）: 1-8.

[15] 蔡九菊. 中国钢铁工业能源资源节约技术及其发展趋势[J]. 世界钢铁, 2009（4）: 1-13.

[16] G Danloy, A Berthelemot, M Grant, et al. ULCOS-Pilot testing of the low-CO2 blast furnace process at the experimental BF in Lulea[J]. Revue de Metallurgie, 2009（1）: 1-8.

[17] 赵沛, 郭培民. 煤基低温冶金技术的研究[J]. 钢铁, 2004, 39（9）: 1-13.

撰稿人: 蔡九菊　王　立　杜　涛

第八章 粉末冶金

第一节 学科基本定义和范畴

粉末冶金是以金属粉末（或金属粉末与非金属粉末的混合物）为原料，经过成形和固结制造金属材料、复合材料及制品的一种节能、节材、绿色、高效、可持续性制造技术。与传统的熔铸工艺相比，采用粉末冶金工艺不仅材料的利用率高，可达95%以上，而且其生产能耗和生产成本也较低，能够分别降低25%和40%以上。粉末冶金材料和制品广泛应用于交通（汽车、摩托车）、机械、冶金、电力、环保、电子信息、石油化工、航天航空、家用电器及核工业等领域，对我国工业技术进步、国民经济发展和国防建设具有重要意义。

第二节 国内外发展现状与成绩

在粉末冶金领域，新技术与新材料，如增材制造技术、纳米材料等不断涌现，高性能、多功能、高强度、复杂形状零部件的批量生产技术也在快速发展。

近年来，国外粉末冶金零件生产一直以相当高的速度增长，同时特别重视对高密度、高强度、高精度、复杂异型零件的开发，并由此发展出许多粉末冶金新材料、新技术、新工艺，也由此推动了精密成形装备的迅速发展。其突出表现在：① 原材料粉末设计的合理化、制造技术的精细化；② 零件形状的精密化、复杂化；③ 零件的高致密化、高性能化；④ 装备的自动化和智能化。

国内粉末冶金零件制造技术也取得了巨大进步，从家用电器到汽车零部件、从我国第一颗原子弹到"神舟五号"，都有许多国产关键粉末冶金零部件。不过，整体水平与国外先进水平相比，无论在材料性能、技术水平，还是粉末冶金零件的质量、品种和生产能力上都与国外存在较大的差距。

第三节　本学科未来发展方向

未来我国粉末冶金应紧抓国家进行产业结构调整和升级所带来的机遇，围绕国家的汽车、船舶、航空航天、机械、国防装备等产业发展对粉末冶金新材料、新技术、新产品的需求，解决制约国内高性能、高精度、复杂粉末冶金零件发展的瓶颈问题，创新性地开展粉末冶金新材料、新技术、新产品研究，实现粉末冶金技术从重点跟踪仿制到创新跨越的战略转变，全面提升我国粉末冶金零件制造水平，提高国产粉末冶金零件的国际市场竞争力，使我国粉末冶金技术水平进入世界先进行列。

第四节　学科发展目标和规划

一、中短期（到2025年）发展目标和规划

1. 中短期（到2025年）内学科发展主要目标和方向

发展和完善先进的粉末制备技术，粉末冶金精密成形技术，粉末冶金烧结技术，先进的粉末冶金装备制造技术，建立粉末冶金后续加工与质量控制的工艺技术规范及标准。实现粉末冶金朝着高效率、高质量、低能耗方向发展，推动粉末冶金的广泛应用。

使我国的粉末冶金综合技术水平达到或接近世界先进水平，初步实现我国从粉末冶金大国向粉末冶金强国的转变。

我国综合指数接近德国、日本实现工业化时的制造强国水平，基本实现工业化、信息化两化融合，进入世界制造业强国第二方阵。

2. 中短期（到2025年）内主要存在的问题与难点

我国铁基粉末的产量居世界前列，但在技术、装备、生产水平、产品系列化及质量稳定性等方面同国外存在较大的差距。其他特种粉末（钨、碳化钨、钛、纳米粉末等）在综合资源利用、自动化生产、节能环保、产品质量稳定性等方面还需努力。

粉末冶金机械零件是粉末冶金的主流产品。中国粉末冶金零件制品产量很大，但总体来说，技术水平不高，中低端产品较多，与国外先进水平相比存在较大差距。亟待开发高致密、高性能、高效率、低成本和绿色制造的复杂精密零件的粉末成形

技术体系。

需要对传统烧结进行节能改造，开发短流程和新能源烧结技术。对固相烧结、液相烧结、热压、热锻、热等静压、喷射沉积、烧结硬化、压力烧结、放电等离子烧结、超固相线烧结、微波烧结、选择性激光烧结、多场耦合烧结、热静液挤压等工艺和技术做进一步深入的研究与推广应用。

粉末冶金的质量控制在国内均未开展深入的研究和制定相应的标准规范，包括检验和评估均有待建立和健全。

我国的粉末冶金装备制造业还处于较低的水平，部分先进的粉末成形和烧结装备需要从发达国家进口，导致国内粉末冶金零件产品制造水平较低，能耗较大的局面。

由于人类过多使用高碳能源，导致极限气候频发，给人类生活带来严重灾害。为了实现人类与自然和谐共存目标，必须改变现有的生活方式，节约能源，减少CO_2的排放，保护生态，迎接低碳时代的到来。新能源汽车正在逐渐使用，而作为新能源汽车的重要组成部分，粉末冶金零部件也朝着节能减排目标发展。

3. 中短期（到2025年）内技术发展重点（包括关键应用基础研究、关键技术工程研究、重大装备和关键材料，或重点产品和关键技术）

发展和完善先进的粉末制备技术，实现粉末制备的高性能化、系列化、专业化、标准化，达到节能减排、降低成本、自动化和绿色生产的目标，建立各种粉末性能数据库和质量标准，提高国产粉末的国际市场竞争力。

从原料粉末出发，开发高熔点、超微细、非平衡、超高纯等粉末的制造技术及粉末表面修饰、处理与复合化技术。

发展和完善粉末冶金精密成形技术，实现粉末冶金成形技术向高密度、精密成形的战略转变，推动技术向生产力的转化；建立粉末冶金成形技术规范及质量标准；拓展粉末冶金零件在汽车、机械、航空、航天、深海、军工等领域的应用。

近终成形技术。通过高智能化模具设计与模具表面处理技术，充分利用数据库的模拟、均匀填充状态的验证、烧结工序中温度与气氛的模拟及精确控制等，实现复杂形状、薄壁轻量、高性能制品的近终成形。

无模成形技术。重点研究粉末快速原型技术、喷墨成形技术、3D打印技术等，实现多品种、小批量制品的低成本高效生产。

发展和完善粉末冶金烧结技术，建立粉末冶金材料烧结性能数据库、工艺技术规范及质量标准，实现粉末冶金烧结技术朝着节能、高效方向发展，推动先进烧结技术的转化。

节能烧结技术。烧结时间的缩短是十分重要且必要的。对高速烧结工艺，如高频加热、通电加热、毫米波加热、微米波加热等进行了研究，已实现了短时间烧结。今后，高效化与连续化烧结仍是需要研究的课题。

烧结余热利用技术。如重点研发高效热电转换材料与器件，实现烧结余热的高效利用。

建立粉末冶金后续加工与质量控制的工艺技术规范及标准，来提高粉末冶金烧结零件性能。如提高粉末冶金烧结零件的物理和力学性能，改善粉末冶金零件表面的光洁、美观、耐蚀、耐磨，提高烧结零件的尺寸精度，提高粉末冶金工艺的性能价格比和拓展粉末冶金零件的使用范围。

发展和完善先进的粉末冶金装备制造技术，建立粉末冶金装备技术标准，实现粉末冶金装备制造朝着高效率、高质量、低能耗方向发展，推动国产粉末冶金装备的广泛应用和发展。

与其他加工技术的融合。与其他加工技术以及所制造的材料进行融合，获得新功能，进一步提高制品的形状复杂程度、精度与性能。

二、中长期（到2050年）发展目标和规划

1. 中长期（到2050年）内学科发展主要目标和方向

进一步完善先进的各类粉末的制备与后处理技术、精密成形技术、先进烧结技术、装备制造技术，完善粉末冶金后续加工与质量控制的工艺技术规范及标准。实现粉末冶金朝着高效率、高质量、低能耗方向发展，推动粉末冶金材料及制品的广泛应用。

使我国的粉末冶金综合技术水平达到世界领先水平，真正实现我国从粉末冶金大国向粉末冶金强国的转变。

我国综合指数达到甚至超过美国制造强国水平，实现工业化及信息化完全融合，进入世界制造业强国第一方阵。

2. 中长期（到2050年）内主要存在问题与难点

运用"大数据"技术，进一步挖掘市场潜力，大幅度提高制造业的赢利能力。

低碳发展，开辟一条全球经济增长的新路径。以清洁低碳能源为主的可持续绿色生产体系，能源供应中可再生能源等低碳能源比例不断提高。

3. 中长期（到2050年）内技术发展重点（包括关键应用基础研究、关键技术工程研究、重大装备和关键材料，或重点产品和关键技术）

利用大数据、物联网等技术，实现粉末冶金生产全流程工业化及信息化深度融合，不断提升创新能力和效率、降低成本，推动粉末冶金工业可持续、低碳、绿色生产。实现材料高强化、复合化、多功能化、纳米结构化以及高强化、轻量化、形状复杂化制品及零部件的绿色、高效生产，使我国粉末冶金工业达到世界领先水平。

三、中短期和中长期发展路线图

中短期和中长期发展路线图见图8-1。

目标、方向和关键技术	2025年	2050年
目标	发展和完善先进粉末制备技术、粉末冶金精密成形技术、粉末冶金烧结技术、先进粉末冶金装备制造技术，建立粉末冶金后续加工与质量控制的工艺技术规范及标准。实现粉末冶金朝着高效率、高质量、低能耗方向发展，推动粉末冶金的广泛应用	进一步完善先进的各类粉末的制备与后处理技术、精密成形技术、先进烧结技术、装备制造技术，完善粉末冶金后续加工与质量控制的工艺技术规范及标准。实现粉末冶金的可持续、低碳、绿色、高效发展
方向	使我国的粉末冶金综合技术水平达到或接近世界先进水平，初步实现我国从粉末冶金大国向粉末冶金强国的转变。我国综合指数接近德国、日本实现工业化时的制造强国水平，基本实现工业化，进入世界制造业强国第二方阵	使我国的粉末冶金综合技术水平达到世界领先水平，真正实现我国从粉末冶金大国向粉末冶金强国的转变。我国综合指数达到甚至超过美国的制造强国水平，实现工业化、信息化，进入世界制造业强国第一方阵
关键技术	高熔点，活性金属粉末制备技术 粉末处理技术 非晶、非平衡粉末制备技术 球形微粉制备技术 粉末形状和粒径原位测量技术 纳米金属颗粒制备技术 超高纯度粉末制备技术 粉末混合与复合化技术	高熔点，活性金属粉末制备技术的完善 非晶、非平衡粉末的制备技术 超高纯度粉末的制备技术 粉末混合与复合化技术
	粉末均匀填充技术 高速成形技术 近终成形技术 MIM精度脱脂技术 自润滑高密度成形技术 无模具成形技术	近终成形技术 无模具成形技术 3D打印技术的实际应用与推广 MIM的全自动化技术的推广

图8-1

目标、方向和关键技术	2025 年	2050 年
	3D 打印技术 MIM 中缩短黏结剂除去技术 MIM 全自动化技术 新黏结剂材料开发 压制坯体加工技术	
	加热与烧结气氛控制技术 无需整形的高精度成形与烧结技术 新附加场（电磁波、电场等）的烧结技术 微小部件成形与烧结技术 大型零部件烧结技术 烧结体缺陷评价装置 高效率余热利用技术 低温短时间烧结技术 IT 化成形与烧结技术	复合化成形与烧结技术 多场烧结技术 微小部件成形与烧结技术 大型零部件烧结技术 烧结体缺陷评价装置 高效率的余热利用技术 IT 化的成形与烧结技术
	高品质、高附加值材料 与新用户领域相对应的新材料、新制品	高品质、高附加值材料
	与其他材料部件组合的技术（熔浸、焊接等） 先进的技术设计和制造工艺 粉末、成形体、烧结体试验方法的标准化 支撑高品质、新功能评价技术 各种特征数据库升级 高强度化技术 模拟与仿真技术 非接触式尺寸精度与表面粗糙度自动测量 表面加工处理技术 模具设计技术的标准化	与其他材料部件组合的技术 先进的技术设计和制造工艺 粉末、成形体、烧结体试验方法标准化的完善 高品质、新功能材料的评价技术 各种特征数据库的完善 高强度化技术的推广应用 模具设计技术标准化的完善
	对应于节能与减少温室气体排放技术（长寿命等） 稀土充分利用技术 再循环利用技术 已有技术向粉末冶金领域的导入 研究开发体制整备 技术与经营的融合 知识产权经营、专利战略的确立 对应 ISO，与海外行业协会合作	应对社会需求和制约因素的技术 节省资源的材料技术（对应资源枯竭问题） 与海外行业协会合作
	确保人才的培养 产学研协同研究体制的构建（粉末冶金中心）	确保人才的培养

图 8-1 中短期和中长期发展路线图

第五节　与相关行业、相关民生的链接

注重制造业的整体价值链发展。政府应鼓励新商业模式，发展生产服务业，鼓励生产和创新活动的集群化。界定粉末冶金在工程技术、人员技能和市场营销方面的优势，促进制造业出口，发掘中小企业潜力。

撰稿人：贾成厂

第九章 真空冶金

第一节 学科基本定义和范畴

真空冶金是在小于一个大气压下所进行的金属及合金的冶炼、提纯、精炼、加工及处理等的物理化学过程，既包括几乎无任何气氛环境的非常高真空条件下的冶炼过程，也包括采用惰性气体稀释气氛环境中的 O_2 或 CO 碳等组分分压的准真空条件。对于钢铁及合金领域涉及的真空冶金技术主要包括真空感应熔炼、真空电弧重熔、真空电渣重熔、真空电子束熔炼、真空钢包精炼、真空循环脱气、真空电弧精炼、真空脱碳精炼、氩氧脱碳精炼、真空浇铸、真空烧结、真空还原、真空焊接、真空镀膜、真空表面处理、真空热处理等，其极限工作真空度可达到 $10^{-2} \sim 10^{-3}$ Pa，甚至可以达到更高的水平。本报告只涉及真空熔炼部分。

真空冶金的主要目的主要在于：①可以使所熔炼材料中 H、O、N 等气体元素含量或较易挥发的杂质元素（如 Pb、Sn、As、Sb、Bi 等）的含量大幅度降低，提高材料的纯净度；②隔绝空气，避免材料中的元素在大气条件下熔炼的二次氧化，特别是可以精确控制与氧、氮亲和力强的活性元素如 Al、Ti、B、Zr 等，提高元素的收得率；③促进有气态产物产生的化学反应，以达到特定的冶炼效果。

第二节 国内外发展现状、成绩、与国外水平对比

一、国内外发展现状

20 世纪 50 年代末至 70 年代初，真空冶金出现发展高潮，在设备结构、炉容量、产品及产量方面均有很大发展，达到工业化的水平。美国康萨克（Consarc）公司、德国 ALD（前身为 Loybold-hereaus）公司、日本真空株式会社等致力于大型真空冶金设

备的制造。

真空冶金理论研究也有突出进展，1963年美国真空协会成立，1964年第一届国际真空冶金会议召开，以后每三年一次。70年代中期真空冶金发展处于相对稳定阶段，生产能力稳定增长，工艺稳定、完善，向程序控制和自动化方面发展。

1. 真空感应炉熔炼的发展现状

真空感应炉大约始于1920年，用于熔炼镍铬合金。直到第二次世界大战，由于真空技术的进步使真空感应炉熔炼才开始真正发展起来。第二次世界大战期间欧美等国家已达到了实用化程度并取得了飞速发展，日本也相继采用。这种方法多用于熔炼耐热钢、轴承钢、纯铁、铁镍合金、不锈钢等多种金属材料。这一方法使材料的断裂强度、高温韧性、耐氧化性等都得到了明显改善。

真空感应炉一般用无铁芯型的感应圈，设置在炉体内的称内热型；感应圈设在真空炉体外的称外热型。外热型炉主要用于小型炉，容量为0.5~3kg，电源多数用高频发生器。内热型炉小型炉亦可用，但主要用在大型炉。1956年真空感应炉的容量已达到1.0~1.5 t和2.3 t。1962年达到5.4 t，用于制作真空电弧炉电极。这种炉子熔炼效果好，活性金属消耗少，成分容易控制。

由于大型真空抽气设备（如增压泵）的出现，真空感应炉也逐步向大型化发展。以美国为例，1969年真空感应炉的容量已达到27 t的规模。满足了各种金属材料工业化生产的要求。西欧各国家也在20世纪60年代，将炉子向大型化发展并不断改进，可在冶炼过程中不破坏真空，在装料、铸模准备及浇铸操作等过程实现连续或半连续的真空感应熔炼，自动控制操作可提高冶炼速度和效果。近年来，美国、日本等国家在所用的坩埚耐火材料表面上喷涂一层内衬，大大地提高了坩埚的使用寿命，减少了对熔炼金属的污染。

国外真空感应炉晶闸管变频电源的功率已达10MW以上，频率150~500Hz。炉子的功率越大，电源的频率越低。在电控方面，较大容量的炉子均采用PLC控制。这种控制方式已经非常成熟。要实现PLC控制，需要有可靠的传感元件，使用很多真空元器件及各种接近开关、磁性元件。将真空度、液压缸、气缸、卷扬机的位置信号，浇注转台的转动角度信号等联接至PLC，把分散的扩展单元与中央控制器相连接，达到控制的目的。

真空冶金的特点是炉料与大气隔绝，所以能熔炼在高温下易与氧、氮等气体化合或对其污染的金属。真空感应熔炼在高温合金、精密合金、高强度钢、超高强度钢等生产中广泛应用，对现代航空、航天技术的发展有重要贡献。还用于有特殊耐蚀和强度性能要求的不锈钢、软磁材料、导热材料和其他特殊合金。概括起来说，随着技术的发展，真空冶金主要用于熔炼含有易氧化烧损元素的材料、对氮、氢、氧等气体敏感的材料、高蒸气压元素作为有害杂质而常压下难以去除的材料、洁净度要求极高的材料以及组织要求非常均匀致密的材料等。

国外高水平真空感应熔炼可将元素 Al、Ti 的波动范围控制在 ±0.10% 以内，B 的波动范围控制在 ±0.010% 以内；由于真空感应炉内冶炼空间氧、氢等气体的分压很低，溶解在钢液中的气体会自动从钢液中逸出并被抽出炉外去除，因而降低了钢种气体含量。国外高水平真空感应熔炼可将氧含量控制在 3×10^{-6} 以下，氮含量控制在 5×10^{-6} 以下，氢含量控制在 1×10^{-6} 以下。

近年来在真空冶金技术的数值模拟、从工艺设备角度控制产品质量方面都得到了较大的发展。例如，随着计算机技术的不断发展，计算水平得到迅速提高，科研工作者从技术本身机理出发建立了大量的数学模型，用于描述真空冶金工艺过程中的各种物理场及其可能存在的复杂化学反应，深入理解相应的工艺过程，试图找到更好的控制冶金过程的途径。

根据生产和经济要求，真空感应熔炼可以进行不同程度的扩展，在与其他浇注系统组合方面有很强的适应性，从而扩展了真空感应炉的功能，实现了一机多用，提高了综合经济效益。多功能的真空感应炉可分为以下几种典型类型：① VIM-VCC（Vacuum Induction Melting with Vertical Continuous Casting）真空感应熔炼带垂直连续铸造；② VIM-HMC/VMC（Vacuum Induction Melting with Horizontal or Vertical Mold Chamber）真空感应熔炼带分离的水平或垂直铸模室；③ VIM-HCC（Vacuum Induction Melting with Horizontal Continuous Casting）真空感应熔炼带水平连续铸造；④ VIM-IC（Vacuum Induction Melting with Investment Casting）真空熔模铸造；⑤ VIM-FC（Vacuum Induction Melting with Flake Casting）真空感应熔炼带薄片铸造；⑥ VID（Vacuum Induction Degassing）真空感应脱气；⑦ VIDP（Vacuum Induction Degassing and Pouring）真空感应脱气和浇注。

新型真空感应熔炼真空感应脱气和浇注具有熔化、精炼、合金化、脱气和浇注的功能，又称为真空感应脱气浇注炉。其熔炼室体积比同等容量常规炉小，缩短了抽真空时间和熔炼周期。小体积的熔炼室有利于温度和压力的控制、回收易挥发元素以及准确控制合金成分。

对于有些材料，如耐热钢、耐蚀钢等特殊钢，仅需要在真空下保温、脱气（也可精炼），而不必在真空下浇注，由此设计出了一种钟罩式真空脱气炉真空感应脱气。真空感应脱气不强求在真空下加入钢液，运行真空度在 13.3～133.3Pa（1～10^{-1} torr）范围内。这种形式的炉子体积小，对一定用途而言，其技术经济性好，无须体积庞大的 LF/VD 型脱气炉。真空感应脱气代表了一种灵活机动的小容量炉子的二次冶金的概念。

2. 冷坩埚熔炼技术的发展现状

感应熔炼活性金属时，对所用陶瓷坩埚材料的高温化学稳定性要求十分严格，一些情况下，由于活泼金属与坩埚材料的相互作用，很难熔炼出非常纯净的材料。采用一种水冷分瓣铜坩埚真空感应熔炼技术，取代原有陶瓷型坩埚，即可有效地防止坩埚材料对熔炼金属的污染，这种技术称之为真空冷坩埚感应熔炼技术。

应用冷坩埚感应熔炼活性金属的概念，最早由德国 Siemens 和 Halsker 提出专利。在以后的 40 年中，由美国、德国、法国及苏联等国家不断发展、研制和改进工艺，使该工艺实现商业应用。法国 A. Gagnoud 等提出了冷坩埚悬浮熔炼工艺，即物料在冷坩埚中处于悬浮状态进行熔炼，消除凝壳，用来解决高熔点及活泼金属半工业化生产问题，并可广泛用于高纯材料、半导体和放射性材料的冶炼。日本 N. Demukai 等也报道了对冷坩埚悬浮熔炼中悬浮力和传热行为进行基础性实验的结果。铜坩埚分瓣的目的是为了避免导电的坩埚对电磁场产生屏蔽作用，水冷的目的是为了使坩埚壁温度保持在冷态，避免熔池中熔料与坩埚发生物理和化学反应。开始阶段，这种无渣、分瓣水冷铜坩埚感应熔炼技术在熔炼过程中炉底往往形成较大的凝壳，故又称之为感应凝壳熔炼。经过进一步的发展，凝壳可以减小以至完全消除，故简称为冷坩埚熔炼技术。冷坩埚熔炼的主要特点有：①它能够在无坩埚材料污染环境下对材料进行熔炼和处理，因为在熔炼过程中熔体和坩埚壁处于非接触状态，坩埚壁温度处于冷态，熔体和坩埚壁间不会发生任何形式的相互作用；②该技术采用感应加热方式，熔体在加热过程被搅拌，可获得均匀的过热度和化学成分；③由于铜坩埚一直处于冷态并且不与熔体接触，因此坩埚可以和高熔点或活泼性元素熔体共存；④该技术可用于真空或任何气氛下，因此冷坩埚技术特别适用于熔炼活泼金属、高纯金属、难熔合金和放射性材料等。这一技术由于其先进性而被广泛研究并迅速工业化。俄罗斯、美国、德国、日本、中国都开始有工业化装置出售，其中以俄罗斯技术最为突出。俄罗斯科学院电热研究所经 30 年的探索与研究，已成功地领先开发了大容量冷坩埚，据报道苏联已成功研制出容量达 1500L 冷坩埚。

俄罗斯科学院电热研究所已有效地采用冷坩埚真空感应熔炼炉熔炼了 Ti、Ta、Nb、Cu、U、Ni、Cr、La、Mo、Si、W、V 等多种金属、合金及一些超合金、金属化合物等。北京钢铁研究总院已成功熔炼了多种金属间化合物和合金，其中包括 Ti3Al、TiAl 基合金、Ni3Al、NiAl 基合金、NiTi 记忆合金、AlLi 低密度合金和 Tb-Dy-Fe 磁性伸缩材料和耐热钢、镍基合金等数十种合金成分。

此外，冷坩埚技术可以解决核废物难熔和某些成分对设备的腐蚀等问题，并可生产太阳能级硅材料。目前，法国及俄罗斯已成功地用冷坩埚来固化具有不同放射性水平的无机废物和有机废物。这一技术也用在处理像美国汉富特碱性高放废液这样的复杂体系的玻璃固化研究中。

通常大型冷坩埚采用平底直筒式，以节省制造费用，但往往会残留较大凝壳。小型坩埚可采用抛物面炉底，便于物料搅拌并增加对熔体的悬浮力。适当增加分瓣数量可以减少对电磁场的屏蔽，过多分瓣会给坩埚制造和整体强度带来不利影响，一般采用 20 瓣左右。瓣间缝隙以便于绝缘和清理为准，一般 1~2mm。坩埚材料常采用高纯铜以减少阻抗，提高电效率。冷却系统是冷坩埚稳定安全运行的保证，设计时应充分考虑。感应圈形状和采用频率视坩埚尺寸而定，通常采用中频，1000~8000Hz。冷坩埚熔炼，坩埚处于冷态，消耗部分能量，通常需采用大功率，以增加电磁斥力，热效率一般小于 50%。

冷坩埚熔炼技术能制备高纯均匀活性金属和陶瓷材料；与连铸技术相结合能进行冷坩埚电磁连铸技术，提高铸锭表面质量，改善内部组织；与定向凝固和连铸技术相结合的冷坩埚定向凝固技术已成功进行钛合金的定向凝固；与多晶硅制备技术相结合能连续制备多晶硅，杂质含量少；与雾化沉积技术相结合的冷坩埚雾化沉积技术具有熔化合金种类多、适用范围广的优点。

国外厂家在冷坩埚感应熔炼设备容量已经超过 200kg（以钛计），而国内几个厂家的设备容量都在 50kg 以下。在金属氧化物熔炼领域，使用温度已经超过 3000℃，而国内普遍在 3000℃以下。在钛合金及铝合金等领域，真空冷坩埚感应熔炼设备分为顶部吸注、倾转浇注、底部浇注和倾斜式浇注四种形式。按照生产工艺又可分为周期式和半连续式。针对模壳系统的铸造方式，又可分为重力铸造、离心铸造和附加磁场和热场的特殊铸造方式。近年来还出现了冷坩埚悬浮熔炼技术，其前身是 1923 年开发的悬浮熔炼技术。但由于这种工艺的炉容量有限，且温度控制困难，限制了它的工业化应用。通常的悬浮熔炼技术，物料置于半球形高频感应线圈中进行无坩埚熔炼，熔体仅限于几克到十几克，引入水冷坩埚后，通过采用不同频率分段感应，上部采用较高频率加热熔体，下部采用较低频率增加对物料悬浮力，最大悬浮熔炼能力已达到2000g以上。目前，从查阅资料及相关调研情况看，国内厂家制造冷坩埚悬浮熔炼设备容量最大可以达到80g，国外ALD公司制造的冷坩埚悬浮熔炼设备最大为30L，用于熔炼钛、锆等活性金属。冷坩埚设备极限真空度可以达到10^{-6} Pa，国内应用相关设备熔炼了多种金属和合金，包括La、Sm、Ti、Ti–50Al、Cr、V–30Ta、V–35Ta、Ni–20Cr、Si–10Al、Si–30Al等合金，另外，还进行了V和V–Ta合金、Nb和Nb–Ti、Nb–Zr合金、Mo和Mo–Ti合金、Ta和Ta–Ti合金以及Co–Cr–W合金的熔炼。

3. 真空电弧熔炼的发展现状

真空电弧熔炼是在真空中利用电弧来加热熔炼金属的一种方法，包括真空电弧重熔炉（VAR，也叫真空自耗炉）、真空凝壳炉（VSF）和真空电弧加热脱气精炼炉（VAD）。按电极的种类，可分为自耗电极真空电弧炉与非自耗电极真空电弧炉。

真空自耗电弧法冶炼最先应用在难熔金属的冶炼方面，最早利用真空电弧熔炼金属的是Robert Hare，他在1839年就已经进行真空电弧熔炼白金的实验；1879年，威廉·西门子制造出世界上第一台直流电弧炉，当时的炉容量很小，难以用于工业生产；随后W. V. Bolten于1903在西门子公司也进行了真空自耗电极熔炼钽的实验工作，这些实验都是在实验室内进行的；后来出现了交流电弧炉，但由于当时的电力成本太高，导致电弧炉发展十分缓慢。1939年由于钛的需求，W. J. Kroll进行了自耗电弧法熔炼钛的实验，对工业用途的自耗电弧炉研究起了促进作用；逐渐发展至1949年，具有现代形式的自耗电弧炉炉开始应用。20世纪50年代以后，随着电力成本大大降低和大型真空泵的出现，真空电弧炉才正式应用到工业上；1953年利用自耗炉熔炼钛等活性金属进入大规模生产；1957年开始使用真空自耗电弧炉熔炼特殊钢，使得黑色冶金方面采用的真空自耗电弧炉迅速发展；1960年左右自耗炉生产的最大锭重已达30多吨。德国、日本、美国、英国、俄罗斯等国家都有大量真空自耗炉在运行。

我国在20世纪60年代初开始试制真空自耗电弧炉，宝钛集团于1971年制造了3 t真空自耗电弧炉，可生产直径为711mm、长1.7m的钛锭；1990年设计制造了6 t真空自耗电弧炉，可生产直径为820mm，长2.5m的钛锭；2003—2009年引进了德国ALD公司制造的7台10 t真空自耗电弧炉，主要用于合金钢、钛锭的生产。目前国内电炉厂和研究所设计制造的自耗电弧炉多数提供给各研究院所，少量用于生产，吨位多为0.2~1 t，属于中小型设备，最大为3 t，其自动化程度和结构上的完善性与国外的同类设备相比均有相当大的差距。

自耗电极熔炼的特点是生产规模大，铸锭的组织均匀。而非自耗电极熔炼则生产能力小，多用于处理散料，同时易从电极带来污染。真空电弧熔炼工艺简单，但电极制备很重要，将原料加工成待用电极，其化学成分要合格、导电性好、电阻均匀、弯度小，杂质或合金成分要分布均匀。所得产品的杂质含量低，成分分布均匀，晶粒细，无缩孔、气孔、裂纹等缺陷。这种方法最终的成材率达85%~90%。

真空凝壳炉是从解决 Ti、U 等高温活性金属的熔炼和浇注开始的。这种熔炼法所形成的熔池能被金属自身结成的凝壳保护，使熔炼金属液不再受坩埚的污染。真空自耗电弧凝壳炉利用自耗炉的熔炼条件，利用预先制成的所需直径和长度的自耗电极，在水冷铜坩埚中进行快速熔化，达到预定的熔化量后，倾斜坩埚，将液态的钛注入固定在离心盘上的铸型内，从而获得完整的形状和清晰轮廓的各种铸件。在熔炼过程中，被熔炼金属会在水冷铜坩埚上凝结成壳，凝壳炉也因此而得名。

1950年，美国开发了一台小型的凝壳炉，克服了真空电弧炉不能铸造、感应炉坩埚耐火材料对活性金属的污染等问题。它兼有二者之优点，构成了新的炉型。由于它的出现，使真空感应炉熔铸 Ti 件几乎全被它所代替。真空电弧凝壳炉多用于 Ti 及其合金的铸造。近年来也用它熔炼和铸造钨、钼、钽、铌等合金，还用以回收部分钛和钛合金废料。目前世界先进技术的国家都有这种炉，形成其容量达 25~1000kg 的系列产品。

1965年我国宝钛集团（原宝鸡有色金属加工厂）从国外引进了一台25kg真空自耗电弧凝壳炉，拉开了我国钛及钛合金铸件的工业化生产的序幕。20世纪70年代，中国航空材料研究院精铸中心成功研制了 ZH-8 型真空凝壳炉。紧接着宝钛集团、洛阳725所、沈阳真空技术研究所等单位相继将真空凝壳熔炼技术应用于钛及钛合金铸造中，并取得了一系列技术进展。现已有容量为5kg、25kg、50kg、100kg和250kg的真空凝壳炉产品。目前国内最大的真空凝壳炉为洛阳725所1t真空凝壳炉。

4. 电子束熔炼技术的发展现状

电子束熔炼指高真空下，将高速电子束流的动能转换为热能作为热源来进行金属熔炼的一种真空熔炼方法，简称EBM。

1905年德国的西门子公司和 Haisko 用电子束熔炼钽首次获得成功，重熔锭的纯度和加工性能都优于真空电弧炉重熔的锭子。但当时世界上的真空技术发展水平还很低，从而影响了电子束熔炼技术的发展。直到20世纪50年代，美国的 Tomoscai 公司才将电子束熔炼发展到工业化生产规模，引起了世界各国的关注。几个工业发达国家相继开展了电子束炉的研制工作，其中美国和德国发展最快。这样，电子束熔炼也就发展成为一种新的特种冶金技术。中国是 1958 年开始电子束熔炼炉的研究和试制工作的，到了 60 年代已经具备了工业化生产的规模。

通常电子束熔炼金属具有高的纯洁度与良好的铸态组织，从而具有高的机械性能，特别是高的塑性、韧性及各向同性。应该指出：电子束熔炼过程中，由于熔池温度高，过热度大，金属处于液态的时间长，因此铸锭在凝固时，柱状晶发展，这就给开坯带来不利的影响，所以在制定工艺参数时，应考虑防止柱状晶过分长大的问题。另外，电子束熔铸锭还易产生一些表面冶金缺陷，如表面横向裂纹、冷隔、表面不光滑等，这些都应通过优化工艺参数及提高操作技术水平来解决。

电子束熔炼主要用于材料的提纯、真空浇铸以及贵金属的回收重熔，还可以用于制取半导体材料和难熔金属及其合金的单晶等。电子束熔炼是利用高能量密度的电子束在轰击金属时产生高温使金属熔化。由于这一过程是在真空中进行，并且材料处于熔融状态的时间可按需要控制，因此可以获得较好的提纯效果，容易获得高纯度的材料，这是电子束熔炼优于其他真空熔炼的一个重要特点。此外，由于电子束能量密度高，能量调节方便，特别适用于熔炼难熔金属。对于金属钽，经电子束一次熔炼后，总气体含量可下降 88%，经二次电子束熔炼后，总气体含量可降低 99%；对于金属铌，一次熔炼可使总气体含量降低 89%，二次熔炼可降低 96.5%；对于金属钨，一次熔炼可使总气体含量降低 96%，二次熔炼降低 99%。由此可见，电子束熔炼的提纯效果是十分显著的，对于其他金属材料如钼、镍基合金、高强钢等，都有很好的提纯效果。

真空技术和计算机技术的进展及电子枪可靠性与工作性能的提高，推动了电子束熔炼技术的发展。20 世纪 60 年代和 70 年代美国电子束熔炼能力的增长不大。直到 1982 年 Axel Johnson Metals 公司建成备有四个 600kW 电子束枪的冷床炉用于加工钛，在产能上才取得重大的进展，并在 20 世纪 80 年代中有多台电子束炉投入使用。

1997—1998 年为 20 世纪电子束熔炼能力最大的扩建高潮。一些公司纷纷扩大产能，THT 公司建造了第二台最大的熔炼炉，炉子装备了六只 825kW 的电子枪，总功率达到 4950kW，可生产重约 23 t 的大锭。另一个钛加工厂家 International Hearth Melting 公司 1997 年开始建造迄今最大的电子束熔炼炉，这台炉子由四只 600kW 和四只 750kW 电子枪驱动，总额定功率为 5400kW。1998 年上述两台炉子交付使用，美国的熔炼能力达到大约 28000kW，在世界上居第一位。

苏联，尤其是乌克兰科学院巴顿电焊研究所在电子枪和电子束熔炼方面处于国际一流水平，尤其是发明了新一代性能更好寿命更长的气体放电型电子束熔炼炉。

由于电子束热源的高度灵活性，近年来又诞生了电子束滴熔法、电子束熔模铸造、电子束纽扣坩埚熔炼等几种其他的重熔和精炼方法。

滴熔的坯料供给方式有两种，即水平式和垂直式。对于重复重熔，需应用垂直给进。滴熔炉一般采用两个或多个电子枪，以利用反射电子束，减少金属蒸发和飞溅。熔化的金属滴入至一个水冷铸模内，去除气体并蒸发各种杂质，同时连续铸造成铸锭。对于特殊钢熔炼，电子束滴熔钢的纯度和性能优于真空电弧钢和电渣重熔钢，但加工成本较高，主要用于制造高耐磨机器零件，其主要优点是金属和非金属杂质以及填充元素极大减少。

采用电子束热源和水冷铜坩埚的熔模铸造，用于生产具有定向凝固组织或单晶组织的高温合金透平零件和具有等轴晶粒组织的钛零件。所用坯料必须是熔炼的清洁材料，没有任何污染物。采用电子束熔炼能够在浇铸前和浇铸过程中使熔体过热，从而增加金属的流动性。电子束熔铸只适用于要求高生产率的场合。电子束熔铸的明显缺点是，在浇铸过程中由于水冷铜坩埚内的熔体存在温度梯度而使金属温度降低，因此不能用于生产具有非常细小等轴晶粒组织的超高温合金铸件。

电子束连续熔炼炉（EBCFM 法）主要用于生产高纯特殊钢、镍基、钴基高温合金；用海绵钛及废铁生产纯钛锭和用于直接滴流法生产难熔、活泼金属及合金。产品高为 3m，断面为（470～1350）mm×（150～250）mm 的扁锭或直径为 400mm 或 800mm 的圆锭。用 EBCFM 法还可以生产细晶粒盘坯（ϕ508mm×136.5mm）及等晶细晶锭。用这种方法可以得到宏观晶粒尺寸小于 0.2 mm 的 Inco718 合金盘坯。这种炉变更铸造系统可进行真空铸造，也可以用于旋转制粉。

5. 冷床炉熔炼技术的发展

20 世纪中期以来，真空电弧重熔技术是钛及钛合金的一种重要熔炼方法，但它对钛及钛合金中造成疲劳裂纹和锻造裂纹的高密度夹杂和低密度夹杂的去除能力有限，并且需要进行 2 次、甚至 3 次熔炼。随着冷床炉的发展，冷床炉逐渐成为高品质钛及钛合金的重要冶炼手段。冷床炉包括电子束冷床炉（EBCHM）和等离子冷床炉（PACHM），主要用于难熔金属和活性金属（钽、铌、钼、钨、钒、铪、锆、钛）及其合金的重熔和精炼，其中应用最为典型的就是进行钛及钛合金的熔炼，但两种熔炼方法各自具有不同的特点。EB炉适合熔炼纯钛和低合金钛，PA炉适合熔炼钛合金，但EB炉熔炼元素挥发较为严重，PA炉熔炼铸锭中容易出现气孔和表面冷隔。电子束冷床熔炼炉是一种钛合金的新型熔炼技术，这种技术不仅对钛合金中高低密度夹杂有显著的去除效果，还提高了熔炼过程中残料的利用率、铸锭的组织均匀性和表面质量。

冷床熔炼技术在国外发展较快，应用较广，尤其是美国，其冷床熔炼技术发展最成熟，生产能力最大，产能占钛熔炼总产能的45%。形成了"冷床熔炼+真空自耗熔炼"生产转子叶片级优质钛材的工业标准级生产方法，并纳入相应航空标准。同时，美国还积极发展钛锭一步法熔炼技术，经一次冷床炉熔炼的扁锭，直接轧制成钛板带，应用于从装甲到体育休闲的多种工业产品，在军用和民用领域得到了推广应用。我国目前大部分冷床炉都是从国外进口，技术发展与国外差距较大。

大型冷床熔炼炉最新设计的冷床熔炼炉引入"C或L"形冷床等专利技术以及熔炼区与精炼区双冷床分体双溢流设计、精炼区加长等优化设计，"拱形"冷凝罩设计，能承受更大的重量，并不断向大型炉子方向发展，目前全世界功率4000kW以上的等离子冷床熔炼炉超过7台，最大功率5.4MW，配备有七把等离子枪；电子束冷床熔炼炉的最大功率为6400kW，配备有八把电子枪，单枪功率800kW。

另外，在冷床炉的发展中更强调高效化，老炉子一次熔炼只能生产一个铸锭，且每次熔炼结束，铸锭和冷床上的壳体必须冷却，下次熔炼时再重新预热冷床上的壳体，造成熔炼过程的中断，生产效率低。新设计的冷床熔炼炉一般为两个炉室，可方便实现一个炉室生产完成冷却，另一个炉室再次熔炼；更重要的是一个炉室一次熔炼可直接拉出2~4个铸锭。

6. 真空二次精炼技术的发展现状

除了在特种熔炼中采用真空冶金技术外，在钢铁生产的大流程中钢水炉外精炼是真空冶金的重要应用领域之一。真空炉外精炼方法包括真空提升脱气精炼、循环式真空脱气精炼、单嘴真空精炼、真空吹氩精炼、真空吹氧脱碳精炼、真空加热脱气、V-KIP等。

目前，大部分普钢和几乎所有的特钢对质量的要求越来越高，氩氧脱碳精炼、真空吹氩精炼、真空吹氧脱碳精炼、循环式真空脱气精炼已经成为制备特殊钢材料的重要手段，尤其是对气体含量要求极高的钢种，几乎都要采用真空冶金的方法进行制备。真空炉外精炼可用于低成本、高效率制备电渣重熔和真空电弧重熔的电极母材。

因此，这里介绍几种与特种冶金流程关联度较高的真空冶金方法。

（1）真空吹氩精炼（VD）。

真空吹氩精炼是在真空处理的同时向钢液内进行吹氩的一种炉外精炼方法。具有如下功能：① 有效地脱气（减少钢中的氢、氮含量）；② 脱氧（通过 C+［O］→CO 反应去除钢中的氧）；③ 通过碱性顶渣与钢水的充分反应脱硫；④ 通过合金微调及吹氩控制钢液的化学成分和温度；⑤ 通过吹氩、脱氧产生的气泡，使得夹杂物附着在气泡上，使夹杂物聚集并上浮。针对真空吹氩精炼过程，目前开发了很多吹氩过程流场分布模型，还有预测过程终点钢水温度、碳脱氧过程、气体含量的预报机理模型、经验模型或统计模型等，用于指导实际生产过程。目前，工厂常用的真空吹氩精炼过程真空度仅为 66.7Pa（0.5torr）左右，真空度较低，可以在一定程度上去氢，但脱氮效果一般不明显，因此，用于生产对气体含量一般要求的钢种。另外，真空吹氩精炼过程处理时间过短则脱氧产物不能充分上浮，处理时间过长则耐火材料表层被钢液长时间冲刷剥落进入钢液，不利于钢中夹杂物的控制。

（2）真空吹氧脱碳精炼（VOD）。

真空吹氧脱碳精炼是现今世界范围内第二位的不锈钢精炼手段。可以冶炼超低碳、氮的不锈钢产品。为西德维腾特殊钢厂（Edelstahlwerk Witten）于 1967 年所发明，第一台容量为 50 t。我国第一台容量为 13 t，于 1982 年在大连钢厂投产。真空吹氧脱碳精炼的实质是真空处理和顶吹氧相结合。虽然在它的钢包底部也进行吹氩，但不是为了稀释氧气和降低 CO 分压力，而是为了搅拌以促进钢液的循环。主要用于冶炼不锈钢、工业纯铁、精密合金、高温合金及其他合金结构钢等。真空吹氧脱碳精炼在真空下吹氧精炼，钢中 Pb、Sn 等有害元素含量低。另外，真空吹氧脱碳精炼过程降碳保铬效果好，通过控制真空度，可在铬几乎不被氧化的情况下脱碳。脱碳后用于还原渣中（Cr_2O_3）的还原剂用量少；由于是在钢包中精炼，精炼后不吸收氮、碳，更适合冶炼超低碳、超低氮不锈钢，是不锈钢生产的核心技术，多数生产不锈钢的企业均配有真空吹氧脱碳精炼炉。

20 世纪 70 年代以后，又出现了一种强烈搅拌的 SS-VOD 技术，特点是依靠强烈底吹搅拌，并保证较高的钢包净空高度，生产超低碳氮铁素体不锈钢。

（3）氩氧脱碳精炼（AOD）。

氩氧脱碳法具有多种精炼功能，适于各类高合金钢和特殊性能钢种（如超纯钢种）的精炼，尤其是冶炼不锈钢的"神器"。早在 1954 年，克里夫斯基就提出了用混合气体降低 CO 分压来脱碳的思想，1967 年在美国乔斯林不锈钢厂建成并投产了第一台 15 t 氩氧脱碳精炼炉。由于它具有基建投资少，操作及维护简单，冶炼质量优越，经济效益显著而引起冶金界广泛关注，各国争相引进，发展十分迅速，其发展速度超过了早于它诞生的真空吹氧精炼法。至今，世界不锈钢总产量的约 80% 以上是用氩氧脱碳精炼炉生产的。

在精炼不锈钢时，它是在标准大气压力下向钢水吹氧的同时，吹入惰性气体（Ar，N2），通过降低 CO 分压，达到类似真空的效果，从而使碳含量降到很低的水平，并且抑制钢中铬的氧化。氩氧脱碳精炼法的优点包括：其精炼过程铬回收率高，适合生产低碳和超低碳不锈钢，易将特殊钢中 S 含量控制在 0.005% 以下；对于原材料要求较低，可以利用廉价的高碳铬铁，可以使用 100% 返回废钢生产不锈钢；在高碳区吹炼速度快，反应的动力学条件优越；设备简单、操作方便、基础建设投资低和经济效益显著等。

氩氧精炼问世以来，其应用范围在不断扩大，由开始精炼不锈钢进而精炼高强度结构钢、碳钢、低温用钢、大锻件及厚板用钢、抗氢致诱导裂纹用钢、抗层裂钢，甚至工具用钢等。还广泛用于铸钢件生产以提高其内部及表面质量。

目前，我国氩氧脱碳精炼技术与国外还存在一定差距。在生产操作技术方面，我国的氩氧脱碳精炼炉耐火材料和气体消耗量较大、炉龄短，与国外先进水平存在较大差距。除此之外，我国氩氧脱碳精炼炉的粉尘灰利用率很低，尤其是其中 Cr_2O_3、NiO 等贵重金属氧化物的回收利用程度较低。

（4）循环式真空脱气精炼（RH）。

循环式真空脱气精炼是生产超低碳钢、洁净钢的重要精炼手段，是目前世界上应用最广泛的精炼手段之一。作为炉外精炼的重要方法，循环式真空脱气精炼具备生产效率高，精炼效果好，装备投资少和容易操作等诸多优点。循环式真空脱气精炼的工作原理是通过抽真空使真空室内外产生压力差，从而将钢包钢液抽吸到真空室内，同时向上升浸渍管内吹入气体，利用气泡泵原理使钢液在上升浸渍管、真空室、下降浸渍管和钢包之间进行循环流动，钢液在真空室内进行充分精炼反应后经过下降管流回钢包，与包中钢液发生搅拌和混合，并推动钢液继续进入上升管进行循环。随着技术的进步，循环式真空脱气精炼在生产超低碳钢和洁净钢方面表现出了显著的优越性，是现代化钢厂中一种重要的炉外精炼方式。

50 多年来，随着科学技术的进步，循环式真空脱气精炼技术取得了巨大进展，由起初单一的脱气设备发展成为包含真空脱气、脱碳、吹氧脱碳、喷粉脱硫、温度补偿、均匀温度和成分等的一种多功能炉外精炼技术。20世纪七八十年代，日本在循环式真空脱气精炼的基础上开发出了真空吹氧脱碳法，最典型两种就是RH-OB真空吹氧脱碳法和RH-KTB真空顶吹氧脱碳法，这两种精炼方法最大的优点就是能促进真空条件下脱碳反应的进行，减少精炼过程中钢液的温降。宝钢于1985年引进300 t循环式真空精炼设备，便采用了当时尚处于开发阶段的RH-OB技术。RH-KTB真空顶吹氧脱碳法是1986年日本川崎制铁开发的，国内宝钢和武钢于20世纪90年代引进该技术。除此之外，循环式真空脱气精炼喷粉功能也迅速发展：1993年日本新日铁广畑厂开发RH-MFB多功能顶吹氧技术，1997年攀钢引进该技术；1994年Messo公司开发RH-MESID技术，1999年宝钢应用此技术。

通过技术更新，循环式真空脱气精炼相关技术均已取得长足进步，从而有效提高了目标成分、温度的精确控制水平和生产效率。

（5）真空提升脱气精炼（DH）。

真空提升脱气精炼是由原西德的多特蒙德（Dortmund）和豪特尔（Horder）两公司联合研制。这种精炼方式与循环式真空脱气精炼不同，它采用一根浸渍管抽吸和放出钢水，当浸渍管插入钢水，真空室抽真空，钢水就上升到真空室中，然后下降钢包或者提升真空室，使脱气后的钢水重返钢包内。如此多次处理，直至结束。真空提升脱气精炼的优点是仅通过升降真空室就能对真空室内的钢液进行处理，从而可以使真空室实现小型化，同时此方法在精炼过程中不形成滴流，钢液温降小。除此之外，真空提升脱气精炼可以在精炼过程中添加合金而且合金元素收得率高。

在20世纪80年代以后，基本很少有新建的DH真空处理设备。经过约20年的开发，真空提升脱气精炼在功能上已无太大差异，反观对于循环式真空脱气精炼新功能的开发越来越多，而且效果很好。在钢水的环流方面，连续的循环式真空脱气精炼比周期性的真空提升脱气精炼在冶金操作上更容易。同时真空提升脱气精炼设备复杂，操作费用和投资费用较高，目前应用较少。

7.与真空冶金相关的特殊钢和特种合金生产流程的发展现状

（1）普通轧材和锻材。

对于普通轧材和锻材的生产制备，其主要冶金流程是：初炼（EAF/AIM）-精炼（AOD/LF/VD/VOD）-铸锭（CC/IC），在流程中氩氧脱碳精炼、真空吹氩精炼、真空吹氧脱碳精炼冶炼往往是材料的终端冶炼工序，对最终产品质量控制起着至关重要的作用。

（2）电渣轧材和锻材。

对于高合金的产品，为了控制最终产品的凝固质量，往往采用特种冶金生产工艺流程，其前端一般采用真空精炼经连铸和模铸提供自耗电极，然后采用电渣冶金方法作为材料的终端冶炼工艺，再进行电渣轧材和锻材的生产制备。对质量要求很高的品种，则采用真空感应熔炼制备自耗电极。

（3）双真空轧材和锻材。

对于质量要求极高的特殊钢和特种合金，如航天航空材料，则采用真空感应和真空自耗的双真空熔炼工艺制备。对于航空发动机涡轮盘这样要求可靠性极高的产品，则采用三联熔炼工艺：真空感应熔炼＋电渣重熔＋真空自耗重熔工艺。

二、我国真空冶金技术发展所取得的成绩

1. 真空感应炉熔炼技术

（1）设备结构和功能多样化。

我国在引进消化吸收国外真空感应炉设备先进技术的基础上，也研制了多种类型的真空感应炉，包括立式单室真空感应炉、立式双室真空感应炉、带有流槽室的真空感应炉、锭模室升降式真空感应炉、带有底吹系统的真空感应炉、双门带坩埚旋转式真空感应炉、侧门旋转轴式真空感应炉。熔炼室和铸锭室相分离，实现连铸的铸锭功能。

东北大学也于2004年开发成功了200kg的多功能真空感应精炼炉，具有真空下顶吹氧、底吹惰性气体（Ar、N_2）、喷粉、造渣和合金化等功能，可以实现超纯铁素体不锈钢、超纯IF钢、电工钢等特殊钢的冶炼。

（2）设备大型化。

早期，我国的真空感应炉都比较小，大多数为200kg，其余的炉子容量在350～1300kg之间，多数是进口的。1978年抚顺特殊钢有限公司从德国引进了一台为3 t/6 t大型真空感应炉。另一台为4.5 t/6 t，是1997年初投产的。抚顺特殊钢有限公司于2004年新引进了一台德国ALD公司制造的6 t/12 t真空感应炉，宝钢特钢也引进了12 t的真空感应炉。2016年抚顺特殊钢有限公司从德国引进了20 t的大型真空感应炉，还正在引进1台30 t真空感应炉。我国多家民营企业在近几年引进了多台6 t的大型真空感应炉。另外，国产真空感应炉大型化也取得进展，目前已能设计制造3 t以下的设备，2015年投产了1台13 t的真空感应炉，目前正在制造1台6 t的真空感应炉。

(3) 装备和工艺技术的进步。

1) 电磁搅拌和惰性气体搅拌。感应炉冶炼本身已存在较强烈的搅拌作用,加上电磁搅拌后,气体上升到熔液界面大量析出,对于材料的去气有很好的效果。必须注意的是,要选择合适的搅拌功率,避免对炉衬的过度冲击。

在气体搅拌时,惰性气体通过注入坩埚底部的锥型多孔塞进入熔池。当惰性气体穿过熔融金属时,气泡体积和表面积增大,靠近金属液面时,体积明显膨胀,使气体和金属间有更高的比表面进行交换反应,缩短了熔液表面的更换周期,并改善整个熔池的均匀性。同时,还使细小的氧化物聚集,夹杂物漂浮到熔融金属表面,达到净化材料的效果。

2) 熔炼电源。早期的感应炉电源都是电动机–发电机变频机组。到1970年后,真空感应炉大多配置可控硅静止变频电源。经过40多年的发展,可控硅静止变频电源技术已经非常成熟。在整个冶炼周期中,功率从1%~100%的平滑调节,使操作极其灵活、准确、无波动;变频电源的频率在一定的范围内是变化的,能自动跟踪适应炉料的变化,无需大电流接触器来开关电容器,调节炉子的功率因数;效率高,三相对称电网负荷,工作状态非常优越。

3) PLC控制。可编程序控制技术使得真空熔炼设备的自动化和半自动化运行成为可能。设备严格按用户设置的程序运行,工艺技术条件得以严格控制,可重复性强。对设备运行和工艺过程实施高度控制。例如,真空机组的开关、监测,真空阀门的开闭、联锁、切换,故障的识别、报警,预防误操作等都由PLC控制。

4) 计算机辅助系统的应用。根据实践所积累的丰富经验数据编制成计算机软件,计算机通过对实测的温度与软件给定的工艺曲线进行比较,调整电源功率输出,从而控制钢液的温度,防止精炼期熔液的温度过热和过低,实现经济运行。熔池的实际温度是通过扫描式光学高温计连续测定的。在测量过程中,熔池表面的渣子、添加合金元素、光学玻璃的污染等原因都会影响被测数据的准确性,计算机将自动进行修正。

精炼后期,取样分析后一般要调整合金成分。在中间分析的基础上,按合金成分的要求,补加合金元素的数量由计算机计算决定,并由打印机记录存档。

5) 中间包冶金技术的应用。为了更好地去除钢中夹杂物,提高钢水洁净度,添加可实现加热、保温功能滤渣去夹杂物中间包系统。中间包设有挡墙和挡坝,有利于夹杂物的上浮,钢水经挡渣、过滤后注入锭模,减少了渣子和夹杂物进入钢锭,对提高钢材质量有极大的作用。

2. 冷坩埚熔炼技术

我国钢铁研究总院成功开发了冷坩埚悬浮熔炼工艺和技术，研制成功了 2.5kg 冷坩埚真空感应悬浮熔炼炉。国内应用相关设备熔炼了多种金属和合金，包括 La、Sm、Ti、Ti-50Al、Cr、V-30Ta、V-35Ta、Ni-20Cr、Si-10Al、Si-30Al 等合金，另外，还进行了 V 和 V-Ta 合金、Nb 和 Nb-Ti、Nb-Zr 合金、Mo 和 Mo-Ti 合金、Ta 和 Ta-Ti 合金以及 Co-Cr-W 合金的熔炼。

3. 真空电弧炉熔炼技术

我国在 20 世纪 60 年代初开始试制真空自耗电弧炉，宝钛集团于 1971 年制造了 3 t 真空自耗电弧炉，可生产直径为 711mm、长 1.7m 的钛锭；1990 年设计制造了 6 t 真空自耗电弧炉，可生产直径为 820mm，长 2.5m 的钛锭。目前，国内设计的真空自耗炉基本可以满足钛熔炼的要求，但不能满足特殊钢和高温合金的熔炼。国产的真空自耗炉开始尝试采用基于电极称量的熔速控制技术和熔滴控制技术。

我国 6 t 以上的大型真空自耗炉均是国外引进，但在工艺技术消化吸收方面取得了明显进步：如真空自耗电弧重熔熔速控制关键技术、真空自耗电弧重熔理论、真空自耗电弧重熔易偏析合金的控制策略等。同时，真空自耗电弧重熔过程控制精准化程度不断提高、数字化技术和在线精确测量技术得到应用。氦气冷却和防止锰元素挥发的充氩技术也得到了应用。

我国 1965 年宝钛集团（原宝鸡有色金属加工厂）从国外引进了一台 25 kg 真空自耗电弧凝壳炉，拉开了我国钛及钛合金铸件的工业化生产的序幕。20 世纪 70 年代，中国航空材料研究院精铸中心成功研制了 ZH-8 型真空凝壳炉。紧接着宝钛集团、洛阳 725 所、沈阳真空技术研究所等单位相继将真空凝壳熔炼技术应用于钛及钛合金铸造中，并取得了一系列技术进展。现已有容量为 5kg、25kg、50kg、100kg 和 250kg 的真空凝壳炉产品。目前国内最大的真空凝壳炉为洛阳 725 所 1 t 真空凝壳炉。

4. 电子束熔炼技术

真空电子束炉可以用来熔炼有色金属中的高温、高纯度稀有金属，例如难熔金属铌、钽、铪等；用在黑色金属冶炼中，例如优质合金钢、镍基和钴基合金等方面。但在电子束熔炼炉产生早期，由于电子枪寿命低，而且电子枪价格高等因素，该技术的发展受到很大的限制。近些年来，真空电子束炉的发展已经达到了相当高的水平，在国内得到了一定程度的工业化应用。这得益于真空电子束炉的核心部件——电子枪得到了高水平发展。

北京长城钛金公司开发了一种最新型的冷阴极高压辉光放电型大功率电子枪。2008年初该公司成功设计制造出100kW的冷阴极电子枪,同年6月25日,这款冷阴极电子枪在3000伏电压下点火实验成功,性能达到国际同类产品先进水平。目前,该公司已经能够制造100～600kW的大功率冷阴极电子枪系列设备。这种新型电子枪采用冷阴极,取消了传统的钨丝结构,枪体本身不需要抽真空,结构简单,操作方便,使用寿命长,成本仅为进口同类电子枪的30%。随着我国对电子枪制造技术的掌握,目前我国已经可以制造出自己的电子束炉。

电子束技术的发展,使得电子束炉不断发展出新的形式。电子束物理气相沉积(Electron beam physicalvapor deposition,EB-PVD)是以电子束为热源的涂层工艺,通常是在真空状态下,利用具有高能量密度的电子束轰击沉积材料(金属、陶瓷等)使之熔化、蒸发,并在基体上沉积形成涂层。北京航空航天大学在20世纪90年代中期从乌克兰巴顿焊接研究所引进国内第一台UE205型的EB-PVD设备,配备3把电子枪,每支40kW,在我国率先开展了EB-PVD热障涂层的研究工作。北京航空制造工程研究所从巴顿焊接研究所引进的UE-204多功能EB-PVD设备,于2003年调试完毕,设备装有6支电子枪,每支功率60kW,采用直式皮尔斯电子枪,是目前国内配置最完善、生产效率最高、控制最先进、可靠性最好的EB-PVD实验生产型设备,可进行涂层制备、精炼熔炼锭材、制取微层微孔材料、热处理等多项工艺研究。

西北有色金属研究院从20世纪90年代起开展了难熔金属单晶的研制,采用电子束悬浮区域熔炼法先后研制出铌、钽、钼、钨等难熔金属单晶。2004年8月在国内首次试制出最大尺寸 $\phi 31mm \times 610mm$ 的钼铌合金化单晶,此项研究成果填补了国内同类产品的空白,满足了我国空间核动力系统发展的需要,也为今后制备其他大尺寸难熔金属及合金单晶棒材、管材等奠定了基础。

随着电子束技术的发展,电子束在许多新的领域得到广泛的应用,包括电子束真空钎焊、活性剂电子束焊接、电子束填丝焊、局部真空电子束焊接、电子束扫描焊接等。

我国是世界上最早开发电子束焊机的国家之一,早在1958年便开始了电子束焊机的研究和试制工作。1960年上海电焊机厂研制成功我国第一台真空电子束焊机并于当年通过国家鉴定。目前,已经掌握大型高压电子束焊机、可连续焊接核燃料板型元件的电子束焊接等多种高端设备。目前我国电子束焊接设备的保有量已超过100台,主要分布在航天、航空、汽车、核能和电子等行业,且大部分应用在生产中。近年来国内外已通过电子束钎焊技术实现了陶瓷零件、碳—碳复合材料、立方氮化硼与碳化钨基体以及换热器管板结构的连接。

5. 冷床炉技术

冷床炉是一种利用水冷铜坩埚进行凝固控制的技术，冷床炉按照熔炼方式分为电子束冷床炉和等离子冷床炉，冷床炉是一种成熟的钛合金熔炼技术，已经被成熟地应用于工业生产阶段，工业规模 Ti-6Al-4V 合金铸锭已经能够满足使用要求。

我国现有的电子束冷床熔炼炉大部分是从国外进口，其中西北有色金属研究院 2000 年引进了一台 2 枪 500kW 的电子束冷床炉，2005 年宝钛集团从德国 ALD 公司引进一台 4 枪 2.4MW 的电子束冷床炉，可生产 ϕ736mm 圆锭和 1340mm×1085mm×370mm 扁锭。此外，云南钛业、宝钛股份、洛阳 725 所、青海聚能钛业有限公司、宝钢特钢等单位也先后从国外进口，拥有大型电子束冷床炉，主要用于熔炼钛及钛合金、纯镍等。目前，国内仅有 2 台等离子冷床炉，宝钢特钢拥有国内第一台等离子冷床炉，功率为 3300kW，有 4 支等离子枪，年产 1500 t，北京航空材料研究院分别拥有 600kW 等离子冷床炉。

2006—2009 年，有色研究总院自主设计研发的单枪 300kW、双电子枪电子束冷床熔炼炉已销售近 30 台，主要应用于多晶硅除磷制备太阳能级多晶硅的研究和生产。2010 年，该研究院研发成功 4 枪 2.4MW 大型高效电子束冷床熔炼炉，达到世界先进水平，进一步缩小了与进口设备的差距。

虽然目前我国已经具备建设冷床炉的能力，但炉子容量相对较小，在电子枪、等离子枪、大抽速扩散泵、分子泵等方面以及复杂新炉型的设计方面与国外先进水平相比仍有一定的差距，需要加大工艺、装备技术的研发。

6. 真空二次精炼技术

（1）VD 精炼技术。

经过几十年的发展，我国 VD 精炼技术和装备从引进到完全国产化，技术不断进步完善，日益向功能多元化、生产高效化方向发展。研究 VD 精炼功能多元化的关键技术主要是氧脱碳（碳脱氧）、深脱硫、深脱气等。近些年来，随着技术的不断发展，VD 精炼过程实现了高效化，VD 结构与布置得到不断优化、强化了底吹氩气搅拌、提高了泵体抽气能力，缩短了精炼时间。目前，国内也开始采用干式机械泵系统替代蒸气喷射泵的方法，具有节约成本、环境友好、运行高效等优势。

(2)VOD 精炼技术。

通过引进消化，目前国内 VOD 装备实现了国产化，工艺技术也不断完善。VOD 的检测和控制技术也不断进步，开发了 VOD 过程吹氧脱碳、脱氮及温度控制模型，并嵌入到计算机系统中，为 VOD 冶炼提供了便捷、准确的操作手段，帮助操作和科研人员准确地控制、记录冶炼过程，并及时进行炉次分析。目前在真空冶炼的过程中，计算机能够进行整体控制，但在具体的工艺炉次判断上则还是需要操作人员根据经验进行判断。

(3)AOD 精炼技术。

我国 AOD 氩氧精炼技术发展是以太钢为典型代表。太钢于 1973 年对氩氧精炼进行研究试验，先后在 3 t、6 t AOD 进行试生产，1983 年建成 18 t AOD 炉并投入生产，经过几十年的实践，积累了丰富的经验。1999 年对 18 t AOD 进行改造，先后建成 40 t AOD 三座，生产能力达到 30 万~35 万吨。本世纪以来，国内 AOD 精炼技术在国内迅速推广应用，40 t 以下的 AOD 装备和工艺基本实现了国产化，实现了 PLC 和自动吹炼模型的自动化控制。同时，引进了国外大型的 AOD 设备，容量达到 150 t（宝钢）和 180 t（太钢）。在工艺上，近年来也作了不少改进和提高，例如采用顶底复合吹炼，用氮气代替氩气，熔炼中应用氧化镍及铬矿石，采用联合粉末喷吹工艺等。并在 AOD 炉上试用不锈钢脱磷技术及冶炼超低硫（$S \approx 0.001\%$）钢等工艺。

(4)RH 精炼技术。

进入 21 世纪后，RH 钢水真空精炼工艺作为现代化钢厂一种重要的精炼手段在中国得到了广泛应用和飞速发展。期间 RH 装备技术经历了从早期的成套引进到自主集成，再到自主设计制造与创新。在不断打破国外 RH 高端技术壁垒的同时，不断进行生产实践和研发改进，推动国内 RH 装备技术向着高效和节能方向发展，建设投资得到有效控制。宝钢、大冶特钢、台湾中钢、武钢等钢厂是国内最早引进 RH 工艺技术的几个钢厂，早期的 RH 装备基本都采用引进的方式。随着国内 RH 装备自主设计制造能力的不断提高，自主集成点菜式引进替代了成套引进，国产化自主设计制造与创新替代了向西方引进的老模式。

作为国内最早引进 RH 工艺之一的宝山钢铁股份公司，经过不断发展，在已形成 6 座转炉+5 座 RH 规模的基础上提出了到 2013 年形成一座转炉配 1 座 RH 的生产格局，RH 真空精炼比达 80% 以上的目标。

近几年 RH 装备技术又进一步向高效和节能方向发展：钢包在线提升技术的应用，

使得RH处理位钢包台车可以与转炉钢包台车共线布置，减少钢包的行车吊运周转操作，RH生产效率进一步提高；多功能顶枪强制脱碳技术和顶枪预热枪燃烧化冷钢技术的广泛使用，使冶炼超低碳钢和高纯净钢的手段更加方便灵活；通过对烧嘴的改进，顶枪预热提高冷钢熔化效率；水环泵和机械泵技术的应用，使RH在真空泵能耗和生产成本上进一步降低。

另外，随着RH精炼技术的发展，智能化脱碳模型控制逐渐成为工艺控制的重要内容，这离不开相关研究的发展。针对RH脱碳工艺国内开展了大量的研究工作，主要包括以下几种：① RH碳酸盐分解CO_2脱碳工艺，即通过从RH上升管喷吹碳酸钙粉剂实现钢水脱碳和净化钢液的目的；② 增加预抽真空操作、增大脱碳后期的循环气量、减小脱碳前期的循环气量，从而对RH脱碳工艺进行了优化；③ 通过水模试验考察了不同工艺条件下钢水环流参数，基于冶金反应机理、经验数据和NARX神经网络模型建立了RH精炼终点预报模型等。

另外，北京科技大学开发了单嘴精炼炉技术，标志性特征就是将RH的2个插入管（浸入管）合并成单个圆形大插入管（浸入管），其循环气体直接从钢包底部偏心吹入真空室使得钢液循环流动。单嘴精炼炉的精炼效率高、结构简单、耐火材料寿命均匀、精炼所需氩气量少，节约成本。

多年来，上海宝钢通过RH装备引进、自主技术改造、自主新建工程实践，不但提高了RH装备技术集成和自主创新能力，而且完全掌握了RH成套关键设备的设计和制造技术，形成了多功能真空精炼成套装备和工艺技术，有效提高了目标成分、温度的精确控制水平和生产效率，并成功实现了技术输出。

三、与国外水平对比

近些年来，我国真空冶金技术取得了突飞猛进的发展，取得了一些显著的成绩，主要包括真空冶金基础理论不断完善、真空冶金工艺不断创新、装备和控制水平不断提高、真空熔炼特殊钢和特种合金用途拓展迅速、产能急剧增加。总体而言，我国真空冶金的技术水平正在逐渐向国际先进水平迈进，某些方面则处于国际先进水平，但也存在不少与国际水平有明显差距的地方。

（1）我国在真空冶金基础理论研究方面，在量大面广的转炉和电炉流程中采用的真空炉外精炼如VD、VOD、RH等方面的研究方面进行了大量的研究工作，取得了一系列的研究成果。但特种冶金流程中的真空冶金如VIM、VAR、EBM、PAM等特种熔炼方面缺少基础研究，尤其是基础研究队伍严重缺乏，研究水平与国际先进水平差距甚大。

（2）通过引进消化和自主创新相结合，我国真空冶金装备的设计和制造水平有了较大的提高，尤其是VD、VOD、RH等大型真空装备已经基本实现国产化。VIM、VAR等特种熔炼真空装备也有较大进步，目前也能制造中小型的设备，但大型真空特种熔炼设备仍然缺乏核心技术，真正国产化仍需时日。500kg以下的国产VIM设备基本能满足用户需求，1~3 t的VIM设备也有国产化设备运行，最大已达到13 t。但是，1 t以上的国产VIM设备在设备设计、关键部件制造与国际先进水平差距很大，设备整体性能仍然满足不了高端材料生产的要求。同样，国内也能设计制造3 t及以下的VAR设备，更大吨位的VAR设备仍然需要进口。而真空电子束熔炼炉、等离子熔炼炉、真空冷坩埚熔炼炉、真空凝壳炉、真空悬浮熔炼炉等真空特种熔炼设备的设计和制造水平基本停留在科研层面上，还没有真正进入批量工业化阶段。

（3）国外的设备操控性强，在传统真空冶金设备的基础上，国外不断创新出了很多新结构形式的炉子，能够更快速达到更高的真空度，更利于冶炼工艺过程及不同的工艺需要，而国内在新设备开发方面还比较落后。因此，我国真空熔炼装备的提升仍然任重道远。

（4）国外设备的自动化水平高，除装炉料外，其他工艺环节都能实现计算机全程自动控制，生产工艺过程具有高度的稳定性和可重复性。

（5）国内虽然近几年从美国和德国等国家引进了一批先进的大型真空特种熔炼设备，但熔炼技术水平与欧美日等发达国家和地区存在很大差距，主要体现在以下几个方面。

1）在产品成分控制、杂质元素等质量控制方面较国外还有较大的差距。例如，国外高水平真空感应熔炼可将氧含量控制在3×10^{-6}以下，氮含量控制在5×10^{-6}以下，氢含量控制在1×10^{-6}以下。如果用于铸造高温合金母合金的熔炼其杂质元素控制水平更高。美国SMC公司发展了优质级高温合金熔炼技术，迄今为止，该技术代表了熔炼的最高水平。它主要是采用高质量的原材料、高真空精炼及过滤净化等，不但降低了氧、氮及硫等杂质元素的含量［N含量$(1~3)\times10^{-6}$，O含量$(1~2)\times10^{-6}$，S含量$(1~6)\times10^{-6}$］，而且成分控制准确，炉与炉之间的化学成分波动小，对100%返回料的处理也可以达到与新料一样的水平。但具体的熔炼是严格保密的。

2）大锭型的偏析控制差距较大，影响了我国锭型的扩大。

3）夹杂物控制水平也有差距。

（6）在基础理论方面国内研究队伍和水平依然薄弱。国内对真空特种熔炼工艺过程的数值仿真水平与国外相比还比较落后，限制了工艺过程的理解和新工艺的开发。例如，虽然国内学者在感应加热数值仿真方面做了大量工作，只是研究感应加热在某一方面的应用，做出诸多简化，最后只是简单地将仿真结果与实际情况进行比较，缺少对感应加热和熔炼的整个过程进行比较完整的仿真与分析。

（7）真空特种熔炼所需的高标准原材料研究薄弱，缺乏相关的理论体系和工艺标准。高合金比返回料循环利用工艺技术和装备缺乏系统的研究。

（8）特种冶金工艺流程的合理优化缺少系统研究，基本是套用国外的一些不完整信息，影响了生产效率、成本和质量。

（9）最近几十年来，我国的特种冶金产品的数量、质量和品种均有了快速的发展，有力地支撑了我国国民经济各个领域，尤其是航空航天和军工国防对高端特殊钢和特种合金材料的需求。但是，与普钢相比，我国在特种冶金产品方面与国际先进水平仍然差距较大。例如，在高温合金世界20强企业排名中还没有中国企业。以航空发动机和燃气轮机用高温合金和超高强度钢等为代表高端产品的质量和性能与国际水平差距明显，制约了我国高端装备制造的发展。

第三节　本学科未来发展方向

一、深入开展理论研究，获得更多的基础理论数据

随着高端装备制造业对材料性能要求的不断提高，真空冶金，尤其是真空特种熔炼产品的质量也需要不断改善，急需真空冶金基础理论的提升与支持。特别是真空下元素的挥发和去除、坩埚材料与金属熔体之间的物理化学反应、脱氧和非金属夹杂物的形成和去除机理等超纯熔炼理论，电磁作用下金属熔池流动、温度场、钢液和合金凝固过程中溶质迁移行为和凝固组织控制等基础理论方面开展深入的研究是十分必要的。

二、装备的大型化和高合金铸锭的大型化

大飞机、重型燃气轮机、700℃以上先进超超临界火电机组等重大装备和重大工程对大型高合金铸锭提出了更高要求。例如，需要研制直径大于$\phi 900mm$，甚至

达到 1200mm，重量接近 30 t 的高温合金真空自耗铸锭。一方面需要 20～30 t 大型真空感应炉和真空自耗炉装备，另一方面需要开发低偏析、高纯净度的合金铸锭的熔炼技术。

三、真空冶金装备和工艺的新技术将不断发展，以提升真空冶金的功能

（1）真空冶金设备的特色将得到充分的发挥。例如，对于真空感应熔炼而言，未来电磁搅拌和惰性气体对熔池的搅拌作用将进一步加强，以促进成分和温度的均匀性，提高冶金反应效果，缩短熔炼时间，同时促进氧化物夹杂物的聚集和上浮，提高熔体纯净度。类似于连铸过程的中间包冶金及陶瓷网过滤等在真空感应熔炼上的应用将更加完善，将极大促进超洁净金属材料的制备。

（2）多功能的真空冶金设备将得到更大的发展。冷坩埚悬浮熔炼技术与定向凝固技术、激冷技术、喷雾制粉技术等相结合。此类设备往往采用模块化设计，根据客户的工艺及工况要求，配套不同的功能模块。比较典型的如日本机电业生产的立式真空感应炉，它可以根据用户需求实现 CC（普通铸造）、DS/SC（定向凝固/单晶）等多种功能。

（3）真空冶金辅助材料质量及凝固设备将会得到更大的提升。例如，随着冶炼温度的提高，真空感应熔炼设备所用的耐火材料坩埚将会发生分解而影响冶金质量。未来，在高真空度下容易分解的坩埚将被高温下更加稳定的坩埚所取代，最终使熔炼温度得到进一步提高。随着水冷模铸技术水平的提高，水冷模铸必将应用到真空感应熔炼、冷坩埚熔炼等设备中，以提高铸锭的凝固质量。

（4）装备大型化及高精度过程控制技术的应用将更加广泛。大型真空冶金设备将更加普遍，生产效率较现在将有大幅度的提高。例如，随着容量的逐步增加，新的冷坩埚感应加热装置和大容量液态金属的悬浮控制装备必将出现。冶炼容量的扩大，不仅可以减少生产成本、提高生产效率，还可以提高冷坩埚感应熔炼技术的竞争力。多种高端检测元件将应用到真空冶金设备中，极大地提升冶炼的工艺技术水平。

（5）冶金过程工艺模型技术将进一步提升。随着智能化技术的发展，模型计算将更好地体现实际冶炼过程，并可以根据实际工况条件等预测最终的冶炼结果。这些工艺模型将嵌入到设备的自动控制系统中，用于指导和控制实际冶炼过程，最终实现智能化和信息化。

四、以真空冶金为核心的特种冶金流程进一步优化，实现高端特殊钢的高效化和低成本化

将转炉/电弧炉–真空炉外精炼–连铸流程代替真空感应炉生产电极坯料，与后部电渣重熔或真空自耗电弧重熔工序相结合生产高端特殊钢和特种合金，实现流程的高效化和低成本化。

第四节　学科发展目标和规划

一、中短期（到2025年）发展目标和实施规划

1. 中短期（到2025年）内学科发展主要任务、方向（目标）

为了提升我国真空冶金技术和产品的市场竞争力和附加值，在中短期（到2025年）应该进一步加强真空冶金的应用基础理论研究，提升我国真空冶金装备和工艺技术水平，加快老旧真空冶金设备的智能化改造升级，提高工艺和产品质量的稳定性。同时，加强新技术的开发和推广应用，为我国高端装备制造提供高质量的特殊钢、特种合金材料以及精密铸件，保障我国重大工程、重大装备以及军工国防建设的急需。以高温合金产品为例，其产品质量和稳定性与国际先进水平相当。到2025年，使我国真空冶金的技术水平接近国际先进水平。

具体发展任务和发展目标：

（1）真空冶金应用基础研究方面达到国际先进水平。在真空下元素的挥发和去除、坩埚材料与金属熔体之间的物理化学反应、脱氧和非金属夹杂物的形成和去除机理等超纯熔炼理论，电磁作用下金属熔池流动、温度场、钢液和合金凝固过程中溶质迁移行为和凝固组织控制等基础理论方面开展系统的研究。

（2）真空冶金装备实现现代化。引进消化和自主创新相结合，开发出具有国际先进水平的真空冶金装备并实现推广应用。尤其是大型真空感应炉、大型真空自耗炉、电子束冷床炉、等离子熔炼炉、冷坩埚熔炼炉、真空凝壳炉、真空悬浮熔炼炉、真空定向凝固炉等设备的设计和制造技术取得突破。例如，深入开展真空冷坩埚熔炼设备坩埚分瓣设计、感应线圈及悬浮线圈等的设计、频率选择等方面的研究。开展真空自耗炉熔滴控制技术的研究等。

（3）深入开展以超纯熔炼技术为核心的 VIM 工艺技术研究。包括精钢材原材料的纯净化处理技术；开发高稳定性的坩埚耐火材料（主要为 CaO）以降低熔体的氧含量和硫含量；真空碳脱氧工艺；稀土和镁处理技术；辅助电磁搅拌和底吹气体搅拌加快去除气体和有害杂质；陶瓷过滤器浇注去除非金属夹杂物等。实现变形高温合金、粉末高温合金母合金和铸造高温合金母合金的超纯熔炼技术的重大突破。

（4）真空自耗电弧重熔制备大锭型高品质铸锭工艺技术取得显著进展。利用已引进的先进设备，实现直径大于 900mm 大型高温合金铸锭和直径大于 1080mm 大型超高强度钢铸锭的稳定生产；初步揭示大型铸锭偏析等缺陷产生机理，提出缺陷预测和控制技术方法；为了避免或减少如铜、锰、氮等元素的挥发，需要开发真空自耗重熔分压控制技术，对常用于分压重熔的氦气、氩气和氮气压力与电弧行为、冷却控制和冶金质量进行系统研究。开发出含易蒸发元素合金的熔炼工艺，实现真空自耗电弧重熔技术的全面创新。显著缩短我国真空电弧重熔理论和技术与国际先进水平的差距。

（5）开展电子束冷床炉、等离子冷床炉熔炼的基础理论、工艺技术和产品的开发和应用工作，显著缩短我国在这一方面的落后局面。

（6）深入开展高合金返回料，尤其是高温合金返回料循环利用工艺技术和装备的研究，初步建立我国返回料的循环利用的技术和管理体系，建立相关制度和标准。

（7）进一步开展特种冶金流程的优化理论和应用工作，包括双联工艺（VIM+ESR，VIM+VAR）、三联工艺（VIM+ESR +VAR）以及 BOF/EAF–LF–VD/VOD/RH–CC–VAR 低成本高效新流程的研究，实现分品种流程的最佳化。

（8）高端特殊钢和特种合金产品质量和稳定性实现全面升级，实施品牌战略，在国际高端市场具备与国际名牌产品的竞争能力，并占有一定的市场份额。高温合金、精密合金、耐蚀合金、超高强度钢、特种不锈钢、高端模具钢等典型特种冶金产品实现高端化，产品质量和稳定性与国际水平接轨。

（9）充分发挥真空感应炉、冷坩埚熔炼炉、真空凝壳炉、真空悬浮熔炼炉等特种熔炼设备的优势和特点，并与各种铸造技术相结合，开发真空水平/垂直连铸、离心铸造、精密铸造、定向凝固等技术，实现高端铸件，包括单晶空心叶片等产品的制造。

2. 中短期（到2025年）内主要存在的问题与难点（包括面临的学科环境变化、需求变化）

虽然我国在真空冶金领域起步不晚，但由于受我国整体科技发展水平和工业基础的影响，以及科研条件的制约，在真空冶金领域仍然有许多薄弱环节和发展难点。具体存在的问题和难点主要表现在以下几个方面：

（1）国产真空特种熔炼装备水平比较落后，装备技术亟待提高。国产真空特种熔炼装备水平比较落后，国内小型企业基本采用国产真空熔炼炉生产，总体装备水平较差，产品质量和档次低。大型国有企业及少量大型民企虽然在近几年也引进了国外的先进设备，但总体比例不高，而且不少企业对国外设备的冶炼工艺掌握不够，达不到预期的使用效果。

（2）真空冶金领域科技人才相对短缺，研发人员更加缺乏。在20世纪60—80年代，我国有不少大学、科研院所和特钢企业的科技人员从事真空冶金技术的研究和开发，是真空冶金技术发展的黄金时期。但进入90年代以后，军工钢需求萎缩，国家和企业科研经费投入较少，使得从事真空特种熔炼的科技人员逐年减少。尽管进入21世纪后国家经济建设的发展速度加快，高端特殊钢和特种合金的需求增加迅速，真空冶金的研究开发人员开始增加，但由于20世纪90年代开始的将近十几年的行业萧条导致人才队伍青黄不接，研发力量不能满足真空冶金产业发展的需求，尤其是中小企业科技力量非常薄弱。

（3）真空冶金的应用基础研究仍然比较薄弱，科研投入不足，研究条件和手段相对缺乏，研究工作参与人数少，工作比较粗糙，缺乏原始创新，属于跟踪研究比较多。

（4）我国特种冶金生产企业非常分散，大多数为中小型民营企业，技术力量薄弱，工艺、装备落后和质量管理水平低，产品质量差且很不稳定。

（5）我国在特种冶金新方法和新技术方面也有一些创新性成果，但由于理论和机理研究不够深入，相关技术配套不完善和缺乏专业化技术队伍，因而产业化过程中困难较大。

目前我国真空特种熔炼新技术的开发主要集中在东北大学、昆明理工大学、钢铁研究总院、中科院金属研究所等几所高校和院所，但成果转化需要冶金工艺、机械设计与制造、自动化等多专业的集成才能完成，同时需要有应用企业的大力支持和配合。我国能生产真空熔炼装备的企业有上百家，但规模均很小，缺乏技术力量且加工设备也简陋，无法设计和制造出符合工艺要求较高的真空熔炼炉设备。

3. 中短期（到2025年）内解决方案、技术发展重点（包括关键应用基础研究、关键技术工程研究、重大装备和关键材料，或重点产品和关键技术）

（1）加强真空冶金技术的应用基础研究，为技术开发提供持续的理论指导。

技术发展重点是真空下超纯熔炼理论、大尺寸铸锭凝固缺陷的形成机理和凝固组织的控制方法。为此，要开展在真空下元素的挥发和去除、坩埚材料与金属熔体之间的物理化学反应、脱氧和非金属夹杂物的形成和去除机理等超纯熔炼理论，开展真空特种熔炼过程电磁场、流场、温度场和凝固组织的数学模拟，钢锭凝固质量控制方法，尤其是高合金钢和镍基合金大型铸锭偏析元素和析出相的控制机制。

（2）设计和制造具有国际先进水平和自主知识产权的真空冶金系列新装备并推广应用。

技术发展重点是开发 3 t 以上大型真空感应炉、真空自耗炉装备以及智能化的检测与控制系统，尤其是基于熔滴检测的真空自耗炉电极熔速控制方法。工业规模的冷坩埚熔炼炉、真空凝壳炉、真空悬浮熔炼炉、电子束冷床炉和等离子冷床炉等特殊熔炼装备。

（3）加强真空冶金工艺技术的研发和工艺规范制定，使我国高端特殊钢和特种合金的产品质量和稳定性实现全面升级。

技术发展重点是开发高温合金、精密合金、耐蚀合金、超高强度钢、特种不锈钢、高端模具钢等典型特种冶金产品的工艺技术和规范，并将其转化为工艺模型，实现工艺控制的自动化，使这些产品的质量和稳定性与国际水平接轨，实现品牌战略，在国际高端市场具备与国际名牌产品的竞争能力，并占有一定的市场份额。深入开展高合金返回料，尤其是高温合金返回料循环利用工艺技术和装备的研究，初步建立我国返回料的循环利用的技术和管理体系，建立相关制度和标准。

（4）ϕ900mm 以上大型镍基合金和 ϕ1080mm 以上超高强度钢真空自耗铸锭的技术开发。

技术发展重点是通过研究大型真空自耗锭的凝固特点和产生偏析、缩孔、疏松和二次相析出的机理，电弧燃烧、熔滴滴落、元素挥发、气体和夹杂物行为，开发出压力控制、氦气冷却、浅熔池控制技术等创新工艺，全面提升我国大型自耗铸锭工艺和产品的技术水平，满足大飞机用超高强度钢、燃气轮机用高温合金转子、700℃先进超超临界火电机组用高压锅炉管和转子等对大型自耗铸锭的需求。

（5）重点突破冷坩埚熔炼装备和工艺技术并扩大应用领域。

需要从行业范围内组织相关领域专家学者进行详细讨论、梳理，并以科研立项方式对存在的问题组织相关科技人员进行攻关。同时，拓宽冷坩埚感应熔炼技术的应用领域，进行氧化物材料、高熔点材料、单晶硅、放射性铀燃料棒、形状记忆合金、各种磁性材料、高纯溅射靶材和各种金属间化合物及其复合材料等熔炼技术的开发。

（6）进一步开展特种冶金流程的优化理论和应用工作。

技术发展重点是开展 BOF/EAF-LF-VD/VOD/RH-CC-VAR 低成本高效新流程的研究，实现航空轴、高铁轴承和高端精密模具等材料的低成本、高效率和高质量的生产。

（7）创新"产学研用"技术研发机制，加快实现真空冶金新装备、新工艺和新产品的产业化。

建立"大学–科研单位–装备设计单位–装备制造企业–特种冶金生产企业–用户"全产业链的真空冶金技术创新联盟，建立相关中试基地，实现技术研发的机制创新。

技术发展重点是大型真空特种冶金装备和工艺、高温合金母合金的熔炼、返回料的循环绿色回收利用、精密铸造、定向凝固和单晶叶片铸造、真空熔炼制备3D金属打印粉末和喷射成形等新工艺、新技术和新产品。

二、中长期（到2050年）发展目标和实施规划

1. 中长期（到2050年）内学科发展主要任务、方向（目标）

到了2050年，我国真空冶金技术将全面达到国际先进水平，部分技术达到国际领先水平，将建成若干个具有国际先进水平的研发中心和生产基地，为世界提供绿色化和智能化的真空冶金系列装备、工艺技术和产品。

具体发展任务和发展目标：

（1）真空冶金应用基础研究方面达到国际先进水平。在真空下超纯熔炼理论，重熔系统中电磁场、流场、温度场、应力场以及钢锭凝固组织的模拟和控制等方面继续开展系统和深入的研究。

（2）真空熔炼装备实现智能化和网络化，为智能化无人工厂的建设打下物质基础。

（3）特种冶金的产品质量和稳定性达到国际先进水平，实现品牌战略，在国际高端市场具有明显的竞争优势。尤其是大飞机用超高强度钢、航空发动机和燃气轮机用高温合金涡轮盘和叶片的熔炼、铸造和加工技术及产品质量达到国际一流水平。

（4）开发新一代的30 t以上级的真空感应炉和真空自耗炉装备、工艺和产品，满足航空航天、舰船、核电、火电、水电、石化等行业的高端装备的需求，引领技术发展。

（5）实现电子束冷床炉、离子熔炼炉、冷坩埚熔炼炉、真空凝壳炉、真空悬浮熔炼炉、真空定向凝固炉等装备的稳定化批量制造，相关熔炼工艺技术纯熟稳定，后续

第九章 真空冶金

特种冶金新产品大量涌现，满足高端特殊钢和特种合金产品的不断需求。

（6）开发进一步节能减排、高效率、高质量、低成本和近终型的特种冶金新技术，实现特种冶金生产的绿色化和可持续发展。

2. 中长期（到2050年）内主要存在问题与难点（包括面临的学科环境变化、需求变化）

从中长期看，真空冶金学科存在以下问题和不确定性：

（1）真空冶金是一个高温复杂的多相冶金反应体系，其行为很难进行直接观测，所以要从理论上完全定量地描述其物理化学现象仍然是巨大的挑战。

（2）真空特种冶金过程固有的特性造成了其生产具有能耗高、效率低和成本高的缺点。

（3）真空熔炼装备技术复杂，其开发需要融合冶金工艺、机械设计、液压、真空、大功率变频电源、大电流输送、仪表和自动化等多方面的技术和人才，但我国缺少有实力的真空熔炼装备制造企业，普遍规模太小，技术力量薄弱，对大型复杂真空熔炼装备的设计和批量制造是巨大的挑战。

（4）炼钢炉外精炼、连铸和模铸凝固质量控制技术的发展可能会使很多真空熔炼产品被大流程生产的钢铁材料所取代，因而可能会压缩真空特种熔炼的生存空间。

3. 中长期（到2050年）内解决方案、技术发展重点（包括关键应用基础研究、关键技术工程研究、重大装备和关键材料，或重点产品和关键技术）

（1）建立更加完善的真空冶金理论体系。针对不同真空冶金方法和工艺过程，建立能准确计算真空熔炼过程各种杂质元素、合金元素和非金属夹杂物行为的冶金反应热力学和动力学模型，能准确模拟真空熔炼过程电磁场、流场、温度场、应力场和金属凝固组织的数学模型和实测验证方法，从而掌握真空冶金过程铸锭冶金质量的精确控制方法。

（2）开发出以智能化和物联网为技术支撑的无人化智能化特种冶金工厂。这种智能化无人工厂的主要特征是：① 能根据用户订单要求，实现个性化定制生产；② 根据产品的规格和质量要求，自动生成工艺参数并植入计算机控制系统的工艺模型中，即生产工艺的制定和控制是基于人工智能技术，完全可以替代现有的工艺工程师；③ 真空熔炼设备以及辅助系统实现高度的智能化，炉前操作完全由机器人完成，实现现场生产操作的无人化，只有远程监控的工作人员；④ 在生产前就能预测产品的性能，并能实现全过程的质量自动监控并自动生成产品质量保证书。

（3）建立完善的特种冶金产品质量保障体系，使我国的高端特殊钢和特种合金的产品质量和稳定性全面达到国际先进水平。

采用市场机制和更严格技术标准提高设备和产品的技术门槛，通过新建和改造相结合，使我国真空熔炼装备水平全面达到国际先进水平，产品质量全面处于国际先进水平。

（4）开发出新一代的超大型真空熔炼装备、工艺和产品，满足国内外航天航空、燃气轮机、先进超超临界火电、核电、石化等行业的需求。

（5）进一步开发节能减排、高效率、高质量、低成本和近终型的真空冶金新技术，实现特种冶金生产的绿色化和可持续发展。

三、中短期和中长期发展路线图

中短期和中长期发展路线图见图 9-1。

目标、方向和关键技术	2025 年	2050 年
目标	进一步加强真空冶金的应用基础理论研究，提升我国真空冶金装备和工艺技术水平，加快老旧真空冶金设备的智能化改造升级，提高工艺和产品质量的稳定性。同时，加强新技术的开发和推广应用，为我国高端装备制造提供高质量的特殊钢、特种合金材料以及精密铸件，保障我国重大工程、重大装备以及军工国防建设的急需。以高温合金产品为例，其产品质量和稳定性与国际先进水平相当。到 2025 年，使我国真空冶金的技术水平接近国际先进水平	到 2050 年，我国真空冶金技术将全面达到国际先进水平，部分技术达到国际领先水平，将建成若干个具有国际先进水平的研发中心和生产基地，为世界提供绿色化和智能化的真空冶金系列装备、工艺技术和产品
方向	（1）建立真空下超纯熔炼理论、掌握大尺寸铸锭凝固缺陷的形成机理和凝固组织的控制方法 （2）引进消化和自主创新相结合，开发出具有国际先进水平的真空冶金装备并实现推广应用。深入开展真空冷坩埚熔炼设备坩埚分瓣设计感应线圈及悬浮线圈等的设计、频率选择等方面研究。开展真空自耗炉熔滴控制技术的研究等	（1）针对不同真空冶金方法和工艺过程，建立能准确计算真空熔炼过程各种杂质元素、合金元素和非金属夹杂物行为的冶金反应热力学和动力学模型 （2）能准确模拟真空熔炼过程电磁场、流场、温度场、应力场和金属凝固组织的数学模型和实测验证方法，从而掌握真空冶金过程铸锭冶金质量的精确控制方法

图 9-1

第九章 真空冶金

目标、方向和关键技术	2025 年	2050 年
	（3）重点开发 3 t 以上大型真空感应炉、真空自耗炉装备以及智能化的检测与控制系统，尤其是基于熔滴检测的真空自耗炉电极熔速控制方法。开发工业规模的冷坩埚熔炼炉、真空凝壳炉、真空悬浮熔炼炉、电子束冷床炉和等离子冷床炉等特种熔炼装备 （4）加强真空工艺技术的研发和工艺规范制定，使我国高端特殊钢和特种合金的产品质量和稳定性实现全面升级；重点开发高温合金、精密合金、耐蚀合金、超高强度钢、特种不锈钢、高端模具钢等典型特种冶金产品的工艺技术和规范，并将其转化为工艺模型，实现工艺控制的自动化，使这些产品的质量和稳定性与国际水平接轨，实现品牌战略，在国际高端市场具备与国际名牌产品的竞争能力，并占有一定的市场份额 （5）深入开展高合金返回料，尤其是高温合金返回料循环利用工艺技术和装备的研究，初步建立我国返回料的循环利用的技术和管理体系，建立相关制度和标准 （6）通过研究大型真空自耗锭的凝固特点和产生偏析、缩孔、疏松和二次相析出的机理，电弧燃烧、熔滴滴落、元素挥发、气体和夹杂物行为，开发出压力控制、氦气冷却、浅熔池控制技术等新工艺，全面提升我国大型自耗铸锭工艺和产品的技术水平，满足大飞机用超高强度钢、燃气轮机用高温合金转子、700 ℃ 先进超超临界火电机组用高压锅炉管和转子等对大型自耗铸锭的需求 （7）充分发挥真空感应炉、冷坩埚熔炼炉、真空凝壳炉、真空悬浮熔炼炉等特种熔炼设备的优势和特点，并与各种铸造技术相结合，开发真空水平/垂直连铸、离心铸造、精密铸造、定向凝固等技术，实现高端铸件，包括单晶叶片、真空制备 3D 金属打印粉末和喷射成形等新工艺、新技术和新产品	（3）全面提升真空熔炼装备水平，使我国真空冶金装备水平全面达到国际先进水平 （4）开发出以智能化和物联网为技术支撑的无人化智能化特种冶金工厂 （5）特种冶金的产品质量和稳定性达到国际先进水平，实现品牌战略，在国际高端市场具有明显的竞争优势。尤其是大飞机用超高强度钢、航空发动机和燃气轮机用高温合金涡轮盘和叶片的熔炼、铸造和加工技术及产品质量达到国际一流水平 （6）开发出新一代的 30 t 以上级的真空感应炉和真空自耗炉装备、工艺和产品，满足航空航天、舰船、核电、火电、水电、石化等行业的高端装备的需求，引领技术发展 （7）开发进一步节能减排、高效率、高质量、低成本和近终型的特种冶金新技术，实现特种冶金生产的绿色化和可持续发展
关键技术	（1）纯净化冶炼理论及大尺寸铸锭凝固质量控制技术 （2）大型真空熔炼炉、真空电弧重熔炉、真空冷坩埚悬浮熔炼等设备及全套自动控制系统的设计和制造技术	（1）真空熔炼过程中的热力学和动力学问题的研究方法 （2）与真空熔炼过程相匹配的数值模拟技术、应用于无人特种冶金工厂的智能化系统以及物联网为技术

图 9-1

目标、方向和关键技术	2025年	2050年
	（3）高端材料的特种熔炼及铸锭元素偏析、凝固组织控制技术 （4）真空冶金技术与特种铸造技术结合开发出相应的新工艺和新装备 （5）高温合金等高端材料返回料的利用过程中杂质元素的控制技术	（3）航空航天等尖端领域用材料的特种熔炼技术 （4）节能减排、高效率、高质量、低成本和近终型的特种冶金新技术

图 9-1 中短期和中长期发展路线图

第五节 与相关行业、相关民生的链接

真空冶金是高端特殊钢和特种合金生产的重要手段之一。一方面需要上游产业提供优质的原材料以及良好的装备；另一方面，为下游行业提供涉及国计民生的重要产品。具体来说，与相关行业、相关民生的链接有以下几个方面：

（1）优质的原材料是特种冶金产品质量的基本保证。第一，自耗电极的冶炼和浇铸技术的进步将提升真空冶金铸锭的质量。虽然大多数采用真空感应熔炼制备高质量的真空自耗炉电极，然而采用先进的炉外精炼和连铸技术可为真空感应炉提供优质的精钢材，是真空感应熔炼纯净化的重要保证。第二，采用高纯净的连铸坯作为真空自耗电极的原料是新的发展方向，有利于实现特种冶金产品生产的高效化和低成本化。第三，作为真空感应炉的主要辅料，耐火材料行业将根据未来发展趋势，改造升级相关的装备和开发新的工艺技术，以制备更适合真空冶金用耐材及其他相关的产品，从而促进耐火材料行业的转型升级。

（2）先进的真空熔炼炉装备取决于机械设计和制造、检测与自动化控制技术、真空密封技术的发展。另外，人工智能技术、物联网以及机器人技术和产业的发展将会极大地促进真空冶金技术的进一步发展。

（3）真空特种冶金技术的发展将为下游制造产业——航空航天、舰船、核电、火电、水电、石化等提供高质量、高性价比的特殊钢和特种合金材料，从而促进这些产业技术的发展甚至转型升级。大型自耗铸锭的批量生产将满足大飞机用超高强度钢、燃气轮机用高温合金转子、700℃超超临界火电机组用高压锅炉管和转子等对大型自耗铸锭的需求。真空自耗重熔生产的高品质模具钢将极大地促进汽车、家电和建材等

行业用模具产业的提升发展。高端轴承钢产品将促进航空、铁路、精密机械等行业用轴承产业的提升和发展。

（4）我国有几百家中小型民营企业从事特种冶金生产。特种冶金技术的发展有利于促进这些企业的可持续健康发展，对于发展地方经济发展、促进劳动就业和改善民生有重要作用。

（5）随着国家"一带一路"倡议的稳步推进，将带动特种冶金行业高端产品、真空冶金装备和技术"走出去"战略的实施。

撰稿人： 姜周华　董艳伍　刘福斌　耿　鑫　李万明

第十章 电磁冶金

第一节 学科基本定义和范畴

电磁冶金（技术）学科是以冶金物理化学、冶金反应工程学、冶金工艺学为基础，结合现代电磁学、磁流体力学、物理化学等理论，利用电磁场的各种效应改善和优化冶金反应的热力学和动力学状态，强化冶金工艺过程控制，提高冶金产品质量的学科。

电磁冶金（技术）是在冶金过程的熔炼、精炼、连铸、凝固和热处理等阶段施加不同性质（如交变、恒定、脉冲）和不同强度与分布的电磁场，利用金属（或熔盐）的导电性与磁性，使冶金熔体中产生加热、驱动、制动、振荡、悬浮、雾化、形状控制、非金属分离、凝固和固态组织控制等物理效应，并与冶金工艺相结合，来强化冶金反应、优化冶金工艺、完善过程控制。人们利用这些物理效应，开发出冶金感应熔炼、熔体电磁搅拌、熔体电磁净化、冷坩埚悬浮熔炼、电磁雾化制粉、冶金熔体流动在线测量、连铸中钢水电磁制动、弯月面电磁振荡、液面波动抑制、凝固组织细化和控制，以及无结晶器电磁连铸和电磁软接触连铸等新技术等，并逐渐在钢铁和有色金属工业中应用。进入21世纪以来，在超导强磁体技术进步的推动下，更将10T恒定磁场和强度更高的脉冲磁场应用到材料制备过程中，发展出强磁场材料制备等新的研究方向，如金属凝固前沿热电磁流及其对溶质扩散和晶体生长的影响等，这将对未来金属凝固和材料组织、成分控制带来理论创新和原创新技术。

第二节 国内外发展现状、成绩、与国外水平对比

利用电磁场的无接触相互作用及多种电磁效应的独特优势，冶金及材料工作者较早即已开始尝试利用电磁场调控流体运动及物理化学过程，以期获得理想的加工

技术或高品质材料，因而电磁场在冶金及材料制备领域的应用受到越来越多的关注，并形成了涵盖电磁学、流体力学、冶金学、材料学等多门学科的综合交叉学科。目前，电磁冶金及电磁材料制备已经成为科学研究的前沿领域，许多技术已经广泛应用于工业生产领域，如图10-1所示。

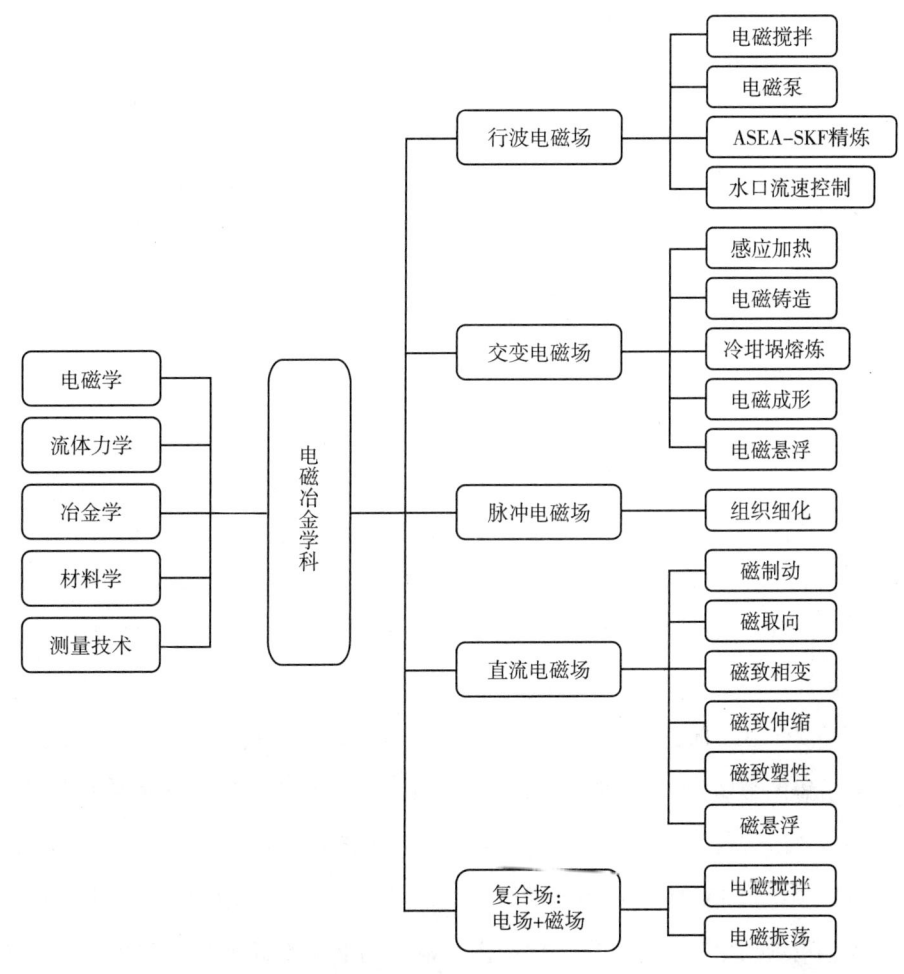

图 10-1　电磁冶金及电磁材料制备涵盖的基础学科、主要电磁效应及典型应用

电磁感应加热技术早在20世纪50—60年代已进入工业应用，至80年代随着半导体变频技术的发展，感应加热技术日趋成熟，现已有数十吨的感应熔炼炉，各类交变磁场的感应加热技术深入到工业的许多部门，发挥着巨大的作用。利用磁流体力学的电磁冶金及材料制备技术始于20世纪。磁流体力学发展的里程碑事件是1937年Hartmann第一次液态金属管道流实验以及1942年Alfven波的发现。1982年，

国际理论及应用力学协会召开的国际会议"The Application of Magnetohydrodynamics to Metallurgy"使各国冶金及材料工作者意识到电磁冶金的重要性。此后，电磁场在冶金及材料制备领域的应用也受到了各国政府的重视。法国、英国、日本、德国、中国等分别成立了专门的机构推动电磁冶金及材料制备技术的发展，例如：1985年，日本成立电磁冶金委员会；1986年，法国成立了CNRS-MADYLAM研究中心；2006年，中国金属学会建立电磁冶金分会。该领域的迅猛发展促进了各学科的交叉融合。每三年一届的电磁材料制备国际会议更是推动了电磁冶金及材料制备技术的蓬勃发展。随着环保意识的提高，绿色环保的电磁冶金及材料制备技术受到越来越多的关注和重视。

自20世纪90年代始，在超导磁体技术发展的推动下，超导磁场在冶金中应用受到广泛关注，开始了全世界范围的研究，在电磁场流动控制、电磁净化、静磁场下凝固、电磁场下磁致过冷、磁致塑性、磁场影响扩散等多个方面研究取得了显著进展，为发展电磁冶金技术学科奠定了坚实的基础。

至今电磁冶金技术所利用的电磁场效应主要是电磁场感应加热效应和驱动液态金属运动效应。其中电磁感应加热技术的使用已十分广泛，但针对特殊要求的感应加热熔炼技术仍需优化。在应用电磁场驱动金属熔体运动的功能方面，在冶金工业中广泛使用的主要有电磁搅拌技术、电磁制动技术、冷坩埚电磁悬浮熔炼技术等。

我国对电磁冶金技术高度重视，国家自然科学基金委员会和科技部等均对电磁冶金技术的研究给予大力支持，国内冶金行业大力推广应用电磁搅拌等电磁冶金技术。我国现已基本掌握电磁搅拌技术，广泛使用国内自主研发制造的电磁搅拌装备，并研制成功多功能的电磁搅拌装置，打破了新日铁等的垄断。电磁制动技术也得到应用，但主要使用进口装备。电磁悬浮熔炼技术通过引进消化和自主研发，已基本掌握了电磁悬浮熔炼装备制造技术，在钛合金等中电磁悬浮熔炼技术已较大范围应用。近年来发展了脉冲磁场细化晶粒技术等。但国内对电磁场下金属熔体的流动规律和影响凝固晶粒组织的机制尚缺乏深入研究，关于涉及温度场、流场、电磁场、溶质场和凝固等多场耦合模型方面研究不够充分，影响了对电磁场作用的掌握和广泛应用。同时国内对超导磁场下的冶金过程开展了深入研究，在强磁场下金属凝固等领域取得了国际领先的成果。国内已建立起国家强磁场中心，为开展强磁场下冶金过程研究提供了良好条件。

一、电磁场控制流动技术研究

电磁场通过洛伦兹力能显著改变导电流体的运动状态，关于这一现象的研究为磁流体力学。磁流体力学研究尺度涵盖范围广，大到天体物理，小到实验室流体分析。磁流体力学现象根据雷诺数（$R=\mu_0\sigma vL$，其中 μ_0、σ、v、L 分别是真空磁导率、电导率、速度及特征长度）可分为两类：① 高雷诺数现象，如天体物理，太阳风暴等问题；② 低雷诺数现象，如实验室及工业磁流体力学问题。冶金及材料制备几乎都属于低雷诺数现象。丰富的研究主题及宽泛的研究尺度使得磁流体力学成为一个非常重要且极富吸引力的研究领域。而且，实际应用的各种液态金属技术也推动了磁流体力学的发展进步，如高温能量转换、合金铸造、多晶硅制造、液态金属冷却、液态金属电池等。因此，发达国家非常重视磁流体力学研究。例如：德国自然科学基金（DFG）连续10年数千万欧元（2002—2012年）资助了联合研究中心SFB609（德累斯顿工业大学、亥姆霍兹研究所、德累斯顿固体材料研究所及弗莱贝格大学）重大项目"Electromagnetic flow control in metallurgy, crystal growth and electrochemistry"。之后，德国亥姆霍兹协会又提供了大规模资助计划（Helmholtz Alliance for Liquid MetalTechnologies），以拓展SFB609的研究工作。经历了近一个世纪的发展，大量的实验及理论研究为电磁场应用于工业生产领域奠定了坚实的基础，许多技术已经广泛应用于工业领域，如电磁搅拌，电磁制动、电磁悬浮及晶体生长控制等。

1.电磁搅拌技术研究

电磁搅拌是最早研究与开发的电磁冶金技术之一。为了解决连铸坯存在宏观偏析，柱状晶搭桥，中心缩孔等问题，电磁搅拌技术应运而生。电磁搅拌是利用电磁力搅拌正在凝固的液态金属，以改善凝固组织，提高铸坯质量。随着连铸技术的发展，如今，搅拌方式已由单一搅拌（结晶器搅拌、二冷区搅拌和凝固末端搅拌）发展为组合式搅拌等多种方式，如复合电磁搅拌技术、行波磁场电磁搅拌器。电磁搅拌也由圆坯、方坯连铸机扩展到结构相对复杂的板坯连铸机上。针对连铸坯不同区域，设计旋转搅拌、轴向搅拌及多尺度搅拌。电磁搅拌技术无疑极大改善了连铸坯的质量。然而，电磁搅拌技术也存在诸多问题，如铸坯中出现正、负偏析带，低强度搅拌不足以消除柱状晶等。为适应连铸中不同钢种和工况变化的需要，国际上已出现兼具电磁搅拌与电磁制动两种功能的电磁场控制流动装置和两种磁场复合控制流场的技术。国内也已研发出兼具搅拌和制动功能的装备，并进入工业应用。

电磁搅拌在工业应用上面临的问题仍然十分明显：① 电磁搅拌效率低下。针对这一问题，最近已有学者提出在连铸过程应用稳恒弱磁场与凝固界面产生的热电流相互作用产生热电磁力及热电磁对流诱发柱状晶向等轴晶转变，这一方法能够克服电磁搅拌能耗高，搅拌效率低的问题。这也是将来需要大量理论和实验研究的方向。② 现有的技术难以维持三相点（坯壳、熔体及保护渣）处所需要的流场形态。③ 难以准确获得液穴形态，因而无法准确预测搅拌流动对坯壳形态的影响。④ 难以监控坯壳内部裂纹的形成。⑤ 感应线圈的安装位置需优化配置以避免线圈之间出现过剩湍流。

可以预见，未来高质量连铸坯的旺盛需求依然需要广泛采用电磁搅拌技术。电磁搅拌技术的合理使用将最终实现以下目的：① 洁净理想的铸坯，如大夹杂，宏观偏析，中心缩孔，结构缺陷等；② 铸坯表面光滑洁净。

2. 电磁制动技术研究

电磁制动是在连铸结晶器区域施加磁场以改变金属熔体流动状态的一项电磁冶金技术。电磁制动技术经历了区域型电磁制动、全幅一段电磁制动和全幅二段电磁制动（流动控制结晶器）等三代的技术变革。在稳态磁场电磁制动技术的基础上，人们也开发了其他形式的电磁制动或流动控制技术，如行波磁场电磁制动、电磁阀、全幅三段电磁制动等。电磁制动技术具有以下作用：① 获得更稳定，更高速的连铸，特别是薄板坯连铸过程；② 优化结晶器流动形态以去除更多夹杂；③ 改善铸坯内在品质及表面质量；④ 提升弯月面温度；⑤ 降低液面速度，消除卷渣；⑥ 减少铜结晶器摩擦损耗，延长结晶器寿命。

电磁制动功能的优劣取决于施加磁场的位置及强度、水口形状及浸入深度、吹氩速率、连铸拉速、板坯尺寸等。综合考虑这些因素有助于设计最优的电磁制动方案。采用物理模拟研究流场形态也有利于优化电磁制动效果，其中包括采用水模型及低熔点金属，如水银、锡、嫁等。但由于影响流场参数众多，物理模拟的局限性显而易见。采用数学模拟是全面研究电磁制动过程各参数对流场形态影响的更可行方案。实际上，数学模拟已经普遍用于研究电磁制动对流场、传热、凝固等影响规律。因此，电磁制动技术的进一步发展必然要求物理模拟与数学模拟相结合，准确预测流场形态，以获得最优的参数配置，设计出符合实际生产的电磁制动技术。

电磁制动技术的主要问题是：① 结晶器内最佳流动模式是什么样的？其确定的原则是什么等问题仍不清楚，导致控制流动的工艺路线较为模糊；② 电磁制动的功能较为单一，对于钢种变化导致的连铸参数变化可调范围较小，因而现存在着与电磁搅拌技术复合的趋势，发展出多模式电磁场控制结晶器内流动的概念。

3. 脉冲电磁场细化晶粒技术

脉冲电磁场因其磁场瞬间变化而产生脉冲电磁力，从而可使凝固枝晶断裂，造成晶粒细化。该技术最早发源于苏联，在 20 世纪 80 年代国内也开始此项研究，但发展较慢。近年来该技术有了较快发展，在连铸中应用进行了工业试验，取得较好效果。但其效果尚不稳定，其原因是对脉冲磁场细化晶粒的机制仍欠了解。从物理本质上看，脉冲磁场的作用一是脉冲电磁力直接作用于枝晶上，使其断裂；二是该脉冲电磁力搅动液体金属，进而使枝晶断裂，细化晶粒。根据电磁物理可知，在有一定厚度坯壳的情况下，大部分脉冲磁场被屏蔽掉，最终作用到两相区中枝晶上的电磁力尚不足以使之断裂，因而关于该技术的细化晶粒的机制仍需深入研究。随着电磁场技术的发展，在降低能耗的基础上进一步提高磁场强度并优化磁场结构，有望提升该技术的稳定性，使之在工业中广泛应用。

4. 晶体生长控制技术研究

近年来，采用 Czochralski 法、Bridgman 法、区熔法等制备单晶时，往往需要施加磁场以改善单晶质量。研究表明，Prandtl 数在 0.01 的量级时，熔体对流变成振荡模式。施加磁场能够抑制熔体对流的干扰。20 世纪中期，已有研究发现磁场能够明显降低 InSb 熔体的温度波动幅度。Witt 等人首次将横向磁场引入 Czochralski 晶体生长过程。这些开创性工作证实了磁场能够有效抑制熔体的振荡对流。Hoshi 等人首次应用磁场到单晶硅的 Czochralski 晶体生长过程，并成功地控制了单晶硅中氧含量、缺陷数量及晶体生长速率。之后，这项技术由于需要昂贵的超导磁场并没有快速发展。直到近几年，磁场才开始实际应用于单晶生长过程。由于大尺度坩埚引起硅熔体对流，且熔体表面产生波动，必须采用磁场对熔体流动进行控制。实践证明，生产 16 寸以上的硅单晶棒必须施加磁场。

为了获得最佳施加磁场方式，人们研究了不同磁场方向对晶体生长过程的影响。研究表明，施加横向磁场可以抑制熔体对流，降低氧含量。但是横向磁场难以控制晶体生长形状，也会产生周期性旋转杂质带。相比之下，施加纵向磁场不仅可以抑制对流，也能够降低杂质的偏析带，改善掺杂的均匀性。然而，纵向磁场会抑制晶体生长所需要的旋转对流，人们因此又提出采用尖形磁场克服纵向磁场的这一缺点。由此可见，磁场应用于单晶生长过程还有许多未解决的问题。

目前，磁场虽然已经用于工业单晶生长过程，但完善的单晶控制生长技术还需要大量的实验与数值模拟研究，以弄清不同磁场条件下熔体流动状态变化、缺陷形成、杂质分布等，获得磁场下最优的单晶生长控制条件。

5. 电磁场下液态金属两相流控制技术研究

冶金及铸造过程中的许多技术依赖于液态金属两相流。例如，传统上吹气能够提升化学反应速率或搅拌熔体均匀化组织。由于磁场能够有效控制液态金属中气泡运动，因此磁场有可能强化气泡与金属的混合速率。

Frohlich等人评论了各类磁场作用下液态金属中不同数量气泡运动的数值模拟及实验研究。洛伦兹力不仅改变气泡上浮轨迹，而且磁场作用下气泡运动轨迹更直。Aland等人比较了不同数值方法模拟单气泡上浮过程，如：Navier-Stokes-Cahn-Hilliard模型，浸入边界法。根据表面张力及黏度比，明确了两个模型使用的参数范围。浸入边界法也用于稳态磁场下气泡链的三维模拟。施加磁场后，气泡上升的平均速率更小，运动轨迹更平直。而且，气泡在容器中总的循环时间更短。这些研究为高精度的大尺度模拟两相流开辟了新的途径。此外，新的测量技术，如X射线层析技术，超声技术，也为两相流数值模型验证提供了可靠的实验数据，加深了人们对两相流的理解。

6. 流场测量技术研究

流场测量技术是研究流体力学的必备手段，也是验证模拟计算结果正确与否的关键技术。目前，液态金属流动实时监控技术及相关仪器的发展已经取得了巨大进步。一些新的测量技术已经成功用于流速测量。如无接触感应流场层析技术，电势差测速法，超声多普勒测速法，X射线层析成像技术及超声传输时间法。无接触感应流场层析技术能在几秒内获得完整的瞬时三维流场结构，因此，缓慢改变流场就能够获得流场流速随时间的演变规律。根据它的测量原理，利用交变磁场可以进一步提高所测流速的空间分辨率。电势差法用于局部流场测量时具备较高的时间分辨率，而超声多普勒技术则实现了超声波传播方向的速度分布测量。最近，研究者成功开发了一种新的多尺度超声多普勒测速仪用于三维流场流速测量。超声传输时间法不仅用于流速测量，也用于测量液态金属-气泡两相流中气泡在液态金属中的准确分布。此外，不同的测量技术用于不同的测量过程，如局域电势探针，超声多普勒测速仪，无接触感应流动层析技术适用于流速测量，而互感层析技术及X射线层析成像技术则适用于气泡-液态金属两相流研究。总之，这些流场测量技术为数值模拟及理论计算提供了可靠的实验数据。随着科学技术的发展进步，未来更多先进的流场测量技术将出现。

届时,"看不见"的流场动形态将会更全面、更准确地呈现在人们的眼前。

二、电磁约束成形技术研究

1. 软接触电磁连铸技术研究

软接触电磁连铸技术是一项正在开发而又富有发展前景的连铸技术,它是在无模连铸基础上发展起来的一项技术。由于钢坯比重大,电导率低和熔点高,使得钢的无模电磁连铸难以实现。而且,无模铸造对于金属液面的稳定性要求极为严格,稍有波动就可能导致铸坯出现"鼓肚"和"颈缩"等质量问题。为此,法国人Vives提出了在技术上介于普通连铸和无模铸造之间的软接触结晶器连铸技术。软接触电磁连铸技术降低了铸坯初始凝固壳与结晶器间的接触压力和滑动摩擦力,使保护渣流道畅通,从而减轻或消除由结晶器振动引起的表面振痕。同时,由于弯月面与结晶器的接触角降低,金属液体受到电磁力的搅拌感应加热作用,不仅使成分均匀、晶粒细化,而且改变温度梯度,使等轴晶区扩大,从而提高了铸坯的内部质量。

电磁软接触连铸技术的研究主要集中在结晶器设计和电磁场施加方式及其在结晶器内的分布等方面。在软接触结晶器设计方面,研究者提出了分瓣式结晶器结构,这种结构可以减少电磁场在结晶器上的消耗和衰减,并且针对结晶器切缝条数、切缝宽度、切缝方向及连贯性等进行了系统研究,进而对结晶器的结构提出了各种改进措施。在磁场方面,研究者针对结晶器内电磁场分布、电磁特性等进行了深入分析,发现电磁场的分布均匀性较空载时显著提高。在电磁场施加方式方面,分析交变磁场、矩形波磁场、准正弦波磁场以及复合磁场等不同形式的磁场在软接触技术中作用效果,发现不同波形的电磁场也会改善连铸坯表面质量。

软接触电磁技术对结晶器要求较高,例如:高透磁率,高强度,良好的抗热震性及冷却效果等。为了提高透磁率,人们设计了切缝式结晶器,但是切缝的存在降低了结晶器强度,增加了设计和维护难度,进而提出了无缝式软接触电磁技术,但无缝式结晶器仍然存在透磁率低的问题。由此可见,设计开发导热性好,透磁率高且强度高的材料来制作结晶器是实现软接触电磁技术工业化应用的关键。

国内在技术开发上与国际水平相当,已开展实际连铸结晶器上的试验,在进一步深入研究的基础上,解决结晶器材料和结构问题后可望在工业中得到广泛应用。

2. 电磁悬浮熔炼技术研究

电磁悬浮是一种最优的无容器加工技术,它避免了熔体与固体容器或杂质的接触，因而成为研究流体动力学、玻璃形成、纯物质制备、过冷及凝固等内容的重要工具。结合感应加热，电磁悬浮已成熟用于熔体过冷及凝固方面的研究，包括热物性参数测量、形核实验、晶体生长、非平衡凝固等。

电磁悬浮技术的重要用途是悬浮熔炼。电磁悬浮熔炼是制备高纯净材料的理想技术。相比传统的熔炼技术，如电阻炉熔炼，水冷铜坩埚氩弧或电子束熔炼，电磁悬浮熔炼可以保证合金熔炼的纯净度，避免合金元素的损耗、偏析等。而且这一技术对于熔炼难以混合均匀的合金体系具有独特的优势。采用电磁悬浮技术制备的高纯净度材料已用作标准参比材料。但是，由于高频感应悬浮熔炼线圈中磁场分布的轴对称性，在金属熔体的底部存在一个仅由表面张力平衡熔体静压力的驻点，因此无容器电磁悬浮熔炼仅仅能够制备少量的高纯净材料，并不能用于工业尺度的合金熔炼。目前，这一技术并没有达到当初该技术问世时的乐观预测"全面商业化生产，最纯净最优质的金属"。为了克服金属熔炼量少的这一问题，冷坩埚悬浮熔炼技术问世。该技术虽然不能抑制驻点，但减少了磁场不足的区域，因此可以明显增加金属熔体的悬浮重量。目前，冷坩埚悬浮熔炼技术可以实现公斤级别合金试样的完全无接触悬浮熔炼。而采用半悬浮熔炼技术，熔炼合金规模可以达到数百公斤。国内在这一技术领域已可制造工业级的电磁悬浮熔炼设备，已在钛合金熔炼中使用。随着理论和实验研究的深入，冷坩埚悬浮熔炼技术也将成熟应用于钢铁工业生产领域中。

3. 电磁成形工件技术

电磁成形是利用电磁力使高导电工件快速成形的一种技术。根据工件及线圈的几何形状及排布，施加不同的电磁成形技术可以实现对管形、筒形工件的挤压、胀形，也可以实现对平板金属的拉伸成形。自20世纪50年代该技术发明以来，大量文献报道了电磁成形原理，成形过程，相关参数的分析计算及潜在应用。而且，结合传统成形技术，衍生了各种复合成形方法，如深拉电磁矫正技术、曲面电磁挤压管道成形技术、复合电磁挤压技术、机械弯曲电磁矫正技术、辊压成形复合电磁成形技术等。相比传统的成形技术，电磁成形技术的主要优势如下：① 工件与线圈之间无接触相互作用力，工件表面光滑无机械作用痕迹；② 不需要润滑剂，加工流程简单，绿色环保；③ 施加电磁力调控精度高，重复性好；④ 可实现不同类型材料之间的结合；⑤ 生产效率高，加工费用低；⑥ 远程控制，实现对辐射环境下工件加工成形；⑦ 成形速率快，应变速率高，工件力学性能改善。这些优势体现了电磁成形技术的良好应用价值，但这一技术仍然面临许多问题，这也是将来需要开展的研究工作。

（1）没有现成的工具可供工程师评估利用电磁成形或电磁连接技术完成制造任务的可行性。

（2）缺乏适用于模拟电磁成形过程的商业有限元软件。现有的工具仅限于二维或很简单三维模拟计算，而不能用于计算复杂的工业相关应用过程。

（3）缺乏用于定量模拟电磁成形过程的精确材料数据。许多情况下，传统成形过程获得的材料数据只能用于定性的电磁成形模拟。

（4）关于电磁成形设计及线圈寿命的研究工作很少。虽然最近有研究涉及线圈的使用范围，但仍然局限于一些特定的情况。有必要为载荷与线圈设计提供具体的操作指南。

（5）现代生产都需要考虑成本，因此有必要科学计算出电磁成形过程的成本。

近年来，随着环保意识的提高以及汽油价格的攀升，轻量化设计概念越发突出，电磁成形技术也重新受到了重视。为了减轻产品（如汽车部件）重量，需要为不同部件筛选最合适的材料，这极大地增加了各部件的连接难度。此外，相比传统钢材，轻量化材料成形性差。这些都需要创新的成形及连接方法。而且，由于导电性良好的材料（如铝合金）常用于轻量化设计，因此，电磁成形技术在将来非常有希望得到广泛应用。

三、感应加热技术

电磁感应技术的基本原理是利用变化的电磁场在金属中感应出涡流，该涡流加热金属使之升温甚至熔化。由于交变电磁场易于产生，使用方便，因而自20世纪50年代以来，发展迅速，在工业中广泛应用。为了获得高的加热效率，通常采用较高频率的电磁场，但带来的问题是金属的屏蔽效应降低其效能。同时，产生交变磁场的线圈消耗较多的电能（通常约1/3总能耗）。这两个问题是本征的，无法取得突破，因而导致电磁感应加热技术发展缓慢，难有突破。

实际上，金属与静磁场有相对运动也可在金属中感生出涡流，进而加热金属。而金属对静磁场无屏蔽效应，加热效率和温度均匀性显著提高，使用永久磁铁即可产生静磁场，无需施加产生磁场的电能（使金属和磁体相对运动还是需要电能），从而克服了交变电磁感应加热的两个难题。随着超导技术的发展，近年来这一技术受到国内外关注，已有工业应用报道。国内已开展相关研究，重点开发了应用永久磁铁来感应加热金属方法，已取得突破，正进入工业应用中。

第三节 本学科未来发展方向

世界范围内电磁冶金学科在电磁学、磁流体力学、冶金学和磁场发生技术的推动下不断发展。在常规的电磁冶金技术领域,各国研究者在电磁搅拌技术、电磁制动技术、电磁悬浮熔炼技术等方面主要围绕施加多种磁场复合作用开展研究,向着多模式电磁场(强度、频率、波形和相位变化)下电磁冶金技术的方向发展,从而扩展电磁场在冶金中应用范围和优化电磁冶金过程。随着超导技术的发展,近10余年来强静磁场在冶金中应用的研究受到广泛关注,发现了磁场的一些新效应,使得磁场的应用范围大幅扩展,展现了广阔的发展前景,因而强磁场下冶金过程研究出现了多个重要方向。

一、多模式电磁场控制冶金熔体流动技术研究

冶金熔体流动在冶金过程中发挥着十分重要的作用,对冶金生产效率和产品质量影响巨大,使用电磁场控制冶金熔体的流动是重要的手段之一。尽管各类磁场已用于工业生产过程,但关于磁场对熔体流动的影响一直缺乏深入了解。最近十几年,借助低熔点金属模型实验及数值模拟方法,有关流场的研究已经取得显著的进步。人们根据三维数值模拟、大涡流模拟及对应的模型实验深入研究了旋转磁场及行波磁场驱动流体运动。基于数值模拟,发现旋转磁场下连续搅拌导致轴向的成分不均匀,由此提出调制磁场控制宏观偏析的新方法。用低熔点金属(如:GaInSn 和 SnBi)模拟钢的连铸过程也取得了显著进展。

传统的单模式电磁场下的电磁冶金技术有一定的局限性,近年来可调整磁场幅值、频率、相位和方向的多模式电磁场下电磁搅拌等技术得到研究和应用,从而突破现有电磁场控制流动技术的局限,更有效和更广泛地发挥作用。这一方向已成为电磁冶金技术发展的主流之一。

二、高效大尺寸电磁场约束和悬浮液态金属熔炼和成形技术研究

电磁场悬浮液态金属可避免坩埚的污染,可熔炼高熔点和活泼的金属,现已在钛合金熔炼中应用,但因金属的集肤效应,对电磁场产生屏蔽作用,使得电磁场作用受限,电磁悬浮金属的效率低,能耗和成本高,因而在钢铁等金属材料中较少应用。近年

来，国际上致力于改善磁场发生技术，开发降低屏蔽影响的冷坩埚技术，电磁悬浮的能力和效率逐渐提高，成本不断降低，有望在高品质的特殊钢铁材料冶炼中应用。

三、电磁场细化凝固组织技术研究

电磁搅拌等手段细化凝固组织的方法已在工业中广泛应用，近年来脉冲磁场细化晶粒等方法也受到关注，开展了深入研究。针对这一方向的研究向着模型化和优化的方向发展。同时在静磁场中凝固金属中新发现的热电磁力，可产生热电磁对流和热电磁应力，从而影响凝固过程，进而细化晶粒和影响成分分布等，成为国际上研究的热点。

凝固中获得具有特定晶体取向的织构组织成为近年来研究的关注点之一。磁取向是指磁各向异性晶体的某一晶体学方向在磁场作用下沿磁场方向取向生长的行为。磁各向异性在金属、无机、有机物等晶体材料中普遍存在。在这些材料制备过程中，强磁场使晶体发生旋转取向或生长取向，得到具有织构化微观组织的材料，以发掘晶体的各向异性性能，满足不同服役场合对材料的要求。目前，国内外已开展了大量的研究，涵盖了不同晶体结构（立方、六方、四方、单斜、正交）、不同磁性（顺磁、抗磁、铁磁性）、不同微观组织（固溶体、共晶、包晶、偏晶）的各种材料体系。通过在凝固、烧结、气相沉积、电化学等晶体生长过程中施加强磁场，以制备织构化材料。结果表明，磁取向改善了材料的塑性、抗蠕变性、耐蚀性等机械性能，提高了磁致伸缩、磁滞性能、热电性等物理性能。此外，还可起到消除缺陷、控制微观组织、缩短制备流程等良好效果。

随着未来更强超导磁体的实用化，能进一步提高制备的织构材料的取向度，扩大可织构化晶体材料的类别，拓展适用的材料制备方法。总之，通过强磁场制备织构化材料，应用前景十分广阔，具有很高的研究价值。

但是，利用磁取向作用制备织构材料还存在诸多理论和技术问题，包括：① 理解强磁场中晶体生长热力学和动力学规律；② 区分不同材料在不同制备过程中强磁场诱导织构化的机制；③ 明确织构化组织对最终服役性能的影响；④ 实现将强磁场中获得的特殊组织和性能有效地保留到最终产品；⑤ 控制磁场引发的其他效应对取向作用的干扰。此外，强磁场下热物性参数比较匮乏，如晶体各晶向在不同温度下的磁化率、表面能、界面能大小及各向异性变化，熔体在强磁场下的黏度等。要使磁取向行为完全可控，需要获得这些物理参数的精确值。

四、梯度强磁场悬浮熔炼技术研究

利用梯度强磁场对材料的磁力作用可使得材料悬浮。1991年，Beaugnon等人首次成功地将水、乙醇、石墨等一些抗磁性物质悬浮在梯度强磁场中。这些发现意味着利用超导强磁体就能够模拟太空微重力环境在地球上为许多材料的精炼提供理想的无接触、低重力环境。因此，世界各国强磁磁场实验室对磁悬浮展开了一系列相关的研究。虽然依靠梯度磁场的磁力抵消重力可以实现抗磁性物质的悬浮，但是，这种悬浮需要的磁场强度高，且只能悬浮抗磁性物质。Ikezoe等则利用磁阿基米德原理成功地在较低的磁场强度下实现了硫酸铜溶液以及一些顺磁性物质的悬浮。

在材料制备过程中，磁悬浮技术提供了一个清洁的生长环境。已有研究显示在磁悬浮条件下制备冰晶体表现出复杂和奇异的行为。一些离子晶体在水溶液中磁悬浮生长呈现不同的生长形态。由于太空微重力环境中实验费用高昂，操作不便，且实验时间短等诸多缺点，因此，利用梯度强磁场在地球环境实现材料的悬浮生长将成为极具诱惑力的新技术。磁悬浮技术也为新材料的制备开辟了新的途径。

五、磁致过冷机理研究

过冷是金属凝固过程中一种常见现象。研究发现，稳态磁场能够改变金属凝固过程中的过冷度，这一现象称之为磁致过冷。稳态磁场对不同金属熔体的过冷度影响规律不同。一些研究发现，磁场增大了纯金属及合金的过冷度，如：Al、Cu、Sn、Sb、Al-Cu、Al-Ni、Ni-Cu。而另外一些研究表明，磁场降低了凝固时的过冷度，活化了形核过程，如Bi。此外，研究发现磁场对Ge、Ti-Al等体系的过冷度几乎没有影响。由此可见，磁场对金属熔体过冷行为影响复杂，磁场下过冷度变化的物理机制目前仍存在很大争议。

这一发现具有重要的潜在应用前景。现在大铸件铸造过程中一个重要的问题就是偏析严重，而通过"磁致凝固"有望实现铸件"整体凝固"，从而消除铸坯组织的不均匀性。

六、磁场下微观偏析控制技术研究

从20世纪60年代人们就已经开展了磁场下微观偏析研究。Youdelis等人发现，在定向冷模铸造时施加强磁场会改变铸件的偏析程度，在Al-Cu合金中施加磁场会增加铸件的偏析程度，而 Bi-Sb 合金恰恰相反。他们认为磁场抑制了溶质元素的扩散，进而改变溶质的偏析行为。这种现象使人们联想到可以通过磁场来控制铸件的偏析，因此，磁场下偏析的研究逐渐成为一个热点。

近年来，人们针对磁场下元素偏析行为做了大量研究工作。发现磁场可以控制金属凝固过程中的元素分布、析出相及杂质颗粒的迁移，促进晶粒合并，减少晶界数量，提高固溶度等。此外，磁场也会影响半导体晶体生长溶质分布。例如，磁场可以抑制半导体熔体中由于温度或浓度不同引起的对流，从而消除对流引起的溶质带。这为改善半导体晶体生长过程中出现的偏析提供了新思路。

利用磁场控制材料制备过程中出现的偏析已经取得了很大的进步，但依然存在许多有待解决的问题。影响微观偏析的因素较多，这些因素共同作用于枝晶凝固过程，从而改变溶质的微观偏析行为。磁场在金属凝固过程中能够产生多种磁效应，这些磁效应在不同程度上改变微观偏析行为。到目前为止，还没有研究考察多磁效应作用下溶质的微观偏析规律。因此，很有必要系统研究磁场下各种影响微观偏析因素的变化规律，以便揭示磁场下微观偏析机制及微观组织的演变规律，进而为磁场下金属材料制备奠定理论基础。

七、磁场热处理技术研究

磁场热处理是在热处理过程中施加磁场以改变材料的组织及性能的热处理技术，该热处理技术在 1959 年由美国的 RDCA 公司的 Bassett 提出。热处理过程中施加磁场能明显影响固态相变行为及相变产物的数量、形态、尺寸和分布。由于磁能对铁磁性材料的相变影响显著，因此以往很多研究主要关注磁场对铁磁性材料固态相变行为的影响，如铁素体相变、珠光体相变、贝氏体相变以及马氏体相变组织的影响等。这些研究揭示了强磁场下铁磁性合金体系的组织形态，热力学及动力学方面变化规律，为铁磁性材料的磁场热处理提供了翔实的实验数据及科学依据。然而，关于磁场对非磁性材料固态相变影响的研究却鲜有报道。镍基高温合金作为典型的非磁性材料，目前已有一些学者研究了磁场对镍基高温合金固态相变的影响，并取得了一些非常有价值的成果。结果表明，磁场同样对非铁磁性材料的固态相变也产生作用。然而，其影响机制目前仍不清楚，需要从多方面深入探讨，如扩散、界面能、错配度等。此外，高温合金中含有大量合金元素，这也给研究者探讨磁场下相变行为带来挑战。

国内磁场热处理还是一个比较新颖的热处理技术，需要更多的理论及实验研究，为磁场热处理这个方向提供更多可靠的实验结果和理论依据。

八、静磁感应加热技术

因静磁感应加热技术的节能效果显著,国际上对其日益重视。但常规永磁体产生磁场强度偏低,因而目前重点是利用超导磁体产生的数特斯拉的强磁场来进行感应加热。但超导磁体的运行仍有消耗(电能或液氦),且在工业环境下的稳定性仍不足,因而在工业中大规模应用还需解决相关的技术问题。利用永久磁体则可大幅降低成本和运行费用,是一个很有发展前景的方法。其不足是磁场偏低,加热速度偏慢,温度偏低。如提高其磁场强度和相对运动的速度,则可提升其加热能力。国内外对这两种技术都在开展研究,有望在近 5~10 年内得到广泛应用。

九、磁场影响溶质扩散机理研究

扩散在材料制备中起根本性作用。大量实验表明,磁场会影响原子的扩散速率,进而影响材料的内部组织结构及性能。例如:磁场抑制扩散可用来抑制多金属层构件中某些脆性中间相的生成,从而改善焊接件、涂层等材料的性能,这一效应对于改变扩散反应层生长速率及产物的特性具有重要的意义。此外,磁场加速扩散也可用于加速强化相析出,消除偏析,成分均匀化等处理。

然而,磁场下扩散研究结果相差较大,甚至出现互相矛盾的结果。一些实验表明磁场抑制了元素的扩散,这些体系包括 Al–Cu、Al–Mg、Ni–Al、Pb–Sn、Zn–Cu、Bi–Sb、Fe–C 等。且磁场对不同物质的原子扩散速率的影响呈现不同的规律,甚至磁场方向也会影响原子的扩散速率。也有研究证实磁场对原子的扩散有促进,抑制和无明显作用等不同的影响。有人把扩散速率变化归因于扩散激活能,也有人认为磁场改变了原子扩散过程中的碰撞频率。但是,目前还没有完善的理论解释磁场影响扩散速率的原因,这些变化的物理机制仍有待澄清。为此,亟需针对不同的磁性、状态、键合类型等材料做系统的扩散研究,为磁场下材料制备提供参考数据。

十、磁致塑性效应机理研究

磁致塑性是材料在磁场中表现出塑性增大的现象。利用这一规律可提高一些塑性较低的材料的塑性,减少加工裂纹等问题。目前,尚对这一现象的内在机制了解不深。由于 1T 左右的磁场在这些材料中产生的影响在 $(\mu_B B/kT) \sim 10^{-3}$ 量级,远低于可测量的误差范围，因此，普遍认为弱磁场（对于非磁性材料，磁场强度≤10T）不能明显改变非磁性材料的结构与性质。由于这个原因，早期有关磁场对抗磁性材料的结构，物理－力学特性的研究并没有受到关注。而且，多数研究者认为这些结果可能是人为造成的。但是，20世纪60—80年代，人们在研究各种抗磁性晶体的发光、光电、辐射光谱等现象时发现了多种磁效应。

磁塑性效应是外加磁场影响材料塑性的一种现象。磁塑性效应最早在铁磁性材料中得到实验证实及清晰的物理解释，即：磁场能够影响铁磁性材料的位错运动及宏观塑性，其物理机制是源于位错与磁畴的相互作用。自从Kravchenko理论上发现磁场增加电子运动阻力后，人们对磁场下抗磁性金属塑性的影响进行了大量实验及理论研究，证实了塑性变化是由于电子气黏度的增加。但这一解释与某些实验现象并不一致。1987年，Al'shits等人发现没有外加应力的情况下，弱磁场（<1T）能够诱发NaCl单晶中的位错运动。之后，多个独立的研究团队在不同材料体系中（LiF、KCl、KBr、CsI、InSb、Al、Zn、Si、$NaNO_2$、ZnS、C60、聚合物等）证实了这一现象的存在。此外，磁场下许多相关现象，如位错退钉扎、内耗、宏观塑性、硬度等也证实了各类磁场（稳态、交变、脉冲、微波）对非磁性材料的物理－力学及其他结构敏感的性质具有显著的影响。1997年，Molotskii等人应用量子力学解释了非磁性材料中磁塑性效应，即位错与顺磁性障碍芯形成自由基对，磁场引起自由基电子自旋变化，诱发强健结合的单态（S态）向弱键结合的三态（T态）转变，位错更容易从顺磁性障碍芯退钉扎，最终增加了材料塑性。

总之，大量研究表明，弱磁场能够显著影响许多非磁性材料的力学性能。这些研究在凝聚态物理和塑性物理方面具有重要的意义。而且，这些结果可用于交叉科学。例如：磁处理取代耗时耗能的热处理。磁塑性效应研究也激发了研究者对一些重要抗磁性材料（半导体、聚合物、富勒体、高自旋有机化合物等）的磁敏感性质（电子、发光、光学）的研究，这使得开发新型，灵敏且高精度的磁光谱法成为可能。需要指出的是，目前多数理论模型仍然没有考虑弱自旋作用。充分理解磁塑性现象不仅需要考虑经典力学作用（位错运动），还需要考虑量子力学效应（电子自旋甚至核自旋）。

十一、磁场下热物性参数测量

磁场作用下，材料的许多基本热物性参数会发生改变，如扩散系数、相变温度、黏度、表面张力、热导率和电导率。因此，无论是与磁场相关的科学研究还是工业生产，重新精确测定磁场下材料的热物性参数成了一个亟需解决的问题。然而，要测定磁场下材料的热物性参数，必须开发设计适合强磁场条件下的仪器设备。由于磁场对电子元器件、测量稳定性等有很大影响，因此，设计适合磁场条件下的仪器设备必须考虑磁场带来的种种限制因素，如磁力、洛伦兹力、电磁干扰等。

经历了不断努力和尝试，人们已经成功开发了磁场下的热物性测量系统、扫描电子显微镜、透射电子显微镜、差示扫描量热仪、差热分析仪、表面张力仪、黏度仪等。应用这些设备，研究者已经获得了一些材料的热物性参数随磁场的变化规律；这为开发与磁场相关的新技术和新方法提供了重要的信息。然而，大量材料在磁场下的热物性参数变化仍然未知。而且，磁场下很多开发的设备仍然处于研发阶段，距离商业化还需要很长时间。因此，建立磁场下热物性参数的数据库还需要长期且大量的工作要做。

十二、磁场发生技术的发展

磁场发生技术一直在不断发展，特别是超导技术的发展大大推动了强磁场产生技术的进步。目前，全超导的高场磁体已经能够达到 30~32 T，冷孔直径约 30 mm。如果需要有室温孔，全超导磁体的场强可以达到 25~27 T，室温孔径约 20~25 mm（冷孔 50 mm）。未来 30 年，随着超导材料的发展及超导磁体相关技术的发展，预计全超导的高场磁体能够达到 40~50 T（冷孔直径 30 mm）；20T 磁场的工作空间可达 500mm 以上。未来 50 年，随着超导材料的发展，有望磁场强度进一步提高，磁体的空间进一步增大，在冶金工业中得以应用。

第四节　学科发展目标和规划

一、中短期（到 2025 年）发展目标和实施规划

1. 中短期（到2025年）内学科发展主要任务、方向（目标）

中短期内学科发展的主要方向是利用更强的磁场，多样化磁场模式，复合磁场，与温度场、流场、浓度场等协同，更精细地控制冶金与材料制备过程，使磁场发挥更高的效能和效率，对钢铁材料的发展提供支撑。中短期内主要的任务有以下几种。

（1）多模式电磁场控制流动技术发展。

基于电磁场的频率、幅值、相位、波形不同的磁场及其组合对液体金属和熔渣等多相流动的影响作用，开发应用于精炼、连铸等过程的多模式电磁场控制流动技术与相应设备。

（2）高效大尺寸电磁约束成形与悬浮技术发展。

基于电磁场对大尺寸液体金属的约束成形和悬浮的控制作用，开发冷坩埚和结晶器的新材料和新结构，降低对磁场的屏蔽效应，研发相应特殊的磁场发生电源设备，实现钢铁等材料的大尺寸悬浮和约束成形。

（3）电磁场控制合金凝固组织技术发展。

研究各类电磁场（交变、脉冲）对凝固中固液两相区内流动、溶质传输和界面生长及稳定性、组织形态演化等影响机制，开发多物理场和多尺度凝固作用下的复合电磁场控制凝固组织技术，解决凝固成分偏析和组织粗大与不均等问题。

（4）静磁感应加热技术发展。

研究静磁场结构下金属工件相对运动感应加热基本规律，建立相应理论模型；开发针对不同形状金属工件（圆坯、板坯、线材）等的静磁感应加热技术，在工业中推广应用。

（5）静磁场下材料相变及其组织演变机理的理论研究。

研究10T以上强静磁场对金属材料液固相变和固固相变影响机理，建立强磁场下凝固组织和固态相变组织演化的基本理论。

2. 中短期（到2025年）内主要存在的问题与难点（包括面临的学科环境变化、需求变化）

虽然电磁搅拌等技术已经得到广泛应用，但是磁场、流场、温度场、凝固过程等多物理场相互关联下的多相流动问题仍缺乏深入认识，制约了基于以上基本规律而开发的电磁场控制流动技术的发展。

高强静磁场在冶金过程的应用为电磁冶金技术开辟了全新的研究领域，有着广阔的发展前景，这一领域的研究尚处于起步阶段，还需要大力研究。

电磁冶金技术具有突出的多学科交叉特点，涉及磁学、液体物理、流体力学、物理化学等基础学科，理论深度大，至今的研究偏于应用，往往缺乏深层次机理研究。

在冶金学科的研究项目中，电磁冶金技术往往作为冶金过程研究的辅助手段，没有给予足够的重视，因而迟滞其发展。至今，国家层面没有设立专攻电磁冶金技术的重大科研项目。相对照，日本、德国等均设立过长期的重大科研项目对电磁冶金技术给予支持。建议国家联合大型钢铁企业，设立重大科研项目，吸引物理、力学和电工等学科科研人员与冶金科技力量一起攻关，解决本技术学科的关键理论和重大技术问题，为电磁冶金技术的发展奠定基础。

3. 中短期（到2025年）内解决方案、技术发展重点（包括关键应用基础研究、关键技术工程研究、重大装备和关键材料，或重点产品和关键技术）

（1）多模式电磁场控制冶金熔体流动技术。

随着磁场发生技术和装备水平的不断提高和改进，控制冶金中熔体的磁场强度相应提高，磁场的频率和相位等可更有效控制，为实现多模式电磁场控制流动提供了不断进步的手段。多模式电磁场控制流动技术可通过调节磁场的频率、强度和相位而高效施加电磁场，实现流动的最佳控制。在连铸中，流动对铸坯的质量至关重要，如何实现最佳控制一直是难题，现采用电磁搅拌、电磁制动等手段，仍存有大量问题。采用多模式电磁场控制流动技术可实现对流体的多种形式的，包括搅拌和制动在内的流态精细调节，适应不同的工况要求，满足金属材料冶金过程精细控制的需要。这一类技术现已有雏形，再经过10~15年的发展，预期将日益成熟，广泛应用。

（2）高效大尺寸电磁悬浮熔炼和约束成形铸造技术。

电磁悬浮液态金属进行熔炼可避免坩埚对合金的污染，实现纯净冶炼，在高活性金属和高纯净度合金纯净冶炼中有广阔应用前景。但限于电磁场强度难以提高和耗电过大，现电磁悬浮熔炼技术仍不能广泛应用。随着电磁技术的发展，强电磁场的获得更加经济和方便，同时新型冷坩埚结构和材料的改进将大幅提高电磁悬浮金属的能力，增大该技术应用的领域。

电磁力约束下连续铸造技术可显著提高铸坯的内外质量，但对于钢铁材料所需能耗较高，限制其应用。在攻克结晶器材料和结构上的技术问题后，该技术有望逐步在工业中得到应用。

预期在2025年后，可出现数百公斤到吨级的电磁悬浮熔炼炉，在包括高品质特殊钢在内的众多金属材料中得到应用，电磁力约束下的连铸技术在特殊钢铁材料生产中开始应用。

（3）电磁净化精炼金属液技术。

电磁场可根据导电率和导磁率的差别将不同物质分离，现已有这方面的探索，但由于电磁场强度不足，导致分离效率偏低，在工业中应用受限。随着相关电磁场发生技术的发展，磁场强度的提高，将大幅提高电磁分离的能力。预期2025年后，通过使用超导磁场，这一技术有望在冶金中得到应用。

（4）电磁场控制凝固组织技术。

通过交变电磁场和脉冲磁场等细化晶粒的技术将得到进一步深入研究，其控制晶粒的内在机理将被更清楚地认识。在此基础上将发展出更有效的电磁搅拌等控制凝固细化晶粒技术。

（5）静磁感应加热技术。

深入研究磁场结构对感应加热效率的影响规律，设计和优化磁路，开发不同材质和形状金属工件的感应加热装置和加热工艺技术，在工业中积极推广应用。

（6）强静磁场下冶金相变机理研究。

将阐明热电磁力效应对凝固组织的影响内在机理，建立起热电磁力影响凝固组织的数值模拟模型，进而发展出利用热电磁力控制凝固的全新技术，有望在某些合金中得到应用。

对磁致过冷的机理的研究有望取得突破，利用该原理细化晶粒技术将开展工业试验。对磁致塑性的机理研究取得较大进展，在此基础上开发出磁场下压力加工技术，在一些脆性合金中开始工业试验。

二、中长期（到2050年）发展目标和实施规划

1. 中长期（到2050年）内学科发展主要任务、方向（目标）

2050年前预期利用超导可获得强度达到30T以上的可供冶金实验用的静磁场。在此磁场下，一些金属材料的热力学状态发生较明显的改变，可影响其冶金反应、凝固、固态相变等，从而在根本上影响金属材料的组织和性能，将开辟电磁冶金的新方向。

围绕强磁场下电磁冶金新方向，需对磁场影响冶金反应和相变的热力学和动力学开展研究，探明影响的内在机制，掌握磁场影响金属材料的组织和性能的机理，构建基本理论，建立数学模型，进而开发强磁场下电磁冶金技术。

2. 中长期（到2050年）内主要存在的问题与难点（包括面临的学科环境变化、需求变化）

电磁冶金学科发展需要解决的主要问题有：

（1）强磁场下冶金反应和相变（液固相变和固固相变）热力学理论。

磁场的磁化能量改变了冶金反应和相变的热力学状态，甚至可导致常规条件下

不能进行的反应和相变发生，有必要对此进行深入研究，建立基本理论，为利用强磁场奠定理论基础。

（2）强磁场下冶金熔体流动理论。

强磁场中温度梯度、浓度梯度和磁场梯度均可诱生新的流动，而磁场也影响流动，因此强磁场中的流动十分复杂，需要进行深入研究，建立理论模型。

（3）强磁场对冶金反应过程和相变过程的影响机制。

强磁场对新相的形核和长大过程均有明显影响，进而影响金属材料的组织性能，因此有必要探明磁场影响的内在机制，建立模型，开发磁场控制凝固和固相组织技术。

3. 中长期（到2050年）内解决方案、技术发展重点（包括关键应用基础研究、关键技术工程研究、重大装备和关键材料，或重点产品和关键技术）

（1）强磁场下冶金反应和相变热力学理论研究。

强磁场具有强磁化能量，施加到冶金体系中将改变其热力学状态，影响冶金反应和相变，掌握其影响机理，建立基本理论，是开发强磁场下电磁冶金技术的基础，对于在冶金过程中利用强磁场十分必要。

（2）强磁场下冶金熔体中流动规律研究。

冶金熔体的温度和成分的变化将产生磁化率差，在强磁场中将导致流动；而磁场的不均匀也可导致流动，同时还存在自然对流等，因而在强磁场中熔体的流动十分复杂。流动对冶金过程的影响十分重要，因此须对强磁场下的冶金熔体的流动进行深入研究，掌握其基本规律。

（3）强磁场对溶质扩散过程影响机理研究。

已有研究表明磁场可影响原子的扩散迁移，这将对冶金反应和相变过程产生重要影响，因此有必要深入研究电磁场影响溶质扩散内在机制，建立基本理论。

（4）强磁场下磁致过冷细化晶粒技术。

近10年来的研究发现，强电磁场下合金凝固的过冷度会有较大改变，即产生磁致过冷效应。利用这一效应可细化金属凝固组织，克服传热冷却细化组织导致的不均匀问题。现由于磁场强度不足，尚难以在工业中应用。随着超导技术的发展，预期2030—2050年超导技术可经济提供20T~30T的磁场，其磁场空间和费用可满足工业应用的要求，从而磁场过冷细化晶粒技术有望走入工业中，这将带来凝固组织控制技术的革命。

（5）电磁场下热电磁力控制凝固组织技术。

最新的研究表明，在合金凝固中存在热电流，这一电流在磁场下降产生电磁力。该力作用在金属液体中将产生流动，作用在枝晶上可使其断裂破碎，这两种效应的作用结果可细化晶粒。由于热电流产生于合金内部，施加的静磁场穿透性强，因而热电磁力产生于合金铸坯的内部，而且温度梯度越大的地方，热电磁力越大，细化效果越好。因此，克服了常规电磁搅拌因集肤效应而被屏蔽的问题，实现铸坯的整体细化，应用前景广阔。

根据热电磁流体理论，发挥热电磁力作用的磁场强度须在数个特斯拉以上。利用超导技术较容易产生这一量级的磁场强度。预期2030—2040年，这一技术可进入工业应用中。

（6）电磁场下压力加工技术。

近20余年来研究发现电磁场下材料的塑性得到提高，产生磁致塑性效应。关于其内在机理尚待深入研究。这方面的深入研究将为开发电磁场下难加工材料的轧制、锻压等技术提供基础，有望在今后10~20年的时间内发展出电磁场下压力加工技术，并在工业中得到应用。

（7）金属材料电磁热处理技术。

大量研究表明，电磁场可加速原子的扩散，强磁场甚至可影响相变热力学。随着超导强磁场的普遍应用，在金属热处理中施加电磁场可加速热处理过程、获得更佳组织形态，提高材料性能。这一技术将率先在高合金含量、难处理的合金中得到应用，随后将逐步在各种金属材料中推广。

（8）利用电磁场的冶金过程测量监测技术。

利用电磁场进行冶金过程中状态的监测和合金铸坯及材料缺陷、质量和性能检测技术一直在发展，随着电磁场技术和配套力、热等信号探测和记录手段的发展，利用电磁场的测量技术将有较大的发展。预期在流动速度、缺陷、性能检测等方面的电磁测量技术中得到应用。

三、中短期和中长期发展路线图

中短期和中长期发展路线图见图10-2。

目标、方向和关键技术	2025年	2050年
目标	建立多模式电磁场影响冶金质量的基本模型，优化和开发多模式电磁场下精炼和连铸技术，扩大电磁场在冶金整个流程中的应用，在冶金生产质量和效率上发挥更重要作用。发展强磁场在冶金中用用的理论基础和研发新技术	强磁场在冶金中应用理论基础基本建立，强磁场在冶金中应用技术取得突破，强磁场下连铸控制凝固组织技术和精炼技术得到初步应用；常规电磁场下的电磁冶金技术得到进一步优化
方向	主要的方向为发展多模式电磁场对冶金过程和冶金质量影响的理论模型，开发多模式交变电磁场在连铸和精炼中应用新技术，同时开发在热处理中应用技术；研究强磁场下冶金基础理论	主要的方向为优化常规电磁场在冶金中应用技术，重点为电磁场在精炼－连铸－热处理全流程中的应用；研究强磁场下凝固组织控制、夹杂物和气体运动控制及固态相变组织控制基本理论；开发强磁场控制连铸和热处理技术
关键技术	多模式电磁场控制冶金熔体流动技术有较广工业应用；脉冲磁场等复杂波形电磁场细化晶粒技术得到应用；电磁约束成形连铸特殊钢技术进入工业试验；电磁净化金属液技术有较大进展；静磁感应加热技术在工业中得到一定范围的应用；电磁热处理技术出现；强磁场下合金形核理论、凝固组织演化理论和磁致塑性机理模型基本建立	吨级电磁悬浮熔炼技术在特殊钢中开始应用，电磁约束下的连铸技术开始应用；强磁场下磁致过冷细化晶粒技术出现并进入工业试验；强磁场下压力加工技术出现；强磁场下冶金反应理论基本建立；电磁净化技术在工业中广泛应用；电磁约束下连铸技术较广泛应用；强磁场下细化晶粒技术得到应用；强磁场下压力加工技术得到应用；电磁热处理技术得到较广应用 强磁场下冶金反应理论基本完善，相关数据库建立。强磁场下凝固理论和固态相变理论基本建立。强磁场下冶金精炼技术、凝固控制技术、压力加工技术、热处理控制组织技术等较普遍应用。10T量级的交变强磁场下冶金过程研究和场强50T以上超强磁场下冶金过程研究启动

图10-2 中短期和中长期发展路线图

第五节　与相关行业、相关民生的链接

与相关行业、相关民生的链接见表 10-1。

表 10-1　与相关行业、相关民生的链接

时间	电磁冶金学科发展	相关行业发展
2025 年	发展多模式电磁场对冶金过程和冶金质量影响的理论模型，开发多模式交变电磁场在连铸中和精炼中应用新技术，同时开发在热处理中应用技术；研究强磁场下冶金基础理论	常规电磁场产生技术已较成熟。超导产生静磁场可达 20T，具有适宜冶金试验尺寸的磁场为 12T 常规电磁场控制技术（相位、频率、幅值、分布控制）较成熟，保障多模式电磁场控制流动技术的工业应用。超导技术发展，20T 静磁场技术已较稳定和经济，可用于冶金过程研究。脉冲磁场在连续输出时场强达到 50T。5-10T 量级静磁场在工业中开始应用
2050 年	强静磁场下冶金反应和相变理论基本建立。强磁场下精炼技术、凝固控制技术、压力加工技术和热处理技术在工业中开始应用。50T 以上的超强磁场下冶金过程研究开始	超导技术可使 30T 静磁场稳定和经济地获得，20T 静磁场在冶金工业中开始应用。50T 以上静磁场由超导稳定产生，达到冶金过程实验需求

第六节　政策建议

超导技术和超强磁体的不断进步与发展，将为电磁冶金技术提供更强、更多模式的磁场，极大地开辟和拓展电磁冶金学科和相关技术的发展，孕育着大量电磁冶金新理论、新工艺和新技术，使电磁冶金技术在提高材料的性能和质量方面发挥更大的作用，对进一步深入加强电磁冶金技术学科的建设具有重要的战略意义。

（1）电磁冶金技术学科是冶金、电工、力学、物理、化学、自动控制等多个学科相交叉的学科。首先应在国家自然科学基金、国家重点研发计划中设立跨学科的研究领域和研究方向，激励开展多学科的交叉研究，强化电磁冶金学科的基础研究和原创性技术的研发，保持电磁冶金学科和技术的稳定与持续发展。

（2）国家联合企业支持在有条件高校、科研院所和企业建立电磁冶金新技术科技创新平台和试验基地（试验线和示范线），促进电磁冶金技术的成果转化与应用。

（3）在国家科技专项中设立专门课题，并吸引企业投入，开展电磁冶金关键技术研发，加速技术成果产出和工程化。

（4）增设电磁冶金二级学科目录，加强电磁冶金技术学科的人才培养，构造研究生培养、在职工程技术人员再教育和培训的体系，建设起结构合理的人才队伍。

参考文献

[1] Asai S. Recent development and prospect of electromagnetic processing of materials [J]. Science and Technology of Advanced Materials, 2000, 1 (4): 191-200.

[2] 韩至成. 电磁冶金学 [M]. 北京：冶金工业出版社, 2001.

[3] 王强, 赫冀成. 强磁场材料科学 [M]. 北京：科学出版社, 2014.

[4] 任忠鸣. 强磁场下金属凝固研究进展 [J]. 中国材料进展；2010, 6：40-49.

[5] 彭涛, 辜承林. 强磁场发展动态与趋势 [J]. 物理, 2004, 33 (8)：570-573.

撰稿人： 任忠鸣　王恩刚

第十一章 电渣冶金

第一节 学科基本定义和范畴

电渣冶金是靠电流通过渣池时产生的焦耳热熔化和精炼自耗电极金属，获得的液态金属在水冷结晶器中凝固成型的过程。由于电极熔化、金属液滴形成、滴落均在一个较纯净的环境中实现，其过程中液态金属和炉渣之间要发生一系列的物理化学反应，且冶金反应具有良好的热力学和动力学条件，从而可以有效地去除金属中的有害杂质和非金属夹杂物。钢锭自下而上逐层凝固、顺序结晶，改善了钢锭内部的凝固组织。在金属熔池和渣池不断上升的过程中，结晶器内壁和钢锭之间形成一层渣壳，使钢锭表面平滑光洁。

电渣冶金属于冶金专业、特种熔炼学科、重熔精炼分支。电渣冶金经过多年的发展，衍生出很多种方法，包括电渣重熔、电渣熔铸、电渣浇注、电渣热封顶、自熔模电渣重熔、有衬电渣熔炼、电渣离心铸造、电渣钢包精炼和电渣中间包冶金等。

第二节 国内外发展现状、成绩、与国外水平对比

一、电渣冶金技术发展的历史

电渣冶金最初的工作是1935年美国霍普金斯（R. K. Hopkins）进行的渣中自耗电极熔化实验，并于1940年获得电渣熔炼专利，Kellogg公司用来生产高速钢及高温合金。

1967年在美国匹兹堡的卡内基－梅隆（Carnegie-Mellon）大学召开了第一届电渣冶金国际会议。之后，几乎平均每两年召开一次电渣冶金或包括电渣冶金在内的国际学术会议，为电渣技术的推广和发展起到了很大的推动作用。

1958年，中国冶金工作者在电渣焊的基础上开发出电渣重熔技术，并于同年年底重熔出合金工具钢和高速钢钢锭。1960年，我国开发出有衬电渣炉，同年小型工业电渣炉先后在重庆特殊钢厂、大冶钢厂、大连钢厂和上钢五厂建成投产。1961年11月，冶金部在重庆召开了第一届全国电渣冶金会议，标志着我国电渣冶金技术进入了大规模研究和开发阶段。

在1965年到1975年这10年的时间里，电渣技术得到飞快发展，这一时期电渣技术的特点是：① 产量呈倍数增长；② 锭重呈几何级数增长；③ 电渣重熔产品范围扩大；④ 打破了专业及行业的界限。

1975—1985年，电渣重熔技术保持稳步发展。电渣钢产量继续增长，到1985年世界电渣钢产量达120万吨，苏联40万~45万吨，东欧国家4万~5万吨。目前，仅我国国内每年电渣钢的产能已经超过200万吨，其应用领域也非常广泛。

电渣冶金生产的金属主要用于以下几个方向：

（1）工模具产品：冷作、热作、塑料模具、高速工具、冷轧工作辊。

（2）能源领域：核电、火电、水电领域的重要部件（反应器外壳、核电主管道、高压锅炉板和管、叶片、转子、护环、大厚度蜗壳板等）。

（3）交通：高速铁路（曲轴、轴承、轮毂）、造船（曲轴）。

（4）石油化工：高温、耐蚀部件（管道、阀门）、储油罐、加氢反应器。

（5）海洋：海洋平台用齿条钢、海洋装备用双相不锈钢和超级奥氏体钢。

（6）军工：火炮、枪械、飞机起落架、发动机、核潜艇、导弹壳体、坦克及装甲车曲轴、扭力轴、航母用高性能部件。

（7）航天航空：高温合金、超高强度钢。

自20世纪70年代以后，电渣技术处于一个酝酿新突破的阶段。这一时期突出特点是钢锭吨位急剧增加和新工艺不断涌现。如美国Teledyne Allvac公司建立了23 t电渣炉、日本八幡厂建立了40 t板坯电渣炉、德国萨尔钢厂建立了165 t电渣炉，我国也建成了200 t电渣炉。新技术方面，相继出现了电渣热封顶ESHT法、电渣自熔模MHKW法生产大钢锭、双极串联电渣焊、电渣分批浇铸生产大锭、电渣离心浇铸、导电结晶器电渣重熔、抽锭电渣重熔、快速电渣重熔、保护气氛电渣重熔、真空电渣重熔和加压电渣重熔等。

二、各种电渣冶金方法的发展现状

1. 电渣熔铸

电渣熔铸是电渣冶金的重要技术分支之一。电渣熔铸与电渣重熔的主要区别在于电渣熔铸用异型结晶器代替简单形状的普通结晶器，进而得到的产品是形状接近成品的铸件毛坯而不是钢锭。电渣熔铸的产品虽然是铸件，但其冶金质量和力学性能远远高于一般砂型铸件，而与同钢种变形材（锻、轧）件相媲美。目前采用电渣熔铸工艺生产的工件主要有曲轴、叶片、轧辊和阀门等。

2. 电渣浇注

电渣浇注工艺的基本原理是将液态金属直接注入带有液态精炼渣的结晶器中并用石墨电极或自耗电极或水冷金属非自耗电极来保温和精炼，通过浇注速度来控制金属熔池形态和凝固速度。另外，这种电渣浇注按照锭型大小又采用一次浇注或多次浇注。由于电渣浇注能改善钢锭表面质量，获得无缩孔的钢锭，因而钢锭的收得率可提高 10% ~ 15%，除补偿电渣浇注费用外尚有剩余，因此成本不高于普通钢锭。

3. 电渣热封顶

电渣热封顶实质上是电渣保温帽，就是普通钢锭浇铸方法的基础上，在钢锭中加入液态炉渣并用自耗电极或石墨电极在钢锭头部加热进行补缩和保温，以控制钢锭的凝固速度，消除头部缩孔。

4. 自熔模电渣重熔

自熔模电渣重熔又称为 MHKW 法，实际是钢锭心部重熔法。将钢水浇铸到普通钢锭模中，待凝固后用锻造机沿锭子纵向将中心质量不好的部分去除，然后用自耗电极进行电渣重熔，重熔部分的大小为钢锭直径的 1/3 ~ 2/3。这种方法也可用于生产 100 t 以上的大钢锭。

5. 有衬电渣熔炼

有衬电渣熔炼是我国开创的电渣冶金新分支，它是在由耐火材料的炉膛内利用电流通过液态渣池产生的电阻热将金属电极或散装金属料熔化和精炼的一种冶炼方法。与电渣重熔不同，金属不是边熔化边凝固，而是以液态逐渐汇集在耐火材料炉膛内，并经调整成分和温度，获得一定数量和质量要求的钢水或金属液，然后通过某种铸造方法铸成锭子或铸件。

6. 电渣离心铸造

电渣离心铸造是有衬电渣炉炼钢和离心铸造两项技术结合的产物。它是将有衬电渣炉精炼出的高质量钢水和高温熔渣一起倒入模内，随着模子的转动，在离心力的作用下，模具内表面形成一层均匀的渣壳，渣壳的存在提高了铸件表面的质量和模具的寿命。

7. 电渣钢包精炼和电渣中间包冶金

电渣钢包精炼和电渣中间包冶金主要是利用电渣冶金的加热和精炼功能对钢水进行炉外加热和精炼，因此是钢水炉外精炼的新方法之一。与其他方法相比，电渣加热的主要特点如下：

（1）电能转换成渣阻热直接输入渣层，因而热效率高，而且钢水温度容易控制。

（2）高温熔渣的存在使钢水和大气隔离，从而防止了大气对钢水的污染，而且熔渣可以起到精炼钢水的作用，如脱硫、脱磷、脱气及去除非金属夹杂物，使钢水纯净度显著提高。

（3）设备简单灵活，可使用自耗电极，也可使用非自耗电极。

8. 电渣铁水精炼

电渣铁水精炼是利用电渣冶金的加热、脱硫以及电化学反应的功能对铁水进行提温、脱硫和对铸造铁水进行球化变质处理。对小高炉生产的铁水进行预处理脱硫是电渣铁水精炼的一个典型例子。采用直流电渣炉反接方式供电对铸造铁水进行精炼，可以在渣－金之间产生电化学反应，使渣中镁、钙和稀土等球化元素的氧化物电解还原进入铁液而使铸铁球化。由于成本等因素，这项技术尚未实现工业化应用。

三、电渣重熔装备和工艺的发展现状

1. 保护气氛电渣重熔技术

早期电渣重熔都是在大气下进行熔炼，生产成本低、操作方便，但是电渣钢中容易出现 Si、Mn、Al、Ti 等易氧化元素烧损和增氢等问题。为此，自 20 世纪 90 年代以来，德国、美国、奥地利、中国等相继开发出惰性气体保护电渣炉，整个重熔过程在惰性气体保护下进行，主要目的是防止重熔过程中电渣钢增氢和钢中活泼金属元素氧化。目前，保护气氛电渣炉已经在欧洲、美国、日本等国家与地区普及。

2. 导电结晶器技术

导电结晶器技术是由乌克兰巴顿电焊研究所和奥地利 Inteco 公司联合研究开发

的。导电结晶器技术与传统电渣重熔技术不同，可以有多种方式让电流经过渣池，如电极 - 结晶器 / 重熔锭、结晶器 - 重熔锭、结晶器 - 结晶器等。特殊的电流路径能够增强控制渣池和金属熔池之间热分配的能力，通过调节两个回路的功率分配，可以调节结晶器壁附近渣池和金属熔池的温度分布，有利于控制形成浅平的金属熔池和增加熔池的圆柱段高度，从而可以在大幅度降低熔化速度的情况下，仍能保证铸锭的表面质量。同时，由于熔池变浅，结晶趋于轴向，凝固偏析问题得到显著改善，铸锭内部质量提高，从而有效解决了内部质量和表面质量相互矛盾的问题。目前，该项技术仍然处于发展阶段，工业应用还比较少。

3. 电渣快速重熔技术

苏联快速电渣重熔技术是在早年 T 型结晶器多流电渣重熔（Multiple Strand T mould ESR）基础上发展起来的，"镰刀 - 斧头"厂采用多流电渣重熔，同时抽出四根 150mm 的轴承钢 GCr15 方坯。

美国 Consarc 公司采用多流电渣重熔技术同时抽出三根 M2 高速钢坯，当时着眼点是用大断面铸锭作为电极，一次重熔出多根小断面铸坯，省去开坯工艺，而重熔速度提高幅度有限。

奥地利 Holzgruber 等在 AcciaierValbuna 公司进行了大量的试验，开发出快速电渣重熔技术，对 $\phi 100 \sim 300$mm 的小型钢锭，熔速提高到 $300 \sim 1000$kg/h，使熔速与结晶器直径之比为 $3 \sim 10$。采用 T 型结晶器，重熔大断面电极，在结晶器壁上嵌入导电元件，使电源电流通过自耗电极 - 渣池 - 导电元件 - 返回变压器，如此改变了结晶器内的热分配。钢 - 渣熔池界面基本上没有电流通过，也就是基本不发热，同时钢 - 渣熔池界面远离电极端头，使得金属熔池的温度大幅度降低，减弱了金属熔池深度与输入功率的关系。此外，铸锭自 T 型结晶器中抽出，在空气中受空气对流冷却。而固定式结晶器重熔时，铸锭收缩与结晶器内壁形成气隙对冷却不利。

2002 年，奥地利 Inteco 公司在电渣快速重熔的基础上添加一套自动控制装置，实现了连铸式电渣快速重熔（CC-ESRR）技术。根据钢水液面检测信号来控制两个驱动辊和四个导向辊，可以实现自动连续拉坯。

奥地利 Inteco 公司快速电渣重熔技术由于采用的导电结晶器寿命低、生产成本高，部分钢种抽锭后冷却速度过快易开裂等问题，其推广应用不尽人意。

国内的抽锭电渣炉主要用来生产大直径的重熔钢锭，较少生产直径小于 300mm 的钢锭。

4. 液态金属电渣冶金技术

在导电结晶器的基础上，乌克兰巴顿电焊研究所开发了液态金属电渣冶金技术（ESR-LM），成功地用于生产复合轧辊。液态金属电渣冶金技术无需制造和准备自耗电极，并且改变了传统电渣重熔过程中温度参数与电制度之间的特定关系，大大增强了控制渣池与熔池之间热分配的能力，这在传统电渣重熔过程中是无法实现的。此外，液态金属电渣冶金技术使熔池的深度减小，这对于获得均匀细小的组织十分有益。乌克兰巴顿电焊研究所与 Novokramatorsk 机械制造厂应用液态金属电渣冶金技术批量生产了直径为 740mm、工作层为高速钢的复合热轧辊。试用结果表明，此辊的使用寿命比标准铸铁轧辊高 4~4.5 倍。但是由于工艺稳定性、生产成本以及产品适用性等问题，该项技术目前仍然处于研发阶段，没有应用推广。

5. 真空电渣重熔

电渣重熔高温合金过程中活泼元素烧损大，成分控制困难，气体含量有时会增加。为满足航空领域对高温合金的需求，德国 ALD 真空技术公司开发了真空电渣重熔技术。工业性试验结果表明，直径为 250mm、重约 300kg 的真空电渣重熔锭表面光滑，无任何表面缺陷，而且在有效脱硫的情况下，活泼元素（如钛、铝等）没有烧损。目前 20t 的真空电渣炉已实现工业化。该技术由于不能采用含氟渣系且真空度不宜高等原因，目前没有大量推广应用。

6. 加压电渣重熔

氮是一种重要的合金元素，它可以提高钢的强度和抗腐蚀性能。对奥氏体钢中溶解氮可形成过饱和固溶体，提高屈服强度、低温强度和蠕变强度。对铁素体钢和马氏体钢则言，加氮形成细小弥散的氮化物，细化晶粒，提高冲击韧性。冶炼含氮钢关键是保证过饱和的氮溶解入钢中，防止凝固过程析出。

1980 年，德国 Krupp 公司建成了世界上第一台加压电渣炉（PESR）。熔炼室氮压力高达 4.2MPa，生产铸锭直径 1m 重 16t。主要生产高氮奥氏体钢，用于生产发电机护环，要求无磁性，屈服强度 $\sigma 0.2 \leqslant 1420$MPa，大气中冶炼性能无法达到要求。采用加压电渣重熔炉氮含量提高到 1.05%，仅需 20% 冷加工量，$\sigma 0.2 \geqslant 1500$MPa，满足核电站要求。该设备采用一个低频电源以及一个高压冷却水系统，可以在工作期间始终保持工作室内冷却水压力等于气体压力。1996 年德国 VSG 公司又扩建 1 台 20t 加压电渣炉，随后奥地利百禄公司也新建了 4 台 16t 的加压电渣炉。之后一些企业也建成了几台加压电渣炉，包括国内某民营企业在 2017 年从德国引进了一台 8t 的加压电渣炉。但总体而言，由于高氮钢目前市场需求量较少，加压电渣炉生产设备和高氮钢产品产量仍然很少。

7. 特厚板坯电渣重熔技术

近年来，高端特厚板钢材品种的需求量十分旺盛。目前，特厚板的生产主要是采用模铸锭和电渣锭进行锻造或者轧制而成。而模铸钢锭由于存在各种偏析及疏松缺陷，所以锻造比要求较大，并且所得到的最终厚板质量也不尽人意。与模铸相比，电渣重熔生产特厚板由于组织致密，成分均匀，产品质量好，成材率可提高 9%~18%，足以抵偿全部重熔费用。而且省去了开坯工序，实际生产成本反而降低。

多年来乌克兰在用电渣重熔生产大板坯设备和技术方面积累了很多经验。在 20 世纪 70 年代在第聂伯特钢厂建成了 4 台 16~20 t 的扁锭电渣炉用于高质量厚板的生产。之后，日本新日铁在乌克兰的技术支持下建成了 1 台 40 t 扁锭电渣炉，最大铸坯断面为 510mm×2400mm。

8. 空心钢锭电渣重熔技术

随着核电、火电、水电、石化等的迅速发展，对筒形大锻件的尺寸要求越来越大（直径可达 4000mm 以上，甚至达到 6000mm）、对质量要求越来越高。厚壁管，特别是中、大口径（外径 400~1000mm，壁厚 25~80mm）无缝厚壁管、特厚壁管的需求也不断增加。传统筒形大锻件都是采用普通实心铸锭进行空心锻件的生产，其缺点是冲孔工序造成大量的材料浪费；多次加热，多工序变形，容易改变钢锭内部组织结构，影响产品质量；难于加工超大型锻件，不易保证产品的精度和材质的均匀性。用空心钢锭生产大型筒体锻件可节约材料费 15%、加热费 50%、锻造费 30%。

乌克兰巴顿电焊研究所早在 20 世纪 70 年代就开发成功了空心钢锭电渣重熔技术，但由于电极制备成本高、工艺复杂和产品质量稳定性差等原因，该技术没有大量推广。最近几年，俄罗斯采用 T 型结晶器设计，增加了电极直径，缩短了其长度，从而提高了空心钢锭的生产效率并降低了成本，实现了批量生产。

9. 大型钢锭电渣重熔技术

电力、石化、冶金等领域装备大型化、复杂化对大型铸锻件行业提出了更高要求，100 t 以上的大型优质钢锭需求量不断增加。世界上大型铸锻件的生产能力主要集中在日本、韩国、中国和欧洲。采用电渣重熔优质大型钢锭是发展趋势。

20 世纪 70 年代，德国萨尔钢厂建立了 165 t 电渣炉，主要用于生产电站汽轮机转子等大型锻件。21 世纪以来，德国、意大利、日本和韩国等国家的企业建成的 100 t

以上电渣炉已达10多台，最大容量250 t。

1965年，我国上海重型机械厂建成了世界最大的100 t三相电渣炉，解决了上海重型机器厂120MN水压机生产大锻件时缺乏大钢锭的无米之炊问题。1981年，上海重型机械厂与北京钢铁学院合作建成200 t三相六电极电渣炉，生产出用于秦山核电站蒸发器和稳压器等用大锻件。此后，相继批量生产了300MW发电机转子、300MW～600MW汽轮机高-中压和低压汽轮机转子、加氢反应器；批量生产了核潜艇堆内构件、三峡工程710MW水轮机导叶轴头、聚酯工程卧式圆盘反应器主轴、1000MW核电站堆内构件、1000MW超超临界汽轮机转子等高合金锻件等。2010年，上海重型机械厂又建成450 t三相六电极电渣炉，由于技术和市场原因，没有实现批量生产。目前，国内有7台100 t以上电渣炉。

10. 洁净金属形核铸造技术

洁净金属形核铸造技术（Clean metal nucleated casting–CMNC）集电渣重熔和喷射成形技术为一身，既保留了电渣重熔的优点，又继承了喷射成形的长处。这项技术上部为电渣炉炉头，下部为气体雾化装置。电渣重熔形成的钢液从结晶器底端流出，在雾化喷头作用下形成被加速的雾化液滴。雾化而成的小颗粒液滴在下落过程中完全失去其热量，当它到达铸模钢液面以前已完全凝固，在铸模的半固态熔池中可能被重新熔化，而大颗粒液滴仍然是液体状态，中等颗粒的液滴呈半固相状态，通过合理的控制，可以使那些已经凝固的小颗粒液滴作为形核点，促进凝固。由于雾化液滴较大的表面积和相对速率，加之和周围气体之间温差较大，很快就被其周围气体所冷却，最后落入半固相金属熔池铸模中或者得到完全凝固的金属颗粒。洁净金属形核铸造技术虽然具有很多显著的优点，但合理的操作和控制是得到优质铸锭的关键。恒定的电极插入渣池的深度是控制电压或者电压波动的关键，喷射液滴直径和气液比例、速率、喷射距离等过程参数影响铸模中钢液的固相分数，从而影响铸锭的质量，必须进行合理的控制。该技术目前仍然处于中试研发阶段，工业化仍然有难度。

四、我国电渣冶金技术发展所取得的成绩

我国冶金工作者在过去的50多年工作中，在电渣冶金的许多方面有自己独特的发现和创造。例如：我国在1960年就发明了有衬电渣炉，20世纪70年代在全国许多地区得到推广应用，生产出了许多高质量的合金钢锭和铸件。而苏联在1980年才报道了类似的技术。1981年我国建成了世界上最大的200 t级电渣炉，最大生产能力

为240 t，实际已生产出205 t的钢锭。迄今为止已生产许多大型锻件用钢锭，包括300MW核电用大锻件上百件，300MW、600MW汽轮机高、中、低压转子，560 t加氢反应器电渣钢锻件等产品。电渣熔铸涡轮盘、水轮机导叶和石油裂解炉管等产品在国际上处于领先水平。在电渣重熔理论研究方面，如夹杂物去除机理、工艺参数优化匹配与热平衡计算以及新渣系的开发等有许多独创性的工作。21世纪以来，我国又开发了一系列电渣重熔新技术，主要包括熔速控制的保护气氛电渣炉、真空电渣炉、加压电渣重熔设备及高氮钢制备技术、电渣连铸技术、电渣重熔超大扁锭技术、电渣重熔空心钢锭技术、导电结晶器技术以及电渣液态浇注技术等，使我国电渣重熔技术始终保持国际先进行列。初步统计，截至2004年我国有工业电渣炉已经超过600台，年生产能力150万吨以上。除了国产电渣炉以外，我国近年来引进或国外独资企业生产的先进电渣炉设备20多台，其中东北特钢引进了100 t的熔速控制的保护气氛电渣炉。国内目前有100 t以上的特大型电渣炉7台，其中上重建设了公称容量450 t的特大型电渣炉。生产的钢种有碳素钢、合金结构钢、轴承钢、工具钢、模具钢、不锈钢、高温合金、精密合金、耐蚀合金和电热合金等几百个钢种。另外，有色金属及其合金、铸件的电渣重熔或有衬电渣熔炼，生产的锭型包括圆锭、方锭、扁锭、空心锭及各种异型铸件。电渣冶金技术在我国仍然方兴未艾。

最近十几年来，以东北大学等单位为代表的我国冶金工作者对电渣冶金技术进行了持续的创新和发展，取得了一系列的研究成果并得到推广应用。典型的成果包括以下几个方面：

（1）2002年，我国开发出双极串联、T型结晶器快速抽锭电渣重熔技术，分别生产出断面为90mm×90mm方锭和ϕ100mm圆锭，并对重熔方坯质量的低倍、高倍、夹杂物进行检验，分析结果表明该技术生产的方坯表面质量和内部质量良好。在此技术基础上，先后采用结晶器导电或双极串联供电、T型结晶器抽锭电渣重熔技术为兴澄特钢、邢钢、武钢、攀长钢等国内特钢企业分别开发出15 t、20 t、25 t、40 t、50 t抽锭式电渣炉，生产锭型包括ϕ600mm×6000mm圆锭、ϕ800mm×6000mm圆锭、ϕ280mm×325mm×6000mm矩形锭、ϕ300mm×340mm×6000mm矩形锭、ϕ1100mm×6000mm圆锭等。

（2）2007年成功开发出最大压力为7MPa的100kg加压电渣炉，并利用复合电极的加压电渣工艺完成了氮含量为0.8%~1.2%，且成分均匀、组织致密的高氮奥氏体不锈钢P900N、P900NMo和P2000，具有优异的力学性能和耐腐蚀性能。目前，利用加压感应炉和加压电渣炉双联工艺成功制备出 Cronidur 30 高氮马氏体不锈钢，可用于制造高性能航空航天轴承、模具钢和刀具等。目前正在设计 500kg 和 6 t 的加压电渣炉，即将实现工业化生产。

（3）2006—2009 年，东北大学为舞钢建成了世界上最大断面尺寸的 3 台 40 t 板坯电渣炉并取得成功。最大锭重达 50 t，最大断面尺寸为 960mm×2000mm。该电渣炉采用低频供电、双极串联、结晶器抬升式抽锭、二次冷却、干燥空气保护、电极称量与熔化速度精确控制等先进技术。电渣炉自投产以来，已成功开发了厚度为 640mm、760mm、960mm 三种规格的 P20、WSM718R、980、2.25Cr1Mo、16MnR（HIC）、20MnNiMo 等 20 多个钢种，其主要技术经济指标处于国际先进水平。尤其是舞钢利用该设备生产出了用于制造国产大飞机 C919 零部件用 8 万吨模锻的特大型模具材料，解决的重大装备用材料的国产化问题。

（4）2010 年，东北大学为南钢开发了 15 t 电渣液态浇注技术，采用感应加热中间包对钢水加热保温、中间包称重和塞棒控制浇注速度、导电结晶器加热和连续抽锭技术，生产出 ϕ1000mm×2500mm 钢锭，为液态电渣冶金技术的产业化迈出了第一步。

（5）我国于 2015 年研制了国内首台真空电渣炉，容量为 300kg，主要用于生产镍基高温合金和特种不锈钢等产品，为今后真空电渣技术的推广应用打下了坚实的基础。

（6）2012 年，由东北大学和乌克兰 Elmet-Roll 公司共同合作开发了大型电渣重熔空心钢锭成套设备和工艺。该电渣炉采用短结晶器的抽锭生产方式，最大钢锭尺寸 ϕ1100mm×6000mm，可以兼容生产空心锭和实心锭两种锭型。采用了一系列的新技术和新工艺，主要包括双电源、T 型结晶器导电、车载式电极升降机构、基于电磁涡流法的液面检测与自动控制系统，同时配备了抽锭拉力传感器，这样可以保证液面的精确控制，并保证内结晶器不被抱死，也防止漏渣和漏钢事故。由于采用了双电源、双回路，在交换电极时结晶器仍然供电，保证了电极交换时结合处的内部质量和表面质量，这一技术在世界上是首次采用。试验采用不同钢种和不同的空心锭规格。主要试验钢种包括 35CrMo、P91、TP347 和 Mn18Cr18N 等。主要空心锭规格尺寸有：ϕ900mm/500mm、ϕ900mm/200mm、ϕ650mm/450mm，最长锭尺寸为 6000mm。工业试验表明，生产的空心锭表面质量和内部质量均非常好。钢的组织致密，纯净度高，是生产高端厚壁管和筒体锻件的理想材料。电渣重熔空心钢锭的试验成功，为超超临界发电机组用的大口径锅炉管，甚至先进超超临界用高温合金锅炉管，以及石化装备用耐蚀合金管和核电用管等提供了高质量的管坯。后部生产可以采用径向锻造机，不仅质量好，而且成材率高，成本低。该技术目前处于推广应用阶段。

（7）沈阳铸造研究所从20世纪80年代开始采用电渣熔铸技术生产水轮机导叶和叶片，经过几十年的发展，该技术实现了批量稳定化生产，其产品大量应用于包括三峡工程在内的国内外大型水电机组中，取得了良好的经济效益和突出的社会效益，2017年获得了国家技术发明二等奖。

五、与国外水平对比

近些年来，我国电渣冶金技术取得了突飞猛进的发展，也取得了一些显著的成绩，主要包括电渣冶金基础理论不断完善、电渣冶金工艺不断创新、装备和控制水平不断提高、电渣钢用途拓展迅速和产能急剧增加。总体而言，我国电渣冶金处于国际先进水平，某些方面则处于国际领先水平，但也存在着一些不足之处。

（1）近年来，我国在电渣冶金基础理论研究方面，如渣系的物理化学性质、电渣过程的数学模拟等有突飞猛进的进步，具体表现在国际期刊和会议上发表的论文数量处于世界第一，但也存在研究工作比较粗糙、原始知识创新较少、跟随研究较多等问题。

（2）通过消化引进和自主创新相结合，我国电渣炉装备的设计和制造水平有了较大的提高。基于同轴导电和熔速控制的保护气氛电渣炉国产化取得实质性进展，有多套设备投入工业化应用，取得了良好的效果。但国产保护气氛电渣炉的设计和制造精度，尤其是控制系统软件水平与国际先进水平仍然有较大差距。控制系统在控制思想、控制模型和控制精度方面还有很多方面需要向国外先进水平学习。另外，不具备同轴导电、电极称重、保护气氛的悬臂式电渣炉（属于传统第一代设备）仍然是我国电渣冶金企业的主流装备，而且大部分新建电渣炉仍然属于这种水平。因此，我国电渣炉装备水平的提升仍然任重道远。

（3）特殊功能的电渣炉如加压电渣炉和真空电渣炉设备，我国仍处于起步阶段，还没有实现工业化应用，与国际先进水平差距较大。

（4）我国在电渣熔铸水轮机导叶和叶片、抽锭电渣炉设备和工艺、空心锭电渣重熔设备和工艺、特大型板坯电渣炉设备和工艺、导电结晶器技术等方面开发了一系列原始创新的技术，属于国际领先水平。但全面普及和推广还有很多工作要做。

（5）在电渣冶金用渣上，国内外渣系成分基本相当，但国外广泛使用预熔渣，而国内使用预熔渣的用量很少，大部分企业受传统观念的影响，仍然使用自己配制的

"生渣料",极大制约了产品质量的提升。

(6)我国在大型电渣炉设计制造和特大型钢锭制造技术方面起步较早,曾处于国际领先水平。但由于装备设计思想和工艺技术长期没有进步,目前在大型电渣炉和大型电渣锭生产技术方面已经被国外赶超,技术水平与国际水平差距在拉大。例如,600℃超超临界火电机组的高中压汽轮机转子FB2电渣锭仍然无法生产,导致我国汽轮机厂所需的这类转子全部需要从国外进口。

(7)我国生产的电渣钢产品方面虽然有长足的进步,但存在产品质量和性能不稳定的问题,在国际市场上缺乏竞争力。最典型的例子是模具钢,我国生产的电渣模具钢的价格是国际名牌产品价格的 1/3~1/8,利润空间很小。其主要原因是装备的自动化水平低、工艺控制精度差、质量和性能稳定性差。

第三节 本学科未来发展方向

一、深入开展理论研究,获得更多的基础理论数据

随着高端装备制造业对材料性能要求的不断提高,电渣产品的冶金质量也需要不断改善,急需电渣冶金基础理论的提升与支持。特别是在熔渣物理化学性能、渣–金之间的物理化学反应、渣池流动、温度场以及熔池内金属流动、温度场、钢液凝固过程中溶质迁移行为和凝固组织控制等基础理论方面开展深入的研究是十分必要的。

二、电渣冶金顺序凝固制备高品质和大型高合金铸锭

航空、重型燃气轮机、700℃以上先进超超临界火电机组等重大装备和重大工程对大型高合金铸锭提出了更高要求。电渣重熔是制备高合金铸锭的一种重要手段。但在电渣重熔工艺中金属熔池的深度与铸锭直径、电极熔化速度密切相关,随着钢锭直径的加大金属熔池深度也相应加深,金属熔池的深度直接决定了两相区的宽度,进而决定了铸锭凝固的局部凝固时间和元素的偏析程度。一般电渣重熔过程中的金属熔池深度为结晶器直径的 1/3~1/2,直径越大,熔速越大,对应的金属熔池越深,枝晶间距越大,成分越容易偏析,尤其是电渣锭中心,金属熔池较深,特别容易出现元素偏析。而钢锭的合金含量越高,两相区越宽,非常容易出现元素偏析,而在铸锭中形成大尺寸脆性金属间化合物。锭型越大成分偏析倾向性越大,组织均匀度控制难度越

大，这一问题已经成为全世界仍然没有解决的一个难题。因此，开发低偏析的大型高合金电渣锭的新方法和新技术将是电渣冶金领域未来的主要发展方向之一。

三、高洁净特殊钢和特种合金的电渣制备技术将不断发展

电渣重熔技术作为冶炼高温合金、精密合金、模具钢等优质钢锭的一种手段，以其优良的反应条件以及特殊的结晶方式有着其他炼钢方法所不能替代的优越性。航空、航天、军工等领域不断发展，要求特殊钢具有更高的强度和韧性、更持久的服役性能，这就需要降低钢中有害元素的含量，即提高钢的洁净度。因此，在保护气氛电渣重熔和真空电渣重熔技术的基础上进一步提高电渣重熔过程的纯净化熔炼效果也是重要的技术发展方向之一。

四、提高生产效率和降低能耗的电渣新装备、新工艺和新技术的研制开发

间歇式的单件生产和能耗高是电渣重熔的主要短板。因此，将连铸技术与电渣重熔相结合的电渣连铸技术的完善和发展是解决上述电渣重熔工艺短板的有效途径之一。另外，直接利用液态钢水进行连续电渣浇注也是进一步值得探索的新工艺。

五、电渣冶金新方法的探索和开发仍然方兴未艾

除了进一步完善和发展电渣熔铸、电渣热封顶、电渣钢水加热精炼等已有的电渣派生技术外，电渣表面复合技术生产双金属轧辊或多金属复合材料或梯度材料，电渣重熔与喷射成形技术相结合制备组织与粉末冶金相当，但纯净度大幅提高的高合金或镍基高温合金铸锭是未来有望产业化的技术方向。

六、高性能电渣新产品研发和应用前景广阔

随着其他炼钢技术和特种熔炼技术的发展，部分电渣产品被其他冶金方法所取代。然而，由于电渣技术的不断进步，电渣技术的独特优点使得电渣冶金在生产高纯净、低偏析的高合金材料和超级合金材料方面有明显的质量和成本优势。电渣重熔生产工模具钢、耐热钢和耐热合金、特种不锈钢、长寿命高可靠性轴承钢、大厚度板坯和用于核电、火电和水电的大型高合金铸锻件等产品方面仍然具有明显的竞争优势。采用加压电渣重熔生产高氮钢产品前景广阔，未来几年有望在高强无磁高氮护环钢、超级耐海水腐蚀用高氮奥氏体不锈钢、可用于制备航空轴承、高端刀具和压铸模具等

产品的高氮马氏体不锈钢方面取得产业化应用。另外，电渣重熔镍、铜及其合金等有色金属方面将是未来新的发展趋势。

七、低氟或无氟环保型新渣系的开发和应用将更加广泛

长期以来，在电渣重熔渣系组元中 CaF_2 含量较高，以 ANF-6（70%CaF_2-30%Al_2O_3）为代表，该渣是成为电渣重熔中广泛采用的基本渣系，重熔过程中不但电耗较高，特别是重熔过程中挥发出的氟化物气体，如 HF、SiF_4、AlF_3 和 TiF_4 等，这些气体对大气造成污染。随着各国环境保护意识的提高，开发低氟或无氟环保型渣系，研究渣系的物理化学性能以及重熔过程中的物理化学反应将成为电渣冶金的重要课题。

八、基于电渣冶金技术的三维打印用粉末制备和喷射成型技术

电渣重熔精炼钢水与雾化制粉技术相结合，即使用电渣重熔技术制备和提纯钢液，获得纯净液态金属，之后采用雾化制粉方法将液态金属雾化获得细小金属粉末，这样获得的金属粉末纯净、均匀致密，几乎无偏析，可用于粉末冶金的原料，也可以作为三维打印金属粉末。在此基础上，与喷射成形技术相结合，通过调节喷射出金属流的喷射距离，可以用于直接制备铸锭，所获得的铸锭均匀、致密、无缩孔，偏析程度小。

第四节 学科发展目标和规划

一、中短期（到2025年）发展目标和实施规划

1. 中短期（到2025年）内学科发展主要任务、方向（目标）

为了提升我国电渣产品的市场竞争力和附加值，在中短期（到2025年）应该进一步加强电渣冶金的应用基础理论研究，提升我国电渣冶金装备和工艺技术水平，加快老旧电渣炉设备的智能化改造升级，提高工艺和产品质量的稳定性。同时，加强新技术的开发和推广应用，为我国高端装备制造提供高质量的特殊钢、特种合金材料以及大型铸锻件，保障我国重大工程、重大装备以及军工国防建设的急需。以工模具钢电渣产品为例，其产品质量和稳定性、销售价格与国际先进水平相当。到2025年，使我国电渣冶金的技术水平全面达到国际先进水平。

具体发展任务和发展目标：

（1）电渣冶金应用基础研究方面达到国际先进水平。在渣系物理化学性质、渣金反应热力学和动力学、电渣重熔系统中电磁场、流场、温度场以及钢锭凝固组织的模拟和控制等方面开展系统的研究。

（2）电渣炉装备技术实现现代化。消化引进和自主创新相结合，开发出具有国际先进水平的电渣炉装备并实现推广应用。同时，采用智能技术改造传统落后电渣炉使我国电渣冶金企业的装备水平实现全面升级。

（3）电渣钢的产品质量和稳定性实现全面升级，实施品牌战略，在国际高端市场具备与国际名牌产品的竞争能力，并占有一定的市场份额。高速工具钢、模具钢、耐热叶片钢、高端轴承钢、特种不锈钢、镍基合金等典型电渣产品实现中高端化，产品质量和稳定性与国际水平接轨。

（4）大型铸锻件用的百吨级电渣炉装备、工艺和产品的技术水平达到国际先进水平，满足国家的重大需求。600℃超超临界火电机组用FB2高中压转子用电渣锭实现产业化，支撑我国汽轮机重要部件的国产化。电渣重熔700℃先进超超临界火电机组用耐热合金材料实现产业化。

（5）电渣冶金新装备、新工艺和新产品呈快速增多态势，电渣产品的应用范围显著扩大，实现电渣行业的可持续健康发展。例如，电渣复合技术生产双金属复合轧辊、电渣重熔空心钢锭用于制造高合金和镍基合金大口径厚壁管以及大型筒形锻件、加压电渣重熔生产高氮合金钢、电渣重熔有色金属及合金、电渣制备3D金属打印粉末和喷射成形等。

（6）针对不同钢种和工艺，开发出系列化渣系，尤其是开发低氟和无氟渣，实现节能减排，绿色发展。同时，要实现预熔渣产品的产业化并在国内普遍推广应用。

2. 中短期（到2025年）内主要存在的问题与难点（包括面临的学科环境变化、需求变化）

虽然我国在电渣冶金领域起步较早（是继苏联之后的第二个掌握电渣技术的国家），但由于受我国整体科技发展水平和工业基础的影响，以及科研条件的制约，在电渣冶金领域仍然有许多薄弱环节和发展难点。具体存在的问题和难点主要表现在以下几个方面：

（1）整体装备水平比较落后。

目前国内服役的电渣炉大多数还是苏联60年代的老炉型，虽然大多数也采用了计算机控制系统，但只是电压和电流一些基本参数的控制，大部分没有电极插入深度和熔化速度控制，其工艺过程仍然是开环的，没有实现闭环控制。从表面看设定的工艺参数是相同的，但实际上电极熔化速度波动很大，各炉次间钢锭的熔化时间差异很大。比如，一支3 t的电渣钢锭总的熔化时间可以相差2～4小时，造成工艺很不稳定，导致产品质量用户异议很多。国内小型民营企业有大量的电渣炉在生产，装备水平更差，而且前面工序几乎都是中频感应炉炼钢，产品质量无法保证，严重损害了我国电渣钢产品的市场信誉。大型国有企业及少量大型民企虽然在近几年也引进了国外的先进设备，但总体比例不高，而且不少企业对国外设备掌握不够，达不到预期的使用效果。

（2）电渣冶金领域科技人才相对短缺，研发人员更加缺乏。

在20世纪60—80年代，我国有不少大学、科研院所和特钢企业的科技人员从事电渣冶金技术的研究和开发，是电渣冶金技术发展的黄金时期。但进入20世纪90年代以后，由于炉外精炼技术的发展，一部分电渣产品被炉外精炼取代，再加上军工用电渣钢需求萎缩，国家和企业科研经费投入很少，使得从事电渣冶金的科技人员逐年减少。尽管从2003年起由于国家经济建设的发展速度加快，电渣钢的需求迅速增加，电渣冶金的研究开发人员开始增加，但由于20世纪90年代开始的将近十几年的行业萧条导致人才队伍青黄不接，研发力量不能满足电渣冶金产业发展的需求，尤其是中小企业科技力量非常薄弱。目前研发队伍虽然在恢复之中，但仍需要若干年的努力才能适应我国电渣钢产业的发展规模的需要。

（3）电渣冶金的应用基础研究仍然比较薄弱，科研投入不足，研究条件和手段相对缺乏，研究工作比较粗糙，缺乏原始创新，属于跟踪研究比较多。

在渣系的物理化学性质研究方面，由于氟化钙为基础的渣系在高温下容易挥发，而且容易与坩埚材料反应，实验研究难度很大。我国现有的实验方法和手段比较粗糙，对实验过程缺乏有效的精确控制，实验数据波动大，可靠性差。因此，发表的数据难以为学术界所接受。在电渣重熔系统中电磁场、流场、温度场以及钢锭凝固过程的模拟和控制方面，目前国内工作主要是跟踪模仿，不但缺乏原始创新，而且工作粗糙，计算误差大，甚至计算方法和结果存在错误，因此结果难以对实际生产过程进行指导。目前，尤其是对大型电渣钢锭的凝固机理和质量问题缺乏高水平的研究，无法从理论上支撑大型电渣钢锭质量水平的提高。

（4）我国电渣钢生产企业非常分散，大多数为中小型民营企业，技术力量薄弱，工艺、装备落后和质量管理水平低，产品质量差且很不稳定。

我国有电渣炉的企业数量无法准确统计，估计至少在300家以上，电渣炉数量超过1000台，产能超过200万吨。这些分散的中小企业生产的电渣钢大多属于低档产品，质量差、价格很低，冲击了正常的市场秩序。而我国有规模的特钢企业，如东北特钢、新冶钢、宝钢特钢、西宁特钢、中原特钢、河冶科技和中钢邢机等规模较大的特钢企业电渣炉数量较多，产能也相对较大，但也存在落后装备和先进装备共存，工艺稳定性较差，产品质量虽然与民营小企业相比有显著提高，但与国际先进水平相比仍然有较大差距，竞争力不足，只能靠低价格占领市场。

（5）我国在电渣冶金新方法和新技术方面有不少创新性成果，但由于理论和机理研究不够深入，相关技术配套不完善和缺乏专业化技术队伍，因而产业化过程中困难较大。

目前我国电渣冶金新技术的开发主要集中在东北大学等几所高校，但成果转化需要冶金工艺、机械设计与制造、自动化等多专业的集成才能完成，同时需要有应用企业的大力支持和配合。我国能生产电渣炉装备的企业有几十家，但规模均很小，缺乏技术力量且加工设备也简陋，无法设计和制造出符合工艺要求的电渣炉设备，再加上应用企业不接受新技术和新装备的试验和改进，这就限制了成果的产业化。

3. 中短期（到2025年）内解决方案、技术发展重点（包括关键应用基础研究、关键技术工程研究、重大装备和关键材料，或重点产品和关键技术）

（1）加强电渣冶金技术的应用基础研究，为技术开发提供持续的理论指导。

技术发展重点是针对不同钢种和工艺条件提出渣系设计原则和定量方法，电渣重熔钢锭凝固质量的控制方法。为此要开展渣系物理化学性质，如熔化温度、黏度、电导率、表面张力、钢渣界面张力、导热系数、相图、活度、硫容量等关键数据的测定与计算，建立相关的精确测试方法和定量计算模型；研究渣－金－气反应的热力学和动力学，尤其是钢中易氧化元素在电渣重熔过程的反应机理和控制方法，钢中非金属夹杂物的去除机理和控制方法；开展电渣过程电磁场、流场、温度场和凝固组织的数学模拟，钢锭凝固质量控制方法，尤其是高合金钢和镍基合金偏析元素和析出相的控制机制。

（2）设计和制造具有国际先进水平和自主知识产权的新一代保护气氛电渣炉以及与电渣新技术相配套的系列新装备并推广应用。

技术发展的一个重点是同轴导电、电极称重、保护气氛罩、高效冷却结晶器、检测与控制系统、熔炼电源三相平衡装置、纯水冷却系统和热交换器等电渣炉关键系统的设计与制造，电极插入深度、电极熔化速度、结晶器内氧浓度控制以及从起弧造渣、正常重熔和补缩全过程智能化控制系统的控制算法和软件设计。

另一个发展重点是与电渣冶金新技术配套的系列新装备，包括真空电渣炉、加压电渣炉、连铸式电渣炉、基于导电结晶器的定向凝固式电渣炉、特厚板坯电渣炉、电渣熔铸专用炉、电渣液态浇注设备等。

同时，根据我国大批传统电渣炉的结构特点，设计出性价比高的升级改造方案，实现传统电渣炉生产过程的自动化水平和产品质量全面升级。

（3）加强电渣工艺技术的研发和工艺规范制定，使我国电渣钢的产品质量和稳定性实现全面升级。

技术发展重点是开发高速工具钢、模具钢、耐热叶片钢、高端轴承钢、特种不锈钢、镍基合金等典型电渣产品的工艺技术和规范，并将其转化为工艺模型，采用自主研发的具有国际先进水平的基于同轴导电和熔速控制的保护气氛电渣炉上实现工艺控制的自动化，使这些产品的质量和稳定性与国际水平接轨，实现品牌战略，在国际高端市场具备与国际名牌产品的竞争能力，并占有一定的市场份额。其工艺研究主要包括高质量自耗电极制备技术、系列渣系的研发、供电制度尤其是电极熔化速度与钢锭凝固质量的关系、补缩工艺制度以及后部钢锭的锻造和热处理制度。

（4）大型铸锻件用的百吨级电渣炉装备、工艺和产品的技术开发。

在总结国内外大型电渣炉经验基础上，通过研究大型电渣锭的凝固特点和产生偏析、缩孔、疏松的机理，长时间气-渣-金反应的特点和元素烧损、气体和夹杂物行为，开发出气氛控制、电渣锭二次冷却、基于导电结晶器的浅熔池控制技术等创新工艺和装备，全面提升我国百吨级以上大型电渣炉装备、工艺和产品的技术水平，满足核电、火电、水电和石化等行业对大型铸锻件用电渣钢锭的需求。

中短期内产品开发重点是：使600℃超超临界火电机组用FB2高中压转子、核电用316L主管道、核电堆内大型构件、水电用大单重特厚板、大型厚板轧机用支撑辊、石化用加氢反应器等大型铸锻件所需的电渣锭实现产业化。

（5）创新"产学研用"技术研发机制，加快实现电渣冶金新装备、新工艺和新产品的产业化。

建立"大学–科研单位–装备设计单位–装备制造企业–电渣钢生产企业–用户"全产业链的电渣冶金技术创新联盟，建立相关中试基地，实现技术研发的机制创新。

技术发展重点是基于导电结晶器的电渣定向凝固技术生产大型镍基合金铸锭、电渣复合技术生产双金属复合轧辊、用于制造高合金和镍基合金大口径厚壁管以及大型筒形锻件的电渣重熔空心钢锭技术、加压电渣重熔生产高氮不锈钢、真空电渣重熔生产航空用高强钢、电渣重熔有色金属及合金、电渣制备3D金属打印粉末和喷射成形等。

（6）开发出系列化渣系，推广使用预熔渣、低氟和无氟渣实现节能减排，绿色发展。

技术发展重点是针对高速钢、模具钢、轴承钢、特种不锈钢、高温合金、耐蚀合金、精密合金、铜镍合金、铜合金的质量要求开发出针对不同钢种和工艺的系列化专用渣系；针对不同钢种开发出适合于抽锭工艺的专用渣系；实现预熔渣的产业化并在国内普遍推广应用；开发低氟和无氟渣实现产业化推广应用。

二、中长期（到2050年）发展目标和实施规划

1. 中长期（到2050年）内学科发展主要任务、方向（目标）

到了2050年，我国电渣冶金技术将全面引领世界，将建成若干个具有国际领先水平的研发中心和生产基地，为世界提供绿色化和智能化的电渣冶金系列装备、工艺技术和产品。

具体发展任务和发展目标：

（1）电渣冶金应用基础研究方面达到国际领先水平。在渣系物理化学性质、渣金反应热力学和动力学、电渣重熔系统中电磁场、流场、温度场、应力场以及钢锭凝固组织的模拟和控制等方面继续开展系统和深入的研究。

（2）电渣炉装备实现智能化和网络化，为智能化无人工厂的建设打下物质基础。

（3）电渣钢的产品质量和稳定性达到国际领先水平，实现品牌战略，在国际高端市场具有明显的竞争优势。

（4）超大型铸锻件用的电渣炉装备、工艺和产品的技术水平达到国际领先水平，满足国内外核电、火电、水电和石化等行业的需求并在国际市场上有明显的竞争优势。

（5）开发进一步节能减排、高效率、高质量、低成本和近终型的电渣冶金新技术，实现电渣生产的绿色化和可持续发展。

2. 中长期（到2050年）内主要存在的问题与难点（包括面临的学科环境变化、需求变化）

从中长期看，电渣冶金学科存在以下问题和不确定性：

（1）电渣冶金是一个高温复杂的多相冶金反应体系，其行为很难进行直接观测，

所以要从理论上完全定量地描述其物理化学现象仍然是巨大的挑战。

（2）电渣冶金过程固有的特性造成了其生产具有能耗高、效率低和成本高的缺点。

（3）由于无氟渣的工艺特性不能很好地满足电渣冶金过程的工艺要求，完全避免氟对环境的污染仍然是巨大的挑战。

（4）炼钢炉外精炼、连铸和模铸凝固质量控制技术的发展可能会使很多电渣产品被大流程生产的钢铁材料所取代，因而可能会压缩电渣冶金的生存空间。

3. 中长期（到2050年）内解决方案、技术发展重点（包括关键应用基础研究、关键技术工程研究、重大装备和关键材料，或重点产品和关键技术）

（1）建立更加完善的电渣冶金理论体系。对不同组元体系，尤其是三元、四元、五元等多元渣系的熔渣熔化温度、电导率、黏度、表面张力、界面张力、密度、热容、导热系数和组元活度等基本物理化学性能参数继续进行深入研究和完善相图，建立能精确预测这些物性参数的计算模型，以及定量分析各物性参数对重熔过程中冶金反应的影响。针对不同电渣冶金方法和工艺过程，建立能准确计算电渣过程各种杂质元素、合金元素和非金属夹杂物行为的冶金反应热力学和动力学模型，能准确模拟电渣过程电磁场、流场、温度场、应力场和金属凝固组织的数学模型和实测验证方法，从而掌握电渣过程铸锭冶金质量的精确控制方法。

（2）开发出以智能化和物联网为技术支撑的无人化智能化电渣冶金生产工厂。这种智能化无人工厂的主要特征是：① 能根据用户订单要求，实现个性化定制生产；② 根据产品的规格和质量要求，自动生成工艺参数并植入计算机控制系统的工艺模型中，即生产工艺的制定和控制是基于人工智能技术，完全可以替代现有的工艺工程师；③ 电渣炉设备以及辅助系统实现高度的智能化，炉前操作完全由机器人完成，实现现场生产操作的无人化，只有远程监控的工作人员；④ 在生产前就能预测产品的性能，并能实现全过程的质量自动监控并自动生成产品质量保证书。

（3）建立完善的电渣钢产品质量保障体系，使我国的电渣钢的产品质量和稳定性全面达到国际领先水平。采用市场机制和更严格技术标准提高设备和产品的技术门槛，通过新建和改造相结合，使我国电渣炉装备水平全面达到国际先进水平，产品质量全面处于国际领先水平。

（4）开发出新一代的百吨级电渣炉装备、工艺和产品，满足国内外核电、火电、水电、石化等行业的需求。通过特大型电渣钢锭凝固缺陷形成机理的研究，提出有效

第十一章 电渣冶金

控制电渣重熔特大型钢锭凝固质量的新理论、新方法和新装备，使特大型电渣锭的凝固质量有跨越式的提升。

（5）进一步开发节能减排、高效率、高质量、低成本和近终型的电渣冶金新技术，实现电渣生产的绿色化和可持续发展。第一，继续与钢水精炼和连铸技术相结合，实现电渣钢生产的连续、高效和节能；第二，继续开发复杂异形断面（空心、H型钢等）和电渣复合等近终型的电渣冶金技术；第三，除了研制工艺性能良好的低氟和无氟渣外，开发操作成本低、运行可靠并完全符合环保标准的电渣烟气除氟设备，实现环境友好和绿色发展。

三、中短期和中长期发展路线图

中短期和中长期发展路线图见图 11-1。

目标、方向和关键技术	2025 年	2050 年
目标	加强电渣冶金的应用基础理论研究，提升我国电渣冶金装备和工艺技术水平，加快老旧电渣炉设备的智能化改造升级，提高工艺和产品质量的稳定性。同时，加强新技术的开发和推广应用，为我国高端装备制造提供高质量的特殊钢和特种合金材料以及大型铸锻件，保障我国重大工程、重大装备以及军工国防建设的急需。提升我国电渣产品的市场竞争力和附加值，电渣金属的产品质量和稳定性、销售价格与国际先进水平相当。到 2025 年，使我国电渣冶金的技术平全面达到国际先进水平	我国电渣冶金技术将全面引领世界，将建成若干个具有国际领先水平的研发中心和生产基地，为世界提供绿色化和智能化的电渣冶金系列装备、工艺技术和产品
方向	（1）开展渣系物理化学性质，如熔化温度、黏度、电导率、表面张力、钢渣界面张力、导热系数、相图、活度、硫容量等关键数据的测定与计算 （2）研究渣-金-气反应的热力学和动力学，尤其是钢中易氧化元素在电渣重熔过程的反应机理和控制方法，钢中非金属夹杂物的去除机理和控制方法 （3）开展电渣过程电磁场、流场、温度场和凝固组织的数学模拟，钢锭凝固质量控制方法，尤其是高合金钢和镍基合金偏析元素和析出相的控制机制 （4）消化引进和自主创新相结合，开发出具有国际先进水平的电渣炉装备并实现推广应用 （5）采用智能技术改造传统落后电渣炉使我国电渣冶金企业的装备水平实现全面升级改造	（1）继续深入研究渣系的物理化学性质，建立能精确预测这些物性参数的计算模型，以及定量分析各物性参数对重熔过程中冶金反应的影响；渣系设计实现定量化，开发出可以满足电渣工艺性能要求的低氟和无氟渣并推广应用 （2）建立能准确计算电渣过程各种杂质元素、合金元素和非金属夹杂物行为的冶金反应热力学和动力学模型

图 11-1

目标、方向和关键技术	2025年	2050年
	（6）开发和完善导电结晶器、保护气氛电渣炉、真空电渣炉、加压电渣炉等先进装备 （7）针对不同钢种和工艺，开发出系列化渣系，尤其是开发低氟和无氟渣，实现节能减排，绿色发展。同时，要实现预熔渣产品的产业化并在国内普遍推广应用 （8）加强电渣工艺技术的研发和工艺规范制定，使我国电渣钢的产品质量和稳定性实现全面升级 （9）开发高速工具钢、模具钢、耐热叶片钢、高端轴承钢、特种不锈钢、镍合金等典型电渣产品的工艺技术和规范，实现工艺控制的自动化，产品的质量和稳定性与国际水平接轨，实现品牌战略，在国际高端市场具备与国际名牌产品的竞争能力，并占有一定的市场份额 （10）开发出气氛控制、电渣锭二次冷却、基于导电结晶器的浅熔池控制技术等创新工艺和装备，全面提升我国百吨级以上大型电渣炉装备、工艺和产品的技术水平，满足核电、火电、水电和石化等行业对大型铸锻件用电渣钢锭的需求 （11）重点开发600℃超超临界火电机组用FB2高中压转子、核电用316L主管道、核电堆内大型构件、水电用大单重特厚板、大型厚板轧机用支撑辊、石化用加氢反应器等大型铸锻件所需的电渣锭实现产业化。基于导电结晶器的电渣定向凝固技术生产大型镍基合金铸锭；电渣复合技术生产双金属复合轧辊；用于制造高合金和镍基合金大口径厚壁管以及大型筒形锻件的电渣重熔空心钢锭技术；加压电渣重熔生产高氮不锈钢；真空电渣重熔生产航空用高强钢；电渣重熔有色金属及合金；电渣制备3D金属打印粉末和喷射成形等	（3）能准确模拟电渣过程电磁场、流场、温度场、应力场和金属凝固组织的数学模型和实测验证方法，从而掌握电渣过程铸锭冶金质量的精确控制方法 （4）开发出以智能化和物联网为技术支撑的无人化智能化电渣冶金工厂 （5）全面采用先进的电渣炉装备，建立完善的电渣钢产品质量保障体系，使我国的电渣钢的产品质量和稳定性全面达到国际领先水平 （6）开发出新一代的超大型钢锭制备用电渣炉装备、工艺和产品，满足国内外核电、火电、水电、石化等行业的需求，引领技术发展 （7）进一步开发节能减排、高效率、高质量、低成本和近终型的电渣冶金新技术，实现电渣生产的绿色化和可持续发展
关键技术	（1）建立渣系相关物性参数的精确测试方法；高质量预熔渣成套生产技术 （2）防止钢中易氧化元素的烧损和成分精确控制方法 （3）针对具体钢种、规格和质量要求，合理渣系和电渣重熔工艺的设计方法 （4）基于电极称量的电极熔化速度和凝固过程精确控制技术 （5）大型和特大型（百吨级）电渣铸锭凝固偏析控制新技术 （6）导电结晶器、加压电渣炉、真空电渣炉、电渣复合装备、电渣雾化制粉和喷射成形等新装置和新设备技术	（1）渣系物性参数精确计算模型；渣金气反应过程的动力学模型 （2）满足电渣工艺性能的低氟渣和无氟渣 （3）超大型钢锭电渣冶金成套设备和工艺技术 （4）节能减排、高效率、高质量、低成本和近终型的电渣冶金新技术 （5）智能化、机器人和物联网技术及其在电渣冶金工厂中的应用

图 11-1　中短期和中长期发展路线图

第五节　与相关行业、相关民生的链接

电渣冶金是高品质特殊钢和特种合金生产的重要手段之一。一方面需要上游产业提供优质的原材料以及良好的装备；另一方面，为下游行业提供涉及国计民生的重要产品。具体来说，与相关行业、相关民生链接发展规划有以下几个方面：

（1）优质的原材料是电渣产品质量的基本保证。首先，自耗电极的冶炼和浇铸技术的进步将提升电渣锭的质量，采用先进的炉外精炼和连铸技术是保证自耗电极质量的重要措施，特种合金必要时需要采用真空感应熔炼制备高质量的自耗电极。其次，作为渣系原料的萤石、氧化铝和石灰等产品的纯净度对于生产高质量的电渣锭也十分关键。因此，这些原材料的纯净化预处理技术也是今后的技术发展的要求。

（2）先进的电渣炉装备取决于机械设计和制造、检测与自动化控制技术的发展。另外，人工智能技术、物联网以及机器人技术和产业的发展将会极大地促进电渣冶金技术的进一步发展。

（3）电渣冶金存在高耗能和有含氟气体污染的问题，节能和除氟技术的发展将有利于电渣冶金产业的可持续健康发展。同时，低成本绿色能源的开发对于电渣冶金产业的发展将有重要的支撑作用。

（4）电渣冶金技术的发展将为下游制造产业提供高质量、高性能和低成本的特殊钢和特种合金，从而促进这些产业技术的发展甚至转型升级。电渣冶金生产的优质廉价的大型铸锻件将为核电、火电、水电和石化等行业大型装备的制造提供原材料保证。高品质电渣模具钢将极大地促进汽车、家电和建材等行业用模具产业的提升发展。电渣高端轴承钢产品将有利于航空、铁路、精密机械等行业用轴承产业的提升和发展。电渣生产的大型耐热钢和高温镍基合金铸锭将促进超超临界或先进超超临界火电装备的提升发展，实现火电行业节能减排的目标。加压电渣重熔生产的高氮马氏体不锈钢将用于航空航天发动机轴承和主传动轴，其寿命将是目前产品的十倍以上，从而显著提高发动机的寿命和服役时间。

（5）高效、低成本的电渣冶金生产技术的发展将有望更多地将优质电渣产品应用于人们的日常生活，为民生改善做出贡献。例如，用加压电渣重熔生产的高氮马氏体不锈钢可以用于高端民用刀具、医疗器具，高氮无镍奥氏体不锈钢用于人体植入材料等。

（6）我国有几百家中小型民营企业从事电渣冶金生产。电渣冶金技术的发展有利于促进这些企业的可持续健康发展，对于发展地方经济发展、促进劳动就业和改善民生有重要作用。

参考文献

[1] Hoyle G. Electroslag Processes Principle and Practice [M]. London & New York：Applied Science Publishers，1983.

[2] Spitzer H., Bardenheuer P.W. Second International Symposium on Electroslag Remelting Technology. Pittsburgh: Carnegie-Mellon Institute, 1969.

[3] 李正邦，傅杰．电渣重熔技术在中国的应用和发展［J］．特殊钢，1999，4（2）：7-13.

[4] 李正邦．电渣冶金原理及应用［M］．北京：冶金工业出版社，1996.

[5] 姜周华，李正邦．电渣冶金技术的最新发展趋势［J］．特殊钢，2009，30（6）：10.

[6] 姜周华，董艳伍，李花兵，等．特殊钢特种冶金技术的新发展［J］．中国冶金，2011，21（12）：1.

[7] 姜周华，董艳伍，刘福斌，等．电渣冶金学［M］．北京：科学出版社，2016.

撰稿人： 姜周华　董艳伍　臧喜民　刘福斌　耿　鑫

第十二章 炼 铁

第一节 学科基本定义和范畴

炼铁学科属于冶金工程技术学科钢铁冶金分学科范畴，是以矿物学、矿物加工、冶金反应工程学、冶金物理化学和冶金传输原理等学科为基础，旨在研究利用铁矿石、焦炭、煤粉、熔剂、天然气等资源和能源，经济而高效率地将金属铁从含铁矿物（主要为铁的氧化物）中提炼出来，生产供炼钢工序（炼钢生铁、电炉用海绵铁或金属化球团）或机械制造（铸造生铁）工序使用的合格产品的工程学科，主要包括以下研究领域：

（1）铁矿石造块。

铁矿石造块是将不能直接加入高炉的精（富）矿粉通过高温固结的烧结法和球团法以及低温固结的球团法和压块法，制成人造富矿的原料加工处理工艺。并且通过研究力争充分利用贫铁矿和富矿粉，扩大钢铁生产的资源；改善铁矿石的冶金性能，为高炉提供优质原料以改善冶炼指标；并且能够综合利用其他连铸、炼铁有用的粉尘、尘泥和炉渣（炉尘、氧化铁皮、硫酸渣、钢渣），减轻钢铁生产对环境的污染。

（2）高炉用燃料。

当前，高炉炼铁主要用燃料包括焦炭和喷吹燃料两大类。高炉用燃料研究旨在通过炼焦配煤使焦炭具有合适的反应性，且含碳高、灰分和杂质低、强度好，以发挥焦炭供给热量、料柱骨架和作还原剂等的作用。高炉对喷吹燃料是改变高炉用能结构的关键技术，旨在通过充分利用煤炭资源实现以煤代焦，缓解焦煤短缺的压力，降低高炉炼铁成本。

（3）高炉炼铁。

高炉生产时从炉顶装入铁矿石、焦炭、造渣用熔剂（石灰石），从位于炉子下部沿炉周的风口吹入经预热的空气。在高温下焦炭（有的高炉也喷吹煤粉、重油、天然气等辅助燃料）中的碳同鼓入空气中的氧燃烧生成的一氧化碳，在炉内上升过程中除去铁矿石中的氧，从而还原得到铁。炼出的铁水从铁口放出。铁矿石中不还原的杂质和石灰石等熔剂结合生成炉渣，从渣口排出。产生的煤气从炉顶导出，经除尘后，作为热风炉、加热炉、焦炉、锅炉等的燃料。

（4）非高炉炼铁。

新形势下，高炉炼铁的快速发展会面临越来越多的环保方面的压力和挑战，迫使炼铁工作者需开发新工艺新技术以应对。非高炉炼铁指高炉炼铁之外的炼铁方法，包括气基直接还原炼铁，煤基直接还原工艺和熔融还原炼铁等方法。新工艺新技术开发必将涉及新型反应器的设计、优化、原燃料的制备和工艺参与的制定及优化，均属于非高炉炼铁的重点研究内容。

（5）炼铁节能与环保。

作为钢铁行业重要的组成部分，炼铁工序能耗占钢铁联合企业总能耗的50%左右，炼铁行业肩负着资源、能源和环境保护等方面的艰巨任务。炼铁工序节能减排包括减少能源浪费和增加能源回收两个部分。即加强对用能质量和数量的管理，优化用能结构，减少物流损失，能源介质的无谓排放等。并且大力回收生产过程中产生的二次能源（包括余压、余热、余能和煤气等），以提高能源利用效率，降低产品单位能耗。主要包括高炉、焦炉煤气综合利用，烧结烟气治理，高炉渣综合利用，高炉渣显热回收利用，炼铁尘泥高效利用等，炼铁系统工序能耗降低及污染物排放减少等。

第二节　国内外发展现状、成绩、与国外水平对比

在过去的十余年里，我国生铁产量保持了高速增长，现已进入高产稳定阶段。2016年世界高炉工艺的生铁产量为11.529亿吨，我国为7.07亿吨，占全球产量的60%。世界其他各国的生铁总量一直相对稳定，世界其他各国的生铁产量也相对稳定，保持在4.5亿吨的水平。2016年，主要产铁国的产量为：日本8101万吨，印度6300万吨，俄罗斯5207万吨，韩国4633万吨，巴西2474万吨，德国2704万吨，美国2226万吨。

第十二章 炼 铁

一、国内外发展的现状与成绩

1. 铁矿石造块技术

传统的铁矿造块是将细粒铁矿制备成供高炉炼铁使用的块状炉料的过程。随着冶金科学技术的进步、优质铁矿资源的不断减少和人类对自身生存环境的关切，现代铁矿造块已不限于制备成块状物料，还要求造块产品具有良好的机械强度、适宜的粒度组成、理想的化学成分和优良的冶金性能。其处理对象也扩展到钢铁厂内各种含铁尘泥、化工及有色冶金渣尘等二次含铁资源。进入21世纪后，世界钢铁工业竞争不断加剧，发达国家铁矿造块的发展重点已由早期追求产量和质量，转变到降低能耗和清洁生产上来。我国已是世界第一铁矿造块大国，但整体水平与国际先进水平相比仍存在差距，能耗和环境方面的差距尤为显著。

（1）铁矿石烧结技术进步。

中国铁矿资源有两个特点：一是贫矿多，贫矿出储量占总储量的80%；二是多元素共生的复合矿石较多。此外，矿体复杂，有些贫铁矿床上部为赤铁矿，下部为磁铁矿。进入21世纪后，我国的烧结工业进入了空前高速发展阶段。因此，我国铁矿石多依靠进口，造成对外依存度高，最高达到80%。经过21世纪十年的快速发展，我国铁矿烧结不仅在产量上遥遥领先世界其他国家，而且一批重点大中型企业的技术经济指标也跨入世界先进行列。

1）烧结设备大型化。我国铁矿粉造块由于资源条件和历史传承形成了以烧结矿为主的炉料结构，在此期间，一大批大型烧结机建成投产或正在建设中，2010年投产的太原钢铁公司660 m^2 烧结机，是目前世界单台面积最大的烧结机。这一时期也是我国烧结大量研发和采用新工艺、新技术、新设备的时期，新型点火、偏析布料、超高料层烧结技术被广泛采用。

2）低温烧结技术。低温烧结是相对于传统高温烧结而提出来的概念，目的是在1250~1300℃下形成强度、还原性均优良的针状复合铁酸钙黏结相。传统的烧结法主要依靠提升烧结温度产生大量熔体，使烧结料固结成矿；低温烧结则是严格控制烧结温度，使物料部分发生熔化，且形成优质的复合铁酸钙黏结相，完成烧结矿固结。在低温烧结工艺下生产的烧结矿，其冷强度、低温还原粉化特性、还原特性以及软熔特性等指标均明显优于高温工艺获得的烧结矿。

3）超厚料层烧结技术。厚料层烧结作为20世纪80年代发展起来的烧结技术，近30多年来得到广泛应用和快速发展。生产实践调研表明：实施厚料层烧结能够有效改善烧结矿转鼓强度，提高成品率，降低固体燃料消耗，提高还原性等。目前宝钢通过加强原料制粒、偏析布料等技术措施，烧结的料层厚度达到1000mm水平，属国际领先水平。

4）烧结烟气循环技术。热风烧结新工艺是将冷却机上经过除尘后的低温热废气通过风机引入位于点火炉后的烧结机密封罩内进行烧结的方法。热风烧结新工艺以热风的物理热代替部分固体燃料的化学热，使料层上、下层温度提高，冷却速度降低，热应力降低，使上下层烧结矿的质量趋于均匀，从而提高烧结矿的成品率，改善烧结矿的冶金性能，同时降低烧结过程固体能耗、热废气排放量，增加余热利用率，具有很好的经济、环保效益。该工艺在京唐首迁、唐山国丰等企业烧结机得到应用，不但提高了经济效益，而且很好地改善了环冷机区域的工作环境，实现了环冷机无组织热废气的超低排放。

5）烧结高温带模拟技术。烧结矿作为最主要的高炉炉料，其产质量对于高炉技术指标有很大影响。与高炉类似，烧结过程一定程度上也属于"黑箱"，物料经历复杂的物化反应最终形成烧结矿。烧结高温带决定着烧结矿的产品质量，而其在料层的特征及其移动特点更是难以掌握。因此，研究烧结过程的工艺参数，例如负压、点火温度、点火时间、料层厚度等对软熔带参数的影响对于调控烧结燃烧带状态、改善烧结矿的质量有着十分重要的意义。

（2）球团技术发展现状。

我国球团矿生产获得了迅猛发展，中国的球团矿产量从2000年0.137亿吨增加至2016年的1.52亿吨，产能2.3亿。而国外的球团矿产量相对保持在2.6亿~2.8亿吨，产量基本稳定。为适应我国球团工业快速发展的要求，进入21世纪后，我国冶金工作者加大了球团工艺的研究力度，高压辊磨、润磨预处理技术，赤铁矿、镜铁矿生产球团技术，复合造块技术，混合原料球团制备与焙烧技术等获得工业应用，为我国球团工艺技术跨进世界先列提供技术支撑。

1）球团生产设备及产能逐步扩大。目前，全国共有竖炉211座，生产能力8665万吨；带式焙烧机4台，分别是鞍钢321.6m^2带式焙烧机、包钢162m^2和624m^2带式焙烧机以及首钢京唐钢铁公司曹妃甸504m^2，带式焙烧机生产能力1600万吨；链箅机-回转窑98条，其中包含了亚洲最大的武钢鄂州年产500万吨生产线，总生产能力1.1605亿吨，链箅机-回转窑所占装备产能比例超过竖炉产能比例，占全国总产能的一半以上。

2）含钛含镁低硅球团技术。随着高炉强化冶炼，用钛矿或钛球护炉已成为很多钢铁厂稳定生产和延长高炉寿命的主要手段之一，而随着需求量的增加，钛矿和钛球价格不断上升，对高炉炼铁和成本带来了很大的影响，球团矿具有品位高、脉石含量低、冶金性能好、强度高、含钛可变化等优点。代替块矿在高炉上应用，既达到护炉，保证炉缸安全，高炉长寿的目的，又能起到高效生产的作用。首钢技术研究院在含镁添加剂和含钛资源的选择、热工制度的优化控制等方面进行了大量的创新研究，并在京唐公司大型带式焙烧机上实现了含钛含镁低硅多功能球团矿的生产和应用。截至目前，京唐公司共生产含钛含镁低硅球团矿 800 余万吨。含钛含镁球团矿生产工艺技术不仅使用了低价含钛矿粉资源，同时生产出了物化性能和冶金性能优良的含钛球团矿，为炼铁使用粉矿护炉，降低成本，改善综合炉料冶金性能提供了很好的借鉴依据，为开发多功能球团矿奠定了基础。同时对钢铁企业提升高炉技术经济指标，促进节能减排，实现高炉长寿和降低炼铁成本开辟了新的方向。

3）赤铁矿氧化球团生产技术。由于球团矿在环保、冶金方面的优势，球团产业在国内的发展也日益迅猛，磁铁矿资源也日渐枯竭，因此，用赤铁矿粉替代磁铁矿粉生产球团是当下的研究热点。与磁铁矿相比，赤铁矿在细磨、成球、焙烧等方面有很大的区别，工业化应用存在较大困难。目前我国已经掌握了多种赤铁矿（巴西矿、印度矿等）的物料特性、成球特性以及焙烧特性。通过对生产工艺的改进，对焙烧热工制度的调整和优化，自主开发出了一套完整的全赤铁矿球团工艺技术与装备。

4）大型带式焙烧机生产技术。对比国外大量使用带式焙烧机，我国长期处于工艺单一状况，不能实现两条腿走路的均衡发展。带式焙烧机生产工艺对原料的适应性强，生产赤铁矿球团有很大的技术优势，带式焙烧机工艺具有作业率高、产品质量好、产品成本低等诸多优势。首钢京唐钢铁公司建成了年产 400 万吨球团的大型带式焙烧机生产线，该生产线属于国内最大的带式球团生产线，其主体设备采用 1 台有效面积 504 m^2 的大型带式焙烧机，于 2010 年投运。目前生产球团矿质量已达到国际先进水平。标志着我国已经系统掌握了大型带式焙烧机的原料结构、布料制度、热工制度（包括干燥制度、焙烧制度等）等相关技术。

2. 焦化技术

21 世纪以来，我国焦化行业得到了快速发展，总体装备水平不断完善，基本形成了世界上炼焦炉型最为齐全、资源利用最为广泛、深度加工工艺最为充分的独具中国特色的焦化工业体系。我国焦化企业数量由2010年的730多家减少到602家，其中：热回收焦炉炼焦厂50家、半焦厂72家、传统焦化厂480家（钢铁企业焦化厂80家、独立焦化厂400家）。企业平均产能从2010年68万吨/年增加到114万吨/年。焦炉大型化及干熄焦技术的推广普及，促进了焦炭质量的稳步改善，降低了炼焦耗热量，减少温室效应气体二氧化碳和氮氧化物的排放量，标志着我国炼焦技术跨入世界先进行列。与此同时，我国干熄焦技术得到迅猛发展，我国投产和建成了158套干熄焦装置，生产能力已达2.0亿吨/年，是前20年的2.5倍，并研发了世界领先的260吨/小时干熄焦装置。

为降低配煤成本，节约优质炼焦煤资源，扩大炼焦煤源开发，焦化工作者开展了一系列研究工作拓展弱黏结煤在炼焦中的应用。武钢常年跟踪炼焦煤的煤质特性、结焦机理和成焦微观结构等内在本质特征的技术研究进展，通过单种煤的煤质研究和配煤炼焦试验，建立高流动炼焦煤控制模型，实现高流动、高膨胀炼焦煤的合理替代。该技术成功应用于武钢7.63 m大型焦炉，贫瘦煤配用量达14%～16%，少用优质瘦煤10%以上，低变质弱黏煤配用量达20%以上。马钢、攀钢、沙钢等焦化企业结合大容积焦炉用煤的特殊性，开展炼焦用煤细化分类使用技术及煤岩学配煤研究，利用镜质组反射率分布曲线图形和煤岩分析指标对煤质进行判断，达到了煤场科学管理、优化配煤、提高焦炭质量、降低生产成本的目的。其次，通过配型煤炼焦技术，将弱黏性煤配加黏结剂后压制成型煤，与其余散状煤混合装入炼焦炉内炼焦。研究表明，在型煤配比为30%时，可以多配入弱黏结煤8%～12%，M40提高2%～3%，M10改善0.5%～1.0%。而且炼焦配合煤黏结性越差，成型煤配入比例的增加，改善焦炭的作用越明显，其中15%成型煤相当于3%强黏结性煤。我国宝钢从一期开始到三期炼焦都配备了配型煤设施。型煤配入量15%～30%，完全满足5000m^3级高炉炼铁的要求。

3. 高炉富氧喷吹煤粉技术

高炉富氧喷煤技术是当代世界炼铁技术发展的重要标志。富氧喷煤是现代高炉操作降低焦比、提高生产效率以及降低铁水成本的有效技术措施之一，已成为广泛应用的技术。高炉富氧–喷煤–高风温集成耦合技术可以有效改善炉缸风口回旋区工作，提高煤粉燃烧率和喷煤量，有效降低炉腹煤气量，有利于改善高炉料炉透气性，促进高炉稳定顺行，提高煤气利用率，从而有效降低燃料消耗和CO_2排放。我国从20世纪60年代在首钢、鞍钢高炉喷煤，是当时世界上开发应用喷煤技术较早的国家之一。20世纪90年代以后，高炉喷煤技术纳入国家科技计划。1999年4月和9月，宝钢1号高炉分别创造了吨铁喷煤量252.4kg和260.6kg的新纪录。到目前为止，全国大中型高炉基本都采用喷煤技术，取得显著效益。2016年，全国高炉喷煤平均达141.30kg/t，入炉焦比397.4kg/t；其中沙钢2500m³高炉的富氧率已经达到了5.07%，5800m³高炉富氧率10.5%，煤比分别为146kg/t和159kg/t，焦比379 kg/t和347 kg/t；首钢高炉富氧率5.5%喷煤达166～180kg/t，焦比323.62kg/t，达世界先进水平。在发展富氧喷煤的同时也加强了输送系统的安全设计，首钢1号高炉2013年8月率先使用氧煤枪技术，2号高炉于2014年6月开始使用氧煤枪，解决了高富氧对热风管系安全性的威胁。投入氧煤枪后，高炉顺行程度得到一定程度改善，煤粉的燃烧性能得到提高，旋风灰中含碳量降低。

4. 高炉高风温技术

高炉高风温技术是高炉降低焦比、提高喷煤量、提高能源转换效率的重要技术途径。目前，大型高炉的设计风温一般为1250～1300℃，提高风温是21世纪高炉炼铁的重要技术特征之一。近年来风温逐年提高，据统计，中国高炉风温大于1200℃的高炉有83座（占比20.43%），风温在1100～1200℃的有215座（占比57.80%），不同级别高炉使用风温情况如表12-1所示，2016年全国平均风温达到了1168℃。中国已完全掌握单烧低热值高炉煤气（$Q_{低}$ =3000kJ/m³左右）达到风温1280±20℃的整套技术。这套技术的核心是，采取煤气和助燃空气双预热技术，新型顶燃式热风炉，自动高效烧炉技术等。

表12-1　不同级别高炉使用的风温情况

高炉容积范围（m³）	<1000	1000～2500	2500～4000	>4000
统计高炉座数（座）	191	113	59	16
平均风温（℃）	1119	1171	1178	1220

5. 干法除尘技术

目前，我国自主开发的高炉煤气干式布袋除尘技术在设计研究、技术创新、工程集成及生产应用等方面取得突破性进展，自主设计开发的大型高炉煤气全干式脉冲喷吹布袋除尘技术完全取消了备用的高炉煤气湿式除尘系统。高炉煤气布袋除尘的过滤机理是基于纤维过滤理论，技术发展很快，1000m³级及其以下高炉几乎全用布袋除尘工艺，取得了明显的效果。一些大高炉，如首钢京唐钢铁公司两座高炉（5500m³），宝钢、鞍钢、包钢等大型高炉也都采用干法除尘。对于干法除尘现存的问题已取得了积极进展。例如，设计调温装置，加大布袋箱直径，合理选择滤料，采用双向电磁脉冲喷吹技术，采用压力可调式正压气力输送装置，阀门内喷涂了耐磨的涂层，密封圈选用了耐高温、高强度的材料，补偿器的不锈钢材质选用耐氯、硫的材质等。同时，高炉煤气干法除尘与TRT技术耦合，取得了节能减排、清洁生产、提高能源转换效率的综合效果和综合效益。该项技术领跑世界，在国际上影响深远。

6. 高炉可视化技术

高炉作为一个逆流密闭反应器，其内下降炉料和上升煤气之间进行复杂的传热、传质、动量传输以及还原反应、碳素溶损反应等决定着高炉生产效率和顺行程度。为了更加准确地把握高炉信息来指导高炉操作，高炉操作者通过温度、压力、流量和煤气成分等检测数据来判断炉况、操作高炉。多项高炉可视化和仿真技术，高炉炉顶料面红外摄像系统、激光在线料面形状探测技术、风口红外摄像仪等技术，用于监测高炉布料和冶炼状况，用以指导高炉操作，效果良好并已在国内外推广应用。此外，通过对冷却壁温度、水温差及热流强度等参数的监测，开发并建立高炉热流强度三维模型，可了解高炉操作炉型的变化，用以指导高炉上下部调节，维持合理的煤气流分布，实现对高炉操作炉型的管理，结合高炉操作指标，判断实时高炉操作炉型的优劣，确定相应的高炉冷却制度尤其是冷却壁温度的最佳控制范围。

7. 高炉长寿技术

高炉一代炉役达到15年以上，一代炉役期内每立方米炉容产铁13000～15000t/m³是中国高炉炼铁工作者奋斗的目标，近些年中国在高炉长寿方面取得了显著成绩，基础理论研究方面也取得了一定的进展，含钛物料护炉是一种针对炉缸侵蚀有效的维护方法，近年来，国内外越来越多的高炉采用含钛物料护炉延长高炉寿命，很多研究学者针对含钛物料护炉做了大量的工作，逐渐认识到Ti(C, N)是高炉保层的重要成分，国内很多钢铁企业通过使用含钛烧结矿、含钛球团矿实现对高炉的护炉作用，例如首钢京唐，迁钢等企业。经过长期的实践，我国炼铁工作者认识到高炉长寿是一个长期的、系统的工程，这需要对高炉结构设计、耐火材料配置、冷却方式选择、监测系统的建立、科学地维护等不断进行实践和研究，从而形成高炉长寿技术，这对于我国未来高炉的维护和新建高炉的设计有着极为重要的作用。我国宝钢3号高炉达到19年，进入世界先进行列。然而目前我国仍有相当一部分高炉寿命还处在10年以下，大部分高炉寿命较国外长寿高炉寿命仍有较大差距。

8. 炼铁装备大型化

近年来，我国高炉大型化趋势明显，大高炉建设取得可喜成绩。截至到 2016 年，我国 4000m³ 以上大型高炉 22 座，宝钢 4966m³ 高炉、首钢曹妃甸两座 5500m³ 高炉、沙钢 5800m³ 高炉、湛江 5050m³ 高炉的相继建成、投用，使我国特大型高炉在世界钢铁业占据一席之地。先进装备的产能比例由 2012 年的 36.3% 提升至 2016 年的 39.4%，得到大幅提高。先进的技术装备水平是高炉获得良好技术经济指标的重要前提，而高炉技术指标的改善也侧面反映了装备技术的发展。国内近 40 家钢铁企业 140 余座高炉调研数据显示，我国部分大中型高炉各项技术指标与国际水平相当或更优，1000m³ 以上高炉技术指标处于领先地位，我国炼铁生产技术装备水平得到了较大提高。与此同时，随着高炉设备水平的不断提高，中、小高炉逐渐被大型、巨型高炉所代替，这就要求高炉炼铁技术在高炉装备、延长高炉寿命等方面有明显的进步。炼铁装备也在向大型化、自动化、高效化、长寿化、节能降耗、高效率方向发展。经过多年的攻关，我国自主研制的高炉布料装备在国内外钢铁企业得到应用，其具有结构设计简单、机构精巧、密封可靠、耐磨材料使用寿命长等优点，而且设备抗高温性能良好，工艺性能优良，可实现各种方式的布料，性价比极高，可完全替代进口炉顶设备产品。

9. 环保技术

近年来，中国环保形势日益严峻，2015 年已经开始执行新的环境保护法，且新的钢铁行业污染物排放标准对 SO_x 和 NO_x 的排放也提出了更加严格的要求。2014 年中钢协会员单位废气的 SO_2、烟尘、工业粉尘排放量也分别下降 16.63%、7.17%、8.69%，有相当的进步。新污染物排放标准实施后，使很多钢铁企业现有的节能、污染物处理措施难以满足新的能耗、排放标准要求，部分钢铁企业将面临如何进一步实现节能、达标排放的问题。

（1）烟气脱硫技术。

当前我国钢铁企业尚未实现脱硫设施全部配备，即使安装有脱硫设施的企业，也由于工艺问题或者管理问题，导致含硫化合物的脱硫效率不足 70%，目前，钢铁企业主要采用湿法脱硫，该方法具有脱硫效率高、吸收剂利用率高、脱硫剂-石灰石来源丰富且廉价等优点。但是石膏法副产物——石膏、废水较难处理。活性炭烟气净化技术是集脱硫、脱氮、脱重金属和脱二噁英等功能一体的烟气净化技术，该工艺不需水，省去废水处理设施，不需要烟气再热，脱硫副产物便于生产硫酸、硫磺等化工产品。然而，该工艺对活性焦的要求比较高，设备工艺运行还存在能耗偏高、净化过程反应慢、床层阻力大等问题，因此造成活性炭净化技术目前的运行较高，实际应用的企业并不多，有待进一步研究。

（2）烟气脱硝技术。

烧结烟气脱硝技术有气相反应法、吸附法、微生物法、液体吸收法、选择性催化还原法等，其选择性催化还原法脱硝效率最高，技术也比较成熟，一般选用钒钛系催化剂SCR，反应温度在250~400℃，因为粉尘等杂质会降低催化剂的使用寿命，一般在除尘器布置之前要进行反应器的安装。还原吸收法具有设备造价低、工艺流程简单的特点，它可以将氮氧化物还原为氮气。

（3）烟气脱二噁英技术。

钢铁企业一般采用强化除尘法，降低烧结烟气中的氯元素的含量，通过对二噁英气体加热处理，分解处理或者快速冷却，并利用活性炭的强吸附作用对其进行吸附，也可采用有机溶剂使之溶解。同时在排放废气中添加尿素颗粒或者氢氧化钠、氢氧化钙等碱性物质，可以使烟气的温度迅速降低，以实现降低二噁英的产生。到目前为止，二噁英的治理还是以理论为主，还未大范围推广应用。

（4）高炉渣综合处理技术。

高炉渣是冶炼生铁时从高炉排出的废渣。现代高炉炼铁生产中应用的高炉渣处理方法基本上是水淬法和干渣法。由于干渣处理环境污染较为严重，且资源利用率低，现在已很少使用，一般只在事故处理时设置干渣坑或渣罐出渣。目前高炉渣处理主要采用水淬法。随着科学的发展和技术的进步，近年来，高炉水渣处理技术有了较大的发展和长足的技术进步，不少新技术的应用，例如底滤法、拉萨法、巴因法和名特法等，使得高炉渣的利用进一步扩大。随着我国钢铁工业的高速发展，水资源的短缺成为除了铁矿资源短缺外的另一个制约我国钢铁工业发展的因素。目前高炉渣处理的几种方法并没有从根本上改变粒化渣耗水的工艺特点，其区别仅在于冲渣使用的循环水量有所不同，新水消耗量差别不大，炉渣物理热基本全部散失，SO_2、H_2S等污染物的排放并没有减少。

（5）废水处理技术。

钢铁行业水耗约占工业总水耗9%，废水排放量占工业废水总排放量14%，2011年新水取水量已超过18亿吨。因此开展钢铁行业的水污染治理和水回用技术研究，对于我国重点流域水质改善和减缓地方水紧缺压力意义重大。炼铁工序近年来在节水减排方面开展了大量工作，突破了多项清洁生产和废水处理技术，如干熄焦、干法除尘、焦化废水处理，开发了强化生物脱碳脱氮工艺技术，形成了焦化废水深度处理优化集成工艺包。相应技术成果在鞍山盛盟、武汉平煤、青海江仓、山西长治、西昌钢铁、川煤集团等多个企业建成工程示范，其中武钢焦化废水处理示范工程为全国单套处理规模最大，达到 480 t/h，实现了焦化废水的稳定达标处理并回用。但总体上依然无法满足相关行业发展需求。

10. 非高炉炼铁技术

为了解决焦煤资源短缺、焦煤价格居高不下的影响，并满足日益提高的环境保护要求、降低钢铁生产流程中的能耗和污染，全球炼铁工作者积极开发了多种非高炉炼铁技术，这些不同的工艺和技术流派近年均取得了较大进展，已经成为钢铁工业可持续发展、实现节能减排、环境友好发展的前沿技术。非高炉炼铁技术从大的工艺路线来区分，可以分为直接还原技术（气基、煤基）、熔融还原技术（COREX、Finex、HIsmelt 等）两个主要类型。

中国宝钢集团为了掌握钢铁新工艺的前沿技术、加速中国炼铁技术的进步，于 2007 年引进 COREX 炼铁装置并在罗泾中厚板分公司运行了 4 年；同时结合新疆地区资源禀赋，成功搬迁 COREX-3000 至八钢并顺利投产。总体来看，经过宝钢多年的不断摸索和生产实践，基本实现了引进技术、掌握技术、消化技术的目的，也为结合不同区域的资源禀赋条件来发展非高炉炼铁技术做出了积极探索。目前，在能耗和上与高炉相比还有一定差距。与此同时，"十二五"期间，我国已有 9 套（甚至更多）转底炉投产运行，主要是用于钢铁厂粉尘的资源化处理回收，同时实现锌的脱除与回收，目的是实现资源高效、高值转化。这也是我国非高炉炼铁或固体废弃物处理领域的技术进步，尽管应用效果可能参差不齐，还有待于改进完善。

11. 炼铁基础理论研究

60 年来，中国炼铁技术取得了显著进步，从原料准备、高炉冶炼到非高炉炼铁、复合矿冶炼与综合利用以及相关理论的研究，推动了炼铁科技的进步，同时也促进了炼铁学科的发展。

（1）铁矿石烧结理论。

基于铁酸钙体系的烧结理论研究。20 世纪 50 年代我国自主开发出自熔性烧结矿，对改善高炉冶炼起到很大作用。随后开展高碱度烧结矿的研究，用含铁矿物铁酸钙体系替代了酸性烧结矿硅酸盐体系，重点解析了烧结原料及工艺参数对烧结矿铁酸体系含量、晶体形态的影响，提高了烧结矿中铁酸钙的强度并大大改善了还原性及软熔性能,解决了烧结矿还原性与强度之间的矛盾,形成了基于铁酸钙体系的烧结理论研究,是烧结造块工艺学发展的一个新的里程碑,丰富了矿物学基础理论。

基于铁矿粉高温特性互补的配矿理论研究。近10年来,铁矿石资源不断劣化,而传统上的烧结铁矿粉研究主要集中在常温特性方面,这大大限制了铁矿的综合利用。因此,在烧结矿铁酸钙液相体系基础上,进一步发展了铁矿粉烧结特性互补理论,通过采用微型烧结法,测定铁矿粉同化性、液相流动性和黏结相自身强度。根据各种铁矿粉高温特性的差异,基于互补原理进行优化配矿设计,使其混合矿的各高温特性处于适宜区间。基于铁矿粉高温特性互补的配矿理论研究,有效拓展了烧结铁矿粉的适用范围,科学地实现了劣质矿的高附加值利用。

基于自动蓄热作用的厚料层烧结结构及其优化研究,烧结过程自蓄热作用是厚料层烧结最为基础的理论之一,近年来得到了广泛的应用,并取得了巨大的进步,我国烧结料层厚度已由最初300mm以下逐步提高到700mm以上。烧结料层的自动蓄热作用可减少固体燃料的消耗,然而,当厚度超过一定值时,料层透气性变差,使得烧结速度降低,进而导致烧结生产率下降;且料层高度的提高加剧了料层温度场沿料层高度方向分布的不均匀性。因此,基于烧结过程自蓄热作用,结合神经网络等算法,建立烧结过料层透气性及孔隙分布数学模型,该模型能够有效指导现场实现烧结料层的透气性和层温度场分布的优化,从而构建合理的烧结料层结构,使固体燃料和热量在料层中的分布更为合理,烧结矿上下部质量相对更为均匀。

(2)赤铁矿球团固结理论。

基于液相黏结和Fe_2O_3再结晶的赤铁矿球团固结理论。球团矿因其强度好、粒度均匀、铁品位高、还原性好等优点,一直受到炼铁工作者的高度重视。随着国内球团产业的发展,国内的磁铁矿资源日渐枯竭,不得不考虑以大量赤铁矿作为替代品。与磁铁矿相比,赤铁矿在细磨、成球、焙烧等方面存在很大区别,工业化应用存在较大困难。通过研究熔剂配加种类、方式和含量对球团矿固结强度,形成了基于液相黏结合Fe_2O_3再结晶的赤铁矿球团固结理论。

(3)焦化技术。

近年来在原煤供应紧张、炼焦煤紧缺的条件下,炼焦工作者做出了很大努力,研究优化配煤炼焦技术,新型炼焦工艺理论以及焦炭质量评价新方法,保证了冶金焦生产和质量稳定,满足高炉炼铁需求。

1)基于煤的镜质组反射率的炼焦配煤理论。中国钢铁工业的快速发展带动了焦化工业产能高速增长，使炼焦煤的需求大幅度增加，富氧喷煤等现代高炉炼铁技术的应用对焦炭质量提出了更高的要求，使优质炼焦煤供应更加紧张，因此，采取有效、稳定的方法优化炼焦配煤，从而提高焦炭质量的措施是十分必要的。通过对焦炭光学显微组织中镜质组分进行研究，发现煤的镜质组反射率分布与焦炭显微组织结构有较好对应关系，从而形成了新的炼焦配煤理论，有效实现了劣质煤的高效利用，具有十分重要的意义。

2）基于碱金属催化的焦炭溶损劣化机制。随着现代大型高炉煤比的增加和焦炭负荷的提高，焦炭作为高炉料柱的骨架作用愈发重要。在加剧高炉内焦炭劣化的众多因素中，循环富集的碱金属对焦炭的破坏已引起重视。通过高炉解剖等现场调研、碱金属吸附试验研究等发现焦炭是碱金属富集的最主要载体，结合先进的微观结构表征等手段，逐步明晰了碱金属K、Na对焦炭溶损反应的催化机制，这对于高炉操作减少焦炭溶损提供了新的方向。

（4）高炉喷吹煤粉。

1）基于燃烧动力学的氧煤高效燃烧机制。高炉喷吹煤粉技术是炼铁技术发展的重要标志，该项技术推动了高炉炼铁工艺的飞跃发展。以煤代焦对高炉炼铁学的发展具有重大的战略意义。目前对于高炉喷煤技术的研究主要是研究煤粉在高炉鼓风条件下的燃烧行为、燃烧动力学，逐渐形成氧煤高效燃烧机制，提高了煤粉燃烧率。

2）基于煤粉性能的配煤理论。随着高炉喷煤比和高炉操作水平的不断提高，要求对混配煤方案进一步细化和优化。针对高炉喷吹煤使用煤种较多，无法进行优化选择的问题。通过对单种煤种发热量、着火点、燃烧性、反应性、流动性、可磨性和爆炸性等指标进行研究，并以挥发分、有效热值等指标实现配煤优化。基于煤粉性能的配煤理论有效地实现煤种性能的综合，扩大了喷吹煤种的使用范围。

二、与国外水平对比

经过长期的发展，我国炼铁学科的发展有了很大的进步，在很多设备的设计生产、高炉长寿等技术方面，我们有独特的优势。整体来看，我国炼铁技术学科已总体上跻身世界先进行列：

（1）我国高炉炼铁生产工艺及技术研究成效显著，开发并普遍应用了高炉高效冶炼系统技术、顶燃式热风炉高风温技术、富氧喷煤技术、干法除尘技术、铜冷却壁等高炉长寿技术、清洁生产技术等，使我国高炉炼铁的利用系数等技术指标得到显著提高，炼铁生产环境得到极大改善。我国高炉炼铁整体达到国际先进水平，在高炉利用系数和清洁生产等方面处于国际领先。

（2）我国多种炼铁过程大型设备已经实现自主研发、自主设计、自主生产，例如，无料钟炉顶设备布料器、烧结机、链箅机-回转窑球团生产装置、高炉煤气干法除尘装置、鼓风机、TRT等，远销海外，达到国际先进水平。

（3）自主研发的高炉可视化集成技术在国内外多座高炉上得到应用，达到世界领先水平。

（4）我国有多座高炉寿命达到15年，其中宝钢3号高炉达到19年，进入世界先进行列。

与欧盟、日本和韩国代表的国际最高水平相比，我国的基础理论研究还相对薄弱，工业信息化水平还相对较低，国内钢铁尚有明显差距，目前主要存在以下问题：

（1）炼铁产业结构调控。近十几年来，中国炼铁工业高速发展。中国生铁产量从2000年1.30亿吨，增加到2016年的7.07亿吨，除2008年和2009年受全球金融危机影响，生铁产量略微降低外，每年都保持稳健的上升趋势。中国生铁产量占世界生铁产量的比例从21世纪初的22.64%增加到2016年的61.32%，自2008年之后，中国生铁产量一直保持占据世界生铁产量的半壁江山。但是，中国生铁产量年增长率自2005年后一直呈现下降趋势，2010年之后一直维持在10%以下，2014年的年增长率为0.37%，产量相比上一年只有略微增加。我国容积1000m^3以下的小高炉、小烧结和竖炉球团还为数众多，要加大淘汰力度，减少高炉座数，提高集中度。因此，炼铁工业要减量化发展，需要对炼铁产业结构进行优化、淘汰落后产能、控制炼铁产量、减少高炉数量、扩大高炉容积，是未来炼铁工业结构调整、产业升级的必由之路。

（2）品质劣化原料的高效利用。随着全球铁矿石用量不断增长，澳大利亚、巴西等原产国早期的富矿开采殆尽，新开发矿山的品位相对较低，导致其矿石的品质波动较大，杂质含量高。此外，不同产地、不同矿种的品质特性不一，部分矿种本身的品质稳定性较差，再加上地域、气候以及矿石在储存、装卸、运输过程中各种不可抗力的影响，导致了其化学成分、水分、粒度等性质差异较大。铁矿粉化学成分的劣化导致烧结适宜温度区间减小，从而增加配矿的难度，减弱其在烧结温度方面的抗波动性，增加烧结过程控制的难度，同时给后续高炉冶炼带来负面影响。因此，钢铁企业需要通过新的造块工艺，实现复杂难选矿物高效利用，降低炼铁成本，破除资源危机。

（3）炼铁工序节能与碳质燃料高效利用。炼铁系统的能源消耗、CO_2排放占整个钢铁冶金流程能源消耗和排放的比例分别为70%和80%，是钢铁企业节能减排的重点工序。随着低碳经济时代的到来，焦炭资源面临枯竭，环境压力急剧增加，以碳作为能量流和物质流为主要载体的高炉炼铁工艺面临着前所未有的挑战。部分先进钢铁企业的部分指标已达到或接近国际先进水平。但是，各种不同层次企业之间节能工作发展很不平衡，企业之间的各工序能耗最高值与先进值差距较大，说明我国钢铁企业还有相当大的节能潜力。因此，需要对炼铁工序能耗进行优化，提高余热的利用，强化碳质燃料的高效利用。

（4）污染物低成本处理。近年来，中国环保形势日益严峻，2015年已经开始执行新的环境保护法，且新的钢铁行业污染物排放标准对SO_x和NO_x的排放也提出了更加严格的要求。在钢铁冶炼过程的排放物中，约有48%的NO_x及51%~62%的SO_x来自铁矿烧结工艺，可见烧结厂已成为钢铁生产工业中SO_x和NO_x的最大生产源。我国现有烧结机约1200台，烧结机总面积约11万平方米，$90m^2$以上烧结机473台，其总面积约8万平方米。但只有少数烧结机的脱硫装置能保持脱硫效率和同步运行率在80%以上，尚能稳定运行。此外，烧结和自备电厂NO_x排放居整个钢铁企业NO_x排放的头两位，而烧结工序约占到整个钢铁工业排放量的一半左右。因此，烧结工序和自备电厂烟气NO_x控制是钢铁企业NO_x减排的重点，钢铁企业需要更为有效的低成本污染物处理技术，以极小的成本完成污染物处理。

（5）智能化生产技术。近年来计算机模拟、网络、大数据等技术发展非常迅速，国外高水平钢铁企业开始更多地运用大数据、智能化、无人化生产技术，可以说智能化炼铁技术是未来炼铁发展的重要方向。国外在信息化智能制造方面做了大量的工作，例如闭环装料控制的专家系统的开发、高炉3D可视化系统、生产数据远程监控及诊断标准化系统（RMDS）和数据库、过程预测模型和炼铁仪器仪表等的使用，提高了广大炼铁工作者对炼铁生产的认识，极大地辅助了炼铁过程操作。未来，以智能制造为主导的工业4.0，即通过物联网、移动互联网、云计算平台、大数据及智能优化模型技术等技术集成应用，对优化炼铁工序工艺参数、强化工艺认识大有裨益。

第三节 本学科未来发展方向

经历了2008年的世界金融危机，2016年北美生铁产量减少到3297万吨，加拿大和美国关闭了几家高炉工厂，削减的生产能力达到600万吨/年，而与此同时，因为可获得廉价的天然气（页岩气），直接还原铁（DRI）生产有所增加。南美的钢产量仅占世界钢产量的3%，其中70%以上是在巴西生产的。欧洲15国2008年的铁水产量减少到了只有6000万吨，至今仍没有完全恢复，2013年的铁水产量为7690万吨，生产高炉的座数只有45座，但单座高炉的平均年产量却增加到171万吨/年。2013年日本的粗钢产量上升了3.1%，达到11059万吨，主要的技术进步表现在节能与环境保护上。京都行动计划的目标已经实现，即钢铁工业2008—2012年的平均能耗比1990年减少10%（CO_2减排9%）。

从全球市场来看，生铁产量增加动力不足，基本维持稳定，但钢铁仍是人类社会最重要的原材料，未来仍有巨大的需求，而且对钢材的品质要求越来越高。此外，随着应对全球气候变化"巴黎协定"签署和执行，各大工业国将加强碳排放控制，促使钢铁业进一步改进生产工艺，采用新科技，向更高生产效率、更高产品品质性能、对生态环境更加友好、用户服务更加完善的方向发展。发达国家炼铁学科发展呈现以下特点：

一、开发新型高炉炼铁炉料

焦炭的应用对高炉冶炼的发展有着非常重要的作用。现代高炉发展了高炉喷吹燃料技术后，焦炭已经不是高炉唯一的燃料，焦炭部分作用（碳源、热源、还原剂）可不同程度地为喷吹燃料所代替，但焦炭的骨架通道作用对高炉来说却必不可少，而且随着焦比的降低，为了保证炉内的透气性以及透液性，焦炭此项作用更为突出，因此，长期以来，制备生产高强度焦炭一直以来是广大炼铁工作者追求的目标。然而近年来，优质炼焦煤资源日益短缺，过度追求低反应性高强度焦炭制约了高炉的可持续发展，同时焦炭的大量使用不利于高炉炼铁降低二氧化碳排放与环境保护。因此，开发新的高炉炼铁炉料，降低二氧化碳排放量，提高弱黏结煤和低品位铁矿石利用率显得极为重要。日本JFE钢厂于2011年成功开发铁焦技术–廉价的非微黏结煤和铁矿粉混合压块成型后，送入连续式炉内加热干馏以生产出含铁30%、含焦70%的铁焦。从2016年（截至2017年3月底）开始将正式进入实证研究阶段。JFE钢铁公司、新日铁住金、神户制钢等日本三大钢铁企业在JFE钢铁公司西日本工厂福山地区建设了一座日产能为300 t的实证设备，计划从2018年开始生产，目的是扩大生产规模、确立可长期应用的操作技术，并计划于2030年左右以每天1500 t产能规模投入实际应用。

二、低 CO_2 排放的炼铁技术

随着全球构建碳排放权交易经济体系，钢铁企业对碳成本的重视程度逐渐增强。为了适应未来减少碳排放的要求，国际上先进的钢铁生产国家对钢铁行业低碳减排突破性项目的推进进入了实质性阶段，例如，日本环境友好型炼铁项目COURSE50、欧盟超低二氧化碳排放项目ULCOS和韩国浦项全氢高炉炼铁项目。

（1）日本"环境友好型炼铁项目COURSE50"。

COURSE50项目是以从根本上降低炼铁过程中的二氧化碳排放为目的，由日本政府和企业共同进行开发的革新性技术。其中氢还原炼铁法是新技术的支柱之一，用氢气代替部分作为还原剂的煤炭，目标是减少高炉排放二氧化碳10%。COURSE50项目从2008年启动，阶段性实施时间为10年，2017年将是最终一年。该项目由两项主要研究活动构成：第一项是以氢还原铁矿石为核心的高炉减排二氧化碳技术开发；第二项是高炉炼铁二氧化碳分离/回收技术的开发。项目计划第一阶段第一步（2008—2012年）是进行氢还原铁矿石和从高炉煤气中分离/回收二氧化碳等主要技术的开发，第一步已经完成，并确立了关键技术。目前已转向第一阶段第二步（2013—2017财年），从关键技术开发转向进行氢还原和二氧化碳分离/回收的综合技术开发。按照预定计划，以2030年实现氢还原炼铁法实用化为目标，从2018年以后，将围绕实际高炉运行中的技术确立等进行探讨。

2015年新日铁住金在君津厂建设了12m³试验高炉，2016年7月9～29日进行了为期3周的第一次试验高炉作业，并在炉体冷却后于8月下旬开始进行高炉解剖。试验结果表明，首次运行中，二氧化碳排放量减少了将近10%。尽管未能达到10%的目标，但证明了实验室探讨的氢还原作业条件的实效性。日本专家学者正积极研究通过原料条件优化改善高炉减排效果。按照计划，到2017年末，共进行3次试验高炉的运行。2017年1月中旬开始，将进行第二次，目前已进入运行准备阶段。与此同时，针对COURSE50项目还在新日铁住金室兰厂建设了COG改质试验设备。COG中的氢含量一般为55%左右，为使其能用于高炉的氢还原，专家通过在焦油和碳化氢中添加催化剂对COG进行改质，使氢含量达到65%左右。

（2）欧盟"超低 CO_2 排放制钢（ULCOS）"。

为了减少钢铁企业 CO_2 的排放量，欧盟启动了"超低 CO_2 排放制钢（ULCOS）"计划。"ULCOS"作为新技术开发项目，目的是研究炼铁新工艺，实现二氧化碳减排

的目标。该项目集中了欧洲48个钢铁公司、研究院所的力量，旨在通过开发突破性的技术，比如高炉煤气循环利用，利用氢气，开发分离二氧化碳以及贮存二氧化碳技术等，使钢铁工业的二氧化碳排放量进一步减少30%~70%。"ULCOS"项目分三个阶段实施。第一阶段是从2004年到2009年，主要任务是探索以煤炭、天然气以及生物质能为基础的钢铁生产路线，是否有潜力满足钢铁业未来减排二氧化碳的需求。第二阶段是从2009年到2015年，在现有工厂进行两个相当于工业化的试验，并且至少运行一年，检验工艺中可能出现的问题。第三阶段是在2015年以后，在对第二阶段工业化实验成果进行经济和技术分析的基础上，建设第一条工业生产线。

"ULCOS"项目引入了很多较为先进的理念，如高炉炉顶煤气循环技术，二氧化碳捕集和贮藏及氢能源的利用等。现阶段"ULCOS"项目研究的重点课题是新型无氮气高炉技术（TGRBF）——高炉炉顶煤气循环技术。针对传统高炉，新技术突破需要进行以下几方面的研究：①焦炭燃烧的利用率。②冶炼过程中减少焦炭的需求量。③大幅减少天然气的使用量。④脱碳氢的预还原和电解。⑤木炭等可持续性生物能源的利用。

（3）韩国"全氢高炉炼铁项目"。

韩国浦项钢铁公司全氢高炉炼铁技术是将碳排放降至最低程度的技术，该项目的短期目标是利用钢铁生产过程中产生的副产气体制取可用于还原铁的氢气，中长期目标是开发出能够低成本大量制造高纯度氢气的技术。这一技术路线设定的可行期限是2050年，目前，浦项钢铁公司正致力于二氧化碳捕获与分离技术（CCS），到2030年，有10%的减排任务将依靠CCS技术完成，利用氨水吸收及分离高炉煤气中CO_2，利用钢厂产生的中低温废热作为吸收CO_2所需的热能，从而降低成本。该项目于2006年立项，并于2008年12月动工兴建首套中试设备，处理能力为$50m^3/h$，CO_2捕获效率能够达到90%以上，CO_2体积浓度不低于95%，第2套示范设备已于2010年开始运行，处理能力为$1000m^3/h$，预计几年后该设备的CO_2日捕获量有望达到10 t左右。

三、炼铁工序粉尘高附加值利用技术

钢铁企业含铁尘泥一般包括原料粉尘、烧结粉尘、高炉尘泥、铸铁尘泥、炼钢尘泥以及轧钢铁皮等。我国钢铁厂粉尘发生量较高，一般吨钢粉尘量为130kg，先进企业100kg左右，如宝钢为50~60kg。随着钢铁生产的发展，这部分资源的有效利用变得越来越重要。由于钢铁企业的粉尘一般都含有大量的Fe，且含有CaO、MgO等有益于烧结成分，尤其是高炉粉尘中还含有大量 C 的元素。因此国内很多钢铁企业将其作为配料返回烧结处理，实现高炉粉尘企业内部循环再利用。返回烧结虽然能回收高炉粉尘中的 Fe 和 C 资源，但其粒度比铁精矿粉小，配入烧结料影响烧结料层的透气率，降低烧结率；此外，一些高炉粉尘中金属 Zn、Pb 等易挥发元素会在高炉内富集，导致高炉上部结瘤、煤气管道堵塞，不能正常运行，因此工艺只能用于低锌高炉粉尘的返回，否则基本无法使用。

国外先进的钢铁企业对含铁尘泥的处理和综合利用开展各种各样的研究，探索出很多经济有效的处理方法。例如日本开发的 SPM 回转窑法，该技术需将粉尘干燥和制粒，然后将干燥的粉尘粒与焦炭、石灰等辅料装入回转窑中。加热到 1200~1300℃，锌还原挥发，被除尘装置收集作为粗氧化锌浓缩回转窑粉（Zn>50%）外卖，冷却得到的还原窑渣循环用于高炉。

美国 Inco、Midrex、MR&E 等多家公司在早期就开始研发环形转底炉直接还原法，主要工艺有 Inmetco、Fastmet、Dryir 等，主要工艺过程为配料制团块、高温还原、烟尘回收三个部分。主要特点是脱粹率较高，得到的直接还原铁产品可以直接用于炼钢，实现了废物资源有效的利用。

OxyCup 法是蒂森克虏伯钢铁公司开发的化铁型竖炉工艺，将含铁尘泥与燃料制造成自还原块料，将块料与废钢、焦炭一起装入竖炉生产铁水。1999 年试验设备投产，2004 年该工艺在德国蒂森克虏伯钢铁公司的 Hamborn 厂首次工业化生产，炼铁尘泥的处理能力可达 500 t/d，焦比是 150kg/t 铁，因投入料的影响其产量为 15 t/h~20 t/h。该工业化设备还在新日铁名古屋厂（1350 吨/天）和京滨厂（2400 吨/天）作为废钢熔化炉投产。

四、高炉长寿综合技术

随着现代高炉向炉容大型化、生产高效化方向的不断发展，高炉长寿的重要性日益显现，高炉能否长寿对于钢铁企业的正常生产秩序和企业总体经济效益影响巨大。各国炼铁工作者为了尽量延长高炉寿命，从设计、施工、操作和维护等方面开发了许多新技术和新工艺，取得了显著的效果，高炉寿命不断提高。国外先进高炉长寿水平较高，一代炉役（无中修）寿命可达 15 年以上，部分高炉达 20 年以上，川崎公司千叶 6 号高炉（4500m³）和水岛 2、4 号高炉都取得了 20 年以上的长寿实绩。日本矢作制铁公司的 361m³ 高炉、岩手制铁公司的 150m³ 高炉一代炉役寿命 90 年代就达到 20

年以上水平。

国外研究和生产实践表明，实现高炉长寿需要重视高炉大修优化设计，注重提高高炉整体寿命，确保高炉各部位同步长寿。现代长寿高炉趋向普遍采用全炉体冷却，在炉腹、炉腰至炉身下部采用铜冷却壁技术、炉缸侧壁内衬采用高效水冷系统结合的高导热等静压小块炭砖或超微孔炭砖、合理的冷却水质及管网设计与科学的冷却工艺制度、强化炉缸残厚在线监测等实用先进技术。综合应用上述行之有效的技术是现代高炉实现长寿的关键。

欧洲在加深高炉炉缸死铁层深度方面取得了较好经验，并认为只加深死铁层深度是不够的，还要配之以优良的耐火衬，即使用经过检验的抗铁水渗透的微孔炭砖或超微孔炭砖，并根据不同耐火材料进行模型分析，形成优良的炉缸内衬结构。在安全石墨衬的使用方面也有独特的经验，即紧靠炉皮设置一层石墨保护衬，认为这样对高炉炉皮有很好的保护作用，并经过了实践验证。另外，大部分高炉在炉缸关键区域使用铜冷却壁，认为只有在这些区域使用铜冷却壁，才能抵抗较大的热负荷波动峰值。

五、信息化智能化炼铁技术

随着计算机应用的普及和网络信息技术的高速发展，不同内容的信息化智能炼铁技术得到开发和应用，成为推动当前炼铁生产技术进步的重要力量。主要包括：

（1）基于闭环装料控制的专家系统。

由西门子奥钢联所研发，系统通过炉料跟踪、目标铁水约束、原料选择以及由炉身模拟模型和过程参数支持的专家系统来等确定布料控制模型，进行炉料设置点的优化，最终自动控制布料矩阵和布料设备。该系统在生产中长期应用，对实现上述林茨高炉指标发挥了决定作用。

（2）3D可视化系统。

新日铁利用高炉的500个冷却壁热电偶和20个炉身压力传感器的数据，做出3维可视评价和数值分析系统。该系统于2007年在新日铁住金的Nagoya厂应用，后来在其他厂得到推广。该系统能够对高炉炉身压力波动和料层结构的变化给出空间上和时间序列的明确而清晰的显示，有助于指导高炉操作，实现稳定运行和降低燃料比。

（3）远程监控、诊断及标准化系统（RMDS）和数据库。

该系统的开发者是安赛乐米塔尔（Arcelor Mittal）公司，其目标是用网络对全部高炉应用RMDS（现1/4已联网，包括北美3座高炉）。RMDS方案包括每周的视频/

网络会议，参加者讨论分享安全和操作经验，RMDS数据可给局部专家系统服务器。一些高炉使用SACHEM专家指导系统（由ArccelorMittal和PW联合提供）。所带来的益处是更稳定的高炉运行，更一致的铁水温度和硅含量，更低的燃料比。该专家系统还可用来培训新操作者。

（4）过程预测模型。

欧洲TATA研究中心围绕高炉生产长期开发各方面的模型，以期帮助操作者更好地控制高炉，实现高炉稳定运行。

（5）炼铁仪器仪表。

先进完善的炼铁过程监测仪器仪表是炼铁技术发展的方向，也是信息化智能化炼铁的基础。例如，炉顶料层内的径向探针被高炉操作者认为是对布料最有帮助的装置；风口到炉顶多段静压测量对判断压差增加区域防止事故发生非常有价值；炉顶煤气的全组分准确分析是进行直接还原在线监测的基础；各风口风量测量，风口燃烧温度在线测量，风口回旋区深度在线测量，铁口处连续测温，渣铁排放速率监测等，均对及时掌握高炉状态有意义。

六、非高炉炼铁理论与工艺

（1）直接还原工艺。

2015年，国际钢协统计的14个国家直接还原铁的总和是5937万吨，比2014年的统计值6051.9万吨略有降低。其中印度的产量最高，达1818万吨。北美基于丰富的天然气资源和价格的大幅度下降，有3个新的气基直接还原项目在建设。直接还原工艺的另一个新进展是在印度JSPL的煤气化直接还原装置（MXCOL）建成投产。该装置设计能力是180万吨/年，其工艺采取的是鲁奇的煤气化炉和Midrex的竖炉相结合，将煤用高压蒸汽和氧气进行气化，生产原料气供气基竖炉使用。据报道，2014年第3季度，该装置已生产出金属化率稳定在93%的直接还原铁产品。

（2）熔融还原工艺。

2013年，全球熔融还原（COREX+Finex）装置共生产铁水730万吨。1995年韩国浦项从奥钢联引进了COREX-2000，并在此基础上历时十余年，投入了十余亿美元，对一些关键技术进行攻关，并于2007年4月在韩国浦项建成了150万吨的Finex产线并投入商业化生产。Finex工艺克服了高炉、COREX炉、直接还原竖炉工艺的一些缺点，使用资源丰富廉价的铁粉矿（平均粒度为1~3mm，最大粒度小于8mm），并对粉煤进行压块技术，以廉价普通煤和粉矿作为原材料，省去炼焦和烧结工艺，在原料端大幅提高了实用性；同时，以流化床为预还原方法，熔融气化炉与 COREX 相同，实现了在 COREX 技术基础上的发展和进步。2014 年 1 月，韩国浦项又投产了一座 200 万吨 Finex 装置。

2009 年，塔塔为了 ULCOS 项目与力拓合作，力拓的 HIsmelt 工艺和塔塔钢铁的旋风熔炼工艺（CCF，后改称 HIsarna），建成 HIsarna 工艺，并在荷兰艾默伊登建设中试装置（炉体直径为 2.6 m，设计产能为 6 万吨/年），目的是开发降低 CO_2 排放的炼铁新技术。该装置共进行了 3 次测试，最长稳定运行时间为 12h。HIsarna 工艺与 HIsmelt 工艺的差别就是用 CCF 替代了流化床预热预还原，高于 1500℃的高温煤气直接在 CCF 中与铁矿石接触，可以将铁矿石熔化、预还原。HIsarna 工艺属于非高炉炼铁的前沿技术，使用铁浴熔融炉作为终还原设备，采用高氧化性炉渣操作，因此在高磷矿、钢厂含锌粉尘等特殊矿处理方面有优势。HIsarna 工艺开发取得进展，所建的半工业试验装置（8t/h）自 2010 年起开展了 4 次试验，每次 2 个月。据报道其结果超过期望值，煤耗已低于 750kg/t。

第四节　学科发展目标和规划

一、中短期（到 2025 年）发展目标和实施规划

1. 中短期（到2025年）内学科发展主要任务、方向

（1）实现钢铁企业料场数字化、智能化控制，减少混匀料成分波动，提高生产、质量的稳定性。

（2）优化烧结过程的工艺参数，攻克烧结机漏风率高的难题，实现全国平均漏风率 30% 以下，进一步提高烧结料层厚度到 1000mm，降低烧结矿燃耗 10%，高效回收烧结显热，实现烧结烟气的低成本高效处理，满足我国对烧结工序能耗及排放要求，逐步达到国际领先水平。

（3）充分利用我国铁矿资源的优势，逐步淘汰落后的球团竖炉生产工艺设备，尽早实现球团生产设备大型化，掌握大型带式焙烧机生产工艺，研发赤铁矿球团生产工艺，提高球团的入炉比率，掌握高炉 30%~60% 球团操作技术。

（4）开发新型燃料，拓展弱黏结煤在炼焦中的应用，探索高比例弱黏结性煤制备焦炭的工艺技术，掌握先进铁焦生产工艺。

（5）强化高炉富氧喷煤技术，进一步提高高炉富氧率到 10%~15%，优化高炉喷吹煤粉，降低高炉燃料比 10~20kg。

（6）探索高炉钛矿护炉工艺，完善高炉长寿技术，延长我国高炉平均寿命 3~5 年。

（7）提高炼铁工序二次资源（高炉渣、含铁尘泥）的高附加值利用及余热资源的高效利用。

（8）强化非高炉炼铁基础理论，消化、吸收国外非高炉炼铁工艺技术经验，优化 COREX 工艺。

2. 中短期（到2025年）内主要存在的问题与难点

从现在到 2025 年期间，国内炼铁工艺技术面临的发展环境和需求有以下变化：

（1）炼铁学科面临着炼铁产能饱和的现状，需要进一步对炼铁产业结构进行优化，淘汰落后产能和工艺技术，开发新的高效生产工艺，提高行业的效益。

（2）全球铁矿资源会进一步劣化，烧结、球团所用铁矿粉来源与结构都发生变化，极大影响了团块的冶金性能及高炉各项技术经济指标，鉴于此，需要提出新的工艺优化烧结矿、球团矿性能，降低工序能耗。

（3）炼焦用煤炭资源进一步劣化，需要新的工艺技术拓宽弱黏结性煤的使用，降低肥煤配加量，提高焦炭的质量，以适应大型高炉对焦炭的需求。

（4）从环保和能耗的角度来看，国家对钢铁生产的各个工艺环节中炼铁系统（焦化、烧结、球团、高炉炼铁）所产生固、气、液废弃物的排放要求更高，是钢铁企业应该重点治理的对象，必需要深入研究炼铁过程低温余热回收技术、二次资源有价元素梯级高附加值利用以及烟气低成本处理技术。

3. 中短期（到2025年）内解决方案、技术发展重点

（1）待推广的技术。

1）原料场混匀料堆智能堆积技术。针对目前钢铁企业原料种类多、品质差等特点，为提高烧结用混匀矿的质量，对原料进行混匀处理成为钢铁企业不可缺少的生产环节。原料混匀的主要作用包括三个方面。第一，可使理化性能不同的多种原料经混匀处理后成为一种理化性能均匀的混匀矿，从而简化烧结车间的配料生产工艺，稳定并提高成品烧结矿的品质，最终提高后续加工流程的经济技术指标；第二，降低各类原料的物理性能和化学成分的波动值；第三，使某些低品位的原料通过混匀得以利用，从而获得综合经济效益。因此，开发适于钢铁企业的智能混匀料场，以降低每个 BLOCK 中 SiO_2、TFe 与目标成分的方差，提高各个 BLOCK 混匀矿中 SiO_2、TFe 的

稳定率为原则，综合考虑生产实际及矿粉特点的限制条件，实现求解出成分稳定的 BLOCK 配比方案，从而获得最优的混匀方案。

2）超厚料层烧结技术。厚料层烧结技术是在低温烧结与铁酸钙固结理论的基础上，充分利用烧结料层的自动蓄热作用，延长烧结过程的高温保持时间，改善矿物结晶、提高烧结矿质量、降低烧结固体燃耗。超厚料层烧结一般是指料层厚度大于800mm，是一项综合技术，涉及烧结配矿配料、混合、布料、抽风烧结等主要工艺过程，需要多方面的技术支撑。在内因方面，须改善烧结料层透气性：既要提高混合料透气性、改善偏析布料效果，还要减少烧结过湿带的影响、减薄燃烧带厚度、开展低温烧结以改善透气性。而在外因方面，须增强克服抽风阻力的能力：选择适宜的主抽风机能力，研究风量与负压参数的合理匹配；减少系统漏风损失，提高有效风量，保证风机能力的有效发挥。在此基础之上，超厚料层还必须通过必要和合理的设备技术改造方能实现。

3）镁质球团、硫酸渣球团技术。高炉炼铁不仅追求优质、高产、低耗、环保，同时要求长寿。高炉生产中应该建立长期护炉的制度，保证高炉生产过程长寿，钛渣护炉是高炉长寿的重要并且常用的措施，随着高炉强化冶炼，用钛矿或钛球护炉已成为很多钢铁厂稳定生产和延长高炉寿命的主要手段之一，而随着需求量的增加，钛矿和钛球价格不断上升，对高炉炼铁和成本带来了很大的影响。球团矿具有品位高、脉石含量低、冶金性能好、强度高、含钛可变化等优点。代替块矿在高炉上应用，既达到护炉，保证炉缸安全，高炉长寿的目的，又能起到高效生产的作用。由于高炉渣对 MgO 有一定的要求，而直接向高炉内添加含镁熔剂并不经济，因为主要的含镁熔剂白云石、菱镁石加入高炉后，碳酸盐分解吸热，会使高炉焦比明显上升。生产低硅烧结矿时，一般控制 MgO 质量分数在 2.0% 以下，这也不能满足高炉对 MgO 的需求，有一部分 MgO 需要添加到球团矿中，而且研究表明含镁球团有很好的冶金性能。因此有必要进一步研究合理的工艺参数形成低硅含镁含钛球团技术。

硫酸渣作为制取硫酸后的工业废渣，其存放会占用大量良田，并使土地酸化，污染水源，危害动植物生长，对环境危害极大，同时也造成其所含丰富的铁资源浪费。而硫酸渣丰富的铁资源对解决我国铁资源匮乏，全球铁矿石价格上涨这一现状具有重大的经济效益和社会意义。目前，硫酸渣仍主要作为水泥和建材等行业辅料，或是少量的用于生产铁系颜料或铁盐产品，处理量少，价值很低，铁的利用问题未能有效解决。随着选矿工艺的进步，先进设备的使用，硫精矿的铁品位得到提高，用铁品位高的硫精矿生产的高铁品位的硫酸渣已经不是问题，这些硫酸渣不用经过处理直接用作钢铁原料也已变得可能。硫酸渣用作钢铁原料，由于其粒度较细并不太适于用作烧结料，虽然其铁品位得到提高却又不能达到生产直接还原铁的要求，因而研究硫酸渣生产氧化球团用于钢铁冶金行业具有十分重要的意义。

4）高炉可视化与远程监控技术。近年来，计算机模拟、网络及监控仪表等技术发展非常迅速，我国在高炉可视化方面也取得了重大突破。未来通过交叉学科前沿技术的集成与实际应用，建立高炉完整有效的工艺数学模型，并且有效整合高炉3D可视化系统、过程预测模型和炼铁仪器仪表等多项功能，并且实现高炉生产过程可视化、生产数据可远程监控。

（2）待研究开发的技术。

1）智能化料场技术。目前，我国料场主要采取堆取料机进行堆取料作业，为了进一步推动国内钢铁行业原料准备及搬运领域技术，需要开发新一代智能化原料场，为进一步实现钢铁料场设备的专业化、大型化、自动化、高效化，研发信息化、自动化和智能化料场技术来建设和改造钢铁企业料堆，逐步实现料场无人值守、管控系统等完整的智能料场各个环节的开发设计生产供料能力。

2）烧结机漏风治理技术。在烧结生产中，烧结机的漏风一直是烧结工艺的疑难问题之一。国内烧结机漏风率一般都在50%~60%，根据日本新日铁君津制铁所的统计，在漏风率的组成中，头尾密封盖板占29%，滑道占17%，台车体占11%，栏板占15%，风路系统占27%。对于老化的烧结设备，烧结机系统漏风更为严重，会降低烧结矿的产品质量，不利于烧结生产。因此，必须开发新的技术，以方便检测烧结漏风率，通过头尾密封盖板、滑道、台车体、栏板、风路系统等的技术改造完成烧结机系统漏风治理，降低烧结漏风率。

3）劣质原料造块及冶炼技术。随着全球铁矿石用量不断增长，澳大利亚、巴西等原产国早期的富矿开采殆尽，新开发矿山的品位相对较低，矿产商通过调整贫富矿的混合比例、降低铁品位来扩大产量，降低成本，导致其矿石的品质波动较大，杂质含量高，时有不合格现象产生。铁矿粉化学成分的劣化导致烧结适宜温度区间减小，从而增加配矿的难度，减弱其在烧结温度方面的抗波动性，增加烧结过程控制的难度，同时给后续高炉冶炼带来难题。因此，钢铁企业需要通过新的造块工艺实现复杂难选矿物高效利用，降低炼铁成本，破除资源危机。复合造块法是一种不同于传统方法的新造块方法。该方法基于不同含铁原料制粒与造球、烧结与焙烧性能的差异，提出了原料分类、分别处理、联合焙烧的技术思想，制成由酸性球团嵌入高碱度基体组成的人造复合块矿。该制备工艺制备兼具高碱度烧结矿和酸性球团矿性能的复合炼铁炉料。这样不仅从根本上解决了炼铁过程中因炉料偏析带来的问题，而且也为现行生产企业解决高碱度烧结矿过剩而酸性料不足的矛盾提供一条有效途径，新建联合钢厂如原料结构具备，则可不必同时建设烧结和球团两类原料加工厂（车间），从而简化钢铁制造流程，降低炼铁生产成本。因此，有必要对复合造块技术做进一步扩大化的研究，早日实现复合造块技术的工业化应用。

4）烧结、球团烟气污染物协同处理技术。钢铁产业是一个高耗能、高污染的产业，烧结工序能耗约占整个钢铁企业能耗的10%。在我国高炉含铁炉料结构中，烧结矿一般占75%以上，是高炉炼铁的主要含铁炉料。而烧结工序能耗在钢铁企业中仅次于炼铁工序，居第二位，一般为钢铁企业总能耗的9%~12%。研究表明，我国烧结工序固体燃料消耗占烧结工序总能耗的75%~80%，固体燃耗主要采用焦粉、无烟煤等化石燃料，其燃烧排放的烟气中含有大量的温室气体CO_2以及污染性气体SO_x、NO_x等，是钢铁工业的主要大气污染源。然而，目前烧结工序的污染处理主要依赖于末端环保治理，但烧结过程产生的粉尘、二噁英及重金属等复合污染物等对传统末端治理技术提出严峻挑战，末端治理成本高、难以稳定达标，亟须从末端污染治理向全过程污染控制技术升级。根据严峻的烧结烟气污染物排放形势及治理情况，未来烟气污染物治理应逐步摒弃单一污染物治理，并且能够开发低温、低成本、高效吸附剂和催化剂，逐步实现多种污染物协同治理，并根据钢铁企业特点，选择合适的协同治理工艺，避免浪费资源，降低烟气治理成本。

5）高炉长期稳定顺行长寿综合技术。高炉冶炼过程的复杂性使得其操作至今仍然主要依赖于工长的经验，特别是中大型高炉长期稳定的操作一直以广大炼铁领域的难点。因此，有必要依据长期的实践经验与理论研究，根据高炉具体条件如炉型、原燃料等条件制订相适应的操作准则，明确高炉有害元素的流转规律及有效解决途径，以优化煤气流分布，实现低燃料冶炼，适应高炉生产的规律及特点，以充分发挥大型高炉的优势和效能。实现高炉长寿是一个系统工程，涉及方方面面的技术，主要有以下几个方面。

高炉设计研究及施工管理。 目前长寿高炉的设计包括炉型、铁口数量和死铁层深度、各部位耐火材料、冷却制度和冷却形式等的研究和选择。因此，未来需要深入研究炉身和炉腰容积之和同部位可能产生的热应力，确定选择最佳的耐火材料种类和尺寸；明确水质对高炉冷却器寿命的影响机制；探明炉壳强度和应力的内在关系，为炉壳的设计提供技术支持；依据高炉的设计特点和材质，制定一系列比较完善的施工质量标准。

操作技术的研究。高炉有了合理的设计和严格的施工以后，高炉能否达到设计要求的寿命，决定操作者的操作和管理水平。因此，需要在长期操作实践的基础上，结合冶金物理化学、传输原理等基本理论，明确操作对高炉长寿、炉况稳定的影响。

炉役后期的维护。高炉内衬在炉役中后期被侵蚀，为了保持生产的正常进行，必须采用修补维护技术。因此，首先需要明确高炉各部位的受热情况，对工作环境进行深入的研究和了解，并在此基础上，获取高炉各部位冷却制度和冷却形式；通过物理或数值模拟等多种手段对冷却壁的损坏形式展开研究，为优化冷却壁设计提供技术支持；对高炉各部位使用耐火材料展开研究，明确各部位侵蚀机理，为优化耐材的质量提供方向；深入剖析炉底炉缸的侵蚀机理，掌握钛矿护炉或灌浆护炉等护炉手段，为高炉炉缸炉底长寿提供保障。

6）高炉均压煤气回收技术。高炉冶炼生产过程中，炉顶料罐内的均压煤气通过旋风除尘器和消音器后，通常都是直接排入大气。由于旋风除尘器只能除去煤气中一部分较大直径颗粒的粉尘，其余的粉尘都随着放散煤气直接排入了大气中，并且高炉煤气为含有大量 CO 和少量 H_2、CH_4 等有毒、可燃物的混合气体，这对大气环境尤其是高炉生产区域造成了严重的污染，同时也白白浪费了这部分煤气能源。高炉炉顶料罐均压煤气回收利用是一种行之有效的降低能耗的方法，且可以减少煤气对空放散产生的污染物排放量，能够取得良好的社会和经济双重效益。

7）高炉炉顶煤气部分循环技术。传统的高炉炼铁以焦炭作为主要能源，随着主焦煤资源的日趋匮乏，焦炭价格迅速攀升，对炼铁成本带来巨大压力，而且焦化是钢铁生产流程的重要污染源，产生大量的污染物排放。在高炉炼铁过程中，大量宝贵的焦炭资源被转换为低热值的高炉煤气。因此，以煤取代焦炭、提高煤气利用效率是炼铁技术的发展方向。炉顶煤气循环 – 氧气鼓风高炉炼铁技术采用氧气代替传统的热风，大量喷吹煤粉条件下，炉顶煤气经脱除 CO_2 后喷吹进高炉循环利用。该项技术与传统的高炉炼铁相比，可大幅度提高喷煤量，降低焦比，循环煤气条件下可大幅度降低高炉炼铁的燃料比，提高生产效率，同时，为 CO_2 封存捕集创造条件。

8）高炉高球团率操作技术。由于天然富矿日趋减少，大量贫矿被采用；而铁矿石经细磨、选矿后的精矿粉，品位易于提高；过细精矿粉用于烧结生产会影响透气性，降低产量和质量；细磨精矿粉易于造球，而且球团工艺相比烧结更为节能环保，因此，球团生产工艺在进入 21 世纪后得到全面发展与推广。如今球团工艺的发展从单一处理铁精矿粉扩展到多种含铁原料，生产规模和操作也向大型化、机械化、自动化方向发展，技术经济指标显著提高。球团矿具有良好的冶金性能：粒度均匀、微气孔多、还原性好、强度高，有利于强化高炉冶炼。所以说球团矿生产是钢铁生产节能减排的重大技术措施，这一论点已被实践广泛证实。但是我国目前球团矿入炉比例基本在 20% 以内，尚未形成高比例球团入炉操作技术，因此，需要研究在高比例球团条件下相应高炉的操作技术，确定高比例球团条件下的高炉各项工艺参数。

9）高炉富氧喷煤及新型燃料应用技术。迄今为止，在所有炼铁方法中，高炉炼铁的生产规模最大，效率最高，生铁质量最好，是其他方法都不可比拟的。富氧喷煤是现代高炉操作降低焦比、提高生产效率以及降低铁水成本的有效技术措施之一，已成为广泛应用的技术。高炉富氧–喷煤–高风温集成耦合技术可以有效改善炉缸风口回旋区工作，提高煤粉燃烧率和喷煤量，有效降低炉腹煤气量，有利于改善高炉料炉透气性，促进高炉稳定顺行，提高煤气利用率，从而有效降低燃料消耗和 CO_2 排放，因此未来需要进一步强化高炉富氧喷煤，减少焦炭消耗和 CO_2 排放。但是高炉的缺点是依赖高质量的焦炭，从长远看，炼焦煤的短缺和环保的压力使得焦炉的扩建和增加越来越难，因此，需要研发新的工艺技术，开发新型燃料，例如兰炭、提质煤利用等替代焦炭，缓解焦炭短缺和提高效益。

10）高炉精准护炉技术。含钛物料护炉是一种针对炉缸侵蚀有效的维护方法，近年来，国内外越来越多的高炉采用含钛物料护炉延长高炉寿命，很多研究学者针对含钛物料护炉做了大量的工作。然而，要想充分发挥含钛物料的效果，达到经济合理护炉，避免不必要的资源和能源浪费，需要开发新型高炉护炉技术，结合高炉检测系统与高炉操作技术，形成高炉钛元素流转动态检测模型，及时实现高炉精准护炉技术。

11）高炉网络化、结构化设计技术。高炉是钢厂生产流程中物质、能量最为密集的工艺装置，对钢厂的物质流网络和能量流网络的构建与合理化运行有重大影响。高炉的功能不仅是通过还原反应过程获得优质的铁水，而且伴随大量的能量转换和信息的输入/输出过程，未来应当在整个钢铁生产流程结构优化的前提下，综合思考高炉的合理座数、合理容积和合理位置以最大化实现节省投资、节约能源和简化信息控制。因此，为了优化钢厂生产流程，提高市场竞争力，高炉大型化是一种明显的趋势。但是，并不是追求单座高炉越大越好，更不应盲目追求"最大"。因此，在高炉设计建造过程中，需要形成钢铁厂流程结构优化与高炉大型化耦合技术，以构建钢铁制造全流程要素－结构－功能－效率协同优化为关注点，实现烧结、球团、焦化、炼钢、轧钢以及全厂能源系统的协同优化，同时注重流程网络的耗散优化、重构优化和时空关系，使物质流、能量流和信息流实现高效耦合"层流式"运行，提高运行效率和运行质量。

12）高炉渣综合利用技术。炼铁工序中，炉渣的显热能级高，属于高品位余热资源，回收价值很大，从能源节约和资源综合利用来看，提高炉渣"热"和"材"的利用意义重大。目前已有技术可以利用高炉渣制备微晶玻璃、水泥和建筑材料等，但不能实现高炉渣显热的利用。因此，未来需要进一步研究开发高炉渣综合利用的新工艺，能够实现高炉渣"热"和"材"的综合利用，并逐步形成大规模工业化利用技术。

13）钢铁厂尘泥高附加值利用技术。含铁尘泥是钢铁生产过程中从不同工艺流程的除尘系统中排出的含铁粉尘，这些尘泥回收后利用不当，不仅会造成环境污染，也是对 Fe、Zn、Pb、Mn、Cr 等有价元素的巨大浪费。钢铁冶金尘泥因其来源不同，致使不同种类钢铁冶金尘泥中化学成分、物相组成和粒度特性有较大差异，对其高效资源化利用一直存在技术瓶颈。钢铁冶金尘泥传统的资源化利用方式多采用配入烧结系统直接回用，已经引起一些问题的出现，如有害元素富集影响高炉生产、细粒级粉尘阻碍烧结透气性和碱金属对电除尘效果的影响都制约了钢铁冶金尘泥简单的直接回收利用。此外，无止境的循环回用还可导致铅、锌、铟、锑、铋、镉等毒性、强毒性物质向环境中排放。因此，有必要突破传统思路，寻求新的利用工艺，实现钢铁尘泥有价元素的高附加值利用。

14）非高炉炼铁基础理论及工艺优化。

气基直接还原炼铁工艺：当前，世界上比较成功的气基直接还原炼铁工艺主要有 Midrex 工艺、HYL-Ⅲ工艺，然而我国迄今为止尚未有气基竖炉还原铁生产线。鉴于气基竖炉还原铁工艺在节能减排、产品特点等方面的优势，未来有必要进一步消化、吸收国外成熟的气基还原工艺的核心技术，强化非高炉工艺过程基础理论，开发焦炉煤气、煤制气与竖炉还原联动技术，为开发我国自主气基竖炉还原工艺奠定理论基础。

熔融还原炼铁技术：宝钢集团为了掌握钢铁新工艺的前沿技术、加速中国炼铁技术的进步，引进 COREX 炼铁装置同时结合新疆地区资源禀赋，成功搬迁 COREX-3000 至八钢并顺利投产。总体来看，经过宝钢多年的不断摸索和生产实践，基本实现了引进技术、掌握技术、消化技术的目的，也为结合不同区域的资源禀赋条件来发展非高炉炼铁技术做出了积极探索。目前，COREX 工艺在能耗和上与高炉相比还有一定差距。因此，未来需要进一步优化 COREX 生产工艺参数，实现 COREX 工艺能耗优化。

二、中长期（到 2050 年）发展目标和实施规划

1. 中长期（到2050年）内学科发展主要任务、方向

（1）生产智能化控制：烧结、球团、焦化、高炉生产中引入大数据、人工智能等技术，并据此对现有控制模型进行改善，或开发新工艺控制模型；逐步实现烧结终点自动控制、烧结软熔带调控、球团矿生产自动控制、焦化生产自动控制、高炉况自动预报及高炉出铁自动控制等。

（2）为了适应该时期国内废钢供应逐步"富余"形势，尽早布局开展适于高废钢比的铁水质量控制技术等方面研究。

（3）开发重点行业二氧化碳与废物联合减排、大规模资源循环利用等关键技术，形成经济高效的二氧化碳减排与资源化利用技术体系与设备。

（4）探索氢冶金在炼铁领域的应用方式，形成氢炼铁成套技术，并逐步建立氢冶金示范工程。

（5）开发绿色、低耗、低排放的工艺技术及装备，例如发展非高炉炼铁工艺、闪速炼铁及熔融电解炼铁工艺等，以满足国民经济发展的需要。

（6）研究炼铁过程低温余热回收技术、二次资源有价元素梯级高附加值利用以及烟气低成本处理技术，强化对钢铁企业二次资源的高附加值利用。

2. 中长期（到2050年）内主要存在的问题与难点

（1）目前国内转炉炼钢废钢比平均在 10% 以下，而欧美钢厂转炉废钢比大多高于 20%。随着下阶段国内废钢转向"富余"，废钢价格逐步降低，以及钢铁生产降低碳排放需要，炼钢应提高废钢比，对应冶炼对铁水成分也会提出新的要求。

（2）随着全球构建碳排放权交易经济体系，未来钢铁企业对碳成本的重视程度逐渐增强。为了适应未来减少碳排放的要求，需要开发适用于高炉的二氧化碳与废物联合减排、大规模资源循环利用等关键技术，以减少高炉 CO_2 气体排放。

（3）钢铁工业 70% 的能耗来自于长流程铁水生产前的炼焦、烧结、球团、高炉等工序。这种模式严重阻碍了我国工业、甚至整个社会的可持续发展，因此需要立足于我国自有的特色资源，开发绿色、低耗、低排放的工艺技术及装备，以满足国民经

济发展的需要。

3. 中长期（到2050年）内解决方案、技术发展重点

（1）智慧炼铁技术。

铁前工艺多为"黑箱"操作，冶炼工艺过程不可预见，在长期冶炼运行过程中积累了大量冶炼过程数据，以铁前冶金工艺机理研究为核心，综合运用计算机、自动化、数值仿真、超级计算、人工智能等领域的前沿技术和工具，通过交叉学科前沿技术的集成与实际应用，建立完善有效的工艺数学模型、冶炼专家系统、智能优化体系、CAE数值模拟分析平台、高炉长寿监测系统等，为混匀料场至高炉的各工艺段提供综合智能化解决方案和集成产品，实现大数据云平台交互、冶炼过程可视化、大数据挖掘与智能分析等核心功能，充分发挥大数据的价值，并通过人工智能技术深度挖掘大数据中蕴藏的内在规律，有效预测和指导生产，实现工艺生产稳定、高效、安全、长寿的技术目标，最终攻克铁前生产过程优化、智能控制、智慧化生产的前沿课题，实现精细化、智能化炼铁。

（2）适应高废钢比的铁水质量控制技术。

随着钢铁工业的飞速发展，到2050年我国的废钢积累也达到了一定的规模。为了降低环境排放压力，实现社会和谐发展，除了优化各工序参数、最大限度降低能耗/排放外，优化产业结构、增大短流程生产比例、开发短流程适用技术，以降低能耗及排放、甚至减缓我国铁矿资源对外依赖均具有重要意义。电炉炼钢为主的短流程，主要完成废钢等钢铁料的熔化、去杂、合金化，最终生产出合格钢水，与此同时，在高废钢比冶炼条件下，需要形成与之相匹配的铁水质量控制技术，调整铁水温度、成分以使之适宜电炉高比例废钢冶炼。

（3）基于碳捕集的高炉炉顶煤气全循环炼铁技术。

首先开发重点行业二氧化碳与废物联合减排、大规模资源循环利用等关键技术，需要研发用于CO_2捕集的新型吸收剂/吸附材料，建立规模化制备方法及生产技术，开发强化CO_2吸收/吸附分离的技术和关键设备，形成CO_2吸收/吸附全系统集成优化及匹配技术，能够实现冶金煤气CO_2高效脱除，形成经济高效的二氧化碳减排与资源化利用技术体系与设备；研究二氧化碳地质封存和矿物封存关键技术，并进行封存潜力评价、风险评估和安全性评价，为区域性碳封存决策提供依据；研究大规模、多过程集成与资源循环利用的二氧化碳固定技术体系，建立切实可行的以资源化利用为目标的大规模化固碳技术路线，尤其是二氧化碳化学转化利用的高效活化和大规模固碳反

应路径；将高炉炼铁技术与碳捕集技术有机结合，实现高炉炉顶煤气的全部循环，寻求向高炉喷吹富氢还原气体方法的最佳化和适合氢还原的原料条件，减少CO_2的排放。

（4）钢铁厂消纳城市固体废物技术。

利用企业生产过程协同资源化处理废弃物，是指利用高炉等生产设施，在满足企业生产要求且不降低产品质量的情况下，将废弃物作为生产过程的部分原料或燃料等，实现废弃物的无害化处置并部分资源化的处理方式。目前我国废弃物处置能力相对不足，大量固体废物未得到及时有效的处理处置。通过现有企业生产过程进行协同资源化处理，可以提高我国废弃物无害化处理能力，有利于化解我国废弃物处理处置的难题，是循环经济的重要领域。在协同处理过程中，废弃物可以作为替代原料或燃料实现部分资源化利用，含硅、钙、铝、铁等组分的高炉渣可作为建材生产的替代原料；热值较高的工业废物、生活垃圾、污泥等可替代部分燃料为城市集中供暖、供热水等。协同资源化可以构建企业间、产业间、生产系统和生活系统间的循环经济链条，促进企业减少能源资源消耗和污染排放，推动钢铁行业的绿色化转型，树立承担社会责任、保护环境的良好形象，实现钢铁企业与城市和谐共存。

（5）含钛高炉渣高效提钛技术。

最近几十年来，对含钛高炉渣的利用研究主要集中在以下两方面：一是直接利用，其中的钛等高附加值组分未得到提取利用，是一种初步的粗放型利用，经济价值未得到应有体现，是不应提倡的一种应用；二是专注于提取其中的钛，而对其他组分的提取、综合利用以及造成的二次污染关注较少。目前含钛高炉渣提钛技术尚不成熟，存在提钛效率低，造成钛资源的浪费，二次提取代价高等弊端。因此，需要对含钛高炉渣提钛技术进行进一步研究，提高高炉渣提钛效率，降低提钛过程产生的环境污染和二次消耗。

（6）非高炉炼铁技术。

1）气基直接还原炼铁工艺：我国每年有大量的焦炉煤气可作资源型开发利用，利用焦炉煤气重整结合气基竖炉进行直接还原的工艺路线，可以弥补我国天然气资源匮乏的现状，实现焦炉煤气的附加值利用。由于焦炉煤气成分复杂，富含粉尘、芳香烃等物质，因此有必要对建立焦炉煤气净化、重整生产技术，实现对焦炉煤气成分控制、温度控制，便于竖炉工序使用。还可通过煤制气方式制备还原气。煤炭是我国的主要能源，在相当长的时期内，我国以煤为主要能源的生产和消费结构不会发生大的改变。基于我国的煤资源优势，发展煤气化技术是实现煤炭资源洁净化利用、弥补天然气匮乏的重要途径之一。当前，世界上比较成功的气基直接还原炼铁工艺主要有 Midrex 工艺、HYL-III 工艺，然而我国迄今为止尚未有气基竖炉还原铁生产线，鉴于气基竖炉还原铁工艺在节能减排、产品特点等方面的优势，有必要消化、吸收国外成熟的气基还原工艺的核心技术，并基于此，对竖炉核心装备进行再设计，开发适合我国国情的气基竖炉还原工艺。

2）熔融还原炼铁技术：熔融还原是以纯氧、原煤和原矿为原料炼铁的一种工艺，它拓宽了钢铁冶金用的煤种，省去炼焦甚至烧结和球团工序，使冶炼速度加快几倍，这降低了投资、节省了能源、改善了环境、增强了生产灵活性。客观分析国内钢铁工业发展现状，资源短缺与环境负荷日益加重的局面已经充分显现，此外，国内钢铁企业普遍采用的先进技术大多来自国外公司，这种局面势必造成先进技术长期受制于人，自主开发的激情长期受到抑制，难以形成自主开发与产业化的良性互动和创新机制的建立，这是制约我国钢铁工业可持续发展更大的隐患。因此，我国钢铁工业未来有必要进一步研究、优化熔融还原炼铁工艺。

（7）高炉全氧冶炼技术。

高炉氧煤炼铁是当今钢铁冶金工业的重大技术之一，其目的是在高炉冶炼过程中大量喷吹煤粉以代替价格昂贵而紧缺的焦炭，改变高炉炼铁的燃料结构。高炉采用富氧以至全氧鼓风，可以促进煤粉燃烧，既能尽量多喷煤、节约焦炭和蜂低生产成本，又可强化高炉冶炼，使高炉生铁产量大幅度甚至成倍增长，还能外供更高热值的煤气。此外，由于炉内有效还原性气体浓度大幅度提高，矿石在间接还原区的还原速度和程度得到明显的改善。因此，在现有高炉氧煤炼铁的基础上，逐步实现超高富氧甚至实现全氧与冶炼以进一步降低高炉能量消耗。

（8）氢冶金。

氢冶金是改变钢铁工业生产方式的核心技术，是改变当今钢铁生产高能耗、高污染、高排放被动局面的可行、有效的技术措施，是钢铁工业发展低碳经济的最佳选择。因此，未来需要深入探究氢在炼铁领域的应用范畴，例如：利用焦炉煤气生产直接还原铁是氢冶金在钢铁生产中的合理应用，提高高炉炉内氢气比例等手段都是节省炼焦煤，减少碳污染，减少碳排放的最直接、最有效的生产方式，应积极推行和发展形成相关的技术体系。

（9）熔融氧化物电解技术。

传统炼铁技术要用碳除去铁矿石中的氧，炼铁时会产生大量二氧化碳。不同于传统炼铁工艺，熔融氧化物电解炼铁技术是让电流通过液态的氧化铁，将其电解为铁和氧，由于不使用碳，这一提取过程中的主要副产物就是氧，而不会产生二氧化碳。熔融氧化物电解炼铁技术从根本上解决了碳质燃料消耗的问题，对于炼铁过程节能减排有着十分重要的意义，因此，在未来有必要对熔融电解炼铁技术进行深入的研究，推动其尽早实现工业化应用从根本上摆脱对碳质燃料的依赖。

三、中短期和中长期发展路线图

中短期（到 2025 年）和中长期（到 2050 年）发展路线图见图 12-1。

目标和关键技术	2025 年	2050 年
目标	（1）实现钢铁企业料场数字化、智能化控制 （2）开发低成本烧结、球团烟气协同化处理技术，实现 SO_2、NO_x 等污染物脱出率 90% 以上。攻克烧结机漏风率高的难题，实现全国大于 $200m^2$ 烧结机平均漏风率 30% 以下，对于新建烧结机漏风率控制 20% 以下，进一步提高 $100m^2$ 以上烧结机烧结料层厚度到 1000mm，降低烧结矿燃耗 10% （3）逐步淘汰落后的竖炉生产球团工艺，将竖炉生产球团占比控制在 20% 以内，提高球团的入炉比率，掌握高炉 30%~60% 球团操作技术 （4）开发新型燃料，拓展弱黏结煤在炼焦中的应用，探索高比例弱黏结性煤制备焦炭的工艺技术，掌握先进铁焦生产工艺 （5）强化高炉富氧喷煤技术，进一步提高高炉富氧率到 10%~15%，优化高炉喷吹煤粉，优化高炉喷吹煤粉，降低高炉燃料比 10~20kg （6）完善高炉长寿技术，延长我国高炉平均寿命 3~5 年 （7）提高炼铁工序二次资源（高炉渣、含铁尘泥）的高附加值利用及余热资源的高效利用 （8）强化非高炉炼铁基础理论，消化、吸收国外非高炉炼铁工艺技术经验，优化 COREX 工艺	（1）生产智能化控制：烧结、球团、焦化、高炉生产中引入大数据、人工智能等技术，并据此对现有控制模型进行改善，或开发新工艺控制模型；逐步实现烧结终点自动控制、烧结软熔带调控、球团矿生产自动控制、焦化生产自动控制、高炉况自动预报及高炉出铁自动控制等 （2）为了适应该时期国内废钢供应逐步"富余"形势，尽早布局开展适于高废钢比的铁水质量控制技术等方面研究 （3）开发重点行业二氧化碳与废物联合减排、大规模资源循环利用等关键技术，形成经济高效的二氧化碳减排与资源化利用技术体系与设备 （4）探索氢冶金在炼铁领域的应用方式，形成氢炼铁成套技术，并逐步建立氢冶金示范工程 （5）开发绿色、低耗、低排放的工艺技术及装备，例如发展非高炉炼铁工艺、闪速炼铁及熔融电解炼铁工艺等，以满足国民经济发展的需要 （6）研究炼铁过程低温余热回收技术、二次资源有价元素梯级高附加值利用以及烟气低成本处理技术
关键技术	（1）高炉可视化与远程监控技术 （2）智能化料场技术 （3）超厚料层烧结技术 （4）镁质球团技术 （5）烧结、球团烟气污染物协同处理技术	（1）智慧炼铁技术 （2）适应高废钢比的铁水质量控制技术 （3）基于碳捕集的高炉炉顶煤气全循环炼铁技术 （4）钢铁厂消纳城市固体废物技术

图 12-1

目标和关键技术	2025年	2050年
	（6）高炉富氧喷煤及新型燃料应用技术 （7）高炉长期稳定顺行综合操作技术 （8）高炉网络化、结构化设计技术 （9）高炉均压煤气回收技术 （10）高炉高球团率操作技术 （11）高炉渣综合利用技术 （12）非高炉炼铁基础理论及工艺优化	（5）含钛高炉渣高效提钛技术 （6）氢冶金 （7）非高炉炼铁技术 （8）高炉全氧冶炼技术 （9）熔融氧化物电解技术

图12-1 中短期和中长期发展路线图

第五节 与相关行业、相关民生的链接

一、煤化工产业

在钢铁行业处于微利的大背景下，钢铁企业可充分优化产业结构，以传统煤化工产品为原料，发展高技术含量、高附加值焦化下游产品，已成为重点钢铁企业延伸产业链，打造利润增长点的发展方向之一。长期以来，以新型煤化工生产洁净能源和可替代石油化工产品备受业内关注，并将成为国内未来发展的主流方向，如生产柴油、汽油、航空煤油、液化石油气、煤制天然气、乙烯原料、聚丙烯原料、替代燃料（甲醇、二甲醚）等。将能源、化工技术结合，可形成钢铁企业-能源化工一体化的新兴产业。

二、机械制造及信息行业

钢铁企业作为工业自动化的焦点行业，实现生产过程自动化设备稳定、顺行、长寿一直以来是我国钢铁企业积极追求的发展目标，随着现代先进技术不断渗透到各大企业，各种高新设备如雨后春笋般出现。设备是企业进行生产活动的最基本保障，它与企业的生产效益息息相关，是企业生产力的象征，尤其是在钢铁企业中生产设备更是起着不可或缺的作用。因此，实现钢铁企业设备不断升级改造，充分发挥设备的功能，特别是能够实现企业设备制造技术、信息技术和智能技术的集成，是保障和提高企业经济效益的基础。

三、市政民生

城市固体废物、生活垃圾等一直以来是制约城市绿色发展的世界性难题。从城市与钢铁企业共荣发展的角度出发，钢铁企业可以逐步实现物质智能转化，成为"钢铁厂城市固体废物消纳中心"，积极开展社会废弃物处置、再回收利用工作。同时，钢铁厂通过技术升级，推进低温余热、废热转化利用，为社会提供清洁能源，例如，可为周边社区供热水，为电网制造更为廉价的电力资源，不仅实现了企业的节能减排和降本增效，还将企业资源回馈社会，进一步加强了与社区的联系紧密，实现了城市钢厂与城市的有机融合。

第六节　政策建议

一、产业结构调整与供给侧结构改革

（1）以严格环保执法和市场机制为主要手段，引导钢铁工业转型升级和形成倒逼机制，强迫一大批钢铁企业减产、停产，甚至破产倒闭退出市场，从而去掉过剩产能，减轻供应压力，实现产业平衡和供求关系平衡。

（2）坚持供给侧结构改革，优化钢铁产品结构，补充供应短板，由粗犷型生产逐步向精细化结构生产，完成产业升级，从量和质两个方面增加有效供给。

（3）坚持钢铁工业内需为主的导向，严格控制高能耗和低附加值钢材出口，支持加工成机电产品出口。

（4）鼓励钢厂多用废钢，支持废钢回收形成产业。要从产业政策和税收政策方面对社会废钢回收–加工–利用单位予以支持。

二、财税政策扶持

（1）逐步降低国内铁矿山企业的税赋，有效建立公平的国际铁矿石定价机制，防止国内钢铁企业受制于铁矿价格。

（2）对钢铁企业节能减排技术，例如，余热利用、烟气治理、城市废弃物消纳和污水处理予以一定的技术支持和经济补贴，或者减免税等措施。

（3）对钢铁企业余热发电上网给予政策支持和价格优惠。

（4）对钢铁企业节能环保做的好的企业进行奖励，树立行业典范。

参考文献

［1］杨天钧，张建良，刘征建，等．化解产能脱困发展技术创新实现炼铁工业的转型升级［J］．炼铁，2016，35（3）：1-10.

［2］沙永志．我国炼铁发展前景及面临的挑战［J］．鞍钢技术，2015（2）：1-8.

［3］张福明．面向未来的低碳绿色高炉炼铁技术发展方向［J］．炼铁，2016，35（1）：1-6.

［4］王维兴．高炉喷煤是我国炼铁技术发展的重要路线［J］．冶金管理，2016（8）：35-40.

［5］项钟庸．国外高炉炉缸长寿技术研究［A］．全国高炉长寿技术与高风温热风炉技术研讨会［C］．2012：1-10.

［6］孟庆波，刘洋，郭武卫，等．基于镜质组反射率分布的水钢优化配煤研究［J］．煤炭转化，2011，34（1）：22-28.

［7］牛福生，倪文，张晋霞，等．中国钢铁冶金尘泥资源化利用现状及发展方向［J］．钢铁，2016，51（8）：10-15.

［8］王海风，裴元东，张春霞，等．中国钢铁工业烧结/球团工序绿色发展工程科技战略及对策［J］．钢铁，2016，51（1）：1-7.

［9］林伟．余热利用技术在我国钢铁行业的使用［J］．建材与装饰，2016（15）：172-173.

［10］李宏亮．余热利用技术在钢铁行业的应用［J］．科技展望，2016，26（3）：72.

［11］张子煜，秦晓勇，陈林根，等．以降低能耗为目标的高炉炼铁工序的优化［J］．钢铁研究，2016，44（1）：1-5.

［12］张伟，郁尚页，李强，等．氧气高炉工艺研究进展及新炉型设计［J］．重庆大学学报，2016，36（4）：67-81.

［13］记者杜．我国球团工业将迎来发展新契机［N］．中国冶金报，2016，1.

［14］郏俊懋，张春霞，王海风，等．铁矿烧结烟气污染物治理趋势及协同治理工艺分析［J］．环境工程，2016，34（10）：80-86.

［15］景涛，周志安，黄石芳，等．唐山国丰230m^2烧结机热风烧结新工艺的应用［J］．烧结球团，2016，44（4）：14-44.

［16］任亚运，胡剑波．碳排放税：研究综述与展望［J］．生态经济，2016，32（7）：56-59.

［17］王国鑫，杨芸，吴楠．探究钢铁企业烧结烟气综合治理技术［J］．科技展望，2016，26（24）：79.

［18］朱刚，陈鹏，尹媛华．烧结新技术进展及应用［J］．现代工业经济和信息化，2016，6（5）：

57-60.

[19] 徐少兵, 许海法. 熔融还原炼铁技术发展情况和未来的思考[J]. 中国冶金, 2016, 26(10): 33-39.

[20] 王广. 煤基还原熔分综合利用硼铁精矿工艺基础[D]. 北京: 北京科技大学, 2016.

[21] 金鹏. 基于多层次模型的炉顶煤气循环氧气高炉可行性研究[D]. 北京: 北京科技大学, 2016.

[22] 李玉琴, 王红兵. 高炉渣显热回收利用技术现状研究[J]. 安徽冶金, 2016(2): 30-34.

[23] 苏步新. 高炉炼铁的环保改造如何更经济[N]. 中国冶金报, 2016.

[24] 杜屏, 雷鸣, 张明星. 高富氧条件下经济炼铁研究[N]. 世界金属导报, 2016-04-09(B12).

[25] 李鹏. 高反应性铁焦的性能及其在高炉中应用的基础研究[D]. 湖北: 武汉科技大学, 2016.

[26] 赵加佩. 铁矿石烧结过程的数值模拟与试验验证[D]. 杭州: 浙江大学, 2012.

[27] 张金良. 熔剂性赤铁矿球团焙烧特性及高炉还原行为研究[D]. 长沙: 中南大学, 2012.

[28] 郭瑞, 汪琦, 张松. 溶损反应动力学对焦炭溶损后强度的影响[J]. 煤炭转化, 2012, 35(2): 12-16.

[29] 赵宏博, 程树森. 高炉碱金属富集区域钾、钠加剧焦炭劣化新认识及其量化控制模型[J]. 北京科技大学学报, 2012, 34(3): 333-341.

[30] 黄艳芳. 复合黏结剂铁矿球团氧化焙烧还原行为研究[D]. 长沙: 中南大学, 2012.

[31] 吴胜利, 王代军, 李林. 当代大型烧结技术的进步[J]. 钢铁, 2012, 47(9): 1-8.

[32] 梁利生. 宝钢3号高炉长寿技术的研究[D]. 沈阳: 东北大学, 2012.

[33] 胡友明. 铁矿石烧结优化配矿的基础与应用研究[D]. 长沙: 中南大学, 2011.

[34] 张浩浩. 烧结余热竖罐式回收工艺流程及阻力特性研究[D]. 沈阳: 东北大学, 2011.

[35] 吴增福, 郑绥旭. 500万t链箅机-回转窑球团工艺及装备[J]. 冶金能源, 2016, 35(1): 7-10.

[36] 张天. 中国碳排放权交易与课征碳税比较研究[D]. 长春: 吉林大学, 2015.

[37] 张伟. 氧气高炉炼铁基础理论与工艺优化研究[D]. 沈阳: 东北大学, 2015.

[38] 王学斌. 氧气高炉炼铁工艺的发展及现状[J]. 莱钢科技, 2015, 8(1): 1-3.

[39] 张慧轩. 铁焦气化反应机理的研究[D]. 武汉: 武汉科技大学, 2015.

[40] 李方敏. 碳排放约束与我国制造业贸易竞争力研究[D]. 杭州: 浙江工业大学, 2015.

[41] 杨杰. 气氛和金属化合物对飞灰二噁英低温影响特性研究[D]. 杭州: 浙江大学, 2015.

[42] 金鹏, 姜泽毅, 包成, 等. 炉顶煤气循环氧气高炉的能耗和碳排放[J]. 冶金能源, 2015, 34(5): 11-18.

[43] 余文. 高磷鲕状赤铁矿含碳球团制备及直接还原——磁选研究[D]. 北京: 北京科技大学, 2015.

[44] 本刊讯. 低碳炼铁技术: 非高炉闪速炼铁工程研究[J]. 钢铁, 2015, 50(8): 100.

[45] 张福明. 大型带式焙烧机球团技术创新与应用[A]. "十届中国钢铁年会"暨"六届宝钢学术

年会"[C]. 上海,2015,7.

[46] 王代军,吴胜利. 赤铁矿制备镁球团矿的研究与应用[J]. 钢铁,2015,50(10):25-29.

[47] Naito M,K Takeda,Y Matsui. Ironmaking technology for the last 100 years: deployment to Advanced technologies from introduction of technological know-how,and evolution to next-generation process [J]. ISIJ International,2015. 55(1):7-35.

[48] 陈祖睿. 铁矿石烧结过程中二噁英的减排控制研究[D]. 杭州:浙江大学,2014.

[49] 张贺雷. 宝钢高配比镜铁矿与含铁粉尘的复合造块工艺研究[D]. 长沙:中南大学,2014.

[50] 易凌云. 铁矿球团 CO-H_2 混合气体气基直接还原基础研究[D]. 长沙:中南大学,2013.

[51] 许佳平. 煤气和天然气中 CO_2 化学脱除试验研究[D]. 杭州:浙江大学,2013.

[52] 白永建. 劣质煤配煤制备高质量冶金焦的研究[D]. 北京:中国矿业大学,2013.

[53] 苏步新,张建良,国宏伟,等. 基于主成分分析的高炉喷吹煤优化配煤模型[J]. 重庆大学学报,2013,36(11):51-57.

[54] 李文琦. 优化烧结料层透气性和温度场的研究[D]. 长沙:中南大学,2012.

[55] 张波. 铁浴碳—氢复吹终还原反应器动力学研究[D]. 上海:上海大学,2012.

[56] 刘云亮. 褐煤制备冶金还原气的研究[D]. 昆明:昆明理工大学,2011.

[57] 李彩虹. 球团矿竖炉氧化焙烧过程中的强度变化规律[D]. 唐山:河北理工大学,2010.

[58] 龙红明,李家新,王平,等. 尿素对减少铁矿烧结过程二噁英排放的作用机理[J]. 过程工程学报,2010,10(5):944-949.

[59] 吴胜利,戴宇明,Dauter Oliveiara,等. 基于铁矿粉高温特性互补的烧结优化配矿[J]. 北京科技大学学报,2010,32(6):719-724.

[60] 俞勇梅,何晓蕾,李咸伟. 烧结过程中二噁英的排放和生成机理研究进展[J]. 世界钢铁,2009,9(6):1-6.

[61] 孙培永,张利雄,姚克龙,等. 新型反应器和过程强化技术在生物柴油制备中的应用研究进展[J]. 石油学报(石油加工),2008(1):1-8.

[62] 周春林,刘春明,董亚峰,等. 国外炼铁状况及中国炼铁发展方向[J]. 钢铁,2008.43(12):1-6.

[63] 石磊,陈荣欢,王如意. 钢铁工业含铁尘泥的资源化利用现状与发展方向[J]. 中国资源综合利用,2008(2):12-15.

[64] 仲伟龙. 化学吸收技术研究[D]. 杭州:浙江大学,2008.

[65] 袁雪涛,米舰君,赵文丰. 唐钢 2560m^3 高炉钛矿护炉实践[J]. 炼铁技术通讯,2007(2):2-3.

[66] 刘文权. 对我国球团矿生产发展的认识和思考[J]. 炼铁,2006(3):10-13.

[67] 黄柱成, 张元波, 陈耀铭, 等. 以赤铁矿为主配加磁铁矿制备的氧化球团矿显微结构 [J]. 中南工业大学学报（自然科学版）, 2003 (6): 606–610.

[68] 李永全, Yan Li, R J Fruehan. 高炉钛矿护炉的机理研究 [J]. 宝钢技术, 2002 (1): 12–16.

撰稿人： 张建良　沙永志　沈峰满　刘征建　焦克新　王耀祖

第十三章 炼 钢

第一节 学科基本定义和范畴

炼钢学科属于冶金工程技术学科钢铁冶金分学科范畴，是研究将铁水、废钢、生铁、直接还原铁等加热、熔化，通过化学反应、真空、吹入气体（粉体）或电磁搅拌等方法去除钢液中的有害杂质，配加合金并浇铸成钢坯、钢锭、铸件或铸轧成钢带的工程科学，主要包括以下研究领域：

（1）去除杂质：通过化学反应等手段，去除铁液中碳、磷、硫、氧、氮、氢等杂质元素，以及部分由废钢带入的铜、锡、铅、铋等混杂元素。

（2）加热升温：为了保证冶炼和浇铸顺行，炼钢过程要将钢液加热升温至1600~1700℃，升温所需热能由各元素氧化反应的化学能提供，电弧炉炼钢除利用化学能以外，还需外加电能。

（3）合金化：碳素钢通常需含锰、硅，低合金钢锰、硅含量一般高于碳钢，其中一些钢种还需含钛、铌、钒等，合金钢、特殊钢等则需要含铬、镍、钼、钨、钒、硼等，为此需向钢液配加有关合金。

（4）非金属夹杂物控制：包括非金属夹杂物去除、夹杂物组成与形态控制、夹杂物无害化、夹杂物利用等。

（5）连续铸钢：连铸为主要铸钢方法，有方坯、圆坯、板坯、薄板坯、薄带等多种连铸方式。连铸领域科研主要包括凝固传热、凝固组织控制、缺陷形成机理与控制、凝固压下、连铸-轧制结合、电磁等外力场应用等。

（6）节能和减少排放：包括转炉炼钢回收煤气、炼钢烟气余热利用、减少烟尘、炉渣及废水排放、冶金尘泥和炉渣的返回利用等。

第二节　国内外发展现状、成绩、与国外水平对比

以空气转炉、平炉、模铸为代表的近代炼钢生产工艺于19世纪中叶起源于英、德、美等早期工业化国家，其后至第二次世界大战爆发前发展得较为平缓，第二次世界大战后在英、法、德、苏等国基础设施重建和20世纪50年代美、欧经济快速发展带动下，钢铁工业进入了高速发展时期，但钢铁生产仍主要沿用战前工艺技术，如平炉炼钢、空气底吹转炉炼钢、模铸等，这一时期国际炼钢科技水平主要为美、英、德、苏等国钢铁业所代表。

20世纪50年代，氧气顶吹转炉及连铸的诞生，开创了现代炼钢的新纪元。

20世纪60年代后，日本开始在其沿海地区新建大型钢铁厂，采用了大型高炉、氧气转炉、连铸等先进装备和工艺技术。20世纪70—90年代，日本钢铁业开发了大批炼钢新技术，如转炉炼钢副枪动态控制、转炉煤气回收、铁水三脱预处理、转炉少渣冶炼、LF钢包炉精炼、真空精炼（RH-OB、RH-KTB）、连铸电磁制动、连铸轻压下、连铸拉漏预报、高拉速连铸、连铸坯热装轧制等，国际炼钢科技由美国、欧洲引领逐步转向日本引领。近年来，日本钢铁工业规模收缩，科研投入相对减少，其在炼钢科技进步方面的引领作用减弱。

韩国在20世纪70—80年代建立了浦项钢铁公司，目前已发展成为"国际最具竞争力的钢厂"，其炼钢科技总体上已与日本新日铁住金、JFE等企业相当，位于国际第一梯队。除炼钢生产技术外，韩国浦项科技大学、首尔国立大学、延世大学、汉阳大学等在炼钢基础研究方面也非常活跃，在高锰或高铝含量钢液的热力学、炼钢过程数值模拟、连铸结晶器新型保护渣（非牛顿流体）等方面科研处于领先地位。

改革开放以来，中国炼钢科技发展非常迅速，期间经历了三个阶段：① 主要装备和工艺技术依赖引进；② 主要装备和工艺技术转为自主设计、开发，部分装备和工艺技术需要引进；③ 绝大部分装备和工艺技术依靠自主开发，少数装备和工艺技术引进。目前国内炼钢生产在装备大型化、自动化、生产效率、品种质量控制、节能环保等多方面已经达到了国际先进水平，主要表现在以下方面。

一、主要技术进步

1. 铁水脱硫预处理

国内以板材生产为主的钢厂已近乎全部采用了铁水脱硫预处理工艺，目前铁水预处理仍以喷吹 Mg、Mg-CaO、CaO-CaF$_2$ 脱硫工艺为主，但2006年后机械搅拌脱硫工艺（如 KR）发展迅速。与喷吹脱硫工艺相比，KR 法具有搅拌强、脱硫剂/铁液混合好、脱硫反应持续时间长、脱硫渣易扒除等优点，能够获得更高脱硫效率。近年来建设的钢厂，如首钢京唐、首钢迁钢、马钢四钢轧、武钢四炼钢、宝钢湛江钢铁厂等均采用了 KR 脱硫工艺，沙钢、莱钢等还新建 KR 脱硫装置替代了原有喷吹脱硫工艺。国内钢厂采用的机械搅拌脱硫装置和工艺绝大多数为国内自主设计、制造、开发，实际运行效果达到了国际先进水平，在降低炼钢成本、提高钢材品质等方面发挥了重要作用。

2. 转炉炼钢工艺技术

转炉炼钢产钢占全国钢产量的90%以上，目前已基本实现了转炉大型化转变，除部分长材钢厂外，大部分钢厂转炉吨位已增加至150 t 以上，宝钢、武钢、鞍钢、首钢、马钢、邯钢等采用了 250～300 t 大型转炉（宝钢湛江钢厂采用350 t 转炉）。在自动化控制方面，目前150 t 以上转炉已近乎全部采用了副枪动态控制技术，一些转炉吨位较小，不适宜采用副枪的钢厂采用了炉气分析控制系统等方法，国内转炉炼钢在自动化控制方面也达到了国际先进水平。

国内转炉钢厂采用了大批先进工艺技术，如顶底复吹炼钢工艺技术、溅渣护炉技术、留渣+双渣冶炼工艺技术、出钢滑板挡渣技术、烟气干法或半干法除尘技术、余热和煤气回收利用技术等，转炉炼钢生产主要指标（利用系数、钢铁料消耗、炉龄、煤气、蒸汽回收量、终点控制精度、钢水磷、硫、氧、氮含量控制）达到了国际先进水平。

3. 电弧炉炼钢工艺技术

电弧炉炼钢是当前另一重要炼钢工艺方法，其以废钢、直接还原铁等为主要原料，与转炉流程相比具有建设费用低、占地少、生产流程短、污染和碳排放量低等优点，目前美国、意大利等国电炉钢产量已超过转炉，日本、韩国、德国等制造业强国电炉钢比率则在25%～30%。国内电炉钢厂由于电价和废钢价格偏高等原因，与转炉炼钢相比在成本控制方面有较大劣势，因此产量增加得比较缓慢，目前电炉钢在总钢产量中占比8%~10%。总体来说，国内电炉炼钢比例很低，炉子总体偏小，离国际先进水平还有一段距离。

国内电炉炼钢与国外相比有两点不同：① 国外电炉主要以废钢为原料，国内电炉钢厂为降低成本，部分企业采用电炉装铁水工艺；② 国外电炉多以生产普钢为主，国内电炉钢厂多以生产碳结钢、合结钢、特殊钢等为主。经过多年发展，国内电炉炼钢实现了向大型化、超高功率化的转变，普遍采用了废钢预热、氧燃助熔、集束射流供氧、偏心炉底出钢、冶炼自动控制等先进工艺技术，一些钢厂还采用了电炉底吹搅拌技术，电炉炼钢生产主要指标（冶炼周期、电耗、电极消耗、用氧、炉龄）逐步达到了国际先进水平。

4. 炉外精炼工艺技术

20世纪80年代前，国内仅有少数钢厂（宝钢、武钢、大冶钢厂等）具备LF、VD、RH等先进炉外精炼装置，且主要由国外引进。近二十年来，国内炉外精炼技术发展非常迅速，主要表现为：① 炉外精炼比大幅提高，目前已接近100%（包括长材钢厂采用钢包吹氩精炼工艺）；② 真空精炼比提高，宝钢、武钢、首钢、鞍钢等冷轧板材厂和兴澄、大冶、东特等特殊钢厂，真空精炼比超过60%；③ 高水平钢厂按钢类建立专业化精炼产线，大幅提高了精炼效率；④ RH、VD、LF等精炼设备已由国外引进转向国内制作，国内自主制作精炼装置和开发的精炼工艺技术达到了国际先进水平。

由于炉外精炼工艺技术水平提高，中国钢铁工业具备了大量生产高品质钢材品种的能力，如超低碳含量汽车钢板（碳含量低于0.0015%）、超低硫含量抗酸性能管线钢板、超低温容器钢板等（硫含量低于0.0010%），低氢含量厚板、钢轨等（氢含量低于0.00015%），超低氧含量特殊钢（轴承、弹簧、高铁轮对等，氧含量低于0.0006%）、表面"零缺陷"优质冷轧薄板等。

5. 连铸工艺技术

1886年液态金属连续浇铸专利问世，1937年Junghans发明振动式结晶器后，连铸开始在有色金属工业采用。1954年Halliday开发成功结晶器"负滑脱"振动技术，拉漏事故大幅度减少，连铸开始用于钢水浇铸。20世纪70—80年代，日本、欧洲、美国等开始大规模采用连铸，至20世纪90年代，发达国家连铸比均超过90%。连铸不仅改变了旧的铸钢生产方式，还带动了整个钢铁厂结构优化，因此被称之为钢铁工业的一次"技术革命"。

20世纪60年代，国内开始对连铸技术进行试验研究，80年代武钢、宝钢、天钢、天津钢管等由国外引进先进板坯铸机、小方坯铸机、圆坯铸机并顺利投产达产，此后国内连铸进入快速发展阶段。近十几年来新建铸机绝大多数为国内设计制造或大部分设备国内制造，铸机装备和工艺技术达到了国际先进水平，如可升降大包回转台、大容量中间包、中间包感应加热、结晶器液面控制、结晶器液压振动、拉漏预报、电磁搅拌、电磁制动、动态二冷控制、动态轻压下、薄板坯连铸、恒拉速连铸、高速连铸等。

6. 高级钢生产工艺技术

近二十年来中国钢铁工业的崛起，不仅仅是钢产量快速增加，也包括钢材品种质量方面提高，与之前国内优质钢材和关键钢材品种必须依赖进口相比，近年来钢材进口量已降低至1000万~1200万吨/年，在钢材消费总量中占比降低至2%以下。

中国钢铁工业攻克了汽车板、家电板、管线钢、轮胎帘线、超高强度悬索、厚板、轴承钢、电工钢、不锈钢、高速铁路钢轨等高级钢的冶炼与连铸技术，包括超低硫钢冶炼技术、超低磷钢冶炼技术、超低碳钢冶炼技术、转炉出钢严密挡渣技术、超低氧特殊钢精炼技术、二次氧化控制技术、非金属夹杂物控制技术、铸坯中心偏析控制技术等，汽车板、家电板、管线钢板、厚板、轴承钢、帘线钢、电工钢、不锈钢、高速铁路钢轨等高级钢材质量性能达到了国际高水平钢厂同类产品水平。

7. 节能环保技术

国内转炉钢厂全部采用了煤气回收技术，吨钢煤气回收量达到110~130Nm^3。与国外转炉炼钢烟气除尘普遍采用湿法工艺所不同，国内近年来建设的转炉钢厂绝大多数采用了干法静电除尘工艺，使烟气含尘量大幅度降低（<15mg/m^3）。首钢、宝钢等大批钢厂采用了"留渣+双渣"转炉炼钢工艺，炼钢石灰和白云石消耗和渣量减少1/3左右。为了降低成本和加强环保，许多钢厂开发并采用了转炉烟尘冷固造块再利用、精炼渣返回再利用等技术。

8. 二氧化碳在炼钢流程的资源化利用技术

2004年开始，以北京科技大学为代表的研究团队，开发二氧化碳在炼钢流程的资源化应用研究，将二氧化碳作为搅拌气、氧化剂及控温剂，通过顶吹二氧化碳-氧气混合喷吹，实现了降低烟尘排放、提高了脱磷率，降低了终点过氧化；目前在京唐300t转炉完成工业试验。将二氧化碳用于底吹代替氩气及氮气用于冶炼过程，提高了搅拌强度，降低了钢中氮、氧含量，提高了底吹寿命。目前已完成转炉的底吹二氧化碳研究，将逐步推广。有关电弧炉底吹及 LF 等项目的工业试验研究，预计二氧化碳作为资源应用于炼钢流程的前景广阔。

9. 炼钢基础研究

近年来国内炼钢基础研究水平显著提高，冶金院校的高温实验炉、化学成分与性能测定、微观检验、大型数值计算软件等均达到了国际先进水平。在国家自然科学基金、国家重大科技项目、企业合作科技攻关等资助支持下，实验室基础研究水平显著提高，目前国内科研人员在 *METALLURGICAL AND MATERIALS TRANSACTIONB*、*steel research international*、*ISIJ International* 等国际冶金领域一流期刊发表论文占比已超过 1/4，为国际炼钢界所高度重视。

二、与国外水平对比及评价

中国钢铁工业炼钢科技总体上达到了国际先进水平，与欧美发达国家炼钢科技水平基本相当，在设备现代化、总图布置、生产效率与成本控制等方面具有一定优势，但与日本、韩国代表的国际最高水平相比尚有较明显差距。目前主要存在以下几方面问题：

1. 重大工艺技术创新能力

国内炼钢工艺技术与装备总体上达到了国际先进水平，但所采用的先进装备和工艺技术或者为引进，或者即便为国内制造和自主开发，但大多是国外高水平钢厂已有装备或已采用的工艺技术，国内尚无重大炼钢工艺技术原创成功的案例，炼钢科技进步迄今仍以"学习、跟随"为主。

2. 高端关键钢材品种冶金工艺

国内钢铁业在高端关键钢材品种生产技术方面与日本、韩国、德国、瑞典等国相比存在明显差距，如国内日系汽车用高性能 GA 钢板、重要用途超厚钢板、关键机械设备零部件（轴承、轴、齿轮、弹簧等）、高铁轮对（车轮、车轴、轴承）、硅片用切割钢丝等，很大程度上仍依赖进口。

3. 智能控制技术

近年来，计算机硬件、网络、大数据等技术发展非常迅速，国外高水平钢厂开始更多地运用大数据、智能控制、无人化生产技术，如安赛乐米塔尔集团 Dofasco 钢厂采用炉气分析结合高精度数学模型取代了转炉炼钢副枪动态控制系统，该厂还将转炉倾动控制、钢包车定位与移动控制、挡渣控制、合金加入控制等结合为一体，实现了转炉出钢无人化全自动控制。更多运用大数据、云计算、人工智能是炼钢科技发展趋势，国内钢厂在此方面与美国、欧洲等国家和地区有较明显差距。

4. 环境污染与固体废弃物排放控制

国内钢厂普遍采用了钢渣处理工艺，对炼钢炉渣采用热闷、滚筒、喷吹造粒等方法进行处理。目前存在的主要问题是将钢渣交由外协承包商利用处理，或钢厂对钢渣进行处理后再外售给外协承包商。而相当多外协承包商是将钢渣细磨，仅提取其中金属铁后，尾渣没有深度利用普遍不足。此外，国内大多数钢厂尚未对炼钢生产使用CaF_2、含铬耐材等进行严格限制。

第三节 本学科未来发展方向

美国、日本、德国等发达国家钢铁工业在20世纪70年代中期钢产量达到顶峰后进入了转型和大幅去产能时期，并在20世纪末基本完成了钢铁业结构调整，美国、英国、法国钢产量降低幅度很大，2015年钢产量较20世纪70年代高峰时降低了42%~60%。

近二十年来韩国钢铁工业发展非常迅速，1970年韩国钢产量仅48万吨，随着浦项钢铁公司建成和其后的快速发展，1990年韩国钢产量增加至2313万吨，2000年进一步增加至4311万吨。2009年韩国另一大型钢铁企业——现代制铁公司唐津钢铁厂投产，韩国钢产量进一步增加，2015年达到了6967万吨。

2008年金融危机爆发以来，发达国家经济增长减缓或停滞，钢材需求量显著减少，加之近年来中国钢材出口增加，国际钢铁业竞争加剧。此外，随着应对全球气候变化"巴黎协定"签署和执行，各大工业国将加强碳排放控制。钢材市场竞争和环保压力增大会促使钢铁业进一步采用新科技，改进生产工艺，向更高生产效率、更高产品性能、环境更加友好、用户服务更加完善的方向发展。

发达国家炼钢学科发展呈现以下特点：

一、加强高端精品钢冶金工艺技术研究

进一步加强高级钢生产技术开发研究，保持高端精品钢材生产技术方面优势，是日本、美国、德国、韩国等国钢铁工业未来发展的重要特点，这主要是因为：①在全球钢铁产能过剩形势下，企业间产品竞争加剧；②下游产业对钢材品质性能要求不断

提高,如更轻量化的高强度汽车钢板,更耐大气、海水等腐蚀造船钢板、桥梁钢板、大桥悬索等,极地寒冷地域用钢材等;③铝、钛、陶瓷、高分子材料等替代材料激烈竞争。

日本将高级钢(High grade steel)生产作为钢铁工业发展的核心战略,其普通性能钢材主要由电炉钢厂生产,产量在2500万吨/年左右,而高炉-转炉流程钢厂(新日铁住金、JFE、神户制钢等)则主要生产其称之为"Only One"的世界最高品质和性能的高级钢材。

美国在国际钢铁业竞争中处于"守势",其钢铁工业已基本完成整合,钮克公司等电炉流程钢厂产量在总钢产量中占比已接近60%,阿赛洛-米塔尔、美国钢铁公司等高炉-转炉流程钢厂已基本上由热轧钢材生产中退出,主要生产冷轧、镀锌汽车板、家电板等高级钢材。美国钢铁科技总体上不算强大,但在电炉短流程、高铝含量高强汽车钢、高铝低密度轻质钢等方面科研位于领先,预计今后十年其会沿袭这一发展趋势。

韩国在基本完成钢产量快速增长,钢铁科技与日本水平基本相当后,更加注重高级钢材品种工艺技术研发。浦项钢铁公司提出了WP产品战略,即生产国际高端钢材产品(World Premium)战略。2015年浦项钢铁公司钢材总产量为3534万吨,其中"WP"钢材量为1270.8万吨,比重为38.4%,2016年"WP"产品增加至1596.8万吨,比重达到48.5%,预计今后其高端产品占比还将有较大提升。

二、"快速、小批量、定制化"炼钢技术

近年来汽车、造船、工程机械等下游产业用户钢材需求呈现"个性化""小订单""快交货"趋势,国外高水平钢厂已开始改进其生产组织系统和工艺技术以适应这一转变。

日本学者川端望提出了三代钢厂的理论,即19世纪后半叶至20世纪60年代建设的钢厂为第一代钢厂,其主要特点是临近原料产地建厂,采用高炉-转炉(平炉)、模铸、初轧开坯、万能轧机等装备技术。日本20世纪60—70年代临海建设的大型钢厂为第二代钢厂(包括韩国浦项、中国宝钢),第二代钢厂采用大型、高效、连续化生产装备、技术,实现了优质钢材高效量产。为了解决高效大批量制造与钢材需求"个性化""小订单""快交货"的矛盾,日本钢厂开始进行"脱大量生产"转变,采用灵活制造体制,此类钢厂被称之为"第2.5代钢厂"。川端望提出了今后钢厂发展模

式,即向第三代钢厂发展,其与第二代钢厂的主要不同是能够在高效生产基础上实现钢材"个性化""小订单""快交货"生产,这一发展理念与"德国工业4.0"是一致的。

炼钢生产向"个性化"制造或"服务型"制造方向转变,除了要充分利用"大数据"、电商平台、用户为中心的钢厂生产制造系统等之外,还必须研发适应"个性化"制造的工艺技术,如变装入量转炉冶炼和炉外精炼、中间包热更换(中间包再次应用)、规格不同铸坯同时连铸(不同铸流采用不同尺寸)等。

三、炼钢固体废弃物"零排放"与循环利用

炼钢生产固体废弃物包括炉渣、烟尘、耐火材料等,其中炼钢烟尘绝大部分用于烧结或冷固造块后用于炼钢,使用过耐火材料可破碎后用作渣料(Al_2O_3、MgO添加剂)。目前炼钢炉渣利用问题较大,国外高水平钢厂炼钢炉渣绝大多数外售用作经济意义不大的筑路基石材料,国内钢渣处理有两种模式:一是直接交由外协承包商处理,钢厂收取一定费用;二是由钢厂对钢渣进行处理,然后外售给外协承包商,两种模式中均有相当多外协承包商仅提取钢渣中金属铁。

国外先进钢铁企业已开始对炼钢炉渣更高效利用开展试验研究,如日本JFE开发了炼钢炉渣资源回收利用工艺流程,将高Fe_tO、高P_2O_5含量炼钢炉渣在电炉中与铁水反应,使渣中Fe_tO和P_2O_5被[C]还原,得到含磷2%~3%的高磷铁水。对该高磷铁水再进行氧化冶炼,生产可用作磷肥的高P_2O_5含量炉渣,而原炼钢炉渣在还原回收Fe、P资源后可返回高炉、转炉、精炼工序使用。JFE此项技术已进入工业试验阶段。Y. Miki、T. Miki等日本学者指出,日本磷资源主要依赖进口(每年进口11万吨左右),而日本每年产炼钢炉渣含磷量与该国磷进口量相当,炼钢渣所含Fe则相当于该国年产钢量3%~4%,对炼钢炉渣Fe、P资源回收开展试验研究因此具有非常重要意义。

日本新日铁住金、JFE公司还开展了利用炼钢炉渣培育海藻、改善海洋生态的试验研究,近年来海底荒漠化情况加剧,近海海底海藻、水草生长量减少,对渔业生产造成严重影响。新日铁住金、JFE公司将炼钢炉渣粉粒与鱼骨等混合,制成多孔物放入海底,发现对促进海藻等生长有显著作用,目前该项技术在日本已较大规模应用。

四、智能控制技术应用

近年来计算机硬件、网络、大数据等技术发展非常迅速,国外高水平钢厂开始更

多地运用大数据、人工智能、无人化生产技术,这方面欧美国家钢厂走在了前面。

以转炉炼钢过程与终点控制为例,目前国内外 100 t 以上转炉绝大多数采用副枪动态控制技术,首先通过数学模型确定所需渣料、冷却剂、氧气用量,在吹炼临近结束前 2~3min 降下副枪测定熔池温度、碳含量并提取钢水试样(简称为"TSC"测定),继而根据"TSC"测定结果进行必要调整至吹炼终点,吹炼结束后再次降下副枪测定钢液温度、碳含量并提取钢水试样(简称为"TSO"测定)。

副枪动态控制存在诸多不足:① 在 75% 左右吹炼时间内("TSC"测定前),炉内反应状况不明(成分、温度、脱碳速度等);② 由于炉料重量、成分、冷却能等方面的误差,相当数量炉次"TSC"测定结果偏离目标,此情况下多采取"过吹"去碳保终点温度的策略,造成钢水[O]和炉渣 FetO 含量提高;③ 副枪设备维护和测头费用增加生产成本;④ 吹炼结束后"TSO"测定需 1min 左右时间,等待试样化学分析结果则需更多时间,增加了转炉冶炼周期。

20 世纪 90 年,日本 NKK 公司开发了利用转炉炉气分析对吹炼进行控制的技术,但在其后相当长时间内,由于炉气分析吹炼控制精度较副枪动态控制系统低,该项技术推广应用得较慢,在实际生产中发挥的作用不大。但近年来随着计算机硬件、网络、人工智能、大数据技术迅猛发展,转炉炉气分析吹炼控制误差大幅降低,欧美国家一些钢厂开始采用该项技术,如阿赛洛-米塔尔公司 Dofasco 钢厂即用炉气分析吹炼控制系统取代了副枪动态控制系统。

以往炉气分析吹炼控制模型大多基于碳的质量平衡计算,即根据炉气 CO 和 CO_2 成分、炉气流量、金属炉料、冶金辅料及初始碳含量等,计算出钢液适时碳含量。但是,由于废钢等炉料带入碳量的不确定性,采用上述质量平衡方法计算出的钢液碳含量误差太大。为了提高控制精度,Dofasco 钢厂采用了新的控制策略,不再依据碳质量平衡计算钢液[C]、温度等,而是将控制模型重点放在吹炼邻近结束期,由该时间段炉气成分变化预测钢液[C]、温度等,对吹炼终点进行控制。

转炉吹炼临近结束前 2~3min 时间段,由于脱碳速度降低,炉气成分开始急剧变化,这一变化与钢液碳含量、脱碳速率变化密切相关,但也受炉渣状态、炉气温度、底吹状态、炉气吸入空气量等影响,以往多采用回归等传统数据处理方法,找出各工艺参数影响系数,但实际误差很大。而近年来随着大数据、人工智能技术的进展,即有可能准确地排除炉渣状态、炉气温度、炉气吸入空气量等因素干扰,得到吹炼后期炉气成分与熔池碳含量、温度的精确对应关系。

今后，计算机硬件、网络、大数据、云计算、人工智能等还会更加快速发展，越来越多相关数据信息，例如，转炉和真空精炼过程炉气成分、炉气流量、炉气温度、氧枪冷却水温差、氧枪振动、吹炼过程声音、炉壳和钢包壳温度、连铸中包气氛、结晶器铜板温度变化、铸坯表面温度、铸坯鼓肚、铸坯表面裂纹等，都会用于实际生产过程控制，实现炼钢、精炼、连铸生产高度自动化、智能化。

第四节 学科发展目标和规划

一、中短期发展目标和实施规划（到2025年）

1. 中短期内学科发展主要目标和方向

到2025年期间炼钢学科发展主要任务、方向和目标为：

（1）加强高端关键钢材品种冶金技术的研发：在高端重要用途钢材的洁净度、宏观偏析、大型夹杂物、窄成分控制等关键技术方面取得突破，从根本上扭转高端关键钢材品种依赖进口的局面，满足中国制造业高端化升级发展对钢材需求，并以此引领国产钢材质量全面提升。

（2）优化炼钢、精炼、连铸工艺：大幅降低转炉冶炼终点钢水[O]含量、温度，攻克RH精炼吹氧脱碳、二次燃烧、喷粉脱硫等关键技术，有效控制连铸二次氧化，厚板连铸采用凝固大压下等，主要工序工艺技术指标总体上达到欧美国家钢厂水平（国际先进），部分高水平钢厂达到日本、韩国钢厂水平（国际领先）。

（3）高废钢比转炉冶炼及电弧炉全废钢冶炼技术：为了国内废钢供应逐步"富余"形势，及早布局开展全废钢电炉高效冶炼工艺技术、转炉高废钢比冶炼工艺（KOBM、二次燃烧、喷吹煤粉等）、废钢带入混杂元素（Cu、Sn等）脱除与控制技术等方面研究。

（4）加强炼钢"灵活制造"工艺技术研发，以适应用户"个性化""小订单""快交货"需求转变。除了要充分利用"大数据"、电商平台、用户为中心的钢厂生产系统等技术之外，还须研发适应"个性化"制造工艺技术，如变装入量转炉冶炼和炉外精炼、中间包热更换（再次应用）、规格不同铸坯同时连铸（不同铸流采用不同尺寸）等。

（5）生产智能化控制：炼钢、精炼、连铸生产中引入大数据、人工智能等技术，并据此对现有控制模型进行改善，或开发新工艺控制模型；逐步实现转炉炉气分析吹炼控制、转炉全自动无人出钢、板坯铸机全自动无人浇铸、连铸中间包无人喷砌、机器人提取钢水炉渣试样等。

（6）固体废弃物基本"零排放"：高 CaO、CaS 含量的铁水脱硫预处理渣返回炼铁，由高 CaO、高 P_2O_5 含量的炼钢炉渣中提取 P、Fe 资源，炉外精炼炉渣返回转炉或高炉，连铸中间包覆盖渣、结晶器保护渣（高 CaO、CaF_2、Na_2O、Al_2O_3）返回炉外精炼。

（7）加强炼钢、精炼、连铸关键工艺技术创新：在长寿转炉底吹有效搅拌技术、二氧化碳在炼钢流程的资源化应用、高碳钢大方坯连铸重压下控制中心偏析、薄带连铸生产高级取向硅钢、规格不同铸坯同时连铸等关键工艺技术创新方面取得突破，改变中国钢铁关键工艺技术创新能力弱的局面。

2. 中短期内存在的主要问题与难点（学科面临环境变化、需求变化等）

从现在到 2025 年期间，国内炼钢科技面临的发展环境和需求有以下变化：

（1）国内钢铁业进入去产能转型发展时期，钢产量 2025 年预计将减少至 6 亿吨左右，为此大多数钢厂须缩减产量，以往钢铁快速增长期间采用的许多工艺技术不再适用，需要改进完善或开发新工艺技术。

（2）国家和地方政府对炼钢烟尘、污水、炉渣、废弃耐材等排放控制会越严格，必须开发新工艺技术，减少含 F 熔剂、含 Cr 耐材等使用，更多采用少渣冶炼工艺，采用更高效、严密除尘（一级、二级、各扬尘点除尘）等。

（3）2015 年国内钢铁积蓄量已达 70 亿吨，今后还将快速增长。随着钢铁业去产能（废钢总用量减少），公用基础设施、桥梁、船舶等进入一轮新旧更替周期，以及汽车、家电等报废量增加，国内废钢供应将会逐步"富余"，废钢价格逐步降低，促使转炉钢厂增加废钢用量，或有些钢厂转向采用电炉炼钢工艺。

（4）国内制造业将深入实施"中国制造 2025"发展战略，由中低端向高端化制造方向转变，国内钢铁工业钢材品种、质量、性能和服务等都必须适应制造业转型升级对钢材需求的转变。

3. 中短期内的解决方案、技术发展重点（包括关键应用基础研究、关键技术工程研究、重大装备和关键材料，或重点产品和关键技术）

（1）高效铁水脱硫预处理技术。

目前铁水脱硫预处理虽以喷吹法为主，但机械搅拌脱硫工艺（如 KR 脱硫）发展较快，其反应机理是利用大功率高速旋转搅拌将脱硫剂颗粒卷入铁水，使其持续与铁水反应，在固体脱硫剂颗粒表面发生脱硫反应。机械搅拌脱硫工艺方法具有脱硫效率高、脱硫渣易扒除等优点，但也有其不足，例如：为了提高脱硫效率必须使用细小颗粒脱硫剂（易被除尘风机吸走）；脱硫剂加入后易结块（降低脱硫效率）；仍须使用一定比率 CaF_2（不利环保）等。

拟开展研发的高效铁水脱硫技术具有以下特点：① 50% 以上脱硫剂由设置在搅拌头内部的喷管或单独喷管喷入铁水内，因而可减少脱硫剂吹损，抑制脱硫剂结块，增大脱硫反应表面积；② 开发新的熔剂（替代或减少 CaF_2 用量），既能增加液相渣比率，又不显著降低脱硫渣脱硫能力；③ 脱硫渣破碎后返回使用，降低生产成本，减少固体废弃物排放，对以喷吹脱硫为主脱硫渣，需继续开发高效率、易扒渣的脱硫工艺技术。

（2）复吹转炉炼钢工艺技术的完善。

国内大中型转炉均采用了复合吹炼工艺，但与日本、韩国等国复吹转炉相比，国内转炉底吹强度偏低，绝大多数转炉实际底吹强度在 0.05 $Nm^3/min/t$ 左右。除底吹强度弱以外，国内转炉底吹元件数量也显著多于日本、韩国等国钢厂。日本、韩国等国底吹 Ar、N_2 复吹转炉，普遍采用四支底吹喷管，而国内转炉大多采用 8~12 支底吹喷管工艺。单支喷管气体流量低，因此容易堵塞（尤其在炉役中后期）。国内转炉冶炼钢水 [O] 和炉渣 FetO 含量高，底吹搅拌不良是主要原因。此外，采用二氧化碳作为底吹搅拌气源，提高搅拌强度，降低粉尘排放，提高脱磷效率，改善终点钢液质量的二氧化碳顶吹技术也将逐步应用。

通过减少底吹元件（12 支减至 4 支）、全炉役期炉底厚度均匀减薄、底吹元件保证畅通条件下的溅渣护炉等技术，在底吹强度 0.05$Nm^3/min/t$ 条件下，将整个炉役期转炉终点钢水碳氧积控制在 0.0021 左右。以生产低碳、超低碳钢钢材品种为主钢厂还应开展试验研究，将底吹搅拌强度逐步增加至 0.1~0.15$Nm^3/min/t$（甚至更高），并解决底吹强度增加引起的炉底侵蚀加剧等问题。

（3）高废钢比转炉炼钢工艺技术。

目前国内转炉炼钢废钢比平均在 10% 左右，而欧美钢厂转炉废钢比大多高于 20%。随着下阶段国内废钢转向"富余"，废钢价格逐步降低，以及降低碳排放的需要，转炉炼钢应提高废钢比，开展高废钢比转炉炼钢工艺试验研究，包括转炉炉内废钢预热技术、底吹氧气复吹转炉炼钢技术（KOBM）、转炉加煤或喷吹煤粉炼钢技术，转炉高效二次燃烧技术等，将转炉炼钢废钢比提高至 30% 以上。

（4）"留渣 + 双渣"转炉炼钢工艺技术。

"留渣 + 双渣"炼钢工艺是新日铁开发的转炉炼钢技术，该工艺利用低温有利于脱磷反应的原理，将上炉次终渣（由于温度高已基本不具备脱磷能力）用于下炉次冶炼初期阶段（由于温度低，炉渣重新具备脱磷能力），并在温度升至对脱磷不利之前将炉渣部分倒出，然后加入渣料进行第二阶段吹炼。由于上炉炉渣为下炉所利用，因而大幅降低了石灰、白云石等渣料消耗和炉渣排放量。

近年来，国内三十多家钢厂采用了"留渣＋双渣"转炉炼钢工艺，取得了石灰和白云石消耗降低1/3、渣量减少30%、钢铁料消耗降低6kg/t左右的结果。下一阶段，随着钢厂生产负荷降低，此项技术应在更多钢厂推广采用，为钢厂降低生产成本和实现炉渣零排放发挥作用。

随着优质铁矿石资源减少和钢企降低成本压力增大，炼铁原料中高磷含量铁矿比率逐渐增大，如近年来新日铁住金公司采用澳矿，由于铁矿石含磷量增加，铁水磷含量由以往0.10%左右增加至0.12%。此外，为了减少固体废弃物排放，更多钢厂将采用炼钢渣返回烧结用作高炉炼铁原料的工艺，也会使铁水磷含量有较大幅度增加。

国内钢厂须加强中磷铁水（磷含量0.15%～0.20%）转炉冶炼工艺技术研究，包括快速成渣工艺技术、氧枪喷吹石灰粉技术、炉底喷石灰粉技术、固/液复相渣开发与应用技术、强底吹搅拌工艺技术、降低转炉终点温度、中磷铁水超低磷钢冶炼技术等。

（5）转炉炉气分析吹炼控制技术。

国内钢厂目前普遍采用转炉副枪动态控制技术，近年来欧美许多钢厂开始采用炉气分析转炉吹炼控制技术，根据吹炼过程烟气CO、CO_2成分变化，对钢液脱碳速率、碳含量、温度等进行预测和控制。

在计算机硬件、网络通信、人工智能、大数据技术迅猛发展和转炉炉气分析控制精度显著提高的形势下，国内钢厂应加强转炉炉气分析控制技术研发，具备条件的钢厂可尝试首先取消副枪"TSO"测定，"TSC"测定主要用于终点温度控制，终点［C］控制由炉气分析控制系统承担，在此基础上逐步对炉气分析控制系统改进完善，最终由其承担转炉冶炼控制任务。

（6）RH吹氧、升温、喷粉精炼技术。

RH真空精炼技术于20世纪50年代末开发成功，最初主要用于钢水脱氢处理，20世纪80年代后随超低碳钢产量增加，国外钢厂RH装置数量增长很快，功能也由主要用于脱氢转向超低碳钢深脱碳、管线钢等超低硫钢深脱硫、超低氧特殊钢去除夹杂物、低温钢液升温等，如日本、韩国高水平钢厂广泛采用了RH吹氧脱碳（RH-OB，RH-KTB）、RH喷粉脱硫（RH-PB）等工艺方法。

国内高水平钢厂已普遍采用 RH 精炼工艺，但采用 RH 吹氧、升温、喷粉精炼技术的钢厂很少，如生产超低碳钢仍以采用自然脱碳工艺为主；生产超低硫钢仍主要依靠 LF 精炼进行深脱硫，RH 精炼不采用喷粉脱硫工艺；对 RH 精炼吹氧升温工艺存在疑虑而限制使用，造成生产成本上升，钢水氧、氮、氢含量增加。

国内钢厂应加强 RH 吹氧、升温、喷粉高效真空精炼技术研究，生产超低碳钢由普遍采用自然脱碳工艺转向主要采用 RH 吹氧强制脱碳工艺；超低硫钢尝试采用 RH 喷粉工艺，减轻 LF 精炼脱硫负担或取消 LF 精炼；逐步放宽 RH 精炼吹氧化学升温限制，尝试采用更高效、快速的吹氧升温工艺方法，以实现高效、优质、稳定、快速精炼的目标。

（7）窄成分控制工艺技术。

中国钢铁工业目前已经能够生产国内需求的绝大多数钢材品种，但一些高端关键钢材品种仍依赖进口，国产关键钢材品种与进口钢材差距主要体现在性能稳定性方面，而化学成分波动大是性能稳定性差的重要原因之一。如重要用途齿轮钢要求淬透性带宽尽量窄，日本爱知制钢宣称，其每年生产数百万个齿轮，化学成分近乎为同一炉钢。国内目前重要用途齿轮进口量非常大，国产齿轮钢不能实现窄成分控制，导致齿轮工作面性能不均易损坏是重要原因之一。

窄成分控制技术主要包括转炉、电炉装入量与出钢量精确控制测量技术，铁合金成分准确控制技术，合金加入量准确测量和准确加入技术，精炼过程精确取样与试样快速分析技术，合金元素收得率波动、影响因素与控制技术等。目前国内钢厂（宝钢、武钢、首钢）在高牌号取向硅钢的酸溶铝与硫含量窄成分控制方面取得了很好效果，下一阶段要在一些高端重要钢材品种 C、Mn、B 等窄成分控制方面取得突破。

（8）高拉速板坯连铸工艺技术。

厚度 220mm 以上板坯铸机拉速超过 2.0m/min 为高拉速连铸，目前主要为日本、韩国钢铁企业采用，如 JFE 福山钢厂 5# 铸机、7# 铸机、仓敷钢厂 4# 铸机，拉速在 2.3 ~ 2.5m/min；浦项光阳钢厂 2# 和 3# 板坯铸机，连铸通钢量达到 9t/min（两流）。国内宝钢、首钢、马钢、邯钢等均建有高拉速板坯铸机，但实际拉速均在 1.8m/min 以下。近年来首钢京唐公司开展了高拉速连铸试验，通过采用高拉速保护渣、强冷结晶器、电磁制动等措施，浇铸 237mm 厚板坯拉速达到 2.5m/min。

采用高拉速板坯连铸技术，连铸周期由 40 ~ 50min 减少至 35min 左右，不但可以大幅提高连铸生产效率，对搭建快节奏"转炉 - 精炼 - 连铸"生产线也会起到重要促进作用。浦项钢铁公司光阳钢厂2号和3号铸机原采用常规拉速，2007年进行改造后将拉速提升至2.5~2.7m/min，为了保证钢水供应，增建了铁水脱磷预处理车间以缩短转炉炼钢周期，并对RH精炼装置进行了强化，从而实现了通钢量高达9t/min的"炼钢－精炼－连铸"高效快速生产线。

在新的发展时期，国内具有高拉速铸机钢厂应开展高拉速连铸相关试验研究，包括高拉速连铸结晶器保护渣、结晶器结构优化、电磁制动、防止拉漏技术、高拉速连铸铸坯表面缺陷控制、高效快速炉外精炼技术等，将拉速提高至2.0m/min以上，并以此带动其他具备条件钢厂对铸机进行改造，采用高拉速技术，促进国内连铸生产高效化进展。

（9）薄板坯连铸直轧技术。

这一工艺技术近年来有望获得较快增长。薄板坯连铸重点在于提高拉速，以实现单流对辊机生产薄带材的无头轧制技术，日照钢铁的FSP工艺取得了很大进展，要进一步提高水平。首钢京唐的薄板坯无头轧制技术将于2018年投产，另外，薄带铸轧在2017—2108年将有多条线投产，应予以关注。

（10）连铸凝固终点大压下技术"炼钢－精炼－连铸"快节奏层流式生产运行组织。

为了抑制铸坯中心偏析，高水平钢厂普遍采用了连铸动态轻压下工艺。但是，由于压下量不足（压下量0.8~1.5mm/m），变形难以渗透至铸坯芯部，仍不能从根本上解决中心偏析问题，尤其在生产轴承、硬线、重轨等高碳钢种时，由于不能有效控制中心偏析，碳化物液析、碳化物粗大、钢材芯部异常硬化组织等问题经常发生。

韩国浦项钢铁公司近年来开发了板坯连铸大压下技术，在铸坯芯部凝固终点位置附近实施压下，但压下量增加至5~20mm/min，基本上消除了中心偏析，铸坯内部疏松也有显著改善。新日铁住金公司鹿岛钢厂开发了厚板坯连铸单辊大压下技术，铸坯疏松得到有效控制，其300mm厚铸坯在1.5轧制压缩比下，可以生产优质高性能厚板。

国内钢厂（尤其是特殊钢厂、优质厚板钢厂）应加强连铸凝固终点大压下技术试验研究，在压下辊（凸缘辊、倒角辊等）、压下段结构、压下量分配、压下裂纹防止等关键技术上取得突破，为大幅提升国产钢材冶金质量、性能发挥了重要作用。

（11）特殊钢非金属夹杂物控制技术。

目前一些高端关键特殊钢材品种仍依赖进口，如高铁列车轮对用车轮、车轴、轴承，汽车发动机气门弹簧、变速器用齿轮，适用于高速机床加工用易切削钢等，上述用途国产钢材与进口钢材在钢中非金属夹杂物控制方面存在明显差距，这是国产钢材难以达到所要求抗疲劳破坏、高速精密车削加工等性能的重要原因之一。

国产特殊钢非金属夹杂物控制方面存在的主要问题有：超低氧含量特殊钢（轴承、齿轮、轴件）DS 类大型夹杂物多，齿轮钢、非调质钢、重轨钢（要求含一定量硫）A 类 MnS 夹杂物粗大，汽车发动机气门弹簧钢夹杂物轧制变形不充分或存在较多不变形夹杂，高硫易切削钢 MnS 夹杂物粗大、分布不均匀等。

目前，国内特钢生产大部分采用电弧炉生产，从洁净度看，应强化废钢加工处理，减少残余元素对钢质量的影响，再者，逐步提高电弧炉流程采用 RH 精炼工艺的比例。

为解决上述问题，应加强以下关键工艺技术研究：超低氧特殊钢 LF/RH 精炼分工优化，严格控制二次氧化连铸工艺技术，中间包钢水电磁冶金技术，精炼与连铸耐材对钢中夹杂物影响与控制技术，较高硫含量钢 MnS 夹杂微细化控制技术，铸坯凝固偏析控制技术等。同时关注夹杂物（包括耐火材料）的特性，确保工艺和设备的可靠性以减少铸坯裂纹和偏析。

（12）全废钢电炉炼钢技术。

目前国内电炉钢比仅为 6%~8%，随着中国的废钢越来越多，电炉炼钢将会快速增长，目前电炉炼钢生产还普遍采用加铁水冶炼工艺，随着感应炉炼钢被取缔，国内废钢价格下降，电弧炉加铁水工艺将逐步萎缩，同时 DRI 和 HBI 之类的废钢代用品。

今后一个阶段国内废钢供应将会快速转向富余，有专家援引日本、美国等国废钢供应量变化情况，其废钢供应量在钢产量达到顶峰后 15 年左右出现极大过剩，并因而转向出口废钢。根据日本、美国等发展经验，预计国内废钢供应在 2030 年前后会出现严重过剩，废钢价格大幅降低，其后电炉流程会较快发展。

全废钢电炉炼钢生产技术包括超高功率电炉生产工艺，以 Consteel 连续加料预热为代表的废钢预热技术，如集束射流技术，氧燃助熔，底吹氮气、氩气及二氧化碳搅拌，供电智能优化，快速冶炼工艺，废钢分选及成分甄别技术的开发，二噁英的治理等，电炉 -LF 炉 -VD/RH- 连铸生产组织优化等。

（13）确保钢材质量与稳定生产的关键技术。

转炉吹氧时，炉渣形成的路径，以减少喷溅，改善终点控制；BOF、LF/RH 和 CC 自动控制的传感器、仪表和控制模型的开发；合金残留元素的化学分析及其对钢性能的影响；开发不粘/电解耐火材料或电磁涡流水口，以减少中包水口堵塞；研究夹杂物工程，在线测量夹杂物的类型、大小和数量。

先进的结晶器液面控制系统，直接测量弯液面附近的钢流速度；结晶器可视化 -

在线实时监控钢液流场，热传导及凝固坯壳厚度；结晶器电磁搅拌，中端及凝固末端电磁搅拌技术；结晶器振动及铸机对弧对中状态的诊断仪器；炼钢厂各生产步骤的合理匹配模型，以优化温度、工艺流程，提高生产率。

（14）开展二氧化碳在炼钢的资源利用。

完成顶吹二氧化碳－氧气混合喷吹的推广应用。实现降低粉尘排放、转炉内二氧化碳向一氧化碳的能源化转化，开展在炼钢流程采用二氧化碳降低氮氧化物排放的研究应用，合金、原辅材料、钢包、中包烘烤等燃烧系统逐步采用全氧＋二氧化碳的稀释燃烧技术。

开发二氧化碳再循环技术。利用二氧化碳的低温、弱氧化性等性能，实现二氧化碳气体再循环资源化，开发二氧化碳分离成一氧化碳技术，实现能源转化利用达到50%以上。

（15）"炼钢－精炼－连铸"快节奏层流式生产运行组织。

炼钢生产中，转炉（电炉）冶炼、炉外精炼、连铸为上下游工序，转炉（电炉）－精炼－连铸工序间生产组织有"紊流式""层流－紊流式"和"层流式"三种模式，其中"层流式"运行更为稳定、可控和高效。目前国内钢厂由于设计、生产组织、工艺技术方面的原因，大多采用"紊流式"或"层流－紊流式"生产组织模式，运行效率有待提高。

"炼钢－精炼－连铸"快节奏层流式生产运行组织的关键技术主要为：转炉、精炼、连铸设备能力与运行工艺精准设计、恒拉速连铸工艺技术、快速精炼技术、炼钢－精炼－连铸生产组织一体化排程与动态调整系统等。

（16）智能化自动控制。

开发基于大数据的炼钢、精炼连铸数学模型，实现高端钢材精炼的窄成分控制技术；智能型转炉炉气分析吹炼控制技术；开发智能化操作系统，实现关键岗位的无人化操作。

（17）固体废弃物"零排放"炼钢生产工艺技术。

钢铁工业主要生产工序中，炼钢生产固体废弃物（炉渣、放弃耐材）排放问题较大，2025年前应基本解决炼钢固体废弃物排放问题，高水平钢厂实现固体废弃物"零排放"，为此须开发的重要技术包括：脱硫预处理高 CaO、CaS 炉渣用于炼铁生产技术，高 CaO、$FetO$、P_2O_5 炼钢炉渣提取 P、Fe 资源与循环用于炼钢生产的工艺技术，高硫含量炉外精炼渣用于高炉生产工艺技术，连铸中间包覆盖渣、结晶器保护渣（高

CaO、CaF$_2$、Na$_2$O、Al$_2$O$_3$）用于炼钢和炉外精炼工艺技术等。

二、中长期（到2050年）发展目标和实施规划

1. 中长期（到2050年）内学科发展主要目标和方向

在 2025—2050 年，中国钢铁工业将在绿色生产、智能制造、钢材精品化等方面进一步快速发展，在生产效率、产品性能、生态环境保护、科技创新发展等多方面处于国际领先地位。该期间炼钢学科发展主要任务、方向和目标为：

（1）精品钢材冶金工艺技术。

2025—2050 年，随国内经济结构、发展方式等转变，建筑用热轧长材、板材等普通钢材需求量减少，高端制造业用优质精品钢材量增加。在人工、原材料等成本大幅上升，国家生态环境保护、碳排放等更加严格管控形势下，普通钢材生产量将逐步减少，国内钢铁业则转向以生产优质精品钢材为主（如日本、德国、韩国等国），为此需对精品钢材高效量产冶金工艺技术开展研究，包括更高效洁净钢精炼工艺流程、窄成分控制、宏观偏析控制、非金属夹杂物控制与利用等。

（2）绿色化炼钢生产工艺技术。

转炉烟气除尘全面采用干法静电除尘或 OG- 静电除尘工艺，烟气含尘量降低至 15mg/m^3 以下；开发并采用高效电炉炼钢烟气除尘技术（一次、二次除尘），解决废钢预热过程二噁英排放问题；采用更节能高效钢包、中间包等包衬材料、钢包加盖、钢包快速周转等技术，大幅降低炼钢出钢温度和精炼、连铸能耗；实现炼钢固体废弃物"零排放"，铁水脱硫预处理渣返回炼铁，转炉、电炉炼钢渣中提取 P、Fe 资源，炉外精炼渣返回转炉或高炉利用，连铸中间包覆盖渣、结晶器保护渣返回炉外精炼。

（3）高废钢比炼钢工艺技术。

在 2025—2050 年，国内废钢供应将出现大量富余局面，炼钢生产中更大量使用废钢，不仅可以降低生产成本，对生态环境保护也有非常重要意义。为此，除了提高电炉炼钢比率之外，还必须大幅增加转炉炼钢废钢比，并采用电炉流程生产精品钢材，以满足国内钢铁业精品钢材生产为主的需要。为此要开发转炉炉内废钢预热、底吹氧转炉、转炉炼钢高效二次燃烧、转炉喷吹煤粉、废钢带入混杂元素（Cu、Sn 等）脱除与控制技术等技术，使国内钢铁业总体废钢比达到 30%～35%。

（4）炼钢生产实现"工业 4.0"。

在 2025—2050 年，炼钢生产将实现"工业 4.0"发展目标，利用物联信息系统

（CPS）使炼钢生产与钢材供应信息、销售信息、相关工序制造信息等紧密联系在一起，在炼钢生产中大量机器人、无人化操作、智能控制等，将产线的各类传感器、嵌入式终端系统、智能控制系统、通信设施通过CPS形成智能网络，使人与人、人与机器、机器与机器、服务与服务之间形成互联，实现横向、纵向、端到端的高度集成，达到快速、高效、灵活、个性化产品生产目的。

（5）重大工艺技术创新。

在炼钢固体废弃物利用、炼钢流程二氧化碳循环利用技术，连铸液/固相加工变形、炼钢连铸过程电磁作用、精品钢材薄带连铸、炼钢智能化控制等关键工艺技术取得重要创新，在炼钢重大工艺技术创新发展方面位于国际前列。

2.中长期（到2050年）内主要存在的问题与难点（包括面临的学科环境变化、需求变化）

2025—2050年，国内炼钢科技面临的发展环境和需求将有以下变化：

（1）2025—2050年，中国在全面实现建设小康社会阶段发展目标后，将加速向发达国家目标发展，房地产、基础设施建设等任务大幅减轻，高端制造业、服务业在经济发展中比重会大幅提高，钢材需求量会进一步降低。按照当前美国人均钢产量250kg计算，2050年中国钢产量会降低至3.5亿吨/年。除了钢产量大幅减少外，由于人工、原材料等成本大幅上升和国家环保法规更加严苛等原因，普通钢材将转向由国外进口，国内钢铁业则以生产优质精品钢材为主（如日本、德国、韩国等国）。

（2）国家和地方政府对炼钢烟尘、污水、炉渣、废弃耐材等排放控制会更加严格，必须开发对生态环境更加友好的炼钢工艺技术，减少含F熔剂、含Cr耐材等使用，普遍采用少渣冶炼工艺，采用更高效、严密除尘（一级、二级、各扬尘点除尘）等。

（3）发达国家大多是在钢产量达到顶峰后15年左右，其国内废钢供应出现大量富余，根据这一经验预计国内废钢会在2030年后开始大量富余。为应对这一重大变化，除了要大幅提升电炉流程产钢比率之外，考虑到此发展期间国内钢铁业将以精品钢材生产为主，因此必须对高废钢比转炉炼钢工艺技术开展研究。

（4）国际钢铁工业格局会发生较大变化，中国钢铁产量以及在全球钢产量中份额将减少，印度、墨西哥、东南亚、中东欧诸国钢产量则会有较大幅度增加，并且由于其生产成本低，普通钢材生产将出现向印度、墨西哥、东南亚、中东欧等国家和地区转移的趋势。

（5）发达国家钢铁科技竞争力减弱，国内钢铁工业科技进步将由以往的学习、跟随为主转向自主创新为主，在钢铁企业加大研发投入、国际一流科技专家培养、科技创新机制等方面将会面临严峻挑战。

（6）国内高校冶金专业规模会有较大收缩，优秀高中毕业生报考冶金院校和学习冶金专业的热情降低，钢铁工业将遇到优秀年轻人才不足的困难。

3. 中长期（到2050年）内解决方案、技术发展重点（包括关键应用基础研究、关键技术工程研究、重大装备和关键材料，或重点产品和关键技术）

（1）精品钢材冶金工艺技术。

2025—2050年，国内钢铁业将转向以优质精品钢材生产为主，包括满足高端制造业需要的高强和超高强度钢材，高耐蚀性能造船和海洋设施用钢，高性能厚板、薄板、钢管、棒材、钢丝等，高Mn、高铝等新钢材品种等。精品钢材冶金工艺技术包括超高洁净度钢材冶金工艺技术（极低硫、磷、氧、氢等）、窄成分控制炼钢工艺技术、冶金缺陷控制技术、凝固组织与偏析控制技术、钢中夹杂物控制与利用技术等。

（2）高废钢比转炉炼钢技术及全废钢电炉炼钢工艺。

预计2030年后国内废钢供应开始大量富余，鉴于全废钢电炉在生产优质精品钢材存在较多困难（氮含量、Cu、Sn等混杂元素），因此转炉炼钢提高废钢比具有非常重要意义。高废钢比转炉炼钢工艺技术主要包括：废钢预热技术（炉内、炉外）、底吹氧气转炉复合吹炼工艺技术（KOBM）、高效二次燃烧技术、转炉加煤和喷吹煤粉冶炼工艺技术、炼钢-精炼-连铸快速生产技术（提高热效率，降低转炉出钢温度）等。

2025—2050年，国内电炉生产流程将会快速发展，全废钢电炉炼钢生产技术要包括超高功率电炉生产工艺、新一代环保型废钢预热技术、余热发电技术、二噁英治理技术、全废钢电炉生产精品钢材（氮含量控制、混杂元素含量控制、全废钢洁净冶炼技术等）。

（3）电转炉工艺新技术。

开发满足多元炉料结构的全废钢或全铁水冶炼工艺，结合转炉及电弧炉的工艺特点，开发出带电极的转炉炼钢装备，铁水的装入量可以在0~100%的范围内变化，废钢可以连续加入电转炉内，进行冶炼操作，满足炼钢工艺需要。

此外，开发高效节能的连续加料、连续出钢、连续精炼及连续浇注的炼钢流程新工艺将成为现实。

（4）连铸中心偏析控制技术。

连铸坯中心偏析对钢材（尤其对高碳特殊钢）性能影响显著，目前主要通过采用低过热度浇铸、电磁搅拌、轻压下等工艺方法对中心偏析加以控制，尽管有一定效果，但中心偏析仍然是影响轴承、弹簧等重要用途钢材性能的重要原因。预计2025—2050年，铸坯液芯轧制技术会取得重大突破，其与全柱状晶控制技术相结合，将基本解决铸坯中心偏析问题。

（5）薄带轧制工艺技术。

薄带连铸已在日本新日铁、美国钮克公司等投入工业生产，新日铁主要用其生产不锈钢，由于成本等方面原因已停产，钮克公司用其与电炉产线配合生产普碳钢，由于规模小尚未显现其竞争优势。国内东北大学薄带连铸试验研究表明，薄带连铸适合用于生产要求高均质性（成分、组织等）钢厂品种，如高牌号硅钢、高合金含量特殊用途钢等。沙钢已开始引进多台薄带铸机，开发薄带连铸生产高牌号硅钢等工艺技术，预计2025年，薄带连铸在高合金含量特殊钢生产方面将取得重大进展。

（6）炼钢生产"无人化"智能控制技术。

2025—2050年，移动通信、计算机、传感器、机器识别、机器学习、大数据技术等与当今相比将会有"翻天覆地"的变化，炼钢生产将基本实现"机器取代人"的智能控制，工艺过程控制模型将由目前主要基于"理论计算""数据回归处理"等转向以大数据为基础的人工智能控制，铁水预处理、转炉炼钢、电炉炼钢、炉外精炼、连铸、天车、钢包运转、钢包中间包等修砌、炼钢炉砌炉等都将基本实现"无人化"控制。

（7）"灵活制造"炼钢生产技术。

2025—2050年，炼钢生产将实现能够利用物联信息系统（CPS），将炼钢生产与供应信息、上下游工序制造信息、销售信息、用户信息等密切有机相连，达到快速、高效、个性化生产。为了适应用户"个性化""小订单""快交货"需求，要研究开发和采用"高效、快速、个性化"炼钢工艺技术，如变装入量转炉冶炼和炉外精炼，中间包热更换（再次应用），短浇次连铸，不同规格铸坯同时连铸等。

（8）二氧化碳的资源及能源化利用。

炼钢过程的有害气体（除二氧化碳）实现"零排放"的工艺技术。实现二氧化硫、氮氧化物等气体在炼钢流程的零排放，合金、原辅材料、钢包、中包烘烤等燃烧系统采用全氧＋二氧化碳的稀释燃烧技术。

开发二氧化碳再循环技术。利用二氧化碳的低温、弱氧化性等性能，实现二氧化碳气体再循环资源化，开发二氧化碳分离成一氧化碳技术，实现能源转化利用达到50%以上。

（9）炼钢生产固体废弃物处理再利用技术。

炼钢生产中固体废弃物完全实现"零排放"工艺技术。包括炼钢、精炼、连铸炉渣无F、低F化技术，转炉、电炉炼钢炉渣分离回收P、Fe资源和钢渣再利用技术，铁水脱硫处理渣和炉外精炼渣（高硫含量）用于炼铁生产，RH精炼装置耐材无Cr化技术，废弃耐材返回利用技术等。

三、中短期和中长期发展路线图

中短期和中长期发展路线图见图13-1。

目标、方向、发展重点及关键技术	2025年	2050年
目标及方向	（1）加强高端关键钢材品种冶金技术的研发 （2）优化炼钢、精炼、连铸工艺 （3）高废钢比转炉冶炼及电弧炉全废钢冶炼技术 （4）以适应用户"个性化""小订单""快交货"需求转变 （5）生产智能化控制 （6）固体废弃物基本"零排放" （7）加强炼钢、精炼、连铸关键工艺技术创新	（1）精品钢材冶金工艺技术 （2）绿色化炼钢生产工艺技术 （3）高废钢比炼钢工艺技术 （4）炼钢生产实现"工业4.0" （5）重大工艺技术
发展重点及关键技术	（1）高效铁水脱硫预处理技术 （2）复吹转炉炼钢工艺技术的完善 （3）高废钢比转炉炼钢工艺技术 （4）"留渣+双渣"转炉炼钢工艺技术 （5）转炉炉气分析吹炼控制技术 （6）RH吹氧、升温、喷粉精炼技术 （7）窄成分控制工艺技术 （8）高拉速板坯连铸工艺技术 （9）薄板坯连铸直轧技术 （10）连铸凝固终点大压下技术"炼钢-精炼-连铸"快节奏层流式生产运行组织 （11）特殊钢非金属夹杂物控制技术 （12）全废钢电炉炼钢技术 （13）开展二氧化碳在炼钢的资源利用 （14）"炼钢-精炼-连铸"快节奏层流式生产运行组织 （15）智能化自动控制 （16）固体废弃物"零排放"炼钢生产工艺技术	（1）高废钢比转炉炼钢技术及全废钢电炉炼钢工艺 （2）电转炉工艺新技术 （3）连铸中心偏析控制技术 （4）薄带轧制工艺技术 （5）炼钢生产"无人化"智能控制技术 （6）"灵活制造"炼钢生产技术 （7）二氧化碳的资源及能源化利用 （8）炼钢生产固体废弃物处理再利用技术

图13-1 中短期和中长期发展路线图

第五节　与相关行业、相关民生的链接

钢铁是基础工业，是工业产品的粮食，炼钢是其中重要的一个生产环节，炼钢技术的进步直接影响建材、机械制造、高端金属材料、航天、海洋等技术进步。钢铁工业是重污染行业，需要相关行业的配合及协调联动，降低污染、改善对环境的影响。因此重视并开发炼钢新技术，满足国民经济发展的需要至关重要。

第六节　政策建议

国家相关部门应加大对钢铁行业重大技术进步的支持，如薄带铸轧技术、连续炼钢、电转炉技术、二氧化碳应用于炼钢技术。

到 2050 年，淘汰落后炼钢工艺，进一步完善节能环保政策的执行力度，推动技术进步。

撰稿人：王新华　朱　荣　苏天森　徐安军

第十四章 铁合金冶炼

第一节 学科基本定义和范畴

铁合金是由一种或两种以上金属或非金属元素（与铁元素）组成的，并作为钢铁和铸造业的脱氧剂、脱硫剂和合金添加剂等的合金。

铁合金种类繁多，按照合金中的主元素分类，可以分为硅、锰、铬、镍、钒等铁合金；按照合金中的含碳量分类，可以分为高碳、中碳、低碳、微碳和超微碳等铁合金；按照生产方法分类，则分为高炉铁合金、矿热炉铁合金、转炉中碳铬铁等；同时还有含两种及两种以上合金元素的多元铁合金，如硅铝、硅锰等。

铁合金根据产品品种和质量要求采取不同的冶炼方法，主要有碳还原法（矿热炉、高炉）、金属热还原法和电解法，还可以采用电硅热法、吹氧脱碳、真空固态脱碳等方法进行生产。对于低品位的矿石，则必须通过选矿方法（湿法或火法）进行富集。对粉矿还需进行造块（烧结或球团）得到符合冶炼要求的炉料。

铁合金是钢铁冶炼过程中的三大辅助材料之一，也是钢铁工业发展的重要支柱性产业之一。钢铁材料技术的发展对铁合金技术的发展、铁合金质量、铁合金种类、铁合金冶炼装备水平等的要求也不断提高，主要表现在新材料的发展对新品种铁合金的需求不断增加，应对能源问题和挑战需要开发先进的铁合金生产装备和工艺，改善自然环境需要对铁合金废弃物的处理和利用不断提出新的要求，在矿产资源不断枯竭的情况下需要开发新的工艺和加工制备技术。铁合金技术的发展与钢铁工业技术的发展和进步息息相关。

第二节　国内外发展现状、成绩、与国外水平对比

一、我国铁合金学科现状和铁合金工业的总体情况

我国铁合金行业和铁合金学科发展的总体情况表现在：① 产能、产量最大；② 大综类产品的品种较齐全、生产厂家分布基本合理；③ 大部分生产企业的生产经济指标已达到我国政府提出的行业准入标准，有些已属国际领先水平；④ 产品质量要求与国外发达国家的铁合金产品标准相比较仍有较大差距；⑤ 铁合金生产主体设备的自动化程度和企业生产管理尚达不到国外先进企业的水平；⑥ 铁合金学科发展的科研工作和专业工程人才培养不能满足铁合金行业当前和今后发展的需要。

目前我国的铁合金产量约占世界总产量的 40%。2011—2013 年，我国铁合金产量由 2809 万吨增至 3612 万吨，年均增幅 14.3%，2014 年产量 3786 万吨，达到生产峰值，但增幅开始下降，尽管如此，2016 年产量仍有 3559 万吨。2006—2016 年我国铁合金产量变化如图 14-1 所示。根据国家去除高能耗落后产能的指导思想，预测我国今后十年的铁合金产量仍会维持在 3250 万吨左右。

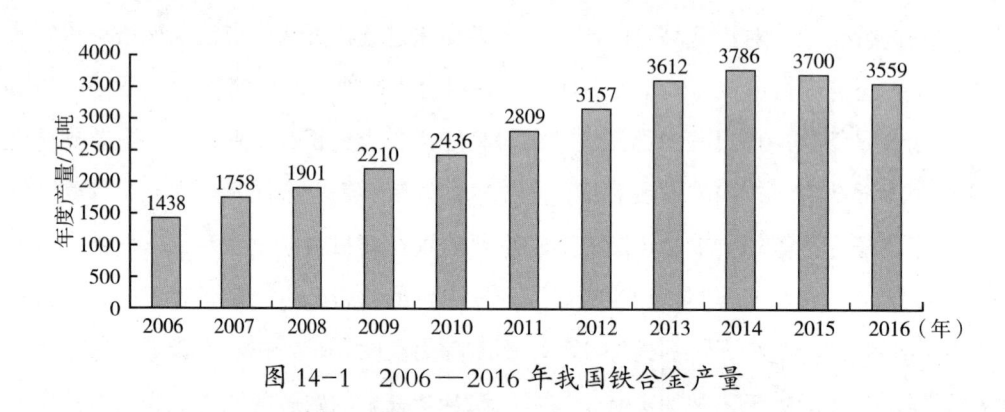

图 14-1　2006—2016 年我国铁合金产量

我国的铁合金产品品种繁多，主要以锰系、硅系、铬系、镍系四大品种为主，约占我国铁合金总产量的 83.0%。此外，我国还生产硅钙合金、工业硅、特种铁合金等产品，这是世界上其他国家尚不具备的技术优势。2015 年我国铁合金品种和产量如图 14-2 所示。

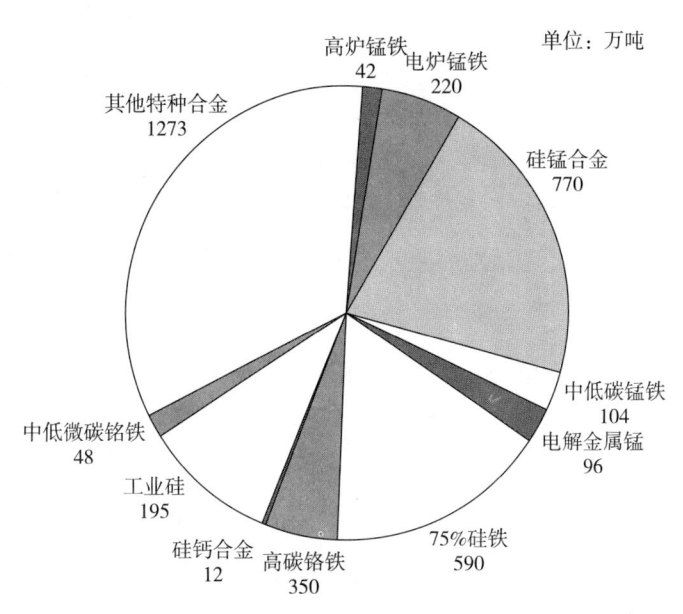

图 14-2　2015 年我国铁合金分品种产量

我国大部分省份都有铁合金生产企业，但主要集中在水资源或煤炭资源比较丰富的中南、华北、西北和西南地区，2015 年这四大区域的合计产量占全国总产量的 86.3%，见图 14-3。2016 年我国铁合金产量超过 200 万吨的省份有内蒙古、广西、宁夏、贵州等 4 个省，其中内蒙古以 700 万吨的产量名列全国第一，如图 14-4 所示。

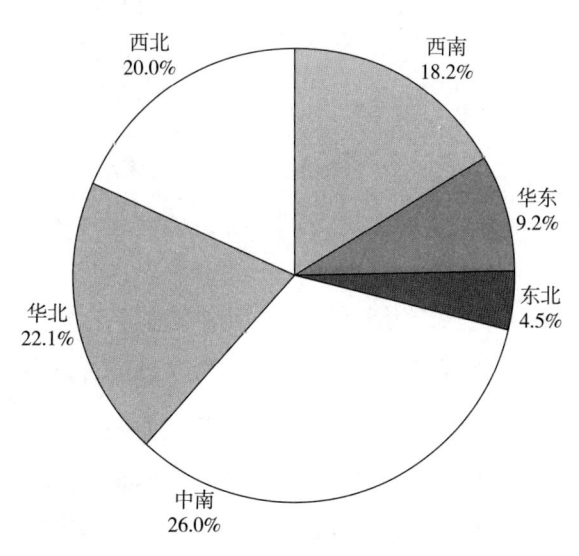

图 14-3　2015 年全国铁合金分地区产量

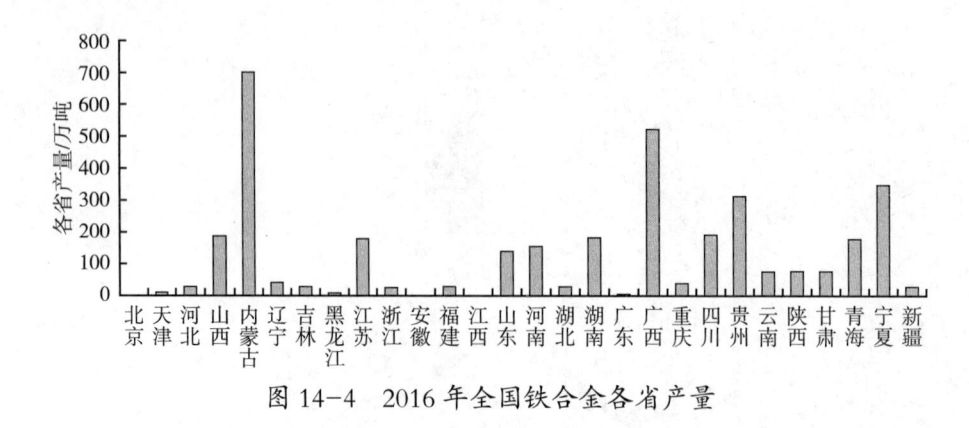

图 14-4　2016 年全国铁合金各省产量

经过国内铁合金行业多年来的技术积累和提升，我国部分企业在冶炼硅锰、高碳锰铁等产品的单位电耗以及主元素回收率等项的经济技术指标方面均已达到国际领先水平，如表 14-1 所示。

表 14-1　主要铁合金品种单位电耗和主元素回收率指标

生产品种	单位电耗（kWh/t）	元素回收率（%）
高碳锰铁（电炉）	2028（1478）	98.24
硅锰合金	3676	90.64
中、低碳锰铁	601	—
75% 硅铁	7235	96.35
高碳铬铁	3020	94.97
硅铬合金	4732	95.47
中、低碳铬铁	1636	88.90
微碳铬铁	1718	83.97

由于我国铁合金工业发展的历史和钢铁生产主流程工艺的要求等因素的影响，国内大量使用的主要铁合金产品的质量要求仍然停留在五六十年代的水平，如不提高，今后将不能适用于以废钢为主原料的电炉钢生产短流程工艺。

铁合金生产主体设备的大型化方面，国内铁合金行业已取得重大进步。但作为一个锰、铬矿产资源缺乏的国家，由于受进口原料条件等因素的制约，目前我国的矿热炉自动化控制技术方面仍属于空白。

北京科技大学、重庆大学、东北大学、辽宁科技大学、钢铁研究总院等大专院校和科研院所仅设有铁合金专业方向的硕士和博士学科点，还没有建立与多数铁合金专业人才培养相关的本科生专业设置和教学培养规划，这对今后铁合金科研人才的积累和储备不利。

二、中华人民共和国成立以来我国铁合金工业取得的成绩

（1）装备水平大幅度提升。

我国铁合金生产矿热炉容量从20世纪40年代的400kVA提高到当前的75000kVA。2010年以来，我国累计淘汰铁合金产能1080万吨，矿热炉装备从以容量为6300kVA的矿热炉为主逐步升级到以12500kVA的矿热炉为主，更有75000kVA的高碳铬铁炉、60000kVA的镍铁炉、45000kVA的硅锰合金炉以及33000kVA的工业硅炉等大型矿热炉相继投产运行，铁合金行业装备容量增大，装备水平大幅提高。

（2）矿热炉已从仿制发展到自主设计、制造阶段。

1952—1955年，我国的较大型矿热炉主要靠苏联援建，比如苏联援建吉林铁合金的（2×12.5）MVA锰铁和（2×9000）kVA钒铁矿热炉。1958年北京钢铁设计研究总院自主设计的12.5MVA和9000kVA的矿热炉于1962年投产，取得不错的效果。到1972年，我国已经可以输出自主设计的矿热炉（大连重机厂为阿尔巴尼亚设计9000kVA高碳铬铁炉）。近年来，我国的矿热炉设计制造技术不断发展，密闭电炉、空心电极、组合式把持器等关键技术基本掌握，冷凝炉衬技术得到逐步推广，计算机控制技术已开始应用（如压力传感器式称量、配料系统等）。

（3）生产工艺水平和能耗指标与发达国家差距逐步缩小。

对于铬铁、锰铁等大宗铁合金的冶炼，我国在贫、富矿搭配冶炼以及利用贫矿等方面有明显优势；而在铬铁冶炼方面，原料非热装的能耗指标与发达国家基本接近。

（4）行业规范管理初见成效。

工信部先后公告七批符合准入条件的企业名单，涉及企业（集团）800余家。2015年12月，工业和信息化部发布《铁合金、电解金属锰行业规范条件》，对铁合金企业装备、环保、节能等做了更新和更严格的要求，行业规范管理初见成效。

三、我国铁合金技术引进与国内科研现状

尽管近年来我国铁合金工业的产业结构和生产格局得到进一步优化，产业集中度

低、装备水平差的情况有所改善，生产技术和工艺水平有所提升，但是目前我国铁合金生产和科研的整体水平还不高，同发达国家相比仍有较大差距。因此，国内许多已建和新建铁合金企业从国外引进多项先进的铁合金生产工艺和装备，主要有以下项目：① 大型密闭矿热炉设计制造技术，大型矩形镍铁电炉。② 高碳锰铁、镍铁矿热炉的冷凝炉衬技术。③ 铬铁、锰铁、镍铁等大宗铁合金原料预热和预还原处理工艺，铬铁球团烧结工艺。④ 组合式电极把持器和大型铜电极把持设备和技术。⑤ 转炉精炼中、低碳铬铁和锰铁工艺设备。⑥ 干法煤气净化设备和技术等。

另外，结合国内铁合金企业的实际问题，一些大学、研究机构和高新企业积极开展了与铁合金学科相关的研究工作（包括但不限于以下几点）：

（1）采用CO_2-O_2混合喷吹冶炼中低碳铬铁和中低碳锰铁技术的开发。

转炉脱碳的方式生产中低碳产品与传统的电硅热法相比具有处理能力大、流程短、节省人工、生产效率高、电耗低等诸多优点，是铁合金冶炼发达国家广泛采用的技术。目前已经开展将CO_2应用于转炉冶炼中低碳铬铁和中低碳锰铁冶炼过程中的研究，期望利用CO_2的特性实现提高金属回收率、延长炉衬寿命的目的，同时也为CO_2的资源化利用提供途径。

（2）铁合金烟气粉尘的高效循环利用。

研究利用锰系合金生产过程中所产生的粉尘的物理形态和化学性质，制取高附加值的化工产品，改变了过去铁合金冶炼过程中产生的粉尘大多采用造粒、烧结等工艺，重新加入原料系统回炉冶炼的传统思路，不仅能够将锰系合金中产生的固体废弃物利用，而且可以获得很好的经济效益。

（3）光伏产业废弃物金属硅的资源化利用。

利用光伏产业产生的硅废料作为还原剂生产高附加值的低磷纯净铁合金，不仅可以处理光伏产业的固体废弃物，而且能够解决现有铁合金工艺技术尚不能生产的高端低碳铬铁产品，是"铁合金作为固体废弃物处理平台"的成功案例。

（4）还原脱磷技术在铁合金生产中应用。

利用电硅热法生产300系不锈钢基料，该工艺过程中的中间合金——高硅镍铁合金的还原脱磷及脱磷产物的检测研究结果可应用于对锰系、铬系铁合金的脱磷工艺中。

（5）新型电热冶金法制备高纯硅技术。

采用粉体或块体的硅质原料或工业废料，利用调配组合后的优质碳质还原剂，摒弃木炭和木块的使用，在炉内实现高温冶炼和去除杂质的一体化生产，同时将金属硅液炉外热装精炼和定向凝固一并完成，最终生产出不同质量需求的高纯硅产品。

（6）直流电炉技术研究。

当前，世界范围内直流矿热炉主要应用在铬铁粉矿冶炼及钛渣冶炼领域。该技术的优势在于：① 电网短路容量要求小；② 炉子可以在孤网供电模式下运行。我国直流电炉的研究开始于 20 世纪 80 年代，最初研究直流电炉埋弧冶炼硅锰合金产品，随后进行了直流电炉冶炼铬铁粉矿、高钛渣等产品的可行性研究。目前着重研究不同直流迴路供电方式的优化。

（7）矿热炉低压补偿和电极大电流检测技术。

矿热炉低压补偿技术已被国内铁合金企业接受和应用，实践证明，该技术的使用对提高炉用变压器利用效率、调整入炉有功功率、改进操作方式、提高产量起到了明显效果。

四、国外铁合金工业发达国家的科研和技术现状

（1）重视铁合金基础理论的科研。

挪威、乌克兰、芬兰、俄罗斯、南非等国对铁合金工业领域的基础理论研究一直很重视。近年来，他们在以下方面做了许多研究工作，如矿热炉内的流场、温度场以及炉盖的热应力的计算机模拟和数学模型建立；采用电极系统（筋片、电极壳、电极）的温度检测方法控制自焙电极的烧结和压放；用电极电压测量方法有效地控制矿热炉的入炉功率；焦炭层结构对铬铁炉料导电性能的影响以及高碳铬铁冶炼过程中不同料层对透气性的影响；氮化锰铁（碳含量为 0.23%）制备过程的动力学等。

（2）普遍采用球团烧结、炉料预热、预还原预处理等技术降低冶炼电耗。

南非铁合金企业普遍使用芬兰奥图泰（Outotec）公司的球团烧结技术进行铬铁矿原料预处理，该技术使大型铬铁矿热炉的作业率达到 98% 以上。此外，国外一些铁合金厂已广泛采用预热器和预热罐、回转窑、转底炉等方式对炉料进行预热或预还原，从而有效降低冶炼电耗。芬兰奥图泰公司的预热罐技术与烧结生产线一起广泛应用于南非的铬铁生产厂，而南非特诺恩·派罗梅特公司（Tenova Pyromet）新开发的多元预热器（MPH）技术则由于可以与电极系统放在同一生产厂房平台，而适用于任何新建及已经建好的矿热炉上。哈萨克斯坦的 Kazchrome 厂应用了 MPH 技术后，取得如下效果：① 矿热炉的电耗降低约 15%；② 还原剂的挥发分降低 20%，由此降低了还原剂用量，同时提高了矿热炉的煤气产生量；③ 稳定的矿热炉操作电阻可提高入炉

功率 0.5～1.0MW。

工业生产证明，镍铁、锰铁原料采用回转窑预还原或转底炉预还原技术可以显著降低矿热炉冶炼电耗和冶炼时间。

（3）广泛采用中低碳锰铁、中低碳铬铁冶炼的转炉吹炼工艺。

由于转炉精炼中低碳锰铁和中低碳铬铁工艺具有流程短、设备体积小、占地少、渣量小、生产效率高、人工省的特点而被国外铁合金厂家广泛认同和采用。挪威和南非的中低碳锰铁精炼设备包括 CLU 炉、AOD 和顶底复吹转炉等炉型，吹炼模型先进、终点控制准确。德国 SMS 开发的 AOD 和真空 +AOD 法冶炼低碳铬铁的技术已在印度和哈萨克斯坦得到使用。

（4）设备机械化率和自动控制水平高，降低了劳动生产成本。

炉前普遍采用液压开眼、堵口和液压扒渣机，行车进行遥控操作，机械化程度高。而电炉操作则以功率加电阻控制为主，人工干预很少，仅在报警或有故障时改手动，大大提高了劳动生产效率，如挪威的锰合金人均产量为 1000～1500 吨／人·年。

铁合金成型破碎使用高效率浇铸技术，比如瑞典 UHT 公司的专利技术——铁水粒化技术（Granshot）是解决铁合金成型及破碎粉化的有效途径。这种工艺在生铁、FeCr、FeNi、FeSi、Ag、Cu 等金属的成型上广泛应用，最大处理能力可达 360 t/h。尽管铁水粒化技术具有生产能力大、自动化程度高、设备作业率高以及产品性质均匀等诸多优点，且在很多种类的铁合金上都有应用，但是该技术目前还不能用于锰系合金的生产。而日本永田工程株式会社的带式浇铸机则可以在 SiMn 和 FeMn 的铸造上使用，最大生产能力可达 240 t/h（最小 20 t/h）；法国 FAI 公司的铜质振动浇铸机也可以被考虑应用在锰系和硅系合金的铸造上。

（5）余热、煤气和炉渣显热的高效率回收利用。

欧洲普遍采用余热锅炉冷却高温烟气，尤其以挪威和瑞典的铁合金厂为典型。采用这种办法可以回收烟气中 70% 左右的余热，余热用于市政供暖和供水系统。

有效回收炉渣显热的一些先进技术的研发和应用正在开展，比如 Ecomaister-Hatch 公司研发了一种空气雾化铁合金渣技术，能够将渣直接雾化成小颗粒作为副产品出售。采用这种技术不仅能够回收渣里的热量，同时还提高了金属回收率。而 Paul Wurth SMS 公司则开发了一种干法渣粒化系统，该专利工艺是将钢球射入液态渣中，从而提高渣饼的导热性，使得显热可以回收。而芬兰则通过一系列的技术研发，使得密闭矿热炉的煤气几乎全部应用于厂内，比如 Outocumpu 钢厂采用密闭铬铁矿热炉进行高碳铬铁的冶炼,其产生的煤气应用于厂内铬铁粉矿烧结、铬铁球团预热、钢包和铁水包的烘烤等环节,几乎 100% 的煤气进行厂内循环利用。

(6)先进的直流矿热炉技术。

直流炉在电网短路容量较小或孤网模式下操作炉子的情况下有明显优势。国外直流炉应用在铬铁粉矿冶炼及钛渣冶炼上较常见。德国 SMS 早在 1905 年就对直流炉进行了研究和使用(碳化钙的生产)。而南非为了处理铬铁粉矿,于 1970 年开始直流炉的研究,1983 年采用 16MVA 的炉子进行了中试,并于 1988 年扩大到 62MVA,正式用于工业生产。关于直流炉的研究,南非和德国一直持续发展,除了空心电极加料外又增加了辅助料管,改善了导电炉底的结构,从而提高使用寿命,降低维修率。2014 年,德国 SMS 在哈萨克斯坦建立了 4 台 72MVA 的直流炉,用于生产高碳铬铁,取得不错的效果。

(7)冷凝炉衬提高炉衬寿命。

美国 UCAR 公司的冷凝炉衬技术被应用于多种铁合金电炉上。挪威、南非锰系合金和铬系合金生产采用冷凝炉衬的厂家较多,可以将炉衬寿命提高到 10~15 年。

(8)普遍采用大型密闭矿热炉。

大型矿热炉具有热效率高,炉温稳定,单位产品投资低,有利于烟尘净化和余热利用,运行成本低,为原料运输和操作的机械化和自动化控制创造了条件——提高劳动生产率,基建投资比多台小炉子省等优点。SMS Seimag 西马克早在 1953 年就建设了 40MVA 的矿热炉,此后几十年矿热炉的炉型不断扩大,到 1982 年已经可以建造 108MVA 的圆形密闭炉,2004 年世界最大的矩形炉(120MVA)在韩国建成投产,用于镍铁生产。而芬兰 Tornio 工厂的铬铁炉炉型则从 1984 年的 24MVA 一路扩展到 2010 年的 100 MW(以入炉功率计量)。

(9)环保要求提升。

欧洲、日本、韩国等国的铁合金企业废弃物排放有严格标准。烟尘排放:以芬兰为例,采用多点、多种方式结合除尘,使得烟尘排放为小于 5 mg/m³。芬兰 Tornio 厂对矿热炉、预热窑和带式烧结机产生的热烟气(100~1000℃)进行湿法除尘,而室温的干烟尘则采用过滤除尘,比如出铁口的烟尘,需要混风降温以后经过布袋除尘器进行除尘,使得排放的烟尘里灰尘总量低于 5 mg/m³。废水排放:对废水的 PH 值、悬浮颗粒物以及有毒废物进行严格规定。比如日本规定海水区域所排放的废水的 pH=5.0~9.0,非海水区域 pH = 5.8~8.6,有毒废物六价铬化合物低于 0.5 mg/L,溶解锰低于 10 mg/L，溶解铁低于 10 mg/L 等。

五、与国外水平对比评价

对比我国铁合金工业的现状以及国外铁合金技术发达国家的情况可以发现我国铁合金工业存在的问题，主要归结为行业整体性问题及存在的技术差距。

（1）行业整体性问题。

1）产业集中度较低。我国铁合金企业1800多家，规模10万吨以上的企业150家左右，产能占比约40%；1万~10万吨的企业1000家左右，产能占比超过50%；1万吨以下企业650家左右，产能占比10%以下。但是，前10位大企业产能占全国总产能的比例仅10%左右，集中度较低。

2）产能和供需与钢铁企业匹配度不高，行业盈利能力不强。铁合金总产量超过钢铁生产发展的需求，而铁合金的品种、质量却落后于钢铁生产技术进步的要求，同时地区经济发展环境和要求的差异造成国内铁合金企业和钢铁企业在地域供需上的矛盾和价格波动，增加物流成本。2015年铁合金行业销售利润率只有1.12%，创造了"十二五"期间的新低，铁合金行业亏损面41.7%，同比扩大6.9个百分点。

3）矿产资源对外依存度高。我国并不是铁合金矿产资源丰富的国家，硅、锰、铬三大系列铁合金生产所需的富锰矿和铬铁矿不得不依靠进口，并越来越受到货源和矿价的制约。近年来，我国锰矿和铬矿的进口量逐年增加。2008年我国锰矿进口量757.12万吨，铬矿进口量近689.78万吨，分别占国内锰矿、铬矿消费量的47.5%和95%左右。2012年我国锰矿进口量超过了1200万吨（61.8%）。2015年我国进口锰矿1574.5万吨，对外依存度超过50%；进口铬矿1039.3万吨，对外依存度超过90%；红土镍矿也几乎全部依靠进口。而目前我国铁合金矿产资源的加工利用率低、二次冶金资源开发利用程度不够，因此，我国锰矿和铬矿资源现状决定了未来我国铁合金矿产资源在很大程度上将长期依赖进口。

（2）我国的铁合金技术与发达国家相比存在不小的差距，这些差距主要表现在：

1）对铁合金生产工艺理论和装备技术的科研工作重视不足。当前国内的铁合金体系基本是照搬苏联的，没有自己的研究体系，对于铁合金生产的基础理论、工艺、装备的科研相对匮乏。国外这些方面的科研工作基本是由铁合金生产厂家和铁合金设备供应商完成的，而我国则主要依靠大专院校和科研院所进行，但是我们又缺乏铁合金学科高级专业研究人员培养体系和铁合金生产企业冶炼技术人员的继续教育体系。

2）国外先进设备、工艺技术推广力度不够。工艺、装备水平相对落后，直接影响二次能源利用和环境污染治理。与国外先进同行相比，我国对于新型、适用、耐用设备的开发、转化、配置不够；高碳锰铁、锰硅合金和高碳铬铁采用全封闭炉型进行生产的企业不多；做到原料预热、烧结球团、预还原处理等精料入炉的仅有少数企业；精炼锰铁和精炼铬铁全热装热兑工艺、转炉冶炼工艺普及程度不高；铬矿粉矿和低品位锰矿高效利用、粉煤灰生产硅铝铁、镍铁除尘灰造球、铁合金渣无害化处理及综合利用等工艺技术需进一步推广。

3）计算机用于生产经营的信息化管理与生产过程的自动化控制处于起步阶段。铁合金生产过程的自动化控制与发达国家相比还有一定差距。电极控制涉及电极压放的监测、电极温度的测量、电极位置的测定等，这些工作南非、挪威、加拿大等国一直在研究，而我国关于这方面的研究较少。同时，与钢铁冶金相比，计算机应用于生产经营的信息化管理程度很低，造成铁合金企业的管理水平与钢铁企业差距较大。

4）铁合金工艺技术和装备自主创新能力不强。当前我国铁合金工艺技术装备和关键品种自主创新成果不多、原创性技术不足，自主创新能力难以支撑转型升级。我国铁合金设备的创新更多体现在引进西马克、赫式、奥图泰等现代化技术装备基础上的新产品及生产工艺的开发，导致产品同质化竞争激烈、重大关键突破性技术供给不足、没有形成具有国际竞争力的产业主导技术等问题。

同时创新投入水分多，体制机制有待继续优化。近年来我国重点统计钢铁企业科技活动经费增加较快，但实际用于研发的比例仅占企业科技活动经费总投入的50%左右，研发投入占销售收入的比例仅在1.2%左右。新产品开发多为模仿创新，难以形成在世界钢铁界具有影响力的重大专有技术和产品优势。而铁合金企业的科技投入经费与钢铁企业还有很大差距，由此可想而知铁合金的创新投入情况。

第三节 本学科未来发展方向

挪威、南非、芬兰、乌克兰、俄罗斯、韩国、日本等国家的铁合金冶炼技术处于世界领先地位，随着铁合金生产格局的改变，日本的铁合金产量大幅缩减，因而日本在铁合金技术方面近年来没有新的报道，而加拿大赫式（Hatch）公司、德国西马克（SMS）公司、南非的一些铁合金工程公司（Metix，Tenova Pyromet）的铁合金冶炼装备则一直引领铁合金装备的发展方向。此外，随着应对全球气候变化"巴黎协定"的签署和执行,各大工业国将加强碳排放控制。市场竞争和环保压力的增大会促使铁合金企业进一步采用新科技,改进生产工艺,向更高生产效率、更好产品性能、环境更加友好、用户服务更加完善的方向发展。

发达国家铁合金学科发展呈现以下特点:

1. 矿热炉大型化趋势明显

大型矿热炉具有单位产品投资低,有利于烟尘净化和余热利用,运行成本低,基建投资比多台小炉子省等优点,同时矿热炉大型化也为提高设备的机械化程度及自动化控制水平创造了条件。德国的SMS Seimag西马克公司引领着矿热炉大型化的趋势,2004年世界最大的矩形炉(120MVA)在韩国建成投产,而在哈萨克斯坦新建的直流炉容量也超过72 MVA,芬兰的铬铁炉炉型则从1984年的24 MVA一路扩展到2010年的100 MW,南非的铬铁生产厂家新投产的矿热炉也在尝试超过100MW的炉型。

2. 能量与废弃物循环利用

铁合金冶炼过程中产生煤气、烟尘、炉渣等废弃物。目前煤气一般先净化后在厂区内加以循环利用。而产生的烟尘、炉渣等固体废弃物的利用率较低。铁合金烟尘绝大部分用于烧结或冷固造块后重新投入铁合金生产线,而铁合金炉渣的有效利用仍需探索。国外一些铁合金厂通过空气雾化铁合金方式(如Ecomaister – Hatch)或者干渣粒化的方式回收炉渣中的显热,而后将炉渣作为筑路材料或者水泥掺合料,而国内大部分厂家炉渣的显热无法回收,冷却后的渣则堆放处理。今后,利用铁合金渣制造农用肥料、微晶玻璃、岩棉、化肥等附加值高的产品,在铁合金生产过程中形成固体废弃物"零排放"将是必然趋势。

3. 打破铁合金与炼钢的壁垒,以铁合金为基底短流程炼钢

Outocumpu的Tornio工厂最早采用铬铁矿冶炼铬铁,然后利用铬铁水热兑生产不锈钢,实践证明该流程节能效果明显并且可以显著降低生产成本。近年来,中国的一些钢铁厂也开始尝试采用矿热炉生产镍铁水,并利用感应炉熔化铬铁,然后热兑生产不锈钢,该工艺在市场竞争中抢占优势。挪威的一些研究人员报道了以锰铁为基底,直接生产高附加值TWIP钢和TRIP钢的思路和想法。打破铁合金与炼钢的壁垒,以铁合金为基底短流程炼钢将是今后铁合金发展的一个方向。

4. 应用智能控制技术提高矿热炉及精炼设备的控制水平

近年来计算机硬件、网络、大数据等技术发展非常迅速,铁合金研究人员也尝试将这些技术应用到铁合金智能控制领域来。南非采用摄像头作为主要传感器连续监测

电极和压放环的移动，然后采用计算机视觉和图像处理技术进行电极压放监测（南非的 Mintek 公司），为自动控制水平的提高起到了积极作用。

今后，计算机硬件、网络、大数据、云计算、人工智能等还会更加快速发展，采用大数据、人工智能、无人化生产技术，将电控与冶金生产工艺相结合，实现铁合金生产过程的高度自动化、智能化。

第四节　学科发展目标和规划

一、中短期（到 2025 年）发展目标和规划

1. 中短期（到2025年）内学科发展主要目标和方向

针对我国铁合金工业现状、国外发达铁合金国家的技术水平以及我国铁合金行业存在的问题，结合钢铁工业发展方向，到 2025 年我国铁合金学科发展的主要任务和目标归纳为以下五个方面：

（1）重视铁合金应用基础理论的研究，逐步提升学术科研水平。

铁合金生产的应用基础理论主要包括矿物学、过程冶金学和电气工程学等几个方面，与钢铁冶金学科比较，涉及的专业知识面更广泛，一定程度上反映出具有交叉学科的特点。根据我国的锰、铬矿产资源缺乏的现实，今后很长一个时期仍会以进口矿为主生产锰系、铬系铁合金产品，因此有必要系统研究部分进口矿的矿物学特征、冶金性能以及有害杂质赋存形态，为生产企业提供制订烧结、冶炼工艺的依据和提升产品质量的途径。要着手建立我国铁合金用碳质还原剂 -SiO 冶金反应活性的检测评估标准与方法，充分发挥我国的资源优势，合理使用和开发专用碳质还原剂，满足铁合金生产企业长期需求。依据我国现行的电力政策，应进一步研究矿热炉补偿技术，并将其与矿热炉操作自动化结合起来。

（2）加强存量产能优化，努力提高产业集中度和装备技术。

按照《国务院关于化解产能严重过剩矛盾的指导意见》（国发〔2013〕41 号）和《国务院关于钢铁行业化解过剩产能实现脱困发展的意见》（国发〔2016〕6 号）要求，国家将严格执行法律法规和产业政策。工信部发布《铁合金、电解金属锰行业规范条件》，鼓励现有企业对照本规范条件有关要求积极进行技术改造，努力提升工艺技术、节能环保、安全生产等水平。铁合金工艺设备将继续向大型化、密闭化、智能化方向发展。

按照国家要求将淘汰 12500 kVA 以下矿热炉，新建电炉容量不低于 25000kVA。针对这一点，要认真思考世界技术潮流和动态，不应简单以容量为标准衡量评估生产设备是否先进，需要按照地区电力供应条件和国内外矿产资源特点，逐步建立、健全我国铁合金生产设备的系列设计和制造标准，以环保要求为重点，尽快突破矿热炉自动化操作技术瓶颈，根据实际情况，从真正意义上实现行业装备水平提高和落后产能淘汰。

（3）围绕钢铁制品实物质量提升和生产工艺优化，逐步建立起有我国特色的铁合金产品生产体系。

部分铁合金产品将向精品化、纯净化、多样化方向发展，特别是更加严格控制磷、硫、铝、砷、锌、铅等有害杂质元素和氮、氧、氢等气体含量以满足下游用户的个性化需求。为了实现这一目标，相关研究单位和部门需认真学习和借鉴国外经验，开展纯净铁合金生产理论和工艺装备方面的创新性科技工作。企业亦应树立以用户为中心的理念，针对钢铁企业的需求进行产品研发和生产。为满足精品钢和有色行业的生产需求，开发生产一批精品铁合金产品，如电解纯铁，镍钼合金，镍铜合金，微碳低硫、磷的铬铁、钼铁、钨铁，镁系合金如镁钙、镁铝合金，含硼硅锰合金等新产品。

（4）坚持工艺技术绿色化，提高产业综合竞争力。

2015 年新《环境保护法》实施和《生态文明体制改革总体方案》出台，大幅提高环保违法成本，并强化环境信息公开和环保执法权限、加强行政问责等一系列措施。节约资源能源、加强环境保护和资源综合利用将是铁合金工艺技术发展的重要方向。

应用精料入炉、原料预热、炉外精炼、炉渣贫化、烟尘净化处理、煤气和余热回收发电，贫杂矿和固体废弃物综合利用，提高资源综合利用效率，努力改善生产劳动环境。

（5）努力扩大铁合金生产技术优势，打破铁合金生产和钢铁生产之间简单上下游关系。

铁合金企业除了要加强与下游钢铁企业的沟通，实行定制化生产服务，避免无序竞争外，亦可以针对某些特殊高端钢铁制品，利用本身技术、装备特点，研究开发初级高合金钢铁制品，由此提高冶金行业的能源和资源的综合利用效率，形成新的产业工艺生产路线。未来单纯依靠原料、物流或电力优势取胜的企业将缺乏长久发展的动力，而"电力－冶金－化工－废弃物循环利用"一体化的循环经济模式将是铁合金企业屹立不败的优势所在。产业集中度高，管理水平高，装备先进，节能环保的铁合金企业将会在市场竞争中长久生存。

2.中短期（到2025年）内主要存在的问题与难点

目前我国的铁合金企业以民营企业为主，许多企业以快速短期盈利为目的的倾向性没有得到根本性转变。作为研发主体的大型企业在过度竞争的状态下，也只能维持简单再生产，无力投入资金开展技术研发和创新，使得行业的技术研发和创新严重滞后于生产与市场需求，很多新技术也没有及时推广应用。企业经济效益的增长依靠技术进步的贡献率十分有限，管理组织提升的贡献率更低。

铁合金人才培养缺乏计划性和前瞻性。我国开设铁合金专业的大专院校较少，一些重点钢铁冶金院校如北京科技大学、中南大学、重庆大学、东北大学都没有铁合金专业，铁合金最多作为冶金工程专业的选修课，造成在铁合金人才的培养方面缺乏系统性、适用性和创新性，这对铁合金生产技术的进步和后续发展十分不利。

与国际铁合金冶炼技术发达的国家比较，我国在铁合金工艺技术以及成套设备创新方面有较大差距。比如：铬系合金冶炼的球团烧结＋原料预热＋密闭炉冶炼成套技术我国一直在模仿，缺乏自主创新。而在设备制造方面，也存在对新技术、新产品的研发少，模仿借鉴多的情况。

促进铁合金技术进步的科研激励机制尚需完善和加强。多年来，国家层面对铁合金科研工作的重视不足，不仅反映在科研项目的资助力度上不够，而且对于铁合金人才培养的鼓励和稳定亦无有效的方式。营造健康有效的创新环境，加强科研激励机制，吸引人才、重视人才，才能为铁合金科技事业的发展不断注入新鲜血液。这将有利于铁合金学科和铁合金行业中短期发展目标和规划的实现，并为中长期发展目标和规划的实现打下坚实基础。

3.中短期（到2025年）内技术发展重点（包括关键应用基础研究、关键技术工程研究、重大装备和关键材料，或重点产品和关键技术）

到2025年，我国铁合金技术路线图具体内容包括：

（1）修改和完善铁合金产品标准。

应从根本上扭转我国铁合金标准"标龄"偏长，不与国际接轨，不适用我国钢铁高端制品生产的局面。例如，我国的电炉锰铁合金标准只规定了Mn、C、Si、P、S五种元素的含量范围（表14-2）；而瑞典的锰铁合金，除了Mn、C、Si、S、P外，对其他化学元素的最大含量也做出了限制，如表14-3所示。对比二表，可以看出我国铁合金标准与发达国家的差距。

表 14-2 中国电炉锰铁合金的国家标准

类别	牌号	化学成分 %						
		Mn	C	Si		P		S
				I	II	I	II	
低碳锰铁	FeMn84C0.7	80.0~87.0	≤ 0.7	≤ 1.0	≤ 2.0	≤ 0.2	≤ 0.3	≤ 0.02
中碳锰铁	FeMn78C2.0	75.0~82.0	≤ 2.0	≤ 1.5	≤ 2.5	≤ 0.2	≤ 0.4	≤ 0.03
高碳锰铁	FeMn68C7.0	65.0~72.0	≤ 7.0	≤ 2.5	≤ 4.5	≤ 0.25	≤ 0.4	≤ 0.03

表 14-3 瑞典锰合金中除 C、Si、S、P 外其他化学元素的最大含量（%）

产品名称	标准	其他化学元素的最大含量				
		Cr	Ni	Cu	Pb	As	Sn
高碳锰铁	Ss146042	—	0.2	0.2	0.05	—	0.02
中碳锰铁	Ss146044	0.2	0.2	0.2	0.050	0.050	0.01
低碳锰铁	Ss146046	0.2	0.2	0.2	0.02	0.05	0.01

到 2025 年，我们应该在修改补充原有的铁合金国家标准的基础上，再建立 5~6 种纯净铁合金生产体系标准，提升高端铁合金制品的质量水平；重视特种铁合金生产技术的研发和相应产品标准的制订。

（2）重新制订和完善铁合金矿热炉（包括铁合金精炼电炉、摇炉）设计标准和制作单位资质要求。

应针对国内矿热炉的补偿方式大多采用二次补偿技术的情况（国外一般只采用炉变高压侧补偿），认真研究新的铁合金矿热炉设计理论，根据我国铁合金企业的原料条件，电力政策和供电形式，建立起符合我国国情的铁合金矿热炉（包括铁合金精炼电炉、摇炉）系列设计标准。

（3）镍系、锰系、铬系三大类铁合金生产原料预处理工艺的改进和研发。

采用球团、烧结、预热、预还原等工艺，改善入炉原料条件，达到节能降耗的经济效果。

（4）强化铁合金作为固体废弃物处理的平台作用，开发铁合金固废的循环利用技术。

鼓励开发利用铁合金废渣生产化肥、微晶石材、岩棉、高性能耐火材料、水泥掺和料等的工艺技术和设备，利用转炉吹炼中低碳锰铁烟尘制备高附加值防腐涂料等，实现铁合金的绿色生产。

（5）推进现有矿热炉的炉型密闭化改造的进程，完善矿热炉炉用变压器的二次补偿技术和大电流测控技术，提升我国矿热炉自动化控制的硬件、软件水平。

（6）开发新的锰铁、硅锰铁合金浇铸技术。

针对锰铁、硅锰等合金产品由于其特殊性质，采用传统铸机进行浇铸仍无法突破模具寿命短、脱模难等技术难题，开发新的锰铁和硅锰浇铸技术，提高锰铁和硅锰合金的生产效率，解决作业环境差的问题。

（7）引进、消化、研发转炉法精炼中低碳铬/锰铁技术。

国外一直采用吹氧脱碳的方式进行中低碳铬/锰铁的冶炼生产，而我国仅能采用精炼电炉+摇炉法生产上述产品。根据我国矿热炉大型化的发展趋势，转炉冶炼中低碳铬/锰铁工艺将成为今后高效、节能、环保生产中低碳铬/锰铁的技术选择之一。借鉴国外生产技术经验，可在吹炼新工艺、吹炼终点氧含量控制等方面形成拥有自主知识产权的专利技术。

（8）低频矿热电炉技术、直流电炉技术、等离子炉技术研究。

研究评估采用低频矿热电炉技术、直流电炉技术、等离子炉技术生产不同类型的铁合金产品的技术可行性和经济指标合理性是国内一项探索性工作。应积极探索采用上述冶金设备生产不同类型的铁合金产品时，对粉矿直接利用率、主元素回收率、焦炭使用量、综合冶炼电耗和综合经济指标的影响，由此为今后我国铁合金行业冶金设备的发展方向提供决策依据。

（9）直流矿热电炉空心电极系统设计制作及运行控制。

跟踪南非和德国等国家在直流矿热炉方面的研究开发动态，在目前国内已有直流电炉的工作基础上，研究炉料结构对导电炉底使用寿命的影响，直流供电廻路的最优化布置方案，以及对不同铁合金产品生产工艺的适用性。

（10）碳质还原剂的反应活性测评技术和木质还原剂替代产品的研究。

国外已有碳质还原剂-SiO冶金反应活性的检测评估标准与方法。必须尽快研制与国外类似的检测仪器和提出相应测评标准，这对铁合金企业选择适用的碳质还原剂和国内还原剂资源的合理利用有重要意义。另外，化工用级金属硅冶炼的还原剂仍主要是木炭或木材，国内木炭、木材主要从俄罗斯和东南亚国家采购，为此，应该进一步开展木质还原剂替代产品的研究,以降低木炭还原剂对国外的依赖程度。

(11)铁合金基础数据的测定,丰富铁合金基础数据库。

开展铁合金冶炼渣系及铁合金熔体的活度等热力学数据及黏度、电导率、密度和表面张力等物理性质基础数据的测定工作,要着手建立我国铁合金用碳质还原剂 –SiO 冶金反应活性的检测评估标准与方法,深入探讨铁合金炉料的电阻率和透气性等基本特性,这些基础数据的测定对于铁合金冶炼新工艺的开发和现有工艺的改善有重要意义。

二、中长期(到 2050 年)发展目标和规划

1. 中长期(到2050年)内学科发展主要目标和方向

到 2050 年,铁合金科学研究领域的发展愿景为:铁合金总体沿着低碳、绿色、循环、智能化、信息化、个性化方向发展,到 2050 年建成完整的铁合金科学技术体系;基础研究和新工艺新设备研发能力国际领先;实现由铁合金生产大国向铁合金生产强国的战略性转变。

为实现上述目标,未来铁合金科学与技术的主要突破可能表现在:① 广泛采用铁合金绿色制备和低成本高效循环再利用技术,实现高品质铁合金生产的高效节能;② 铁合金生产的自动化水平达到工业 4.0 水平,实现铁合金产品的智能制造;③ 部分传统铁合金生产企业成为国家能源结构的调整平台和工业固态废弃物的处理平台;④ 铁合金理论和技术数据积累、丰富达到系统全面,形成完善的具有中国特色的铁合金生产体系、学科体系和专业人才的培养体系。

2. 中长期(到2050年)内主要存在的问题与难点

今后半个世纪,由于我国的能源结构会发生重大变化,同时制造业对金属材料的需求类型和数量也将发生巨大变化,钢铁行业的产能要求、工艺技术和装备的局部改变都将导致铁合金行业和铁合金学科发展面临许多不确定因素,主要体现如下方面:

(1)以煤、燃气为主的不可再生资源的火力发电,将有很大部分被水电、风电、光伏发电取代,加上我国核电的发展,使得将来铁合金行业不是缺电,而是如何用好不同来源、不同类型电力的问题。

(2)制造业产品轻量化的需求有可能使镁合金成为继钢铁、铝合金之后的第三大主要工程结构材料,硅系铁合金产品作为金属镁生产的重要原料,其生产理论和工艺亦会发生新的变化。

(3)今后钢铁制造业发展趋势可能会受到废钢存量的约束,电炉炼钢工艺将成为

第十四章 铁合金冶炼

主要生产手段。由于钢铁制品中的有害金属杂质元素大多来源于铁合金,如何控制铁合金质量从而控制回收废钢的质量将成为铁合金行业必须解决的难题。

(4)铁合金产品生产所需原有矿产资源的逐步枯竭,新型矿产资源的开发利用和再生资源的高效利用将给铁合金学科及相关行业带来新的任务。

(5)现代工业和信息社会的变革进步同样会影响到学科发展的方向。冶金从开始的技艺发展到一门学科,又已经过了二百多年的历史,在当今世界科技发生巨大变化的新情况下,冶金学科分类的变化也是值得思考的问题。

3.中长期(到2050年)内技术发展重点(包括关键应用基础研究、关键技术工程研究、重大装备和关键材料,或重点产品和关键技术)

到2050年,铁合金学科应着力于开发出一些具有前瞻性的创新技术,具体技术路线包括但不仅限于以下几点:

(1)直接利用光电、风电生产铁合金,并采用直流巨型炉作为调节手段。

铁合金产品是高耗能产品,自然也是高储能产品。应认真研究铁合金生产工艺与电力供应方式的协调优化方式,使铁合金企业成为国家电力供应结构调整的平台。直流炉可能成为直接利用光电、风电生产铁合金的重要设备。

未来为了储能而可能出现的巨型密闭矿热炉,若采用交流供电,由于肌肤效应造成的大直径电极焙烧问题和电极控制等问题将很难解决。若采取将传统矿热炉的交流三电极改变成每个电极都有单独的直流回路供电的形式,与容量相当的交流炉比较,则大大增加了短网和使用电极的电流密度。设想的巨型炉设计如图14-5所示。

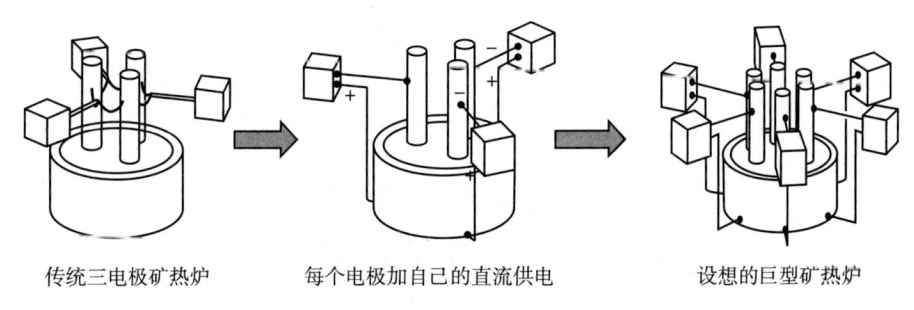

传统三电极矿热炉　　每个电极加自己的直流供电　　设想的巨型矿热炉

图 14-5　设想的巨型矿热炉设计方案

对比传统炉型的设计参数与设想巨型炉的设计参数,进行正确的电极改造,可以使当前典型的 30MW 的矿热炉扩大到 211MW,如表 14-4 所示。

表 14-4　传统的 3 电极交流炉与设想巨型炉的电极系统参数对比

	当前典型的 3 电极交流炉	理想巨型 6 电极直流炉
电极直径（m）	1.6	3.0
最大电极电流（kA）	100	257
单电极负载电阻（mΩ）	1.0	0.533
炉子总功率（MW）	30	211

（2）以铁合金开端的短流程炼钢新工艺。

以铁合金生产为开端冶炼不锈钢和高合金钢制品的生产流程，以其流程短、设备少、成本低的特点，可能为未来炼钢技术的发展提供新的思路和方向。比如，铬铁、镍铁作为基底热兑法生产不锈钢（此方法当前已经用于工业生产）。采用更低成本的生产工艺生产更高附加值的工艺技术可以进行研究开发。

1）利用红土镍矿和铬铁粉矿，电硅热法生产 300 系列不锈钢。其工艺流程如图 14-6 所示。

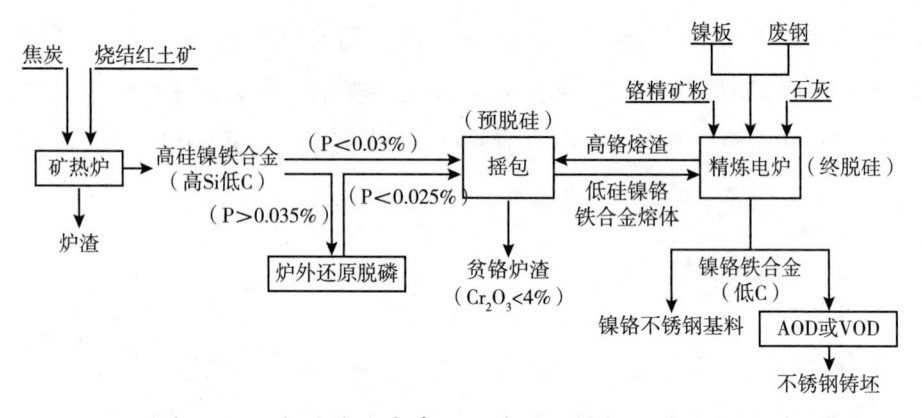

图 14-6　电硅热法生产 300 系列不锈钢工艺流程图

2）以锰铁为基底，直接生产高附加值 TWIP 钢和 TRIP 钢。针对我国贫锰矿资源丰富的特点，可以先采用矿热炉冶炼出低锰含量的铁合金中间产品，然后在炼钢过程中精炼除杂，直接生产 TWIP 和 TRIP 钢。与通常炼钢方法添加纯净的电解锰比较，可以大大减少锰的损失，缩短工艺流程，降低生产成本。这种方法可能会给未来小型钢厂的发展提供很大的竞争优势。其工艺可采用如图 14-7 所示的流程。

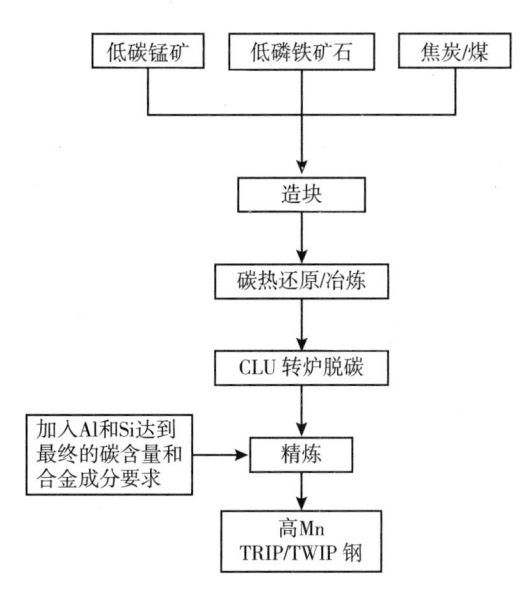

```
低碳锰矿    低磷铁矿石    焦炭/煤
     ↓         ↓          ↓
           造块
            ↓
        碳热还原/冶炼
            ↓
        CLU转炉脱碳
            ↓
加入Al和Si达到
最终的碳含量和  →  精炼
合金成分要求
            ↓
         高Mn
        TRIP/TWIP钢
```

图 14-7 由锰矿直接生产 TWIP 和 TRIP 钢的工艺流程

（3）利用电化学冶金原理，电解法冶炼金属铬。

电冶金学科包括两个方向，即电热冶金和电化学冶金。理论讲只要采用碳作还原剂，冶金工业不可能避免地向大气中排放 CO_2 气体。目前国内外生产金属铬的主流工艺仍是湿法加金属热还原，不仅环保压力大，而且生产成本高。为此，金属铬的冶炼可以学习借鉴电解铝的工艺方法，在电化学冶金方向做一些研究。电解铝工艺开发的关键技术是冰晶石（Na_3AlF_6）作为 Al_2O_3 熔剂技术的发明。由于非水溶液电解过程要求有熔融态的电解质，因此，寻找类似于冰晶石的低熔点熔盐体系溶解氧化铬，有可能采用类似电解铝的方法大规模生产金属铬，达到节能、环保的目的。

（4）适合我国国情的原铝工业第二路径：电热炼铝与铝镁联产。

铝是继钢铁之后的第二大金属材料，在我国国民经济中发挥着重要作用。针对我国铝矿资源高硅、高铁的特点，利用铁合金冶炼的工艺和装备技术，采用矿热炉冶炼出铝硅铁合金，用于我国拥有资源、产能优势的硅热法炼镁产业。用液态金属镁分离铝硅铁合金中的硅、铁元素，获得铝镁合金液，经蒸馏分离获得原铝和纯镁两种轻金属原材料，含有 Si、Fe、Ti、Mg 等的残渣返回作为铝热法炼镁的还原剂进行综合利用。该设想的生产原理和工艺流程十分适用我国低品位铝土矿、镁矿丰富的资源特点，循环经济特色鲜明。它将铁合金、原铝、原镁三种成品的冶金方法进行了组合，不仅可为铁合金产业跨界发展提供重要出路，也可为我国原铝生产对电解铝工艺路径的长期依赖形成突破和替代。

（5）硅铁生产新方法和新装备的研发。

硅铁及硅系铁合金不仅是钢铁生产重要的脱氧剂和合金化辅料，也是硅热法炼镁的主要原料。随着今后镁合金材料潜在需求的增加，硅铁及硅系铁合金的需求亦将发生重大变化。传统的生产工艺和装备已不适用当代节能、减排的要求。目前，每生产一吨硅铁需要耗电 8000 度左右，同时产生的 300kg 左右的硅微粉需要处理。因此，认真分析国外研究部门已在开展的新的硅铁冶炼工艺和装备，提前研发矮炉身电高炉等新的生产工艺理论和装备十分必要。

（6）贫矿资源的高效利用和新兴矿产资源的应用。

针对我国贫矿多、富矿少的铁合金原料条件，开展高磷贫锰矿的资源化利用研究和深海（海底）锰结石的利用，将是今后较长一段时间内铁合金行业和学科研究的重要课题。

三、中短期和中长期发展技术路线图

铁合金分学科发展技术路线图见图 14-8。

目标、方向和关键技术	2025 年	2050 年
目标	存量产能优化，产业集中度和装备水平提高；产品结构精品化，企业由生产型转变为服务型；工艺技术绿色化，提高产业综合竞争力	围绕铁合金行业沿着低碳、绿色、循环、智能化、信息化、个性化方向发展，到 2050 年建成完整的铁合金科学技术体系；基础研究和新工艺新设备研发能力国际领先 实现由铁合金生产大国向铁合金生产强国的战略性转变
方向	（1）重视铁合金应用基础理论的研究，逐步提升我国的学术科研水平 （2）加强存量产能优化，努力提高产业集中度和装备技术 （3）围绕钢铁制品实物质量提升和生产工艺优化，逐步建立起我国特色的铁合金产品生产体系 （4）坚持工艺技术绿色化，提高产业综合竞争力 （5）努力扩大铁合金生产技术优势，打破铁合金生产和钢铁生产之间简单上下游关系，充分利用相应技术成果，发展钢铁、铁合金或其他产业新的工艺生产路线	（1）广泛采用铁合金绿色制备和低成本高效循环再利用技术，实现高品质铁合金生产的高效节能 （2）铁合金生产的自动化水平达到工业 4.0 水平，实现铁合金产品的智能制造 （3）部分传统铁合金生产企业成为国家能源结构的调整平台和工业固态废弃物的处理平台 （4）铁合金理论和技术数据积累、丰富达到系统全面，形成完善的具有中国特色的铁合金生产体系、学科体系和专业人才的培养体系的铁合金体系

图 14-8

目标、方向和关键技术	2025年	2050年
关键技术	（1）修改和完善铁合金产品标准 （2）重新制订和完善铁合金矿热炉（包括铁合金精炼电炉、摇炉）设计标准和制作单位资质要求 （3）镍系、锰系、铬系三大类铁合金生产原料预处理工艺的改进和研发 （4）强化铁合金作为固体废弃物处理的平台作用，开发铁合金固废的循环利用技术 （5）推进现有矿热炉的炉型密闭化改造的进程，完善矿热炉炉用变压器的二次补偿技术和大电流测控技术，提升我国矿热炉自动化控制的硬件、软件水平 （6）开发新的锰铁、硅锰铁合金浇铸技术 （7）引进、消化、研发转炉法精炼中低碳铬铁和中低碳锰铁技术 （8）低频矿热电炉技术、直流电炉技术、等离子炉技术研究 （9）直流矿热电炉空心电极系统设计制作及运行控制 （10）碳质还原剂的反应活性测评技术和木质还原剂替代产品的研究 （11）铁合金基础数据的测定，丰富铁合金基础数据库	（1）直接利用光电、风电生产铁合金，并采用直流巨型炉作为调节手段 （2）以铁合金开端的短流程炼钢新工艺 （3）利用电化学冶金原理，电解法冶炼金属铬 （4）适合我国国情的原铝工业第二路径：电热炼铝与铝镁联产 （5）硅铁生产新方法和新装备的研发 （6）贫矿资源的高效利用和新兴矿产资源的应用

图 14-8　中短期和中长期发展路线图

第五节　与相关行业、相关民生的链接

铁合金是钢铁冶炼的三大辅助原料之一，与钢材质量的提高以及钢铁冶炼技术的进步密切相关。尤其随着我国钢铁冶金技术的发展，对高质量、低杂质含量的铁合金的需求不断增加。铁合金行业的发展与其他行业的发展息息相关，体现在：

（1）钢铁冶金行业。一些高品质钢材的生产必须需要高品质铁合金，如石油钻井钢的生产需要金属铬以及低磷铬铁，双向不锈钢的生产需要高氮氮化锰铁，汽车板的生产需要低磷锰铁等。铁合金质量的提高及品种的开发对于钢材质量的提高以及新的高端钢种的开发具有十分重要的意义。

（2）有色冶金行业。铁合金可以作为有色金属的原料，比如硅铁可以作为皮江法

炼镁的原料。而现在又提出了采用硅铝铁合金以及镁作为原料，生产纯铝和金属镁的新的工艺路径。

（3）化工行业。采用铁合金冶炼方法生产的电石作为化工原料有很大批量的应用，而采用铁合金产生的粉尘制备涂料等化工产品的举措不仅为化工原料的来源提供选择，也为固体废弃物的处理提供很好的途径。

（4）建筑行业。采用铁合金渣制备高性能建筑材料，如铸石、微晶石等，是铁合金固体废弃物循环利用的有效方式。

第六节　政策建议

铁合金长期稳定的发展需要国家给予政策支持：

（1）重视铁合金学科方向。

国家应加大铁合金基础研究和应用研究的投入。国家自然科学基金、国家重点研发计划等国家项目应设立铁合金研究方向，激励开展铁合金相关的基础研究。同时，大学应设立铁合金专业，重视铁合金人才的培养。

（2）充分发挥金属学会铁合金分会的作用，促进铁合金产学研用联合。

金属学会铁合金分会应联合企业支持有条件的高校、科研院所及企业建立铁合金产学研用一体化试验基地，促进铁合金技术的研发与成果转化。

（3）建立铁合金产品标准以及铁合金矿热炉（包括铁合金精炼电炉、摇炉）设计标准。

铁合金产品标准以及铁合金矿热炉（包括铁合金精炼电炉、摇炉）设计标准的完善和建立，将为铁合金冶炼技术的发展提供强有力的支持，同时为钢材质量的提高提供保障。

（4）基本电价制度值得商榷。

从长远考虑，国家是否取消基本电价制度，以利于不同地区的铁合金企业的均衡发展。

（5）原料－运输－铁合金－钢铁产业链的协调。

提高和发挥政府的协调能力，打通铁合金上下游发展的壁垒，贯通原料－运输－铁合金－钢铁产业链，按照钢铁企业的要求量身定制铁合金，按照铁合金企业的要求及时精准供给原料。

参考文献

[1] 彭锋. 我国冶金行业现状和发展趋势探讨. 北京：冶金工业规划研究院内部报告，2016.

[2] M. I. Gasik, M. M. Gasik. Vaccum-thermal method of deep refining of ferrochromium in solid state [J]. INFACON XIV, 2015, 1: 44-47.

[3] A. Piet Jonker. Implementation of Tenova pre-heating technology at JSC Kazchrome [J]. INFACON XIV, 2015, 1: 48-51.

[4] P. Cowx, R. Nordhagen, M. Kadkhodabeigi, et al. The use of fine water sprays to suppress fume emissions when casting refined ferromanganese [J]. INFACON XIV, 2015, 1: 81-90.

[5] M. McCaffrey, S. Robinson, F. Sizemore, et al. A step change in calcium carbide production technology [J]. INFACON XIV, 2015, 1: 149-157.

[6] M. McCaffrey, L. Kadar, J. Dong, et al. A 90MW calcium carbide furnace-process and electrical scale-up [J]. INFACON XIV, 2015, 1: 158-165.

[7] M. McCaffrey, H. Ku, R. Reid, et al. A 90MW calcium carbide furnace-mechanical design [J]. INFACON XIV, 2015, 1: 247-255.

[8] T. Michael, M. Arran, H. Mirza. A novel dry-based system for safe, hygienic energy recovery from ferroalloy furnace exhaust [J]. INFACON XIV, 2015, 2: 709-718.

[9] S. Mostaghel1, L. So1, M. Cramer1, et al. Slag atomising technology: unlocking real value [J]. INFACON XIV, 2015, 1: 166-173.

[10] M. W. Erwee, Q. G. Reynolds, J. H. Zietsman, et al. Towards computational modelling of multiphase flow in and around furnace tap-holes due to lancing with oxygen: an initial computational and cold model validation study [J]. INFACON XIV, 2015, 1: 174-182.

[11] S. Pisilä, P. Palovaara, A. de Jong, et al. Ilmenite smelting in a pilot scaled DC furnace [J]. INFACON XIV, 2015, 1: 202-209.

[12] K. Beskow, C—J Rick, P. Vesterberg. Refining of ferroalloys with CLU process [J]. INFACON XIV, 2015, 1: 256-263.

[13] 王海娟，张烽，汪晓今，等. 转炉吹炼过程引入水蒸气冶炼中低碳锰铁和中低碳铬铁 [J]. 铁合金，2012，2: 1-4.

[14] A. Skjeldestad, M. Tangstad, L. Lindstad, et al. Temperature profiles in Søderberg electrodes [J]. INFACON XIV, 2015, 1: 327-337.

[15] T. Gerritsen, P. Tracy, F. Saber. Electrode voltage measurement in electric Furnaces: analysis of errorin measurement and calculation [J]. INFACON XIV, 2015, 1: 338-348.

[16] B. K. Mohanty. Electrode controller-leading to energy efficiency [J]. INFACON XIV, 2015, 1: 349-357.

[17] S. Ghali, M. Eissa, H. El-Faramawy. Activation energy of nitriding 0.23%C ferromanganese [J]. INFACON XIV, 2015, 1: 511-517.

[18] S. Tambe, R. Stadler. Operating a DC electric arc furnace on a weak grid challenges and solutions [J]. INFACON XIV, 2015, 1: 676-681.

[19] C. J. Hockaday, Q. G. Reynolds, D. T. Jordan. Industrial demonstration of arc detection in a DC arc furnace [J]. INFACON XIV, 2015, 1: 682-688.

[20] M. Pätalo, J. Raiskio. Dust emission minimizing, measuring and monitoring in FeCr-production in Tornio Works [J]. INFACON XIV, 2015, 1: 703-708.

[21] 储少军, 李忠思, 陈佩仙, 等. 镍铁水为主原料的300系列不锈钢初炼工艺技术探讨 [J]. 铁合金, 2012, 2: 20-24.

[22] 赵乃成, 张启轩. 铁合金生产实用技术手册 [M]. 北京: 冶金工业出版社, 1998.

[23] 肖赛君, 储少军, 刘威, 等. 钢铁和化工与铁合金生产技术间相互借鉴的技术创意. 第八届中国金属学会青年学术年会, 2016: 69-76.

[24] 牛强, 储少军. 工业硅企业转向电热金属镁连续生产的可行性 [J]. 铁合金, 2014, 8: 31-34.

撰稿人：储少军　王海娟

第十五章 轧 制

第一节 学科基本定义和范畴

轧制是金属塑性加工成形的主要方法。金属在轧机上通过旋转的轧辊之间产生连续塑性变形，在改变尺寸形状的同时，使组织性能得到控制和改善。轧制的方式和种类很多，有热轧、冷轧和温轧、板带轧制、管材轧制、型线材轧制、周期断面轧制以及特种轧制等。轧制学科主要涉及金属塑性加工力学、金属材料科学与工艺、轧件与轧辊的接触摩擦学、轧制设备、计算机与数值模拟、自动化、智能化与信息技术等相关理论与技术。

最早的轧制加工是在15世纪末期开始的，经过500多年的发展，轧制技术已发展成为集自动化、高效化、尺寸形状与组织性能高精度控制的现代化钢铁与金属材料加工生产方式，其产品遍及经济建设、国防和国民生活的各个领域。目前，轧制技术正在向着绿色化、数字化、智能化方向发展。

轧制的生产效率极高，是应用最广泛的金属塑性加工方法，钢铁、有色金属以及复合金属材料等均可以采用轧制进行加工，轧制产品占所有金属塑性加工产品的95%以上。例如，2015年我国粗钢产量8.038亿吨，实际钢材产量为7.795亿吨，约为粗钢产量的96.98%。

据由国家统计局发布的钢材产量统计数据显示：2015年我国各类轧制钢材产量112349.6万吨，不计因重复加工而重复统计的产量数据，钢材实际产量总计约7.795亿吨。图15-1为2006—2015年中国钢材产量及增长情况。

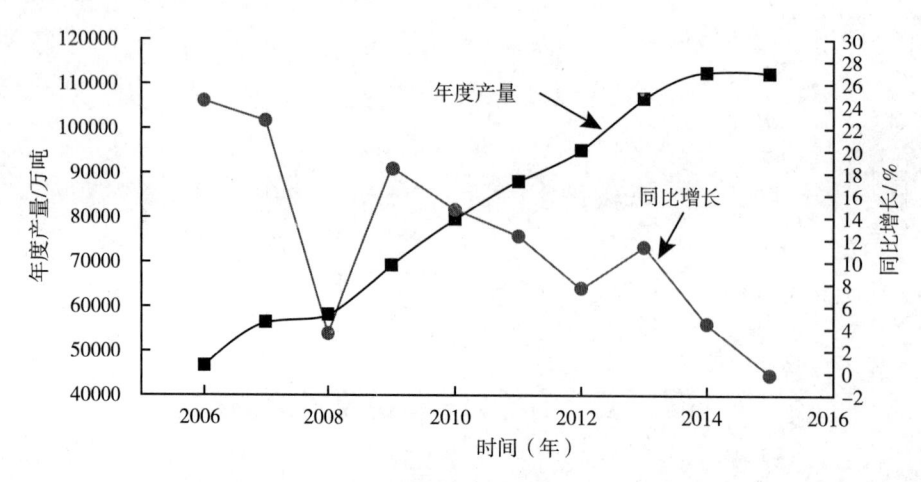

图 15-1 2010—2015 年中国钢材产量及增长情况

第二节 国内发展现状及与国外水平对比

一、轧制学科国内进展

轧制学科的基础及应用研究主要涉及板带材、管材、型材及棒线材轧制过程中的金属塑性变形与流动规律、尺寸形状精度控制的理论与方法，轧制与冷却过程中的形变、相变及析出过程与规律，以及组织性能控制理论与方法，热轧与冷轧过程中的接触摩擦及其规律，新一代高强、超高强钢及极限尺寸（超薄、超厚）轧材的尺寸形状与组织性能控制技术等。

国内轧制学科近年随着一大批现代化轧制生产线的建设以及高强韧、高性能钢铁新产品以及先进的轧制及冷却控制装备的开发，在塑性变形理论、细晶钢轧制、形变、相变与组织性能控制相结合，多场耦合变形条件下的三维金属流动数值模拟与组织性能预报等方面发展迅速，呈现现代塑性理论、新材料理论、大规模、系统化、多尺度、多场耦合数值模拟分析技术、凝固控制与直轧技术、数字化与智能化控制等多学科相互融合交叉的新特征。

1. 理论方面

（1）轧制塑性变形理论与数值模拟分析。

金属轧制过程是一个非常复杂的弹塑性大变形过程，其中既有材料非线性，又有几何非线性,再加上复杂的边界接触条件,使变形机理非常复杂,难以用准确的数学关系式来进行描述。随着轧制技术的日益发展,人们对其在成形过程中的变形规律、变形力学的分析越来越重视。

近年发展和应用于轧制过程塑性变形及三维热力耦合数值模拟分析主要有:

1)全轧程三维热力耦合数值模拟分析优化,多场、多尺度模拟计算分析。随着近年来计算机和信息技术的快速发展,以三维有限元法为代表的轧制过程大型数值模拟分析方法得到了迅速发展,有限元法作为一种有效的数值计算方法已经被广泛应用于轧制过程的数值模拟分析。在轧制过程三维变形分析和组织性能分析理论方面,包括板带轧制、型钢轧制、钢管穿孔及轧制变形分析,基本形成了以三维刚塑性有限元、三维弹塑性有限元分析为主的状态,以对全轧程进行三维热力耦合数值模拟分析优化和多场、多尺度模拟计算分析。

2)高强钢轧材中的残余应力预测分析。在全轧程热力耦合计算结果的基础上,对大型 H 型钢冷却后的残余应力场进行仿真分析,可以得到轧后 H 型钢内部残余应力分布,为将来的 H 型钢控制轧制与控制冷却提供仿真基础;利用三维热力耦合有限元方法模拟钢轨冷却的全过程,得到不同冷却时间的温度和残余应力分布,预测钢轨的弯曲变形,为钢轨的预弯提供了可靠的依据;建立了中厚板在矫直过程中横向残余应力计算的解析模型并进行了数值求解。

3)热轧、冷轧板形分析模型。国内学者独立建立的解析板形理论可以实现计算机动态设定轧制规程,可使无 CVC、PC 的轧制板形控制技术的指标达到目前国际先进水平;建立了轧件和轧辊一体化仿真模型,通过现场实际,验证了模型的准确性,为在线计算出口辊缝提供了思路和依据;在退火平整板形分析上,建立 VC 辊系静力学仿真模型,研究了弯辊力、VC 辊油压、轧辊辊径和辊套厚度对连续退火平整机板形控制能力的影响;以四辊 DC 轧机为研究对象,基于影响函数法,建立 DC 轧机辊系变形数学模型;在差厚板轧制研究方面,提出 VGR-F 和 VGR-S 方程,为变厚度轧制的力学和运动学研究奠定了新的基础。

4)基于全流程监测与控制技术的板形控制理论。板形是影响板带产品质量的主要因素,目前采用智能控制方法与现代控制的互相结合,如自适应的模糊神经网络控制、专家系统的最优控制等都能取得良好的控制效果;针对中厚板生产过程开发了轧件侧弯检测与侧弯控制系统,研究了温度在线预测与修正方法、变形抗力自学习方法、侧弯预测与控制模型以及自适应宽度变化的影响函数方法,并基于机器视觉技术实现了对生产过程中轧件侧弯曲率的测量，结合过程控制支撑平台的开发，实现了对中厚板轧件的侧弯检测与在线控制；研究开发了新型的冷连轧机板形控制系统，将金属三维变形模型、辊系弹性变形模型以及轧辊热变形与磨损模型等进行耦合集成，建立了基于轧制机理的板形数学模型，将影响冷轧板形的轧制工艺、轧机设备和轧件材料等三方面的因素有机联系起来，可以准确地进行冷连轧机板形预报与板形在线预设定。

5）无缝钢管穿孔、轧制过程金属流动、变形分析。应用大型有限元分析软件、结合具体的合金钢无缝钢管轧制成形工艺，可以建立钢管的三维有限元模型，模拟钢管的穿孔过程，考虑在金属成形过程中出现的热力学现象，得出穿孔过程中工件内部等效应变、等效应变率和温度分布，也可以得到摩擦系数和壁厚对金属流动状态的影响规律。

（2）新一代控轧控冷理论与技术。

新一代控轧控冷技术是通过采用适当控轧+超快速冷却+后续冷却路径控制来实现资源节约、节能减排的钢铁产品制造过程。在热连轧过程中，通过冷却路径控制可以生产双相钢或复相钢等。在实施新一代控轧控冷技术过程中，如果能够对冷却路径进行适当控制，则可以在更大的范围内按照需要对材料的组织性能进行更有效的控制，并开发出高性能产品。在各区段冷却速率和冷却起始点温度得到精确控制后，即可实现钢铁材料的精细冷却路径控制。

国内大学联合国内多家钢铁企业近年在新一代控轧控冷技术的工艺原理、装备与控制方面做了大量工作，通过工艺理论创新带动装备创新，实现了热轧钢铁材料的产品工艺技术创新。在系统研究并阐明超快冷条件下热轧钢铁材料组织演变规律及强韧化机理的基础上，提出了以超快冷为核心的新一代热轧钢铁材料控轧控冷工艺原理及技术路线；开发出具有自主知识产权的热轧中厚板、带钢的超快冷成套技术装备和具有多重阻尼的整体狭缝式高性能射流喷嘴、高密快冷喷嘴及喷嘴配置技术；在此基础上，开发出具有自主知识产权的热轧板带钢材具备超快速冷却能力的可实现无极调速的多功能冷却装置（ADCOS-HM，PM）及自动控制系统，冷却精度和冷却均匀性优于传统层流冷却装置，冷却速度提高2倍以上；基于所配置的超快速冷却系统，开发出UFC-F、UFC-B、UFC-M等灵活的冷却路径控制工艺，实现了节约型高钢级管线钢、低合金普碳钢、高强工程机械用钢、热轧双相钢及减酸洗钢等热轧产品的批量化生产，产品主要合金元素降低20%~30%，生产成本大幅度降低。该技术已推广应用于我国大中型钢铁企业 30 余条中厚板、热连轧及型钢生产线，在低成本高性能热轧钢铁材料开发方面取得显著成效。

（3）高性能细晶钢工艺控制机理及技术。

通过多家产学研合作，在国内棒线材生产线上成功开发出具有低成本、低能耗、高强度优点的晶粒钢筋新产品。以细晶粒钢筋生产临界奥氏体控轧工艺理论为基础，突破了生产工艺控制机理、配套装备技术、表征评价及应用技术体系等四大技术瓶颈，实现了高性能细晶粒钢筋的规模化生产和应用。

其主要工作包括：针对细晶粒钢筋生产工艺控制机理，揭示了低碳钢筋连轧过程不同阶段微观组织形变细化机理，提出了工艺边界控制机制和细晶粒钢筋微观组织连轧形变控制的临界奥氏体控轧工艺理论；针对细晶粒钢筋生产配套装备技术，建立了细晶粒钢筋生产线全流程控温控轧技术系统及其工艺流程，合金成分与生产工艺耦合控制技术体系，实现了细晶粒钢筋低成本、高性能的规模化生产；针对细晶粒钢筋表征评价，建立了细晶粒钢筋性能及其专用连接技术的综合评价与标准规范体系，解决了针对细晶粒钢筋的 CO_2 气体保护焊、埋弧螺柱焊等焊接工艺和等强等韧焊接技术难题。应用该项技术，新建、改造细晶粒钢筋生产线 20 余条，形成 2000 万吨的细晶粒钢筋年产能；成果已应用于深圳平安大厦、上海中心、世博中国馆、昆明新机场、沈丹高速铁路、南京地铁、连云港田湾核电站等重大工程中。

（4）大型复杂断面型钢轧制数字化理论与技术。

大型异形型钢轧制孔型系统设计、优化、配辊加工及轧制过程产品尺寸形状高精度控制是一个复杂的工艺系统，采用传统的以经验试错方法为主的工艺技术难以满足高质量、高精度大型复杂断面型材设计开发及稳定生产的要求。近年来，采用先进的大型数值模拟仿真技术进行大型复杂断面异形型钢轧制过程的全轧程热力耦合模拟分析及 CAE/CAM 技术、全过程数字化技术已得到迅速发展，日本及德国在该项技术上开发应用较早。国内大学联合钢铁企业开发了高质量钢轨及复杂断面型钢轧制数字化技术，成功开发出复杂断面型钢制造 CAD-CAE-CAM 数字化集成系统。利用该项技术大幅度提升了钢轨及复杂断面型钢设计制造的科技水平、效率与尺寸形状精度，该技术在企业成功推广应用于 60kg/m 百米重轨高精度控制、出口 UIC60、75kg/m 重轨、美国一级铁路 115RE 钢轨等的全长尺寸均匀性与精度控制，并开发出 J 形等多种复杂断面型钢，新产品成功应用于大型机械装备制造等领域，使我国在轧制数字化技术的开发与应用进入国际前列。

（5）薄板坯连铸连轧钢中纳米粒子析出与控制理论。

近年来，我国已建成的薄板坯连铸连轧生产线围绕着全流程的生产工艺和产品质量稳定、新产品开发、提高薄和超薄规格板带产品比例、高强及超高强带钢生产等方面展开。系统开展了薄板坯连铸连轧流程的微合金化技术研究开发，微合金化钢的组织演变规律和强化机理、薄板坯连铸连轧流程微合金化钢的生产技术以及产品应用，取得了一批研究成果。例如：钢中纳米粒子析出理论、钛微合金化钢中纳米 TiC 析出与控制；薄板坯连铸连轧 Ti 微合金钢纳米粒子析出控制技术等。

1）钢中纳米粒子析出理论、钛微合金化钢中纳米 TiC 析出与控制。近年的研究表明，通过合理的微合金化设计和热轧工艺控制，在热轧带钢的晶内、晶界和相界等位置都可以形成大量的纳米尺寸析出粒子，其尺寸多在数纳米到几十纳米，粒度小于 18nm 粒子的累积频度可以达到 40%~60%，在钢中起沉淀强化作用的析出相主要应为纳米尺寸 TiC、NbC 粒子和铁碳化物粒子。根据分析，由纳米粒子析出强化产生的屈服强度提高可达 200~300MPa 以上，并且钢板具有良好的综合力学性能和成形性能。

2）薄板坯连铸连轧 Ti 微合金钢纳米粒子析出控制技术。薄板坯连铸连轧 Ti 微合金钢中含 Ti 析出物的控制技术是生产该类钢种的核心技术。薄板坯连铸连轧工艺条件下，铸坯头部进入轧机，后部仍在均热炉中，避免了温差对 Ti（C、N）析出行为的影响，保证了带钢通板组织均匀、性能稳定。通过合理的成分设计和严格的工艺控制，能够有效控制 TiC 的析出过程。近年来，通过产学研合作进行了系统的工作。如在 CSP 线开发生产了钛微合金化薄规格高强度热轧带钢用作集装箱板等；采用 Ti-Nb 微合金化技术开发出屈服强度 600~700MPa 级低碳高强结构用钢及 700MPa 级低碳贝氏体高强工程机械用钢，钢板不仅具有高的强韧性，而且成形焊接性能良好；开发并实现屈服强度 700MPa 级厚度 1.2~1.4mm 高强超薄规格板带批量生产及应用，产品用于汽车及物流等行业，在'以热代冷'、节能减排方面效果显著。

（6）钢的组织性能预测、监测与控制理论。

轧制过程组织性能预测需要建立准确的再结晶模型、相变模型、析出模型、组织性能关系模型等，需要进一步搞清金属的强化机制。目前可通过高速计算机对热轧过程中显微组织的变化和奥氏体-铁素体的相变行为进行全程模拟，建立钢的性能和参数关系，使轧后钢材组织性能的预报和控制成为可能。主要理论技术包括：

1）形变与相变及组织调控理论。在钢的物理和冶金学基础上，分析变形条件和温度条件对钢在热轧过程中内部微观组织演变和析出规律的影响，并采用数学模型的方法进行描述，开发出了轧制过程的物理冶金模型，其中包括奥氏体静态再结晶模型、动态再结晶模型、晶粒长大模型以及轧后冷却过程中的相变模型等。

2）组织性能预测模型、监测与控制技术。在组织演变模拟中，按研究的尺度不同，通常可分为宏观、介观和微观尺度，后者包括原子尺度和电子尺度。宏观尺度模拟通常研究材料加工过程显微组织演变的宏观特征（晶粒尺寸演变、相转变体积分数、析出粒子尺寸及体积分数等），一般采用有限元法、FDM 等方法；微观尺度模拟通常研究材料的晶体结构、电子结构、热力学性质等，其典型的建模方法包括第一性原理、分子动力学方法等；介观尺度模拟则介于宏观尺度模拟和微观尺度模拟之间，常用的方法包括元胞自动机、相场法、蒙特卡洛法等。计算机技术的发展为从宏观、介观、微观以及纳观尺度上认识材料在制备与成形过程中微观组织的演化过程提供了有效的手段。跨（多）尺度计算机模拟（multi-scale simulation）可以直观清晰地反映出材料的制备和制造工艺、合金成分、显微组织及结构、性能等参数之间的关系，是实现合金成分与工艺优化的有效方法。

2. 轧制领域代表性新产品及制造技术

（1）冷轧硅钢边部减薄控制技术。

边部减薄控制技术是冷轧硅钢生产的关键技术之一，国内大型钢企创新开发了国内第一套短行程工作辊窜辊式六辊冷轧机和具有自主知识产权的高精度冷轧硅钢边部减薄控制系统。其主要技术包括：

1）设计了独特的工作辊辊形，开发了工作辊插入量、窜辊速度、弯辊力等工艺参数和数学模型，形成带钢边部减薄高效控制工艺技术。

2）研发出冷轧硅钢边部减薄所需的短行程工作辊窜辊机电设备系统，提高了轧机轴承使用寿命，并实现带钢跑偏精确控制。

3）研发出冷轧硅钢边部减薄在线控制所需的预设定和反馈控制数学模型。项目成果已成功应用于冷轧硅钢厂 1500 冷连轧机，使冷轧硅钢边部减薄控制精度由原来的 12μm 提高到 5μm，减少了切边量，大幅度提高了成材率，同时还大大节约了设备投资成本。

（2）先进高强度冷轧薄带钢制造技术。

先进高强度冷轧薄带钢品种繁多，市场需求呈现多品种、小批量特点。在国外均采用单一功能的连续退火线或热镀锌线生产冷轧或热镀锌高强钢产品，品种单一，无法满足市场多样性需求。生产冷轧先进高强钢的核心是快速冷却技术，在无先例可借鉴的情况下，国内钢企研发人员利用自主研发的三种快冷核心技术（高氢高速喷气冷却技术、新型水淬技术、超细气雾冷却技术），自主集成一条柔性化的高强度薄带钢专用产线。同时开发成功9大类27种先进高强钢新产品及生产工艺技术，其中24种先进高强钢已批量稳定生产。

研发的先进高强度薄带钢制造技术在连续热处理快冷、柔性高强钢产线的工艺和设备集成、第一代超高强钢和第三代先进高强钢（Q&P钢）产品制造、先进高强钢使用等方面有显著创新性和广泛的应用性。独创的柔性产线已稳定生产先进高强钢多年，比国外单一工艺产线有更高的产品质量、更广的适用性和更低的生产成本，开发的先进高强钢产品、柔性制造工艺、核心装备与产线和用户使用技术填补了多项国内空白。研发的先进高强钢产品在国内车企得到广泛应用并出口欧美，提高了我国钢企的国际地位。

（3）高质量特厚钢板制造技术。

我国特厚钢板整体生产技术水平比较低，产品总量和规格不能满足市场需求，其中150mm以上钢板仍需大量进口。国内某钢企充分利用技术装备优势，通过深入理论研究及生产实践，掌握了大单重、特厚钢板成套生产工艺技术，开发生产出厚度＞150mm，最厚至700mm高质量特厚钢板，大量替代进口，满足了国家重点工程和重大技术装备项目之急需。

其主要技术包括：①洁净钢冶炼技术，在电炉冶炼前提下，能够批量生产P≤0.007%、S≤0.003%的高纯净度钢水，电炉炼钢的P、S含量控制达到国际先进水平；②利用大钢锭凝固控制技术，生产最大的单重50T的大型扁锭、80T圆锭（十六棱钢锭），生产的150mm以上大厚度钢板内部质量能达到国标Ⅰ级甚至锻件的探伤标准要求；③利用国内唯一大板坯电渣重熔技术，生产50T钢质纯净、组织均匀致密的电渣锭；④均热化加热技术，针对大单重钢锭超厚的特点，采用多段式加热技术，保证了大厚度钢锭透烧均匀、表面良好；⑤特厚钢板锻造－轧制技术，较好地保证了钢板板形及内部质量，轧制钢板厚度最大至700mm，最大单重达60 t级；⑥特厚钢板热处理技术，掌握独特的淬火热处理技术，舞钢自主研发设计国内唯一特厚板淬火装置，能够满足200mm以上钢板淬火需求，可以生产适应各种特殊环境下使用的特厚高性能钢板，特厚钢板Z向性能保证能力及探伤保证能力均达到国际先进水平，保证了特厚钢板的内部质量。

第十五章 轧 制

（4）大跨度铁路桥梁钢制造技术。

为了满足国家重大工程的发展需求，突破 Q370qE 钢最大应用板厚仅为 50mm 的瓶颈，在中厚板生产线上开发出更高强度、具有优异低温韧性、焊接性和耐候性的大跨度铁路桥梁钢。

其特点包括：

1) 采用超低碳多元微合金化的成分设计，以针状铁素体为主控组织，按 TMCP 工艺生产，获得高强度、高韧性、优异的焊接性能与耐候性能的新型桥梁用钢。

2) 系统研究了超低碳多元微合金化冶炼技术，厚钢板控制轧制与控制冷却技术、厚钢板板形控制技术。

3) 采用连铸机二冷段电磁搅拌，降低中心偏析；加大奥氏体再结晶区压下率，充分细化奥氏体晶粒；较大地扩展了 14MnNbq 钢厚度规格范围，突破了最大应用板厚仅为 50mm 的限制，其实际供货最厚达 64mm。

4) 配套开发了超低碳针状铁素体桥梁钢的高强度高韧性焊接材料，研究了大跨度桥梁结构的系列焊接工艺，为大跨度桥梁建设提供了技术支撑。新产品和相关技术已成功应用于京沪高速铁路南京大胜关长江大桥、济南黄河大桥，武汉天兴洲长江大桥等国家重点工程。

（5）高牌号无取向硅钢、低温高磁感取向硅钢制造技术。

高牌号无取向硅钢是指硅含量 2.6% 以上（铁损 P1.5/50 ≤ 4.00W/Kg）的无取向硅钢，这类硅钢主要用于大、中型电机和发电机的制造。从世界范围来看，具备高牌号无取向硅钢生产能力的钢铁企业屈指可数，主要采用常化酸洗 – 单机架可逆轧制，以及常化酸洗 – 冷连轧两种工艺路径。第一种工艺技术相对成熟，工艺稳定，但生产效率低、成本高。第二种工艺全球范围内仅 JFE 水岛厂采用，它的生产效率和成本具有一定优势，但冷连轧生产难度高，且单一的冷连轧机已不再是冷轧技术的发展方向。

基于目前迫切的市场需求和装备能力，国内大型钢企以高牌号无取向硅钢酸连轧技术为突破方向，围绕高牌号无取向硅钢酸连轧工艺、生产装备及质量管控等重大课题进行系统创新。形成了高牌号无取向硅钢酸连轧通板技术、稳定轧制工艺、生产辅助技术、自动化控制及装备技术、特有缺陷防治技术等所专有的技术集群，使 1550 酸轧机组成为国内首条具备 3.1% 含硅量以上硅钢批量生产能力的酸连轧机组，也是世界上唯一一条同时具备高等级汽车板和高牌号硅钢生产功能的两用机组，产品覆盖

35A270以下所有硅钢钢种及高等级汽车板。将高牌号无取向硅钢生产成本降低70%以上，生产效率提升6倍以上，极大提升了企业硅钢产品的市场竞争力。

（6）超超临界火电机组钢管制造技术。

经过多年努力研发，我国逐步实现了超超临界火电机组关键锅炉管从无到有、从有到全、从全到先进的历史性跨越，形成了600℃超超临界火电机组全套关键钢管最佳化学成分内控范围、热加工工艺和热处理工艺等关键技术，实现了600℃超超临界机组全套钢管的大批量供货，使我国电站用钢技术跃居国际先进水平，保障了国家能源安全。2010年我国600℃超超临界机组关键高压锅炉管自给率达到100%，国产高压锅炉管已占84%国内市场份额，并实现大批量出口。

（7）高性能厚规格海底管线钢及LNG储罐用超低温06Ni9钢制造技术。

南海荔湾工程是我国第一个世界级大型深水天然气项目，其深海管道将在1500m的水深进行铺设。目前，国际上仅有极少数钢企有过深海管线钢的供货记录。为满足南海项目用钢需求，国内钢铁企业开展了一系列科技攻关。研发的厚规格海底管线钢产品包括28～30.2mm厚X65和31.8mm厚X70海底管线钢，已批量应用南海荔湾海底管道工程。

国内某钢企通过铁水预处理–转炉–LF–RH–连铸–中板轧制–热处理–预制加工技术路线，成功解决了06Ni9钢超纯净冶金、匀质化高质量连铸、优良综合性能匹配、预制成形等几十项技术难题，形成一整套生产工艺与应用技术。关键技术指标–196℃ Akv、预制件尺寸精度、焊接性能等优于国外同类材料，完全满足大型LNG储罐建造要求。批量生产出高质量的06Ni9钢板，应用于我国多个大型LNG储罐的建造，低温内罐材料实现了100%国产化。

3. 代表性先进轧制技术

（1）切分轧制技术。

近年来我国切分轧制技术发展较快，四线切分、五线切分和六切分轧制技术在多家棒线材生产线上成功生产，使我国切分轧制技术位于国际领先水平。切分轧制技术具有解决轧机与连铸机衔接、匹配问题，显著提高生产率和产品尺寸精度，降低能耗和成本，减少机架，节省投资等优点。但多线切分轧制工艺与传统单线轧制相比，在轧件控制、导卫调整、速度控制、轧机准备等几个方面都有更大的难度。通过生产性研发，在四切分轧制和五分轧制技术上已经成功克服这些困难，并且用于生产实践，并已成功开发出螺纹钢六线切分轧制技术。

（2）轧制复合技术。

轧制复合技术可以生产特殊性能复合板，如高耐蚀性（碳钢－不锈钢、碳钢－镍基合金、碳钢－钛合金等）、高耐磨性（碳钢－耐磨钢、碳钢－马氏体不锈钢等）以及其他不同金属之间的复合材料。与堆焊复合、爆炸复合等方式相比，轧制复合方式可以以较低的成本生产质量更高、尺寸更广、品种更多、批量更大、性能更加稳定均匀的复合板。

目前，我国已有多家企业可以生产轧制复合钢板。利用开发的轧制复合技术平台优势，开发了耐蚀系列复合板，如奥氏体不锈钢与碳钢单面及双面，核电用 SA533 + 304L 系列厚板［厚度 62 + 7（mm）］，容器用 304L + Q345R［厚度 2~6 + 6~80（mm）］，超级奥氏体不锈钢 + 碳钢单面；钛合金 + 碳钢单面；耐磨系列复合板，如双相不锈钢 + 碳钢单面；中高级耐磨钢 + 碳钢等；冷轧极薄、高表面、高耐蚀、超高强易成形冷轧复合板卷等。在生产线上开发出真空轧制复合（VRC）装备，实现最大厚度 400mm 特厚钢板批量化生产，同时开发出幅宽 2m 的高品质 825 镍基合金 /X65 管线钢复合板以及幅宽 1.8m 的钛 / 钢复合板，满足了国家重大装备和重点工程的需求。

（3）连铸坯热送热装及直接轧制技术。

连铸坯热送热装及直接轧制技术是节能减排、降低成本、提高成材率、缩短生产周期的极为有效的工艺技术，涉及连铸与轧制界面高效衔接匹配、科学的工艺与质量管理的冶金与轧制工艺控制技术。近年来，我国各大钢铁企业都十分重视热送热装及物加热直接轧制技术的开发及应用，一些大型钢企已将连铸坯热送热装工艺纳入了正常生产。

热送热装的关键技术指标是热装温度和热装率。例如，与冷装坯相比，当热装入炉温度在 600℃时，可节能 23%，而免加热直轧工艺避免了铸坯在加热炉内长时间停留，烧损减少，可提高成材率 0.5%~1.5%。按照温度的高低，连铸坯热送热装分为三种情况：①热装轧制 HCR（Hot Charging Rolling），装炉温度 400~700℃；②直接热装轧制 DHCR（Direct Hot Charging Rolling），装炉温度 700~1000℃；③直接轧制 DR（Direct Rolling），铸坯不经加热炉，在 950~1100℃条件下直接轧制。热送热装的关键技术包括无缺陷连铸坯生产技术，高温铸坯生产及温度均匀性控制技术，铸轧生产管理一体化技术，热装铸坯加热工艺制度优化等。有的企业连铸坯热装温度在 600~900℃达到 90% 以上。

直接轧制的关键技术包括连铸高拉速技术、漏钢预报技术、钢坯表面质量控制技术；钢坯快速输送、保温技术、均温技术；轧制工艺节能优化技术、高刚度轧制技术（包括孔型技术）、钢材尺寸精度控制技术等。国内有的企业棒线材生产线无加热直轧率达到93.2%，生产线实施无加热直轧工艺后，开轧温度可在920~980℃，在此温度范围内开轧还有利于提高产品的强度。据统计，实施无加热工艺后产品屈服强度可提高10~15MPa，同时有利于避免出现魏氏组织，提高了产品的内在质量。

（4）热带无头轧制/半无头轧制技术。

热带无头轧制、半无头轧制是连续、稳定、大批量生产高质量薄和超薄规格宽带板钢的热轧板带前沿技术。无头轧制分为在常规热连轧生产线的粗轧与精轧之间将中间坯快速连接起来、在精轧实现无头轧制，以及无头连铸连轧（如ESP等）两种方式，半无头轧制是在薄板坯连铸连轧线上，采用比通常短坯轧制的连铸坯长数倍的超长薄板坯进行连续轧制的技术。近年来，在国内CSP线上对半无头轧制从超长薄板坯均热温度均匀性控制、流程生产组织模式、工艺、设备及自动化控制等方面进行了系统的研究开发，解决了关键技术，并进行了系统技术集成，实现了半无头轧制高质量薄规格宽带钢的大批量生产与应用，产品在汽车制造、工程机械、电力工程及物流仓储等行业中得到大批量应用，在实现'以热代冷'、板带高精度轧制和高的组织性能稳定性控制、降低辊耗、提高成材率和产品竞争力等方面收效显著。

目前，国内实现半无头轧制的生产线有三条，无头连铸连轧生产线（ESP线）已有三条线投产，还有三条线在计划建设中。

（5）薄带铸轧技术。

宝钢经过十余年的持续研究开发，自主集成建设了国内第一条薄带连铸连轧示范线，自主开发了无引带自动开浇、凝固终点控制、表面微裂纹及夹杂物控制、在线变钢级及变规格等系列薄带铸轧工艺技术；直径800mm结晶辊系统、侧封及布流系统、双辊铸机AGC/AFC控制模式、全线跑偏及张力控制等薄带铸轧装备技术；同时开发出超薄规格低碳钢、耐大气腐蚀钢、微合金钢等系列薄带铸轧产品；实现了装备模块化、高效化、高精度控制。浇铸厚度为1.6~2.6mm，单机架最大压下率45%，轧后产品的厚度规格为0.9~2.0mm，表面和铸轧带边部质量良好。

（6）板形检测与控制技术。

过去，板形控制的研究多面向单个工序的独立对象，如热轧机、冷轧机、平整机等，针对某一工序段采取局部的解决措施。越来越多的研究和生产实践表明，板形控制需站在全流程的高度，建立各工序的板形分析模型，采取与工序特点相应的板形监测及控制方法，可取得好的综合效果。目前，采用全套的热轧板形综合控制技术，凸度精度控制在18μm内可达96%以上，平坦度精度控制在30IU内可达98%以上；冷轧板形（平坦度）可控制在10IU内。

二、与国外水平对比

1. 高性能、高强度钢材轧制技术基础问题研究

随着现代冶金材料科学技术的不断发展，高成形加工性能、高耐低温耐高温性能、高耐腐蚀性能、超高强韧性能等高性能、高强度钢得到不断开发和应用。随着航空航天、海洋工程、能源工程、现代交通工程以及进一步节约资源能源的发展需求，更高性能、更高强度、更均匀化稳定化的高性能、高强度钢的研究开发将持续不断地进行。多年来，国内许多冶金科技工作者一直在致力于高性能、高强度钢生产技术相关的应用科学基础研究开发和探索工作，在理论基础及应用技术方面取得显著进展，总体达到国际先进水平。

日本、韩国、欧洲以及北美和我国的一些大型钢铁企业、研究院所和高校在高性能、高强度钢的应用基础方面取得了大量的成果，有力地推动了先进高强度钢的开发、生产和应用。但由于实际大生产中的连续、大规模、高速的冶金加工工艺过程是一个十分复杂、系统的冶金工程科学问题，其中的许多基础科学问题与规律尚未得到完整系统的、定量化的分析、描述模型、表征与控制，仍需要紧密结合实际工艺过程进行不断深入、系统地开展研究，为新的高性能、高强度钢产品开发及其稳定性生产工艺控制提供依据和基础。

2. 热带无头轧制/半无头轧制技术

国内在CSP线上对半无头轧制从超长薄板坯均热温度均匀性控制、流程生产组织模式、工艺、设备及自动化控制等方面进行了系统的研究开发，突破了相关关键技术，进行了系统技术集成，实现了半无头轧制高质量薄规格宽带钢的大批量生产与应用，成效显著，总体技术达到国际先进，部分指标国际领先。我国目前还没有在常规热连轧线上通过中间坯快速连接、在精轧机组无头轧制薄宽带钢的成套技术和生产实例，而我国常规热连轧生产线已有70余条，十分需要相关关键技术及设备研发。

从国际来看，近20年来，日本JFE和NSC、韩国POSCO和欧洲ARVEDI、DANIELI等都高度重视热轧薄板全连续无头轧制成套装备技术研究与工业实践。我国山东日照已有3条ESP线投产，产能660万吨，产品以0.8~2.0mm超薄规格为主，钢种除低碳、

超低碳普板外，正在进行微合金、低合金钢品种开发及组织性能均匀性、稳定性控制研究，目前正在进行技术消化吸收及超薄带钢品种开发工作。另外，还有2~3条无头连铸连轧线正在筹备建设中。目前，世界上实现热带半无头轧制的有德国、荷兰两个CSP厂以及国内的三家钢厂的短流程线，在半无头轧制工艺控制理论与技术集成创新、扩大薄规格产品范围、节能降耗等方面取得显著成效，证明该先进技术值得工程化推广应用。

3. 高精度轧制与在线检测技术

主要技术包括铸坯加热及均热温度均匀化控制技术；中厚板轧制尺寸形状精确控制技术；热连轧板厚、板形高精度控制技术；型材及棒线材尺寸形状精确控制技术；轧辊磨损在线检测及预测技术；热轧、冷轧板形板厚在线高精度检测技术；热轧材轧制过程中的温度高精度检测与控制技术；型材尺寸形状在线高精度检测技术；连轧过程中的智能化控制技术。

这些技术在德国、瑞典、日本等国的先进钢铁企业已有大量成功的应用。国内已有一些企业开发并应用了相关技术，例如中厚板尺寸形状高精度轧制与高精度在线检测，热轧及冷轧薄板板厚及板形高精度轧制与高精度在线检测，型钢及棒线材高精度轧制及高精度在线检测等取得了良好的应用效果，不仅显著提高了轧材质量，在提高成材率、降低材料消耗和成本方面效果显著。

4. 高性能取向/无取向电工钢制造技术

在国际电工钢生产技术方面，日本钢铁企业一直走在前面。JFE钢铁公司为满足用户的多样性需求，生产供应"JG""JGH®""JGS®""JGSD®""JGSE®"5个系列的取向电工钢板。"JGH®"系列中的厚度为0.20~0.35mm的钢板是高级取向电工钢板，相当于HGO，铁损小于"JG"系列。"JGS®"系列中的厚度为0.23~0.35mm的钢板是更高级取向电工钢板，相当于HGO，具有高磁感应强度和低铁损。此外，由于晶粒具有高取向度，有利于变压器的低噪音化。"JGSD®"系列是钢板表面加工成沟槽的耐热型磁畴细化低铁损取向电工钢板，可用于进行消除应变退火的卷铁芯变压器。"JGSE®"系列是钢板表面导入局部应变的非耐热型磁畴细化低铁损取向电工钢板，可用于叠铁芯变压器。

JFE公司已经开发出耐热型、非耐热型磁畴细化取向电工钢板等世界最高水平的取向电工钢板。目前，JFE钢铁公司正在进行新一代取向电工钢板的研究开发。开发材的铁损比基材23JGSD080的铁损$W_{17/50}$ = 0.75W/kg降低了16%。与传统变压器铁损相比,用开发材制作的卷铁芯变压器在额定电压下(B_m = 1.7T),铁损降低 11%~12%,在 110% 额定电压下(B_m = 1.91T),铁损降低 21%~23%。

在无取向电工钢研发方面,JFE 公司积极推进适应家电高效率电机和混合动力汽车电机要求的电工钢板的开发。已经开发出高效率电机用磁感应强度铁损综合特性优良的 JNE® 系列产品、高频电机用高频铁损低的薄电工钢板 JNEH® 系列产品、高扭矩电机用高磁感应强度电工钢板 JNP® 系列产品、高速电机转子用高强度电工钢板 JNT® 系列产品。

在高频磁性材料用高硅电工钢研发方面,JFE 公司利用化学气相沉积法(CVD)生产高 6.5%Si 钢板(JNEX),并在世界率先开始高 Si 钢板工业化生产。同时利用 CVD 法工业化生产 Si 梯度钢板 JNHF,通过对 JNHF 钢板厚度方向上的 Si 浓度控制,使钢板表层具有高导磁率,同时降低了钢板的涡流损耗。

从以上国际高性能电工钢制造技术方面来看,我国已在部分钢种的制造技术上达到国际先进或领先水平,但总体综合技术及技术创新能力方面仍有一定差距。

5. 薄带铸轧技术

进入 21 世纪以来,世界上装备进行半工业化试验和生产的薄带铸轧机组的工厂有德国蒂森克虏伯公司克莱菲尔德厂、美国纽柯克莱福兹维尔 Castrip 厂、中国宝钢特钢集团薄带铸轧试验厂等,规模分别为 30 万吨/年、50 万~100 万吨/年和 50 万吨/年,钢种包括低碳钢、不锈钢、碳工钢和电工钢等,但在作业率、成本和钢带质量上还存在一些问题。目前,已经建成一条 50 万吨/年的新线。国内以宝钢为代表的薄带铸轧技术开发已形成一套自有知识产权的工艺技术,总体技术已进入国际先进行列,但在技术设备推广、产品品种拓展及进一步提高产品竞争力等方面仍有许多工作要做。

6. 超超临界火电机组钢管制造技术

在国际上,日本燃煤火力发电从过去的超临界锅炉蒸汽温度 538℃或 566℃,发展到目前超超临界(USC)锅炉,发电效率为世界最高,达到 43%。超超临界锅炉是由于优良的耐热管材的开发成功才能够实现的,日本制造的锅炉钢管广泛已应用于全世界。其开发的超超临界燃煤火力发电锅炉钢管包括:① 开发钢 TP347HFG 的细晶化工艺,在高于固溶处理温度下进行冷拔前的软化处理,用这种方法预先使 Nb 的碳氮化物充分固溶,然后进行高强度的冷拔加工,使钢中产生大量位错;② 喷丸处理提高抗水蒸气氧化性;③ 提高高温强度的含 Cu 锅炉钢管:对于 347H 等奥氏体不锈钢，当钢中含有百分之几的 Cu 时，在 600℃的工作温度下，经过长时间，微细的 Cu 相弥散析出，其粗大化进展缓慢，提高了钢的高温蠕变强度；④ 高强度大口径厚壁高 Cr 钢管：火力发电锅炉主蒸汽管和高温再热蒸汽管为外径 350~1000mm、壁厚超过 120mm 的大口径厚壁钢管。另外，开发出 Gr.92（9Cr-1.6W-Mo-V-Nb）钢管，利用 V、Nb 的复合碳氮化物的析出强化作用和高温下含 W 碳化物、Laves 相的析出强化作用，提高钢的高温强度。

目前，日本、美国、欧洲和中国正在进行新一代 USC（A-USC）锅炉项目的研究开发。A-USC 锅炉蒸汽温度将达到 700℃，发电效率提高到 46% 以上。A-USC 锅炉最高温度部位的锅炉管和配管需使用具有很高高温强度的新型 Ni 基合金，日本目前正在以官民一体化项目的形式进行研究。

火力发电设备为了提高热效率，需要高温高压，因此对高 Cr 耐热钢的需求激增。日本研究人员和 EPRI（美国电力研究所）共同研究后，提出低 Ni、Al、P 系锅炉用改良 ASME P92 钢，生产 650℃（高压）、650℃（中压）、35MPa、800~1000MW 级的超超临界火力发电设备，可生产出利于环保，且在经济性、应用性方面都具有优势的产品。为使高温强度由 593~600℃提高至 650℃，需要：①将 Ni 的添加量由 0.2% 左右减少至 0.01% 左右；② Al 含量由 0.01% 左右降低至 0.001% 左右；③ P 含量由 0.010% 降低至 0.001%~0.002%。

对比来看，我国在超超临界火电机组钢管制造技术方面已进入国际先进行列，并在部分领域达到领先水平。

7. 钢中夹杂物及析出物控制技术

钢中夹杂物及析出物是影响钢材表面及内部质量性能，尤其是钢的强韧性的关键因素之一，一直是国内外钢铁冶金技术关注的重点。近年来，国内外在钢中夹杂物及析出物研究与控制技术方面不断出现新理论、新技术与相应的新产品。例如，氧化物冶金，夹杂物微细化控制，形变与相变过程中的纳米粒子析出控制技术等。在精细组织控制、提高钢材性能（包括成形加工性能、焊接性能及使用性能等）、节约合金元素、降低钢材成本以及日本开发生产纳米析出强化钢（NANO-HITEN 钢）等效果显著。国内在 CSP 线上开展了系列工作，通过微合金化和控轧控冷技术的有机结合，对纳米 Ti（C、N）析出相在屈服强度 700MPa 级高强超细晶粒铁素体-珠光体带钢进行了系统研究，纳米沉淀粒子显著提高了钢的强度，并节约了大量合金。

8. 组织性能精确预测及柔性轧制技术

柔性轧制技术是现代化钢材产品减量化、稳定化、高效化、智能化及低成本制造技术的重要组成部分。欧洲、北美和日本等国家和地区的钢铁企业十分重视该项技术的研发与应用，国内钢企近年也投入大量人力财力进行研究，并已取得了良好的效果。此项技术目前还仅限于少数企业和少数钢种，所建立的材料数据库、模型库及软件还远不能满足大规模应用的要求。此项技术需要持续、系统地研发、应用和推广。

9. 高性能厚规格海底管线钢及LNG储罐用超低温06Ni9钢轧制技术

在国外焊接HAZ韧性优良的海洋工程用TMCP厚钢板研发方面，新日铁住金在保证焊接接头CTOD特性钢的开发方面已经开发出Ti-N钢、Ti-O钢、Mg-O钢和Cu沉淀硬化钢。利用这些技术开发出屈服强度355MPa级以上的高强度钢，并达到实用化。新日铁住金将利用这些微细粒子的HAZ高韧性技术总称为HTUFF®（High HAZ Toughness Technology with Fine Microstructure Imparted by Fine Particles）。新日铁住金将保证焊接接头-20℃ CTOD值为目标，以Ti-O钢为基钢利用EMU技术制造出YP420MPa级、100mm厚钢板（New HTUFF钢），不仅焊接熔合线附近组织的有效晶粒直径小于传统钢，而且，由于低Si化和无Al化，减少了岛状马氏体组织（MA），以及Ti-N配比最佳化，避免了TiC脆化。该钢板具有良好的母材和焊接接头力学性能，并已经投入生产。

在国外，新型LNG储罐用钢板研发方面，为了降低LNG储罐建造费，新日铁住金开发了新型LNG储罐用钢（Ni含量为6.0%~7.5%）。该钢种的性能与作为LNG储罐用钢应用了数十年的9%Ni钢相当。降低了Ni用量，增加了Mn用量，同时添加了Cr和Mo，采用TMCP L-T（直接淬火-中间热处理-回火）工艺。新钢种可以降低成本，减少Ni添加量。新型LNG储罐用钢在抑制脆性破坏发生和中止裂纹传播方面具有优良的特性，现已被收录于JIS（JIS G 3127）、ASTM（ASTM 841 Grade G）、ASME（Code Case 2736，2737）中。新型LNG储罐用钢具有与9%Ni钢相同的性能，并已经投入实际应用。该钢种还可作为资源节约型新型储罐内壁材料使用，进一步扩大了应用范围。另外，为了节省镍合金并提高LNG储罐的强度，韩国浦项开发出具有较低成本高性能的LNG储罐用高锰钢，其锰含量为15%~35%，其材料及加工的总费用约为9%Ni钢的1/4，极大地提升了产品竞争力。

从国外该方面的技术进展情况来看，我国在产品及技术开发应用的总体技术已达到国际先进水平及部分领先。

10. 离线及在线热处理强化技术

高强韧钢材的离线及在线热处理强化技术近年在国内外均十分受重视，日本钢铁企业的在线热处理提出和发展最早，包括热轧板带材及棒线材，超快速冷却技术也在多家企业得到应用。因此，通过开发建设先进的离线或在线热处理装备与技术，对生产高强及超高强韧钢材意义重大。

例如，通过科学的合金成分设计及先进的热处理工艺，获得多相组织转变，得到多相组织及钢中析出大量的纳米碳化物，显著提高钢的强韧性。先进的离线热处理装备在美国及欧洲的一些钢铁企业配备完整，一些高性能超高强钢材不仅批量生产且有大量出口。我国近年一些钢铁企业尤其是中厚板企业在离线热处理线的建设上投入很大，也取得了很好的效果。攀钢重轨在线热处理技术已形成自主知识产权，所生产的高强韧重轨有大量出口，该项技术已达到国际领先水平。

第三节　本学科未来发展方向

综上所述，近年来，国内外在轧制理论与技术、工艺与装备以及高性能新产品研发等方面均有显著的进展。展望轧制学科技术的发展，值得关注的趋势有以下几方面。

一、绿色化、数字化、智能化轧制技术成为必然趋势

钢材的轧制过程是集材料、工艺、设备、高精度检测及控制于一体的庞大复杂过程，将这一复杂的多因素交织的过程形成系统的数学模型并进行数字化描述与快速数据传递，是进一步实现智能化的基础。在不同的扁平材及长材轧制过程中，需要根据不同的钢种、轧制工艺、轧制设备以及不同的轧制阶段建立相应的材料模型、几何模型、物理模型、轧制设备及辅助工具模型等，对温度场、力场、金属流动速度场、组织场等进行三维数字化描述与分析，为工艺优化及进一步形成智能化轧制控制技术提供基础。

另外，钢材产品的全生命周期智能化设计、高效、减量化生产、生产过程中的低排放低消耗、由高强韧化带来的结构轻量化与低排放、可循环利用等，成为钢材轧制生产绿色化的必然选择和发展趋势。

二、基于大数据的钢材生产全流程工艺及产品质量管控技术

保证钢材质量性能一致性的前提是钢材从冶炼到轧制生产全流程的工艺控制的稳定性。在生产全流程过程中将形成海量数据，利用好这些大数据对实现工艺与产品质量的稳定性、均一性控制至关重要。因此，需要建立基于钢材生产全流程的工艺质量大数据平台，形成从冶金成分、铸坯质量到轧制全流程工艺质量数据集成技术，结合钢材表面质量缺陷与内部晶粒组织性能在线检测技术，对各轧制工艺参数、轧件质量进行在线监控、追溯分析与评价、质量在线评级，同时进行工艺参数波动因素分析、为工艺稳定性控制和优化控制提供依据。

三、钢结构用超高强韧钢的发展

随着新型建筑结构的发展，对高层、超高层建筑用高强韧钢、耐候耐火抗震钢、大型桥梁结构及缆索、强力螺栓用钢等的需求将不断增长，钢结构用超强韧、耐腐蚀、厚规格、大断面等钢坯的组织性能一致性问题越来越受到关注，并出现连铸凝固控制与轧制相结合的凝固末端大压下等新技术。日本三大钢企正在加速钢结构用厚板的高端化进程，新日铁住金应用TMCP技术开发生产的桥梁用高屈服点钢板"SBHS（Steels for Bridge High Performance Structure）"比普通桥梁用焊接结构钢具有更高强度、更高韧性、焊接性和冷加工性；JFE开发生产的建筑结构用低屈强比780MPa级超高强厚钢板"HBL630-L"具有确保抗震安全性所需的85%以下的低屈强比和高焊接性、高韧性；神户制钢开发生产的桥梁用长寿命化涂装用钢板"ECO View"是一种提高钢桥寿命的耐候钢板，可大幅度降低生命周期成本。浦项应用TMCP技术开发的HSB800系列桥梁专用高性能钢的抗拉强度≥800MPa，伸长率≥22%，HSB800W具有很强的耐候性。目前，桥梁钢的强度已超过800MPa，建筑结构用钢板的强度已达到1000MPa，钢缆线强度超过2000MPa、钢丝的强度达到4000MPa、抗震钢的屈强比上限在0.8，今后这些指标将进一步提高。

支撑这些高强度、高性能钢材的生产技术主要包括钢质的高洁净化、微观组织的精细控制以及通过TMCP技术的组织细化与复相化。在轧制-控冷工艺过程中，通过改变碳及合金含量和冷却速度与路径，可获得各种不同的相变组织，从而赋予钢材多样的材料特性，据预测，钢材的理想强度可能达到10000MPa以上，甚至可以说钢材是还处于发展阶段，其中还隐藏着巨大潜力的"新材料"。

四、第三代汽车用钢

第三代汽车用钢的主要特点是其合金含量明显低于第二代汽车用钢，同时具有高强韧性和高的强塑积。近年来，国内外一些大型钢铁企业及研究院校不断致力于第三代汽车用钢的研究开发及应用。在国外，如德国蒂森、日本新日铁——住金、JFE、神户制钢、美国AK钢铁公司、韩国浦项，国内宝钢、鞍钢等多家大型钢铁企业已经开发或正在开发1000MPa级、1200MPa级、1300MPa级和1500MPa级中锰钢、QP钢、纳米强化钢等第三代汽车用钢，正在进行一定批量的应用，但目前应用量还只限于较小的范围，主要问题在于批量生产产品性能的稳定性、一致性、成本控制以及成形应用控制技术上还需要进一步的研究开发。

五、超高强度钢的未来发展

今后，为了进一步适应环境与绿色化发展的要求、节能减排、实现结构轻量化、节约资源与能源，钢质结构件的强度和性能将进一步提高。据新日铁住金的研究开发计划，钢的理想抗拉强度为10400MPa，但目前最高仅实现40%，汽车用钢才达到15%，抗拉强度还有很大的提升空间。为此，其计划为，到2025年，汽车防撞钢梁抗拉强度将由2015年的1760MPa提升到2450MPa，发动机舱盖抗拉强度将从1180MPa提升到1960MPa，中柱抗拉强度将从1470MPa提升到1960MPa，车门外板强度将从440MPa提升到590MPa，同时，作为加工性指标，延展性能将和抗拉强度同时得到提高。作为最具代表性汽车结构用钢，热冲压成形用钢将向更高强度的超高强韧性方向发展。目前，1500MPa级热成形钢在汽车上已有较多的应用，而1800MPa级和2000MPa以上级别超高强度热成形薄钢板的研究开发和应用正在进行中。为提高强韧性，重点开发热冲压后原始奥氏体晶粒微细化、提高淬透性的1800MPa级热冲压钢板，其伸长率、淬透性、点焊性、氢脆性等特性与现行热冲压成形钢无明显区别。但其韧性以及成形件的低温弯曲特性等方面还有待于提高，这可能与热轧、冷轧以及热处理工艺控制有关。此外，造船用以及重工业用厚板要求抗拉强度、低温韧性、焊接性能良好，冷轧汽车高强钢力争抗拉强度实现1400~1800MPa，延展性达到20%~40%，同时进行1470MPa钢的高延展性开发及降低全生命周期成本的材料研究。在微观层面进行特性改进，在宏观层面推进工艺优化，进一步开发出优良性能的超高强钢铁材料。

六、优质钢材品牌化发展战略

目前全球钢铁需求量约 15 亿吨，其中，高品质钢材约占 20%，但其附加值却占全部钢材的 40% 以上，这除了高品质钢材本身具有的附加值外，其品牌优势及其价值是另一重要因素。近年来，国际上许多大型先进钢铁企业十分重视其钢材产品的品牌化发展战略，在提升产品品质品牌、企业品牌的同时，覆盖其更多的产品品种，由此带动和提升企业的所有品种、产生更大的经济效益。如蒂森克虏伯、新日铁住金、神户制钢、JFE、安赛洛-米塔尔、瑞典 SSAB、浦项，以及我国的宝钢、鞍钢、太钢的高品质钢材品牌等，在国内外钢材市场竞争并取得较高效益中发挥了十分重要的作用。

蒂森克虏伯不仅在德国内陆杜伊斯堡拥有包括高炉冶炼和热轧、冷轧、热处理及表面处理在内的国际一流的全流程钢铁企业，还在多特蒙德有下游加工厂，并在中国钢企合资建立了热镀锌钢板产线，同时，在海外形成了汽车板完整的销售体系，其产品所占最高比例是汽车板，占年销售额的 25%。蒂森克虏伯于 2008 年启动了名为"InCar®Plus"的汽车用钢战略，为汽车车身、底盘和动力总成提供解决方案，由此发展成为包括提高产品附加值的轻量化和电气化等在内的汽车用钢战略项目，其产品能打入日本汽车企业的优势在于可实现全球化供货及品质、冷成形与热成形两方面的新技术和第三代汽车用钢开发等。

瑞典钢铁公司（SSAB）年粗钢产量为 800 万吨左右，但在高品质钢材市场却占有举足轻重的地位。例如，其开发的系列耐磨钢板 Hardox，从 0.7~2.1mm 的冷轧薄板到 40~160mm 中厚板享誉世界。Hardox 产品的优势是耐磨、使用寿命长、硬度稳定、加工性高、在具有高硬度的同时，还具有较高的韧性，产品不但成分、性能非常稳定，公司还自主开发了相应的焊接工艺，为用户提供包括钢材使用方法在内的一揽子解决方案和附加价值。

七、多学科交叉融合的轧制创新体系将不断形成和发展

多学科交叉融合的轧制创新体系包括：

（1）轧制塑性变形理论技术与冶金过程控制、连铸凝固理论技术的融合及全流程一体化的组织性能控制（例如，连铸坯凝固末端大压下理论与技术）。

（2）轧制理论技术与现代材料科学、纳米技术、复合材料技术、表面技术、材料

基因及材料多尺度设计、预测与控制等技术的融合。

（3）具有轻质、高强韧、特殊优异性能等新钢种（例如中锰钢、高锰钢、高铝钢、高硅钢等）研发相关的形变相变控制理论与技术。

（4）轧制理论技术与大数据、计算机技术、数值模拟、现代塑性力学、高精度检测与智能控制等技术的融合。

（5）超厚、超薄、超宽、复杂断面、特殊应用环境（超高温、超低温、耐腐蚀等）高性能、高精度轧材成套系统制造技术。

（6）材料设计制造与成形应用、综合考虑环境资源及可循环、全生命周期一体化的材料设计理论与制造技术。

第四节 学科发展目标和规划

一、中短期（到2025年）发展目标和规划

1. 中短期（到2025年）内学科发展主要目标和方向

（1）主要目标。

1）绿色化轧制技术达到国际先进水平。重点在于提高量大面广钢材产品的质量稳定性、可靠性、可加工性的轧制工艺控制，推进产品标准升级，尤其是以下一些重点品种。①钢筋：高强度钢筋的生产应用达到100%。通过优化冶炼工艺技术、控轧控冷和微合金化技术解决钢筋低成本和质量稳定性、可靠性和适用性问题。其中600MPa级以上螺纹钢达到30%以上，开发出高强度抗震钢筋（低屈强比、高均匀伸长率），耐火、耐候、抗震钢筋，并进行应用。②中厚板：通过深入研究冶金工艺、控制轧制和控制冷却工艺以及轧制装备的控制水平，使该类产品中形成一批优势品牌。为适应我国高层、超高层建筑及大跨度钢结构的快速发展，Q460级建筑结构用钢得到普遍应用，Q690级以上结构用钢得到较大比例的应用（>30%）。为满足抗震、耐火、耐候的需要，开发出系列建筑结构用的具有低屈强比、较高塑性和高强韧性的抗震钢板、耐火、耐候钢板。③涂镀层钢板：为适应建筑、汽车、家电、五金等行业的低成本、产品多样化和绿色环保的需求，涂镀层钢板将向资源节约、环境友好方向发展。具有均匀镀层和高表面质量的宽幅高强度和超高强度热镀锌板是重点研发方向，同时，热轧薄规格直接热镀锌板的应用量将进一步扩大。彩涂板向薄规格、优良耐蚀性、高表面质量和较高强度方向发展。④桥梁用钢：为适应钢桥向大跨度、全

焊接结构发展，以及对桥梁结构的安全性、可靠性和长寿命的严格要求，新的桥梁用钢应具有 500~800MPa 的高强度、优良的低温韧性、良好的焊接性和耐蚀性。⑤热送热装及无加热直接轧制：铸坯热装温度在 600~900℃ 达到 90% 以上，棒线材生产线无加热直轧率达到 80% 以上。⑥汽车用超高强度钢生产应用：汽车用超高强度钢达到 2000MPa 以上。

2) 数字化、智能化轧制技术达到国际先进水平。轧制数字化、智能化对提高轧制效率、轧材精度、降低产品开发及生产成本具有重大意义。我国已在个别型钢生产线实现了型钢轧制数字化，在个别热轧板带生产线建立了数字化平台，但真正掌握此技术的企业和技术人员还很少，并且软硬件还需要进一步系统化和通用化。宝钢正在开展智能化热轧板带生产线的技术开发。今后的目标是：①在 2025 年前建成 5~10 条型材及板带材数字化、智能化生产线。②能源利用率、全自动轧钢率和劳动效率将分别提升 10%、15% 和 20%，综合生产成本下降 30%。

3) 高效、高精度轧制技术和装备达到国际先进水平。①热轧板带无头轧制技术与装备：热带无头轧制具有连续、高精度、高均匀一致性地大批量生产高精度薄和超薄宽带钢并显著节能的优势。日本 JFE 公司和韩国浦项 - 三菱公司已开发出在常规热连轧线的粗轧与精轧机组之间快速中间坯连接技术与装备，实现了板带精轧无头轧制。欧洲奥钢联 - 阿尔维迪公司已开发出 ESP 无头连铸连轧技术。我国已有薄板坯连铸连轧线实现半无头轧制，并在日钢引进了 ESP 生产线。热轧无头轧制超薄规格板带在我国仍有较大的市场和需求，初步研发出具有自主知识产权的在常规热连轧线的粗轧与精轧之间实现中间坯快速连接的无头轧制技术与装备，以及全新的无头连铸轧制技术与装备。②板带材及型材高精度轧制技术与装备：研究开发新一代高精度轧材尺寸形状、温度、表面质量在线监测设备、高精度热轧及冷轧板带板形板厚及热轧型材尺寸形状检测与控制模型及设备，形成系统成套技术，到 2025 年至少在三分之一生产线上得到推广应用，使轧材尺寸形状精度及表面质量得到普遍提高。③凝固 - 轧制全流程一体化的组织性能控制：通过轧制塑性变形理论技术与冶金过程控制、连铸凝固理论技术的融合，例如，连铸坯凝固末端大压下技术等，实现全流程一体化的组织性能控制。④薄带连续铸轧技术与装备：薄带连续铸轧具有显著节能效果并生产常规热轧线难生产或不能生产的例如高硅钢、高合金钢、低塑性难加工钢带，并可适应小批量多品种高附加值带钢生产。我国可在宝钢研发成功的薄带铸轧工艺及装备基础上，进一步完善软件与硬件控制系统，并扩大推广应用范围和规模。

4）实现钢材品牌化，满足国家重点工程建设用钢需求，并有一定量出口。①先进能源用钢。应用新一代 TMCP 技术，稳定生产 X80 以上级别厚规格、抗大变形管线钢、研发高等级（X80 以上）长距离输送、抗 CO_2/H2S 腐蚀管线钢以及海底油气输送用高级别厚规格高强韧耐海水腐蚀管线钢，开发出成套控轧控冷工艺技术并实现稳定生产。同时，开发出 700℃超超临界火电及核电用钢成套生产工艺控制技术，满足我国能源发展用钢的需求。②高速铁路用钢。a.高速铁路车轮用钢：目前，我国高速铁路车轮还靠进口，要研发出高速铁路用车轮钢相关的冶金及轧制工艺控制技术，形成自主品牌并大批量应用。b.高速铁路车轴用钢：高速列车普遍采用空心车轴，我国应在 2020 年前研发出自己的高速铁路车轴用钢，并在 2025 年前进行批量应用。c.高铁轴承用钢：我国应在 2020 年前研发出高速铁路轴承用钢及相关工艺控制技术并进行批量应用。要在 2025 年前全面满足我国轨道交通发展用钢的需求。③大型船舶及海工用钢。急需研发新型、高耐腐蚀性压载舱用钢，使舱体寿命由 15 年提高到 25 年，腐蚀速率为传统钢的 1/4。大力开发南海资源开发利用急需的海洋平台结构用高强度、耐腐蚀、抗疲劳、抗环境断裂系列钢级别和尺寸规格的钢板，重点完成 690MPa 及以上高强韧性海洋工程用钢的研发，开发 100mm 以上厚度、屈服强度 360MPa 以上级别海洋平台用特厚钢板，满足我国大型船舶及海洋工程发展用钢的需求。④高强及超高强汽车用钢。重点研发第三代汽车用钢的合金与组织设计、冶金、轧制及热处理工艺控制技术，包括 590MPa 以上级别深冲双相钢（DQ-DP）、1200MPa 以上级别超细晶相变诱导塑性钢（FG-TRIP）、淬火－配分钢（Q&P 钢）、孪晶／相变诱导塑性钢（TWIP/TRIP）、纳米粒子强化钢、纳米贝氏体钢、2000MPa 以上级别超高强度热成形用钢、高强度及高成形性能汽车车轮用钢、中锰钢、高锰钢、高铝钢等。满足我国汽车轻量化发展用钢的需求。⑤高品质特殊钢。需研发的特钢主要品种包括：700℃超超临界汽轮机用耐热合金钢，高中压转子、叶片、紧固件等用钢，长寿命、高性能弹簧钢，航空发动机用轴承钢，电力工程用高硅钢，低成本超纯铁素体不锈钢，海洋工程用超级奥氏体不锈钢，无磁钻具用高氮奥氏体不锈钢、特种双相不锈钢，高强度耐海水腐蚀紧固件用钢等。这些特殊钢材品种的冶金成形工艺比普通碳钢及合金钢的要求要严格复杂得多，在获得高性能的同时，在成本及成材率控制技术上还应根据钢种的要求研发相应的特殊冶金及轧制工艺控制技术，并加强用户在特殊规格及使用中的应用技术研究。满足我国航空航天、高铁、海洋工程及国防发展所需特殊用钢的需求。

（2）研究方向。① 针对量大面广钢铁产品的柔性化低成本轧制技术。② 减量化合金成分设计与组织精确控制技术。③ 板带材和型材尺寸形状精确控制和组织性能均一性控制技术。④ 热轧板带无头轧制技术与装备。⑤ 型材、板带材轧制数字化、智能化技术。⑥ 薄带铸轧技术与装备。⑦ 热轧板带和型材组织性能预报。⑧ 全流程一体化的组织性能控制（如连铸坯凝固末端大压下技术）。⑨ 具有特殊优异性能的新钢种研发（如中锰钢、高锰钢、高铝钢、高硅钢等）。⑩ 高性能品牌钢性能稳定性控制技术。

2. 中短期（到2025年）内技术发展重点

（1）绿色化轧制技术。① 针对量大面广钢材的柔性化轧制技术。② 减量化合金成分设计和组织性能精确控制技术。③ 新一代控轧控冷技术。④ 高效热送热装及无加热直接轧制技术。

（2）数字化、智能化轧制技术。① 板带材、型材、管材轧制数字化、智能化轧制技术。② 热轧板带材和型材组织性能预报及在线控制技术。③ 基于大数据的钢材生产全流程工艺及产品质量管控技术。

（3）新一代高效、高精度轧制技术和装备。① 热轧板带无头轧制成套技术与装备。② 板带材板形及型材尺寸形状高精度控制技术与装备。③ 薄带铸轧技术与装备。④ 连铸坯凝固末端大压下技术与装备。

（4）钢材品牌化发展战略。① 先进能源用钢制造技术。② 高速铁路用钢制造技术。③ 大型船舶及海工用钢制造技术。④ 高强及超高强汽车用钢制造技术。⑤ 高品质特殊钢制造技术。

二、中长期（到2050年）发展目标和规划

1. 中长期（到2050年）内学科发展主要目标和方向

（1）发展目标。

金属材料轧制学科既是一个历史悠久的学科，也是一个与现代科技同步发展、集现代冶金材料科学、计算机与信息技术、机械与自动化技术、数字化与智能化技术等学科不断融合发展的、充满挑战的学科。到目前，钢铁及有色金属材料轧制成形已发展成为世界上产量最大、应用领域最广、与经济、能源、资源、环境关系最密切的学科及行业之一。预计从现在到2050年的30余年中，该学科还将有较大的发展和技术突破空间，到2050年的发展目标包括以下内容。

1）绿色化轧制技术达到国际一流水平。

2）实现全透明数字化、智能化轧制生产线，总体技术达到国际领先水平。能源利用率、全自动轧钢率、劳动生产率以及综合生产成本控制居国际领先水平。

3）在高效、高精度轧制技术上，无头轧制技术和装备达到国际领先水平；在铸轧一体化技术和装备上，长材连铸直轧、特厚板大压下直轧技术与装备达到国际先进或领先水平。

4）高性能钢材品牌化发展战略上，特别是汽车、交通、能源、海洋工程用钢的质量、尺寸形状精度、性能均一性轧制控制技术达到国际领先水平，形成一大批国际品牌产品，主要产品具有国际竞争力，并占有国际市场一定份额。

（2）研究方向。

1）绿色化轧制技术。

2）数字化轧制技术。

3）智能化轧制技术。

4）无头轧制技术和装备。

5）钢材质量稳定性、性能均一性控制技术。

6）铸轧一体化技术和装备。

7）高性能高精度轧制技术。

2. 中长期（到2050年）内技术发展重点

（1）连铸–轧制一体化的绿色化轧制技术。

（2）冶金–连铸–轧制全流程工艺、质量与管理的大数据智能化在线分析、预测技术。

（3）轧制全流程一体化的数字化、智能化轧制技术。

（4）新一代无头轧制技术与装备。

（5）新一代铸轧一体化技术与装备。

（6）高性能高强度钢材的高精度、高均一性的精准轧制控制技术。

三、中短期和中长期发展路线图

中短期和中长期发展路线图见图15-2。

第十五章 轧 制

目标、方向和关键技术	2025 年	2050 年
目标	（1）绿色化轧制技术达到国际先进水平 ● 量大面广钢材低成本高效化轧制和大批量应用 ● 高强度钢筋的生产应用达到 100% ● Q690 级以上结构用钢的应用比例 >30% ● 涂镀层板低成本、资源节约、环境友好产品生产技术 ● 铸坯热装温度在 600~900℃ 达到 90% 以上，棒线材生产线无加热直轧率 >80%。 ● 解决 500~800MPa 桥梁用钢高强度、低温韧性、焊接性和耐蚀性控制技术 ● 汽车用超高强度钢达到 2000MPa 以上 （2）数字化、智能化轧制技术达到国际先进水平 ● 建成 5~10 条数字化、智能化轧制生产线 ● 能源利用率、全自动轧钢率和劳动效率将分别提升 10%、15% 和 20%，综合生产成本下降 30% （3）高效、高精度轧制技术和装备达到国际先进水平 ● 热轧板带无头轧制技术与装备 ● 板带材及型材高精度轧制技术与装备 ● 薄带连续铸轧技术与装备 ● 凝固-轧制全流程一体化的组织性能控制 （4）实现钢材品牌化，满足国家重点工程建设用钢需求，并有一定量出口 ● 先进能源用钢：抗 CO_2/H_2S 腐蚀管线钢；700℃ 超超临界火电及核电用钢 ● 高速铁路用钢：高铁车轮、车轴及轴承用钢 ● 大型船舶及海工用钢 ● 高强及超高强汽车用钢 ● 高品质特殊钢	（1）绿色化轧制技术达到国际一流水平 （2）实现全透明数字化、智能化轧制生产线，总体技术达到国际领先水平。能源利用率、全自动轧钢率、劳动生产率以及综合生产成本控制居国际领先水平 （3）在高效、高精度轧制技术上，无头轧制技术和装备达到国际领先水平；在铸轧一体化技术和装备上，长材连铸直轧、特厚板大压下直轧技术与装备达到国际先进或领先水平 （4）高性能钢材品牌化发展战略上，特别是汽车、交通、能源、海洋工程用钢的质量、尺寸形状精度、性能均一性轧制控制技术达到国际领先水平，形成一大批国际品牌产品，主要产品具有国际竞争力，并占有国际市场一定份额
研究方向	（1）针对量大面广钢铁产品的柔性化低成本轧制技术 （2）减量化合金成分设计与组织精确控制技术 （3）板带材和型材尺寸形状精确控制和组织性能均一性控制技术 （4）热轧板带无头轧制技术与装备 （5）型材、板带材轧制数字化、智能化技术 （6）薄带铸轧技术与装备 （7）热轧板带和型材组织性能预报 （8）全流程一体化的组织性能控制 （9）具有特殊优异性能的新钢种研发（如中锰钢、高锰钢、高铝钢、高硅钢等） （10）高性能品牌钢性能稳定性控制技术	（1）绿色化轧制技术 （2）数字化轧制技术 （3）智能化轧制技术 （4）无头轧制技术和装备 （5）钢材质量稳定性、性能均一性控制技术 （6）铸轧一体化技术和装备 （7）高性能高精度轧制技术

图 15-2

目标、方向和关键技术	2025年	2050年
关键技术	（1）绿色化轧制技术 ● 针对量大面广钢材的柔性化轧制技术 ● 减量化合金成分设计和组织性能精确控制技术 ● 新一代控轧控冷技术 ● 高效热送热装及无加热直接轧制技术 （2）数字化、智能化轧制技术 ● 板带材，型材，管材轧制数字化、智能化轧制技术 ● 板带材、型材组织性能预报及在线控制技术 ● 基于大数据的钢材生产全流程工艺质量管控技术 （3）新一代高效、高精度轧制技术和装备 ● 热轧板带无头轧制成套技术与装备 ● 板带材板形及型材尺寸形状高精度控制技术与装备 ● 薄带铸轧技术与装备 ● 连铸坯凝固末端大压下技术与装备 （4）钢材品牌化发展战略 ● 先进能源用钢制造技术 ● 高速铁路用钢制造技术 ● 大型船舶及海工用钢制造技术 ● 高强及超高强汽车用钢制造技术 ● 高品质特殊钢制造技术	（1）连铸–轧制一体化的绿色化轧制技术 （2）冶金–连铸–轧制全流程工艺、质量与管理的大数据智能化在线分析、预测技术 （3）轧制全流程一体化的数字化、智能化轧制技术 （4）新一代无头轧制技术与装备 （5）新一代铸轧一体化技术与装备 （6）高性能高强度钢材的高精度、高均一性的精准轧制控制技术

图15-2 中短期和中长期发展路线图

第五节 与相关行业、相关民生的链接

轧制钢材是国民经济建设和国防建设的基础材料，与经济发展密切相关，尤其是随着我国机械制造、汽车、交通、建筑、物流、能源、家电等行业的高速发展，对高质量、高性能、高强度、高精度钢材的需求不断增加，大大促进了轧制理论、工艺、技术及装备的进步。同时，轧制技术进步为相关行业的发展提供了高性能材料支撑和保证。因此，轧制技术的发展与机械制造等相关行业的发展密不可分，并应先行一步，为相关行业的发展提供更好的材料和更多的发展可能。

（1）机械制造：我国已成为世界机械制造大国，在大型工程机械、矿山机械、建筑工程机械、农业机械等制造行业正在进入或已经进入国际先进行列，中国制造2025规划重点实施的领域包括高端装备制造产业、新能源产业等。机械制造行业的发展在

结构轻量化、设备长寿命化等方面，需要大量的高性能、高强韧性、高耐磨性钢材，轧制技术及高质量钢材的生产必须满足机械行业的发展，与其规划相衔接。

（2）汽车制造：2016年我国汽车产量已达到2811.9万辆，预计到2025年将达到3500万辆左右，新能源汽车也将快速发展。汽车轻量化、安全与节能减排是汽车制造用材的关键，钢铁材料在汽车制造中仍将占有较大的比例，汽车用高强、超高强钢的研究开发及应用技术研究发展必须满足汽车行业发展需求。

（3）交通运输（轨道交通、桥梁、造船、物流等）：到2016年年底，中国铁路总运营里程已达到12.4万千米，其中，高铁营业里程超过2.2万千米，超过世界总里程的60%，居世界第一，表明我国高铁技术已走向世界。随着我国轨道交通技术及建设的发展，大量需要高性能、高质量铁路机车车辆制造用钢（造车材、车轮、车轴、轴承、钢板、型钢等），铁路建设及维护用钢（钢轨、道岔轨、钢筋、钢丝、钢绞线、弹簧钢等）以及桥梁建设、造船、物流行业用钢等。轧制技术及高质量钢材的生产必须满足轨道交通、造船、物流行业的发展，与其规划相衔接。

（4）建筑：近年来，随着我国经济的高速发展，城镇化建设、大型工业及基础设施建设、高层及超高层建筑、大型体育场馆、交通及水利电力工程建设发展迅速，建筑业用钢一直是各行业用钢中的大户，占全国总用钢量的50%左右。目前，国家正在编制新的《全国城镇体系规划》，提出要构建"十百千万"的城镇体系，因此今后建筑行业也必将继续保持用钢大户的地位。建筑用钢包括钢筋、板带材、型材和管材等，对钢材质量性能的要求也在不断发展，在具有高强韧性、低屈强比、良好成形性和焊接性、抗震、耐候、耐火、长寿命、绿色化等特点的同时，大型钢结构、标准化钢结构、可拆卸和重复利用钢结构也是新趋势。因此，建筑用钢的发展必须与建筑行业的发展和规划紧密衔接，应用新一代控轧控冷技术，不断开发出各类高性能、高质量钢材，适应并引领建筑用材的发展。

（5）能源：在我国经济发展中，能源开发与设施建设一直处于重要的战略地位。油气资源开采、油气管线建设、现代煤矿开采、火电、水电、核电、风电、太阳能发电以及电力输送设施等建设需要大量的高强韧性、良好耐候性及可焊性的高质量、高性能钢材，轧制钢材品种的发展也必须与能源行业的发展和规划紧密衔接。

（6）海洋工程：我国是一个具有广阔海域的海洋大国，在渤海湾、东海、南海等海域，海底油气田开采、矿产资源开发利用及输送工程上；在制造建设海上固定平台、海底管线、浮式生产储油轮（FPSO）、钻井平台、大型起重船、半潜式自航工程船、深水多功能工程船等工程上,需要大量的高强韧、耐腐蚀、厚规格管线钢、大口径无缝管及焊管、海上平台用大规格高强韧、耐腐蚀型钢及高性能厚板和特厚板等。未来轧制技术的发展必须有针对性地研究开发满足这些特殊性能需求的高性能钢材生产工艺控制技术,与我国海洋工程行业发展和规划用材需求相衔接。

第六节 政策建议

1. 加强和完善体制、机制建设

通过深化冶金行业、企业改革,建立公平的技术市场竞争秩序。

(1)建立钢铁绿色发展监督、评价体系。政府组织建立钢铁工业绿色发展监测、统计、管理体系和能源、资源利用及环保监督体系。

(2)建立钢铁工业,实现绿色发展的公平竞争机制。在较为完善的体制、机制下,构建起行业自律、公平、规范、竞争有序的市场环境,使企业形成充满活力,具有自主创新能力、更为有效的行业先进共性技术和先进实用技术开发推广应用机制、持续改进能力和市场应变能力的技术研发体制机制。

2. 加大基础和应用基础研究投入,力争原创技术开发取得突破

从过去来看,我国钢铁工业的快速发展从技术角度讲主要是靠引进技术推动的。由于科研体制、机制方面的问题以及对基础研究的投入不足,真正的原创技术很少。因此,今后的钢铁技术发展必须加大对钢铁共性技术基础研发投入的力度,力争在关键前沿技术上取得突破,真正起到引领世界钢铁工业技术进步的作用。

3. 推动产学研用联盟建立,形成稳固的以企业为主体的技术创新体系

目前在创新体系方面仍存在产学研用脱节,科技成果转化率不高的问题。在市场开发,特别是满足新兴产业对钢铁产品的需求方面存在着生产和使用脱节的现象。要解决以上问题,必须组建以企业为主体、以共性关键技术和关键产品研发为主目标的产学研用战略联盟,调动各方力量,发挥各自优势,形成支撑中国钢铁工业绿色发展的技术创新体系,实现关键技术和产品的突破,并推动钢厂产品品牌化建设。

4. 加强标准化建设和知识产权保护

(1)加快修订并提升钢材质量标准,并与用钢行业的标准及设计规范协同推进、缩小与国际标准的差距,引导钢铁建设项目设计与工程及钢材制造的绿色化。

(2)钢铁行业标准、规范满足钢铁生产及行业转型升级要求,实现与国际先进标

准对接，构建先进的钢铁产品标准体系。

（3）加强知识产权保护，支持并保护技术创新。

5. 加强高层次、稳定地创新型钢铁技术人才队伍的建设培养

通过对现有冶金高校及研究院所的支持和产学研用相结合的研发体制，培养和锻炼一大批适应现代钢铁科技发展要求的、稳定的科技创新人才、科技管理人才和高技能人才队伍，完善有利于自主创新人才培养成长的通道建设和发挥才能的激励机制，形成鼓励创新、宽容失败的创新文化。

参考文献

[1] 朱泉, 左铁镛. 中国冶金百科全书——金属塑性加工卷 [M]. 北京: 冶金工业出版社, 1998.

[2] 五弓勇雄. 金属塑性加工の进步 [M]. 东京: コロナ社, 1978.

[3] 新浪财经. 国家统计局《中华人民共和国 2015 年国民经济和社会发展统计公报》: 2015 年我国钢材实际产量 7.795 亿吨, 2016 年 03 月 03 日 10: 30 生意社讯.

[4] 殷瑞钰. 关于智能化钢厂的讨论——从物理系统一侧出发讨论钢厂智能化 [J]. 钢铁, 2017, 52 (6): 1–12.

[5] 王国栋. 中国钢铁轧制技术的进步与发展趋势 [J]. 钢铁, 2014, 49 (7): 23–29.

[6] 王国栋. 钢铁行业技术创新和发展方向 [J]. 钢铁, 2015, 50 (9): 1–10.

[7] 毛新平, 高吉祥, 柴毅忠. 中国薄板坯连铸连轧技术的发展 [J]. 钢铁, 2014, 49 (7): 49–60.

[8] 康永林, 朱国明. 中国汽车发展趋势及汽车用钢面临的机遇与挑战 [J]. 钢铁, 2014, 49 (12): 1–7.

[9] Kang Yonglin, Zhu Guoming. Numerical Simulation and Application of Rolling Process forSection Steel [C]. June 9–11, Venice Italy, 2013 (40): 1–12.

[10] 古原忠, 宫本吾郎, 纸川尚也, ナノ析出组织による铁钢材料の高强度化 [J]. 塑性と加工, 2013, 54 (633): 873–876.

[11] Li Shengci, Kang Yonglin, Zhu Guoming, et al. Microstructure and fatigue crack growth behavior in tungsten inert gaswelded DP780 dual-phase steel [M]. Materials and Design, 2015 (85): 180–189.

[12] 孟群. 日本钢结构与钢材的开发进展 [N]. 世界金属导报, 2016 年 5 月 10 日.

[13] 康永林, 朱国明, 陶功明, 等. 高精度复杂断面型钢轧制数字化技术及应用, "化工、冶金、材料"前沿与创新, 中国工程院化工、冶金与材料工程第十一届学术会议文集 [C]. 北京:

化学工业出版社，2016.

［14］罗光政，刘相华. 棒线材节能减排低成本轧制技术的发展［J］. 中国冶金，2015，25（12）：12-17.

［15］杉本公一，小林纯也. 冷间プレス成形性に优れた先进超高强度低合金 TRIP 钢板［J］. 塑性と加工，2013，54（634）：949-953.

撰稿人： 康永林　陈其安　丁　波

第十六章　冶金机械

第一节　学科基本定义和范畴

冶金机械是金属的冶炼、铸造（连铸）、轧制成型、轧材后处理等生产过程的机械设备的总称，也称冶金设备，可分生产有色金属的冶金机械和生产黑色金属（钢铁）的冶金机械。后者具有数量大、种类多、水平高、发展快等特点，是冶金机械的典型代表，也是学科关注的重点。

冶金机械与金属生产工艺、生产过程检测控制密切相关，冶金机械学科也与冶金、轧制、自动化、仪器仪表等学科密切相关。冶金机械不仅具有机械的一般特征，更有冶金生产的特点，冶金生产的工艺，冶金生产中的检测、控制、运行的特殊性，对冶金机械的发展提出了特殊的要求。冶金机械学科关注的内容很多与工艺、控制等学科相关。

1. 冶金机械的组成

按钢铁（黑色金属）生产的工艺流程，冶金机械主要有以下四种：

（1）炼铁设备：包括高炉炼铁设备（含炉体、炉前、炉顶设备等）、非高炉炼铁设备等。

（2）炼钢设备：包括转炉炼钢设备、电炉炼钢设备、炉外精炼设备、连续铸钢设备等。

（3）轧钢设备：按生产的产品，有板材、管材、型材、长材（棒材、线材）等的轧制设备；按设备的功能，分主设备（指轧钢机、平整机等承担主要的塑性变形的设备）和辅设备（指剪切机、卷取机、矫直机、推钢机、翻钢机、辊道、步进梁、冷床等设备）两大类。

（4）后处理设备：包括轧材的热处理、矫直（矫平）、切分、表面涂镀、收集、包装等设备。

2. 冶金机械的特点

现代化的钢铁生产越来越趋向大型化、连续化，冶金机械也具有以下特点：

（1）大型化：指机械设备的总吨位大、单体设备大、投资大，设备的工作负荷大、能耗大等。设备的大型化是实现高效生产的重要途径，典型代表有5500m³以上的特大型高炉，300 t以上的转炉，φ1000mm断面的圆坯连铸机，辊面长度分别达到5500mm的中厚板轧机和2250mm的宽带钢热连轧机等，大型化的实现离不开机械装备制造的技术进步和水平提高。

（2）连续化：指多个单体设备串联后构成了一个工艺段，如多台轧机串联实现连轧；或多个工艺段串联组成连续的生产线，如连铸段与热连轧段串联组成"连铸连轧"生产线，拉矫、酸洗、冷连轧段串联组成实现"酸轧"生产线，轧件连续退火段与平整段、涂镀段串联，等等。连续化不仅大大提高了生产效率和产量，还对改善产品质量、节能降耗、减轻劳动强度等方面具有重要作用。连续化的实现，不仅依靠工艺改进和自动化控制水平的提高，更与机械装备创新以及其可靠性、耐用性、可维护性的提高密切相关。

（3）绿色化：指在为实现冶金生产绿色化，与一些新工艺、新技术（如高炉余热回收，热卷箱连接，板带无头轧制，在线余热淬火和热处理）配套的机械设备以及设备的长寿运行保障技术等。

（4）智能化：指在冶金生产中，采用信息化、数字化技术对机械设备的运行进行全面的控制与管理，提升冶金机械单体设备和成套设备的运行质量，保障设备运行状态的可靠性和产品质量的稳定性，从而实现钢铁全流程智能化制造。典型的有高炉布料系统的控制，连铸、轧钢机压下、速度控制，轧件冷却系统控制，轧件卷取机踏步控制等。

第二节　国内外发展现状、成绩、与国外水平对比

一、现状与成绩

伴随着中国钢铁工业的发展，我国冶金机械及自动化装备的自主研发和成套装备自主集成能力的显著提升，在冶金装备大型化、自动化、智能化以及重大工程成套装备集成创新方面取得显著进展，代表性成果有：4000m³和5000m³特大型高炉及配

套特大型焦化、烧结、球团设备，世界上最大断面的圆坯连铸机、特大方矩型连铸机、特厚板坯连铸机，新一代控轧控冷装备与技术，2000mm 以上宽带钢连轧机组和 4000mm 以上中厚板生产机组等装备都实现了完全自主研制与集成，并达到国际先进水平。

1. 冶金机械新理论、新方法和新技术

冶金机械新理论、新方法和新技术不断取得的进展不仅促进了钢铁生产工艺，技术水平的提高也为冶金装备现代化提供了新的理念和依据。

近年来，我国取得大量炼钢装备新技术研发成果，有些自主技术已达到国际先进水平，一批专利发明已推广应用，如炉渣蘑菇头保护底吹透气砖装备技术、超大型转炉的组合法安装技术、转炉炉体下悬挂连接装置与炉壳长寿命技术、转炉氧枪和副枪及其相关设备的设计和控制技术、转炉干法/半干法除尘装备技术、电炉集束氧枪与系统装备技术、钢水真空精炼顶吹多功能装备、机械真空泵系统 RH 装备技术等。

在现代化程度、装备水平最高的板带轧制领域，大型板带轧机尤其是宽带钢热、冷连轧机机型与板形控制理论及技术，基于快速图像处理技术的表面缺陷在线监测方法和检测系统，多功能一体化材料热模拟方法与性能检测技术，热轧钢材控制冷却装备技术，基于无线传感器网络的冶金装备状态在线监测系统。现代冶金机械装备系统的虚拟样机技术、数字化设计与装配为基础的机械设计自动化，以及统筹考虑冶金装备运行中全系统的静力学和动力学行为的机液电系统的耦合动态设计方法、冶金机械制造方法及技术等均取得显著进展。随着计算方法和虚拟实现技术的不断完善，工艺流程的数字化仿真和装备研制的数字化设计技术日益成熟。冶金行业数字化仿真和数字化设计不仅用于静态问题，也应用于动态问题。仿真对象涉及各个工序，包括高炉温度场和流场、连铸过程的水口流场、连铸坯凝固过程、加热炉流场和温度场、板坯加热过程温度场、轧制过程板带形变和相变、冷却线和卷取过程板带温度场和相变、连退炉带钢温度场和相变等。

在宽带钢热连轧机板形控制技术方面，结合工作辊液压窜辊和强力弯辊设备，开发了新一代同时控制不均匀变形和不均匀磨损的 ASR 非对称自补偿轧制轧机机型及板形控制技术，提高了设备的能力，改善了产品的板形质量。在冷轧带钢领域，针对四辊、六辊轧机开发的辊型及使用技术，提高了以电工钢为代表的特殊产品的板形质量。

我国通过自主开发的图像冻结技术、快速图像处理和模式识别技术等多项创新技术，集成为连铸坯、热轧板带、冷轧板带板带表面缺陷在线监测方法与成套系统向国内钢铁企业进行推广，已经成功应用于热轧带钢、冷轧带钢、中厚板、连铸板坯等生产线，并推广应用到有色行业。

我国自主研制的多功能一体化热力模拟试验机，将原来用多台设备才能实现的功能集成一体，可以模拟温度、应力、应变、位移、力、扭转角度、扭矩等参数，能进行拉伸、压缩、扭转、热连轧、铸造、相变、形变热处理、焊接、拉扭复合、压扭复合等多种实验，为研究材料组织或性能的变化规律、测定热加工过程组织演变规律、评定或预测材料在制备或受热过程中出现的问题、制定合理的加工工艺以及研制新材料提供了重要手段。

2. 重大冶金装备大型化和连续化的自主设计与集成创新

冶金装备的现代化支撑了我国钢铁工业的快速发展。目前世界上最现代化、最大型的冶金装备几乎都集中在中国，如 $5500m^3$ 的高炉、5500mm 大型宽厚板轧机、2250mm 宽带钢热连轧机和 2180mm 宽带钢冷连轧机等。近年来，我国大型化和连续化的重大冶金机械装备的自主设计水平和自主集成创新能力不断增强，具有自主知识产权的中国冶金装备质量品牌的形成，为我国冶金装备"走出去"奠定了良好基础。自我国发布"国务院关于加快振兴制造业若干意见"起，政府主导的大型冶金装备自主创新目标，推动了我国冶金装备自主化的进程。

近年来，我国炼铁技术已进入自主创新阶段，加快了高炉大型化的进程，同时也完善了环境友好的高效、安全、长寿的高炉技术，从而实现高炉炼铁技术的转型升级和创新。我国将高炉炉体纠偏复位方法、高炉炉底更换方法、管道循环酸洗装置、热风炉拱顶耐材拆除方法及装置、高炉炉壳倒装方法、高炉煤气系统上升管及五通球安装方法、高炉煤气系统下降管安装方法等发明专利技术以及自主研发的"大型冶炼高炉技改建造综合技术的研究和应用"已成功应用于多家大型钢厂高炉建造大修项目。

我国自主设计制造的 300 t 大型转炉顺利投入生产并实现了转炉炼钢全自动化。通过多年的引进消化与自主创新，完全国产化的 100 t 超高功率电弧炉、120 t 高阻抗超高功率电炉主体设备均顺利投产，部分技术指标接近国际水平；并且已掌握了自主设计、制造、安装、调试大型二次精炼设备（如 300 t RH、200 t 以上 VD 和 LF 钢包精炼炉、300 t 转炉铁水"三脱"与少渣冶炼工艺技术）的能力，在国内市场的竞争中已占绝对优势，还有少量出口。

我国目前已经拥有世界上类型最齐全的连铸机，包括各种断面、形状及技术水平的连铸机，从立式、立弯、直弧、弧形到水平连铸机，经过多年的努力，绝大部分均可立足国内设计与制造。板坯连铸、方坯或异形坯连铸等成套装备自主设计与集成方面取得了突出成绩，如薄带连铸连轧工艺装备技术、板坯连铸机的扇形段技术、结晶器总成、垂直连铸装备、异型坯连铸装备等，不但可以立足国内设计与制造，而且已实现部分出口。在大断面、超大断面连铸装备设计制造方面取得较大发展，先后有 ϕ1000mm 大型圆坯、480mm×3600mm 特大合金矩形坯、370mm×2600mm 宽厚板、400mm×2700mm 特厚板坯连铸机等多条生产线成功投产、420mm 厚度特厚板坯连铸工艺、装备及控制关键技术，大型高效板坯连铸机自主设计与集成，且均立足于国内设计制造。

我国采用自主集成和引进国外技术相结合的方式，建设了一套 5000mm、两套 5500mm 等特大型中厚板轧机，在消化、吸收世界上先进的中厚板生产技术和装备的同时，采用了我国自主创新的关键技术和共性技术，使得我国中厚板的工艺、装备和产品已经达到国际先进水平。近年来，我国建成的 5500mm 宽度最大的厚板轧机，主轧机实现了强力化和高刚度，采用了厚度自动控制、平面形状控制等先进、实用的计算机控制系统。我国自主开发了控制冷却系统，包括超快速冷却技术和 DQ 技术，实现了 TMCP 技术的创新发展。在辅助设备方面，我国引进和自主研发的强力矫直机、滚切式剪切机、超声波探伤、热处理设备等都达到了国际先进水平。目前，我国中厚板生产装备采用的先进技术有板凸度和板形控制、厚度自动控制、直接淬火、回火工艺（辊式淬火、常化快冷、层流冷却、超快冷）。

我国研发的"热浸镀铝钢板工艺装备开发与制造技术"，率先开发出了自主知识产权的连续热浸镀铝板生产工艺装备，对连续热浸镀铝生产线上的关键设备进行了自主研制开发，设计建设了目前国内唯一的年产 35 万吨连续热镀铝/铝锌硅钢板两用生产线。针对市场需求开发了热浸镀铝硅钢板、单面镀铝钢板、热镀铝硅铜镁钢板、耐指纹电柜专用电板、超高强度热成形用镀铝钢板等多种热镀铝钢板品种替代进口，填补国内空白，满足了汽车、家电、建筑、太阳能等不同行业的需要，一定程度上缓解了我国热浸镀铝板完全依赖进口的局面。

钢管生产装备的国产化工作备受行业的高度关注并取得新进展，打破了国外厂商长期以来对连轧管技术的垄断，也就意味着中国已成为全世界第 3 个能够自主设计建造大型连轧管机组的国家。我国自主设计和制造的各类管坯（钢管）加热炉、穿孔机

（如新型大直径无缝钢管多功能穿轧机组，穿孔和轧管两道工序在限定时间内在一套设备上连续完成）、Assel 轧管机、Accu Roll 轧管机、顶管机（新型顶管机组，可代替穿孔＋冷轧或冷拔工艺）、二辊、三辊定（减）径机、钢管挤压机、钢管矫直机、高效水压试验机、无损探伤机、测长、称重、喷印设备等。

H 型钢生产技术与设备日益完善，我国已建和在建钢轨和大型 H 型钢生产线，形成鞍钢、包钢、攀钢、宝武、马钢、山钢、津西和山西安泰八大生产基地，最大规格 H 型钢已达 1000mm。我国主要的四家重轨企业生产线均采用万能轧机，形成鞍钢、包钢、攀钢、武钢和邯钢几大重轨生产基地，最长规格重轨已达 100m，可以满足我国高速铁路建设需要。设备与技术不断创新，我国包钢、攀钢建成了专门的钢轨离线热处理生产线，攀钢还具有最现代化的轨长 100m 级的在线热处理装置。F 型钢研制成功并且投入生产，开发出我国第一支具有完全自主知识产权的 F 型钢产品。

大规格棒材连轧均采用高刚度短应力线轧机，连轧实现了无扭、微张力轧制，全部轧机主传动采用交流变频调速技术。线材主要为摩根型 45° 高速无扭线材轧机，高线轧机的布置有 3 种：一是单线标准型 10 机架布置；二是双线布置；三是单线 8＋4 型布置。目前，我国棒材生产线的主轧机和飞剪的设计制造技术已与世界先进水平接近，但三辊减定径机组仍需引进；线材生产设备的设计制造技术与世界最先进的水平仍有一定的差距，设计最大速度 140m/s，最大轧制速度 120m/s，还缺乏"8＋4"减定径机组的设计和制造经验，这种设备仍需引进。

3. 冶金成套装备绿色化和智能化

我国自主研发的"宽带钢热连轧自由规程轧制关键技术及应用"，攻克了影响自由规程轧制的关键技术，有效地解决了品种规格跨度大导致的质量控制难题，打破热轧带钢常规生产技术在生产组织方面的局限性，实现了多品种、多规格的高温坯直装比例，节能降耗取得显著效果，并在多条生产线实现成熟运用，其中精轧辊型技术实现了在韩国浦项光阳 4# 热连轧机生产线的技术输出。

"快速变频幅脉冲冷却控制"在线淬火新原理并自主研发的"快速变频幅脉冲冷却控制模具扁钢在线预硬化"生产线技术装备，结合某特钢基地环保搬迁项目开发出国内外首创、具有独立知识产权的生产线，并一次投产成功。投产三年来，产品遍布亚洲、欧美，$4Cr_13H$ 预硬钢已占国内市场 50% 以上。核心发明专利技术获得 2016 年中国专利优秀奖，本技术装备可推广到大规格扁、棒线材和有色金属淬火控冷上。

自主研发的"宽带钢冷连轧机板形控制技术与新机型 ECC 研究及应用"装备技

术，开发了薄规格板材轧制技术和特殊辊型磨削技术，在大型连轧机上实现稳定的工业化规模应用，对极限薄规格碳素钢和中低牌号无取向电工钢冷连轧有明显优势，显著降低了冷轧切边率、轧辊辊耗，在带钢边降、凸度及同板差等重要板形指标上达到世界先进水平。

我国自主研发的先进高强钢冶金机械装备、轧制工艺、产品及用户使用技术，自主集成为一条柔性化的高强度薄带钢专用产线，已实现 24 种先进高强钢批量稳定生产。我国研发的先进高强钢产品在国内车企得到广泛应用并出口欧美，促进了钢铁下游行业技术进步，新一代高强钢显著减轻了汽车等交通运输工具自重，降低油耗，减少排放，改善环境，有巨大的社会效益。

我国自主研发的"特薄带钢高速酸轧工艺与成套装备研究开发"已应用到十多条冷轧机组的建设，标志着我国已具备世界先进的冷轧成套装备自主设计、制造、建设的能力，带动了国内冶金装备制造业的进步，改变了国际上高端冷轧成套装备市场的竞争格局。我国自主研制了新型整辊镶块智能型板形仪，以及相配套的板形自动控制系统。采用机器视觉技术检测方案，依靠先进的图像采集、传输和处理技术，实现高速带钢在恶劣环境下，孔洞、边裂检测和宽度测量的功能，成功地开发了高速冷轧带钢多功能在线检测系统等，有力地促进了我国钢铁工业的快速发展。

1550 酸轧机组是引进投产于 20 世纪 90 年代的酸连轧产线，主要用于生产高等级汽车板和中低牌号无取向硅钢。但由于市场需求，我国自主研发的"高牌号无取向硅钢酸连轧工艺技术开发与应用"技术，形成了高牌号无取向硅钢酸连轧通板技术、稳定轧制工艺、生产辅助技术、自动化控制及装备技术、特有缺陷防治技术等专有技术，使 1550 酸轧机组成为国内首条具备 3.1% 含硅量以上硅钢批量生产能力的酸连轧机组，也是世界上唯一一条同时具备高等级汽车板和高牌号硅钢生产功能的两用机组，产品覆盖 35A270 以下所有硅钢钢种及高等级汽车板。

我国实现弯窜集成式结构、高刚度大轧制压力平整机型、高张力卷取机、新型的液压剪及张力装置等创新装备技术，并研发的"高强热轧带钢平整机组关键技术研究及推广应用"，提升产品品质、降低轧辊消耗，形成了具有自主知识产权的专利技术，先进的性能指标保证高强热轧带钢平整产品性能需求，已应用在了我国 7 条大型热轧平整工程中。

冶金装备运行状态和服役质量的实时监测与故障诊断，对保障设备运行可靠性和安全性，提高产品质量的稳定性至关重要。目前，世界上最现代、最大型的冶金装备几乎都集中在中国,但装备的服役质量和运维能力长期落后于装备水平的发展,制约了我国从钢铁大国向钢铁强国的转变。

"十二五"期间,在工业4.0和"中国制造2025"规划的引领下,国内多家大型钢铁企业先后开展了以"智能制造"为主题的技术发展规划。"钢铁热轧智能车间试点示范""钢铁企业智能工厂试点示范"等项目入选工信部2015年及2016年的智能制造试点示范项目。"北京首钢股份有限公司硅钢–冷轧智能工厂"项目入选工信部2016年智能制造综合标准化与新模式应用项目。智能制造项目的实施极大地促进了冶金机械及自动化装备技术的发展,工业4.0的实施为冶金机械的发展提供了很好的机遇。

二、与国外水平比较

国外冶金机械装备研究热点主要集中在装备能力的大型化、生产过程的连续化、研发方向的绿色化、成套装备的智能化、设计研制的数字化、控制手段的精准化和设备运行的可靠化等。我国自主研发了宽带钢热/冷连轧机产品质量在线监测技术、性能预测方法和质量诊断技术,新一代热连轧机ASR非对称自补偿轧制轧机机型与自由规程轧制板形控制关键核心装备技术、热连轧机组机电液耦合振动抑制与系统解耦动态设计方法及技术、热轧板带钢在线热处理和钢板及板坯轧后热处理机械装备技术及系统等具有自主知识产权的原创性或创新性技术。国内各有关单位已针对以薄带坯铸轧一体化为代表的近终型连铸装备技术、以节能高效为特点的半无头或无头轧制技术、短流程薄板坯连铸连轧技术、材料性能在线检测技术、宽带钢热/冷连轧机机型在役改进设计与在线制造集成应用、面向超高强度产品的板带钢生产装备技术等前沿热点技术开展跟踪研究,并不断取得进步,技术差距正在逐渐缩小。但目前3500mm以上的宽厚板轧机、2000mm以上的热连轧机、1500mm以上的酸洗冷轧联合机组等大型装备从国外重复引进过多。随着国内研发能力的不断提高,应当走出一条先进冶金装备的原始创新、自主集成创新和加快冶金装备"走出去"开放合作之路。

1. 冶金装备大型化和连续化水平对比

(1)高炉大型化和长寿化。

中国在高炉大型化方面取得了很大的成绩,大于1000m^3的高炉由2003年的58座发展到现在的100余座,有多座大于4000m^3的超大型高炉投产,但仍有500座左右的 300~1000m³ 的高炉都面临着改造问题。国内不同容积高炉的运行数据对比见表 16-1。

表 16-1　国内不同容积高炉运行数据对比

项目	>4000m³ 高炉	1200~3999m³ 高炉	<1200m³ 高炉
年产量（万吨）	351	147.23	42.47
煤比（kg/t）	194	163	148
焦比（kg/t）	269	395（含40kg焦丁）	427（含26kg焦丁）
富氧率（%）	5.84	1.48	3.63
热风温度（℃）	1244	1200	1094
高炉煤气温度（℃）	152	185	173

在高炉大型化的过程中，各厂需要针对具体情况，确定合理的高炉容积。一个公认的事实是，大型高炉对入炉原燃料质量的要求更加严格。这与品质不断下降的铁矿石和炼焦煤的供应形成尖锐的矛盾。研究确定适应原燃料条件的最佳高炉容积是一个非常有意义的课题。国外在高炉大型化的过程中十分重视原有基础设施的利用，以最大限度地减少一次性投资。

高炉长寿是个系统工程，包括高炉设计、材料和设备的选择、施工质量的保证、高炉操作的科学性、炉体的维护和管理、应急事故的处理等，高炉长寿化的理念已被普遍接受。2008 年公布的《高炉炼铁工艺设计规范》中规定：高炉一代炉役的工作年限应达到 15 年以上。依据现已掌握的高炉设计、设备制造、高炉操作和维护等方面的技术发展，高炉寿命已经可以实现高炉一代炉龄在 20 年以上。

此外，世界上主要的气基直原还原铁（DRI）装置主要有两种，即 Midrex 和 XYL（现已改进为Ⅲ型）在建或运行。由意大利达涅公司和墨西哥 HYL 公司联合开发的 ENERGIRON 新型直接还原铁装置在阿联酋 Emirates 钢铁公司（ESI）顺利投产，单台装置的设计年产能力为 160 万吨。正在建设的埃及 EZZ 钢厂和苏伊士钢厂的 ENERGION 装置的设计年产能力为 190 万吨，美国纽柯公司已开始建设的同样装置，设计年产能力为 250 万吨。新装置的特点是：① 高生产率；② 减少 CO_2 和 NO_x 的排放；③ 节约用水，甚至可做到零补水；④ 可以将由煤气化设备产生或由其他合成气气源提供的清洁合成气反馈到还原回路。从发展趋势看，ENERG–IRON 装置可用焦炉煤气或煤气化产生气体为还原剂。

（2）炼钢连铸装备的大型化、自动化和可靠性。

我国在炼钢装备大型化、使用寿命和可靠性等方面某些指标和世界领先水平还存在一定差距。国内 100 t 以上的大、中型转炉、100 t 以上的大型电炉所占比例偏低；大、中型转炉设备寿命有待进一步提高；超高功率电弧炉供电系统、转炉余热利用装备、电炉烟气余热回收装备等仍需改进与提高。目前炼钢装备国际上的发展趋势主要体现在能力的大型化、设计的精细化和生产的绿色化，进一步提高炼钢装备的可靠性、自动化和智能化，这是我国炼钢装备创新的方向。

（3）轧制装备的大型化、连续化和自动化。

大型板材连轧机组是轧机中大型化、连续化、自动化程度最高的成套装备，目前 2000mm 以下宽带钢连轧机组，4000mm 以下中厚板机组完全由我国自主设计、集成并实现国产化。冷轧机组国产化已从单机架向连轧机组推进，从中宽带向宽带轧机推进。宝钢梅山 1420 酸洗冷连轧机组建成投产，标志我国酸洗冷连轧技术装备自主集成能力迈上新台阶，国产化率达 100%。

2.冶金装备绿色化和智能化水平对比

（1）连铸和铸轧装备的绿色化和智能化。

国际上连铸装备的绿色化发展趋势主要体现在近终形化与铸轧一体化，包括高速薄板坯连铸连轧装备、薄带连铸产业化、条材高速连铸直轧等；连铸过程检测技术与连铸过程智能控制技术进一步紧密结合发展，自动化和智能化提升提高了过程控制精度。在板坯连铸装备方面，我国虽然已经拥有世界最先进的传统板坯连铸装备，但核心装备的自主开发能力仍显不足，如结晶器振动和辊缝远程自动调整的机电液一体化技术开发、连铸装备的精细化设计与制造。

为了解决传统的生产薄型钢材的板坯连铸法中能耗大，工序复杂，生产周期长，劳动强度大，产品成本高，转产困难等缺点，因此具有明显的流程短、成本低特点的薄带连铸技术应运而生。薄带连铸技术方案因结晶器的不同分为带式、辊式、辊带式等。其中研究的最多、进展最快、最有发展前途的属双辊薄带连铸技术。双辊铸机依两辊辊径的不同分为同径双辊铸机和异径双辊铸机，两辊的布置方式有水平式、垂直式和倾斜式三种，其中尤以同径双辊铸机发展最快。

目前双辊薄带连铸典型的开发商有蒂森等组成的 Eurostrip、BHP/纽柯钢等的 Castrip 及新日铁/三菱/浦项、宝钢集团等。其中国外以 Nucor 公司为代表开发的薄带连铸线均已投入工业生产。我国第一条薄带连铸连轧生产线于2009年2月全线投入试生产。目前我国薄带连铸技术仍处于中试研究与工业应用之间，成套装备技术急待突破。

（2）轧制装备的绿色化和智能化。

在轧制装备的绿色化和智能化方面，我国总体处在国际先进水平，在新一代热连轧 ASR 轧机机型与板形控制、基于工业互联网的装备健康能效监测系统、多功能检测系统与板形仪等方面具有自主知识产权的原创性成果并在大型钢铁企业稳定工业应用。目前国际上宽带钢热连轧机生产实践广泛采用 CVC、K-WRS、PC、SmartCrown 等主流机型的各种板形控制方法。为了满足板带材日趋严苛的板形质量、节能降耗等要求，通常还需要运用减摩降耗的润滑轧制系统、耐磨的高速钢工作辊技术甚或全段、分段及组合等不同方式的轧辊在线磨辊装置 ORG 等，形成了各种组合方式的控制系统，如我国 2050 宽带钢热连轧机全部七个机架均采用德国 SMS 集团开发的 CVC 机型。为了探索下游机架将 CVC 辊型改为 K-WRS 平辊加多种窜辊策略以期解决磨损难以控制问题，后来相继试验并工业应用了日本首先开发、后欧美和我国开始广泛使用的高速钢轧辊以提高轧辊耐磨性，与此同时还运用了润滑轧制技术以降低轧制负荷、减少轧辊磨损。德国 TKS、日本丰产、武钢 2250、宝钢 1880 和鞍钢 1580 等均不断尝试并实践各种组合控制方式。目前国内外众多学者对新一代轧机的多种板形控制方法、高速钢工作辊、轧制工艺润滑系统、在线磨辊装置开展基础性研究与工业应用，但是没有从根本上解决电工钢等热轧板带材自由规程轧制极端制造条件与高精度板形控制之间的矛盾。我国原创的新一代热连轧机同时控制不均匀变形和不均匀磨损的 ASR 非对称自补偿轧制原理并自主研制具有完全自主知识产权的宽带钢热连轧机 ASR 系列轧机机型和自由规程轧制板形控制关键核心技术与装备，具有不均匀变形凸度控制、边降控制和不均匀磨损控制等多重功能，使机组全线板形控制能力和控制稳定性显著增强。在电工钢生产中，显著提高了带钢板形质量和轧机生产率，控制效果明显优于德国 CVC 和日本 K-WRS 等国际主流轧机机型。

为了轧制高精度冷轧产品，冷轧机装备技术发展趋势是大多采用小直径工作辊以降低轧制力及轧制力矩、增加变形量，同时使用大直径的支持辊增加轧机的刚性，以保证产品的尺寸精度。常选机型有德国 CVC-4 和 CVC-6 机型、日本 UCM/UCMW 系列机型、T-WRS&C 和 PC 机型、奥地利 SmartCrown 以及我国自主研制的 ECC 机型和基于 UCM 改进的 VCMS 机型等，均已在大型工业轧机稳定规模应用。近年来，国内外建设的宽带钢冷连轧机多采用全六辊、全四辊和四/六辊混合布置轧机形式，通过采用边降、凸度和平坦度等全机组一体化板形控制策略与方法，尤其是无论四辊轧机还是六辊轧机均采用工作辊液压窜辊系统，并配置自主开发的各种工作辊辊型和边降仪、凸度仪与板形平坦度仪等，可满足日趋严苛的冷轧带钢板形质量要求。

精密轧制、高速轧制、无头轧制、柔性轧制过程中的形变、相变与析出的综合控制理论与技术越来越广泛地应用在轧钢生产中。在轧制设备方面，除了大型化（如尺寸大，大厚度热轧H型钢相应轧机）、高刚度化、高效率以及更加灵活精确的板形、板厚和板宽控制方式外，设备的紧凑化、灵活方便的换辊系统开发等也取得了较大的进步。在冷却技术方面，超快速冷却、选择性冷却、在线热处理等技术的开发和应用，大大提高了冷却效率和温度与组织的均匀性，不仅为高质量、高性能和高强度新品种开发提供了有效的手段，而且为节约合金含量、降低生产成本提供了新的可能性。在新钢种开发方面，用于汽车、大型建筑结构、桥梁、海上运输与能源输送等方面设备的轻量化、高性能和长寿命、高强与超高强、细晶和超细晶钢越来越受到重视。在对产品尺寸、形状与组织精确控制方面则是向着尺寸超薄、超厚、高精度及组织均匀化发展（开发大长度、高精度尺寸的检测设备）；另外，轧钢智能化技术已逐渐成为复杂轧制过程控制的重要手段。

目前，我国棒线材生产线的主轧机和飞剪等关键设备的设计制造技术已达到世界先进水平。未来发展趋势体现为：连铸坯表面检测、连铸坯轻/重压下工艺、无头轧制、脱头轧制（脱头轧制在特殊钢棒线材厂得到了较多应用）；高刚度轧机及减定径机组；切分轧制；无孔型轧制；单一孔型轧制（基于减定径机组的应用出现的）；碳钢和不锈钢复合轧制棒材；棒材卷取设备；线材立式卷芯架收集；热机轧制和在线热处理。

为了提高装备的智能化，在设备状态监测与故障诊断方面，"十二五"期间，我国大型钢铁联合企业已逐渐推广设备状态监测和故障诊断技术，设备管理模式正逐步从单纯的计划维修方式向计划维修与预知维修相结合的方式转变，极大地促进了冶金装备服役质量保障技术的发展。具体表现在：① 设备状态的大数据平台正逐步建成，无线传感器网络被广泛采用；② 现代信号处理和机器学习方法在设备故障智能诊断与趋势预警等广泛应用；③ 设备状态监测系统的集成化、移动化与远程化。大型钢铁企业已经逐步建立基于云平台和移动终端的设备状态监测与故障诊断系统，为设备的科学运维管理提供了有效的技术手段。

在设备服役质量监检测方面，近25年来，我国在现代连轧机耦合振动研究方面积累了良好的研究基础，特别是近几年总结了一套成熟的抑制轧机振动的措施，在我国大型钢铁集团多条生产线应用取得了良好的效果；大型钢铁制造企业对轧机牌坊精度、轴承座形位精度、结晶器振动等冶金关键设备的服役质量开展了监检测工作，但目前以离线检测为主，缺少在线实时检测手段。

3. 主要存在的问题

对比工业4.0、中国制造2025和国家中长期科技发展规划的发展要求及国外先进水平，分析我国冶金机械及自动化学科方向与装备技术方面的现状，主要存在的问题如下：

（1）装备设计研制的数字化研究正朝着多对象、多介质、多机理、多尺度、多目标的方向发展。数字化仿真和虚拟实现技术在冶金领域的应用，有助于工艺流程的创新、工艺参数的优化、新产品的研发和新装备的研制。目前，建立虚拟模型对象与实体物理对象的数字化镜像——信息物理系统方面研究我国远落后于国外。

（2）在完善传统板坯连铸装备中的核心装备的精细化设计与制造的基础上，还需要完善连铸工序的重压下核心工艺装备，改善铸坯中心偏析和内部质量；进一步探索和完善薄带连铸装备，重点开发质优价廉的结晶辊、侧封板和水口等薄带连铸装备中的核心装备。

（3）大型和高端装备的设计制造水平与国外知名企业仍然差距明显。通过近年的发展与技术进步，我国大型板带冷热连轧机组自主研发迈出可喜步伐，板带轧制关键核心装备技术从过去成套引进转变为了"点菜"式引进，集成创新能力不断增强。但是，在大型和高端装备的自主研发设计制造水平上与国外知名企业仍然差距明显：2000mm以上宽幅带钢热连轧机、超薄热带连铸连轧、全无头连续轧制等成套装备技术还主要依赖国外研发设计与引进；一些工艺装备（如定宽机、高速飞剪等）自主设计和集成的技术尚有待于产业化检验。

（4）具有完全自主知识产权的原创性研究成果深化研究和成套推广力度需要加强，如我国原创的新一代热连轧ASR轧机机型与自由规程轧制板形控制核心技术与装备已在国家大型骨干工业轧机长期稳定应用，还需要进一步研发大型板材机组多种控制方法的融合集成效应、全流程全服役周期的数字化集成设计、多机型全宽度在线在役柔性制造和系统耦合技术集成设计制造研究和全面成套与国际化推广应用；我国自主研制的板形仪和多功能检测系统等同样需要不断加大推广应用力度。

（5）控冷装备技术国内发展较快，以超快速冷却为核心的新一代TMCP技术已经在国内应用并推广。但与国外先进技术仍有差距，如日本JFE公司开发Super OLAC+HOP技术就具有代表性，国内仍需开发高精度、可控超快冷及在线回火装备及相关技术。

（6）国内已对免酸洗相关技术进行研究及应用，主要应用磨料水射流来除鳞，已在中宽带生产进行尝试。但与美国研发的表面生态酸洗（EPS）技术有一定差距。表面生态酸洗技术去氧化皮法是一种新的非常有效的除鳞方法（"喷浆"法），同时采用了喷丸清理和喷丸硬化处理，并且能保留下数微米厚的维氏体层（即防锈层），有助于防锈。

（7）设备管理系统的功能以资产管理为主，对设备状态数据的深层分析能力偏弱，缺少全流程的智能分析工具和设备故障诊断与分析平台。一些关键装备参数，如轧辊的空间位置精度等，缺乏在线检测能力，关键装备的设备功能精度保障能力有待进一步提升。在设备运维策略、备件采购计划等方面，仍以人工经验为主，缺乏基于设备状态大数据的设备管理智能决策支持系统。

第三节 本学科未来发展方向

一、冶金装备的大型化

$3000 \sim 4000 m^3$的大型化高炉应逐步占主导地位，国外已投产的高炉主要为大于$4000 m^3$的超大型高炉。大型炼铁设备的数字化设计与运行可靠的装备与技术需要不断加强。

目前炼钢装备国际上的发展趋势主要体现在能力的大型化、设计的精细化和生产的绿色化，炼钢装备已经基本实现国产化，进一步提高炼钢装备的可靠性、自动化和智能化，这是我国炼钢装备创新的方向。

轧制装备的大型化主要表现为2250mm宽幅热连轧机组、5000mm以上宽厚板机组、2180mm宽幅冷连轧机组和强力粗轧机、矫直机与平整机组等。

二、冶金装备的连续化

1. 薄板坯连铸连轧和铸轧一体化装备技术

由于薄带连铸的快速凝固效应和短流程特征，已经被公认为是最有可能颠覆传统钢铁制造流程的一项革命性技术，是当今钢铁业界绿色、环保的发展方向。这为我国钢铁企业摆脱"产能过剩"，转而寻求小规模、低成本的专业化发展之路提供了技术发展方向。在进一步探索和完善薄带连铸工艺技术的基础上，强化薄带连铸中核心装装备的精细化设计与制造，重点开发质优价廉的结晶辊、侧封板和水口等核心装备，逐步降低薄带连铸的成本和价格，提高薄带连铸的竞争力。

2. 薄板坯连铸坯凝固末端大压下（重压下）装备技术

连铸坯凝固末端重压下装备技术是充分利用铸坯凝固末端高温、大的温度梯度等有利条件，施加大的压下量，实现变形量向铸坯心部的高效传递，有效降低凝固缩孔、改善中心疏松，从根本上解决了大方坯中心偏析、疏松、缩孔等缺陷的难题，形成了高致密度、高均质度连铸坯的新工艺及装备，以达到有效控制铸坯内部质量的目的。

连铸过程也就是铸坯液芯逐步凝固的过程，因此连铸坯凝固末端位置不仅是连铸设备设计与连铸工艺参数确定等的主要依据，同时也是实施连铸坯凝固末端重压下技术的重要基础。在完善连铸坯凝固末端位置检测装备的基础上，实现连铸坯凝固末端大压下（重压下）装备的精细化设计与制造。

三、冶金装备的绿色化

1. 新一代ASR非对称自补偿轧制轧机机型和板形控制装备与技术

自由规程轧制具有节约能源、提高产量和降低生产成本的优势，是带钢热轧实现柔性生产组织和追求最大生产效率的必由之路。板形控制是制约自由规程轧制实现的主要瓶颈问题。为了解决热轧板带材自由规程轧制带来的板形问题，国内外宽带钢热连轧机均在研发新一代主流机型的各种板形控制方法。

特别值得指出的是，ASR轧机、CVC轧机、K-WRS轧机和SmartCrown轧机等虽然板形控制原理、轧辊辊型、窜辊策略不同，但均采用相同的工作辊液压窜辊系统，并配备有强力液压弯辊系统，在采用计算机控制和数控磨床磨辊的新一代热连轧机生产线上可方便灵活实现在线转换机型集成设计制造。需要重点研发的关键装备与技术主要有：① 同时具备不均匀变形凸度控制、边降控制和不均匀磨损控制多重能力的ASR轧机机型与板形控制关键核心技术；② 新一代热连轧机自由规程轧制全宽度板形控制关键装备适用于CVC、SmartCrown和K-WRS等多机型在线在役集成设计转换与板形控制关键技术；③ 新一代热连轧机多种板形控制方法的融合集成效应与集成控制技术；④极薄板轧制板形控制关键技术；⑤全流程板形控制成套装备技术；⑥高精度板形控制新功能、数学模型和高精度磨削技术等。

新一代热连轧 ASR 非对称自补偿轧制轧机机型与自由规程轧制板形控制关键核心装备技术可同时控制不均匀变形和不均匀磨损，显著提升实物质量并降低生产成本，可充分发挥新一代热连轧机多种板形控制方法或装置的融合集成效应，为促进新一代热连轧机多种技术模块协同和板形控制功能强化提供理论与方法，使自由规程轧制极端制造过程板形控制趋于热轧技术创新及装备集成的最大可能，对提高我国高精度板带材节约型绿色制造和大型板材连轧机重大技术装备的研制能力意义重大。

2. 热连轧无头/半无头轧制装备与技术

热带无头轧制和半无头轧制技术在减量化板带生产，即低成本、大批量生产薄规格和超薄规格板带，节约能耗、降低消耗、提高成材率及板厚板形精度、实现部分'以热代冷'等方面效果显著，是现代化板带轧制技术发展的方向，在发展资源节约和环境友好的先进冶金生产技术方面具有重要的研究开发价值和广阔的推广应用前景。

热轧无头轧制的代表生产线及技术有：①日本川崎钢铁公司（现 JFE 住金）千叶厂于 1996 年开发成功采用感应焊接作为粗轧后的带坯连接方式，该方式要求对带坯接头区进行快速加热，形成热熔区实现对焊连接；②日本新日铁大分厂于 1998 年开始采用大功率激光焊接方式进行中间带坯连接，为得到优质的焊接效果，要求激光焊接对带坯头部、尾部进行精确切割，以实现良好的对焊质量；③韩国浦项公司和日本三菱公司于 2007 年初联合开发成功热轧中间带坯的剪切连接技术，即利用特殊设计的剪切压合设备完成带坯头尾瞬间固态连接；④意大利 Arvedi 公司在 ISP 基础上开发的 ESP 无头轧制技术，于 2009 年 2 月在意大利 Arvedi 公司克莱蒙纳厂投入工业化生产，标志着连铸连轧技术的又一次进步；⑤依据世界钢铁发展趋势，我国引进了 ESP 全无头轧制技术，为国内钢铁技术的发展迈出重要一步，2015 年初陆续投产三条 ESP 线的产能为 660 万吨/年，生产 0.8~2.0mm 超薄带为主，以热代冷很有竞争力。

我国在 CSP 薄板坯连铸连轧生产线上进行了半无头轧制技术集成与创新工作。通过开发建立半无头轧制的新型生产组织模式，保证了长短坯轧制的自由切换；开发出超长连铸坯温度均匀化控制系统及相关工艺技术，可将 100~200m 的超长连铸坯头尾温差控制在 20℃以下；开发、优化张力控制系统、动态变规格轧制（FGC）和恒规格轧制技术、半无头轧制润滑技术、飞剪精确控制与剪刀国产化等技术，保证了半无头轧制薄和超薄规格板带的大批量、稳定化和低成本生产。

ESP无头轧制在轧制工序需攻克的关键装备与技术主要有：大压下粗轧机、感应加热炉、高压除鳞箱、精轧机组、高速飞剪；常规无头/半无头轧制在轧制工序需攻克的关键装备与技术主要有：移动式焊接机、去毛刺技术、焊点轧制装备技术、高速剪切机技术、防飘飞技术和高速卷取机技术等。

3. 热轧带钢超快冷装备与技术

以超快速冷却为核心的新一代TMCP技术特征需要研发的关键装备与技术有：① 实现灵活精准的冷却路径控制；② "成分—轧制—控制冷却"工艺的最佳匹配；③ 基于新一代TMCP技术的综合强化机理研究；④ 新一代TMCP技术条件下系列化产品的开发；⑤ 新一代TMCP技术条件下的集约化轧制技术开发；⑥ 基于新一代TMCP技术产品的全生命周期评价技术的开发。为获得较高的冷却强度和冷却均匀性，热轧板带钢超快冷系统采用射流冲击冷却技术代替传统层流冷却技术，以满足不同冷工艺合适超快冷机型（如UFC/ACC，DQ/UFC/ACC）；开发满足超快冷工艺专用喷嘴。如采用缝隙喷嘴特有的狭缝式喷射形式使得冷却水在钢板横向上形成均匀连续的带状冲击区；精准控制及快速响应控制系统，以满足不同冷却路径需要。

4. 无酸除鳞装备技术

表面生态酸洗是将水加压至一定的压力，由除鳞喷头高速喷出，利用除鳞喷头高速喷射所产生高压水与供砂系统提供的砂浆高效混合，形成高能砂浆流，高速喷向带钢表面，借助高速砂浆流的打击、冲蚀和修磨作用，将带钢表面的氧化皮、油、锈清除干净，从而达到清理和暴露缺陷的目的。利用水密度大、冲蚀力强、压缩比小、不易扩散、砂浆加速时间长、扑尘等特点，消除了粉尘和噪音污染，大幅度提高表面清理质量和清理速度。

表面生态酸洗去氧化皮法机理为：喷浆技术比普通的干式喷丸法更先进，广泛用于钢材或加工件的除锈，是一种新的非常有效的除鳞方法（"喷浆"法），同时采用了喷丸清理和喷丸硬化处理。砂浆由细金属磨料颗粒和"载流液体"（最常用的一般是水）组成，砂浆被送进旋转的抛浆机，抛浆机将砂浆高速喷出，横穿被清洗件的表面，以完成清洗。将清洗介质混入载流液体以去掉残渣，并且能保留下数微米厚的维氏体层（即防锈层），有助于防锈。

为了保证除鳞的连续性，必须不断地供给高压水和砂子，同时不断地处理废液，形成闭路循环并适时补充新砂和水。被处理的材料也必须连续不断地送进输出，这样就需要配备各种专门的传输设备和控制系统，而且所有设备在工作过程中必须可靠运行。采用表面生态酸洗技术，可通过改变磨料特性以及喷丸模式的力度和角度获得指定的表面粗糙度结果。这就可以保证生产特定表面质量的产品，满足涂层或镀层的不同用途，还能保证较高的涂料黏附力。

喷浆除鳞的主要问题是如何使磨料均匀地喷射到连续运动钢带的整个宽度表面上。如不能完全覆盖钢带整个宽度，则会因除鳞不完全而清洗不净；反之，在喷浆流下过度暴露，则可能腐蚀基板，降低表面质量等级。砂浆喷头采用独特设计，以跨越扁平材表面，均匀喷出砂浆。浆液进入抛浆机，精确选择磨料，通过控制浆液离开抛浆机时的能量，实现对喷浆喷射宽度的精确控制。

四、冶金装备的智能化

1. 酸轧联机装备多机型多目标的一体化设计与制造

酸洗－冷轧联合机组（PL-TCM：tandem cold rolling mill combined with pickling line）是目前世界上轧制冷轧薄板最先进的机组，其特点是酸洗机组与轧机机组联合在一起实现高速生产，改变了传统冷轧生产将酸洗和冷轧两个工序分开的方式，实现了无头轧制生产工艺。这种联合机组的方式可提高酸洗、冷轧工序的成材率1%～3%，提高机时产量30%～50%，减少中间仓库，降低投资和生产成本等。酸洗是冷轧前的重要工序，其目的是去除带钢钢卷的表面氧化铁皮和污垢，以保证冷轧机能顺利生产出合格的带钢产品。目前，盐酸浅槽酸洗因其能适应高速度、大产量、自动化水平较高的宽带钢酸洗线上的操作而得到快速发展和广泛应用，成为现代大型带钢酸洗机组的主要发展方向。

需要研发的关键装备与技术主要有：① 高效焊机、拉矫机和酸洗工艺装备技术；② 全四辊、全六辊和四/六辊冷连轧机组的高精度边降、凸度、同板差与平坦度等多目标全机组一体化板形控制关键核心装备技术；③ 板形平坦度仪、凸度仪、边降仪和测速仪等高速在线与离线检测仪表；④ 高精度轧辊磨削技术；⑤ 高精度数学模型技术等。

2. 冶金生产监测和检测设备

冶金生产过程监测和检测设备是冶金装备的重要组成部分，是冶金生产过程实现智能控制的基础。国际上先进钢铁企业生产过程中主要配备或正在研制的监检测设备包括：高炉炉壁温度非接触在线监测、转炉炉衬厚度检测、铁水/钢液成分现场快速检测系统、基于机器视觉和图像处理技术的铸坯/板带表面质量检测系统，铸坯/板带的厚度、宽度、板形在线监检测系统、轧机振动在线监测系统、轧辊位置空间精度的在线检测、板带内部缺陷及组织性能在线检测系统等。

3. 基于大数据和云平台的钢铁智能化制造

工业互联网环境下钢铁制造过程迫切需要向服务型制造转型，需要实现制造与服务的融合以满足日益增长的钢铁制造过程产品大规模个性化定制的需求。随着汽车、高铁、电子及海洋等新兴产业的发展，钢铁产品市场需求逐步向多品种、高档次、小批量方向发展。工业互联网环境下钢铁产品制造过程中服务需求呈现出多种类（生产性服务、成型制造性服务和用户性服务）、多样性和差异性等特点。

智能制造以满足客户要求的性能参数和特殊条件、优化制造工艺流程、监控协调生产制造设备为核心，是服务用户的一种新的制造模式。智能工厂可通过可视化设备监控工厂内所有工艺生产流程的各道工序，通过大数据分析实现智能制造。目前，我国诸多钢铁企业正在积极推进两化融合体系建设，涌现了一批工业机器人、智能制造和两化融合试点，智能在线监测和检验化验设施，以及工业互联网、移动互联网、云计算、大数据在企业经营决策全流程和全产业链的综合集成系统应用等先进技术。

第四节　学科发展目标和规划

一、中短期（到 2025 年）发展目标和实施规划

1. 主要任务、方向（目标）

（1）大型化冶金机械装备与技术。3000~4000m³ 的大型化高炉、4000m³ 以上的超大型化高炉、大型化炼钢装备成套系统、2000mm 以上大型宽幅薄板热连轧机成套装备、强力轧机成套装备与技术等。

（2）连续化冶金机械装备与技术。连铸坯凝固末端大压下（重压下）装备技术、液芯动态在线检测技术、自主研发快速超厚板坯连铸和薄板坯连铸成套装备技术等。

（3）绿色化冶金机械装备与技术。环保型大型焦炉成套装备、绿色化烧结成套装备、低碳环保高炉炼铁和非高炉炼铁装备、新一代 ASR 非对称自补偿轧制轧机机型和板形控制关键装备与技术、热连轧无头/半无头轧制装备与技术、高等级钢材新强韧化

机制和超快冷装备与技术、表面处理（热轧带钢免酸洗技术）等。

（4）智能化冶金机械装备与技术。高炉数字化和可视化技术、高炉长寿化和智能化装备、智能化炼钢装备、智能化酸轧联机装备、铸轧流程生产线主设备振动在线监测及抑振、智能化在线测控技术等。

2. 主要存在的问题与难点（包括面临的学科环境变化、需求变化）

针对目前冶金机械关键装备和零部件的自主设计、制造、集成、运维能力的不足，需加强基础和应用基础方面研发，进一步提升我国冶金装备自主创新能力。

（1）强化薄带连铸中核心装备的精细化设计与制造能力，重点开发质优价廉的结晶辊、侧封板和水口等核心装备，降低薄带连铸的成本和价格，提高薄带连铸的竞争力。

（2）需完善连铸坯凝固末端位置在线精准检测装备、结晶器振动和辊缝远程自动调整等机电液一体化装备的精细化设计与制造。

（3）无头/半无头轧制装备的自主研发设计与集成技术、多机型全宽度同时控制不均匀变形和不均匀磨损的新一代热连轧机板形控制关键核心装备技术有待提高。

（4）在板带方面还需要开发高强度钢材超快速技术及装备，尤其是开发新型喷射机构。在热轧型钢、管材控冷等方面，超快冷技术及装备基本处于研究及尝试应用阶段。

（5）薄板轧制过程的力学行为、电工钢与超高强带钢等的冶金装备能力评估与提升、快速感应加热炉的热力学行为等理论分析计算与设计方法还需要进一步加强。

（6）带钢无酸洗除鳞技术正处于研发阶段，国内采用磨料水射流对热轧带钢进行尝试应用。国外表面生态酸洗技术相对成熟，但也面临一系列问题。

（7）冶金关键装备的状态测控技术有待完善，重点需开发基于工业互联网技术的设备远程运维技术和工业大数据分析方法的设备服役质量在线监控系统。

（8）铁水/钢液等成分在线检测、轧辊空间安装精度在线检测、轧机三维振动在线检测、板带内部缺陷/组织性能在线检测等新忉检测技术仍需突破。

3. 解决方案、技术发展重点（包括关键应用基础研究、关键技术工程研究、重大装备和关键材料，或重点产品和关键技术）

（1）绿色化节能环保烧结生产技术。烧结机大型化技术；厚料层烧结技术；烟气余热发电技术；烟气高效处理技术；烧结系统密封技术；余热回收发电技术；"四脱"（脱硫、脱硝、脱二噁英、脱尘）工艺技术；减少漏风率技术。

（2）大型化炼铁与优质焦炭生产技术。完善应用 3000~4000m³ 的大型化高炉和 4000m³ 以上的超大型化高炉装备与技术；拓展炼焦煤炼焦及其新型焦炉装备技术；焦炉烟道气脱硫、脱硝、余热回收技术；焦炉荒煤气余热利用技术；炼焦煤质评价与炼焦配煤专家系统技术；节能环保新型炼焦炉技术；高品质球团生产技术。

（3）绿色化高炉炼铁和非高炉炼铁装备技术。高炉高风温新型顶燃式热风的设计与研究；高炉混合喷吹燃料技术研究；新型高效氧煤/燃料燃烧器开发；提高煤气利用率综合技术；氧气高炉技术及 CCS 技术的开发；回转窑、流化床、竖炉，转底炉等非高炉炼铁装备。

（4）大型化炼钢装备成套技术。完善大型机械真空泵系统 RH、VD、VOD 等成套装备技术的精细化设计与制造；开发高效、低耗（重点是节电）、优质的电炉炉壁冷却装备，以进一步提升这些大型设备的竞争力。

（5）连铸坯凝固末端大压下装备技术。连铸坯凝固末端位置不仅是连铸设备设计与连铸工艺参数确定等的主要依据，同时也是实施连铸坯凝固末端重压下技术的重要基础。在完善连铸坯凝固末端位置检测装备的基础上，完成连铸坯凝固末端大压下（重压下）装备的精细化设计与制造。

（6）宽幅热连轧机成套装备技术。实现 2000mm 以上大型宽幅薄板热连轧机成套装备完全自主设计制造；研制新一代大型板带热连轧机机型和板形控制关键共性技术；开发适应高强钢、超厚等特殊品种轧制的强力轧机成套装备与技术，特别是热卷箱、卷取机、矫直机等装备技术。

（7）新一代非对称自补偿轧制轧机机型和板形控制关键装备技术。重点研发新一代热连轧机多机型全宽度同时控制不均匀变形边降、凸度控制和不均匀磨损控制的 ASR 对称自补偿轧制板形控制成套装备与核心技术；CVC、SmartCrown 和 K-WRS 等多机型全宽度在线在役集成设计转换与板形控制关键技术；新一代热连轧机多种板形控制方法的融合集成控制技术。

（8）热连轧无头/半无头轧制装备与技术。实现对热连轧无头/半无头轧制装备与技术的消化与吸收，开发具有自主知识产权的相关技术装备，如快速感应加热炉、高速飞剪等；以我国现有十余条薄板坯连铸连轧生产线为依托，完成无头/半无头轧制技术的全面研发和批量生产。

（9）高等级钢材超快冷装备与技术。新一代 TMCP 装备的板带控冷技术日益成熟，应针对高等级钢材新强韧化机制，开发满足超快冷工艺要求的喷嘴及合适冷却机型和精准的控制模型，适应高等级钢材快速冷却、组织均匀的需要，并推广应用到型钢、钢管及棒材生产线。

（10）绿色化表面生态酸洗装备与技术。表面生态酸洗目前存在的主要问题是如何使磨料均匀地喷射到连续运动钢带的整个宽度表面上；除鳞与传统酸洗相比，效率较低，目前与现有冷连轧生产节奏不能匹配。需开发磨料均匀地喷射结构及合理布置机型、高效运行供砂及过滤系统。

（11）智能化酸轧联机装备与技术。高效焊机、拉矫机和酸洗工艺装备技术；全四辊、全六辊和四/六辊冷连轧机组的高精度边降、凸度、同板差与平坦度等多目标全机组一体化板形控制关键核心装备技术；板形平坦度仪、凸度仪、边降仪和测速仪等高速在线与离线检测仪表；高精度数学模型技术；先进冷轧、热处理和精整工艺装备与技术等。

（12）铸轧主设备振动在线监测及抑振。建立设备状态在线监测系统，将设备状态数据和工艺数据、质量数据相结合，通过对对连铸坯表面状态、热连轧机机电液界耦合振动、冷连轧机机电液界耦合振动及平整轧机振动的全流程在线监测，开展带钢振痕原因分析及抑振措施研究，提高产品的表面质量和轧机生产效率。

（13）关键装备的运程在线运维系统。利用工业互联网和无线传感器网络技术，对关键装备实现运程在线运维，并开展数学形态学、非线性时间序列分析等现代信号处理方法研究，有效提取设备状态信号中的早期故障特征，为设备状态的趋势分析与故障诊断提供基础。利用云技术，实现跨区域、多协议、多平台融合，降低装备状态监测系统的构建成本，提高设备状态监测能力。

（14）关键装备服役状态在线监检测技术。利用无线传感器网络技术对影响产品质量的关键设备的功能精度开发在线检测系统，通过对关键装备功能精度的实时监测，保障生产过程的稳定性，以提高产品质量的稳定性。主要解决冶金生产复杂环境下设备的形位尺寸、装配精度、空间位置以及振动、应力等关键参数的监检测问题，并挖掘装备服役状态与产品质量之间的内在联系。

（15）产品内部质量在线监检测技术。重点研发高温、高速和复杂背景下的金属表面缺陷在线检测技术，基于激光诱导击穿光谱的铁水/钢液成分现场快速检测系统，基于多普勒原理的激光非接触测振系统，基于激光超声的板带内部缺陷在线检测系统，基于二维X射线衍射的板带组织性能在线检测系统。

二、中长期（到2050年）发展目标和实施规划

1. 主要任务、方向（目标）

冶金机械装备技术的创新发展必须进行多领域的技术交汇和融合，构建以基础理论为先导的知识创新，以面向生产为核心的技术创新和以信息化为载体的管理创新，形成科学研究、技术研发、管理与制度创新互相交汇，相互促进的新业态，实现以企业生产经营全过程和企业发展全局的制造过程智能化、制造流程绿色化、产品质量品牌化为核心目标的钢铁智能制造。

2. 主要存在的问题与难点（包括面临的学科环境变化、需求变化）

服务型制造是制造与服务融合发展的新型产业形态，是钢铁制造业转型升级的重要方向。钢铁企业还需要通过优化生产组织形式、运营管理方式和商业发展模式，不断增加服务要素在投入和产出中的比重，从以制造为主向"制造+服务"转型，从单纯出售产品向出售"产品+服务"转变。针对钢铁行业下游用户对产品的质量和性能要求日益提高的趋势，通过将制造过程与产品服务进行精细化控制，延伸和提升价值链，提高产品附加值和市场占有率。在这个转型过程中，还需要对钢铁制造业的产品质量稳定性和质量控制过程进一步强化，是实现制造与服务融合过程的核心环节。

3. 解决方案、技术发展重点（包括关键应用基础研究、关键技术工程研究、重大装备和关键材料，或重点产品和关键技术）

（1）制造过程智能化。

要实现钢铁工业的智能化制造，钢铁行业必须将机器人、工业互联网、大数据、云计算等技术充分应用在钢铁产品设计、制造、管理、服务等各环节，以实现我国钢铁行业向智能化转型升级。

今后冶金装备领域，工业机器人和智能机器人将广泛应用于钢铁企业，如无人天车、智能转炉、智能连铸机、取样机器人、换辊机器人、自动喷号机器人、无人化仓储装备等，实现生产过程的无人化/少人化和智能化。在冶金装备设计、制造、安装过程，广泛采用数字化技术、云计算技术和大数据分析技术，实现冶金装备制造过程的智能化。

利用大数据分析和工业互联网技术构建设备管理与运维智能决策支持系统，实现设备远程监测与运维。将设备状态的科学管理与提升产品质量的稳定性相结合，在运

维成本最优的前提下，通过智能化决策技术，制定科学合理的设备管理与运维方案，提高产品质量及稳定性。

（2）制造流程绿色化。

制造过程的绿色化是钢铁工业可持续发展的必然趋势。今后30年，一批绿色化新工艺、新装备技术将主导冶金装备领域的发展，如采用能源梯度利用的大型焦炉装备、环保型大型烧结机、节能环保型大型高效电炉、新型氧气高炉、高效低成本脱硫脱硝装备、同时控制不均匀变形与不均匀变损的新一代ASR热轧机等被广泛应用。

无头轧制和半无头轧制技术在减量化板带生产，即低成本大批量生产薄规格和超薄规格板带，节约能耗、降低消耗、提高成材率及板厚板形精度、实现部分'以热代冷'等方面效果显著，是现代化板带轧制技术发展的方向。

新一代TMCP装备的板带控冷技术将更加成熟，应对高等级钢材新强韧化机制的控制模型和控制装备更精准，使得厚板的内部组织均匀性、板形质量大幅提升，并推广应用到型钢、钢管及棒材生产线。

（3）产品质量品牌化。

根据制造与服务融合的发展趋势，针对目前钢铁制造在产品质量设计与管控方面所存在的共性问题，以及客户产品质量个性化要求，建立基于大数据的产品质量管控云服务平台，并在此基础上实现基于云服务平台的产品质量设计方法、全流程质量管控方法、制造与服务协同的质量管控集成方法等各种集成方法，实现产品与服务的融合，加快我国钢铁行业的转型升级。

在设备状态大数据的基础上，通过深度学习、数据融合、智能推理、时空挖掘等大数据分析技术，研究设备故障的智能诊断技术，实现设备故障的早期预警、智能预警，为钢铁生产过程的智能制造提供设备状态保障。

产品内部质量在线监检测技术将广泛应用于生产线，尤其是复杂背景下的金属表面三维缺陷在线检测技术，激光诱导击穿光谱的原料、钢液成分快速检测系统，激光和电磁超声的板带内部缺陷在线检测系统，二维X射线衍射的板带组织性能在线检测系统。

三、中短期和中长期发展路线图

冶金机械是钢铁制造业的基石，与世界先进水平相比，我国冶金装备领域仍存在差距，中短期和中长期发展路线图见图16-1。

第十六章　冶金机械

目标、方向和关键技术	2025年	2050年
目标	提升冶金机械大型化、连续化、绿色化和智能化水平，实现钢铁智能制造与智能优化制造，达到国际先进水平	构建以基础理论为先导的知识创新，以面向生产为核心的技术创新和以信息化为载体的管理创新，形成科学研究、技术研发、管理与制度创新互相交汇，相互促进的新业态，实现以企业生产经营全过程和企业发展全局的制造过程智能化、制造流程绿色化、产品质量品牌化为核心目标的钢铁智能制造
方向	大型化冶金机械装备与技术 连续化冶金机械装备与技术 绿色化冶金机械装备与技术 智能化冶金机械装备与技术	推动成果转化：大数据的智能化工艺控制技术、智能制造与工业机器人、人机共融系统全流程质量在线检测方法与系统 抓好人才培养：国际化基础研究人才队伍、高端工程领军人才、复合型生产技术管理人才
关键技术	绿色化节能环保烧结生产技术 大型化炼铁与优质焦炭生产技术 绿色化高炉炼铁和非高炉炼铁装备技术 大型化炼钢装备成套技术 连铸坯凝固末端大压下装备技术 宽幅热连轧机成套装备技术 新一代非对称自补偿轧制轧机机型和板形控制关键装备技术 热连轧无头/半无头轧制装备与技术 高等级钢材超快冷装备与技术 绿色化表面生态酸洗装备与技术 智能化酸轧联机装备与技术 铸轧主设备振动在线监测及抑振技术 关键装备的运程在线运维系统 关键装备服役状态在线监检测技术 产品内部质量在线监测技术	（1）制造过程智能化：工业机器人和智能机器；冶金装备设计、制造、安装过程，广泛采用数字化技术、云计算技术和大数据分析技术；设备远程监测与运维系统利用大数据分析和工业互联网技术 （2）制造流程绿色化：能源梯度利用的大型焦炉装备、环保型大型烧结机、节能环保型大型高效电炉、新型氧气高炉、高效低成本脱硫脱硝装备等被广泛应用；新一代 ASR 热轧机；无头轧制和半无头轧制技术；新一代 TMCP 装备 （3）产品质量品牌化：基于云服务平台的产品质量设计方法、全流程质量管控方法、制造与服务协同的质量管控集成方法；大数据分析技术，研究设备故障的智能诊断技术；产品内部质量在线监测技术

图 16-1　中短期和中长期发展路线图

参考文献

[1] 中国金属学会，中国钢铁工业协会. 2011—2020中国钢铁工业科学与技术发展指南 [M]. 北京：冶金工业出版社，2012.

[2] 殷瑞钰, 张慧. 新形势下薄板坯连铸连轧技术的进步与发展方向 [J]. 钢铁, 2011, 46 (4): 1-9.

[3] Mao X P, Chen Q L, Sun X J. Metallurgical Interpretation on Grain Refinement and Synergistic Effect of Mn and Ti in Ti-microalloyed Strip Produced by TSCR [J]. Iron SteelRes Int, 2014, 21 (1): 30-40.

[4] 徐金梧. 世界冶金装备技术发展呈五大趋势 [N]. 中国冶金报, 2011-10-13 (A03).

[5] 曹建国. 薄板坯连铸连轧工艺与设备 [M]. 北京: 化学工业出版社, 2017.

[6] 高金吉, 杨国安. 流程工业装备绿色化、智能化与在役再制造 [J]. 中国工程科学, 2015 (7): 54-62.

[7] 张勇军, 何安瑞, 郭强. 冶金工业轧制自动化主要技术现状与发展方向 [J]. 冶金自动化, 2015, 39 (3): 1-9.

[8] 刘宏民. 三维轧制理论及其应用: 模拟轧制过程的条元法 [M]. 北京: 科学出版社, 1999.

[9] 曹建国, 张杰, 宋平, 等. 无取向硅钢热轧板形控制的 ASR 技术 [J]. 钢铁, 2006, 41 (6): 43-46.

[10] Cao J G, Liu S J, Zhang J, et al.ASR work roll shifting strategy for schedule-free rolling in hot wide strip mills [J]. Journal of Materials Processing Technology, 2011, 211 (11): 1768-1775.

[11] Cao J G, Chai X T, Li Y L, et al. Integrated design of roll contours for strip edge drop and crown control in tandem cold rolling mills [J]. Journal of Materials Processing Technology, 2018, 252 (2): 432-439.

[12] 陈金山, 李长生, 曹勇. 轧辊粗糙度对不锈钢板带表面和工艺参数的影响 [J]. 机械工程学报, 2013, 49 (4): 30-36.

[13] Zhang B, Zhang L, Xu J W. Degradation Feature Selection for Remaining Useful Life Prediction of Rolling Element Bearing [J]. Quality & Reliability Engineering International, 2016, 32 (2): 547-554.

[14] 何安瑞, 邵健, 孙文权, 等. 适应智能制造的轧制精准控制关键技术 [J]. 冶金自动化, 2016, 40 (5): 1-8, 18.

[15] 刘锋, 徐金梧, 阳建宏, 等. 大型设备监测用新型无线传感器网络 [J]. 北京理工大学学报, 2010, 30 (10): 1184-1188.

[16] 徐金梧. 中国冶金装备技术现状及发展对策思考 [J]. 中国冶金, 2009, 19 (11): 1-4.

[17] 周鹏, 徐科, 刘顺华. 基于剪切波和小波特征融合的金属表面缺陷识别方法 [J]. 机械工程学报, 2015, 51 (6): 98.

[18] 骆宗安, 苏海龙, 魏谨, 等. 多功能热力模拟实验机的研制与应用 [J]. 机械工程材料, 2006, (12): 60-61, 65.

第十六章 冶金机械

[19] 张建良. 国内外炼铁新技术现状与未来发展 [N]. 世界金属导报, 2014-12-02（B08）.

[20] 李刚, 毕学工, 刘威, 等. 世界炼铁技术的发展现状 [J]. 炼铁, 2015, 34（5）: 57-62.

[21] 闫晓强. 热连轧机机电液耦合振动控制 [J]. 机械工程学报, 2011, (17): 61-65.

[22] 王国栋. 钢铁行业技术创新和发展方向 [J]. 钢铁, 2015, 50（9）: 1-10.

[23] 曹建国, 张杰, 张少军. 轧钢设备及自动控制 [M]. 北京: 化学工业出版社, 2010.

[24] 中国钢铁工业协会, 中国金属学会, 冶金科学技术奖奖励委员会. 2010—2016年冶金科学技术奖获奖项目简介 [M]. 北京: 冶金工业出版社.

[25] 曹建国, 轧楠, 米凯夫, 等. 宽带钢热连轧机自由规程轧制的板形控制技术研究 [J]. 北京科技大学学报, 2009, 31（4）: 481-486.

[26] 黄庆学, 杨小容, 周存龙, 等. 制坯工艺对热轧不锈钢/碳钢复合板复合效果的影响 [J]. 材料热处理学报, 2014, 35（S1）: 62-66.

[27] Li Y L, Cao J G, Kong N, etal. The effects of lubrication on profile and flatness control during ASR hot strip rolling [J]. The International Journal of Advanced Manufacturing Technology, 2017, 91（7）: 2725-2732.

[28] Peng Y, Liu H M, Wang D C. Simulation of type selection for 6-high cold tandem mill based on shape control ability [J]. Journal of Central South University of Technology, 2007, 14（2）: 278-284.

[29] 陆小武, 彭艳, 刘宏民. DC轧机板厚板形控制策略 [J]. 中南大学学报, 2011, 42（8）: 2309-2317.

[30] 刘洋, 王晓晨, 杨荃, 等. 基于预测函数算法的冷连轧边降滞后控制研究 [J]. 机械工程学报, 2015, 51（18）: 64-70.

[31] 张清东, 周岁, 张晓峰, 等. 薄带钢拉矫机浪形矫平过程机理建模及有限元验证 [J]. 机械工程学报, 2015, 51（2）: 49-57.

[32] 蔺永诚, 陈明松, 钟掘. 形变温度对42CrMo钢塑性成形与动态再结晶的影响 [J]. 材料热处理学报, 2009, 30（1）: 70-74.

[33] Zhang J, Li C S, Li B Z, et al. Effect of Cooling Rate on Microstructure and Mechanical Properties of 20CrNi2MoV Steel [J]. Acta Metall. Sin, 2016, 29（4）: 353-359.

[34] 王国栋. 新一代控制轧制和控制冷却技术与创新的热轧过程 [J]. 东北大学学报, 2009, 30（7）: 913-922.

[35] 朱冬梅, 刘国勇, 李谋渭, 等. 在线淬火后回火工艺对塑料模具钢组织和性能影响 [J]. 材料热处理学报, 2016, 37（1）: 66-70.

[36] 李小琳, 王昭东, 邓想涛, 等. 超快冷终冷温度对含Nb-V-Ti微合金钢组织转变及析出行为的影响 [J]. 金属学报, 2015, 51（7）: 784-790.

[37] 康永林, 朱国明. 热轧板带无头轧制技术 [J]. 钢铁, 2012, 47 (2): 1-6.

[38] 王利民. 热轧超薄带钢 ESP 无头轧制技术发展和应用 [J]. 冶金设备, 2014, 212 (S1): 61-65.

[39] 刘玉堂. 无酸除鳞技术浅析 [J]. 钢铁技术, 2013 (3): 8-13.

撰稿人: 徐金梧　张　杰　曹建国　尹忠俊　阳建宏　杨　荃
　　　　 秦　勤　刘国勇　李洪波　孔　宁　李艳琳

第十七章 冶金自动化

第一节 学科基本定义和范畴

冶金自动化学科是冶金工程技术学科的二级学科,以系统科学、控制理论和信息技术为支撑,与冶金材料、工艺、生产、运营等技术深度融合,研究冶金生产过程自动控制、钢铁制造流程计算机管控和冶金企业信息化管理的新方法、新技术,研发相关新产品、新系统,并实现工程集成应用。

冶金自动化学科主要范畴包括冶金生产过程控制、冶金生产管控和企业管理信息化:

(1)冶金生产过程控制。其目的是在较少人参与或无人参与的情况下,对冶金装备、过程或系统进行控制和操作,并使之达到工艺预期的状态,包括工艺过程变量和质量指标的在线检测、冶金设备和过程自动控制、工业机器人、过程模型和操作优化等。

(2)冶金生产管控。研究冶金生产物流跟踪、计划调度、质量控制、设备维护、能源调控等技术,研发制造执行系统(MES)和能源管理系统(EMS)等冶金生产管控系统,实现冶金生产的高效化、绿色化。

(3)企业管理信息化。研究企业资源计划(ERP)、客户关系管理(CRM)和供应链管理(SCM)关键技术,对企业运营管理提供决策支持,实现产供销一体化和上下游供应链协同优化。

目前,随着大数据、工业互联、人工智能等新兴技术的发展,以及经济新常态下钢铁工业转型升级对两化深度融合和智能制造系统的需求,冶金自动化学科的范畴不断拓宽。

第二节 国内外发展现状、成绩、与国内外水平对比

1. 国内发展现状

冶金行业工业化和信息化相互促进,融合程度不断加深。以设备数字化、过程智能化、管理信息化为发展方向,以"智能化"和"绿色化"为主题,在工艺装备、流程优化、企业管理、市场营销和节能减排等方面的自动化、信息化水平大幅提升,并加速向集成应用转变,逐步形成了多层次、多角度的信息化整体技术解决方案。

"十二五"期间,信息化技术在生产制造、企业管理、物流配送、产品销售等方面应用不断深化,关键工艺流程数控化率超过65%,企业资源计划装备率超过70%。开展了以宝钢热连轧智能车间、鞍钢冶金数字矿山、唐钢智能化钢厂为示范的智能制造工厂试点,涌现了南钢船板分段定制准时配送(JIT)为代表的个性化、柔性化产品定制新模式。钢铁交易新业态不断涌现,形成了一批钢铁电商交易平台。

2010—2016年冶金自动化技术相关冶金科技进步奖(二等奖以上,见表17-1)43项,其中特等奖1项,一等奖13项,二等奖29项。

表17-1 2010—2016年冶金自动化相关冶金科技进步奖(二等奖以上)

年份	编号	项目名称	等级
2010	2010140	550m^2烧结机智能闭环控制系统	1
	2010171	电弧炉炼钢流程能量优化利用技术的研究与应用	1
	2010128	冷轧机板形控制核心技术自主研发与工业应用	1
	2010063	南钢集成融合型企业信息系统的开发与应用	1
	2010217	宝钢1880mm热轧关键工艺及模型技术自主开发与集成	1
	2010070	1450mm热连轧生产线三电自主集成与创新	2
2011	2011094	基于"压力反馈"的动态轻压下技术开发与应用	2
	2011202	首钢京唐钢铁公司能源管控系统	2
	2011113	含钒半钢炼钢自动控制集成技术的自主开发及应用	2
	2011091	烧结全流程综合自动控制系统的研发与应用	2
	2011234	基于料面综合判断方法的高炉节能技术	2

续表

年份	编号	项目名称	等级
2012	2012019	铸轧产线生产组织优化系统研发与应用	1
	2012084	连铸板坯表面缺陷在线检测技术的开发与应用	2
	2012174	自主创新建设钢铁产品全制程的质量管控信息系统	2
	2012122	钢铁物流、能源流界面技术集成与创新	2
2013	2013233	热轧板带钢新一代 TMCP 技术及应用	1
	2013021	钢铁企业制氧系统最佳节能模式的理论研究及实践	1
	2013132	大型加热炉系统化高效节能技术研究与集成	2
	2013105	钢铁企业供配电节能新技术的研发与应用	2
	2013003	矿山企业云计算技术研究与应用	2
	2013134	热轧高品质卷取控制技术	2
2014	2014011	炼铁-炼钢区段系统能效优化集成技术研究	1
	2014132	基于物联网技术非煤地下矿山安全监测预警决策通用平台	2
	2014076	7.63m 焦炉热工精细调控与生产高效运行的技术开发	2
	2014111	基于相控阵雷达的可视化高炉布料控制系统的开发及应用	2
	2014161	420mm 厚度特厚板坯连铸工艺、装备及控制关键技术	2
	2014158	中厚板生产线全流程自动化系统集成与创新	2
	2014056	基于物联网技术的铁区智能生产及管理系统	2
	2014033	带钢表面质量在线检测核心技术研究装备开发及应用推广	2
2015	2015076	宽带钢热连轧自由规程轧制关键技术及应用	1
	2015141	客户驱动的冶金企业全流程协同制造系统开发及应用	1
	2015129	适应 5500m^3 高炉生产的 7.63m 焦炉低成本配煤技术研究与应用	2
	2015226	热镀锌带钢镀层质量控制核心技术研发与工业应用	2
	2015028	高性能工艺控制器 CCTS 的研制与应用	2
	2015038	冷轧连退线自动化系统集成研发	2
	2015180	百米高速重轨超声波在线检测系统关键技术与应用	2
	2015039	大型钢铁联合企业能源优化管理控制系统的自主研究开发与应用	2
	2015143	热轧粗轧板形调控及质量提升技术	2

续表

年份	编号	项目名称	等级
2016	2016046	薄带连铸连轧工艺、装备与控制工程化技术集成及产品研发	特
	2016041	高质量钢轨及复杂断面型钢轧制数字化技术开发及应用	1
	2016018	钢铁制造流程系统集成优化技术研发及应用	1
	2016140	鞍钢自主创新中试炼钢平台建设及自主关键技术集成	2
	2016017	高精度热轧带钢全流程模型及控制技术	2

（1）过程控制。

设备控制采用PLC、DCS、工业PC实现数字化自动控制，现场总线、工业以太网相结合的网络应用已经普及，无线通信、RFID等物联网、移动通讯网开始应用。

常规检测仪表的配备比较齐全。钢水温度成分预报、铸坯和钢材表面质量等软测量技术得到成功应用。

取样测温、扒渣、自动标识等工业机器人得到成功应用。

将工艺知识、数学模型、专家经验和智能技术结合，应用于炼铁、炼钢、连铸和轧钢等典型工位的过程控制和过程优化，取得了很多成功应用。

涌现了选矿作业智能控制、烧结机智能闭环控制、操作平台型高炉专家系统、"一键式"全程自动化转炉炼钢、智能精炼炉控制、加热炉燃烧优化控制、热连轧模型控制、冷连轧模型控制等具有国际先进水平的科技成果。

（2）生产管控。

制造执行系统（MES）在重点钢铁企业基本普及，通过信息化促进生产计划调度、物流跟踪、质量管理控制、设备维护、库存管理水平的提升。

能源管理系统（EMS）通过建立能源中心，实现了电力、燃气、动力、水、技术气体等能源介质远程监控、集中平衡调配、能源精细化管理等功能。

涌现了全流程物流件次动态跟踪、炼铸轧一体化计划编制、高级计划排产、设备在线诊断、一贯制质量过程控制、基于大数据的产品质量分析等具有国际先进水平的科技成果。

（3）企业级信息化。

随着企业管理水平的不断提高，钢铁企业信息化取得显著进展。基于互联网和工业以太网的企业资源计划、客户关系管理、供应链管理、电子商务等取得成功应用，在更好地满足客户需求、缩短交货期、精细控制生产成本方面发挥了作用。

一些重点企业在聚集了海量的生产经营信息资源的基础上，建立了数据仓库、联机数据分析、决策支持和预测预警系统，着手进行数据挖掘、商业智能等深度开发。

一些重点企业建立了集团信息化系统，支持企业一体化购销和异地经营，涌现了产销一体化、供应链深度协同等具有国际先进水平的科技成果。

2. 与国外水平对比评价

我国冶金自动化信息化技术取得了长足进步，总体看来与国际先进水平的差距在逐步缩小，国内重点企业在有些技术方面已经达到国际领先水平。此处重点分析国内存在的不足和值得我们借鉴和学习的内容。

（1）高端设备。

一些高端硬件和检测装置如高精度板形仪、表面缺陷检测装置、高性能控制器、大功率交直交调速装置等主要依赖进口，在这些方面，国内也开发出样机并有成功示范应用，但在恶劣环境适用型、应用可靠性、性能稳定性方面还有一定差距。

（2）过程控制。

在炼铁、炼钢、轧钢等工艺过程的数学模型和优化控制方面，国内将工艺知识、数学模型、专家经验和智能技术结合，应用于炼铁、炼钢、连铸和轧钢等典型工位的过程模型和过程优化，达到国际先进水平。

与国外领先水平相比，过程模型对不同工况的适应性和优化控制精度稳定性方面还需要进一步提升。此外，国外在过程控制系统研发的多专业协同、多素材融合，值得我们借鉴和学习。如日本为开发高炉运行三维可视化和数值分析系统（visual evaluation and numerical analysis system of blast furnace operation），采用了高炉各区域解剖（物理）、安装大量在线测量高炉内部工况的探头和传感器（数据）、三传一反和计算流体力学数学模型（机理）等综合手段，使得研究非常深入，通过可视化炉内变化，有助于实际高炉稳定操作。

此外，一些国外先进过程控制系统的功能综合性和完整性方面值得我们借鉴和学习。如意大利 Tenova 开发的智能电炉 Tenova Melt Shops EAF，集成了先进的 Consteel 连续加料和废钢预热技术、EFSOP 废气分析控制专家系统、iEAF 智能化动态过程控制和实时管理系统、TDRH 数字电极调节器和 KT 喷吹系统，形成一套完整电弧炉过程控制解决方案。

(3)多工序多目标协同优化。

国内在炼铸轧一体化计划编制、高级计划排产等算法研究和企业应用方面取得了具有国际先进水平的科技成果。但在 PCS 和 MES 紧密衔接、实现多工序多目标协同优化方面还有一定的差距。

如 AMS 和 PTG 开发的 TOTOPTLIS 技术（multi-criteria through-process optimisation of liquid steelmaking），研究炼钢全过程链多目标优化方法。基于实时监控、预测和控制模型，汇聚炼钢、精炼、连铸等各工序工艺过程、检测数据并连续评估钢水温度、钢和渣成分和纯净度，并考虑不同工艺路径、物流运输和钢包周转，综合考虑能源、材料和资源消耗以及生产率的多目标优化策略，当偏离与质量相关参数的标准处理工艺时，进行动态优化。每一道工序结束后，测量值与目标值比较，若在允许范围内，可进入下一工序；否则要提出应对方案，并从多个方案中找出最优方案。

德国 BFI 等开发的 TECPLAN 技术（technology-based assistance system for production planning in stainless mills），开发一种新的生产计划辅助系统，依据预测板坯质量适用指数数值（平直度、截面弯曲度、厚度/延展容许误差、表面缺陷等）、轧机能力（如执行机构和控制设备）和顾客需求，确定优化的不锈钢生产路径（热轧、冷轧、退火、平整、精整），减少二次处理次数、降低次品率、节能。主要内容包括：研究基于遗传算法多目标优化技术，更容易更可靠地解决生产计划问题；采集每一道工序的过程数据，特别是在线质量测量数据，建立全过程质量预测模型；集成测量数据、全过程预测模型和多目标优化算法开发基于工艺的生产计划系统。

(4)数据驱动的全流程质量管控。

国内在质量一贯制管控、基于数据挖掘离线分析产品缺陷等方面取得了具有国际先进水平的科技成果，但在全流程质量在线监控和优化、基于数据的全流程产品质量自动分析方面与国外先进水平还有一定差距。

如 BFI 等单位研究开发了基于数据挖掘的全厂质量相关的在线生产监控技术（factory-wide and quality-related production monitoring by data-warehouse exploitation），提出了操作实绩分析、控制图和基于数据的质量模型等在线质量监控方法，自动跟踪全流程各工序设备、过程、质量变化的影响，质量出现问题时，快速找出变化原因（全流程设备、过程或操作），评估、跟踪已知跨工序关系，给出全流程过程链的可视化报告。

BFI 等单位研究开发了 AUTODIAG 工具软件（supporting process and quality engineers by automatic diagnosis of cause-and-effect relationships between process variables and quality deficiencies using data mining technologies），针对工艺工程师和质量管理人员对数据分析和挖掘算法不熟悉的问题提供不同解决方案，隐藏了复杂数据挖掘技术，通过可视化模块支持用户选取数据，指导用户选择最合适的方法解决特定的问题。

第三节 本学科未来发展方向

欧盟 2006 年发布了钢铁技术平台计划 ESTEP（european steel technology platform vision 2030），提出钢铁智能制造技术重大研究项目（intelligent manufacturing），优先研发领域包括高度自动化的生产链技术、全面过程控制技术和模拟仿真优化技术。通过新检测技术或改进物理模型，在线测量和控制机械性能；集成过程监控、控制和技术管理，实现钢铁生产多目标优化，包括生产率、资源效率和产品质量。

欧盟 2012 年成立钢铁集成智能制造小组（integrated intelligent manufacturing，I^2M），并于 2012 年、2014 年、2016 年召开三次讨论会，其愿景是以整体视角整合传感器、数据处理、模型和工艺知识，提升人与制造过程之间的交互能力。

欧盟启动了 DynergySteel（多过程集成）、PreSed（大数据）、I^2MSteel（自组织生产）等 I^2M 示范项目，代表了其重点发展方向：

DynergySteel（钢铁生产的集成化的动态能源管理）综合考虑能源供应和需求，通过基于能源预测的能源成本更低的计划、适应能源动态变化的生产重调度、在线灵活能源需求应对，实现集成、动态能源管理。

PreSed（用于产品质量改进的预测传感数据挖掘）着眼于产品表面质量、内部缺陷和机械性能，研究多尺度大数据、时间序列特征抽取、机器学习、分析服务、知识管理技术，通过识别主要质量影响因素，快速预测产品质量，优化生产过程。

I^2MSteel 项目（基于统一智能体开发新的集成智能制造的自动化和信息化架构）研究建立集成智能制造（I^2M）的全厂、全公司自动化、信息化体系（paradigm），实现全供应链的无缝/灵活的协作和信息交换。主要技术包括高级任务智能体（产品跟踪、过程控制、过程计划、全过程质量控制、信息存储、物流等）、SOA（面向服务架构）、制造链的语义描述。

美国 2009 年发布了针对钢铁、石化等流程行业的智能过程制造（smart process manufacturing，SPM）路线图，2011 年启动"先进制造合伙计划（advanced manufacturing partnership plan，AMP）"，政府拿出5亿美金来支持和提高有关建议和计划项目，同年智能制造领导同盟（smart manufacturing leadership coalition，SMLC）公布了"实施21世纪智能制造"报告。SPM路线图以强化先进智能系统在石化、建材、冶金等流程行业的应用，打造一种集成的、知识支撑的、富于模型的企业，加快新产品开发，动态响应市场需求，实时优化生产制造和供应链网络。智能制造5步骤技术路线包括：

从数据到知识（data to knowledge）：数据将被分析和编辑成有用的信息，用于设计、经验、预测、法则、模型和预估，变成知识。

从知识变成运行模型（knowledge to operating models）：运行模型描述必要的达到智能过程目标所需要的集成层次和标准化。知识模型化以准确地表达一个过程中各种组元和材料，以及它们之间的相互作用和转变。支撑实时动态管理和控制。

从运行模型变成关键工厂资产（operating models to key plant assets）：由使用多尺度运行模型提升到基于知识的集成工厂应用。用来计划、控制和管理SPM企业的每个具体组元。

模型由关键工厂资产到全面应用（models as key plant assets to global application）：以模型化、智能设备和知识为基础的系统应用到其运营的集成管理和控制，以达到全企业范围的优化，实现成本和表现的新突破。并将SPM的优势扩展到更广泛的、超出传统企业边界的外部关系。

人员、知识和模型变成组合的关键性能指标KPI（people，knowledge and models to a combined key performance indicator）：制造企业利用所有现成知识和经验，以及能"学习"的智能模型得到的知识，在设计和制造生命周期中每个阶段进行多目标优化。

综上所述，国际上冶金自动化发展方向为：

（1）冶金流程在线连续检测和监控系统。采用新型传感器技术、光机电一体化技术、软测量技术、数据融合和数据处理技术、冶金环境下可靠性技术实现冶金流程在线检测和监控系统，包括铁水、钢水及熔渣成分和温度检测和预报，钢水纯净度检测和预报，钢坯和钢材温度、尺寸、组织、缺陷等参数检测和判断，全线废气和烟尘的监测等。

（2）冶金过程关键变量的高性能闭环控制。基于机理模型、统计分析、预测控制、专家系统、模糊逻辑、神经元网络、支撑矢量机（SVM）等技术，以过程稳定、提高技术经济指标为目标，在上述关键工艺参数在线连续检测基础上，建立综合模型，采用自适应智能控制机制，实现冶金过程关键变量的高性能闭环控制，包括高炉顺行闭环专家系统、钢水成分和温度闭环控制、铸坯和钢材尺寸和组织性能闭环控制等。

（3）物质流、能量流协同管控。在生产计划管理方面，基于事例推理、专家知识的生产计划与运筹学中网络规则技术，提高生产组织的柔性和敏捷化程度；实现计划的全线跟踪、灵活调整、异常情况下的重组调度。在质量管理方面，基于大数据分析挖掘，对产品的质量进行预报、跟踪和分析，在线判定生产中发生的品质异常。在能源管理方面，采用能源负荷预测和能源供需平衡分析、能源结构和调度优化等关键技术，形成企业级能源优化系统。

（4）供应链整体优化。协调供、产、销流程，生产与销售连成一个整体，计划调度和生产控制有机衔接。

第四节　学科发展目标和规划

一、中短期（到2025年）发展目标和实施规划

1. 中短期（到2025年）内学科发展主要任务、方向（目标）

冶金自动化的发展方向为：数字化、网络化和智能化。围绕可循环钢铁流程"产品制造、能源转换、废弃物消纳处理与资源化"三个功能的价值提升，将物联网、大数据、云计算、人工智能、运筹学等技术与钢铁流程设计、运行、管理、服务等各个环节深度融合，通过物质流、能量流、信息流网络协同，实现信息深度自感知、智慧优化自决策、精准控制自执行。

冶金自动化学科发展目标为：将围绕钢铁工业强国战略，结合钢铁工业调整升级规划，加强两化融合对钢铁工业要素的全面变革、创新和提升作用，以智能制造为抓手，大力推进研发设计数字化、生产过程智能化、供应链全局优化，突破制约钢铁两化深度融合的关键智能技术和重大智能装备，构建新型现代化钢铁工厂，推动钢铁产业智能化、绿色化可持续发展。

到2025年，初步建立钢铁智能工厂，实现生产流程数字化设计、冶炼轧制工艺过程智能控制、产品生产和能源环境协同优化、供应链全局动态管理、经营管理智慧决策。

（1）构建面向生产管控、供应链、产品生命周期的统一协同的信息化运行平台，

提升自动化、数字化和集成化水平，不同品种不同流程典型企业进行钢铁智能工厂的试点应用示范，达到国际先进水平。

（2）研发工艺变量实时监控、冶炼工艺过程闭环控制、轧制工艺过程闭环控制等重大智能装备，先进智能控制系统应用率达到60%。

（3）研发产品生命周期质量管控、产供销一体化、物质流能源流协同调配、供应链全局管理与智能辅助决策系统，形成完善的钢铁智能工厂运营支撑保障体系。

2. 中短期（到2025年）内主要存在的问题与难点（包括面临的学科环境变化、需求变化）

（1）学科环境变化。

冶金自动化学科以系统科学、控制理论和信息技术为支撑，与冶金工程技术紧密结合，研究冶金生产过程自动控制、钢铁制造流程计算机管控，以及冶金企业信息化管理的新方法、新技术，并实现工程集成应用。

冶金流程由紧密衔接的多生产工艺过程构成，每一生产过程涉及复杂的物理化学变化且难以用机理模型描述，全流程物质流、能量流呈现网络化、非线性特征，经济新常态下的市场环境和用户个性化需求凸显不确定性，集中体现为"运行信息感知难""行为特征建模难"和"运行管控实现难"等固有瓶颈问题。

1）运行信息感知难：生产管控需要依据过程运行实时信息作为反馈，然而受现有检测技术及冶金过程的恶劣工况环境限制，冶金工艺过程关键运行变量和重要质量参数难以在线实时获取，过程控制和运行优化缺少反馈信息支撑。

2）行为特征建模难：冶金过程多相多场耦合、非稳态、非平衡、强非线性等特征，难以用机理模型描述，燃原料波动、设备运行状态变化常常引起生产工况条件变化，加之过程输入条件、状态变量和管控目标之间的关系十分复杂，现有数学模型不能完全描述这些关系；产品和工艺数字化程度不足，全流程各工序间非线性动态关联难以量化描述，上下游企业运行模式不透明；导致管控决策的盲目性，需要解决融合机理、经验、数据和知识的冶金过程和管控流程建模问题。

3）运行管控实现难：冶金过程是一个多变量、强耦合、非线性、大时滞过程，冶金流程是间歇式和连续式操作并存的复杂工业过程，需要解决过程稳态设定点全局优化，以及在扰动情况下如何动态调整和恢复等问题。生产管控和企业运营优化涉及管控流程重整、人员主观能动性发挥等因素，需要解决人机有机协同、知识工作自动化等问题。

近年来，工业互联、大数据、云计算、人工智能、运筹优化等技术日新月异，为冶金自动化发展提供了新思路、新方法、新机遇。如何学习、掌握这些新技术，并融会贯通，形成新的知识谱系，如何针对具体问题，分析选择合适的方法和技术，解决实际应用问题，包括感知、通信、计算、控制一体化问题，管理、决策、控制一体化问题，以及机理解析和数据驱动结合的管控等问题，向冶金自动化工作者提出了新的挑战。

另外，冶金自动化学科发展需要信息化和工业化深度融合，了解工艺过程、生产组织和企业运营知识，理解冶金过程机理、因果关系和优化控制手段，把握管控流程、调控目标原则和约束限制条件，并通过信息物理系统（CPS）建立数字化孪生体，进而建模、仿真、优化，也向冶金自动化工作者提出了新的挑战。

（2）需求变化。

冶金自动化信息化功能可用钢铁企业普遍采用的 ERP-MES-PCS 三层架构来描述。三层体系架构由美国 AMR（avanced manufacturing research）于 1992 年提出。其中位于底层的过程控制层（PCS），其作用是生产过程和设备的控制，位于顶层的计划层（ERP），其作用是管理企业中的各种资源，管理销售和服务制定生产计划等，位于中间层的制造执行层（MES），则是介于计划层和控制层之间，面向制造工厂管理的生产调度、设备管理、质量管理物料跟踪等系统。

企业业务有多个维度，目前这种体系架构主要着重对资源计划－制造执行－过程控制一个维度（垂直维度），需要从工业化信息化深度融合和智能制造的多维视角进行功能扩展。主要体现在以下几个方面：

1）综合考虑原燃料供应（上游）、企业生产计划（中游）、市场销售（下游），针对不确定性、透明度和价值问题，通过横向集成（价值链轴）和纵向集成（企业轴），实现供应链之间有机协同和全局优化。

2）随着钢铁产业转型升级，新业务模式和商业模式不断涌现，用户个性化产品需求的高质量供给、制造向服务转变等带来新挑战，因此，需要建立全生命周期质量管控体系，实现全生命周期质量管控功能，提升钢铁制造的柔性和自适应能力，以便及时向用户提供高品质个性化服务和产品。目前这种体系结构更多强调大规模高效率生产，很难满足经济新常态下用户需求。

3）新型钢铁生产应该是可循环流程，具有生产钢铁产品、能源高效转化和消纳社会废弃物三大功能，目前这种体系架构主要强调的是物质流生产，因此，需要整合制造执行系统和能源管理系统实现物质流、能量流协同优化，从而满足智能化、绿色化制造双重需求。

4）工业互联、大数据云计算、人工智能等信息技术为智能制造提供了有力支撑，在丰富原有功能内涵的同时，也对信息化系统体系结构本身带来了冲击，比如数据库采用大数据平台、数据中心和企业服务总线，避免因功能与业务绑定造成的业务受数据"绑架"，实现由1-1模式到1-n模式的转变；再比如如何通过分布智能体结构（AGENT）克服原来集中分层体系的弊端，实现管控对象与管控功能的解耦，都值得深入探讨。新的体系结构会有力地促进数据、信息、知识的共享，也会大大有力于新智能制造功能扩展。

3. 中短期（到2025年）内解决方案、技术发展重点（包括关键应用基础研究、关键技术工程研究、重大装备和关键材料，或重点产品和关键技术）

（1）中短期（到2025年）内解决方案。

结合钢铁工业强国战略和钢铁工业调整升级规划，围绕国家智能制造标准体系，在现有过程控制、生产管控和企业信息化基础上，进行内涵提升和外延拓展，形成具有冶金工业特色的智能制造体系结构，将物联网、大数据、云计算、人工智能、运筹学等技术与钢铁流程设计、运行、管理、服务等各个环节深度融合，建立多层次多尺度信息物理模型（CPS），实现信息深度自感知、智慧优化自决策、精准控制自执行，逐步提升智能制造能力成熟度，推动钢铁产业智能化、绿色化可持续发展。

国内钢厂技术水平参差不齐，本路线图（见图17-1）主要针对具有先进技术水平的第一梯队钢厂而言，基础较弱的钢厂需要在常规传感、先进自动化和过程控制模型方面补齐基础条件和技术能力。

技术发展重点包括以下关键应用基础研究、关键技术研究和装置／系统开发两层次。

1）关键应用基础研究。冶金自动化关键应用基础研究包括：① 工业互联网数据集成；② 多尺度建模和仿真；③ 多目标协同优化技术。

工业互联网数据集成。数据是冶金工业数字化、智能化制造的基础，这里的数据是广义数据，既有来自企业现场检测仪表、RFID、质量分析仪表、过程控制系统的各种连续变量，也有声音图像信号、现场离散事件记录、物流能流空间信息（GPS）、调度操作指令等非结构化数据，还包括设备规格、设计图纸、产品规格、工艺规程、电子商务等文档型资料。需要整合现场传感网、物联网、工业控制以太网、内部外部互联网、社会无线通信网，构成钢铁工业数字化智能化制造的工业互联网，实现数据在不同业务间的互操作集成和共享。工业互联网数据集成涉及数据获取、传输、存储、分析等环节。

工业大数据的应用方兴未艾。对于该新兴技术，在 2025 阶段，既要充分重视和准备，又要善于与钢铁工业的实际情况相结合。本规划推荐以下基本技术考虑：a. 建议大数据应用率先在全线质量控制、工序级设备诊断等领域开展，或者说在过去传统方法难以满足要求的领域优先进行。b. 注意钢铁工业大数据与社会大数据应用的区别，充分重视工业数据与机理和经验知识的结合，以提高数据建模与预测的科学性，使之达到符合工业应用的精度。c. 充分认识数据是通过人发挥价值的实际，坚持投资数据系统与人才培养相结合的滚动发展，避免数据系统投资过早过大。在信息化较先进的企业应充分重视现有数据的利用。d. 努力降低数据采集、存储与管理的成本，妥善确定数据的合理寿命，坚持储存周期越长数据密度越低的理念，比如通常设备级高频数据储存周期可以压缩到数日与数周，而质量数据可以达到一至两年。

工业大数据集合与研发的方式有两种，一种是目前常见的把企业所有的数据尽快集中到"云"上，在此基础上开展大数据研究；另外一种是循序渐进的集中数据，同时进行各类规模的数据应用与建模研究，我们推荐钢铁业应该以后一种为主，风险较小，成本相对低。

到 2025 年，实现多源数据融合，包括物联网和工业互联网构建、不同业务数据互操作集成、多源大数据融合分析。实现数据智能处理，包括多业务数据仓库、多源数据可视化、数据挖掘和知识发现等。

具体内容包括：多传感器数据融合和智能软测量；新型传感检测与传感器网络；模式识别新理论与新方法；计算机视觉新理论及高性能系统实现；图像处理技术在光机电及检测系统的应用；钢铁恶劣环境下的 RFID 等标识、识别 / 复杂背景与干扰下的目标识别与跟踪；GIS、GPS、无线通信网络技术；非结构化"数据"（规程、文档、图纸、图像等）的数字化语义网络；基于实时数据和关系数据的数据流技术；结构化与非结构化信息多源信息融合；覆盖炼铁 – 炼钢 – 轧制全流程的时空匹配的横向数据集成；多时间尺度多空间维度的管理 – 控制纵向信息集成技术；供应链协作制造企业信息集成技术；多源大数据融合分析和数据挖掘。

多尺度建模和仿真。建模和仿真为冶金工业数字化、智能化制造提供了重要支撑手段。钢铁工业建模和仿真涉及设备高效运行、工艺过程控制、生产计划调度、供应链全局优化多个层面，从而需要进行多尺度建模和仿真。

到 2025 年，需要重点研究多尺度建模技术，包括机理和数据工艺混合模型、物质流能量流网络化模型和全局供应链集成模型；基于模型的仿真计算技术，包括支持产品开发多尺度模型、可循环流程动态仿真，建立钢铁工业云计算平台。

具体内容包括：大数据高效分析；复杂动态数据在线机器学习；复杂流程网络分析；知识表示与推理机制新方法；大规模知识关联与语义网络；知识自动化系统理论及应用；机理解析和数据驱动相结合的工艺过程模型；行业关键工艺智能计算软件（相关辅助分析系统）；设备状态寿命评估和设备劣化状态趋势预测模型；支持产品开发多尺度模型；生产流程优化用离线模拟和数字仿真；物质流能量流网络化模型；可循环流程动态仿真；供应链业务协同模型与仿真；钢铁行业云计算技术应用；关键岗位人员培训、学习、操作一体化随身支持及知识自动化软件系统。

多目标协同优化。到 2025 年，实现多目标优化运行，包括工艺设定点实时优化、物质流能量流协同优化、多场景多目标优化技术；实现多目标全局优化，包括采购生产销售全局供应链优化、生态工厂多目标优化。

具体内容包括：工艺设定点实时优化；复杂系统自适应控制；生产过程监测、预警与一体化控制；多自主系统的协调控制；基于数据或模式的系统分析与控制；复杂系统容错或故障自愈合控制；基于数据的故障诊断与系统维护；网络化系统分析与控制；基于数据和知识的实时智能运行优化；基于过程模型的在线动态运行优化；智能自治单元的闭环反馈控制；基于专家系统和网络规划的智能计划和实时调度；全流程质量动态跟踪和质量闭环控制；各工序段物质流能量流半动态计算软件平台；物质流、能量流和排放流多目标优化；全生产流程的在线集成模拟和优化；企业级数据流和智能决策技术；企业资源配置智能优化技术；复杂供应链系统分析与优化设计；采购生产销售全局供应链优化。

2）关键技术研究和装置/系统开发。冶金自动化关键技术研究和装置/系统开发包括：①冶金流程在线检测；②钢铁复杂生产过程智能控制系统；③全流程动态有序优化运行；④钢铁供应链全局优化。

冶金流程在线检测。面向钢铁生产的新型传感器、智能仪表和精密仪器能够增强员工对工厂的感知能力，借助于嵌入应用环境的系统来对多种模式信息（光、电、热、化学信息等）的捕获、分析和传递，极大地拓展员工对钢铁企业的各类装置、设备的了解和监测能力，促进生产活动的合理化和精细化控制。

采用新型传感器技术、光机电一体化技术、软测量技术、数据融合和数据处理技术、冶金环境下可靠性技术，以关键工艺参数闭环控制、物流跟踪、能源平衡控制、环境排放实时控制和产品质量全面过程控制为目标，实现冶金流程在线检测和连续监控系统。

主要内容包括：a.重要工艺变量实时监测，包括铁水成分、温度实时测量，钢水成分、温度实时测量，铸坯内部缺陷和表面缺陷实时监测，钢材内部缺陷、表面缺陷和性能实时监测，污染源在线监测等；b.全流程在线连续监测，包括钢水成分、纯净度连续测量，铸坯质量在线连续监测，钢材表面质量和性能在线连续监测，全线废气和烟尘的监测等。

钢铁复杂生产过程智能控制系统。 钢铁生产制造全流程是由多个生产过程有机连接而成的，其具有多变量、变量类型混杂、变量之间强非线性强耦合的特点，受到原料成分、运行工况、设备状态等多种不确定因素的干扰，其特性随生产条件变化而变化。

钢铁复杂生产过程的智能控制系统将采用分层或分级的方式建立许多较小的自治智能单元。每个自治智能单元可以通过协调机制对其自身的操作行为做出规划，可以对意外事件（如制造资源变化、制造任务货物要求变化等）做出反应，并通过感知环境状态和从环境中获得信息来学习动态系统的最优行为策略，对环境具有自适应能力，具有动态环境的在线学习能力。通过多个自治智能单元的协同，使各种组成单元能够根据全局最优的需要，自行集结成一种超柔性最佳结构，并按照最优的方式运行。

钢铁复杂生产过程智能控制系统主要内容包括：a.智能冶炼控制系统。冶炼工位闭环控制包括高炉过程多维可视化和操作优化，炼钢过程智能控制模型，工艺设定点实时优化，钢水质量自动闭环控制，铸坯凝固过程多维可视化和质量在线判定，基于应力、应变和凝固过程模型的连铸仿真优化。冶炼全工序协调优化控制包括冶炼工序集成协调优化模型、各工序设定点动态协调优化。b.智能轧钢控制系统。轧钢工序闭环控制包括产品性能预报模型，工艺设定点实时优化，冷、热连轧工艺模型和优化控制，基于轧制工艺－组织－性能模型的质量闭环控制；轧钢全工序协调优化控制包括全工序控轧控冷模型、轧制工序动态协调优化、高端产品质量自动闭环控制。c.机器人（或机械手）系统。

全流程动态有序优化运行。 面向钢铁生产的运行环节，综合应用现代传感技术、网络技术、自动化技术、智能化技术和管理技术等先进技术，通过企业资源计划管理层、生产执行管理层和过程控制层互联，实现物质流、能源流和信息流的三流合一，达到钢铁企业安稳运行、质量升级、节能减排、降本增效等业务目标。

主要内容包括：a.生产管控：实现对综合生产指标→全流程的运行指标→过程运行控制指标→控制系统设定值过程的自适应分解与调整，满足多品种个性化市场需求，提升生产管控的协同优化能力。b.能源管控：通过能量流的全流程、多能源介质综合动态调控，形成能源生产、余热余能回收利用和能源使用全局优化模式，提升全流程能源效率。c.环境监控：建立全流程污染源排放在线实时监测系统，实时采集相关信息，并进行趋势分析判断，确保生产满足国家环保要求。d.设备管控：实现设备的全面监控与故障诊断，通过预测维护降低运营成本，提升资产利用率。e.生命周期质量管控：实现工艺规程、质量标准的数字化，基于大数据的全流程产品质量在线监控、诊断和优化，构建产品研发-工艺设计-产品生产-用户使用全生命周期多PDCA闭环管控体系。f.物质流能量流半动态计算软件平台。考虑到钢铁制造的数字化、智能化以及各类辅助决策系统的需要，物质流能量流的计算是必不可少的技术基础，加快各工序段物质流能量流的计算方法和工具的开发，先从静态、半动态开始，对钢铁业物质能量进行一定精度的计算，为制造的量化、柔性化、智能化提供重要的保障。g.物质流与能源流协同优化：研究钢铁生产物质流与能量流的特征和信息模型，分析物质流与能量流动态涨落和相互耦合影响。综合考虑效率最大化、耗散最小化、环境友好性，实现多目标协同优化。

钢铁供应链全局优化。面向原燃料采购及运输、钢材生产加工、产品销售及物流等供应链全过程优化，提高对上游原燃料控制能力，深化与下游客户业务协同，实现优化资源配置、动态响应市场变化、整体效益最大化。

主要内容包括：a.优化上游资源选择与配料：跟踪原料市场变化，预测分析市场趋势，优化原料的选择和运输，强调原料的优化配置和综合利用。b.加强与下游客户供应链深度协同：建立电子商务和供应链协同信息EDI规范，迅速响应客户需求，及时提供合格产品，减少库存、中间环节和储运费用。c.生产计划与制造执行一体化协同：订单产品规格自动匹配，前后工序协调一致，后一工序及时获取前一工序的生产数据并按照生产指令进行最优生产。d.全供应链物流跟踪：覆盖原燃料、在制品、产品、废弃物资源化利用的物流跟踪，通过准确、直观地反映物流资源分布动态、计划执行情况和库存变化趋势，为优化资源调配提供依据。e.市场预测方法和机制的研究，设计市场信息的获取渠道和准则，研发预测的方法和系统，虚拟计划的可实现性计算与仿真，最终实现预测式制造。

二、中长期（到 2050 年）发展目标和实施规划

1. 中长期（到2050年）内学科发展主要任务、方向（目标）

经过中短期的发展，到 2025 年，冶金自动化水平将会有根本性的提升，冶金工业将呈现自动化生产、科学化设计、知识化经营、社会化协同的新局面、新模式，冶金自动化学科发展的主要任务为冶金工业发展的新局面、新模式提供技术支撑。在实现冶金生产数字化、网络化和智能化基础上，预测冶金自动化中长期（到 2050 年）可能的发展方向：

（1）自动化生产。全流程在线连续自动检测、生产过程全自动化控制、冶炼-轧制工序间高度协同，实现面向用户个性化需求的批量定制、柔性生产，并大幅提高产品品质稳定性、适用性。

（2）科学化设计。基于信息物理模型，进行流程离线仿真和在线集成模拟，生成一个分布式、网络化、集成的"虚拟工厂"软件系统环境，通过人机交互和协同计算，模拟钢铁工业产品设计、生产全过程。支持生产组织优化、生产流程优化、新生产流程设计和新产品开发优化，实现以科学为基础的设计和制造。

（3）知识化经营。利用企业信息化积累的海量数据和信息，按照各种不同类型的决策主题分别构造数据仓库，通过在线分析和数据挖掘，实现有关市场、成本、质量等方面数据-信息-知识的递阶演化，并将企业常年管理经验和集体智慧形式化、知识化，为企业持续发展和生产、技术、经营管理各方面创新奠定坚实的核心知识和规律性的认识基础。

（4）社会化协同。研发物质能源环境动态优化、供应链全局优化、跨行业生态工厂智能设计系统，大幅降低能源消耗和污染物排放，形成面向社会的网络化新型业务协作和敏捷供应链整体运作等模式。

2. 中长期（到2050年）内主要存在的问题与难点（包括面临的学科环境变化、需求变化）

（1）学科环境变化。

随着光、电、热、化学、电磁、核等物理化学技术发展，将涌现新型传感、检测、监控手段，大大提升生产过程关键工艺变量和产品质量在线连续感知能力。

随着计算机、通信技术、人工智能、自动控制、运筹学技术发展，多源信息融合、机器学习、自适应控制、知识表达等能力提高，将加速从数据、信息到知识的递解演变过程，提升知识自动化能力和冶金自动化管控水平。

计算材料学、冶金工艺数字模拟、冶金流程工程学发展、企业现代化管控和新型业务模式等将为两化深度融合提供新界面、新需求和新发展动力。

（2）需求变化。

到2025年，冶金工业将呈现自动化生产、科学化设计、知识化经营、社会化协同的新局面、新模式。生产现场操控人员将大大减少，开发设计、生产管理人员等知识工作者将从繁杂的事务性工作解脱出来，主要从事创造性的产品开发、工艺改进、生产优化等工作，供应链深入有序协同、跨行业物流能流集成和社会生态产业链构建，这些需求变化将进一步拓展冶金自动化的内涵和外延，对冶金自动化学科发展提出新的挑战。

3. 中长期（到2050年）内解决方案、技术发展重点（包括关键应用基础研究、关键技术工程研究、重大装备和关键材料，或重点产品和关键技术）

（1）中长期（到2050年）内解决方案。

中长期内冶金自动化解决方案将突破现有体系结构，形成新的冶金企业智能制造体系架构。在功能描述方面不再突出ERP-MES-PCS纵向结构，而强调横向、纵向、端到端的集成，可根据企业管控需求、流程优化重组，类似APP方式扩展出新的功能，形成不断深入协同的企业智能制造整体解决方案。在系统技术实现方面，基于AGENT（智能体）的CPS（信息物理系统）模型，智能体AGENT类似工业4.0的智能组件，为企业智能制造整体解决方案提供数字化孪生体模型，同时也是企业各种工艺模型、业务流程规则、技术诀窍的载体。

解决方案力图通过数据与业务"分离"，管控对象与管控功能的解耦，促进数据、信息、知识的共享以及新智能制造功能扩展，为冶金企业自动化生产、科学化设计、知识化经营、社会化协同的新局面、新模式提供技术支撑。

（2）技术发展重点。

冶金自动化学科技术发展重点围绕冶金企业自动化生产、科学化设计、知识化经营、社会化协同的新局面、新模式展开。

1）自动化生产。包括：① 全流程在线连续自动检测（从监测系统到检测装置）；② 生产过程全自动化控制（包括全厂自动物流控制、现场机器人）；③ 冶炼－轧制工序间高度协同（包括一钢多轧、面向性能的闭环控制）；④ 面向批量定制、柔性生产的计划调度（基于 CPS 模型的多目标智能优化）；⑤ 产品品质稳定性、适用性 PDCA 闭环管控（考虑产品服役性能）。

2）科学化设计。包括：① 基于多尺度（原子尺度、微观结构、宏观尺度）仿真的产品开发：a. 原子尺度：分子动力学（MD）；蒙特卡罗法（MC）；b. 微观结构：以连续介质为基础的计算；预测材料相变过程及相变产物的微观结构；c. 宏观尺度：与材料或材料部件工业生产有关的仿真计算。② 全流程离线仿真和在线集成模拟：a. 建立分布式、网络化、集成的"虚拟工厂"模型；b. 基于冶金流程学的全流程精准设计和动态有序运行；c. 企业物质、能源、环境多目标动态优化。

3）知识化经营。包括：① 非结构化信息的语义网络；② 数据 – 信息 – 知识的递阶演化模型；③ 数据挖掘和经验规则化结合的知识自动获取；④ 不同决策主题的知识库和推理机制。

（3）社会化协同。包括：① 供应链全局优化；② 敏捷供应链整体运作；③ 冶金企业间网络化新型竞合协作；④ 跨行业生态工厂智能设计。

三、中短期和中长期发展路线图

中短期和中长期发展路线图见图 17–1。

目标、基础研究和关键技术	2025 年	2050 年
目标	1. 建立信息深度自感知、智慧优化自决策、精准控制自执行的钢铁智能工厂 2. 实现生产流程数字化设计，冶炼、轧制过程智能控制，产品生产和能源协同优化，供应链全局动态管理，经营管理智慧决策达国际先进水平	1. 自动化生产线：全流程在线连续自动化检测，生产过程全自动控制，冶炼 – 轧制高度协同，实现向用户个性需求、批量定制、柔性化生产 2. 科学化设计：进行流程离线仿真和在线集成模拟，模拟钢铁产品设计和生产全过程，使新产品和新流程开发优化 3. 知识化经营：通过在线数据分析和数据挖掘，实现有关市场、成本、质量等向数据 – 信息 – 知识的递阶演化 4. 社会化协同：研究物资能源、环境动态优化，供应链全面优化、跨行业生产工厂智能设计系统，形成面向社会、网络化新型业务协作和敏捷供应链整体运作模式

图 17–1

目标、基础研究和关键技术		2025年	2050年
关键应用基础研究	工业互联网数据集成	物联网和工业互联网构建，不同业务数据互操作集成，多源大数据融合分析	多业务数据仓库，多源数据可视化，数据挖掘和知识发现
	多尺度建模和仿真	机理和数据工艺混合模型，物质流能量流网络化模型，全局供应链集成模型	产品开发多尺度模型，可循环流程动态仿真，钢铁工业云计算平台
	多目标协同优化	工艺设定点实时优化，物质流能量流协同优化，多场景多目标优化技术	采购生产销售全局供应链优化，生态工厂多目标优化
关键技术研究和装置/系统开发	智能仪表	铁水和钢水成分、温度实时预测，铸坯缺陷、钢材性能实时监测，污染源在线监测	全流程在线连续自动检测
	生产过程智能控制	机理和数据混合模型，工艺设定点实时优化，铁、钢、轧质量自动闭环控制，工序间集成协调优化，各工序设定点动态协调优化，全流程动态协调优化	生产过程全自动化控制，冶炼–轧制工序间高度协同，批量定制柔性生产的计划调度，产品品质PDCA闭环管控，基于多尺度仿真的产品开发
	全流程动态有序优化运行	基于仿真和规则的计划与调度，全生命周期质量管控，多能源介质综合动态调控，生产能效环保多目标优化，设备动态监控与预测维护，环境约束下综合成本最小化	非结构化信息的语义网络，数据–信息–知识的递阶演化模型，数据挖掘和经验规则化知识获取，不同决策主题的知识库和推理机制
	供应链全局优化	供应生产销售业务集成，全供应链物流动态跟踪，电子商务与商务智能，原燃料供应有效管控，战略客户供应链深度协同	供应链全局优化，敏捷供应链整体运作，冶金企业间网络化竞合协作，跨行业生态工厂智能设计

图 17-1 中短期和中长期发展路线图

第五节 与相关行业、相关民生的链接

钢铁工业调整升级规划（2016—2020年）将智能制造确定为重点任务之一，本技术路线图符合钢铁工业调整升级规划的需求。包括：

（1）夯实智能制造基础。加快推进钢铁制造信息化、数字化与制造技术融合发展，把智能制造作为两化深度融合的主攻方向。支持钢铁企业完善基础自动化、生产过程控制、制造执行、企业管理四级信息化系统建设。支持有条件的钢铁企业建立大数据平台，在全制造工序推广知识积累的数字化、网络化。支持钢铁企业在环境恶

劣、安全风险大、操作一致性高等岗位实施机器人替代工程。全面开展钢铁企业两化融合管理体系贯标和评定工作，推进钢铁智能制造标准化工作。

（2）全面推进智能制造。在全行业推进智能制造新模式行动，总结可推广、可复制经验。重点培育流程型智能制造、网络协同制造、大规模个性化定制、远程运维4种智能制造新模式的试点示范，提升企业品种高效研发、稳定产品质量、柔性化生产组织、成本综合控制等能力。充分利用"互联网+"，鼓励优势企业探索搭建钢铁工业互联网平台，汇聚钢铁生产企业、下游用户、物流配送商、贸易商、科研院校、金融机构等各类资源共同经营，提升效率。支持有条件的钢铁企业在汽车、船舶、家电等重点行业，以互联网订单为基础，满足客户多品种、小批量的个性化需求。鼓励优势钢铁企业建设关键装备智能检测体系，开展故障预测、自动诊断系统等远程运维新服务。总结试点示范经验和模式，提出钢铁智能制造路线图。

第六节　政策建议

为了发展冶金工业数字化、网络化、智能化，实现智能制造，需要在规划引导、财税政策、产学研用模式等方面给予条件保障。

1. 统一规划，指导冶金工业数字化智能化发展

结合冶金工业需求，在国家层面上组织制定冶金智能标准体系和技术路线图，制定冶金工业数字化、网络化、智能化制造行动计划和实施指南，对冶金工业智能装备、数字化工厂、关键技术等深化应用进行引导和支持。

2. 建立专项资金，出台积极的财税政策，支持关键环节数字化智能化建设

建立专项资金，通过无偿资助、贷款贴息、补助（引导）资金、保费补贴和创业风险投资等方式，支持冶金工业数字化、网络化、智能化制造关键应用基础研究、关键技术研发、示范应用和产业化。

对于基础计算软件长期被外国垄断的局面，创新资助模式，通过认真选择和评估，直接给专业小团队资助，并建立国内企业无偿使用等配套政策与规范。

3. 推动产学研研究模式，促进自主创新成果产业化

以市场需求为导向，以产学研用结合的形式，整合企业、高等院校、科研机构等单位资源，建立冶金工业智能制造产业技术联盟，共同致力于冶金工业数字化智能化制造关键技术研究、智能装备和数字化工厂开发、应用示范和推广。

政府或行业出资入股建立冶金行业基础软件云平台，租用钢铁业相关国产基础应用工具软件，扶持国家技术基础软件的成长。

撰稿人： 孙彦广　杜　斌　赵振锐　唐立新　尹怡新　张殿华

第十八章 冶金环保与生态

第一节 学科基本定义和范畴

"冶金环保与生态"是"冶金工程技术其他学科"（45099）下的三级学科，学科基本定义是：控制和减缓钢铁生产从原材料开采到生产加工各种钢材全过程对环境产生的污染影响和生态环境破坏，致力资源能源利用效率最大化，努力降低温室气体排放，构建与相关行业及民生的产业生态链接，是我国全面开展生态文明建设总体要求下，产业关于低碳发展、绿色化发展和循环发展的相关工程技术学科。

基于上述基本定义，"冶金环保与生态"学科突破传统工业生产污染末端治理的模式，发展成为涵盖钢铁生产全产业链的具有明显综合性特征的学科，产业链各环节环境问题有其特殊性又相互关联、存在学科交叉，既要立足于钢铁生产全过程和单个工序的流程制造工艺技术的连续紧凑、节能低碳、高效低耗少污，又涵盖钢铁生产功能的拓展与转变，是冶金工程技术各学科绿色化工程技术的集合。

"冶金环保与生态"学科的研究宗旨是：追求对自然资源索取少而利用效率高、环境负面影响最小，努力实现钢铁生产与自然环境和人类生活和谐共生。研究的主要领域包括：绿色矿山；钢铁生产过程绿色制造技术（流程连续紧凑、高效低耗、节能低碳的工艺技术及装备）、污染排放控制（末端控制）；能源利用与高效转换（节能技术、二次能源回收、能源转换、低碳和无碳能源——风、光及生物质能的利用）；钢铁工业和其他工业以及与城市生活的生态链建立。

关于钢铁绿色制造技术，在冶金工程技术的"炼铁""炼钢"和"轧制"等学科已进行专门研究，本学科将重点聚焦直接关系到环境绩效和节能、低碳、减排综合效果显著的基础研究和关键工程技术方向预测。

关于矿山绿色开发的内涵与工程技术内容，在"采矿工程分学科"中进行了系统论述，本章不再赘述。

第二节　国内外发展现状、成绩、与国外水平对比

一、发展现状与成绩

进入 21 世纪，我国钢铁工业加快淘汰落后，在设备大型化、连续化、自动化、信息化方面取得长足进步，重点推广"三干三利用"，生产建设以循环经济理念为导向实施钢铁生产、能源转换及社会废弃物消纳三大功能的模式转变，倡导绿色化发展。"十一五"期间以自主研发国产化设备为主建成了首钢京唐曹妃甸、鞍钢鲅鱼圈以及"十二五"期间建设的宝钢湛江等三个沿海千万吨级的新一代钢铁制造流程项目，标志着我国钢铁行业建设发展进入新的阶段。

钢铁生产污染防治步入注重前端和过程控制及末端治理并举和强化多污染物协同控制的技术路线，行业整体节能环保面貌显著改善，涌现出宝钢、首钢、唐钢、太钢、沙钢等一批清洁生产、环境友好型企业。以宝钢为代表，制定了"成为绿色产业链的驱动者"的战略愿景，2009 年提出"环境经营"战略，构建了企业环境经营指标体系。确定三大任务为：绿色制造——坚持 3R 原则，实现钢铁生产过程的节能减排，以最低的消耗和最小的排放完成钢铁产品的生产过程；绿色产品——开展生态设计、开发绿色产品、使产品不在使用过程中危害环境、开发可替代现有非绿色材料的新产品；绿色产业——整合节能、环境技术资源，扩大技术应用，发展环境产业实现商业价值。

1. 能源消耗

"十五"以来，我国钢铁行业推进系统节能技术进步，包括高炉热风炉高风温、喷煤、TRT、烧结余热回收、CDQ、高温蓄热燃烧以及企业能源管控中心建设等。吨钢综合能耗显著下降，三个五年重点统计企业吨钢综合能耗分别下降了 19%、19% 和 5%，2015 年，吨钢综合能耗已降低至 571.85kgce/t，完成了"十二五"规划吨钢综合能耗降低至 580kgce/t 的目标，如图 18-1 所示。

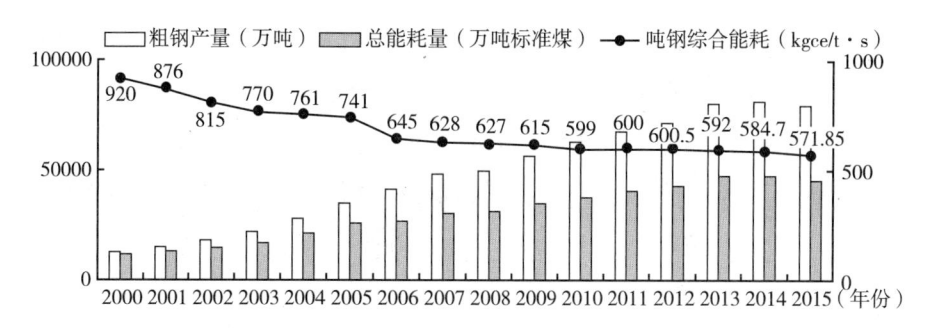

注：2000—2005年电力折算系数为0.404 kgce/kWh；2006—2015年电力折算系数为0.1229 kgce/kWh。

图18-1 粗钢产量、能源消耗总量及重点统计大中型钢铁企业吨钢综合能耗变化

2. 温室气体排放

2016年12月，我国政府发布的《中华人民共和国气候变化第一次两年更新报告》指出：2012年中国温室气体排放总量（不包括土地利用变化和林业）为118.96亿吨CO_2当量。其中CO_2、甲烷、氧化亚氮、氢氟碳化物、全氟化碳和六氟化硫所占的比重分别为83.2%、9.9%、5.4%、1.3%、0.1%和0.2%；土地利用变化和林业的温室气体吸收汇为5.76亿吨CO_2当量，考虑温室气体吸收汇后净排放总量为113.20亿吨。见表18-1。

表18-1 中国2012年温室气体排放总量 单位：亿吨

	CO_2	甲烷	氧化亚氮	氢氟碳化物	全氟化碳	六氟化硫	合计
能源活动	86.88	5.79	0.69	—	—	—	93.37
工业生产过程	11.93	0.00	0.79	1.54	0.12	0.24	14.63
农业活动	—	4.81	4.57				9.38
废弃物处理	0.12	1.14	0.33				1.58
土地利用变化和林业	-5.76	0.00	0.00				-5.76
总量（不包括土地利用变化和林业）	98.93	11.74	6.38	1.54	0.12	0.24	118.96
总量（包括土地利用变化和林业）	93.17	11.74	6.38	1.54	0.12	0.24	113.20

钢铁生产的CO_2排放量主要取决于生产流程,世界上约30%的粗钢是由电炉短流程生产,其余为长流程高炉-转炉流程生产。西方传统高炉流程的生产企业吨钢CO_2排放量在1.9 t左右。美国1.2亿吨钢,电炉钢比为60%,吨钢CO_2排放1.19 t;欧盟国家约40%是电炉钢,吨钢CO_2排放约1.6 t;亚洲地区粗钢生产以长流程为主,日本、韩国及中国台湾中钢等,吨钢CO_2排放约2 t。表18-2是世界钢铁协会公布的吨钢CO_2排放量。中国钢铁工业生产以长流程为主,且能源结构中煤炭的比例高,所以吨钢CO_2排放量较高。近年来随着我国钢铁工业结构调整,加大淘汰落后力度、设备大型化和节能技术广泛应用,能源利用效率的提升,根据2014年能源统计年鉴公布的活动水平数据初步估算,目前行业总体上CO_2排放强度在2.2~2.3吨CO_2/吨钢。

表18-2 2011—2015年世界钢协公布的吨钢CO_2排放量

	2011年	2012年	2013年	2014年	2015年
世界钢产量(亿吨)	15.38	15.60	16.50	16.70	16.20
世界钢协吨钢CO_2排放量(吨CO_2/吨钢)	1.70	1.80	1.80	1.90	1.90
世界钢铁行业CO_2排放量(亿吨CO_2)	26.15	28.08	29.70	31.73	30.78

2012年我国粗钢产量7.2亿吨,以吨钢2 t CO_2排放强度估算,排放在14~15亿吨左右,约占全国CO_2排放总量的14.5%左右,是国内仅次于火电行业的CO_2排放大户。

3. 污染物排放

"十五"以来,钢铁企业结合结构调整、技术改造,逐步实施生产设施封闭和高效除尘,烧结、燃煤自备电厂烟气脱硫脱硝技术的采用,邯钢、太钢及湛江钢铁等原料场全封闭,有效降低废气和扬尘污染。到2015年,钢铁行业吨钢烟粉尘排放量0.75kg,吨钢SO_2排放量0.81kg,吨钢NO_x排放量0.97kg。如图18-2所示。

钢铁行业通过实施"三干"等节水型清洁生产工艺,利用城市中水、厂内实施串接用水、分质用水,深度处理,水重复利用率97.8%,使得行业新水用量和废水排放量大幅下降。吨钢新水用量3.25 m^3,废水排放总量由2010年的7.2亿立方米降至2015年的4.3亿立方米,吨钢废水排放量由2010年的近1.6 m^3降至2015年的0.8 m^3,许多特别限值地区企业实现废水"近零排放"。如图18-3、图18-4所示。

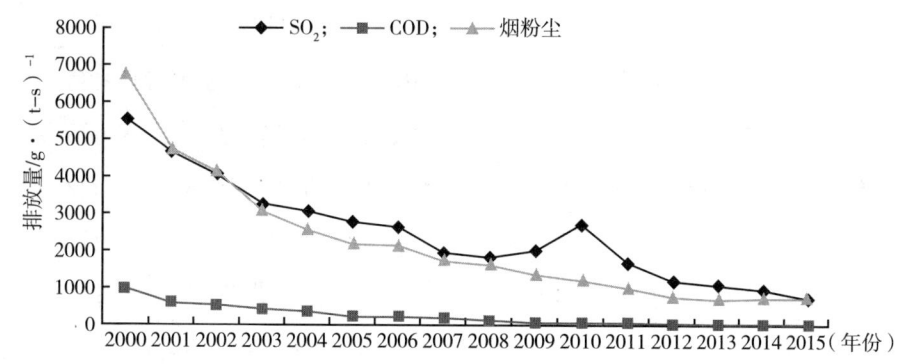

图 18-2　2000—2015 年中国重点钢铁企业吨钢 SO$_2$、COD 和烟粉尘排放量变化

数据来源：2000—2015 年中国钢铁工业环境保护统计

图 18-3　2010—2015 年中国重点钢铁企业废水排放总量

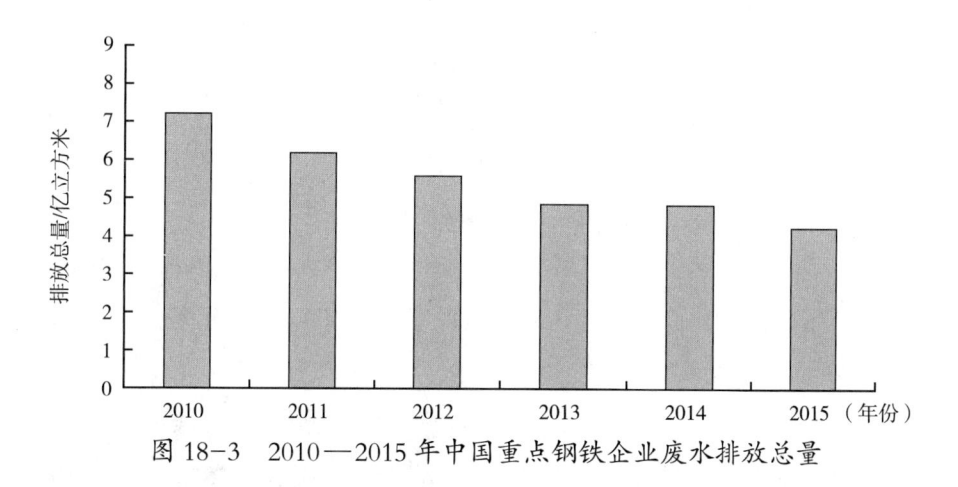

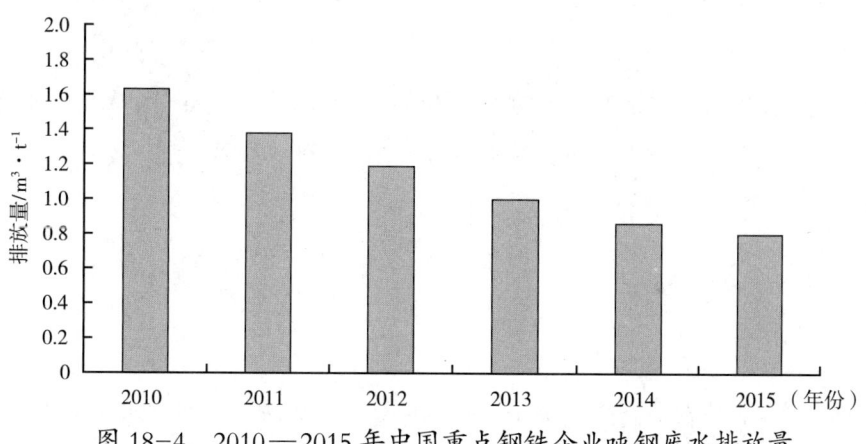

图 18-4　2010—2015 年中国重点钢铁企业吨钢废水排放量

4. 资源综合利用

"十五"以来，钢铁企业加大含铁尘泥厂内利用、大宗冶金渣综合利用，危险废弃物基本得到安全处置。固废综合利用率由2005年的94.8%提高至2015年的97.5%，吨钢固废产生量由2005年的628kg降至2015年的585kg。国内宝钢、首钢京唐、唐钢等开展了不同形式资源综合利用活动，成绩显著。

宝钢股份除对冶炼渣和粉煤灰实施综合利用外，通过建设固废加工中心、升级改造含油污泥焚烧炉，提高固废返生产利用率，提升危废自行处置能力，并协同解决集团内其他子公司危废。油漆桶的收纳及合规处置，解决上海市75个社会用户危废处置难题。预计2016年全年可处置8000余吨，降低城市环境风险。

首钢利用鲁家山废弃石灰石矿区实施首钢生物质能源项目，缓解首都城市垃圾处置问题，建设世界单体一次投运规模最大的垃圾焚烧发电、热电联产项目，日处理生活垃圾3000 t、年处理100万吨，年发电3.2亿℃、上网2.4亿℃。年供热34.9万吉焦、供热面积100万平方米，累计接收垃圾256万余吨（相当于1.5个大型填埋场），2015年全年处理生活垃圾105万吨。整个项目实现废水"零排放"。

2009年，唐钢（南区）建设了可处理城市中水3000 t/h、工业废水3000 t/h的水处理中心，实现了深井用水全部关停，废水处理率达到100%，工业废水零排放，在行业内率先实现了工业水源全部采用城市中水，生产水复用率为98.1%，吨钢耗新水3.27吨/吨，水综合利用能力达到国内领先水平。特别是实现了以城市中水作为生产补水的唯一水源，不再与城市居民争夺地下水资源，年可节水3500万吨，占唐山市居民年用水量的12.6%，企业与城市水资源利用形成梯级循环利用、和谐发展。2015年，市中水总量3861万立方米，南区使用中水量1805万立方米，占46.74%。

唐钢充分发挥市区内钢铁企业的地域优势，与唐山热总公司合作，开展了唐钢南区热电厂发电机组循环冷却水以及高炉冲渣水余热供社区采暖工程，工程供暖面积约200万平方米。

二、与国外水平对比

1. 能耗水平及CO_2排放

我国钢铁工业生产以长流程为主，铁钢比高。世界钢铁工业平均铁钢比在0.7左右，除中国以外为0.56，中国为0.94。美国和欧洲各国的钢企铁钢比较低，电炉钢比重大，因此其产业吨钢综合能耗和CO_2排放低，因铁钢比高造成中国吨钢综合能耗比

第十八章 冶金环保与生态

欧美高出 80~100kgce/t。

钢铁先进制造国日本和韩国以长流程生产为主，我国与之相比，能源结构以及铁钢比的差异，在钢铁制造流程的效率和效能方面存在着差距。在 CO_2 排放方面，由于上述原因，我国钢铁工业整体上与先进产钢国存在一定差距（这里统计核算口径和因子取值的问题），国内节能环保先进企业宝钢、太钢、首钢京唐、唐钢等则差距不大。最重要的问题是我国钢铁工业尚未制定低碳发展技术路线图。

另外，2000 年以来我国吨钢综合能耗持续下降，能源消耗总量增加的幅度小于粗钢产量增加的幅度，但由于粗钢产量快速增长，行业能耗总量呈上升趋势。尽管 2015 年全国钢铁工业吨钢综合能耗比 2000 年下降了 37.9%，但能耗总量还是比 2000 年增加了 2.89 倍，如图 18-1。

按照 2020 年粗钢生产量降低至 7.0 亿吨，根据吨钢综合能耗目标值 560kgce/t 计算，2020 年钢铁行业的总能耗约为 3.92 亿吨煤当量，行业能源消耗的总量和 CO_2 排放量很大。

2. 钢铁企业污染物排放水平

根据《中国钢铁工业环境保护统计》显示，2015 年，我国 121 家重点大中型钢铁企业（废气控制状况为装备除尘、烧结和燃煤电厂烟气脱硫，只有少部分企业烟气脱硝）平均吨钢排放烟粉尘、SO_2 和 NO_x 分别为 0.75kg/t、0.81kg/t 和 0.97kg/t，同比下降 14.24%、28.15% 和 2.99%，相比国际先进水平仍有一定差距，见表 18-3。

表 18-3 国内钢企与国际先进钢企主要废气污染物排放因子（kg/t 钢）

污染物	JFE 2010 年	POSCO 2013 年	121 家重点大中型钢企 2015 年	宝钢股份 2015 年
烟粉尘	—	0.10	0.75	0.38
SO_2	0.39	0.64	0.81	0.30
NO_x	0.73	0.91	0.97	—

注：JFE、POSCO、宝钢股份数据来源于各企业年度可持续发展报告。

图 18-5 为 2015 年我国重点大中型钢铁企业各工序废气主要污染物平均排放比例，可见烧结工序排放的烟粉尘、SO_2 和 NO_x 是行业排放废气污染物的主要工序，分别占总量的 42.83%、65.75% 和 54.99%。

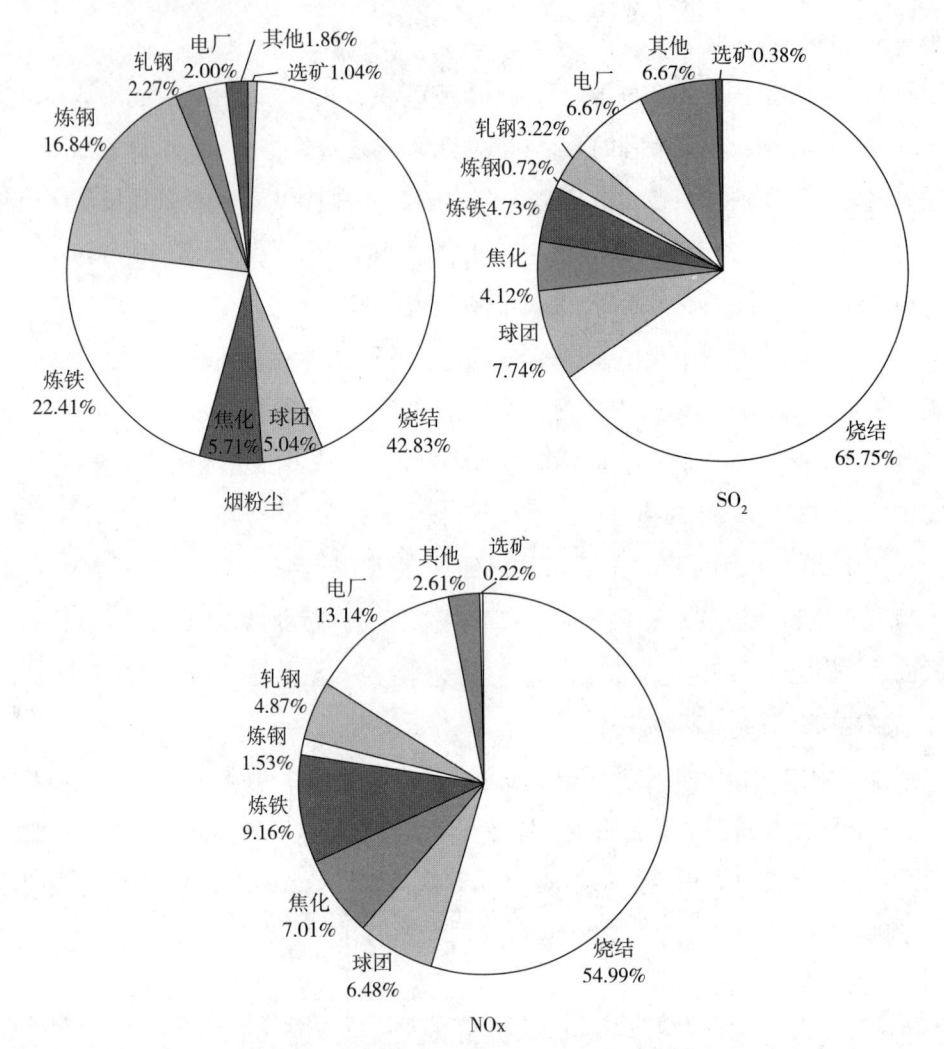

图 18-5 重点大中型钢铁企业各工序主要污染物平均排放比例

特别需要指出的是，钢铁企业在铁、烧、焦及炼钢生产等生产设施封闭及高效除尘净化后，一些开放作业源，如原燃料堆场、渣处理场、废钢加工场等的扬尘污染较重，部分企业采用原燃料汽车运输，道路运输扬尘十分严重。

3. 污染物控制因子数量对比

2012 年 6 月 27 日，环保部发布了铁矿采选、烧结、炼铁、炼钢、轧钢等行业主要工序大气污染物排放系列标准以及《炼焦化学工业污染物排放标准》，该系列标准提出了严格的排放要求，增加了污染物排放控制因子数量并全面收严排放限值。

与欧盟、日本等先进产钢国污染物排放标准相比，尽管我国 2012 年新颁布的钢铁行业污染物排放标准与旧标准相比污染防治因子数量有所增加，《炼焦工业大气污染物排放标准》增加了NO_x、SO_2、苯、氰化氢、酚类、非甲烷总烃;《钢铁烧结、球团工业大气污染物排放标准》增加了二噁英、氮氧化物以及氟化物;《炼钢工业大气污染物排放标准》增加了二噁英;《轧钢工业大气污染物排放标准》污染防治关注点增加了油雾和碱雾,但与先进产钢国污染防治关注点和控制因子数量相比尚有差距,主要是重金属和VOC的监控和防治缺失。

以烧结工序为例,我国大气污染防治关注点为颗粒物、NO_x、SO_2、氟化物、二噁英,欧盟的《钢铁生产最佳可行技术指南》中大气污染物防治关注点为颗粒物、砷、镉、铬、铜、汞、锰、镍、铅、硒、铊、钒、锌、氯化氢、氟化氢、NO_x、SO_2、CO、CO_2、甲烷、非甲烷挥发有机物、总多环芳烃、苯并[a]芘,对比发现,国内烧结工序废气污染控制因子较国外先进水平相差较多,主要是对重金属和VOC未加控制。

欧盟工业排放指令(2010/75/EU)将工业生产活动划分为能源工业、金属工业、无机材料工业、化学工业、废弃物管理以及其他活动6大类共38个子类(行业),钢铁行业是其中之一。为配合2010/75/EU指令以及许可证制度的实施,根据各成员国和工业部门信息交流成果,欧盟委员会出版相关行业最佳可行技术(BAT)参考文件。钢铁行业最佳可行技术最新的文件发布于2012年3月。以欧盟发布的最佳可行技术评估结论和建议的排放控制水平为依据,各成员国结合本国的法律传统以及工业污染控制实践,将其转化为本国的标准。在钢铁行业最佳可行技术文件中,针对烧结(球团)、焦化、炼铁、炼钢等工序的不同产污环节,不同最佳可行技术均提出相应的建议排放值。如烧结工序颗粒物去除最佳可行技术包括布袋除尘技术、静电除尘技术等除尘技术;球团工序颗粒物去除最佳可行技术包括布袋除尘技术、静电除尘技术及湿式除尘等除尘技术。

日本大气污染物排放标准的综合性特征非常明显,基本是按污染物因子统一规定排放限值,其中一些因子(如烟尘、NO_x、VOCs等)进一步区分了源类,类似我国的《大气污染物综合排放标准》。其排放标准包括两种情况,一是对于SO_2,按各个地区实行K值控制,同时配合燃料S含量限制。K值标准是基于大气扩散模式,根据SO_2环境质量要求、排气筒有效高度确定SO_2许可排放量。K值与各个地区的自然环境条件、污染状况有关,需要划分区域确定K值。对于烟尘、粉尘(含石棉尘)、有害物质(Cd及其化合物、Cl_2、HCl、氟化物、Pb及其化合物、NO_x)、挥发性有机物(VOCs)、28种指定物质以及234种空气毒物(其中22种需要优先采取行动,目前完成了苯、三氯乙烯、四氯乙烯、二噁英4项),由国家制定统一的排放标准。对某一行业的大气排放要求分散在不同的污染物项目标准中,控制因子较为完整。

4. 钢铁厂副产物利用及消纳社会废弃物方面

国外先进钢企注重废渣 100% 再利用技术。通过扩大钢厂内部再利用和厂外利用,实现废渣填埋量为零。如开发将钢渣(包括不锈钢精炼渣)用作路基填料和基础砂桩压缩填料等再利用技术;高炉渣生产石棉纤维材料等。

在消纳社会废弃物方面,JEF 钢铁在京滨厂和福山厂高炉共喷废塑料 15 万吨;神钢加古川厂喷塑料 2 万吨,能源利用率 65% 以上;新日铁在焦煤中掺入 1%~2% 的废塑料炼焦,能量利用率达 94%,并在君津等 5 个厂推广。

对比国外先进钢企,我国在利用和消纳城市废弃物及资源化方面还存在差距。

第三节 本学科未来发展方向

一、钢铁绿色制造

钢铁绿色制造包括流程连续紧凑、节能高效、低碳少污的制造流程和工艺技术以及完善的污染排放控制(末端控制)技术。

国际先进产钢国技术发展突出特点是提高流程制造效率效能,以降低 CO_2 排放为重点发展方向,相对产业传统工艺而言,开发突破性的工艺制造流程。

国际先进产钢国在钢铁生产过程产生的废气、废水和固体废弃物污染控制工程技术问题已经基本解决,污染控制的重点进入到对重金属(铅、汞、砷、铬、镉)、VOC、二噁英、放射性等的控制。如新日铁的环保工作主要涉及五大方面:① 对重金属污染的治理,包括汞、镍、锰和铬等的治理;② 开发了可以检测颗粒物 $PM_{2.5}$ 的检测装置;③ 在烧结烟气的控制上大量使用活性炭技术;④ 在薄板彩涂、厚板涂漆中产生的有机废气也进行治理;⑤ 致力于将钢渣制品应用于海藻场的建设。

1. 绿色制造技术发展趋势

(1)国外焦炭生产技术发展趋势:以德国为代表的炼焦技术发达国家,主要技术发展趋势是焦炉大型化、自动化、环保化方面。如炭化室高 7.63m 和 8m 大型焦炉,焦炉大型化可以提高劳动生产率减少焦炉污染物排放量;炭化室压力单调技术(PROVEN)可实现在整个炼焦周期炭化室压力稳定,减少焦炉污染物排放量和焦炭烧损。

日本开发了集煤预热装炉、快速炼焦和干熄焦为一体能较大幅度提高弱黏结性煤配比的 SCOPE21 炼焦技术，但该技术经过多年开发和工业化试验并未实现其设想的大幅度缩短炼焦周期、提高弱黏结性煤配比的目标，实际仅实现了预热煤装炉和干熄焦，没有实现较好的商业化推广；日本为降低高炉冶炼温度实现减排，研究开发了以高钙炼焦煤为原料或在炼焦煤种配入铁矿石的生产"高反应性高反应后强度焦炭"技术；日本还开发了从动力煤提取"黏结性物质"配入非炼焦煤的炼焦技术。这两项技术受高钙炼焦煤资源限制、配入铁矿石等矿物质带来的焦炭灰分高、强度低，从动力煤提取"黏结性物质"的工艺技术及高昂的成本，使上述炼焦技术处于研发阶段尚未实现商业化应用。

（2）日本新能源和工业技术部（NEDO）于 2008 年 7 月委托日本神户制钢、JFE、原新日铁、原新日铁工程公司、原住友金属以及日新制钢 6 家公司共同合作开展了"环境友好型炼铁技术开发"项目 COURSE50。

COURSE50 是用 H_2 代替部分焦炭，对铁矿石进行还原，并将高炉煤气中的 CO_2 进行分离回收，由此实现减少高炉 CO_2 排放量 30% 的目标。其研究内容主要为：利用 H_2 还原铁矿石的新技术；开发廉价的氢气利用技术（包括焦炉煤气的开发利用技术）；CO_2 的分离和捕集技术开发；CO_2 在高炉煤气中的分离和捕集技术；利用钢铁生产的余能对 CO_2 进行分离和捕集；焦炉煤气的重整（$CO_3$5%，$H_2$60%）对高炉的影响。

（3）欧盟钢铁业于 2003 年建立了欧洲钢铁技术平台（European Steel Technology Platform，ESTEP），其中 ULCOS 是 ESTEP 在 2004 年专门设立的欧洲超低二氧化碳排放项目，目的在于进行低碳技术研发。其目标是使欧盟吨钢 CO_2 的排放比该项目实施前最先进生产工艺的吨钢排放量降低至少 50%。该项目主要进行以下四个技术路线研究：① 高炉炉顶煤气循环（TGRBF）；② 先进的直接还原工艺（ULCORED）；③ 新兴熔融还原工艺（Hisarna）；④ 电解铁矿石工艺。

在研发与技术层面主要包括减碳技术、无碳技术和去碳技术。减碳技术主要是高炉煤气循环利用技术（TGRBF），既减少了炼铁中所需焦炭量，又降低了 CO_2 排放量。在安塞乐米塔尔一钢厂的高炉上试用这一技术后，该高炉的 CO_2 排放量下降了 28%，从原来的 $1.3tCO_2$/t 铁降低至 $0.94tCO_2$/t 铁。无碳技术是利用可再生能源替代传统的化石能源，从根源上减少碳排放，以降低碳成本。ULCOS 中最有突破性的研究项目之一是电解铁矿石技术，该技术在整个生产过程都不会产生 CO_2，唯一的副产品是 O_2。成熟的无碳技术可以使整个钢铁生产流程中的碳排放大大降低，从根本上解决碳成本的问题。去碳技术是采用先进技术措施将钢铁生产过程中排放的 CO_2 去除，这是一种末端处理方法。目前，最典型的去碳技术就是 CCS 技术，它可以将生产过程中产生的 CO_2 进行收集、分离并集中注入并封存到地下。如将 CCS 技术与 TGFBF 技术相结合使用，能使欧盟钢铁联合企业的 CO_2 排放量减少 50%，而单独使用 TRGBF 技术只能减排 30% 左右。

（4）1997 年 7 月—2008 年 12 月，美国钢铁协会和美国能源部共同支持联合研发了《钢铁技术路线图（TRP）》项目，该项目于 2010 年 12 月 31 日完成了最终报告。该项目目标是节约能源、提升美国钢铁产业竞争力和改善环境。TRP 项目历时 11 年，投入资金 3800 万美元，共完成了 47 个研发项目，美国钢铁协会表示，通过这些项目新开发了众多革命性工艺技术，其中一部分极具前途，将为行业带来革命性的变化。其中三项具有变革意义的技术：双向直缸炉（PSH）炼铁工艺、熔融氧化物电解炼铁技术（MOE）、悬浮还原铁工艺，在未来 10~15 年广泛应用，将对 CO_2 减排起到举足轻重的作用。

（5）韩国 POSCO 公司立足开发能够显著降低 CO_2 的新技术，将创新炼铁技术作为低碳发展的突破口，一方面持续改进被称为环境友好型炼铁工艺的 Finex 工业化生产技术，另一方面大力开发以减排 CO_2 为特征的未来突破性技术。低碳炼铁 Finex 技术、全氢高炉炼铁技术和碳捕获与分离技术及利用废气热能发电技术将成为浦项的中长期技术研发项目，浦项为这一技术路线设定的可行期限是 2050 年。其着眼于高炉煤气中分离 CO_2 的技术和回收生产过程中余热提高能源效率的技术。最终的目标是开发下一代不使用煤的钢铁生产工艺，从而彻底消除碳排放。

（6）意大利新一代直接还原技术（ENERGIRON）利用焦炉煤气和高炉煤气生产的直接还原铁（DRI）作为金属化炉料加入高炉或电炉，可显著降低 CO_2 排放量。

该技术特点是采用灵活和无重整过程（ZR）的工艺配置，满足当下日益严格的环保要求，过程中产生的废气和废水排放量低且易于控制。该技术与选择性 CO_2 脱除系统的结合，可使 CO_2 排放水平显著降低。在节能方面，这项技术现已成为市场上直接还原工艺中生产每吨 DRI 能耗最低的技术。得益于新一代直接还原技术工艺特点，生产出高金属化率、高碳含量的 DRI 产品，可为炼钢过程节约更多的能源。

2. 废气污染物综合协同处置

从日本、欧洲及韩国来看，国外烧结烟气污染物控制总的发展趋势是：单一的脱硫技术将被工艺扩展性强的一体化综合性净化技术取代。脱硫、脱硝、脱二噁英、脱HF/HCl 等酸性气体、脱重金属于一体的综合性净化技术将逐步取代单组分脱硫技术，选择性脱硫技术与循环富集脱硫技术是节省投资、降低运行成本的有效方法，具有良好的应用前景。活性炭/活性焦法等半干法和干法烟气脱硫技术有望成为未来烧结烟气高效处理的主要发展方向。

二、能源转换

JFE 工程拓展了高温空气燃烧技术的应用领域，开发出采用高温空气燃烧技术的废弃物焚烧炉，通过废弃物的燃烧来发电，还开发出通过优化燃烧实现源头脱硝的目标，可以在废弃物焚烧的过程中不需要催化脱硝，烟气中的 NO_x 就可以小于 50×10^{-6}，同时利用废料发电的效率可以达到 17%，由此可见高温空气燃烧技术还有很大的潜力可挖。

JFE 公司从 2004 年开始研究利用低品位余热分离 BFG 中的 CO_2 的技术，该技术一直持续进行，并于 2010 年 4 月建成可以每天分离 30 t CO_2 的装置，同时研究利用 CO_2+H_2 制备二甲醚（DME）技术的研究，其中 H_2 来源于焦炉煤气。

三、国外钢铁企业低碳发展路线图

韩国浦项钢铁公司作为全球钢铁业最有创新力的企业，在温室气体减排方面步子迈得最快，2010 年 2 月出版了全球钢铁厂第一本《CARBON REPORT 2010》。从吨钢的 CO_2 排放入手，制定出详细的规划，以 2007—2009 年作为基准年，到 2015 年利用常规的技术实现吨钢 CO_2 减排 3% 的目标，从 2.18 t 减少到 2.11 t；2015—2020 年必须依靠突破性技术，将吨钢 CO_2 从 2015 年的 2.11 t 再降低 6% 到 2020 年的 1.98 t。

韩国浦项钢铁公司大投入研发低碳钢铁工艺技术，将创新炼铁技术作为低碳发展的突破口，一方面持续改进被称为环境友好型炼铁工艺的 Finex 工业化生产技术，另一方面大力开发以减排 CO_2 为目标的未来突破性技术。低碳炼铁 Finex 技术、全氢高炉炼铁技术和碳捕获与分离技术及利用废气热能发电技术将成为浦项的中长期技术研发项目。

浦项全氢高炉冶炼技术与日本目前正在研究中的 Course50 项目类似，均是在高炉内使用一部分氢气替代焦煤对烧结矿进行还原，从而能够大幅度减少钢铁生产过程中 CO_2 的排放。浦项的短期目标是，利用钢铁生产过程中产生的副产气体制取可用于

还原铁的 H_2，中长期目标是开发出能够低成本大量制造高纯度 H_2 的技术。

浦项正致力于研发利用氨水吸收及分离高炉煤气中 CO_2 技术。此项技术利用钢厂产生的中低温废热作为吸收 CO_2 所需的热能，从而降低成本。此项新技术的研发于 2006 年立项，并于 2008 年 12 月动工兴建首套中试设备，处理能力为 $50Nm^3/h$，CO_2 捕获效率能够达到 90% 以上，CO_2 浓度不低于 95%。其兴建的第二套示范设备已于 2010 年开始运行，处理能力为 $1000Nm^3/h$，预计几年后该设备的 CO_2 日捕获量有望达到 10 t 左右。

浦项上述技术研发将满足中长期低碳钢铁生产需要。Finex 工艺相比传统高炉在低碳生产方面已具有优势，中期若与 CO_2 捕获与储存技术结合，还将获得减排 45%CO_2 的潜力。全氢高炉炼铁技术是能够将碳排放降至最低程度的长期技术，浦项为这一技术路线设定的可行期限是 2050 年。

第四节　学科发展目标和规划

一、中短期（到 2025 年）发展目标和规划

1. 中短期（到2025年）内学科发展主要目标和方向

（1）钢铁绿色制造。

1）钢铁绿色制造目标：积极响应《中国制造 2025》号召，大力推进绿色制造，努力建设资源节约和环境友好型流程制造业，全面提升行业整体竞争力，实现我国钢铁工业的绿色、低碳、循环发展，绿色低碳水平进入国际先进行列，具体指标见表 18-4。

表 18-4　2025 年我国钢铁工业主要能源、环保指标

类别	项目	2025 年目标（钢铁工业平均）
能源	吨钢能耗（kgce/t）	550
	煤炭消耗（亿吨）	<3（不含外购焦）
	余能发电占比（%）	>65～70
	清洁能源比例（%）（包括非化石能源和天然气）	15～20

续表

类别	项目	2025年目标（钢铁工业平均）
资源	废钢综合单耗（kg）	200~300
	消纳城市废弃物（废塑料、轮胎）	焦炉、高炉利用废塑料、轮胎
	吨钢新水消耗（m³） 城市中水等利用（%）	3.2 3.0 >50%
制造流程	球团比（%）	>40
	高炉入炉品位（%）	>60
	铁钢比；电炉钢比（%）	0.7；>30
温室气体排放	粗钢温室气体排放强度（t/t钢）	1.6
环境绩效	吨钢SO_2排放（kg）	0.6 0.5
	吨钢NO_x排放（kg）	0.8
	吨钢烟粉尘排放（kg）	0.4
	重金属排放	达到欧盟水平
	VOC排放	有效控制
	危险废物	全部安全处置

2）钢铁绿色制造学科发展的主要任务：行业发展将绿色低碳作为重要内容，按照循环经济的基本原则，以清洁生产为基础，以资源能源高效利用为目标，注重能源结构、工艺装备结构、原材料结构的调整，不断完善钢铁产品制造、能源转换、废弃物处理、消纳和再资源化等三大功能，持续节能、低碳和污染物减排，构建与其他行业和社会实现生态链接，实现具有良好经济、环境和社会效益的可持续发展模式。

（2）能源利用与能源转换。

1）能源利用。我国钢铁工业能源结构80%以上是煤炭，而以煤为主的能源结构是制约行业绿色低碳发展的关键因素之一。

2014年国务院印发了《能源发展战略行动计划（2014—2020年）》，明确提出2020年中国能源发展目标，实施煤炭消费减量替代，降低煤炭消费比重，京津冀鲁、长三角和珠三角等要削减区域煤炭消费总量。

2014年国家发展改革委、国家能源局及环境保护部联合印发了《能源行业加强大气污染防治工作方案》，提出逐步降低煤炭消费比重，制定国家煤炭消费总量中长期控制目标。2015年国家发展改革委、环境保护部、国家能源局印发了《加强大气污染治理重点城市煤炭消费总量控制工作方案》，提出空气质量相对较差前10位城市煤炭消费总量较2014年度实现负增长的目标。

从上述分析看，无论是从国家能源利用大政方针还是行业自身发展需要，加快行业能源结构调整，减低煤炭消耗是大势所趋，主要技术途径是进一步提高余能回收，摈弃燃煤自备发电，优化原料结构（增加球团比和废钢用量），减少焦炭用量。

表18-5 我国钢铁企业的余热资源量及回收利用情况（2014年）

工序	余热资源类别	余热资源量 %	余热资源量 GJ/t 钢	回收量 %	回收量 GJ/t 钢	回收率 %
炼焦	焦炭显热	5.53	0.467	5.62	0.149	31.9
	焦炉煤气显热	1.92	0.162			
	烟气显热	2.56	0.216			
烧结	烧结矿显热	12.30	1.038	10.80	0.286	27.6
	烟气显热	8.00	0.675			
炼铁	铁水显热	14.45	1.220	41.53	1.10	90.2
	高炉熔渣显热	7.17	0.605	0.76	0.02	3.3
	高炉煤气显热	4.94	0.416			
	热风炉烟气显热	4.92	0.415	6.95	0.184	44.3
	高炉冷却水显热	12.96	1.094			
转炉	钢渣显热	1.79	0.178			
	钢坯显热	6.80	0.574	12.80	0.339	59.1
	转炉煤气显热	3.15	0.266	7.51	0.199	74.8
热轧	钢材显热	2.98	0.251			
	加热炉烟气显热	8.96	0.756	11.06	0.293	38.8
	炉子冷却水显热	1.27	0.107	2.98	0.079	73.8
合计		99.7	8.44（290kgce/t）	100.01	2.649（90kgce/t）	443.8

由上表可见，焦炉煤气显热、高炉熔渣显热回收尚有潜力。

2）能源转换。钢铁生产流程能源转换功能包括：①装备节能技术的创新与应用和协同效果提升，如竖罐式烧结矿余热回收、焦炉荒煤气余热回收、高炉熔渣预热回收、煤气回收利用技术等。②与其他产业间的融合及工业生态链构建，如共同火力、煤气资源化利用等。

2. 中短期（到2025年）内主要存在问题与难点、技术发展重点

（1）钢铁绿色制造关键应用基础研究。

1）炼焦生产过程污染物无组织排放及VOC特性与综合防治技术基础研究。研究表明，挥发性有机污染物VOC是造成雾霾（二次$PM_{2.5}$）的重要前体物，已受到高度关注。目前的主要问题是我国对炼焦生产的挥发性有机污染物特性、排放状况的测试和研究分析不足需要开展专项系统研究，制定明确的控制技术路线。

2）焦炉、高炉煤气全硫分析及硫的脱除基础研究。目前国内钢铁企业的烧结机、燃煤自备电厂已经采取高效烟气脱硫脱硝技术，企业SO_2和NO_x排放大幅下降，而过去不被重视的焦炉、高炉煤气的燃烧排放问题已显现出来，特别是过去对煤气的含硫成分只关注到H_2S，而实际上煤气当中还含有相当量的有机硫，包括羰基硫（COS）、CS_2、硫醇、硫醚等未被考虑。在当前国家和地方污染物排放标准日益严格的情况下，煤气中的总硫未被有效脱除，将影响到行业和企业SO_2排放总量的核算，高炉热风炉、燃气锅炉等燃气装置将会出现超标。

3）钢铁生产废气污染物排放特性、排放清单编制及智能化监控技术研究。钢铁生产工艺过程长，废气污染源众多、排放因子复杂。欧美等发达国家和地区已构建了一整套排放清单，获得了重点排放源的排放因子，并在此基础上建立了国家一级的排放清单，用于空气质量模拟、环境管理和政策分析与制定。我国钢铁工业因使用燃料、工艺设备及操作条件与欧美国家存在差异，其排放因子并不适用于我国。我国仅在1996年发布了《工业污染物产生和排放系数手册》，建立了排放因子数据库，但是针对钢铁行业的排放因子是建立在工序产品排放因子的基础上的，没有建立针对重点排放源的排放因子，且排放因子不全、缺失多，颗粒物没有分粒径。

目前废气污染物监测以手工为主，部分在线自动监测系统获得的监测数据的有效性无法判断。

在行业绿色化发展及严格的排放管控要求下，应开展全流程主要工艺的废气排放特性系统研究及智能化监控技术研究；编制我国钢铁行业废气排放清单，制定废气净化设施评价体系。

4) CO_2减排、捕集、回收、封存与利用技术。研究开发CO_2与废弃物联合减排、大规模资源循环利用等关键技术，形成经济高效的CO_2减排与资源化利用技术体系与设备；研究CO_2地质封存和矿物封存关键技术，并进行封存潜力评价、风险评估和安全性评价，为区域性碳封存决策提供依据；研究大规模、多过程集成与资源循环利用的CO_2固定技术体系，建立切实可行的以资源化利用为目标的多规模化固碳技术路线，尤其是CO_2化学转化利用的高效活化和大规模固碳反应路径；研究CO_2捕集关键技术，形成新型实用的CO_2捕集技术与工艺，首先对高浓度CO_2烟气进行除尘、脱硫、脱硝等预处理，脱除有害物质，然后在吸收塔使复合溶液与烟气中的CO_2发生反应，将CO_2分离；其后在一定条件下于再生塔内将其生成物分解，从而释放出CO_2，CO_2再经过压缩、净化处理、液化，得到高纯度的液体CO_2产品。CO_2产品可作为添加剂、质量稳定剂、固定剂、灭火剂等，也可与新能源（风能、太阳能等）耦合利用。

5) 清洁能源开发利用研究。微藻是光合效率最高的原始植物之一，与农作物相比，每公顷土地玉米年产油量只有120L，大豆为440L，而藻类可达1.5万~8万L。单位面积的产率可高出数十倍。微藻生物柴油技术包括微藻的筛选和培育，获得性状优良的高含油量藻种，在光生物反应器中吸收阳光、CO_2等，生成微藻生物质，经过采收、加工，转化为微藻生物柴油。生物柴油是以生物体油脂为原料，通过分解、酯化而得到的脂肪酸甲酯，是一种具有生物降解性高、固碳、燃烧性、安全性好、可再生的清洁能源。见图18-6。

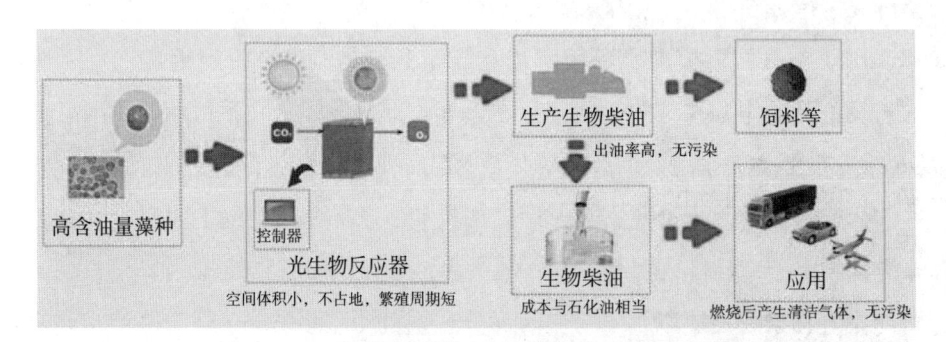

图18-6　微藻生物柴油生产技术流程示意图

2006年，美国两家企业建立了可与1040MW电厂烟道气相连接的商业化系统，成功地利用烟道气中的二氧化碳进行大规模光合成培养微藻，并将微藻转化为生物"原油"。在微藻制乙醇方面，美国已开发出利用微藻替代糖来发酵生产乙醇的专利；

日本两家公司联合开发出了利用微藻将二氧化碳转换成燃料乙醇的新技术,计划在2010年研制出有关设备,并投入工业化生产。

钢铁企业产生大量含 CO_2 的废气,厂区生活污水含有氮、磷等,是微藻光化反应及生长的营养物质,为钢铁企业固碳、生产加工微藻生物柴油提供了机遇。

目前微藻生物柴油开发的难点主要有:投资较大、成本高,需要一定规模和占地。

6)钢铁行业低碳发展路线图研究。国际上钢铁低碳化发展已成为潮流,先进产钢国钢企已制定了低碳发展路线图。我国制造业低碳绿色化发展已是必然趋势,钢铁行业应结合自身特点,依据国家低碳发展要求,尽快开展行业低碳发展路线图研究制定。

(2)关键技术工程研究。

1)焦炉荒煤气余热回收技术。荒煤气从炭化室排出时的温度高达 650~750℃,需将其冷却才能送入煤气净化车间。对焦炉进行热平衡分析表明,荒煤气带出的热量约占焦炉热支出的 36%,余热资源量可观。常规炼焦技术使用大量循环氨水在桥管处进行喷洒来冷却荒煤气,高温荒煤气带出的热能因循环氨水的大量蒸发而被白白浪费。目前国内已有武钢、邯钢等几家企业开展了上升管余热回收工作,目前处于进一步研发和完善阶段。

2)两段式焦炉技术。利用煤预热炼焦原理,将炼焦煤分成两段炼焦;采用换热室预热空气煤气,并通过干燥预热室干燥预热炼焦煤实行炼焦热量重新分配。其优点是:能改善焦炭质量,同样焦炭质量情况下多利用劣质炼焦煤 30%;减少环境污染:避免炼焦装煤污染,实现焦炉氮氧化物达标排放,减少焦化废水 2/3 以上;降低炼焦自身能耗 18%;降低炼焦投资 1/3。

3)竖罐式烧结矿显热回收利用技术。受干熄焦技术的启发,凡赤热的烧结矿、球团矿,都有可能像干熄焦那样用散料床气固强化热交换的方式进行强化换热,即用 CDQ 式散料床气固热交换装置取代现有的烧结矿环冷机。在冷却烧结矿的同时,最大限度回收烧结矿显热(已获国家发明专利,ZL20091018738.1),实现物质流冷却工艺与能量流回收利用的相互统一与协同运行。

罐式回收与卧式回收的节能效果对比以 320m^2 烧结机为例,见表 18-6。

以 1000 万吨级钢厂为例,采用竖罐式方法,1000 万吨铁 ×1.5 吨烧结矿/吨铁 ×35 千瓦时/吨烧结矿 = 5.25 亿千瓦时,是这种配置厂干熄焦发电总量(1000 万吨铁×

0.35 吨焦炭/吨铁 ×100 千瓦时/吨焦炭 = 3.5 亿千瓦时）的 1.5 倍，见表 18-6。在我国钢铁行业近中期以长流程生产为主的情况下，竖罐式烧结矿显热回收利用技术极具开发推广潜力。

表 18-6　竖罐式回收与卧式回收的节能效果对比

余热回收		卧式回收	罐式回收
热收入	回收热风占余热资源的比例（%）	53.98	79.38
	回收蒸汽占余热资源的比例（%）	43.18	79.38
收入	回收热风占余热资源的比例（%）	42.91	54.73
	回收蒸汽占余热资源的比例（%）	34.33	54.73
发电量	吨烧结矿发电（千瓦时/吨）	18～20	33～36
	328m² 年发电量（亿千瓦时/年）	1.26～1.40	2.31～2.52
	1000 万吨钢铁厂年发电量（亿千瓦时/年）		5.25

4）炉渣余热回收技术。炉渣是钢铁厂温度最高的余热资源，温度高达 1200~1600℃，过去对于炉渣的处理方法是高炉渣水淬、钢渣的滚筒、热焖及空冷或少量喷水冷却等处理方法，尽管处理方法很多，但显热没有被有效利用，与高炉渣利用相比，发挥钢渣特性的高附加值用途较少。随着钢铁行业二次能源利用的逐步深入，炉渣显热回收利用受到关注，如高炉渣干法粒化显热回收技术的研究、钢渣显热回收等的研究。目前干法粒化显热回收技术已有中试，有待深入开发到产业化。

5）大力发展球团新技术。长流程钢铁生产的能耗 70% 左右在铁前工序，影响高炉能耗高低的 70% 的因素是在"精料"，入炉铁品位提高 1%，高炉渣量减少 30kg/tHM，焦比下降 0.8%～1.2%，产量增加 1.2%～1.6%，增加喷煤量 15kg/tHM。因此球团替代烧结具有良好的节能、低碳和大幅减少污染物排放的效果。

目前全国球团生产能力已达 2.2 亿吨/年，球团矿在炼铁炉料结构比例达 20%。在球团生产工艺中，设备小、能耗高、污染重、质量不均匀的球团竖炉正在被链箅机 - 回转窑工艺替代，链箅机 - 回转窑生产能力已达 1.23 亿吨。

随着国内球团产业的迅猛发展，国内的磁铁矿资源日渐枯竭，不得不考虑以大量赤铁矿作为替代品。与磁铁矿相比，赤铁矿在细磨、成球、焙烧等方面有很大的区别，工业化应用存在较大困难。目前我国已经掌握了各种赤铁矿（巴西矿、印度矿等）的物料特性、成球特性以及焙烧特性。

带式焙烧机生产工艺对原料的适应性强，对生产赤铁矿球团有很大的技术优势，带式焙烧机工艺具有作业率高、产品质量好、产品成本低等诸多优势。对比国外大量使用带式焙烧机，我国有很大差距。首钢京唐高铁公司建成年产400万吨球团的大型带式焙烧机生产线，该生产线是国内最大的带式球团生产线，其主体设备采用1台有效面积504m^{2}的大型带式焙烧机，于2010年投运，目前生产球团已达到国际先进水平，标志着无货已经消退掌握了大型带式焙烧机的原料结构、布料制度、热工制度（包括干燥制度、焙烧制度等）等相关技术。

球团替代烧结关键技术包括：新型黏结剂的开发；镁基球团性能优化；溶剂型球团关键技术控制；赤铁矿球团合理工艺参数控制；内配燃料球团性能研究；劣质资源生产球团技术。

6) 开发短流程适用技术。我国目前90%以上的粗钢是由包括烧结、焦化、球团、高炉炼铁在内的长流程生产工艺获得的，这是目前钢铁工业能耗、排放指标居高不下的重要原因。以电炉炼钢为主的短流程主要完成废钢等钢铁料的熔化、去杂、合金化，最终生产出合格钢水，由于省去了烧结、焦化、高炉炼铁等高排放、高能耗工序而被认为是较为环保节能的流程。世界发达国家30%以上，甚至40%~50%的粗钢是由短流程生产获得的，而我国短流程产能只占不到10%。另外随着近10~20年钢铁工业的飞速发展，我国的废钢积累也达到了一定的规模。因此，为了降低环境排放压力，实现社会和谐发展，除了优化各工序参数、最大限度降低能耗/排放外，优化产业结构、增大短流程生产比例、开发短流程适用技术，对降低能耗及排放，甚至减缓我国铁矿资源对外依赖均具有重要意义。

7) 钢材绿色化涂层材料（无VOC）。

二、中长期（到2050年）发展目标和规划

1. 中长期（到2050年）内学科发展主要目标和方向

随着我国工业化、城市化的逐步实现，作为经济社会发展所需的基础功能性材料生产的钢铁产业形态可能发生重大变化，其一，到2050年，制造流程将转变为电炉流程为主，中小型专业化生产厂在更高生产效率基础上实现钢材"个性化""小订单""快交货"生产；其二，产业属性在很大程度上由基础材料生产加工（包括能源

转换、社会废弃物消纳)产业转变为以低碳绿色可持续发展为特征的循环型社会的物质/资源循环型产业，产业多元化发展可以延伸到用钢产品的定制制造，实现有限资源利用效率最大化。

随着工业化、城市化、信息化、智能化的发展以及制造业科技进步，以资源高效、环境友好和经济效益最佳为原则，传统制造业的分类、组成和形态也将发生变化，钢铁、水泥、化工、建材、汽车、造船、机械制造等行业以及建筑行业可能会发生不同形式、不同程度的融合与重构。以基础材料钢铁生产、资源价值最高的钢铁产业为核心，在智能化、大数据支撑下，钢材细分定制化生产，部分传统制造业将可能演变形成：钢铁－水泥－建材定制化的建筑基础材料产品制造业；以钢铁材料为主的城市基础设施与民用住宅定制化建造业；以提高钢材利用效率为目的的产品定制化生产的钢铁－汽车、高铁、造船、集装箱等生产的装备制造业；以钢铁企业为中心的社会服务业，包括城市社会废弃物、废弃汽车、家电、城市垃圾资源化利用、城市中水利用，区域供热制冷等服务。

以钢结构住宅为例，钢铁材料为主的民用住宅定制化建造业具有良好的发展前景。

人类居住的房屋走到今天，笼统来讲已经历了三代（如图18-7）：第一代茅草房（木材）、第二代砖瓦房（砖木结构）和今天的第三代电梯房（钢筋混凝土结构），第三代电梯房，包括到目前为止的所有住房，又称"鸟笼式"住房。

图18-7 人类居住的房屋形式的演变

人们期盼一种全新的住宅建筑：每层都有公共院落，每户都有私人小院，可将车开到住户门口，建筑外墙长满植物，占地少，可建在任何地方，人与自然和谐共生。这就是第四代住房，而这种住宅形式只能是钢结构来实现（如图18-8）。

图 18-8　以钢结构为主、钢厂固废生产的绿色化建材实现的第四代住房

钢铁工业中远期生态环保远景，按照创新引领、智能高效、绿色低碳为目标，全面建成三大功能充分发挥的金属材料及相关物质循环加工的新型流程制造业，核心关键技术及绿色低碳水平达到国际领先。

2. 中长期（到2050年）内主要问题与难点、技术发展重点

我国钢铁工业中远期制造流程预期是以电炉流程为主。关键技术工程研究以围绕电炉流程为主要方向。主要包括：①原料废钢有毒有害物质（主要指涂层、油漆、塑料、放射性）去除技术；②电炉熔渣余热回收技术；③电炉烟气多污染物协同控制技术（二噁英、重金属、VOC）；④固体废物（电炉渣）绿色建材制造技术；⑤钢铁企业清洁能源（生物质）生产制备成套装备；⑥高温熔渣熔融处理粉尘、污泥、城市垃圾等固体废弃物并最终无害化、资源化处理技术；⑦钢铁企业清洁能源（生物质）生产制备成套装备。

三、中短期和中长期发展路线图

中短期和中长期发展技术路线图见图 18-9。

目标、方向、研究和关键技术		2025年	2050年
目标		积极响应《中国制造2025》号召，大力推进绿色制造，努力建设资源节约和环境友好型流程制造业，全面提升行业整体竞争力，实现我国钢铁工业的绿色、低碳、循环发展，绿色低碳水平进入国际先进行列	按照创新引领、智能高效、绿色低碳为目标，全面建成三大功能充分发挥的金属材料及相关物质循环加工的新型流程制造业，核心关键技术及绿色低碳水平达到国际领先
方向		行业发展将绿色低碳作为重要内容，按照循环经济的基本原则，以清洁生产为基础，以资源能源高效利用为目标，注重能源结构、工艺装备结构、原材料结构的调整，不断完善钢铁产品制造、能源转换、废弃物处理、消纳和再资源化等三大功能，持续节能、低碳和污染物减排，构建与其他行业和社会实现生态链接，实现具有良好的经济、环境和社会效益的可持续发展模式	我国钢铁工业中远期制造流程转变为电炉流程为主，会出现更多的中小型钢厂，在更高生产效率基础上，实现钢材"个性化""小订单""快交货"生产
钢铁绿色制造	关键应用基础研究	炼焦生产过程污染物无组织排放及VOC特性与综合防治技术基础研究	
		焦炉、高炉煤气全硫分析及硫的脱除基础研究	
		钢铁生产废气污染物排放特性、排放清单编制及智能化监控技术研究	
		二氧化碳减排、捕集、回收、封存于利用技术	
		清洁能源（生物质、太阳能）开发利用研究	
		钢铁行业低碳发展路线图研究	
	关键技术工程研究	焦炉荒煤气余热回收技术	原料废钢有毒有害物质（主要指涂层、油漆、塑料）去除技术
		两段式焦炉技术	高温熔渣熔融处理粉尘、污泥、城市垃圾等固体废弃物并最终无害化、资源化处理技术
		竖罐式烧结矿显热回收技术	电炉熔渣余热回收技术
		高炉、转炉熔渣余热回收技术	电炉烟气多污染物协同控制技术（二噁英、重金属、VOC）
		大力发展球团新技术	固体废弃物（电炉渣）绿色建材制造技术
		开发短流程适用技术	
	重大装备和关键技术	钢材绿色化涂层材料（无VOC）	钢铁企业清洁能源（生物质）生产制备成套装备

图18-9 中短期和中长期发展路线图

第五节　与相关行业及社会的链接

钢铁工业作为流程制造业，应充分发挥"钢铁产品制造、能源转换和社会废弃物处理-消纳"三大功能，演变成为以低碳绿色可持续发展为特征的循环型社会的物质/资源循环型产业，与电力、石化、化工、建材、有色等行业建立工业生态链接，实现有限资源利用效率最大化（图 18-10）。为城市处理废家电、废塑料、城市污水，为周边社区提供能源，体现钢厂的社会服务价值，与城市和谐共生。

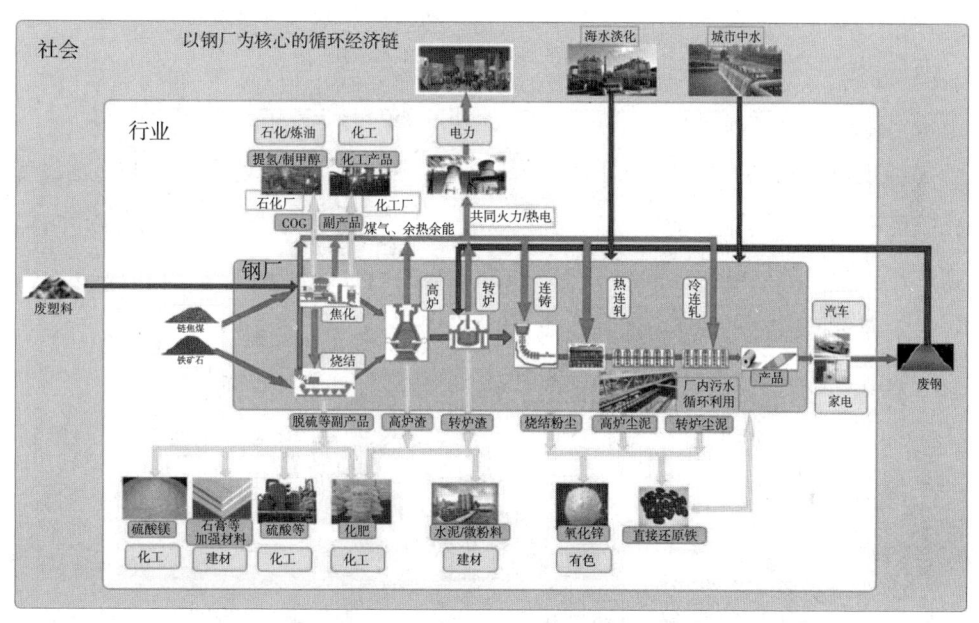

图 18-10　钢铁工业与相关行业及社会生态链接路线图

第六节　政策建议

（1）开展以资源承载力及环境容量为约束的产业布局战略研究。

钢铁行业是资源能源密集型产业，特点是流程长，污染大。京津冀鲁、长三角、珠三角占国土面积的 8%，消耗全国 42% 的煤炭、生产 55% 的钢铁、40% 的水泥，加工了 52% 的原油，布局了 40% 的火电机组、拥有 47% 的汽车，产业布局过度集中，环境承载力严重超载，造成这些地区环境污染严重。单位面积污染物排放强度是全国平均水平的 5 倍左右，环境污染非常严重。

"十五"以来，我国钢铁工业粗钢生产规模激增，产能基本集中在环渤海和东部沿海，形成河北、江苏两个产量超过一亿吨的钢铁大省。高能耗（煤耗）产业布局不改变，区域环境质量不可能得到根本改善。因此应根据国家和地方经济社会发展规划、主体功能区规划，开展以资源承载力和环境容量为约束的钢铁产业布局战略研究。

（2）加大科研投入和创新体系建设。

加大科研投入，创建一批科技研发平台，支持制造业行业间产业链资源利用与衔接，建立针对关键共性技术的合作研发机制，解决领域内有重大影响的技术难题；创建信息共享平台，帮助企业、科研人员等实现创新资源及创新成果共享。建立专项资金，出台积极财税政策，支持创新成果产业化和推广应用。

（3）完善行业管理规范，健全工业中长期发展的产业政策体系。

加强规范准入管理与金融、环保、能源等政策衔接，研究建立行业规范后续管理工作制度，强化已公告企业的动态监管。研究提出流程工业"两化融合"标准体系。加强产业政策的顶层设计，围绕工业中长期发展的目标、任务和重点领域，进一步健全促进工业发展的政策体系。在产业政策的运用中，进一步完善与财政政策、税收政策、金融政策、价格政策、贸易政策、投资政策等的衔接配合机制。

参考文献

[1] 2000—2015 中国钢铁工业统计月报[R]. 中国钢铁工业协会信息统计部，中国统计学会冶金统计分会. 2000—2015.

[2] 2005—2013 中国钢铁工业环境保护统计[R]. 中国钢铁工业协会信息统计部，中国统计学会冶金统计分会. 2005—2013.

[3] 姜琪, 岳希, 姜德旺. 我国与欧盟、日本钢铁行业大气污染物排放标准对比分析研究[J]. 冶金标准化与质量，2015（3）：18-22.

[4] 徐炬良. 日本钢管公司京滨钢铁厂高炉喷吹废塑料情况[J]. 中国冶金，2002（5）：42-43.

[5] 饶文涛. 日本、韩国钢铁厂节能环保技术的现状与发展[R]. 华西冶金论坛，2011.

撰稿人： 杨晓东　刘锟　熊樱

第十九章 冶金流程工程学分学科

第一节 学科基本定义和范畴

冶金流程工程学属于冶金工程技术学科的新兴学科分支范畴，是建立在制造（生产）流程层次上的宏观尺度的整体集成性理论，研究开放的、非平衡的、不可逆的复杂冶金流程体系，是以物质和能量转换为基础的流程制造业中关于冶金制造流程中的工程科学和工程技术方面的学科问题。将冶金制造过程视为开放系统，划分为三个层次，即分子/原子层次、工序/装置层次和制造流程层次，在钢铁冶金为代表的冶金制造流程宏观尺度上，以"流""流程网络"和"流程运行程序"为研究对象，以研究冶金制造流程的物理本质和运行规律为核心，最终实现冶金流程产品制造、能源高效转换和社会废弃物消纳三大功能的多目标优化，进而实现流程的智能化、绿色化，是研究冶金制造流程的模式选择、精准设计、动态有序运行、多目标优化和远离平衡的流程内多尺度系统（流程与工序装置层次）集成–生态协调–经济合理性的工程科学。

具体而言，冶金流程工程学具有工程科学性质。理论上研究冶金流程运行的动力源和流程运行的宏观动力学机制，实质是揭示冶金制造流程整体运行的本质（负熵输入）和运行规律（动态–有序、协同–连续），以协调钢厂生产过程中物质流、能量流、信息流的优化。理论上研究冶金制造流程的组成结构，实质是通过集成创新使冶金流程的整体过程优化和整体功能优化，以构建新一代钢厂，并为钢厂的多目标运行提供理论指导。理论上强调冶金流程的动态–有序运行，实质是构建准连续/连续化运行冶金流程优化的耗散结构，以提高钢厂的各项技术经济指标。理论上研究冶金流程动态运行的"三要素"（"流""流程网络""流程运行程序"），实质是使冶金流程运行过程的耗散"最小化"，以提高钢厂的市场竞争力和可持续发展能力。

本学科分支主要包括以下研究领域。

（1）冶金流程系统动态运行的物理本质与功能拓展，实现制造流程的多目标优化。探索、发现冶金制造流程不同层次上的组织原理，以集成–协同的手段改进流程结构，实现革新，推动系统演化并提高流程系统的效率，减少耗散，进而将流程功能拓展为：① 铁素流运行的功能——钢铁产品制造功能；② 能量流运行的功能——能源转换利用功能以及与剩余能源相关的废弃物消纳–处理功能；③ 铁素流–能量流相互作用过程的功能——实现过程工艺目标以及与此相应的能源转换利用和废弃物消纳–处理功能。实现功能耦合的多目标优化，并推动工业生态链的构建和循环经济园区的有序协同发展。

（2）冶金流程运行动力学研究。研究冶金制造流程中铁素物质流的状态、性质、流动和物质流网络、运行程序；研究流程动态运行弹性链谐振规律；研究冶金过程动态运行、开放–不可逆耗散结构的运行规律和特征；研究界面技术及其在工程上实现途径。

（3）现代冶金工程设计理论和方法。以确保流程系统优化运行过程的整体有序性和稳定性为目的，从时代宏观环境的需求出发，以流程的要素–结构–功能–效率优化为基础，做出正确的判断，进行工序/装置的合理化选择和工序/装置之间的协同化集成。具体而言，冶金工程设计的过程是将研究、开发成果通过选择、整合、权衡、协同等集成、构建过程和演化过程，是转化为现实生产力、直接生产力的过程。其核心是要反映冶金工程整体运行过程中的动态有序、协同连续，以动态精准设计为标志，采用信息化、智能化的设计方法，以流程的要素–结构–功能–效率协同优化为目标；把各有关的技术单元通过在流程网络化整合和程序化协同，使物质流、能量流、信息流的流动在设定的时间–空间内动态有序、协同连续运行，实现卓越工程效应，进而达到多目标优化。

（4）冶金制造流程动态运行过程调控。研究相关的异质异构的各类冶金过程在空间尺度及不同过程空间的层次结构等空间位置关系，以及研究冶金流程与相关各类冶金过程之间的动态有序、协同连续的时间关系；研究冶金流程的物质量、温度和时间为基本参数的动态调控，其中重点研究冶金制造流程动态运行过程中时间因素，包括各类不同过程的时间点、时间域、时间位、时间序、时间周期、时间节奏等。

（5）冶金制造流程中的物质流与能量流的耦合作用及动态调控。通过研究冶金制造流程中物质流和能量流的关系与各自行为，特别是研究冶金制造流程中能量流的状态、功能和转换机制、效率，形成与物质流耦合优化的能量流转换过程机制及能量流网络和运行程序。

（6）冶金制造流程中生产－环境－生态协调及经济合理性研究。以冶金制造流程的优质高效产品制造、能源高效转换与充分利用、社会大宗废弃物消纳－处理－再资源化三项功能为基础，从产品制造链、商品价值链的演变出发，研究冶金流程过程中的节能、清洁生产和产品绿色度等问题，通过节能－清洁生产－绿色制造过程逐步实现环境友好，展望相应的循环经济示范园区和低碳生态工业链。

第二节　国内外发展现状、成绩、与国外水平对比

一、发展现状与成绩

20世纪70年代中期到80年代期间，以大型高炉、铁水预处理、顶底复吹转炉、钢水二次精炼、全连铸和宽带热连轧机等关键技术和装备为核心的钢铁制造流程投入生产，使钢铁生产过程时间大大缩短，流程连续化程度大幅度提高。突出体现为连铸机取代了模铸和初轧机，氧气转炉取代了平炉等，钢厂模式由以初轧机为核心的万能型厂向以全连铸为核心的专业化方向转变，具体表现为以长材和以扁平材为主要产品的钢厂逐渐分化为不同的专业化生产模式。相应的制造流程运行方式由间歇、停顿、相互等待和随机匹配的高耗散方式，向整体准连续/连续的耗散优化方向转变，形成了流程结构紧凑、物流通畅、节奏均衡的准连续/连续运行方式。20世纪90年代初，中国学者殷瑞钰以积累的数十年钢铁生产实践经验为基础，通过理论分析研究，认识到钢铁制造流程内的诸多工序功能已经或正在发生解析－优化，并因此导致上下游工序之间关系的协同－优化，进而触发整个钢铁制造流程的重构优化。这些演变和优化还可引起钢铁制造流程动态运行机制的变化，进而推动钢厂模式变化。1993年，殷瑞钰通过研究现代钢铁生产流程的演变及其单元工序的功能转化进程，在《金属学报》1993年第7期上发表了《冶金工序功能的演进和钢厂结构的优化》专题论文，由此开始了冶金流程优化方面的研究。这一时期，日本、德国等先进产钢国家的钢铁工业主要在如何实现连铸高效化和提高产品质量方面进行研究，生产实践在客观上推动了流程连续化程度的提高。但所有工作都是作为技术改进措施进行的，可以总结为：先进产钢国通过优化连铸生产，率先进行了钢厂结构的调整，国内钢铁工业开始实现全连铸，并开始进行理论研究，进行了冶金流程优化研究的开创性工作。

20世纪90年代后期,钢铁工业的时代命题和钢铁企业面临的挑战已不再限于单一的产品质量/性能问题,而是产品质量、制造成本、生产效率、过程服务和过程排放等多目标群。因此,必须从整体上研究钢铁制造流程的本质、结构和运行特征,并在工程实践的基础上进行理论拓展,达到整体多目标优化的效果。世界钢铁工业在钢厂结构、过程服务和环境保护等方面进行了大量探索,取得了显著成效。所做的工作主要偏重于工业实践,没有进行系统的理论研究。国内钢铁工业借鉴世界钢铁工业发展的经验,进行了理论上的概括和分析,研究结果具有导向价值。

进入21世纪后,中国钢铁工业在钢铁制造流程应该具有高效优质产品制造、能源高效转换与充分利用、社会大宗废弃物消纳-处理-再资源化三大功能的指导思想引导下,建设了新一代钢厂,提出了低成本、高效率洁净钢生产平台的概念,进而开展了绿色制造和智能制造方面的探索,丰富了冶金流程工程学的理论体系。同时,在工程实践和理论探索过程中,逐渐升华到对于过程工程做进一步哲学思考的高度。开展了关于科学、技术和工程的关系,关于工程演化论,关于还原论的不足,以及关于规律和事件的关系等方面的研究,为冶金制造流程整体优化理念的普适性提供了基础。以工程实践、理论发展和哲学思考三个方面的融合为背景,创立了冶金流程工程学学科分支,并逐步为冶金工程界所接受。具有代表性的成果为:2004年,殷瑞钰《冶金流程工程学》专著问世,其内容主要研究了冶金流程运行的动力源和宏观动力学机制,揭示了冶金制造流程运行的物理本质和运行规律,强调冶金制造流程应以动态-有序运行、协同-连续/准连续运行为指导思想,以提高钢铁生产过程中的各项技术经济指标。2013年,殷瑞钰新著《冶金流程集成理论与方法》问世,在《冶金流程工程学》的基础上,对冶金流程的集成理论和方法进行了前瞻性的、缜密的思考与研究,提出:流程动态运行的概念和理论基础;钢铁制造流程动态运行的物理本质和基本要素;钢铁制造流程动态运行的特征分析;钢厂的动态精准设计理论并充实了案例分析。由此标志着本学科分支领域的理论与工程应用的结合渐趋成熟,在钢铁企业的新建和改造中发挥越来越大的指导作用。同时,经过二十多年的发展,北京科技大学、钢铁研究总院、重庆大学、主要冶金工程设计院所和部分钢厂形成了一批较为成熟的研究队伍。到目前为止,关于冶金流程工程学的研究,从概念的提出、理论的创新性和系统性、工程应用实践等方面,中国都处于国际先进水平。

随着工程实践和理论探索的深入,人们认识到冶金生产过程,特别是钢铁联合企业的制造流程是一类开放的、远离平衡的、不可逆的复杂过程系统。在本质上属于耗散结构的自组织问题。耗散结构理论中关于负熵的概念、普利高津（I.llya Prigogine（1917—2003）对耗散结构中三个互相联系的方面（包括系统功能、时空结构和涨落）的叙述以及哈肯（Hermann Haken 1927）提出的协同学理论，在一定程度上为这类复杂系统的研究提供了理论支撑。工程实践和理论探索的结合，促进了冶金学、材料学与物理学、化学、系统科学以及信息科学等学科的交叉，构成了科学－技术－工程－产业的知识链，使冶金工程成为由三个层次的科学问题构成的学科，即基础科学——主要解决分子、原子尺度上的问题；技术科学——主要解决工序、装置、场域尺度上的问题；工程科学——主要解决制造流程整体尺度上的问题以及流程中工序／装置之间关系衔接匹配、优化的问题。这一时期，国内研究主要集中在冶金流程工程学与工程哲学相结合，并夯实其理论基础，国际上同类研究则很少见到。

作为一个新兴的学科分支，其核心内容集中体现在《冶金流程工程学》和《冶金流程集成理论与方法》两本著作上。具体表现概括为以下几个方面：

（1）冶金流程工程学理论基础与基本概念。指出冶金制造流程是一类非平衡的、不可逆的开放系统，其流程动态运行的三要素为"流""流程网络"和"流程运行程序"，动态运行的物理本质为：物质流在能量流的驱动和作用下，按照设定的"程序"，沿着特定的流程网络做动态－有序、协同－连续运行，并实现多目标优化。冶金流程属于耗散结构的自组织过程，包含着加热／冷却、冶炼、精炼、凝固和塑性形变、相变等工艺过程。各单元工序／装置之间具有异质－异构性、非线性相互作用和动态耦合性，流程系统和环境之间进行着多种形式的物质、能量、信息的交换，整个流程形成动态－有序、协同－连续运行的耗散结构。引入耗散结构理论作为理论基础之一，用输入负熵流的概念解释冶金制造流程系统自组织过程和系统－环境信息交换过程。分析各类过程与流程的关系、过程的时－空层次性、过程的跨尺度嵌套性，并应用协同学理论，使制造流程集成为有序化的自组织结构。

（2）冶金制造流程的演进与框架的构成优化。通过分析研究冶金制造流程中各工序的功能集合和工序之间的关系集合，引申出工序间"界面技术"的概念，通过过程构成单元工序／装置的选择、组合和演进，以物质量、时间和温度为贯通全流程物质流的基本变量，对制造流程中各类异质－异构－多元－多层次之间的过程进行协同与集成，进而研究冶金制造流程多因子物质流管控，实现工序功能集解析优化、工序之间关系集的协同优化和流程工序集的重构优化，以达到冶金制造流程系统物质流的衔接、匹配、连续和稳定。

（3）作为目标函数来研究冶金制造流程基本变量——时间因子。研究指出，在制造流程的构成过程和动态运行过程中，时间不仅是一个自变量，还是一个重要的目标值。为了揭示时间因子在制造流程动态协调运行中的作用，将时间因子在制造流程中的表现形式定义为时间点、时间序、时间域、时间位、时间周期、时间节奏等概念。研究认为，时间因子在制造流程动态运行中既是自变量，更是重要的目标值。将时间因子作为目标函数研究，有助于促进由各个不同操作方式的工序所构成的复杂生产流程实现稳定、连续/准连续地动态运行。

（4）冶金制造流程物质流–能量流–信息流耦合控制。钢铁制造流程一般以铁素物质流为运行主体，在碳素能量流的驱动和作用下运行。铁素物质流与碳素能量流的关系是相互作用且相伴而行的，而从碳素能量流为主体的角度看，碳素能量流与铁素物质流的关系既相伴而行，又时合时分。因此，在流程中不仅存在物质流网络及相关运行程序，还存在与物质流有关的能量流网络及其运行程序。因此，要突破物料平衡、热平衡的概念性束缚，正确认识能量流动态–有序、协同–高效运行的理论意义和价值，重视能量流输入/输出的矢量性概念，通过信息流将物质流和能量流的动态运行过程关联起来，实现物质流网络/能量流网络/信息流网络"三网"协同融合，将有助于工程智能化体系的构建。进而促进能量转换效率的提高，减小流程运行过程中的能量耗散和有害物的排放。

（5）冶金制造流程动态–有序、协同–连续/准连续运行和调控的描述方法。通过分析冶金流程的总体运行规律，即基于工序/装置运行参数的"涨落"和工序/装置之间动态耦合为基础的弹性链谐振和追求耗散"最小化"趋势，揭示流程总体运行过程中的推力–缓冲–拉力特征与宏观动力学机制，构建时空系统–集成优化与动态Gantt图，实现能量流与物质流网络的协同优化运行。

（6）流程宏观运行动力学的机制和运行规则。为了使各工序/装置能够在流程整体运行过程中实现动态–有序、协同–准连续/连续运行，提出流程生产运行过程中较为完整的规则体系，以规范设计方法，指导生产运行。这些动态运行的规则是：① 间歇运行的工序/装置要适应和服从准连续/连续运行的工序/装置动态运行的需要；② 准连续/连续运行的工序/装置要引导和规范间歇运行的工序/装置的运行行为；③ 低温连续运行的工序/装置服从高温连续运行的工序/装置；④ 在串联–并联的流程结构中，要尽可能多地实现"层流式"运行，以避免不必要的"横向"干扰导致的"紊流式"运行；⑤ 上、下游工序/装置之间能力的匹配对应和紧凑布局是"层流式"

运行的基础;⑥制造流程整体运行应建立起推力源-缓冲器-拉力源的动态-有序、协同-连续运行的宏观运行动力学机制。

(7)冶金流程动态精准工程设计的理论和方法研究。从冶金流程工程角度,提出从传统设计方法向动态精准设计方法演变的理论和方法,进行总图规划与图论方法、静态结构设计与动态运行结构的有机结合,规定流程动态运行规则,划分不同钢厂的模式与类型,引入工序/装置之间的匹配-协同界面技术概念和方法,将能量流网络的概念导入工程设计过程,以构建动态有序、协同连续、耗散优化的物质流、能量流和信息流高效协同流程物理结构为目标,提出概念设计、顶层设计、动态精准设计以及智能化设计的设计方法,建立适用于未来钢铁生产流程建设与改造的新型设计理论与方法体系。

(8)论证冶金制造流程应具有优质高效的产品制造、能源高效转换与充分回收利用、社会大宗废弃物消纳-处理-再资源化三项功能。强调要从产品制造链、商品价值的演变出发,研究冶金流程过程中的节能、清洁生产和产品绿色度问题,通过节能-清洁生产-绿色制造过程逐步实现环境友好,展望相应的循环经济示范园区和低碳生态工业链。

作为典型流程制造业的钢铁工业,必须面对环境生态,融合信息化、智能化技术。这不仅需要原有的原子/分子层次和工序/装置层次的知识,更需要将冶金学的知识拓展到制造流程的层次。本学科分支是优化制造流程结构和引导动态-有序、协同-连续运行的新知识,是引导21世纪冶金制造流程绿色化和智能化发展的学科分支。

在教学方面,2001年,北京科技大学冶金工程专业开始开设硕士研究生选修课"钢铁制造流程多维物流管制";2005年开始开设博士研究生选修课"冶金流程工程学";2008年开始开设本科生必修课"冶金流程工程学"。同时,重庆大学、安徽工业大学、辽宁科技大学、华北理工大学、中南大学、昆明理工大学和上海大学等院校在本科生、硕士生、博士生中陆续开设选修课。宝钢等大型钢铁联合企业、首钢国际工程公司等设计院和冶金工业规划院进行系列讲座或专题讲座。2009年8月在河北省唐山市召开以"新一代钢厂精准设计技术和流程动态优化研究"为主题的冶金流程工程学教学、应用交流、研讨会。2011年8月在沈阳召开以"钢铁制造流程优化与动态运行"为主题的研讨会。在2011年10月重庆大学召开的"第六届全国高校冶金院校院长暨冶金学科高层论坛"和2012年11月在安徽工业大学召开的相关会议上,从冶金教育的角度，提出了推动冶金流程工程学教育的有关问题。

在学术交流方面，1999年召开以"钢铁制造流程的解析与集成"为主题的第125次香山科学会议。2009年9月召开以"钢铁制造流程中能源转换机制和能量流网络构建的研究"的第356次学术讨论会召开，见表19-1。

表19-1 重要学术会议与学术交流活动

时间	地点	会议名称	主题内容
1999年10月	北京·香山	第125次香山科学会议	钢铁制造流程的解析与集成
2009年9月	北京·香山	第365次香山科学会议	钢铁制造流程中能源转换机制和能量流网络构建的研究

在学科发展的理论成果方面，2004年出版了《冶金流程工程学》第一版，2009年出版了第二版。2011年由Springer-Verlag出版了英译本《Metallurgical Process Engineering》。2012年由日本黑崎播磨株式会社根据中文本第二版翻译出版了日文译本《冶金プロセス工学》。2013年出版了《冶金流程集成理论与方法》。2016年由Elsevier出版了英译本《Theory and Method of Metallurgical Process Integration》。同时，在同期出版的《冶金学名词》和中国大百科全书（矿冶卷）中，也收录了冶金流程工程学相关概念和名词，见表19-2。

表19-2 冶金流程工程学相关学术专著出版情况

时间	地点	会议名称	主题内容
2004年	殷瑞钰	冶金流程工程学（第一版）	冶金工业出版社
2007年	殷瑞钰，汪应洛，李伯聪	工程哲学（第一版）	高等教育出版社
2009年	殷瑞钰	冶金流程工程学（第二版）	冶金工业出版社
2011年	殷瑞钰	Metallurgical Process Engineering	Springer-Verlag
2011年	殷瑞钰，汪应洛，李伯聪	工程演化论	高等教育出版社
2012年	殷瑞钰	冶金プロセス工学	日本黑崎播磨株式会社
2013年	殷瑞钰	冶金流程集成理论与方法	冶金工业出版社
2013年	殷瑞钰，汪应洛，李伯聪	工程哲学（第二版）	高等教育出版社
2016年	殷瑞钰	Theory and Method of Metallurgical Process Integration	Elsevier

21世纪以来,在工程应用成果方面,基于冶金流程工程学理论的动态精准设计理念和方法为我国冶金工程设计人员所接受,工程设计思维模式和设计理念发生了重大转变,已从孤立、静态的工程设计模式转变为具有整体性、动态性、协同性的动态精准设计模式,在首钢京唐钢铁厂等工程设计和建设中取得了显著成效。各工程设计公司在国际项目竞标过程也进行了流程工程学的概念在国际上的传播与推广。冶金过程的物质流-能量流-信息流协调运行和物质流-能量流网络的协同控制理论已经和冶金热能工程窑炉热工和系统节能等方面的研究工作相结合,取得了明显的节能效果。层流式动态运行的生产模式已经在宝钢炼钢厂等转炉炼钢-连铸作业线生产中实际体现,达到了降低能耗的实际效果。界面技术的研究与应用取得了显著成效,包括唐钢小方坯连铸-棒线材轧机生产线;京唐、沙钢、重钢、达钢等高炉-转炉之间的"多功能铁水罐"铁水直接运输工艺;迁钢钢水罐周转调控技术等。

在学术梯队方面,2005年钢铁研究总院成立先进钢铁流程及材料国家重点实验室。在科技部的领导下,整合钢铁研究总院基础研究和应用基础研究力量,致力于当前国际先进钢铁制造流程和先进钢铁材料核心工艺技术的开发与研究,并积极探索技术整合、优化创新的应用基础研究工作新思路。重点实验室结合我国的资源、环境现状,瞄准我国钢铁工业发展的长期目标,重点确立了以下研究方向:接近平衡态的极限冶金基础研究;远离平衡态的凝固与组织控制;先进钢铁材料的理论和技术应用基础研究;钢铁制造流程基本功能与生态化应用基础研究。北京科技大学于1994年成立冶金工程与战略研究中心。该中心分别与宝钢、武钢、安钢、首钢、京唐、上海浦钢、唐钢、广钢、珠钢、重钢、沙钢、宣钢等多个单位合作,在钢铁制造流程解析与集成、新一代钢铁流程精准设计、钢厂用能优化以及钢铁厂生产过程的计算机调度方面开展了大量的理论和实践探索,所取得的成果不仅对各钢厂的实际生产起到了重要的指导和推动作用,并且从理论研究和实际应用两个方面为"冶金流程工程学"学科发展提供了支持。

综上所述,冶金流程工程学是在我国钢铁工业集成创新、高速发展的背景下形成的原创型学科分支,国内研究起步较早并逐渐形成完整体系。

二、与国外水平对比

目前国外没有成体系的同类研究,只有类似的、局部性地针对特定目的的工程措施。主要体现在以下几个方面:

（1）在过程工业相关领域，20世纪70年代受能源危机刺激，以减少资源、能源消耗为目的，提出流程集成（Process Integration）的一系列方法。过程优化的分解与集成过程设计中的分解原理用于分析了分解与整合原则之间的相互作用。在应用分解过程中确定了过程设计的最优性和可行性，建议采取措施来解决这些问题，提出了组件设计问题的技术整合概念，这个概念揭示了需要对组件模型进行算法生成，并且需要能够实现模型和方法交互的必要接口，模型的算法生成主要是确保其网络上层建筑的有效性和完整性。

过程工业中最先发出完整方法论的是化工过程，为了降低生产成本、合理利用资源，已从对单台设备的操作优化集成发展到对整个系统的集成优化，即采用过程集成技术，英国曼彻斯特大学于20世纪70年代末在前人研究成果的基础上提出了换热网络优化，并逐步发展成为化工过程能量综合技术的方法论，即夹点技术。目前，夹点技术已在造纸企业、连续蒸煮设备传热网络、化肥生产企业及其他化工领域获得了广泛的应用，并取得了显著的效益。

90年代末，第一届PRES（process integration, modelling and optimisation for energy saving and pollution reduction）对过程集成方法的发展和成功案例的研究进行了总结，并提出使用软件工具是数据处理的关键，此次会议上一些前沿研究介绍了通过编程实现混合过程集成的方法、优化和仿真方法、设计工具、专家系统等，并总结了各类工具在工业改造过程中应用的经验。这些工作实际上主要是从信息化一侧来分析问题。之后该会议每年召开一次，集中展示过程集成理论和技术在节能减排、提供效率方面的发展成果。针对石化工业与公共事业网络之间的关系，提出阶段优化策略和总体维护计划；以效用系统最优为目标，解决工艺设计问题，并制定最佳运行策略；利用过程集成的方法解决了工厂设计中多标准问题，开发性能决策的潜力；2005年，提出综合过程集成的概念，包括工业过程的设计、操作和管理，具有系统优化和集成的方法、模型和工具；目前过程集成的研究已经扩展到碳排放、能源系统评估等领域。

（2）过程集成理论在钢铁行业也有针对具体技术问题的工程应用。曾提出一种分析综合钢铁厂的能源、环境和经济效率的方法，并指导开发了炼钢工艺的全过程数学模型。生产计划制定和批量调度是本学科在国际上另一个重要的研究内容。20世纪80年代以来，国外一些先进的钢厂已经注意到流程整体改进生产和管理。例如，德国蒂森公司Ruhrort厂用Gantt图制订转炉–精炼–连铸的作业计划，一个工作日可连浇23炉钢水。曼纳斯曼公司胡金根厂也用Gantt图借助计算机实施辅助调度。日本新日铁在研发连铸-连轧热装直接轧制生产作业的技术报告中，除论述一系列具体技术外，还特别指出"过程工程生产管理系统"对新作业过程的研发有重要意义。然而，国外这些研究却没有进一步从学术理论上对整个冶金制造流程加以探讨，仅仅把它们作为一项具体的先进技术或管理措施来对待。

从国内外研究现状比较看，可总结出如下结论：

（1）中国首先提出了冶金流程工程学学科方向，在理论和实践方面进行了大量卓有成效的探索，形成了独有的创新性研究领域，相关研究处于国际领先水平。

（2）冶金流程工程学的理论体系和方法论体系已经形成。在互联网+、服务化制造、全球供应链和绿色制造生态链等新形势下，还需要借鉴并融入工业工程、系统科学和信息科学等其他相关学科的最新成果进行发展完善；在学科交叉背景下，需要进一步深入探索研究，逐渐形成一系列的新方法和新工具。

（3）需要扩大和加强大学教育。目前设置冶金流程工程学课程的院校相对较少，师资力量不足，需要组织培训。同时，也需要编写入门级基础教材。

（4）正因为国际上的同领域研究较少，缺乏合作研究，需要扩大国际影响，建立国际交流平台。

第三节　本学科未来发展方向

行业发展驱动学科发展，学科发展服务行业发展，所以先探讨行业发展的规律，才能对学科发展找到依据。

所有工业的发展，都是以科技进步和市场需求为驱动，以高效率、低成本、高质量和环境友好为目标，对本行业的相关技术、装备、流程、理念进行革新。回顾过去，由于技术革命和中国经济高速发展，优先发展的是以"规模扩张"为主要目的相关技术。随着中国经济进入"新常态"和世界经济发展的不确定性，市场需求增量大幅萎缩，导致不少行业产能过剩，以"规模扩张"为主要目的相关技术将转向相应的以"低成本-高效率、环境友好、质量品牌化和智能化"为主要目的相关技术，这将成为研发的主流。

基于以上分析，在未来20年内，钢铁工业发展的侧重点将由追求"规模扩张"转向"低成本、高质量、绿色化、智能化"，导致基础技术研究由高能源密度的过程强化转向高资源能源利用的低成本实现，冶金装置研发由辅助生产转向高使用寿命及能源、资源的高效回收利用，理论层面由各制造单元孤立发展转向制造过程全流程协同-融合，由分段管理转向全流程系统管理。由理论创新、理念更新导致今后冶金工业的发展将以绿色化、智能化和质量品牌化发展为主要目的，特别是为智能化钢厂的全面深入发展提供技术储备。

重点技术创新方向为以下几方面：

（1）基础技术层面将以降低铁素流反复冶炼比例、提高装置使用寿命为主要方向，包括降低烧结返矿率、高炉高效渣铁分离技术、少渣炼钢、全废钢电弧炉新技术、近终型连铸、高寿命冶金容器耐材、高寿命轧辊、降低轧制次品率等。

（2）装置研发层面将以能源高效利用、资源回收利用为主要方向。包括高效发电技术，高炉渣、炼钢炉渣和粉尘资源化利用技术，余热余能利用技术，热送热装，加热炉精准升温-均热，烧结机降低漏风率、提高高炉风机效率，铁水包、钢水包合理利用和周转，加热炉高保温性能耐材、高效烫辊技术等。

（3）流程层面将全流程集成优化为目标。包括铁素物质流集成管理和精准控制、能量流网络动态管控技术，以工业生态链和循环经济为导向，以跨行业物质/能量流网络为支持，实现资源能源共享、逐步形成社会废弃物消纳处理功能等。

以上技术发展必然引起自动化、网络化和数字化水平的提升，将进一步推动冶金工业的绿色化、智能化发展。

未来20~35年，经历了20年的经济复苏以后，亚欧区域经济将再次进入高速发展期。基于该假设，围绕"新的高效运行模式"，重点技术创新方向有以下几方面：

（1）基础技术层面。随着冶金反应器功能的精装控制，以废钢为原料，以终端产品为目标的快速冶金技术将取代当前阶段大部分工序，需要开发的技术有废钢快速融化技术、高洁净钢去夹杂技术、快速凝固和细化晶粒技术，结合工业3D技术的发展，一次最终成型技术在大部分钢种将得以实现。

（2）装备研发和流程优化层面。将以"无人化"为标志，表征工序层面的技术成熟度，工业机器人的应用、过程系统管控技术、精准的操作级生产计划制定、全流程智能决策技术等保障了钢铁生产过程的协同-连续。

（3）理念发展和体系协同层面。将在多工业体耦合的基础上，进一步与社会功能协同匹配，"工业大脑"技术的研发将进一步提高制造效率，随着自主决策技术的发展，工业体系管理也进一步走向"少人化"乃至"无人化"。

随着智能决策和精准控制技术的发展，钢铁工业智能化才能真正落地，而智能化正是该阶段实现高效率、高质量的重要手段。

基于以上判断，冶金流程工程学及其相关学科将在以下两个阶段发挥作用：

（1）在未来20年内，流程学在深化铁素物质流集成管理和精准控制的同时，将引导钢铁工业以产品制造为目标，转向产品制造和能源转换相结合的"低成本制造"，并以相关工业的"流程"属性引导跨行业体系的资源能源共享，学科发展将跨出以钢铁为主要导向的理论范畴，探索流程工业共性规律，并以能源为抓手，为钢铁企业现有工业体系（例如涉及焦化、发电、空分、海水淡化、制碱、制氢等）的协同控制提供理论指导。

（2）未来20~35年，面对潜在"新的高效运行模式"，流程学将指导建立合理的冶金流程工艺组合模式，并提供相应的系统管控技术、全流程智能决策技术、精准的操作级生产计划制定等，并以钢铁企业的"工业大脑"为目标和落脚点，实现多工业体系高效协同，并与社会和谐功能逐步耦合。在"大工业"体系环境下，冶金流程工程学将扩展为"流程工程学"，为诸多流程工业范围的系统集成和高效运行提供指导。

作为一个全新的学科分支，冶金流程工程学可通过不断吸收其他相关学科的最新发展成果，逐步完善自身的学科体系，最终可扩展应用至其他的工业制造流程，形成一类通用化的理论方法。对于冶金流程工程学目前正处于自身学科体系完善阶段，其学科发展方向可分为以下四个方向：

（1）流程解析与集成，探索钢铁制造流程运行本质和机理，构建耗散结构的理论模型。

（2）精准设计，研究钢铁制造流程动态精准设计的理论和方法。

（3）运行调控，研究钢铁制造流程的动态运行宏观动力学及其调控方法。

（4）钢厂功能拓展，探索在工业生态系统中钢铁制造流程的功能拓展，研究钢铁制造流程绿色智能制造模式。

具体内容如下：

1）钢铁企业智能化发展研究。

钢铁企业将借助智能制造技术，转变生产管理模式，实现敏捷制造和精细化管理，进而推动钢铁行业的转型升级。

钢铁企业在"智能装备、智能工厂、智能互联和基础设施"方面进行探索和实施。推进钢铁流程制造和服务一体化网络集成技术，钢铁制造流程物质流、能量流、信息流协同动态调控技术，高性能钢铁产品定制化、减量化生产及装备技术，高性能钢铁产品全生命周期智能化设计、制备加工技术。重点围绕制造流程结构优化、制造流程技术提升、钢铁制造服务平台建立、新型商业模式建立与运营四大关键路径进行研发。

加快智能制造发展，即借助智能制造技术，转变生产管理模式，实现敏捷制造和精细化管理。试点建设智能工厂或数字化车间，促进钢铁制造工艺的仿真优化、数字化控制、状态信息实时监测和自适应控制等的发展。同时，在此基础上全面实施高级计划排程（APS）系统，实现敏捷制造和精准交货。

在推进企业决策智能化方面，以两化深度融合为载体，加强对信息资源的有效开发和高效利用，目标是提高资源的全局利用效率，其重点在于决策的智能化。为提高资源和能源利用效率，钢铁企业应采用系统优化的思想，建立具有冶炼技术和经济成本的双重模型，实现单部门局部优化与多部门一体化全局优化的平衡。推进大数据的集成应用，关键在于健全钢铁行业信息化基础设施，整合冶金数据资源，突破钢铁行业大数据核心技术，提升钢铁大数据分析应用能力，提高数据安全保障能力。

2) 全废钢电炉流程的工艺流程和钢厂模式研究。

废钢是一种无限循环使用的绿色载能资源，是目前唯一可以逐步代替铁矿石的优质炼钢原料。纵观世界钢铁工业发展历程，废钢资源化短流程炼钢将逐步代替长流程炼钢是必然趋势，废钢铁循环利用量将不断增长。

据测算，2011—2015年，世界废钢发生量5.9亿~6.10亿吨。同期，世界粗钢产量从15.52亿吨增长到16.76亿吨，年复合增长率为1.94%；成品钢材产量从14.45亿吨增长至16.19亿吨，年复合增长率为2.58%，可以看出全球废钢发生量的增速低于粗钢和成品钢材的产量增速。可见废钢消费量的增长明显低于粗钢产量的增长。分国别看，中国、美国、日本、韩国、土耳其是排名前五的废钢消费国，合计废钢消费量占比全球42%左右。中国是世界上最大的废钢消费国，约占全球废钢消费量的15%。近十年来（2005—2014年），全球废钢比维持在35%~40%的水平，平均在37%左右。其中，废钢比最高的为土耳其，达到85%~90%的水平，平均在87%左右，美国废钢比在75%上下，欧盟大体在55%~60%的水平，韩国平均也能达到50%左右，日本由于以转炉炼钢为主，因此废钢的消费并不是很多，废钢比在35%左右的水平。就我国而言，2015年电炉钢比仅能维持10%左右，与世界平均水平差距巨大。由于废钢资源充足，预计2035年电炉钢比有望达到45%~50%。

目前，我国进入粗钢产量的弧顶区，未来逐渐下降将是必然趋势，而随着中国钢铁积蓄量的不断增长，中国废钢铁资源量也在以每年300万~500万吨的速度增加。目前，中国钢铁积蓄量已突破70亿吨，估算产出废钢铁的资源量为1.7亿吨以上。废钢资源量的持续增长对以高炉炼铁为主的长流程造成一定冲击，使钢铁企业从主流的长流程不断向短流程转变。同时，由于钢铁企业是一个融合长流程和短流程的复杂共同体，大量钢水的来源不断由转炉向电炉冶炼转变，流程时间不断缩短，对生产作业计划带来一定影响，而作业计划的改变势必带来钢铁制造生产流程的改变，同时由于短流程的生产节奏更加紧凑，因此需要更高效更优化的生产制造流程来应对市场快速变化，提高市场快速响应能力。针对废钢资源的日益增加，亦可选择采用增大转炉废钢比，利用转炉大量消耗废钢，由于转炉中废钢的大量加入造成对高炉铁水的需求降低，铁水的进铁节奏打乱，转炉炼钢冶炼时间改变等问题，影响了整个钢铁生产制造流程，需要新的流程优化技术来保障生产的动态稳定有序运行。

3）绿色冶金制造流程优化技术发展。

自1992年联合国环境和发展大会在里约热内卢召开并提出"可持续发展"理念以来，人们对环境、能源消耗和污染物排放等问题的思考就未曾停止过。在整个钢铁生产包括生产、运输、加工及废弃过程中，都需要消耗大量的物质资源和能源，同时增加环境负荷。随着可持续发展理念的普及，保护环境已经成为全人类的共识，工业革新需要与环保工作和谐并进，在冶金行业中的具体体现就是深化绿色制造的应用。

绿色制造指的是一个综合考虑资源、能源消耗和环境影响的现代制造模式，其目标是使产品从设计、制造、包装、运输和使用到报废处理的整个生命周期对环境负面影响最小、资源利用率最高，并使企业的经济效益、环境效益和社会效益协调优化。在冶金行业推行绿色制造是由行业特性所决定的，冶金设备在运行过程中需要消耗大量的能量，还会产生大量的废弃物，如不能及时处理利用，不仅会造成周边环境恶化，还会导致生产成本的增加，因此推行绿色制造势在必行。其次，大多数冶金企业对于环境保护工作以及节能降耗工作并未予以足够重视，长期坚持高能耗高消耗的发展路线。在这种情况下，特别是随着国际上可持续发展理念的完善以及对环境保护工作重视程度的加深，推行清洁生产、绿色制造成为未来冶金行业的发展趋势。

自20世纪起，一些钢铁企业开始从工艺技术改进、设备创新等方面开始降低能耗、减少污染。如在新能源方面，美国已掌握页岩气开发技术，并形成页岩气开发规模，降低了能源成本。欧盟投入150亿欧元，设立了"ULCOS"项目，一些"颠覆性"钢铁技术进入了研发阶段，如避免高耗能工序：烧结、焦化和高炉三工序的"非高炉炼铁技术"—熔融还原法、电解法炼铁、生物质炼铁法等。日本新日铁提出了"Eco-processes、Eco-Products、Eco-Solutions"的理念，即为了建立循环性社会、减缓全球气候变换，通过采用生态友好的钢铁生产过程，有利于节能、减排的途径生产出环境又好的钢铁产品。日本 JFE 钢厂通过干熄焦、煤调湿、烧结冷却废热回收、废塑料投料、高压蒸汽回收发电、回转式再生热交换器、余热锅炉等技术装备和管理手段，使粗钢单位能耗相比 1990 年降低了 18%，CO_2 排放量减少了 20%。

目前国际上对于绿色冶金技术的应用大多只着眼于提升单元操作中物质能量的转换率和利用率，缺乏从流程优化角度来考虑此问题，然而仅仅从工艺角度、设备角度发展绿色冶金技术并不能从源头上解决资源、环境问题，只能被动地降低单元工序生产中的污染。绿色制造是对制造单元到生产全流程不同尺度进行控制，它不仅包含制造单元的革新，还包括从设计到投入生产和使用最后报废整个制造流程中的节能降耗，既影响原料、能源的选择、替代和使用效率，又影响钢铁生产过程的效率和物料、能源转换过程，也影响排放过程及其排放物的种类、浓度和数量。因此钢铁制造流程的优化对于钢铁工业的绿色化起着关键性的作用。

绿色冶金的关注重点一是在制造单元层面推行绿色化技术：普及、推广一批成熟的节能环保技术，如煤气发电、干熄焦（CDQ）、高炉煤气干法除尘；投资开发一批有效的绿色化技术：推广煤基链箅机回转窑和尾矿处理技术等。二是在制造流程上实施绿色化管理：科学、合理选择原料、能源，从源头上减少污染；构建物质流网络，提高物质利用率；构建能量流网络，提高能源利用率和能量转换效率；探索创新废弃物消纳技术，加大对废弃物的循环利用。借助信息化集成技术，进一步实现制造全流程的有序化、协调化、高效化，引导钢厂的环境对策，包括源头削减、过程控制、回收循环和末端治理相互结合、协调防治，建立铁素资源循环、能源循环、水资源循环和固体废弃物再资源化循环的生产体系，从根本上改变了旧的高污染、高消耗过程，满足绿色化需求。

第四节 学科发展目标和规划

作为一个新兴科学分支，中短期（到 2025 年）的发展目标和规划应从以下几个方面进行思考：

（1）冶金流程工程学基本理论深化和钢铁制造流程智能化结合。

（2）全废钢电炉冶炼工艺及流程优化技术发展。

（3）绿色冶金制造流程优化技术发展。

（4）冶金流程工程学相关学科交叉领域技术发展。

中长期（到2050年）的发展目标和规划主要应包括以下内容：

（1）流程网络（物质流、能量流、信息流）协同优化理论及技术发展。

（2）供应链–工业生态链–服务链融合的理论与技术发展。

一、中短期（到2025年）发展目标和规划

1. 中短期（到2025年）内学科发展重要目标和方向

（1）冶金流程工程学基本理论深化和钢铁制造流程智能化结合。为了适应钢铁行业工艺技术、装备水平等带来的变化，冶金流程工程学自身理论仍需进一步完善，发展冶金流程的解析与集成理论、发展智能钢铁制造流程的动态精准设计理论和方法、发展冶金制造流程多因子流的动态调控理论等，并实现如下发展目标：① 进一步阐述冶金制造工艺流程的本构特征和流程结构机理模型。② 形成完善的冶金流程解析与集成的理论体系；进一步构建冶金流程解析与设计的仿真平台。③ 完善智能钢铁厂动态精准设计理论体系和方法；建成2～3个以生产流程优化和产业链要素–结构–功能–效率优化为特征的大型钢铁厂；建成2～3个特征明显的智能化的钢铁厂。④ 形成完整的多因子流动态调控理论体系；构建多因子流动态调控的工程试验平台。

（2）大宗废钢资源利用或全废钢电炉冶炼相关工艺流程技术和钢厂模式优化。为了适应国内废钢供应逐步"富余"形势，应及早布局开展全废钢电炉高效冶炼工艺流程、转炉高废钢比冶炼工艺流程等方面研究。

（3）绿色冶金制造流程优化技术发展。通过发展环境友好型的生产工艺（包括原料、能源的选择和替代）、技术装备和制造流程上物质流、能量流网络搭建和优化，使得物质、能量转换效率大幅度提高、废弃物排放大幅度减少，从根本上解决环境污染与可持续发展的矛盾，构建钢厂绿色制造理论体系。

（4）冶金流程工程学相关学科交叉领域技术发展。冶金流程工程学科属于冶金工程技术学科的其他学科范畴，从宏观上属于工程科学的范畴，主要研究冶金制造流程的物理本质、结构和整体行为，与冶金工程技术各学科发展紧密，旨在通过与制造工艺、能源环保、信息自动化等理论和技术的共同发展，构建系统集成–生态协调–经济合理的冶金流程，最终实现冶金流程智能化和绿色化。

2. 中短期（到2025年）内主要存在的问题与难点

（1）冶金流程工程学基本理论与方法体系的完善。① 冶金制造流程耗散结构的形成机理及其工程化模型的研究。问题和难点具体表现在：提取耗散结构本构特征，探索耗散结构形成机理，进而建立工程化模型并实际应用。② 一系列界面技术的物理机制研究及其信息化调控方法开发。问题和难点具体表现在：界面技术体系的描述及物理机制的探索，相应信息化调控模型与实施手段。③ 以制造流程智能化进一步推动企业绿色化的协同。问题和难点具体表现在：弄清钢铁制造流程不同尺度智能化、绿色化协同的关系和机制，寻找协同调控的方法。④ 冶金流程工程学扩展到有色冶金领域的应用。问题和难点具体表现在：对于有色冶金这类停顿–间歇的作业状态，建立相应的冶金流程工程学理论和方法体系，并予以工程应用，填补空白。

（2）大宗废钢资源利用或全废钢电炉冶炼工艺流程及钢厂模式研究。随着国内钢铁积蓄量的增加，废钢供应将会逐步"富余"，促使转炉钢厂增加废钢用量，或有些钢厂转向采用电炉炼钢工艺。对于长流程，转炉钢厂大量吃进废钢，对铁水的需求量会有所下降，而在大型高炉的生产条件下，进铁节奏保持不变，势必会造成转炉冶炼的节奏更加紧凑，后续工序的冶炼节奏要随之加快。对于短流程，同转炉炼钢一样，全废钢电炉炼钢高效化生产技术使电炉生产节奏更加紧凑，要求后续工序的生产节奏更快，会带来一系列新的流程优化问题，包括流程时间解析问题、敏捷响应流程优化问题。

（3）绿色冶金制造流程优化技术发展。2012年8月，国务院发布《节能减排"十二五"规划》，在"十一五"单位GDP能源消耗、工业增加值新水消耗、COD和SO_2排放总量约束性指标的基础上，"十二五"期间新增了单位GDP二氧化碳排风量、NO_x和氨氮排放总量指标。2013年9月，国务院发布《大气污染防治行动计划》，又增加了粉尘排放总量指标，可见国家节能减排约束性指标不断强化，对环境保护工作重视程度在逐步加深。其次，全球铁矿资源、煤炭资源等自然资源在进一步劣化，面对日益恶化的自然环境和激烈的市场竞争，钢铁行业面临绿色壁垒这一问题，各企业为了降本增效都在大力发展节能减排、资源再利用等绿色冶金技术。为了推行绿色冶金技术，构建钢厂绿色制造理论体系，除了从制造单元层面发展如干熄焦、高炉煤气发电、高炉喷煤、转炉煤气干法除尘、连铸坯热送热装以及高效蓄热式燃烧技术等节能环保技术外，还要从整体的流程层面整合资源和市场的信息，通过优化重组实现冶金制造流程的物质流–能量流协同优化，通过推进钢铁厂副产物再利用技术及消纳社会废弃物技术，达到冶金制造过程的稳定高效运行及节能减排效果。

（4）冶金流程工程学相关学科交叉领域技术发展。当前钢铁行业面临严重的产能过剩、生产成本居高不下、资源能源消耗大、污染排放严重和缺乏竞争力等诸多问题，并且在智能化绿色化发展趋势及目标引导下，相关工艺技术及外部条件会不断革新（如电炉炼钢、非高炉炼铁占比增大，市场需求变化），从而会带来钢铁制造流程的一系列变化，在与不同学科的交叉领域上也会有更高的要求，特别是在与能源、环境、信息、自动化等交叉领域需要进一步发展。

（5）冶金流程工程学体系在有色冶金工业的拓展，包括铝冶炼及加工、湿法冶金、电冶金等孤立、异地设置向集成化、连续化方向发展。

3. 中短期（到2025年）内技术发展重点（包括关键应用研究、关键技术工程研究、重大装备和关键材料，或重点产品和关键技术）

（1）冶金流程工程学基本理论发展。① 冶金制造流程中工序功能集的解析－优化理论与方法；工序之间关系集的协调优化理论与方法；流程工序集的重构－优化理论与方法；搭建流程解析与设计的仿真平台。② 构建智能钢铁厂动态精准设计理论体系；物联网技术；人工智能技术。③ 物质流、能量流协同的计划调度技术；工序界面协调优化技术；搭建工程试验平台。

首先进行能源计划与生产计划的协调。强化企业信息系统 ERP 与 EMS 的生产计划、资源计划和能源计划的协调优化功能，提升 EMS 中的能源计划与生产批量计划的协同优化能力，以及 MES 的生产作业计划的协同优化能力。通过生产计划来引导带动资源计划和能源计划的制定，解决生产计划、能源计划与现实生产之间存在的资源和能源衔接不相适应的问题。其次实现生产与能源动态调度过程的协同。针对生产执行过程中动态调度的不确定性，尤其针对炼钢－连铸核心生产组织的多工序特征，利用工序界面协调优化技术，在强化生产组织实施过程信息监控的基础上，完善流程控制信息系统 ERP、MES、EMS 与生产工序设备单元信息系统 PCS 等的协调优化功能；借助信息技术与自动化技术结合，建立面向动态调度的协同优化模型，搭建工程试验平台，提升 MES 的生产计划与调度执行的协同优化功能，以及与企业 ERP 和 EMS 的衔接协调功能，实现资源和能源在动态生产运行中的多目标协同优化配置作用。

（2）大宗废钢资源利用或全废钢电路冶炼工艺及流程优化。

1）高废钢比转炉冶炼工艺流程。目前国内转炉炼钢废钢比平均在 10% 左右，而欧美钢厂转炉废钢比大多高于 20%。随着下阶段国内废钢转向"富余"，转炉炼钢应提高废钢比。转炉废钢比提高，对铁水的需求量会随之下降，因此会造成高炉出铁节奏减慢或者后续工序的节奏加快。这样就会造成转炉前后工序的不协调，因此应提前对高废钢比转炉冶炼流程中转炉前后设备与工序的协同优化问题进行研究。

2）全废钢电炉冶炼高效化工艺流程及钢厂结构优化。今后一个阶段国内废钢供应将会快速转向富余，根据日本、美国等国家的发展经验，预计国内废钢供应在2030年前后会出现严重过剩，废钢价格大幅降低，其后电炉流程会较快发展。以电炉+炉外精炼的短流程模式，生产节奏更快，对流程内每个工序的响应能力要求更高。应提前开始对全废钢电炉炼钢高效化生产技术流程的研究，注意其工艺与设备的协同优化，快速推动短流程优化技术的迅速发展，对以短流程为主冶金流程的物质流能量流转换问题、绿色冶金技术问题、短交货期急速响应等问题进行深入研究。

（3）绿色冶金制造流程优化技术发展。

1）以制造单元过程为对象改进工艺技术及设备。以产品生命周期评价对产品的全寿命进行分析，确定冶金产品在全过程中的能量消耗大、原材料转换效率低、污染性气体和固体等排放量较大的工序，重点针对这些工序进行清洁生产设计，改进工艺技术和设备。

推广节能环保技术。 如干熄焦、高炉炉顶余压发电（TRT）、转炉煤气回收、蓄热式清洁燃烧、铸坯热装热送、高效连铸和近终形连铸、高炉喷煤、高炉长寿、转炉溅渣护炉和钢渣的再资源化等技术。

探索研究一批未来的绿色化技术。 熔融还原炼铁技术及新能源开发、薄带连铸技术、新型焦炉技术和处理废旧轮胎、垃圾焚烧炉等环境友好的废弃物处理技术。

2）以制造流程为对象的流程解析、优化、重构技术。绿色冶金制造流程中重点技术包括原料、能源的优化选择技术；物质流、能量流动态网络构建及协同优化技术；废弃物消纳、循环利用技术。

原料、能源的优化选择技术。 从钢铁生产的源头上促进碳减排，加快原料结构的优化。以铁矿石为例，我国钢铁生产目前仍以炼铁–炼钢的全流程为主，形成了以铁矿石、焦炭为主的钢铁生产原料结构，大量消耗原生铁矿石、煤炭等不可再生的资源和能源。废钢铁作为炼钢原料，可以替代铁矿石，减少对我国原生矿的开采使用，增加资源储备拓宽废钢回收渠道、加大废钢使用比例，推进废钢铁供需衔接。探索新能源，清洁能源技术。例如研究利用风能来满足钢材轧制线上各个机组的用电需求，从根本上降低碳排放。

物质流、能量流动态网络构建及协同优化技术。物质流、能量流协同优化是对一个工艺过程物流和能流匹配系统的研究，其目的是全面平衡物料和能源的数量和质量、热量和热值之间的使用经济关系，选择使用优质能源，最大限度地回收利用余热余压，实现对能源的消费平衡和优化调控。从钢铁制造系统整体优化（高效、低耗、低成本）稳定运行的角度，针对冶金流程的物质转化及能量转换利用的动态评价指标与评价方法，构建相应的综合评价体系，建立基于生产高效运行和节能减排目标要求的动态网络结构，探索物质能量转换协同优化技术，实现节能降耗。

废弃物消纳、循环利用技术。采用"末端治理技术"或采用生态学原理发挥生物圈的自身净化能力，对于暂时无法利用的排放物（包括排放过程）、废弃物寻求技术革新的方法，使之能够充分再利用。以钢渣为例，目前我国对钢渣的资源化利用还存在体积不稳定、磷富集等问题，致使钢渣利用率较低，含铁尘泥资源化利用层次还较低，氧化铁皮资源化利用也还有待挖掘。因此，钢铁企业要加强含铁废弃物资源化利用研究，不断研究、完善钢渣尾渣在水泥、建材、筑路、农业生产及改善海洋水质方面的应用，研究钢渣微粉及高活性复合掺合料、凝石材料等新的利用途径，对脱硫渣铁生产铸铁件进行研究，完善脱硫渣铁生产铸铁件并进一步加工成汽车配件（如制动毂、差速器壳、球墨轮毂等）等产品技术。

（4）冶金流程工程学相关学科交叉领域技术发展。

1）冶金流程工程学与能源、环境交叉领域的技术发展。冶金过程以物质流的生产为核心，但同时也伴随大量的能量转换、二次能源的产生和回收，并且能源转换和废弃物消纳分别作为冶金制造流程的三大功能之一，因此应注重与能源、环境相关的发展。

冶金过程物质能量系统化、高效转换技术。铁素物质流在制造单元上发生物理化学性质改变的同时，会伴随能源需求和二次能源产出；能量供应要满足制造单元过程的需要，二次能源的产出利用也与物质流的转换过程相关联。在制造单元过程中，物质的性质改变既取决于铁素物质流在能量流作用下的本征规律（反应热力学和动力学），更与物质流对象的物理化学性质、冶金或加工工艺目标、设备及操作条件等对物质能量转换规律的影响因素和过程调控相关，当物质流特征与转换规律不协调或调控不到位将会导致单元过程的能耗高、物耗高和污染重；而在制造流程系统层面，物质能量转换效率取决于制造流程系统的物质流与能量流的协同及整体运行控制的适应性，若协同作用或调控有问题，则会导致流程系统运行效率低下、系统能耗物耗大幅度增高。因此，基于整个流程，从"系统节能"角度综合制造单元和制造流程两个方面来发展物质能量转换技术，提升物质能量转换效率，针对过程强化与节能降耗等不同生产目标，研发合理优化的生产运行控制技术，实现物质能量转换利用的有效控制。

副产煤气回收及优化调度技术。副产煤气是钢铁生产制造过程中生成的最重要的二次能源，约占冶金用能的30%~40%，是钢铁行业节能减排的关键。钢铁制造流程产生三种煤气：焦炉煤气、高炉煤气、转炉煤气。三种煤气特性各异，产自不同的系统且有各自的固定用户，可以单独成为一个子系统，并且具有不同的产生方式，应根据不同种类煤气的特点进行回收，并对副产煤气进行优化调度，减少转炉煤气耗散、促进转炉煤气的最大化有效利用。

余热余能回收技术。据调查，目前我国生产1 t钢产生的余热资源量平均为8.44吉焦/吨钢。其中，产品或中间产品显热为3.35吉焦/吨钢，占余热资源总量的39%；渣显热为0.74吉焦/吨钢，占9%；废（烟）气显热为3.10吉焦/吨钢，占37%；冷却水显热约为1.24吉焦/吨钢，占15%。所以，余热余能回收拥有巨大的节能发展潜力。并且随着钢铁工业生产流程的逐步优化和工序能耗的不断降低，科学地回收利用各生产工序产生的余热余能资源是未来钢铁工业节能的主攻方向。因此，需要进一步发展余热余能回收技术，如干熄焦技术、高炉炉顶余压发电技术、高效蓄热式燃烧等。

冶金"界面"热衔接技术。"界面"是相对于钢铁生产流程中烧结、炼铁、炼钢和轧钢等主体工序而言的，指的是两相邻工序（或区段）之间的连接部分或过度过程。"界面技术"是指相邻工序之间的衔接–匹配–协调–缓冲技术、物质流的物理和化学性质调控技术及其相关装置。钢铁生产流程的重要界面有：原燃料–烧结界面、原燃料–焦化界面、烧结–高炉界面、高炉–转炉界面、连铸–加热炉界面等。其中以高炉–转炉、连铸–加热炉界面最为重要。应用界面技术可实现生产过程中物质流、能量流、温度、时间等基本参数的衔接（尤其是热衔接）、匹配、协调、稳定，极大地促进生产流程整体运行的稳定、协调，实现紧凑化、连续化和高效化。

冶金流程废弃物回收利用技术。据统计，我国每年发生的冶金渣大约为1.5亿吨，其中所占比重最大的有水淬矿渣、重矿渣、钢渣等，并且产生冶金废弃物的重量远高于金属的重量。此外，钢铁的冶炼过程也会产生大量的炉渣，堆放这些炉渣要用掉大量的土地，并且这些冶金废弃物中含有大量的硫化物等，对空气、水体污染非常严重，同时也危害着人们的健康。因此，需进一步发展整个冶金流程的废弃物回收利用技术，一方面有利于废物重新利用，另一方面有助于环境保护。

2）冶金流程工程学与信息、自动化交叉领域的技术发展

随着制造业技术及信息技术和自动化水平的发展，冶金流程也应顺应发展趋势，发展一些促进钢铁行业发展的信息化、自动化技术。

钢铁生产过程控制自动化关键技术。生产过程控制自动化是钢铁企业信息化的重要组成部分，是实施现代先进工艺的关键手段和保障条件。钢铁生产过程控制自动化关键技术包括检测（传感）技术、系统技术、先进控制技术、建模技术等。

钢铁企业生产管理关键技术。钢铁企业生产管理关键技术包括全流程一体化生产管控技术、质量设计和质量跟踪自动化技术、合同生命周期管理技术、计划编制的全局优化和动态调整技术、材料（物料）的设计与跟踪技术、生产全过程的动态成本控制技术等。

综合节能减排和环境管控技术。综合节能减排和环境管控的关键技术包括能源环境监测技术、预测预报技术、能源系统平衡技术、建模和仿真技术、能源计划最优化技术和能源系统优化调度技术、无线网络等测控技术等。如何对钢铁企业能源和废弃物进行实时监测、预报和计划的动态最优化是节能减排和环境管控的关键所在。

供应链集成协同优化控制技术。供应链集成协同优化控制关键技术包括钢铁企业上下游供应链的协同技术（包括供应链相邻两个环节之间、多个环节之间以及整条供应链的协同技术）、钢铁绿色物流优化与控制技术（包括考虑环境污染的半成品和成品库存建模与优化技术，提高资源再利用的可逆物流流向优化技术等）和生产与运输协调物流调度技术等。

冶金设备故障在线诊断与实时防护技术。冶金设备的故障诊断与预测主要是对设备故障类型、位置、大小、原因等进行判断，对设备的使用功能进行评估，以及对潜在的故障在其故障发生之前或容错范围内实施预测的过程，包括状态监测、机制分析和故障诊断、劣化趋势和剩余寿命预测以及可靠性评估等内容。设备故障在线诊断与实时防护关键技术包括传统与智能的集成建模技术、多故障智能诊断和预测系统、剩余寿命和下次维护周期预测技术、远程和云诊断技术等。

二、中长期（到2050年）发展目标和规划

1. 中长期（到2050年）内学科发展重要目标和方向

（1）智能制造理论及相关技术发展。

为了适应未来钢铁行业发展，将大力发展智能制造理论及相关技术。以信息物理

系统为基础，以用户服务为中心的产业模式变革为主题，智能生态产品为主体，智能生产为主线，使信息化与工业化深度融合。实现制造过程自动化、工艺控制智能化、运行决策智能化。

（2）流程网络协同优化理论及技术发展。

为了适应未来钢铁制造流程的物质流能量流协同运行，需要发展流程网络协同优化理论及技术，搭建跨网络平台的生产运营网络，以及企业与社会系统关联的物质流能量流集成网络，通过大系统的物质流能量流的协同运行，实现物质能量等资源的合理配置，在节能、降耗、经济、减排情况下合理有效进行钢铁生产。

（3）工业生态学理论与技术发展。

为了适应未来钢铁行业与生态的协同发展，同时应发展工业生态学理论与技术根据整体、协调、循环、自生的生态控制原理去系统设计、规划和调控人工生态系统的结构要素、工艺流程、信息反馈关系及控制机理。

2. 中长期（到2050年）内主要存在的问题与难点

（1）智能制造理论及相关技术发展。

生产限制随技术改革极大减少，流程生产系统可控性有效增强，是规模化的冶金流程制造能适应动态环境变化的即时响应。搭建冶金企业物理信息系统（CPS）；构建面向服务的冶金电商平台，实现流程制造的高度自动化与智能化。

（2）流程网络协同优化理论及技术发展。

冶金生产系统、供应链系统、客户服务系统的所有环节高度模块化，生产功能高度集成，物质流能量流网络高度协同。建设物质能源协同管控中心、建设基于动态网络协同的网络化协同制造模型。

（3）工业生态学理论与技术发展。

依据工业生态学的基本理论和原则，以物质、能量、水、技术、信息五大集成为基础，构建生态钢铁工业的核心内容。建设钢铁工业生态园，建立冶金产品全生命周期评价体系，进行物质减量化评估。

3. 中长期（到2050年）内技术发展重点（包括关键应用研究、关键技术工程研究、重大装备和关键材料，或重点产品和关键技术）

（1）智能制造理论及相关技术发展。

随着未来工业生产自动化、信息化和智能化水平的深入发展，冶金企业在基本实现全流程信息物理系统的基础上，进一步与互联网深度融合，实现互联智能制造。广泛采用基于人工智能的产品设计智能化、服务智能化、供应链管理智能化、过程控制智能化等技术，形成新一代的智慧型冶金联合企业。

（2）流程网络协同优化理论及技术发展。

基于复杂网络协同控制、大系统协同控制和分布式协同优化等技术，实现未来冶金制造流程的物质流、能量流和信息流协同运行与调配，协调各单元装置之间、各生产界面之间、流程系统与供应链、能源介质之间的物质、能量的高效转换及利用、相关信息转换和传递过程，达到系统中不同要素之间的协同优化和流程网络的动态平衡。

（3）工业生态学理论与技术发展。

在工业生产高速发展的同时，冶金企业需紧密关注工业过程与生态环境的相互适应和相互平衡，大力发展废物资源化、绿色生产、物质能量集成利用、智能循环生产等关键技术，以循环化、资源化、绿色化要求组织生产，发展新时代下的冶金绿色制造新模式，建设环境友好型生态冶金企业。

三、中短期和中长期发展路线图

中短期（到2025年）和中长期发展技术路线图如图19-1。

目标、方向和关键技术	2025年	2050年
目标	● 进一步完善的冶金流程解析与集成、动态精准设计、多因子流动态调控理论体系 ● 适应国内废钢供应逐步"富余"形势 ● 探索、推动冶金流程工程学在有色冶金领域的应用 ● 更深层次上解决环境污染与可持续发展的矛盾，实现绿色制造 ● 交叉学科理论和技术的共同发展构建系统集成–生态协调–经济合理的冶金流程新模式	● 适应信息高速发展的时代要求，实现钢铁行业信息化、智能化发展 ● 实现未来钢铁制造流程的物质流能量流信息流协同运行，协调三流控制 ● 钢铁制造技术绿色化、钢铁工业生态化、钢铁发展与生态循环协同化
方向	● 发展冶金流程工程学基本理论 ● 大宗废钢资源利用或全废钢电炉冶炼工艺及流程优化 ● 有色冶金工业的流程结构优化 ● 发展绿色冶金制造流程优化技术 ● 发展冶金流程工程学相关学科交叉领域技术	● 发展流程工业智能制造理论及相关技术 ● 发展流程网络协同优化理论及技术 ● 发展工业生态学理论与技术

图19-1

目标、方向和关键技术	2025 年	2050 年
关键技术	● 冶金制造流程中工序功能集的解析-优化技术、流程动态精准设计技术、物质流能量流协同的计划调度技术 ● 高废钢比转炉冶炼工艺技术、全废钢电炉炼钢高效化生产技术 ● 流程自动化技术、流程系统快速响应技术、智能钢铁制造流程一体化技术 ● 以制造单元过程为对象改进工艺技术，以制造流程为对象的流程解析、优化、重构技术 ● 冶金流程工程学与能源、环境交叉领域的技术发展，冶金流程工程学与信息、自动化交叉领域的技术发展	● 产品设计智能化、服务智能化、供应链管理智能化、单元过程及流程控制智能化等技术 ● 复杂网络协同与控制、大系统协同控制和分布式协同优化等技术 ● 发展以生态工业园、循环经济工业区为对象的废物资源化技术、绿色生产技术、物资能量集成利用技术、智能循环生产技术

图 19-1 中短期和中长期发展路线图

第五节 与相关行业、相关民生的链接

（1）建筑行业。建筑行业是消耗钢材最大的行业，由于经济的发展、城市化进程的进一步加快，以及超级城市和城市群的建设，钢铁在建筑行业的应用仍有较大数量和较高质量的需求。建筑行业需要适应减量化的用钢趋势，提升热轧螺纹钢标准，重点发展更高强度螺纹钢筋、抗震钢筋、钢板、线材（硬线）等，在钢结构建筑领域重点推广高强度、抗震、耐火、耐候、耐腐蚀钢板和 H 型钢的应用，提高施工效率、节能、安全、可靠、长寿。

（2）机械行业。目前，我国机械行业年消耗钢材达 4000 万～5000 万吨，占我国钢构消费量的 11%～15%，是重要的钢材消费行业，同时钢铁企业也是机械制造业的主要用户。并且有数据显示，今后相当长一段时期内，机械行业对钢铁的需求总量将继续增加。与需求总量的增加相比，机械工业的发展对钢材品种及性能的要求更为紧迫，随着重大技术装备的大型化、参数的极限化，需要开发更多具有耐高温高压及耐辐射、耐腐蚀等性能的新品种钢材。另外，机械工业用钢供求矛盾仍比较大，尤其是部分特种钢材，目前紧缺品种主要有发电设备用管板材、汽车用钢板、冷轧矽钢片、模具用钢材、锻造用钢材、轴承用钢材等。

（3）汽车行业。汽车行业是我国近几年发展最快的行业之一，并一直是拉动我国国民经济增长的重要支柱产业，汽车制造中需要大量的钢铁产品，并且随着汽车轻量化发展和节能环保要求下，也对钢铁材料提出了新的要求。重点发展高性能高强度板、管、棒、丝材的汽车用钢，发展高强度汽车大梁板、汽车板和高强、超高强帘线钢等产品，提高产品表面质量和质量稳定性，并开发无环境负荷的钢铁材料，延长寿命减少废弃物。

建筑行业、机械行业、汽车行业等都属于钢铁行业的下游产业，钢铁行业应主动适应下游产业发展需求，转变发展思路。在经济新常态时期下，钢铁产品供过于求，产品同质化严重，钢铁企业生产成本居高不下，效益低廉。面对这些严重的问题，钢铁企业应改变过去追求规模和产量的观念，有效控制产量，避免盲目无序竞争，更加注重品种、质量、效益和服务；不断优化产品结构，大力生产具有市场竞争力的特色产品，研发出适应市场需求的高强、耐蚀、耐磨、耐高温高压等特性钢材品种，并提高产品的稳定性和一致性；树立生态文明理念，加大节能减排力度，实现绿色发展；着力延伸产业链，提高服务水平；加强与下游行业有效衔接，进一步开拓钢材市场；加大降本增效力度，尽快扭转效益下滑的严峻局面，努力实现全面协调可持续的健康发展。

第六节　政策建议

（1）加强产业战略层面问题的研究，科学合理利用国内国外资源和能源，注重生态环境的保护，推动钢铁工业在减量化过程中通过钢铁制造流程结构优化的路径，推动企业绿色化、智能化。冶金企业智能化是未来发展的重要方向之一，既要重视从数字化、网络化一侧推动，更要重视从企业的物理系统一侧来推动。通过"三网"协同，推动两化融合。

（2）鼓励现有钢铁企业、工程设计院等遵循冶金流程工程学理论及其方法，进行企业转型升级、技术改造和产品更新换代，而不是简单地对现有工艺装备的"大型化"，应当建立起以流程网络结构优化条件下的大型化的发展理念，加快淘汰落后产能和技术装备，构建结构合理、技术先进、运行高效、实现"三大功能"的钢铁制造流程。

（3）在钢铁工业淘汰落后、技术升级、转型发展过程中，要充分重视工程设计的科学性和合理性，注重区域经济发展和企业产品的市场需求，以市场需求为前提，以可获取的资源、能源为支撑，以生态环境为制约，通过合理的工程设计优化和流程网络结构优化实现整个钢铁制造流程的结构优化和物质流、能量流、信息流高些耦合运行，工程设计优化和流程结构的重构优化是未来钢铁工业实现减量化、绿色化、智能化、品牌化发展的重要途径和方法。

（4）建议国家有关部门牵头组织相关单位，对冶金工程设计相关标准规范进行补充制定或修订，将冶金流程工程学理论和方法融入到设计标准和规范中，成为设计单位和设计人员共同遵循的设计规则。

（5）建议教育部门、有关高等院校在教育大纲改革过程中将《冶金流程工程学》作为学科分支纳入教学系统。

参考文献

[1] 殷瑞钰. 关于新一代钢铁制造流程的命题［J］. 上海金属，2006，28（4）：1-5，13.

[2] 殷瑞钰. 冶金工序功能的演进和钢厂结构的优化［J］. 金属学报，1993，29（7）：289-315.

[3] 殷瑞钰. 冶金流程工程学（第2版）［M］. 北京：冶金工业出版社，2009.

[4] 殷瑞钰. 冶金流程集成理论与方法. 北京：冶金工业出版社，2013.

[5] 尼克利斯，普利高津. 探索复杂性［M］. 罗久里，陈奎宁，译. 成都：四川教育出版社，1986.

[6] 哈肯. 高等协同学［M］. 郭海安，译. 北京：科学出版社，1989

[7] Ferenc Friedler. Process integration, modelling and optimisation for energy saving and pollution reduction［J］. Applied Thermal Engineering, 2010（30）: 2270-2280.

[8] M. Larsson, Ch. Wang, J. Dahl, Development of a method for analysing energy, environmental and economic efficiency for an integrated steel plant［J］. Applied Thermal Engineering, 2006（26）: 1353-1361.

[9] Klaus-Peter, Bernatzki, Dieter Fengler, et al, Disposition und Zeitwirtschaft im Stahlwerk Huckingen unter Einsatz Von Fuzzy-Technologie［J］. Stahl und Eisen, 114（1994）, Nr.5, s89-95.

[10] 李健. 国内外废钢利用及我国废钢业现状论述［J］. 中国废钢铁，2015（5）：46-48.

[11] 卜庆才，吕江波，李品芳，等. 我国废钢资源量的预测及分析［C］// 全国能源与热工学术年会. 2015.

[12] 刘树洲，张建涛. 中国废钢铁的应用现状及发展趋势［J］. 钢铁，2016（6）：1-9.

[13] 尹志国. 冶金工业项目绿色建造技术与成本风险管理研究［D］. 西安：西安建筑科技大学，2014.

[14] 吴立山. 关于绿色冶金与环境保护的探讨 [J]. 科技创新与应用, 2017 (9): 136.

[15] 殷瑞钰. 冶金流程工程学 [M]. 北京: 冶金工业出版社, 2009.

[16] 《钢铁行业 2015—2025 年技术发展预测报告》编写组. 钢铁行业 2015—2025 年绿色制造技术发展预测 [J]. 工业技术创新, 2015 (2): 160-166.

[17] 苗沛然, 杨晓东. 钢铁绿色生产国内外现状及发展趋势 [J]. 冶金环境保护, 2011 (4): 23-27.

[18] 日本钢铁业的绿色举措及 JFE 的绿色创新. http://www.csteelnews.com/xwzx/jnjp/201503/t20150313_276573.html

---

撰稿人: 徐安军　郑　忠　张福明　贺东风

第二十章 冶金耐火材料

第一节 学科基本定义和范畴

耐火材料属无机非金属材料，和水泥、玻璃、陶瓷同为传统无机非金属材料；无机非金属材料与金属材料、合金材料、高分子材料等并列，属于材料学学科。从材料的组成结构与性能之间的关系来看，传统的耐火材料是以硅酸盐基本组成的无机非金属材料；现在的耐火材料不局限于此，其基本组成可以为非氧化物材料、或非氧化物与氧化物复合材料、或金属与氧化物等复合的材料，其抗侵蚀、抗热震性、耐高温性等性能得以改良和提高。

耐火材料是所有高温工业的基础材料，耐火材料学科研究耐火材料原料及其加工和合成、耐火材料的制造工艺、耐火材料在各高温工业领域的应用技术、用后耐火材料回收再利用技术和耐火材料评估检测技术。耐火材料服务领域广阔，涵盖冶金、水泥、玻璃、陶瓷、机械热加工、石油化工、动力和国防工业等所有高温领域。冶金工业是耐火材料主要应用领域，约占耐火材料总量的70%，冶金工业用耐火材料是学科最主要的研究对象，对学科的创新发展、进步一直起主导作用。

根据耐火材料服役条件不同，所涉及的耐火材料种类繁多，在原料、工艺、组成、结构、性能等诸方面各有特点又相互重叠。依其化学组成特点，耐火材料学科包括酸性耐火材料、中性耐火材料、碱性耐火材料、非氧化物耐火材料等；依其生产工艺特点，耐火材料学科包括两大类：定形耐火材料和不定形耐火材料。

耐火材料既是冶金工业赖以运行的重要支撑材料，也是冶金工业实现节能降耗、环保和清洁生产、发展冶金新技术、新工艺的重要基础。在保证高温流程稳定性与经济性，助推冶金工业重大技术进步，满足质量、品种和生产效率的提升，助推冶金工业提高能效、降低能源消耗等方面耐火材料发挥着重要作用。耐火材料发展历史长久，在经济社会占据着重要的位置，在经济建设中发挥着重要作用，耐火材料工业的可持续绿色发展也是高温工业发展的重要保障。以冶金工程技术发展需求和耐火材料工业可持续发展为导向，围绕降低消耗、提高能效及绿色发展、减少污染排放等，耐火材料学科技术发展的关键性议题是耐火材料长寿化、减量化、轻量化、功能化、节能化、环境友好和可持续发展，为冶金工业和冶金学科的发展提供支撑。

第二节 国内外发展现状、成绩及国外耐火材料的发展

一、发展状况和成绩

1. 耐火材料学科发展

耐火材料学科进步主要表现在：

（1）耐火材料突破传统硅酸盐材料领域局限，发展了非氧化物材料，如氮化硅结合碳化硅砖、塞隆结合碳化硅砖、高炉微孔碳砖等；发展了高纯氧化物耐火材料，如高铬砖、高纯刚玉砖等；发展了非氧化物与氧化物的复合材料、金属与氧化物的复合材料，如镁碳砖、铝碳砖、铝镁碳砖等。从材料组成结构与性能的关系看，非氧化物结合的氧化物材料组成结构的变革彻底改变了其性能特征，如氮化硅结合碳化硅砖的高温强度不低于常温强度性能，与镁砖比较镁碳砖的抗侵蚀性、抗热震性成倍提高。

（2）氧化物微粉工程技术在耐火材料广泛应用；由于微粉具有粒径小、活性高的特点，在不定形耐火材料中引入一定量的微粉可以改善和提高不定形耐火材料的施工性能和使用性能；并由此产生了超低水泥浇注料、自流耐火浇注料、喷射耐火浇注料等不定形耐火材料新品种；用于定形耐火材料，增强其烧结性能，提高其体积密度、强度性能和高温性能等。

（3）功能耐火材料是耐火材料发展的另一特征，从钢铁连铸控制钢水流量的塞棒、定径水口和滑板，防止钢水在浇铸时氧化的长水口、浸入式水口，到转炉和钢包用的供气元件等，这些耐火材料本身已成为冶炼工艺的组成部件之一。

2. 国内耐火材料技术发展

耐火材料是支撑高温工业的重要基础材料，对高温工业生产效率与产品质量提高，成本与消耗降低有重要的作用。耐火材料科技发展是高温工业科学与技术发展的重要保障条件之一。经过多年快速发展，我国耐火材料在数量和品种上满足了国内传统和新型高温工业超常增长速度的需求，也使我国成为耐火材料研究最多、最活跃的

国家。已建设先进耐火材料国家重点实验室、省部共建耐火材料与冶金国家重点实验室、国家耐火材料工程中心等技术研究平台。

（1）耐火材料性能和质量提高、品种增加，各类冶金炉炉龄大幅度提高。

在耐火材料技术水平进步显著，表现在耐火材料科技水平与国外先进水平的差距已明显缩小，一些耐火材料产品已达到国际先进水平。洁净钢精炼用系列材料、精炼和高效连铸梯度功能材料、热风炉等用低蠕变材料、石化及煤化工用高纯氧化物材料、金属冶炼用非氧化物材料等方面技术达到或接近国际先进水平；在取代含铬耐火材料的研究上取得了突破性进展，已在 RH 精炼设备、水泥窑成功应用和推广，镁钙系耐火制品替代镁铬砖在 AOD 炉使用，提高了 AOD 炉炉龄，消除了铬污染，在钢铁和水泥窑炉上基本实现无铬化。传统 Al_2O_3-SiO_2 质制品、富镁碱性制品、碳化硅基复合材料、含炭制品构成出口的优势。

大量新产品、新技术成功开发和推广应用，有效促进了相关高温工业的技术进步：高炉陶瓷杯用微孔刚玉砖和高炉热风炉系列低蠕变耐材产品在高炉使用实现了高炉长寿；"中间包透气上水口""洁净钢用无炭无硅水口""梯度复合功能耐火材料""金属–氮化物结合滑板"等新产品开发有效促进了连铸技术的发展。

伴随钢铁工业工艺进步，耐火材料产品结构调整，黏土砖等酸性耐火材料、低档耐火材料比例下降，不定形耐火材料、功能耐火材料（如转炉出钢滑板、中间包滑板）和非氧化物耐火材料等比例上升。

耐火材料品质、种类和应用技术水平明显提高，耐火材料服役寿命明显提高，各类冶金炉炉龄有较大幅度提高，转炉寿命达到一万次以上，大、中型钢包炉龄达到 100 次以上，铁水包寿命达到 500～1000 次。钢铁窑炉寿命的提高和耐火材料大包体制管理，促使单位耐火材料消耗明显降低，耐火材料吨钢消耗由约 25kg 降低到 18kg 左右。

（2）不定形耐火材料技术发展。

不定形耐火材料已经成为我国耐火材料的发展主流，不定形耐火材料总量已达到约 1000 万吨，在耐火材料总量中的比例已达到 40%，在高温工业中的实际应用比例和应用技术水平也已接近国际先进水平。不定形耐火材料技术发展体现在：① 其结合体系的纯净化，尽可能减少或消除由结合剂带入的杂质成分，如减少由浇注料结合剂铝酸钙水泥带入的 CaO 对耐火浇注料的不利影响，发展了超低水泥化和无水泥耐火浇注料、水合氧化铝结合的耐火浇注料、溶胶结合耐火浇注料等；② 不定形耐火材料高效施工技术进步，筑衬的施工方法在向着省工、省时、省力和机械化、高效化的方向发展，如湿式喷射技术的湿式喷射耐火浇注料、中间包喷涂料等。与此相关的施工设备也得到发展。

（3）耐火原料的发展。

合成耐火原料的品种和使用比例增长，板状刚玉、镁铝尖晶石、97烧结镁砂、矾土均化料、造粒炭黑、膨胀石墨、改性树脂等原料的开发应用，满足耐火材料性能改良、提高的需求；在20世纪90年代，板状刚玉仅使用于滑板、"三大件"少数功能耐火材料，现在已在大型钢包包衬上使用，合成原料用量成倍增长。煅烧窑炉的技术进步、限制使用固体燃料煅烧高铝矾土熟料、镁砂和焦宝石等，天然耐火原料的质量品级得到大幅度提升，减少了煅烧原料的杂质含量，提高了烧结密度。

（4）隔热耐火材料成为耐材领域的热点之一。

高效隔热节能的理念开始贯穿在各类耐火材料的设计和生产制造中。适应高效隔热节能需要，通过材料结构、性能设计和制备工艺研究，开发了微孔轻质骨料耐火材料、微孔和微纳米孔结构、复合结构的系列新型高效隔热耐火材料，用在钢包、中间包等高温容器的外层，降低其表层温度。为高温工业提供了具有高效、节能、环保综合特点的耐火材料，成为我国耐火材料热点研究领域，并取得了一定的成效。

（5）重视资源有效利用。

提高资源利用水平、发展低品位矿综合利用研究等方面成效突出，结构均匀、性能优良的系列高铝均化料已形成数十万吨的生产规模；低品位菱镁矿利用的研究取得进展；在用后耐火材料回收再利用方面，高铝制品、高铬砖、碳化硅砖、镁碳砖、铝镁碳砖、镁尖晶石砖、刚玉浇注料、铝镁浇注料等耐火材料已基本做到用后回收再利用。

3. 国内耐火材料产业发展

我国钢铁、有色、建材等高温工业在关键装备和技术上快速进步，规模上高速发展，产量已多年遥居世界第一。耐火材料产业同步发展，从数量到品种、品质有效支撑和保障了高温工业运行发展，在保证高温流程稳定性与经济性，助推高温工业重大技术进步，满足质量、品种和生产效率的提升，助推高温工业提高能效、降低能源消耗等方面耐火材料发挥着重要作用。

（1）耐火材料生产和消费大国。

中国耐火材料工业发展成为全球耐火材料和耐火原料生产、消耗、出口最多的国家，在国际耐火材料领域举足轻重，也具一定竞争力。2015年全国耐火制品产量2615万吨，约占全球耐火材料产量的65%；其中致密定型耐火制品1528万吨，隔热耐火制品47.4万吨，不定型耐火制品1040万吨。2015年，全国耐火材料出口量171.8万吨，耐火材料原料出口量达到344.6万吨，电熔镁砂、鳞片石墨、铝矾土熟料等重要耐火原料对世界耐火材料产业都有重要的支撑作用。耐火材料产品品种、质量满足国内高温工业生产运行的需要。在高温工业的发展和技术进步的带动下，耐火材料工业迅速发展，技术进步成效显著，产品品种、质量水平不断提高，耐火材料服役寿命逐年提高，一些产品达到国际先进水平。围绕高温工业需求，耐火材料工业产品结构调整和新产品开发品种增多，质量稳步提高，保证了高温工业的生产运行和技术发展需要。

（2）工艺和装备向节能、环保、现代化和自动化发展。

随着我国耐火材料工业的快速发展，重点耐材企业的质量、环保、节能意识不断增强，设备更新升级加快，装备水平不断提高。目前，从原料制备的超细磨、高强混碾、电子自动称量，成型工序高吨位全自动液压机、电动螺旋压力机、机械手，到烧成工序的各类全程自动控制高温炉窑，已在行业各重点企业得到了广泛应用和推广。我国耐火材料生产发展特点是装备向大型化、现代化、自动化方向发展，工艺更加节能环保，操作管理自动化水平提高。

1）装备水平显著提升。数字化和自动控制技术在完成精确、快速控制，实现稳产、高产，改善劳动条件，提高经济效益等方面都发挥着重要的作用。我国耐火材料装备机电一体化方面发展的进程也大大加快，目前各主要耐火材料生产设备制造商所提供的耐火材料生产机械装备都配备有相应完整的电气传动、自动检测和控制装置，即配料、混合、成型、干燥、烧成等工序所需设备几乎都配有自动化控制系统。同时一些耐火材料生产装备还呈现出大型化、专业化的特点，提高了耐火材料的生产效率和保证了产品质量的稳定性。

自动配料系统：包括可调速加料装置、自动称量装置、自动化控制系统等，配料车静态精度可达1‰，动态精度可达5‰。采用全自动化控制，实现与混合设备的加出料动作配合，提高了生产线作业效率。

混合设备：采用PLC实现混合机进料、排料、混合时间的自动化控制，通过人机界面输入控制系统，保证了混练质量的稳定性。同时，混合设备也向大型化、专业化发展，混合机容积大的已达到1200L，有的批次处理料量达到3000kg；还开发了特殊产品专用混合、混练机，如炮泥专用混合机，轻质不定形耐火材料专用混合搅拌机、浇注料施工用连续搅拌混合装备，连铸"三大件"专用的混合造粒设备——高速混练机，满足了各种耐火材料生产的需要。

成型设备实现升级换代：国内福州海源、山东桑德机械、辽锻等设备制造企业研制生产的大吨位液压成型设备、电动螺旋压砖机等，在各耐火材料企业也取得了广泛应用。电动数控螺旋摩擦压力机，成型过程PLC自动控制打击速度、打击力、打击次数高效、节能，比传统摩擦压力机节能40%~50%。一批大型企业或上市企业的部分装备已接近或达到国际先进水平。

煅烧/烧成设备：以节能和智能化为核心的窑炉高温技术有了很大发展：高温竖窑内径从700 mm到1800 mm形成系列；高温隧道窑年生产能力从5000 t到4万吨，烧成温度在1700℃以上，有企业引进的新型高温隧道窑将传统的双层拱顶结构改为新型平吊顶结构，解决了窑顶保温问题，使窑内温度更均匀，且实现了先进的智能化操作，与传统采用双层拱隧道窑相比，单位产品燃油消耗可减少20kg/t。现代轻体节能梭式窑采用轻型薄壁窑衬结构（窑衬采用轻质材料，壁厚减少到460mm以下）及高速对流的窑内传热，使窑升温快，窑体蓄热少，燃料消耗仅是普通倒焰窑的30%~40%。近来还出现一种连体窑，是将几个单个炉窑串联在一起，窑底、窑墙、窑顶为空心结构，无助燃风机，无烧嘴，既可以单独使用又可以连续使用，能充分利用已烧窑的蓄热和烟气余热，并能实现现有窑炉难以达到的高温工艺和速烧工艺，比常规窑节能50%~80%。

2）生产工艺更加节能环保。窑炉是耐火材料生产工序中主要能耗装备。近年来，能耗高、劳动条件恶劣、污染严重的倒焰窑、土窑已淘汰，新型节能的原料煅烧窑炉和制品烧成窑得以推广应用，如高温竖窑、高温超高温节能隧道窑和现代轻体梭式窑等，提高了生产效率，降低了能耗，减少了污染物的排放。

除了对烧成工序的窑炉进行节能技术改造外，对耐火材料生产工艺的其他工序也做了大量的技术改进。比如在破碎设备方面，利用颚破、对辊、雷蒙磨、气流磨取代能耗高的球磨机；耐火砖成型方面：将传统摩擦压力机升级改造成程控螺旋摩擦压力机，例如山东淄博将全市2000台双盘摩擦压力机升级改造为节能数控螺旋压力机，较传统摩擦压力机节约电能40%~60%，且产品的成型压力有保证，改造后产品的合格率也提高了1.20%，操作人员由原来的三人减为两人。

虽然我国耐火材料生产企业的装备水平有了很大的改善，生产自动化程度有所提高，人工成本降低，产品质量稳定性也有了很大提高。但是与先进国家相比还有一定的差距。这是因为我国耐火材料行业小企业多，企业装备参差不齐，先进与落后装备并存，整体装备水平不高。因此，从研发、制造、施工、维护等耐火材料全过程的装备水平都需要进一步提高。

二、国外耐火材料的发展

进入21世纪以来，美国、德国、英国、日本等工业发达国家特别对耐火材料在节能环保方面的重要作用、耐火材料原料供给的可持续性和发展生态耐火材料、耐火材料性能和服役行为的评价和预测及发展智能耐火材料高度重视，并加大投入，实施多项长期研究计划。面对下游行业的技术进步、消耗减少、要求提高等变化及本行业的产能过剩、竞争加剧、成本提高等多重压力，国际耐火材料工业应势而变，企业重组、产业高度集中、大型有竞争力的企业集团成为国际耐火材料工业的主体。

1. 拓展学科理论基础和技术，开发新技术、新工艺、新材料

在不定形耐火材料用新型结合剂、添加剂、纳米技术应用、原位反应技术应用、低碳或超低碳耐火材料、表面功能涂层技术等新领域发展迅速。以这些新技术为基础开发的系列新产品在钢铁冶金和其他高温领域应用，取得突破性应用效果。这新新技术、新工艺、新材料丰富了耐火材料学科内涵，并正在推进耐火材料学科向一个新的阶段发展。

2. 高度重视和深化研究耐火材料的节能降耗、环境友好和资源节约发展

生态环境意识、节能意识和可持续发展意识增强，发展用后耐火材料资源化和再生利用、降低耐火材料能耗，实现固弃物零排放；开拓耐火材料新资源，大力发展不定形耐火材料和不定形耐火材料应用技术，持续提高不定形耐火材料生产和应用等。在工艺上为减少温室气体排放研究高能效的新工艺；在环境友好方面，精细化研究结合剂类型和用量，减少排放；在隔热耐火材方面开发高隔热性能泡沫材料；在耐火材料应用方面研究耐火材料服役寿命预测技术等。

3. 技术进步和创新的步伐加快，耐火材料消耗降低

过去20年，耐火材料的主要用户工业如钢铁等工业技术和管理进步使耐火材料的消耗下降，钢铁工业技术进步导致耐火材料消耗大幅减少至10kg/t钢。全球耐火材料工业正朝向产量降低、质量提高、品种增加、功能增强的趋势发展。另外，这些行业在激烈的市场竞争中优化工艺和产品结构，对耐火材料提出了新的苛刻要求，既

要提高使用性能、保持和提高使用寿命,又要降低价格和消耗。全球耐火材料工业面临着严重供大于求、产量降低、竞争加剧的局面,耐火材料企业研发创新力加强,服务用户的意识和能力增强,不但要降低原料和生产成本,还要以更大的投入加快新技术和新产品的开发和应用。耐火材料品种则紧紧围绕用户工业的发展要求,实现长寿命、节能、环保和多功能化。

4. 产学研结合,强化基础研究和创新研究

随着科技进步速度的加快和产品生命周期的延长,技术创新的难度及复杂性虽然越来越高,但节奏加快。国际大型耐火材料企业对新技术、新产品开发保持旺盛的热情。一方面企业每年用于研发的经费占总销售额的3%~5%,不断推出新产品、新技术,以长期保持领先地位和竞争优势,另一方面,走合作之路,实现信息、科技资源和人力共享。如2005年以来出现了由企业和大学联合组成的跨国"国际耐火材料研究和教育联盟(FIRE)",目前已发展到由7个国家相关的9所大学和11个国家的15家知名企业组成,注重应用基础和前沿研究,注重技术创新,在国际上有很强的实力和重要影响。

第三节 本学科未来发展方向

一、耐火材料学科评价

(1)耐火材料学科取得长足进步,部分耐火材料工艺技术达到国际水平。为了满足钢铁、有色、水泥、玻璃等下游行业生产运行和技术发展的需要,耐火材料行业自主创新,不断开发应用耐火材料生产新技术,提高耐火材料产品的性能和使用寿命。例如,烧结刚玉、镁铝尖晶石等合成原料快速发展,提升高品级耐火材料比例;与干熄焦技术同步发展的干熄焦用耐火材料有特种莫来石砖、莫来石-红柱石砖、高铝碳化硅砖、碳化硅砖等,实现干熄焦长期稳定运行;新型水泥窑烧成带用环保型镁尖晶石材料、镁钙锆材料、铁铝尖晶石材料,实现水泥窑衬体无铬化技术;粉体工程技术应用于耐火材料,微粉/超微粉(或纳米)技术改善了耐火材料的成型性能、显微结构、烧结性能以及不定形耐火材料的施工性能和高温性能,发展了自流浇注料、无水泥浇注料、湿式喷射料等新一代不定形耐火材料;非氧化物与氧化物的复合材料改变了传统耐火材料基本特性,材料的抗侵蚀、抗热震性等得到显著提高;复合技术(如

低导热多层复合莫来石砖、大型铝电解槽侧衬材料复合技术）、梯度设计技术、模拟技术应用改善材料的性能；新型添加剂、结合剂的应用和混练、成型及烧成设备的进步等，显著提高了耐火材料产品的质量、高温使用性能和使用寿命。

（2）耐火材料制造技术提高，少部分装备水平接近或达到国际水平。随着计算机技术、电子技术、数字化控制技术的发展，计算机控制技术在完成精确、快速的控制，实现稳产、高产、优质、低耗、安全运转，改善劳动条件，提高经济效益等方面都发挥着重要的作用。我国耐火材料装备机电一体化方面发展的进程也大大加快，目前各主要耐火材料生产设备制造商所提供的耐火材料生产机械装备都配备有相应完整的电气传动、自动检测和控制的控制装置，即从配料、混合、成型、干燥、烧成等工序所需设备几乎都配有自动化控制系统。同时一些耐火材料生产装备还呈现大型化、专业化的特点，提高了耐火材料的生产效率和保证了产品质量的稳定性。

（3）制定和修订耐火材料产品标准和方法标准数百项，每年新增耐火材料标准数量约十项；我国承担制定数项耐火材料国际标准，如耐火材料高温耐磨试验方法、耐火材料抗热震试验方法等，表明我国耐火材料标准化技术水平的提高。

二、存在的问题与不足

我国耐火材料工业多年来的高速发展中，存在技术水平的不均衡性，耐火材料质量稳定性有待提高，资源、环境和能源消耗付出代价过大。与国际先进水平相比，技术创新不足、核心竞争力不强；产业链短、资源综合利用率不高、可持续发展能力不足，亟待转变。

（1）知识创新和原始创新不足，重大技术突破少，缺少原创性新技术、新产品、新工艺。整体技术水平和竞争力与国际先进水平有差距，特别是综合技术水平差距明显，与体量之大、资源和能源消耗量之多不相称。以不定形耐火材料为例，高性能不定形耐火材料产品的核心技术和重要支撑条件是高水平结合剂和各类功能性添加剂产品和技术，是我国发展不定形耐火材料的明显短板。科研成果以仿制为多，自主创新较少。随着高温工业高效生产、节能降耗和新技术的发展，耐火材料服役环境更加苛刻，对其服役性能和行为的要求更高，这使得耐火材料的显微结构设计、性能调控与其他陶瓷材料相比更加复杂，更需要有系统、深入、先进的基础研究和应用基础研究支撑。

（2）耐火材料应用比较粗放，应用技术水平比较落后，工程服务水平低。吨钢耐火材料消耗仍高出国际最先进水平（10kg/t 钢）约一倍，其精细化程度和科学性亟待提高；不定形耐火材料应用比例与国际先进水平相比还偏低，不定形耐火材料应用技术及装备的研究开发明显滞后不定形耐火材料的发展；加强耐火材料综合技术和集成技术研究直接关系到我国耐火材料工业的可持续发展及其对高温工业的持久支撑。

（3）材料设计基础和材料性能测试及评价基础研究薄弱。耐火材料服务于高温技术，既是材料科学，也是应用科学，高温应用研究十分重要，影响耐火材料研究的深度和发展水平。在对材料服役过程的微观结构的演化、材料显微结构设计与控制、影响服役行为的关键性能测试方法和科学评价指标以及大型高温工程关键材料用后分析等方面研究不足或缺乏，严重影响了高性能材料性能调控、使用寿命预测等创新性工作的开展，制约了高性能先进耐火材料的发展。

（4）耐火材料生产装备水平与国外先进水平有较大差距，生产线自动化程度小于50%。设备研发投入少，生产装备更新换代迟缓。

时至今日，面对严重的环境、能源、资源的重负，我国各主要高温工业的发展正进入转折期，发展模式向结构优化、技术水平提高和核心竞争力增强转变，自主创新、流程优化、先进技术集成、高效率、低消耗、节能、环境友好和可持续发展。耐火材料转变发展模式和提升综合技术水平势在必行。

三、耐火材料发展趋势

耐火材料对高温工业的重要意义和战略意义在国内外正在受到关注和重视，对高温工业节能环保和可持续发展的重要性正在得到认同。进入 21 世纪以来，美国、德国、英国、日本等工业发达国家特别对耐火材料在节能环保方面的重要作用、耐火材料原料供给的可持续性和发展生态耐火材料、耐火材料性能和服役行为的评价和预测及发展智能耐火材料高度重视，并加大投入，实施多项长期研究计划。耐火材料产业技术正在经历由较粗放向精细、由传统向先进、由单纯材料制造向全寿命材料工程发展的变化。实现耐火材料减量化、轻量化、功能化、自动化和信息化，资源节约和节能环保成为耐火材料学科发展的主要目标。

概括来讲，围绕发展构建具有生态、智能、定制等特点的新一代耐火材料体系，国际上耐火材料学科未来的研究方向将主要集中在跨学科研究、表面工程、精细复合、功能设计、关键性能强化、新原料体系和新材料开发、一体化考虑材料优化和减量化、长寿化、智能化服役等新知识、新理论、新技术开发上。

1. 耐火材料基础研究方向

耐火材料在使用过程与高温介质（如渣、熔钢、水泥等）的物理化学作用；耐火材料的原位反应（如低碳耐火材料、非氧化物复合耐火材料中的功能添加剂演变过程）机理及科学规律、材料基因重组、结构和性能优化、耐材新的潜在功能开发的基础研究；耐火材料结构、性能综合平衡研究，为制备性价比更高的耐火材料提供理论基础；耐火材料服役的数值模拟计算与仿真，实现耐火材料热震损毁行为、耐火材料的渣蚀行为等进行模拟计算，揭示其与高温熔渣界面的变化及外生夹杂对钢等质量的影响规律，为耐火材料功能化开发和特殊钢冶炼提供支撑。

2. 耐火材料精准化设计

耐火材料设计向科学化和精细化发展。随着高温工业和高温技术的发展，对耐火制品的性能要求日趋提高，使用效益最大化成为客户和生产者追求的目标。耐火材料的组成、结构、性能设计、生产工艺、配置、施工技术和应用技术都日趋精密化。研究通过对材料组成、结构和工艺的精细、特殊设计，赋予耐火材料具有特种形式的结构和特定的使用功能，如耐火材料应用状态下的自修复功能、原位反应自保护功能、洁净钢液功能等，调控和提升耐火材料的关键使用性能，适应高温服役环境需求，提高耐火材料服役寿命、降低消耗。材料设计向高温功能化发展，实现耐火材料应用功能化及炉衬长寿。材质和结构上发展复合材料和复合结构，提高材料高温使用性能和优化配置。

耐火材料设计、制造、应用一体化的技术发展趋势。耐火材料技术开发和技术进步不再仅限于单个产品性能的提高，而从其功能增加及整个系统价值提升的广阔角度，对材料进行全过程设计。为了提高产品的使用寿命和服役，技术工作从原料控制、生产控制延伸到了使用控制，信息、光电、计算机模拟、仿真和控制等现代技术与耐火材料、机械等技术融合集成，以技术集成创新和系统创新带动产业技术的提升。

3. 耐火材料持续向减量化、轻量化、功能化方向发展

耐火材料减量化研究，以提高耐火材料服役寿命，减少耐火材料消耗为宗旨的耐火材料组成、结构、性能一体化设计和全寿命调控技术。包括耐材长寿化、耐火材料的修补/用后耐火材料的修补、用后耐材高附加值化的应用等。耐火材料轻量化与节能化研究，发展微孔高强、高抗侵蚀的低密度、低导热耐火材料，研究孔尺寸、分布及气孔率对材料抗侵蚀性能的影响（针对不同渣系临界孔的尺寸的确定、渣在不同场

作用下渣的表面张力、黏度、与耐火材料润湿角灯的变化等）；发展多层面的耐火材料设计，实现耐火材料在高温装置作业过程中的节能效果最大化；耐火材料功能化与部件化研究，耐火材料关键高温性能提升和耐火材料适应服役条件的定制设计，如双梯度功能材料、耐火材料-功能性膜、高性能功能性涂层（热、电、介电、低吸波、高透波等的功能）。

4. 耐火材料制备技术的发展与创新

设计与制备具有仿生显微结构的耐火材料、梯度结构或层状结构耐火材料、柔性耐火材料等，形成耐火材料结构-性能-功能一体化设计和制造技术，赋予耐火材料特殊力学、热学、化学性能或综合性能，耐火材料高性能化和对服役环境的精准适应。

借鉴相关学科如先进陶瓷和高分子制备技术在耐火材料中的应用，创新发展，实现耐火材料制备技术突破。进行工艺流程技术创新，展开"耐火材料制备工艺集成优化技术"，研究制备过程能源的高效利用（显热的利用）、排放的减少、生产效率的提高、提高产品质量的稳定性。运用近终型成型技术、新型成型技术（gel-casting、tape-casting）等新成型技术，促进梯度多层材料的发展，按照服役性能要求对材料进行设计和剪裁，满足热震性能、抗侵蚀性能和特殊功能的要求。

耐火材料制备技术的重点发展方向有以下几点：

（1）含碳耐火材料低碳化技术：冶金用低碳或超低碳耐火材料，适应钢铁行业发展洁净钢、高附加值品种钢，精炼钢包用耐火材料的碳含量约3%。

（2）高效隔热技术和系列新型高性能隔热耐火材料：传统轻质耐火材料孔结构优化和隔热及力学性能提升技术、系列微纳孔轻质耐火原材料的开发和应用技术、超高温、高侵蚀性等特殊气氛环境用特种隔热耐火材料等。

（3）新型耐火原料合成技术：包括复合原料、高效添加剂、新型结合剂、新型专用功能性耐火原料合成技术等，由此提升耐火材料的高温性能。

（4）发展不定形耐火材料：开发新型结合体系、各类功能性添加剂产品和技术、高性能不定形耐火材料；作业性能控制和优化，高温服役性能提升、应用领域拓宽；发展高温容器内衬热修补、高温焊接材料和技术，针对服役耐火材料表面形态、服役环境不同，采用相应的修补材料和技术。

（5）耐火材料原料资源综合利用技术：大宗低品位耐火材料资源提质、改性、升级优质化和应用技术、大宗用后耐火材料资源化和再利用工业化技术。

（6）大型耐火材料技术发展，解决吨位级耐火材料的成型、干燥、烧成、加工等技术问题。

（7）纳米粉体技术在耐火材料制备中的应用，解决纳米粉体的分散等技术问题。

（8）新型高效隔热耐火材料技术：以传热理论和材料微结构设计为基础的气孔结构、数量，材料性能可调控的高性能高温高效隔热新材料成套技术研究；高温晶体纤维系列制品制备集成技术和应用技术研究；微闭气孔化高强轻质耐火骨料研究，节能窑炉炉衬材料结构和配置优化设计及窑体轻量化集成技术等。

（9）大型高温窑炉耐火材料服役表面工程技术：开发出表面改性剂和改性技术，表面功能涂料和涂层技术，改善耐火材料专项服役行为，提高服役寿命、提高能效。

（10）耐火材料装备技术：耐火材料装备向自动化、信息化方向发展；研究开发先进研究设备、生产设备、检测仪器，对传统耐火材料生产用窑炉、成型、施工装备等进行升级改造。未来要重点研究开发耐火材料生产自动化技术及节能装备、特种耐火材料成型技术和装备、耐火材料窑炉节能技术和装备、不定形耐火材料施工装备技术、新型耐火材料检测技术及装备。

5. 耐火材料满足高温工业高效新技术、新工艺、新产业发展的需要

可循环钢铁流程工艺与装备等技术、高废钢比转炉工艺技术；新兴高温工业，如煤的清洁高效开发利用、液化及多联产技术，环境领域中综合治污与废弃物减容高温处理技术等；新型电子材料、新型显示材料、特种功能材料等新材料制造技术，对耐火材料提出了新的更高的要求，需要围绕这些新技术需求发展相适应的安全、节能、环保、长寿命耐火材料和耐火材料技术。

6. 耐火材料服役行为和服役寿命预测

运用激光测量技术、高温容器外壳温度监控技术、示踪技术、高温传感器指示等方法检测耐火材料服役状况。完善耐火材料性能指标科学评价体系。

7. 智能化耐火材料技术

智能化耐火材料包括原位自保护、自修复、自涂层等耐火材料；在耐火材料大数据、高度自动化基础上，逐步实现耐火材料智能制造技术。

第四节　学科发展目标和规划

一、中短期发展目标和规划

1. 中短期（到2025年）内学科发展目标和方向

围绕高温工业技术发展对耐火材料的先进要求和耐火材料高效、节能、环境友好、绿色可持续的发展方向，研究耐火材料高性能、长寿、低耗的关键技术，发展耐火材料新技术、新工艺和新材料，发展耐火材料应用精细化和先进应用技术，实现耐火材料的减量化、轻量化、功能化、生态化和智能化发展。

（1）目标。

1）发展高效、长寿、节能环保先进耐火材料，满足高温工业转型升级、新兴产业发展的需求；研发新型耐火材料，满足、适应高温工业的进步发展。

2）发展不定形耐火材料，推进提高不定形耐火材料比例，使不定形耐火材料比例达到50%。

3）通过耐火材料减量化、耐火材料应用技术提升，耐火材料技术水平和应用水平达到国际先进水平，以达到耐火材料吨钢消耗10kg。

4）耐火材料装备向大型化、现代化、自动化方向发展，生产工艺更加节能环保，操作管理自动化、智能化水平提高。60%耐火材料企业的大吨位压砖机国产化，机械手臂码砖系统、包装系统自动化，配料线实现自动化。

（2）发展方向。

1）建立组成、结构、性能和服役功能的一体化材料设计基础，耐火材料向减量化、轻量化方向发展。减少吨钢（吨建材）耐火材料消耗是长期的目标；以提高耐火材料服役寿命、减少耐火材料消耗为宗旨的耐火材料组成、结构、性能一体化设计和全寿命调控技术。加强耐火材料轻量化与节能化研究，发展多层面的耐火材料节能设计，实现耐火材料在高温装置作业过程中的节能效果最大化。

2）耐火材料功能化和智能化。耐火材料功能化与部件化研究，耐火材料关键高温性能提升和耐火材料适应服役条件的定制设计，如双梯度功能材料、耐火材料－功能性膜、高性能功能性涂层（热、电、介电、低吸波、高透波等的功能）。耐火材料智能化与实时在线监测控制，适应钢铁行业数字化智能制造发展的需求，包括高温在线检测技术，耐火材料附加高温传感器、示踪技术。

3）发展合成耐火材料原料。耐火材料的发展和进步依赖合成耐火原料的发展和进步。合成原料的使用比例在持续增加。复合物相的合成原料、控制晶粒尺寸的合成原料等新原料待研究开发。

4）耐火材料产品结构变化。发展不定形耐火材料和不烧耐火制品。不定形耐火材料结合剂和功能外加剂系统研究；纳米工程化耐火材料技术及应用；抗爆裂浇注料和施工工艺；不定形耐火材料新结合体系和新作业技术开发，适应高温工业的新变革。不定形耐火材料应用领域扩展，消耗性耐火材料的不定形化成为主流趋势，逐渐扩展到窑炉基建性耐火材料的不定形化。部分烧成碱性砖等转化为不烧的镁铝砖、镁钙砖等。

发展碱性耐火材料。根据耐火原料资源现状，铝矾土资源少、菱镁矿资源丰富，钢铁工业用消耗性耐火材料的分配正在变化，碱性化耐火材料的比例将持续增加，如钢包用的铝镁碳转变为镁铝碳。混铁炉、铁水包、鱼雷罐、出铁沟等所用 Al_2O_3-SiO_2、Al_2O_3-SiC-C 材料向 Al_2O_3-MgO、Al_2O_3-MA-SiC-C 材料转化。

5）耐火材料要满足高温工业的新工艺、新技术的需求。为了适应 2025 年后废钢量的持续大幅上升形势，适应全废钢电炉、高废钢比转炉、特种钢冶炼要求，研究耐火材料性能与其适应转变。需要提高耐火材料耐冲击性、耐磨性和耐侵蚀性，钢包衬体减少含碳耐火材料的使用。

6）耐火材料制备技术的提升。研究开发先进生产设备、检测仪器，改造提升耐火材料生产用窑炉、混炼和成型装备、施工装备等。未来要重点研究开发耐火材料生产智能自动化技术及节能装备、特种耐火材料成型技术和装备、耐火材料窑炉节能技术和装备、不定形耐火材料施工装备技术、新型耐火材料检测技术及装备；进一步完善耐火材料用相关机械装备。发展耐火材料工程机械，未来电子技术在耐火材料等工程机械上的应用将大大简化人工的操作程序以及提高机器的技术性能，从而真正实现"人机交互"效应。

2. 中短期（到2025年）内主要存在的问题与难点

随着高温工业高效生产、节能降耗和新技术的发展，耐火材料服役环境更加苛刻，对其服役性能和行为的要求更高，这使得耐火材料的显微结构设计、性能调控与其他陶瓷材料相比更加复杂。耐火材料基础研究薄弱，学科的知识创新亟需加强，特别在新材料设计、性能调控、应用性能评价及大型高温工程关键材料用后分析等方面，严重制约了耐火材料性能改善和高性能新材料的发展。

存在的问题与难点主要表现为：① 系统性基础研究不足，影响耐火材料向减量化、轻量化、功能化、智能化发展进程；② 材料设计基础和性能测试及评价基础研究薄弱；缺少原创性新技术、新产品、新工艺；③ 技术问题阻碍耐火材料品种结构向高品质耐火材料、不定形耐火材料的发展，如溶胶结合浇注料的脱模强度过低、施工设备适应性差等；④ 耐火材料消耗仍相对过高，与世界先进水平差距仍较大（如国内吨钢耐火材料消耗约15kg），耐火材料产能过大，耐火资源开采无序和过度，对长期稳定可持续供给造成很大压力；⑤ 耐火材料装备水平需要提升，生产设备的自动化水平低，更新换代周期长。

3. 中短期（到2025年）内技术发展重点

（1）耐火材料精细化设计制造技术，包括复合化耐火材料及其制造技术、耐火材料微结构设计和调控技术、耐火材料增材成型技术和耐火材料工作面增强技术。

（2）高温装置耐火材料精细配置技术，包括耐火材料和服役环境条件协同最佳化集成技术、耐火材料在线修复技术和耐火材料服役监控技术。

（3）不定形耐火材料用高性能非水泥无机结合剂和高性能功能化添加剂制备技术；梯度结构、复合结构不定形耐火材料技术；耐火材料在线热修复技术。

（4）耐火材料在线控制技术，包括耐火材料服务监控技术及耐火材料寿命预测技术。

（5）开发耐火材料生产自动化技术及节能装备、特种耐火材料成型技术和装备、耐火材料窑炉节能技术和装备、不定形耐火材料施工装备技术、新型耐火材料检测技术及装备。

（6）耐火材料表面工程学基础研究，包括耐火材料表面改性提质提效技术和系列功能性耐火材料表面涂层技术。

（7）耐火原料合成技术，包括复合物相的合成原料、控制晶粒尺寸的合成原料、高效添加物等新原料的研究开发。

二、中长期（到2050年）发展目标和规划

1. 中长期（到2050年）内学科发展目标和方向

围绕高温工业技术发展对耐火材料的先进要求和耐火材料高效、节能、环境友好、绿色可持续的发展方向，研究耐火材料高性能、长寿、低耗的关键技术，发展耐

火材料新技术、新工艺和新材料,发展耐火材料应用精细化和先进应用技术,实现耐火材料的减量化、轻量化、功能化、生态化和智能化发展。

(1)中长期(至2050)目标:实现耐火材料产品和高温应用的减量化、轻量化、功能化、生态化和智能化发展;吨钢耐火材料消耗进一步明显降低,为<8kg;用后耐火材料再利用率达到90%,降低耐火材料固弃物排放。

(2)发展方向:

1)耐火材料精细化、个性化设计制造和定制;耐火材料服役行为精准设计;发展智能耐火材料和仿生耐火材料。

2)不定形耐火材料全寿命周期行为精准设计;不定形耐火材料长效服役的热造衬技术开发。

3)耐火材料智能化:材料的智能化是材料性能的多元化等接受外部环境变化的信息,并能实时进行反馈。

4)耐火原料可持续发展系统研究和低品位耐火原料矿提质及应用研究,全领域用后耐火材料资源化研究,其他行业固弃物耐火材料资源化研究。

5)用于耐火材料的纳米材料合成与性能调控。

2. 中长期(到2050年)内技术发展重点

(1)智能耐火材料制造技术:按服役要求精准定制耐火材料。

(2)耐火材料作业面性能定向提升技术。

(3)特定高温装置的工艺造衬技术。

(4)不定形耐火材料高效施工新技术。

(5)新耐火资源开发和应用;新型高性能耐火原料开发和应用。

(6)纳米工程化耐火材料技术及应用。

三、中短期和中长期发展路线图

中短期和中长期发展路线图见图20-1。

第二十章 冶金耐火材料

目标、方向和关键技术	2025年	2050年
目标	（1）满足高温工业转型升级、发展的需求 （2）以基础研究高效、长寿、节能环保先进耐火材料，耐火材料技术水平和应用水平达到国际先进水平；不定形耐火材料约占耐火材料总量的50% （3）吨钢耐火材料消耗降低20%以上，为<10kg	（1）实现耐火材料产品和高温应用的减量化、轻量化、功能化、生态化和智能化发展 （2）吨钢耐火材料消耗进一步明显降低，为<8kg （3）用后耐火材料再利用率达到90%
方向	（1）建立组成、结构、性能和服役功能的一体化材料设计基础，传统耐火材料减量化、轻量化、功能化等的提质研究，耐火材料复合化和复合技术系统研究 （2）不定形耐火材料结合剂和功能外加剂系统研究；不定形耐火材料新结合体系和新作业技术开发，适应高温工业的新变革。不定形耐火材料应用领域扩展 （3）耐火材料表面工程学基础研究。耐火材料表面改性提质提效技术，系列功能性耐火材料表面涂层研究；高温炉窑热修补集成技术研究 （4）特种产品需高端耐火原料开发，耐火原料可持续发展系统研究和低品位耐火原料矿提质及应用研究，全领域用后耐火材料资源化研究，其他行业固弃物耐火材料资源化研究	（1）耐火材料精细化、个性化设计制造和定制；耐火材料服役行为精准设计；发展智能耐火材料和仿生耐火材料 （2）不定形耐火材料全寿命周期行为精准设计 （3）耐火材料服役智能化研究；耐火材料调质处理新技术研究；不定形耐火材料长效服役的热造衬技术开发 （4）耐火原料可持续发展系统研究和低品位耐火原料矿提质及应用研究，全领域用后耐火材料资源化研究，其他行业固弃物耐火材料资源化研究
关键技术	（1）发展耐火材料精细化设计制造技术：发展复合化耐火材料及其制造技术、耐火材料微结构设计和调控技术、高温工业新工艺、新技术用耐火材料开发；耐火材料工作面增强技术 （2）高温装置耐火材料精细配置技术；耐火材料和服役环境条件协同最佳化集成技术；耐火材料在线修复技术；耐火材料服役监控技术 （3）跨学科研究开发不定形耐火材料用高性能非水泥无机结合剂和高性能功能化添加剂制备技术；梯度结构、复合结构不定形耐火材料技术；功能化不定形耐火材料技术 （4）纳米工程化耐火材料技术及应用；复合物相原料的合成技术	（1）智能耐火材料制造技术；按服役要求精准定制耐火材料 （2）耐火材料作业面性能定向提升技术 （3）特定高温装置的工艺造衬技术 （4）不定形耐火材料高效施工新技术 （5）新耐火资源开发和应用；新型高性能耐火原料开发和应用 （6）纳米工程化耐火材料技术及应用

图 20-1 中短期和中长期发展路线图

撰稿人： 李红霞　王　刚　石　干

第二十一章 冶金炭素材料

第一节 学科基本定义和范畴

炭素材料属于非金属材料，主要研究炭素原料和炭素制品的组织结构、性质、生产工艺和使用效能，以及它们之间关系的学科。炭素材料是以碳元素为主体构成的材料。由于这一学科的迅猛发展，炭素材料的范围难以界定，随着炭素材料应用的范围日益扩展，它与周边学科的界线越发模糊，也越加重叠交叉。

炭素材料应用广泛，包括冶金、有色、化工、机械、宇航、电子、飞机制造、核工业、新能源、军事工业、体育器材、生物医疗等领域。

炭素制品种类多样，有石墨电极（含石墨阳极）类、炭阳极（预焙阳极）类、炭电极类、炭块类、炭糊类、特种石墨（三高石墨）、机械用耐磨炭和耐磨石墨、电工用炭和石墨制品、化工用石墨、炭纤维及其复合材料、石墨层间化合物、石墨烯等前沿新材料。

冶金工业用炭素材料主要是作为：① 导电材料，如电弧炉用石墨电极、炭电极，铁合金炉用电极糊；② 结构材料，如炼铁高炉、铁合金炉炉衬用炭块（炭砖），砌筑高炉炭块用粗、细缝糊等。

第二节 国内外发展现状、成绩、与国外水平对比

一、发展现状与成绩

炭素材料科学是从19世纪炭素制品大规模生产的需要而逐步形成的，因其具有的特殊功能首先被选中作为炼铁炉的内衬及电冶炼的导电材料，进而发展为近代炭素制品的两大类产品——炭质或石墨质的炉衬炭块（砖）和石墨电极。由于炭素制品是

冶金、化工、电子、核工业等国民经济中不可缺少、难以替代的导电材料、结构材料和功能材料，自中华人民共和国成立以来，我国的炭和石墨制品工业就有了很大的发展，从数量到品种、品质有效支撑保障了高温冶炼工业的运行和发展，除大规格超高功率石墨电极外，超微孔炭砖、特种石墨（用于电火花加工、连续铸造用大尺寸细颗粒各向同性石墨、适用于高温气冷核动力堆的石墨）材料、锂离子电池负极材料、燃料电池用新型炭素材料、高性能活性炭纤维等都有良好的发展。

1. 石墨电极

电炉炼钢是石墨电极的最大消费领域，石墨电极是钢铁工业炼钢过程中使用的不可替代的耐高温、耐热震动、耐热冲击、耐氧化的导电材料，近代电炉炼钢的三大发展，即炼钢电炉的高功率化和大型化、熔化炉与精炼炉的分工和合作、解决大电流操作对电网冲击的直流电炉的崛起，促进了电弧炉用导电材料石墨电极在20世纪50年代以后取得七大技术进步，即：针状焦在高功率和超高功率石墨电极上的应用、锥形接头连接、在接头表面嵌入接头栓防止连接松动、浸渍技术的扩大使用和浸渍剂的改进、内热串接石墨化技术的推广、电极表面抗氧化涂层技术、高精度的加工机床使用。我国从20世纪50年代只能生产普通功率 $\phi 200\sim 400mm$ 石墨电极，通过对引进技术、装备消化吸收，逐步发展为能生产 $\phi 500mm$ 以上大规格普通功率、高功率、超高功率石墨电极，20世纪90年代初掌握了大规格超高功率石墨电极生产技术。1997年 $\phi 600mm$ 超高功率石墨电极试验成功并开始投入批量生产。近年来，$\phi 700mm$ 超高功率石墨电极研制成功，经过上炉试验已取得良好效果，国内部分炭素厂已开始生产 $\phi 700mm$ 超高功率石墨电极，已部分取代了进口电极，有望今后全面替代进口。我国石墨电极行业在生产能力逐年提高的同时，产品质量档次也大幅提高。

随着大容量、大电流的超高功率电弧炉冶炼成为全球现代化制钢工业发展的必然趋势，对高功率、超高功率大规格石墨电极需求量将会逐年递增。中国是全球石墨电极的最大生产国，产量占50%以上，2015年中国生产石墨电极55.17万吨，与2001年相比，增长119%，年均增长5.8%，其中超高功率电极16.08万吨，增长765%，年均增长16.66%；高功率电极20.38万吨，增长112%，年均增长5.51%；普通功率电极18.71万吨，增长27%，年均增长1.72%。

2. 炭电极

炭电极是以电煅无烟煤、石油焦、石墨碎、煤沥青等为主要原料，经配料、成型、焙烧、机械加工而成的炭质导电材料，它是21世纪以来在我国逐步推广运用的一种新型节能环保材料，作为矿热炉用导电电极可以广泛应用于工业硅、铁合金、电石、黄磷等金属或非金属冶炼过程。20世纪90年代中期，我国三元炭素厂和原涞水长城长电极有限公司（现河北顺天电极有限公司）自主研发生产出了较大规格炭电极，填补了国内炭电极生产空白。可以说这是我国矿热炉冶炼导电材料更新换代的一次飞跃，为金属硅冶炼炉大型化创造了条件。炭电极的研发、应用在我国虽然起步较晚，但发展迅速，由于其作为矿热炉用导电电极在降低成本、节能减排、提高冶炼效率和安全性等方面具有明显的比较优势，同时其理化指标也能完全满足下游行业生产产品的要求，因此具有替代石墨电极和电极糊的巨大潜力。目前，炭电极在工业硅、铁合金、电石、黄磷等冶炼中得到推广应用。我国炭电极行业的产业集中度很高，全国80%以上的炭电极生产集中在4家企业，分别为河北联冠电极股份有限公司（简称"联冠电极"）、河北顺天电极有限公司（简称"河北顺天"）、焦作市东星炭电极有限公司（简称"东星炭电极"）、山西三元炭素有限责任公司（简称"三元炭素"）。

2015年，我国生产炭电极14.77万吨，进口炭电极可以忽略不计，出口炭电极0.60万吨，炭电极表观消费量为14.17万吨。其中金属硅（工业硅）行业消费炭电极12.36万吨，占87.22%；黄磷行业消费炭电极0.33万吨，占2.33%；铁合金行业消费炭电极1.3万吨，占比9.18%；电石行业消费炭电极0.05万吨，占比0.35%；其他行业消费炭电极0.13万吨，占比0.92%。炭电极国际市场非常小，2015年除中国外，其他国家只消费不到7万吨，而且增长潜力也非常小。

3. 高炉用炭砖（炭块）

由于炭素材料对铁水及溶渣有较好的抗腐蚀性能，因此采用炭素材料作为炼铁炉的耐火内衬在19世纪初欧洲炼铁工业已有相当规模，20世纪50年代以后又有了较大发展。我国高炉用炭砖的发展大致经历了三个阶段：1995年以前是以中温电煅无烟煤和冶金焦为原料生产的普通炭砖；1995年开发出以电煅无烟煤为原料生产半石墨炭砖和微孔炭砖；2004年开发出以石墨化无烟煤为原料生产超微孔炭砖。这三个阶段反映了我国高炉炭砖生产追求世界先进水平的发展过程，近年国产高炉炭砖的质量已经有了很大的进步。目前国内大型高炉的炉底和炉缸多数采用炭块（砖）砌筑，随着高炉冶炼强度的不断提高，对炭块（砖）等炉衬材料提出了更高的要求，现已有包括石墨质炭块（砖）、半石墨质块（砖）、碳化硅-半石墨块（砖）、微孔炭块（砖）、高温模压炭块（砖）等许多品种，满足了高炉冶炼用炉衬的需求。我国4700m³以上的高炉使用石墨砖的部位有炉腰、炉腹，其所需高强度、高密度、高导热石墨微孔砖现已国产化，在宝钢高炉已使用多年，代替国外的进口已成为事实。

中国的高炉炭砖研究起步较晚，20世纪80年代开始研究大块微孔炭砖，20世纪90年代微孔炭砖在高炉试用后产品开始进入市场。紧接着又进行超微孔炭砖的研究，21世纪初研究成功，2006年产品开始在高炉上应用并进入市场。近年来超微粉技术、固氮焙烧技术在炭砖生产中的应用和微孔化的实施，已使我国生产的高炉炭砖系列产品达到或接近国际先进水平。

2015年中国高炉炭块生产能力约12万吨，其中微孔和超微孔高炉炭块能力6万吨，半石墨质高炉炭块4万吨，自焙高炉炭块2万吨。实产高炉炭块6.05万吨，其中高导炭块0.09万吨，微孔和超微孔高炉炭块4.02万吨，半石墨质高炉炭块1.63万吨，自焙高炉炭块0.31万吨。

2015年中国高炉炭块出口1.06万吨，进口0.2万吨，国内表观消费为5.19万吨，其中微孔和超微孔高炉炭块3.76万吨，进口炭砖0.2万吨，半石墨质高炉炭块0.83万吨，自焙炭块0.31万吨。

4. 特种石墨

随着炭石墨材料的应用开发，其应用范围已拓展到航天航空、军工、核能、轨道交通、半导体、光伏、燃料电池与钒液流电池、机械密封、化工、高温及超高温装备、电火花加工、有色金属连铸等领域，主要包括中粗结构石墨（最大颗粒尺寸0.5~2.0mm）、细结构石墨（颗粒尺寸$D50 \leq 25\mu m$）和超细结构石墨（颗粒尺寸$D50 \leq 5\mu m$）块体材料，一般统称为特种石墨。中国的细结构或特种石墨的研究和生产始于新中国成立后开展的第一个五年计划，基本技术为引进苏联的二次粉末冷模压工艺，之后在20世纪60年代初开始等静压技术的研究。经过60多年的发展，工艺技术、装备水平和产品质量不断提高，产品种类和规格不断增加，目前已产能达到20余万吨，居世界首位；制备技术涵盖粉料单向模压、双向模压、等静压成型和糊料挤压、振动、温压成型等，已基本满足国防和国民经济建设和发展的需要并少量出口。目前国内能自主生产特种石墨（主要采用等静压技术）的企业有成都炭素有限责任公司、方大炭素新材料科技股份有限公司、中钢集团浙江新型石墨材料有限公司、吉林炭素有限公司、四川林凤控股股份有限公司、哈尔滨电碳有限责任公司等。

二、与国外水平对比

1. 石墨电极

世界石墨电极生产现在以 HP 和 UHP 为主,产量基本保持在 120 万吨/年的规模。电极直径由 φ500 mm 为主增大到 φ700mm,尽管吨钢石墨电极消耗不断下降,石墨电极需求总量增加不多,但大规格 UHP 石墨电极的市场需求一直呈稳步上升势头。德国 SGL、美国 UCAR、日本 SDK 等国外炭素企业以生产大规格 UHP 石墨电极、特种炭素材料为主,技术水平和生产工艺依然处于领先地位,产品占据国际市场 70% 的份额。我国 UHP 石墨电极的整体质量虽然得到了国际市场的认可,市场竞争力有所提升。然而在国外一些大容量冶炼炉面前,与国际一流炭素企业相比较而言,我国的石墨电极质量还存在很大的提升空间,如 φ700mm UHP 石墨电极是我国现在能够生产的最大规格,而且能够生产的企业寥寥无几,但是国外如 SGL、东海炭素等已经能够成熟生产 φ800mm 的 UHP 石墨电极。制约我国 HP 和 UHP 石墨电极发展的主要因素:首先,大型超高功率石墨电极用原料针状焦受限,主要还是依靠进口,国产针焦在技术上还未有重大突破;其次,关键设备如混捏机、凉料机和专用加工设备等国产化替代工作还有待提高,工艺上产品均质化控制技术及大规格超高接头制备技术还有待突破;第三,我国电炉钢比例的提升速度也是制约石墨电极发展的重要因素之一。

2. 炭电极

炭电极作为一种新型节能环保材料,在我国经过多年的发展,炭电极产品及生产工艺也经历了不断发展和完善的过程,早期参与产品研发和生产的企业也具备了一定的规模。目前,炭电极在工业硅冶炼行业的应用已非常成熟并达到了国际先进水平,在铁合金、电石、黄磷等行业的应用在进一步深化和完善过程中。在国际上,目前规模较大的生产炭电极的企业主要是德国西格里集团(SGL Group-The Carbon Company)。电煅无烟煤是生产炭电极的主要原料,它是由优质无烟煤经高温煅烧而成。我国是世界上优质无烟煤的主要生产基地,储量非常丰富,国外炭电极生产企业大多从我国进口无烟煤。原美国 UCAR 国际有限公司(现美国石墨技术公司,GIT)是最早生产炭电极的企业之一,但受到原材料来源的限制和近年来我国炭电极行业迅速发展的冲击,现已退出炭电极生产领域。

我国炭电极行业经过几年的发展,研发实力和技术水平取得了长足进步,部分产品性能已达到国际先进水平。另外,由于我国生产的炭电极具有明显的价格优势,因此在国际市场也具有较强的市场竞争力。

3. 高炉用炭砖（炭块）

高炉炭砖有半石墨炭砖、微孔炭砖、超微孔炭砖、石墨砖和模压小炭砖等。

（1）半石墨炭砖。

国产半石墨炭砖和日本 BC-5 型半石墨炭砖相比，其导热系数、抗碱性、铁水熔蚀性能相当。德国半石墨炭砖的 600℃导热系数达到 18.04 W/(m·K)，优于一般的国产半石墨炭砖，其他性能则相当。

（2）微孔炭砖。

普通微孔炭砖中，日本的 BC-7S 和法国的 AM-102 炭砖可作为代表性的国际名牌产品，武钢 5 号高炉、宝钢 1 号和 2 号高炉都使用了该产品，使用效果好，高炉寿命都达到了 10 年以上。该产品的特点是导热系数较高，600℃达到 12~14 W/(m·K)；微气孔指标先进，平均孔径 0.10~0.13μm，<1μm 孔容积率达到 78.45%；抗碱性优良。

国产的普通微孔炭砖其主要性能指标和日本 BC-7S 炭砖、法国 AM-102 炭砖已很接近，国内很多高炉的使用效果较好。

（3）超微孔炭砖。

要使高炉寿命进一步提高到 15~20 年，对炭砖应有更高的要求，主要是导热系数和微气孔指标应该更高。满足以上要求的国外炭砖以日本的 BC-8SR 和德国的 7RDN 为代表的超微孔炭砖。其主要特点是导热系数较高，600℃达到 18~20 W/(m·K)，平均孔径达到 0.1μm，<1μm 孔容积率 >85%，其他性能也保持优良。目前国内超微孔炭砖，其性能达到了日本 BC-8SR 和德国 7RDN 炭砖的实物质量水平，现已用于武钢 7 号高炉（3200 m³）。

（4）模压小炭砖。

以美国（NMA、NMI）热模压小炭砖为代表的国际名牌产品在我国应用也比较多，使用效果较好。近年国内已有多家炭素厂生产模压小炭砖，但一般只达到普通微孔炭砖的水平。

高炉炭砖在不断地发展进步，目前最先进的炭砖属日本 BC-8SR 型超微孔炭砖，它的主要优点是平均孔径 <0.05μm，<1μm 孔容积 >85%，导热系数 >20W/(m·K)，可有效地强化高炉冷却，防止铁水渗透侵蚀。这种超微孔炭砖可以满足 15~20 年长寿高炉的需要。

4. 特种石墨

美国是世界上最早从事各向同性（等静压）石墨研究和生产的国家，主要有步高石墨公司、UCAR 公司、圣玛利工厂（已被法国罗兰炭素公司兼并），步高公司因生产平均粒度为 1m 的超细结构等静压石墨而驰名。德国 SGL 碳素集团和逊克炭素公司是从事等静压石墨开发和生产的主要企业，SGL 集团产品除生产等静压石墨外，还有挤压成型、模压成型制品，产品涉及行业及领域最广，在中国市场影响力很大。法国罗兰炭素公司在国际居领先地位的是石墨换热器产品，其基体也是等静压石墨材料，2007 年 10 月在重庆成立重庆罗兰特种石墨有限公司，其成型坯料经一次焙烧后直接进行石墨化，其密度和强度难以达到国际先进水平，但不经过浸渍再焙烧直接进行石墨化后的体积密度就能达到 1.76cm^3/g，很值得中国等静压石墨生产企业学习研究。日本是目前世界上等静压石墨在产量、质量、品种、规格以及拓展应用等方面均达到先进水平的国家，从事等静压石墨研制的企业最多，有东洋炭素有限公司、东海碳素有限公司、新日本科技炭素有限公司、揖斐川电气工业有限公司、东北协和炭素有限公司、东芝陶瓷公司日立化成工业有限公司和昭和电极公司等；产品品种最多，等静压石墨品种超过 100 种；产品规格最大，这几家公司均具备生产 ϕ1000mm 或超过 ϕ1000mm 的能力；应用领域最广，有半导体、太阳能、冶金、机械、原子能、生物工程及电机制造等。

相比我国特种石墨材料，从无到有，经过多年的发展，工艺技术水平和产品质量不断提高，产品种类和规格不断增加，但与国外先进水平相比，仍存在较大的差距，主要表现在：

（1）未形成完整的产品体系，产品性能难以满足细分领域的特殊要求。

鉴于特种石墨的广泛用途，国外已根据细分应用领域对特种石墨的特殊性能要求，开发并形成了相对完整的特种石墨产品体系，而国内的特种石墨生产企业限于生产规模和经济实力，大多缺乏研发力量与资金开展新技术、新装备和新产品开发，因此生产技术和产品结构较单一和雷同的问题长期未得到改善，表现为总体产能过剩、产品结构不合理、产品性能难以满足细分领域的特殊要求、高端应用领域受制于国外。

（2）生产工艺与装备技术落后，材料理化性能指标较低。

虽然近年来我国特种石墨工艺技术和装备水平有所提高，产品质量也得到较大改善，但与国外相比，仍存在一次焙烧品密度偏低、需多次浸渍-焙烧、生产周期长、材料理化性能指标较低的共性问题。究其原因，既与基础研究缺失，技术开发缺乏理论指导有关，也与生产企业经济实力较差，研发投入不足和对细分应用领域的技术要求认识程度不高有关。

（3）大规格细结构石墨材料材质不均匀，成品率低。

我国大规格特种石墨生产起步较晚，但恰逢光伏产业超常规发展，生产能力提高很快，带来的问题是产品理化性能较低且存在材质不均匀的现象，特别是热处理过程中出现严重开裂，导致成品率极低。通过近几年的努力，产品开裂的现象有所降低，但内部微裂纹较多和材质不均匀的问题一直没有得到根本解决，严重制约了产品的服役性能。而国外生产的大规格特种石墨产品，不仅理化性能优异，而且材质非常均匀，废品率极低。

（4）超细结构特种石墨及异形石墨产品尚处于空白。

超细结构特种石墨具有优质的性能，而异形石墨有利于缩短生产周期，降低生产成本，二者的生产难度都极大。国外已有较大规模的超细结构特种石墨和异形细结构特种石墨生产能力，但国内尚处于空白。

三、与国外水平相比存在的主要问题

（1）产业结构问题。

我国炭素企业集约化程度太低，企业数量过多，规模偏小，发展能力和抗风险能力不足；高端产品和知名品牌少，产品附加值较低，技术创新不足，核心竞争力不强。

（2）行业准入问题。

炭素行业生产门槛并不高，生产技术也已经相对较成熟，行业进入资金需求量并不大，在很长一段时间内吸引了大量的民营资本进入这一行业，整个行业的投资热度过高。

（3）环保问题。

炭素厂家众多，发展规模不同，采用的工艺和装备各异，环保治理方法和措施差异较大，环保意识也存在差异，导致整个炭素行业的环境保护水平参差不齐。

（4）生产能耗问题。

我国炭素工业的能耗与世界先进水平有一定的差距，主要体现在焙烧炉、石墨化工序上。原料质量、装备炉窑设计制造和自动化控制水平等是影响的主要因素。

（5）产品质量问题。

由于我国各炭素企业使用的原料及应用的工艺技术与装备水平参差不齐，质量均匀性呈波动状态，导致不稳定，产品的质量相差较大。

（6）工艺与装备水平问题。

在我国生产工艺和装备与国际先进水平都存在一定的差距。具体体现在：研究基础条件薄弱，炭素的工艺设计技术没有标准，研究开发和相关设备的开发方面还需要进行大量的研究及应用工作。

第三节　本学科未来发展方向

随着科学技术的进步，对大规格高性能石墨的需求会不断增加，寻求材质均匀化，优质原料的选择（针状焦和黏结剂沥青）及配料设计匀质化与混捏糊料均质化，要有突破性的工艺技术创新；高实收率均质化焙烧工艺；低能耗工艺技术、实用可靠耐用、高效和较低运行费用的环保设备研发和应用，注重节能环保是发展方向，将加强基础理论、制备工艺技术和生产装备的创新发展和进步。

一、石墨电极

电炉炼钢是石墨电极的最大消费领域，2015年世界电炉钢产量比例为25.1%；同期，美国电炉钢比例为62.7%，欧洲电炉钢比例为39.4%，韩国电炉钢比例为30.4%，日本电炉钢比例为22.9%，而中国电炉钢比例仅为6.1%。伴随着国家去产能工作的深化，尤其是大力淘汰中频炉地条钢以及对钢铁行业节能减排工作的日益重视，结合国家提出的"中国制造2025"和"互联网+"战略，电炉钢将迎来发展良机。未来随着我国废钢资源的积累有可能进一步推动直接还原铁工艺在国内的转化和发展（近年来美国、印度等国家建设了大量直接还原铁+电炉的联合工厂）。

电炉炼钢相关设备的国产化，尤其是大容量变压器、大功率烧嘴和多功能枪、大直径石墨电极等核心设备的配套能力，以及配套的自控系统和操作软件的国产化水平，进一步降低电炉炼钢厂的投资运行成本成为今后的发展方向。这必将促进对大规格UHP石墨电极的需求和发展。到2020年，ϕ700 mm UHP石墨电极本体及接头均质化制备技术及产品达到国际一流水平；实现高功率石墨电极短流程生产工艺；进一步加强生产UHP石墨电极本体及接头用国产优质针状焦原料研制开发。开发具有低热膨胀系数、低孔隙度、低硫、低灰分、低金属含量、高导电率及易石墨化等一系列优点的针状焦也是石墨电极企业面临的技术难题,正在寻求技术上的突破。

二、炭电极

由于下游工业硅、铁合金、电石、黄磷等冶炼行业均具有"两高一资"的特点,随着未来对工业生产中环保要求的日益严格以及"两高一资"行业企业落后产能淘汰、技术升级和工艺设备的更新换代,炭电极的市场空间极为广阔。加强工业硅、铁合金冶、电石、黄磷、钛渣等冶炼矿热炉用炭电极产品的应用技术研究,以期提高炭电极质量水平。工业硅、铁合金冶、电石、黄磷、钛渣用矿热炉今后向大功率大容量的发展要求,高品质超大规格直径的炭电极是今后发展主流。

三、高炉用炭砖(块)

1. 半石墨炭砖

根据高炉炉缸炉底炭砖的侵蚀机理和目前半石墨炭砖的质量现状,提高半石墨炭砖的抗铁水溶蚀性、提高导热系数、改进抗碱性、改进微气孔指标是半石墨炭砖的发展方向。

2. 微孔炭砖、超微孔炭砖

高炉微孔炭砖发展方向是提高导热系数和进一步提高微孔指标,即超微孔炭砖,研制目标:平均孔径小于 $0.05\ \mu m$,小于 $1\mu m$ 孔容积大于85%,导热系数大于20W/$(m \cdot K)$,以满足15~20年长寿高炉的需要。

3. 模压小炭砖

模压小炭砖应当进一步提高导热系数,改进工艺,提高质量稳定性,是今后的发展方向。

四、特种石墨

(1)开发和生产特种石墨的专用高密度焦炭原料。

高性能细结构特种石墨的生产通常需要经过多次浸渍-焙烧才能达到较高的理化性能,而国外产品不需要多次浸渍-焙烧就能达到较高的理化性能。其原因在于目前国内尚无工业化规模的高密度焦炭原料或具有适当收缩率的焦炭原料,成型密度也不能太高,否则一次焙烧开裂非常严重。因此开发和生产细结构石墨的专用高密度焦炭原料对于缩短细结构石墨的生产周期，降低生产成本，提高产品质量具有重要的作用。

（2）加强原材料特性及配方理论与技术研究。

特种石墨用途虽然广泛，但不同的应用领域对材料性能的要求并不完全相同，应加强不同炭质原材料的结构与性能研究，在此基础上建立更加切合实际的配方理论与配方技术，建立细结构石墨材料的构效模型和数据库，加快新材料产品的开发进度。

（3）开发专用生产设备。

由于采用较细的焦炭原料和较多的沥青用量，细结构特种石墨的生产普遍存在焦粉与沥青混合不均匀、物料流动性较差、挥发分逸出较困难，生坯导热性差，热处理过程中内外温差大，易由于内应力较大而产生微裂纹甚至开裂等问题，需要采用专用的混捏、成型和热处理装备才能保证混合均匀，减少由于内外温差造成的废品。目前采购国外设备不仅价格昂贵，而且运行费用较高，需积极开发经济实用的国产专用设备。

（4）短流程及自烧结特种石墨材料。

特种石墨通常需要经过多次浸渍-焙烧才能获得较高的理化性能，而减少浸渍-焙烧次数是缩短生产周期，降低生产成本的必由之路。需要开发高密度或具有自烧结功能的焦炭原料，同时优化制造工艺，防止产品开裂，提高成品率。

（5）自动化及智能化生产技术开发。

炭石墨材料的生产规模较小，产业集中度不高，目前鲜有全自动的生产线，但小规格特种石墨的生产已部分实现自动化生产。随着产业集中度程度的提高和生产规模的增大，今后将向全自动甚至智能化生产线发展并逐步辐射到大规格细结构石墨产品的生产。

第四节　学科发展目标和规划

一、石墨电极

2020年乐观估计，中国电炉钢产量约为8000万吨，电炉钢比约为12%，同时考虑到铁合金、黄磷、有色冶炼产量略有下降、其他行业和工业硅略有上升。相对应中国墨电极表观总消费量42万吨，出口石墨电极约20万吨，进口石墨电极忽略不计，中国需要石墨电极总产量约62万吨。保守估计，中国电炉钢产量约为6300万吨，电炉钢比约为9%，中国墨电极表观总消费量40万吨，出口石墨电极约18万吨，进口石墨电极忽略不计，中国需要石墨电极总产量约58万吨。

2025年乐观估计，中国电炉钢产量约为12500万吨，电炉钢比约为20%，同时考虑其他行业因素，相对应中国石墨电极表观总消费量约48万吨，出口石墨电极约23万吨，中国需要石墨电极总产量约71万吨。保守估计，中国电炉钢产量约为9400万吨，电炉钢比约为15%，中国墨电极表观总消费量44万吨，出口石墨电极约20万吨，进口石墨电极忽略不计，中国需要石墨电极总产量64万吨。

二、炭电极

估计2020—2025年，为降低冶炼成本，节能减排，黄磷、磨料等生产企业已认识到使用炭电极的优势，即采用炭电极逐步代替各品种石墨电极有较大幅度进展；同时我国铁合金、电石冶炼受环保标准及碳排放限制，企业不得不用炭电极替代电极糊冶炼，而且开始从点到面扩大，也就是说，炭电极代替电极糊作为低碳技术在我国逐步推广，为此预计，到2020年我国需要生产炭电极产量约20万吨，到2025年我国需要生产炭电极产量约27万吨或以上。

三、高炉炭砖（块）

2020年，中国生铁产量约为5.9亿吨，2025年，中国生铁产量约为5.1亿吨。随着产业升级要求的不断提高，1000m^3以下高炉将逐步减少，2000m^3以上高炉将逐步增加，尤其是3200m^3以上高炉甚至是4700m^3以上高炉将大幅增加。按高炉不同部位使用高档次高炉炭块和石墨质块的需求将增加，低档次高炉炭块将减少。

到2020年，中国需要生产高炉炭块约5.5万吨，其中国内表观消费量约为4万吨，出口1.5万吨；到2025年中国需要生产高炉炭块约4.5万吨，其中国内表观消费量约为3万吨，出口1.5万吨。

四、特种石墨

细结构特种石墨材料是航天航空、军工、核能、轨道交通、半导体、光伏、燃料电池与钒液流电池、机械密封、化工、高温及超高温装备、电火花加工、有色金属连铸等领域不可或缺的关键材料。我国细结构特种石墨材料产业产量已达世界第一，但大而不强，面临总体产能过剩、产品结构不合理、高端应用领域不能完全实现自给等突出问题，迫切需要发展高性能、差别化、结构与功能一体化的先进细结构材料，推动细结构石墨材料产业的转型升级和可持续发展。

（1）2025年目标。

通过设立重大专项资金，重点支持产学研用创新联盟，加强新型细结构特种石墨材料研发与先进制造紧密结合，开发和突破一批行业转型升级的共性关键技术和重大应用技术。在进一步提高理化性能的同时，突破大规格细结构石墨热处理过程中易开裂和均质性较差的技术难题，实现 $\phi 1000mm \times 1000mm$（或 $600mm \times 600mm \times 3000mm$）及以上细结构特种石墨的规模化生产，解决大规格细结构特种石墨（包括核石墨）大部分依赖进口的问题，开发出超细结构石墨和异型细结构石墨规模化生产技术。

（2）2050年目标。

通过兼并重组，淘汰落后产能，提高生产技术和装备水平，推动细结构石墨材料产业的转型升级和集约化发展。实现 $\phi 500mm \times 500mm$（或 $400mm \times 400mm \times 1000mm$）及以上大规格超细结构特种石墨的规模化生产，解决大规格电火花精加工石墨完全依赖进口的问题，开发出全自动化或智能化近净成型细结构石墨生产工艺及装备，实现3D打印细结构石墨小批量制备。

特种石墨重点产品有以下几种：

1）大规格超细结构石墨材料。突破大规格超细结构石墨制备技术，稳定生产出 $D50 \leq 5\mu m$，规格尺寸（直径×高度）$\geq \phi 400mm \times 500mm$，一浸二焙后石墨化产品的体积密度 $\geq 1.80g/cm^3$、抗压强度 $\geq 150MPa$、抗折强度 $\geq 80MPa$、抗拉强度 $\geq 40MPa$，产品性能满足精密电火花加工用石墨材料的需求，相关技术辐射至其他领域应用的细结构石墨。

2）核石墨材料。开发出尺寸规格和辐射性能符合要求的高温气冷堆中子减速、反射及堆芯结构一体化各向同性细结构石墨，产量满足国内高温气冷堆和钍熔盐堆发展的需要，相关技术辐射至非核用大规格各向同性细结构石墨的应用领域。

3）异形细结构特种石墨产品。重点开发石墨板（棒、管）、石墨坩埚、石墨密封件、电力机车炭滑板等形状相对简单的异形产品，采用近净成型或3D打印的制造方法，同时辅以特殊的原料配方和生产工艺技术，实现少加工或不加工，大幅度降低生产成本和减少材料的浪费。

（3）2025年最重要的关键技术。

1）$\phi 700 mm$ UHP石墨电极本体及接头均质化制备技术。

2）高功率石墨电极短流程生产工艺。

3）生产 UHP 石墨电极本体及接头用国产优质针状焦原料研制开发。

4）5000m³ 以上高炉用超微孔炭砖达国际先进水平。

5）针对大规格细结构石墨材质不均匀的共性问题，开展原材料的颗粒特性、原料组成与配比、混合均匀性等基础研究，突破均质成型、均温焙烧、连续石墨化等关键技术与装备，在提高材料性能的同时，逐步改善细结构石墨的均质性。

6）针对大规格超细结构石墨热处理过程中由于内应力过大或不均匀而内部产生微裂纹甚至开裂的共性问题，开展原材料导热性能及热膨胀性能的匹配、裂纹生成及扩展机理、生坯导热性和内应力调控及热处理过程的膨胀/收缩行为研究，实现均温焙烧和石墨化关键技术，提高产品性能和成品率。

（4）2050 年关键技术。

1）ϕ800 mm 以上 UHP 石墨电极本体及接头均质化制备技术。

2）石墨电极全自动化及智能化制备技术。

五、中短期和中长期发展路线图

中短期和中长期发展路线图见图 21-1。

目标、方向和关键技术	2025 年	2050 年
目标	（1）单位投资和生产成本进一步降低 （2）严格的环保、职业健康、安全标准 （3）大量先进可靠的技术将被广泛采用	专业化、集约化、生产规模化、设备大型化将成为行业主流；严格的环保、职业健康、安全标准
方向	（1）原料处理：国产焦替代；专用浸渍剂研制 （2）工艺配方优化：超大规格 UHP 石墨电极生产技术，重点国产针焦替代进口针焦、高温改质沥青使用 （3）节能降耗环保：节能长寿的焙烧炉技术；石墨化炉节能降耗 （4）降低炼钢用电极吨耗，电极涂层涂覆技术	自动化与智能化技术开发应用
关键技术	（1）ϕ700 mm UHP 石墨电极本体及接头均质化制备技术 （2）高功率石墨电极短流程生产工艺 （3）生产 UHP 石墨电极本体及接头用国产优质针状焦原料研制开发 （4）5000m³ 以上高炉用超微孔炭砖制备技术	（1）ϕ800 mm 以上 UHP 石墨电极本体及接头均质化制备技术 （2）石墨电极全自动化及智能化制备技术

图 21-1

目标、方向和关键技术	2025年	2050年
	（5）针对大规格细结构石墨材质不均匀的共性问题，开展原材料的颗粒特性、原料组成与配比、混合均匀性等基础研究，突破均质成型、均温焙烧、连续石墨化等关键技术与装备，在提高材料性能的同时，逐步改善细结构石墨的均质性 （6）针对大规格超细结构石墨热处理过程中由于内应力过大或不均匀而内部产生微裂纹甚至开裂的共性问题，开展原材料导热性能及热膨胀性能的匹配、裂纹生成及扩展机理、生坯导热性和内应力调控及热处理过程的膨胀/收缩行为研究，实现均温焙烧和石墨化关键技术，提高产品性能和成品率	

图 21-1　中短期和中长期发展路线图

撰稿人： 贾文涛　刘洪波　谷丽萍

第二十二章 人造冶金渣剂

第一节 学科基本定义和范畴

人造冶金渣剂学科是冶金物理化学、硅酸盐物理化学、炼钢学科的交叉和一个分支，包括保护渣、冶金精炼渣、电渣冶金用渣，它是研究渣系组成、液渣和固渣结构、性能与冶金功能之间关系的一门学科。冶金渣剂由各种含氧化物、氟化物的矿物、化工产品及工业副产品等原材料经磨细机械混合、烧结、预熔等工艺加工制备而成，并根据功能需要添加炭质材料、金属等组分。保护渣用于模铸、连铸，起到保护金属液、提高钢锭和铸坯表面质量、促进浇铸工艺顺行的作用；冶金精炼渣在精炼处理过程中起到提高金属液纯净度和加快冶金效率的作用；在电渣精炼过程中电渣冶金用渣则起到发热、精炼、成型、绝缘和导热等作用。人造冶金渣剂学科属于高效冶炼和浇铸范畴。

第二节 国内外发展现状

一、保护渣

保护渣是以 CaO、SiO_2、Al_2O_3、MgO、Na_2O、CaF_2、B_2O_3、Li_2O 等组分为主的硅酸盐体系，为控制熔化速度还加入不同种类、含量的炭质材料。保护渣是炼钢生产中既要考虑熔渣特性又同时要求调控半熔及固态特性的一类特殊冶金渣系。保护渣分为模铸保护渣和连铸保护渣，在浇铸过程中添加到钢水表面，保护锭模内或结晶器内钢水，隔离空气，避免钢水氧化；隔热保温，避免钢水表面凝固结壳；吸收钢水中上浮夹杂的人工合成材料；同时，形成的液渣流入并填充在模壁/结晶器壁与锭坯/铸坯之间，对坯壳起到润滑作用，液渣凝固形成的固渣膜起到控制传热的作用。保护渣的使用极大地提高了锭坯表面及皮下质量和促进浇铸工艺顺行。我国从20世纪60年代开始研究应用模铸保护渣；连铸保护渣技术于1962年欧洲问世，1972年我国开始应用浸入式水口保护渣浇注，至今积累了系列理论研究及产品应用成果，为模铸、连铸技术的发展提供了有力保障。但是，随着大型铸锭和某些精密铸件要求的提高、特殊钢种的增加、铸坯高质量特别是更高表面质量的要求和连铸新工艺的出现，保护渣技术面临新的挑战。

目前，对保护渣有较深入研究的国家主要有日本、德国、中国和韩国，国际上保护渣大型生产企业也主要分布在这些国家或由其作技术支撑。中国保护渣生产以民营企业为主，还有少数外资和合资企业。生产模铸保护渣企业高达近180家，销售总量从2010年的3.14万吨增长到2016年的4.45万吨，年均增长6%；生产连铸保护渣企业约80家，2016年我国连铸保护渣总消耗量约40万吨，其中，国内企业产销约37万吨，外资企业产销约3万吨，国内企业产销量占90%以上。中国保护渣基本完全满足国内钢厂的需求，大约不锈钢连铸钢产量的3%仍使用国外进口保护渣。同时，国内企业保护渣出口约2万吨，销往韩国、中国台湾、中东、印度、俄罗斯等地。中国保护渣生产及供给能力的增长有力支撑了模铸、连铸技术的发展。

1. 保护渣基础理论研究

我国保护渣基础理论架构体系已基本建成，与日本、德国、韩国同处先进行列。

保护渣理论研究主要涉及保护渣本身特性及其与钢、耐材、夹杂等介质和连铸工艺之间相互作用特性。经过国家各五年计划攻关、国家自然科学基金、部分大型钢铁企业持续不断的资助和研究，在借鉴国外成果基础上，我国保护渣理论在钢水与保护渣之间的反应、钢水凝固及高温相变、保护渣熔渣结构及性能、保护渣流动及流变、保护渣凝固与结晶、固体渣传导与辐射传热、渣中组分或离子在水中的析出、渣料成浆特性及干燥过程、炭质材料在保护渣中的作用行为、熔渣与耐材之间的作用及浸蚀等方面取得了一系列显著突破。在吸收夹杂与润滑、促进析晶控制传热与保障润滑、抑制保护渣与钢中活泼金属元素反应与保障性能稳定、以协调结晶器振动参数为代表的高拉速连铸工艺下保护渣性能综合控制、保护渣中氟的行为等方面的研究水平已超过国外，处于国际领先水平；这些理论基础有力地支撑了我国大型铸锻件用大钢锭保护渣、合金钢保护渣、高强包晶钢保护渣、高铝高钛钢保护渣、常规和CSP、FTSC、ESP薄板坯高拉速保护渣、低氟无氟保护渣等品种的开发和应用。但在炭质材料对保护渣烧结和熔化过程作用效果的准确控制、保护渣原材料对成渣稳定性的影响机理、保护渣生产过程工艺及参数波动与性能稳定性关系方面我国研究较少，国外也多由保护渣生产企业自行研究，且为了保密一般也不公开报道。这将是我国保护渣理论需要进一步研究的重要内容。

2. 保护渣检测技术研究

为了满足保护渣研究和生产应用检测的需要，完善了保护渣成分检查的化学分析方法和仪器分析方法，推广了半球点熔化温度测试仪、旋转黏度计测试保护渣物理性能。提出了熔滴法测试保护渣熔化速度、差示量热扫描和热丝法测试保护渣结晶温度等探索性方法。有关连铸保护渣检测方法的部分冶金行业标准早在2001年就已发布，许多大型钢铁企业均在积极实施这一系列标准。2016年，保护渣生产及应用的相关标准有了进一步的修订及完善，大部分保护渣生产厂和钢厂共同遵循这一系列行业标准，便于保护渣供应商与钢铁企业要求的有效匹配以及数据的比较与分析。保护渣性能检测的规范化在国际上处于领先水平。保护渣烧结性能评价、炭质材料性能的规范化、保护渣应用效果评估等标准尚不成熟，还有待进一步完善。

3. 保护渣的应用技术研究

保护渣与浇铸工艺和锭坯质量关系的研究不断深入，我国保护渣产品总体上满足浇铸生产需求。在保护渣理论研究基础上，结合对浇铸工艺及锭坯缺陷产生机理的研究，建立了保护渣组成、性能与浇铸工艺的诸多定性、定量关系。较系统地研究了保护渣碱度、熔点、黏度、吸收夹杂能力、保温性能与模铸钢种及工艺的关系，明确了高质量钢锭的保护渣技术方向。建立了保护渣与钢种、连铸工艺和铸坯质量之间的一系列关系模型，对减少黏结漏钢，实现高拉速，保证连铸生产顺行，减少铸坯缺陷，实现铸坯少清理或无清理提供了重要保障。例如，包晶钢保护渣成功消除了传统保护渣润滑与控制传热的矛盾，在唐钢薄板坯高拉速（5.5m/min）上成功应用，解决了之前国内外保护渣导致铸坯裂纹和黏结报警频繁的问题；在国内多家大板坯、厚板坯上应用，解决了报警频发和铸坯表面及皮下纵裂纹引起的中厚板纵裂纹突出的问题，处于国际领先水平；低SiO_2保护渣实现了酸溶铝[Al]在1.0%～2.0%范围的高铝钢如38CrMoAl、TRIP、20Mn23AlV等钢种3炉及以上（约4小时）连浇的工业化应用，铸坯表面无修磨，突破了国外进口和国内外资及合资企业的保护渣连浇炉数难于超过3炉（约2.5小时）的瓶颈，优于韩国浦项液态保护渣技术，处于国际领先水平；在超低碳钢等高质量薄材连铸保护渣、不锈钢及特殊钢连铸保护渣方面的研究和应用也与国外先进水平齐平。通过我国的自主研究，形成了按锭型和铸坯断面、铸机机型、拉速、钢种等各种工艺参数分类的保护渣系列，保护渣品种和质量总体上满足我国连铸生产。特别是 2010 年以来，我国连铸坯表面质量大幅度提高，国内大型钢铁企业主要大规模生产品种的铸坯表面无清理率达到 90% 以上，具备了铸坯热送热装的实物条件。

二、冶金精炼渣

冶金精炼渣（以下简称为精炼渣）是指在高温钢铁冶炼过程中为了加快冶金效率和提高金属液洁净度，采取特定工艺向冶金反应器中所添加的一类具有特定物理化学性能的由多种氧化物构成的产品（或氧化物、氟化物和金属粉剂的混合物）。其应用涉及钢铁冶炼的几乎所有领域，如炼铁、铁水预处理、炼钢、钢液炉外精炼、铁合金冶炼等。精炼渣产品和应用工艺是伴随着炉外精炼技术的发展而随之出现的，是炉外精炼技术的重要组成部分，在金属液的深脱硫、深脱磷、极低氧和夹杂物的高效去除等方面发挥着重要作用，属于金属高效冶炼范畴。

我国精炼渣大致可以分成预熔型、烧结型、压制型和混合型四类。预熔型精炼渣是通过电弧炉等熔炼设备将配置好的氧化物（包含氟化物等）经高温熔化后制备成的高质量渣剂；烧结型精炼渣是将经机械加工按照一定配比混合而成的原料压制成型，在高温窑中加热和烧结后冷却破碎成的一种渣剂；压制型则是将配制好的原料通过添加黏结剂，在常温下用压力成型机将其压制成型的一种精炼渣产品；混合型是一种散装料，将各种所需的化合物甚至金属粉剂用简单的机械或人工混合成的产品。预熔型和烧结型精炼渣的优点是成分均匀、挥发份少，但生产成本较高，所能生产的渣料成分范围也有较大限制，而压制型和混合型产品尽管生产工艺简单、生产成本低廉，但成分均匀性和冶炼过程的成渣性能远不如前面两种。

我国精炼渣总年产量不完全统计应在 50 万吨以上，而预熔型为 10 万吨以上，河南、山西、河北等地区生产企业较多。精炼渣成分和性能尚缺乏统一的检测标准以及使用效果评价方法，目前基本上以与用户达成的协议为供货标准。为适应钢种、精炼功能及环境保护的需求，开发了多种性能及适应性的精炼渣新品种，但仍存在一些技术难题，如不同类型品种钢尤其是高端特殊钢所使用精炼渣尚缺乏较深入的研究。

精炼渣产品是基于用户对钢铁产品的严格要求，为实现高效冶炼所提出的一种在冶炼过程添加的精炼剂。具体要求体现在：成渣时间短、有良好的杂质元素脱除能力和强的夹杂物吸附能力。精炼渣产品的开发与冶炼理论和工艺的进步密切相关。

1. 精炼渣基础理论研究

精炼渣理论研究不断深入，熔渣的物理、化学性能计算模型不断完善。熔渣结构、熔渣的物理性能（成分均匀性、熔化性能、密度、表面张力、起泡性能、传热性能、流动性能、铺展性能等）、化学性能（脱硫、脱氧、脱磷、吸水性、吸氮性、吸收夹杂物性能等）等理论研究取得较大进展。从二元渣系到多元渣系，从普碳钢到特殊钢，精炼渣研发品种日益增多。我国传统精炼渣基础理论较为成熟，在实际生产中起到了很好的指导作用。精炼渣产品也能基本满足用户要求。

2. 精炼渣检测技术研究

成分检测和性能要求逐步规范。精炼渣生产的企业和用户注重对产品成分的严格控制，对其颗粒度均匀性等也提出了严格要求。用户对其使用效果的考核也越来越具体和严格。高质量特殊钢用精炼渣产品尚有一定差距，这主要是由于高质量特殊钢用精炼渣一方面对主要组元成分要求严格，另一方面对微量元素的控制也提出了越来越高的要求，在这些方面还有许多工作要做。

3. 精炼渣应用技术研究

精炼渣产品生产企业与用户之间的结合更为紧密。以高质量钢材冶炼工艺为目标，结合具体冶炼工艺流程，开发针对性强的精炼渣已经成为共识。精炼渣的二次利用不断拓宽。对精炼渣的二次利用涉及用户对渣料的循环利用和废渣的综合利用。前者主要在用户，如炼钢厂 LF 炉精炼渣的循环多次利用，而后者主要涉及废渣料深加工产品的开发。精炼渣的生产需要进一步规范和集中。我国精炼渣生产企业较为分散，企业规模较小，集中度较低，生产工艺不规范，缺乏较为先进的生产装备和技术，新产品开发能力不足。

三、电渣冶金用渣

电渣冶金用渣也称电渣。电渣冶金是靠熔渣的渣阻热进行自耗电极的加热、熔化、精炼提纯，并且液态钢液在水冷结晶器中凝固成型的一种特种熔炼过程。熔渣在电渣冶金中发挥着重要作用，电渣冶金用渣主要以氟化物（CaF_2）、CaO 和 Al_2O_3 为主，重熔低熔点合金及有色金属时，有时也采用 MgF_2、NaF、BaF_2 等成分。渣系的氧化物组成包括 CaO、Al_2O_3、MgO、SiO_2、TiO_2、BaO、MnO、B_2O_3 等，其主要来源为石灰、工业氧化铝粉、镁砂、石英砂、钛白粉等。电渣冶金技术产生于 20 世纪 60 年代，之后在渣系的研究和应用方面做了大量的工作。

1. 电渣渣系物理性能的基础理论研究

随着电渣冶金技术的不断发展，从业人员发现电渣冶金用熔渣有发热、精炼、成型、绝缘和导热等作用。于是，研究者从渣系熔点、电导、黏度、碱度、表面张力、比热、蒸汽压、透气度等方面开展了大量的理论研究工作。一般要求渣的沸点应高于电渣重熔或熔铸渣池温度；渣的熔点应比所重熔金属熔点低 100~200℃；在 2000℃ 时，电导率 $\kappa \leqslant 3\Omega^{-1} \cdot cm^{-1}$；在 1800℃ 时，要求渣的黏度 $\eta \leqslant 0.05Pa \cdot S$；固态渣在高温（600~1200℃）下应具有一定的强度和塑性，与重熔金属的膨胀系数差应较大，以保证渣皮易于脱除。此外，熔渣还需具备良好的吸附溶解夹杂物的能力、抗湿性及较小的透气性。

另外，电渣冶金渣系成分复杂，渣系种类众多，如果单纯从实验测量的角度开展研究将耗费大量的人力、物力和财力。随着计算技术的发展，研究者针对渣系的物理性能，从基础的离子理论、分子离子共存理论等角度开发了多种用于计算渣系物理性能的数学模型，包括渣系相图、黏度模型、电导率模型、表面张力及界面张力模型等，对指导渣系实际设计起到了很好的作用和效果。

2. 电渣渣系化学性质的基础理论研究

除了要考虑渣系的物性参数外，还要考虑重熔的钢种或合金的物理化学性质及产品的质量要求。电渣冶金过程温度较高，渣金反应比普通炼钢方法更为剧烈，在电渣冶金过程中，要防止钢中某一活泼元素的氧化，可以向渣中添加该元素的氧化物作为炉渣组元，并尽量减少氧化性高的炉渣组元，并适当添加脱氧剂，这些方法虽与普通炼钢方法控制理论相似，但又不同于普通炼钢方法。冶金工作者已经能够从钢种特定成分的角度对渣系进行调节。例如，苏联 ANF-21 渣（50%CaF_2-25%Al_2O_3-25%TiO_2）用于电渣重熔含钛钢种时，可以限制去硫反应，以用于重熔高硫易切削钢。美国巴特采用 70%CaF_2-20%Al_2O_3-10%TiO_2 渣系进行了含 18%Ni 的马氏体时效钢的电渣重熔，并取得了良好的效果。日本电渣重熔含铝钛的高温合金时，采用的渣系配比为 55%CaF_2-35%Al_2O_3-10%TiO_2。2016 年，国内学者提出了重熔渣系中 CaO 对 Al_2O_3、TiO_2、SiO_2 的活度系数具有重要的影响，CaO 能够大幅度降低 SiO_2 的活度系数，其次是 TiO_2，最后是 Al_2O_3。低 CaO 的渣系更适用于电渣重熔"高钛低铝"型钢种，而冶炼"高钛高铝低硅"型钢种时，采用高 CaO 渣系能够防止渣中的 SiO_2 对铝钛进行氧化而导致的损失。采用含稀土电渣渣系重熔时，渣中稀土会被部分还原，重熔钢锭会实现稀土微量合金化，同时可以进一步提高炉渣的脱硫、脱氧和去除夹杂物的能力。

3. 环保型电渣渣系的研究

由于 CaF_2 为基的渣系在重熔过程中要挥发出氟化物气体（HF、SiF_4、AlF_3），对大气造成了污染，低氟渣和无氟渣越来越引起人们的重视，尤其是无氟渣，真正能够做到对环境的保护。无氟渣与传统含氟渣比较有以下特点：①无氟渣的电导率明显较小；②无氟渣的黏度比含氟渣大，在1600℃下大5~10倍；③无氟渣固态渣壳的导热系数明显小于含氟渣，其值随温度的变化率较大；④无氟渣的表面张力要明显大于含氟渣，而无氟渣的渣金界面张力又明显小于含氟渣与钢的界面张力，导致无氟渣的凝固渣壳不易从钢锭表面剥离；⑤无氟渣碱度高，脱硫效果较好，但CaO高的熔渣其氢的溶解度也较大，容易使钢中氢含量增加。此外，由于无氟渣的电导率较低，应提高重熔电压、降低电流。无氟渣的渣池电压一般为含氟渣的2倍。然而对已有电渣炉来说，变压器二次电压不能很好满足其高电压要求，高电压也降低了炉前安全性。

国内开发的 L-4（15% CaF_2-30%CaO-50%Al_2O_3-5%MgO）渣系属于低氟渣，其特点是可以显著减少氟对环境的污染，同时又能大幅度降低电耗和提高生产率。同时，国外也积极进行了无氟渣的研究。其主要渣系组成有 CaO-Al_2O_3、CaO-Al_2O_3-SiO_2、CaO-Al_2O_3-SiO_2-MgO 等。中国在引进消化国外重熔渣系的基础上也开发了不少无氟渣系，如 A1（52%CaO-41.2%Al_2O_3-6.8%SiO_2）和（49.5%CaO-43.7%Al_2O_3-6.8%SiO_2）属于典型的无氟渣。

4. 电渣渣系对钢洁净度影响的研究

经济和社会的发展对钢铁材料提出了越来越高的要求。虽然电渣冶金过程对钢中夹杂物起到了一定的去除作用，但对于高纯净度的材料而言，如何进一步提高钢的纯净度是非常重要的课题。事实上，电渣冶金过程钢的纯净度的控制主要受控于两个方面：渣系和冶炼的气氛环境。近些年来，随着保护气氛电渣冶金设备和真空电渣冶金设备的开发，气氛环境对钢洁净度的影响正在逐渐消除。而渣系对钢的洁净度的影响日益凸显。

冶金工作者针对渣系对电渣钢洁净度的控制方面开展了大量的工作，针对特定钢种采用热力学计算和尝试法不断进行渣系的研究。大量的研究者研究发现，熔渣的温度、碱度、黏度、化学成分等诸多因素均会影响其对夹杂物的吸收能力。另外，相关研究者通过原位观察夹杂物在熔渣中溶解过程中发现，形状不规则的夹杂物在溶解过程中会不断发生旋转，而且夹杂物颗粒的旋转难免会给确定其溶解机理及其溶解限制性环节带来一些误差和妨碍。

5. 电渣渣系的应用技术现状

虽然对电渣渣系的性质及其对冶金过程的影响有了较为深刻的认识，也开发了许多环保型的无氟渣系，但从世界范围内来看，各特殊钢企业的电渣冶金用渣仍然以比较经典的含氟渣系为主，究其原因是含氟渣系熔化温度相对较低、黏度小、流动性好，对铸锭表面质量和内部质量的控制更为有利。

国内大部分企业目前仍然使用各种原材料进行渣系的配置，使用前对渣料进行烘烤，这种方法虽然成本相对较低，但对工艺稳定性、机械结构部分寿命、铸锭表面质量控制等方面都有一定的影响。从工艺稳定性和操作性来说，国外普遍使用预熔渣，而我国大部分企业长期倾向于使用原始成分进行配制的生渣料。预熔渣的优点有：①稳定的炉渣成分和重量保证生产的稳定性和重现性，避免生产时出现配渣料成分不稳定的缺点；②起弧化渣容易，造渣时间短，钢锭底部质量好，收得率高；③大幅度地简化、甚至取消渣料烘烤，降低渣料烘烤的电耗；④渣中水分含量极低，有效防止重熔过程大量的增氢，可防止化渣时的崩渣现象，保证操作安全性；⑤采用颗粒状渣料，粉尘少、环境污染小，特别是对机械设备传动部件的磨损小。

国内预熔渣的生产企业，由于原材料、生产工艺及生产环节控制等方面的原因，所生产的预熔渣质量与国外仍有较大的差距。而国外企业生产的预熔渣除了成分控制比较精准外，渣中杂质元素较少，水分含量也很低，650℃条件下减重测得的最低水分含量只有0.005%。

第三节 本学科未来发展方向

一、保护渣

1. 保护渣理论研究需要进一步深入

为满足质量要求不断提高及新钢种和高拉速等新工艺需求，要进一步深化保护渣基础理论研究。深入保护渣烧结性、熔体结构、钢渣反应性、结晶与传热特性、润滑及传热协调控制等基础理论研究，并结合钢种特性参数以及连铸工艺参数，描述组分 – 结构 – 性能 – 工艺参数之间的联系，建立理论模型，为提高保护渣设计和选择的精准性提供理论指导。进一步解析微/无碳保护渣熔化机理、低/非反应性保护渣结构及性能稳定性控制机理、无枪晶石条件下保护渣控制传热机理等理论，拓展保护渣基础理论体系，为保护渣新品种开发及提高保护渣适应性提供理论指导。

2. 加强保护渣应用技术研究

围绕高合金钢钢渣反应性、包晶钢裂纹敏感性、汽车板钢夹渣以及钢厂环保等关键问题，基于理论研究，结合生产及应用实际，研发能解决上述关键问题的新品种保护渣。同时，结合钢种特性及连铸工艺参数，不断完善保护渣生产及应用技术，将智能技术引入保护渣的研究和产品设计，提高保护渣产品质量，为保护渣功能充分有效发挥提供保障。

随着钢品种的增多和连铸工艺的复杂化，保护渣品种的配置和分类越来越复杂，系列化工程难度与日俱增。需钢厂根据浇铸工艺特点及需求，规划、补充和完善保护渣系列化标准，明确保护渣重点技术检测指标。

对现有保护渣测试、生产及应用标准进行梳理、补充和升级，建立一套完善的国家标准和行业标准。建立保护渣企业和钢厂保护渣生产及应用数据的衔接信息系统，以对保护渣需求做出快速有效的反应，提高保护渣适应性。

3. 促进绿色可持续性发展

开拓原材料资源，利用工业废渣及废弃物制备保护渣，解决工业废渣等原材料成分性能均匀性、稳定性控制问题，确定其对保护渣制备过程成浆性能等的影响规律，促进绿色循环经济的发展。在实现保护渣功能的前提下，寻找成本更低、品质更高的保护渣原材料，从源头上降本增效，提高行业发展的社会效益和经济效益。

改进生产技术，发展环保型产品。就保护渣粉尘污染问题，一方面改进生产工艺技术及基料类型，减少保护渣粉尘产生量；另一方面研究更加科学的除尘技术，增加粉尘收集效率。针对保护渣氟污染及钠污染问题，从性能保障和净化环境综合考虑，对保护渣设计、二冷水净化、连铸工艺参数匹配方面进行协调。目前，国内外对保护渣与环境的协调研究逐渐增多，但多局限于局部性能改进和实验室探索，实现保护渣环保化的理论依据仍不充分，工业化应用中某些技术路线因忽略了保护渣基本功能片面追求环保化，导致高频度漏钢等严重生产事故。未来尚需系统建立环保型保护渣结构性能稳定性控制、功能充分有效发挥的设计原则和理论基础。

4. 促进智能化建设

提高保护渣生产及应用的智能化程度，规范连铸保护渣成分性能检验及使用效果评价方法，推进智能化保护渣检测与评估平台建设，互联网建立保护渣生产厂和钢厂之间保护渣选用及使用情况反馈的信息服务平台，全面提升理论研究、新品种研发、生产、管理、营销和服务全流程智能化水平,提高劳动生产率和降低成本。

二、冶金精炼渣

1. 精炼渣理论研究需要进一步深入

深入理论研究,完善精炼渣理论体系。深入研究精炼渣熔体结构、熔渣的物理性能(熔化温度、熔化速度、密度、表面张力、起泡性能、保温性能等)、化学性能(脱硫、脱氧、脱磷、吸水性、吸气性、吸收夹杂物性能等)等与其组分关系的研究,建立精炼渣熔体结构 – 性能 – 工艺参数之间的关系。

2. 加强精炼渣应用技术研究

开发高端钢材用精炼渣品种。由于高端特殊钢以及高合金钢成分的特殊性和使用环境的苛刻性,对炼钢工艺提出了非常严格的要求,与此相对应,炉渣的冶金功能显现出了其独特性。如渣 – 金之间复杂的化学反应机理是首先需要阐明的内容、炉渣在特殊条件(如高真空等)下的行为、炉渣与反应器耐材间的相互作用及应用工艺均需要深入研究。开发这类特殊钢所用精炼渣品种有着重要意义。

3. 促进绿色可持续性发展

通过优化精炼渣产品原料选取和改进生产技术,降低精炼渣的研发及应用成本。实现精炼渣的绿色和智能化生产。开发、拓展精炼渣的二次利用。通过深入研究精炼渣各种特性,开发深加工产品。

4. 促进智能化建设

提高冶金渣生产及应用的智能化程度,规范精炼渣成分性能检验及使用效果评价方法,推进智能化检测与评估平台建设,建立精炼渣生产厂和钢厂之间信息反馈与服务平台,全面提升理论研究、新品种研发、生产、管理、营销和服务全流程智能化水平,提高劳动生产率和降低成本。

三、电渣冶金用渣

1. 深入开展理论研究,获得更多的基础理论数据

电渣冶金渣系中氟化物渣系的组元活度,可以通过活度模型理论求解得出,然而仍缺乏大量的实测数据作为模型修正的依据,从而制约了电渣重熔过程中渣金反应的热力学计算。因此,对于含 TiO_2 渣系、含 B_2O_3 等多组元渣系的数据仍需要不断地完善。

2. 采用多种理论的渣系性能的数学模型不断完善

未来，随着渣系结构的深入研究，对渣系性能的计算模型将得到快速发展。目前的黏度模型大都是在大量实验数据的基础上回归获得的，都有自己的适用范围及适用温度范围。因此，针对氟化物渣系仍需要在精确测定大量黏度数据基础上进行黏度模型的不断完善。炉渣分子离子共存理论模型具有较宽的适用范围，然而针对饱和态的组分的活度求解仍是制约该模型的准确性的条件，因此还需大量的学者对该模型进行不断的完善。瑞典皇家工学院的 Du sichen 和 S. Seetharaman 还提出用吉布斯活化能来估算黏度。

3. 特殊钢及特种合金用渣料的确定原则

特殊钢和特种合金由于品种多，成分复杂，在电渣重熔这些品种时，渣系的选择往往受多种因素的制约。未来，在对各个特殊钢种进行分类的基础上，针对特定品种和工艺的渣系设计原则将不断完善，从而为提高特殊钢种的电渣锭质量奠定基础。

第四节　学科发展目标和规划

一、中短期（到 2025 年）发展目标和实施规划

1. 中短期（到2025年）内学科发展主要任务、方向（目标）

（1）保护渣。

为了有效支撑浇铸技术的发展，大力提升我国保护渣技术的国际竞争力，秉着先进性和实用性高度结合的原则，中短期（到 2025 年）内我国保护渣技术重点研究任务及方向为：基础理论突破、保护渣生产技术提升、智能化建设。

1）基础理论突破目标：针对高合金钢保护渣钢渣反应性控制及吸收夹杂能力、裂纹敏感性钢保护渣润滑和传热协调控制、汽车钢保护渣防止卷渣行为、环保型低氟无氟保护渣性能稳定性控制、低/非反应性保护渣成分和性能稳定性调节、保护渣组分–结构–性能–工艺参数之间匹配及模型建立等基础理论进行突破，攻克高铝或高钛钢、包晶钢、汽车钢等钢种的浇铸难题，实现高品质钢的稳定顺行浇铸，为钢种新品种研发及浇铸要求的提高提供有力保障。

2）保护渣生产技术提升目标：建立保护渣原材料基地、规范保护渣生产及检测标准、进行保护渣系列化、进行技术及设备改造、提高企业科研投入和管理水平等，

全面实现保护渣生产技术提升，提高保护渣企业对钢铁行业发展的支撑作用，增强保护渣技术的国际竞争力。

3）智能化建设目标：建立保护渣在线检测及质量评估系统、互联网建立保护渣企业与钢厂之间保护渣选用及使用情况反馈的信息平台、拓展保护渣应用大生产数据统计等，促进保护渣企业及钢厂的智能化建设，减少人为误差，提高劳动生产率及降低成本。

（2）冶金精炼渣。

1）基础理论突破目标：完善精炼渣结构模型、物理化学性质计算模型，建立精炼渣成分-结构-性能关系的理论模型。寻找精炼渣熔体组分-结构-性能关系建立的方法，并获得相应规律及理论模型。针对不同钢种，利用渣-钢平衡模型指导精炼渣品种开发，提高精炼渣的精炼能力及适应性。

2）精炼渣生产技术提升目标：根据不同钢种所要求的成分以及杂质元素含量不同，相对应的精炼渣的精炼能力需求不同，因此，规划建立钢种-炉渣体系，建立精炼渣成分和性能的检测标准及使用效果评价方法。构建质量稳定的精炼渣原材料体系及生产设备工艺技术。进一步开发寻找精炼渣二次利用方式，针对不同组分的精炼渣建立二次利用标准。

3）智能化建设目标：建立精炼渣在线检测及质量评估系统、建立精炼渣生产企业与钢厂之间使用情况反馈的信息平台、拓展精炼渣应用大生产数据统计等，促进精炼渣生产企业及钢厂的智能化建设，减少人为误差，提高劳动生产率及降低成本。

（3）电渣冶金用渣。

1）精确控制电渣重熔成分的渣系设计方法：在不锈钢或镍基高温合金中通常含有铝、钛等易氧化元素。为了提高铝、钛元素的收得率并保证成分的均匀性，必须选择合理的渣系以及冶炼工艺。电渣重熔含钛钢种及合金时，渣中加入一定量的 TiO_2，保证铝钛成分的均匀性。其次，针对不同的铝钛硅含量，其渣系中的 CaO 含量也不尽相同。

在冶炼含 B 钢种时，渣中还需加入一定量的 B_2O_3，但加入量以及其他组元之间的活度相互作用关系仍需要系统地研究。

镍基高温合金中加入 Mg 可以脱氧，去除硫磷，净化晶界；同时改变碳化物的形态及分布，控制晶界滑移，Mg 偏聚于晶界及碳化物相界增加界面结合力等。Mg 的蒸汽压高，与氧的结合能力强，因此，在高温合金中控制微量元素 Mg，特别是电渣铸锭中的 Mg 含量及其均匀性是工艺上的难题，一般采取在渣系中加入 MgO 的方法进行电渣锭中 Mg 含量的控制。

此外，电渣重熔的渣金反应是先升温至接近恒温的一个冶炼过程，根据其温度变化特点，选择合理的冶炼工艺与渣系仍是需要进一步研究的重要课题。

2）含 Al、Ti、B 等活泼元素品种抽锭式电渣重熔渣系：开发出既能保证活泼元素烧损少且均匀，又能使抽锭过程有良好润滑作用的"长渣"的新渣系，也是近几年的重要课题。

3）低污染节能环保型渣系的开发：由于 CaF_2 为基渣在重熔过程中要挥发出氟化物气体，如 HF，SiF_4，AlF_3 和 TiF_4 等，这些气体对大气造成了污染。随着各国对环境保护的要求不断提高，开发不含 CaF_2 或少量 CaF_2 的无氟或低氟渣是电渣冶金的重要课题。

2. 中短期（到2025年）内主要存在的问题与难点

（1）保护渣。

保护渣某些功能的发挥存在此消彼长的特点，且保护渣物性与钢种特性及连铸工艺参数匹配度尚欠缺。包晶钢保护渣高结晶性防止铸坯纵裂产生，会恶化渣道润滑，导致黏结漏钢；传统硅酸盐基保护渣浇铸高合金钢，存在钢渣反应性强、保护渣性能恶化等问题，难以多炉连浇，而低/非反应型保护渣存在熔渣微观结构及宏观性能稳定性差的问题，未能系统建立稳定顺行浇铸的理论依据；汽车钢保护渣为防止卷渣，在增加钢渣界面张力的同时，却有可能恶化渣道内液渣在初生坯壳表面的铺展性，不利于润滑；低氟无氟保护渣虽环境友好，但低氟无氟情况下熔渣结构稳定性变差且没有找到取代枪晶石的物相，因此低氟无氟保护渣使用受到限制；保护渣物性与钢种特性及连铸工艺参数匹配度的欠缺，导致保护渣功能出现偏差或是失效，甚至造成漏钢等生产事故。保护渣功能的此消彼长，以及保护渣物性与钢种特性和连铸工艺参数匹配度差，很大程度上阻碍了某些特殊钢种的稳定顺行浇铸。

（2）冶金精炼渣。

精炼渣组分众多，熔渣结构及性能的模拟计算及实验测试都存在难度，只能通过简单体系定性指导复杂体系，因此需改进计算和实验方法，尽力获得可靠的定量化参数。同时，需寻找熔体结构与性能之间关系对应的方法，并尽力建立定量化模型。规范精炼渣成分和性能检测标准以及使用效果评价方法，构建质量稳定的精炼渣原材料体系及生产设备工艺技术，需要国家–企业–研究机构协同努力实现。

（3）电渣冶金用渣。

1）电渣重熔渣系由于组分复杂，氟化物容易挥发和腐蚀性强，因而测定其相图、活度、熔化温度、电导率、黏度、表面张力、界面张力和热物性值等物理化学性质难度很大，精确测量困难。

2）含氟渣虽然工艺性能较好，但污染环境。随着国家对环保的要求日益提高，解决此问题是大势所趋。采用低氟或无氟渣可以有效改善对环境的污染，但必须解决其工艺性能不佳的难题。

3）含易氧化元素钢种和合金的电渣重熔是提高高品质特殊钢和合金的重要手段之一，但目前控制元素烧损和成分均匀化仍然缺少定量的方法。

4）既要保证表面质量，又要保证易氧化元素烧损少的抽锭渣系仍然没有解决。

3. 中短期（到2025年）内解决方案、技术发展重点

（1）保护渣。

1）继续加强保护渣本身及其应用技术理论研究，较深入系统地进行以下研究：合金钢高温相体积密度等物性测试、钢水凝固和高温相变研究、钢渣反应性控制技术、钢渣界面行为特性、保护渣吸收夹杂热力学及动力学模型、熔渣在渣道内的铺展行为、熔渣结构及性能稳定性控制、熔渣结构和性能间关系的建立、炭质材料对保护渣熔化行为的影响规律、保护渣成分性能与连铸工艺耦合的润滑消耗量模型、保护渣凝固结晶传热特性模型等，初步获得保护渣组分 – 结构 – 性能 – 工艺参数间关系的理论模型。

2）在已有的国家冶金行业保护渣成分性能检测标准基础上，研究其他关键物理性能及使用性能的测试评价方法，逐步纳入标准。

3）对保护渣生产技术和装备进行研究。

4）建立保护渣主要原料（包括硅灰石、萤石、炭质材料等）生产基地并研究更加符合保护渣要求的原材料生产技术，对预熔料生产技术进行优化。

（2）冶金精炼渣。

1）特殊品种用精炼渣系化学和物理性能的测定及预测模型：解决方案为强调基础研究，采用先进的测试装备和手段，对特殊品种用精炼渣系化学和物理性能进行系统测定，为应用技术的开发提供支持。

2）精炼渣检测和评估标准：解决方案为通过深入的应用基础研究，结合具体应用效果，提出精炼渣检测科目和具体指标，规范行业标准。

（3）电渣。

1）加强基础研究，建立含氟渣系物理化学性质精确测量的方法和装置。

2）研究改善低氟和无氟渣工艺性能的机理，开发相应的新渣系。

3）在热力学研究的基础上，建立电渣重熔过程冶金反应动力学和传质模型，解决易氧化元素烧损和均匀性控制问题。

4）开发低氧化性且黏度随温度变化平缓的"长渣"是解决含铝钛镍基合金等抽锭渣系的关键问题。

二、中长期（到2050年）发展目标和实施规划

1. 保护渣

在大型铸锻件对模铸钢锭质量更加苛刻，以及连铸正以专业化、恒拉速、高质量、多品种等特征进行全面的技术提升背景下，保护渣技术的发展充满挑战性。因此，保护渣技术中长期（到2050年）发展目标和实施规划包括：

（1）建立一套理论体系。

拓展保护渣基础理论，建立完整的保护渣组分－结构－性能－工艺参数理论模型，使保护渣技术达到国际领先地位，并尽可能消除保护渣技术对浇铸技术发展的限制性作用。

（2）保护渣新技术研发。

开发保护渣生产及应用新技术，提高保护渣质量，充分有效发挥保护渣的积极功效。

（3）实现绿色可持续性发展。

系统建立保障环保型保护渣结构性能稳定性控制、功能充分有效发挥的设计原则和理论基础，全面实现保护渣环保生产及应用。同时，从降本增效角度出发，探索组分 Li_2O 等高价值组分的回收，寻找能有效取代保护渣的产品，提升浇铸技术竞争力。

2. 冶金精炼渣

（1）建立完整的精炼渣理论系统。

系统获得精炼渣各理化性能的变化规律及理论模型（化学成分、熔化性能、传热性能、流动性能、泡沫化性能、界面性能、吸收夹杂能力、吸收气体能力等）。

（2）实现精炼渣的低成本、绿色环保及智能化生产及应用。

基于实验数据，结合神经网络技术，建立能够进行精炼渣设计及性能优化的专家系统；建立钢种成分、精炼工艺、精炼渣物性参数相匹配的评估体系。

3. 电渣冶金用渣

（1）建立完善的电渣冶金熔渣理论体系。

通过长期以来对熔渣相关性能数据的检测、分析和研究成果总结，逐渐建立较为系统的熔渣理论体系。

（2）建立实用的熔渣性能数学模型。

在熔渣结构理论的基础上建立电渣冶金用熔渣性能的数学模型，使之可以用于特定渣系性能的计算和分析。

三、中短期和中长期发展路线图

中短期和中长期发展路线图见图 22-1。

目标、方向和关键技术	2025 年	2050 年
目标	（1）攻克高铝钢、高钛钢、稀土钢、包晶钢、汽车钢等钢种的保护渣难题 （2）为大型钢锭及连铸高拉速和新钢种的研发及生产提供有力保障。按锭型、连铸机型及断面钢种实施保护渣系列化 （3）针对不同钢种，利用渣－钢平衡模型指导精炼渣品种开发，提高精炼渣品种多样性及适应性。根据不同钢种所要求的成分以及杂质元素含量不同，相对应的精炼渣的精炼能力需求不同，因此，规划建立钢种－炉渣体系 （4）含 Al、Ti、B 等活泼元素品种抽锭式电渣重熔渣系，建立稳定的电渣渣系性能精准测定方法及相应装置。建立电渣重熔过程冶金反应动力学和传质模型，解决易氧化元素烧损和均匀性控制问题 （5）使我国人造冶金渣的研究及应用水平整体进入国际先进行列	（1）拓展保护渣基础理论，建立实用性更强的保护渣组分－结构－性能－工艺参数模型，建立起保护渣技术满足浇铸技术发展需求的研发生产保障体系，全面实现保护渣环保生产及应用 （2）建立完整的精炼渣理论，系统获得精炼渣各理化性能的变化规律及理论模型，全面实现精炼渣环保生产及应用，全面实现精炼渣产品的深加工和二次利用 （3）初步建立电渣复杂体系渣系结构理论和电渣冶金熔渣理论体系，全行业实现节能环保型预熔渣的推广应用 （4）使我国人造冶金渣的研究及应用整体达到国际先进水平，部分关键技术达到国际领先水平
研究方向及关键技术	1. 保护渣 （1）研究高合金钢保护渣钢渣反应性控制及吸收夹杂能力、裂纹敏感性钢保护渣润滑和传热协调控制、汽车钢保护渣防止卷渣行为、环保型低氟无氟保护渣性能稳定性控制、低/非反应性保护渣成分和性能稳定性调节	1. 保护渣 （1）深化保护渣从原料、生产到使用过程中微结构及其性能功效的研究 （2）开发并应用超细粉加工技术等保护渣生产及应用新技术

图 22-1

目标、方向和关键技术	2025年	2050年
	（2）建立保护渣原材料基地，规范保护渣生产及检测标准，进行保护渣生产技术及设备水平提升的攻关 （3）建立保护渣在线检测及质量评估系统，互联网建立保护渣企业与钢厂之间保护渣选用及使用情况反馈的信息平台 2.冶金精炼渣 （1）完善精炼渣结构模型、物理化学性质计算模型，建立精炼渣成分-结构-性能间的理论模型。寻找精炼渣熔体组分-结构-性能间建立联系的方法 （2）建立精炼渣原材料基地，规范精炼渣生产及检测标准，进行冶金精炼渣生产技术及设备改造 （3）建立精炼渣在线检测及质量评估系统，互联网建立精炼渣企业与钢厂之间的信息反馈平台 3.电渣冶金用渣 （1）建立较为完善渣物理性能数据库，含有易烧损元素的渣系设计方法，低污染节能环保型渣系的开发及其物性参数的研究 （2）建立针对特定钢种的电渣冶金用渣数据库，建立原材料杂质去除理论和方法，设计出更为优化的预熔渣生产工艺路线，建立较为完善的高品质预熔渣制备理论 （3）实现预熔渣在更多企业、更多钢种的推广应用，建立电渣冶金用渣在线检测及质量评估系统，建立完善的企业产品质量智能化反馈系统	（3）系统建立保障环保型保护渣结构性能稳定性控制、功能充分有效发挥的设计原则和理论基础 （4）全面实现保护渣环保生产及应用，探寻能有效取代保护渣的产品，提升浇铸技术竞争力 2.冶金精炼渣 （1）实现精炼渣的低成本、绿色环保及智能化生产及应用。基于实验数据，结合神经网络技术，建立能够进行精炼渣设计及性能优化的专家系统，建立钢种成分、精炼工艺、精炼渣物性参数相匹配的评估体系 （2）基本实现生产自动化，生产流程规范化，各种作业标准化 3.电渣冶金用渣 （1）建立实用的多组元熔渣性能数学模型，建立针对特定钢种的用渣数据库，建立较为完善的有色金属、钛合金等更多材料的重熔渣系数据库，建立针对不同钢种重熔用低氟渣系或者无氟渣系数据库 （2）建立能生产高品质预熔渣的生产基地，全面实现所有材料用预熔渣的国产化。建立返回渣应用理论，实现循环应用可持续发展，实现节能环保型预熔渣的推广应用

图 22-1　中短期和中长期发展路线图

第五节　与相关行业、相关民生的链接

人造冶金渣剂与炼钢锭坯质量和生产工艺的顺行密切相关，作为一项高科技产品已成为行业人员的普遍共识。人造冶金渣剂与多个行业密切相关，其相关技术的不断发展将带动其他行业的发展。

（1）人造冶金渣剂是冶金物理化学和炼钢学的交叉和重要分支，人造冶金渣剂的研究和应用将极大地促进冶金熔渣理论的深化发展和炼钢技术的提升。

（2）人造冶金渣剂的应用将带动上游相关渣料生产企业（人造冶金渣剂生产厂和预熔料生产厂）采用更加先进的技术生产出成分均匀、粒度均匀的稳定产品，并带动相关设备制造业、包装产业和运输产业的发展，从而为高质量钢的生产提供重要的保障。

（3）人造冶金渣剂技术发展和理论的突破离不开相关研究工作的支撑，科研机构和高等院校将根据不同钢种和生产工艺条件及其变化开发性能合适的渣剂，这是人造冶金渣剂技术持续发展的重要基础。

（4）环保型冶金渣剂技术的突破将有利于减少生产及使用现场污染和保证操作人员的健康，从而创造和谐发展的生态环境。

第六节　政策建议

①技术评级时，企业对行业贡献进入评分。② 政府或行业牵头，整合并建立基地，研发设备。③ 钢厂联合支持人造冶金渣剂技术规范及水平提高，高校院所和企业技术中心联合培养博士后，为人造冶金渣剂技术发展培养中坚力量。

撰稿人： 王　谦　成国光　姜周华　何生平　董艳伍

第二十三章 冶金工业气体

第一节 学科基本定义和范畴

工业上,把常温常压下呈气态的产品统称为工业气体产品,包括氧气、氮气、氩气、氦气、氖气、氪气、氙气、氯气、氢气、一氧化碳等。工业气体主要产品可以分为三类:空气气体、合成气体及特种气体。在钢铁冶金领域,工业气体的应用主要集中在氧气、氮气、氩气等空气气体。气体制取基本采用深冷空分方式,通过蒸馏将空气气体以气态或液态从空气中分离出来。

第二节 国内外发展现状、成绩、与国外水平对比

一、发展现状

工业气体被喻为工业的"血液"。随着中国经济的快速发展,工业气体作为国民经济基础工业要素之一,在国民经济中的重要地位和作用日益凸显。工业气体的应用领域十分广泛,传统行业主要为钢铁、化工,新兴的应用领域包括金属加工、煤化工、玻璃、电力、电子、医疗、公路养护、食品饮料等各行各业。到2015年,钢铁、化工两个行业的占比为47%,其他行业上升到53%。在钢铁冶金领域,工业气体主要集中在氧气、氮气、氩气等空气气体。

1953年秋天诞生的第一台产量30立方米/时、纯度99.2%O_2的制氧机,是我国空分设备制造零的突破。随后我国空分行业获得了不少发展机遇,单机容量由小到大,品种由单高到全提取,纯度由低到高,能耗由高到低,运行由故障频繁到安全可靠,技术由低级到高级,并有大量发明专利、自主知识产权、核心技术,流程由单一到多样化,满足各种用户需求,许多产品由进口到出口占据国际市场。

迄今为止，我国冶金类制氧机流程已经发展到第六代，其流程特点是：分子筛纯化、板翘式换热器、增压透平膨胀机、规整填料塔精馏、无氢制氩、智能DCS控制、大型化和超大型化。空分设备投资成本下降了50%~60%，冶金型空分（外压缩流程空分）制造技术已日趋完善，空分装置的技术随着钢铁工业的发展而同步发展。

二、成绩

1. 大型化

近10年当中，我国空分装置规格向大型化方向发展的趋势更加明显，目前已步入了12万立方米/时等级以上攻坚期。涌现出一批优秀的空分制造企业，包括杭州杭氧股份有限公司、四川空分集团有限公司、开封空分集团有限公司等。2012年杭氧签订伊朗12万立方米/时空分设备合同，2013年杭氧与中国神华宁夏煤业集团公司签署了400万吨/年煤制油项目中的6套10万立方米/时空分设备的设计、供货和服务合同。杭氧凭借设计、制造大型空分装置方面的领先技术与丰富经验，形成专业化的投资运营管理模式，成为本土一流的综合气体供应商，跻身全球最大空分设备供应商的第5位。

2. 专业化、国产化

沈阳鼓风机集团有限公司承担了为10万立方米/时空分配套的空气压缩机组，这是目前国内研制的最大的轴流加离心式的压缩机组，其气量为60万立方米/时，增压机出口压力为6.0MPa，为国内首创，开创了特大型空分压缩机国产化的先河。为了验证压缩机的各项性能指标，沈鼓在营口新厂区建设了国内最大的7.5万千瓦试车台位，以满足10万立方米/时空分压缩机的全负荷性能试验需要，2015年沈鼓10万立方米/时空分压缩机成功出厂验收，各项性能指标满足设计要求、优于国际标准，达到了国际先进水平。杭州杭氧、开封空分、四川空分等均已突破高压板翘式换热器的研制，杭州杭氧研制的规整填料已有在大型空分设备上的应用实例。大口径的低温阀门和低温离心式液体泵国内厂商已研制成功。浙江中控和利时公司在空分成套控制技术的应用完全可与国外的控制技术媲美。

3. 高效化

在单机制氧能力不断扩大的同时，空分设备的流程和配置不断更新，能耗不断降低；由于流程和配置的不断进步，大型空分设备的单位制氧电耗由0.6kWh/Nm^{3}降至0.4kWh/m^3，氧提取率大于99%；运转周期大于2年，甚至达到4年。

三、与国外水平对比评价

1. 尚未形成清晰的行业发展战略

我国气体工业是朝阳行业，但从目前整个行业的发展来看，没有引起相关政府部门的足够重视，也没有明晰的行业发展路线图引导我国气体工业的健康发展。

2. 大型钢铁企业下属工业气体业务发展滞后

目前，宝钢气体公司和武钢氧气有限责任公司已经将工业气体业务的发展作为业务重点之一，随着宝钢气体公司和武钢氧气有限责任公司的合并，工业气体业务将得到进一步整合发展。但其他大部分国有大型企业下属的工业气体业务发展情况并不理想，还没有形成更好的发展路径、合作模式和利润增长点。

3. 空分设备自主研发能力不足

包括大型空压机、增压机、氧压机、氮压机、中压膨胀机、全液体高压膨胀机、高压低温液体泵、高压低温阀门以及控制系统等仍需进口，致使成套 6 万立方米/时等级以上的大型、特大型空分设备成套国产化率目前仅能实现 35%。上述设备有的我国虽能制造，但往往存在设备可靠性不高的问题，制造过程中的精细化管理不够。

缺乏创新能力，往往跟着国际大牌企业的步伐走，失去了占据市场的先机。各企业技术中未进入到试验、研究、卡发、技术提高的层面上。产品的针对性、精细化设计不够，特别是在安全性设计预测、可靠性的细节考量存在较大的差距，还未能关注到空分以外前后工艺设备和工业气体的应用开发方面的研究。

由于我国气体工业多年快速发展，在市场开发、工程设计、建造、项目管理、生产运行等方面全方位的专业人才匮乏。工业气体巨头相继把中国市场作为全球业务发展的核心之一，并快速寻求本土化业务开发和运营管理团队，直接造成整个中国气体工业专业人才匮乏。

4. 钢铁企业氧气放散及压氧能耗高

由于钢铁企业用氧的间歇性和波动性，钢铁企业的氧气系统供应与需求一直存在不平衡问题，许多企业的氧气放散率在 5% 以上。为减少氧气放散，需要增大球罐总容积或提高氧气压力。增大球罐容积，增加了占地和投资；提高氧气压力，意味着压氧能耗的增加。钢铁企业在氧气压力、空分流程及设备配置等方面存在优化空间。

第三节　本学科未来发展方向

一、更多元化的空分流程

主要包括研制新型可生产富氧的超大型空分和大型低温法制氧机。

未来在钢铁企业需要的空分装置为炼铁供气，对纯度要求不高，生产 90%~95% 富氧最为经济。生产富氧的空分比生产纯氧的空分可节能 4.17%，生产 95% 高氧可节能 3.64%。考虑到供纯氧与富氧兼顾，需要研发既能生产纯氧又能生产富氧的超大型空分。这需要将生产纯氧的精馏系统组织进行重新设计和组织，在上塔设置富氧产品出口，并能对纯氧与富氧产品的产量进行灵活调节。

全低压空分装置发展至今制氧单耗已达到 0.38~0.42kWh，以目前的空分工艺流程节能潜力已很小。显然，只有研制更低压力的制氧机才能进一步节能，提供更加廉价的氧气。这超低压制氧机在流程上需要重大的改变，经过研究分析表明，单塔精馏制纯产品的流程可能是实现超低压制氧的重要方法，但必须解决提取率和多产品等关键问题。

二、已运行的空分应达到经济运行目标

各种产品质量达到极致的标志是液态产品产量达到最大；氧气放散量为零；产品单耗最低。这需要在系统中进行一系列技术改造，并改进操作方法，尤其是变负荷生产方式。还需设置适当容量的外液化装置，实现氧氮互换内外相结合的变负荷运行模式。

三、由传统制造业向制造服务业的转型

以空分设备产业为主体向两头延伸，上游重点发展成套服务业务，下游重点发展工业企业业务，加强冶金工业气体应用研究。在发展成套空分设备和关键配套机组业务的同时，兼顾横向发展低温相关产业和具有竞争优势的特色产品。

四、结合"互联网+"，向智能化发展

为满足设备更加安全可靠运行和节能的需要，智能化控制技术的重要性显得尤为重要。冶金工业气体行业亟需结合"互联网+"，向智能化发展，在空分设备故障诊

断技术、空分设备操作优化自动控制技术、空分设备远程监控分析技术等领域寻求突破。

第四节 学科发展目标和规划

一、中短期（到2025年）发展目标和规划

1. 中短期（到2025年）学科发展主要任务、方向

为了加快冶金工业气体行业现代化，大力提升我国冶金工业气体的竞争力，本着先进性与实用性高度结合的原则。中短期（到2025年）内我国冶金工业气体重点研究任务及方向为：实现特大型空分设备的研制和产业化推广；实现大型、特大型空分设备及配套机组的国产化；产品水平上台阶；实现氧气零放散。

（1）实现特大型空分设备的研制和产业化推广。

"十三五"期间，构建完成集成安全、经济、稳定的大型及特大型空分设备，实现8万~12万立方米/时等级空分设备研制和市场化推广，并展开15万立方米/时等级空分设备技术准备工作。其中6万立方米/时等级及以下空分设备国内市场占有率达80%以上，8万~12万立方米/时等级空分设备国内市场占有率达50%以上。

（2）实现大型、特大型空分设备及配套机组的国产化。

进一步提高大型、特大型空分设备的国产化率，其中：6万立方米/时等级及以下成套空分设备的国产化率从现在的50%~70%提高到90%以上；6万立方米/时以上等级成套空分设备的国产化率从现在的35%提高到80%以上。

（3）产品水平上台阶。

加大技术创新和精细化管理的力度，从流程、单机、外配套、系统成套、工程设计等各个方面管控质量，使国产大型、特大型空分设备的节能性、可靠性、安全性有较大幅度的提高，完全达到国际品牌公司同类产品的水平。

（4）实现钢铁企业氧气零放散。

优化钢铁企业制氧机配置，根据企业不同情况及特点合理选择流程，实现氧气零放散。

2. 中短期（到2025年）主要存在的问题与难点

我国经济持续增长为冶金工业气体带来了新的发展空间，但冶金工业气体发展存

在的主要问题包括：

（1）我国重化工建设基本完成，钢铁等领域已经出现了产能过剩的局面，新上项目越来越少。预计到2025年之前冶金工业气体的需求呈现下降的趋势，行业亟需转型创新发展。

（2）市场转入低迷以后，一些企业通过恶性竞争的手段来维持市场，竞争环境进一步恶化。有些厂商通过减少材料量、加工量来追求低成本，甚至采用不规范的手段、标准，降低产品质量及可靠性。

（3）我国冶金工业气体集成能力较差，成套大型空分设备的关键传动部位亟待突破。

（4）我国钢铁企业的钢材市场价格波动越来越大，导致企业生产负荷变化较大，给合理控制氧气放散率增加了难度。

3. 中短期（到2025年）内解决方案、技术发展重点

成立联合攻关组，通过行业协会、科技部、工信部等立项，成套厂家与专业生产厂家联合攻关，提高行业成套能力和水平，攻关10万立方米/时~15万立方米/时等级空分设备：轴流+离心空压机、高压氧气压缩机、膨胀机、低温泵、低温阀等及7万立方米/时~8万立方米/时空分多轴空压机、多轴增压机等。

加强关键技术研究，主要包括空分设备核心技术和产品的研究：空分设备节能降耗技术研究、能效评估技术研究、工程成套设计技术研究、精准性设计，建立仿真模型、精细化设计技术研究与标准化、空分设备及系统安全性设计研究。

（1）关键技术取得突破。

1）高效、大通量规整填料上、下塔技术。在下塔高度增加不多的情况下，实现规整填料精馏，将下塔阻力控制在4~5 kPa。上塔的解决方案，首先要求研究高效、大通量的规整填料技术，尽可能地将塔径控制在4800mm左右的运输极限之内，一旦突破这个运输极限，就需要研究就地制造的方案。

2）立式四层或更多层主冷。立式多层主冷，总体布置合理、安全，同时具有增加换热面积，减小主冷温差的优势。

3）立式径向流分子筛吸附器技术。随着新型分子筛吸附剂的应用，立式径向流分子筛吸附器的吸附周期已达到8小时（单个容器工作时间4小时）。未来要实现在8万~12万立方米/时等级空分设备上采用立式径向流分子筛吸附器。

（2）变负荷技术应用。

1）液氧与液氮周期倒灌的自动变负荷（VAROX）。液氧与液氮周期倒灌的自动变负荷是一种快速变负荷技术，通过液氧和液氮的周期倒灌，实现氧气产量增减这种形式的变负荷速率快，从最初的每分钟变化3%提高到了每分钟6%~8%，无论是在周期性变化规律还是在变负荷速度方面都能很好地满足钢铁企业的需求。

2）对已运行空分装置的变负荷措施。设置外液化装置，实现可变负荷的氧氮互换，并配以大型液氧和液氮储槽是解决已运行空分装置变负荷的有效措施，液化装置调节速度快，弥补了空分装置调节速度慢的缺陷。

（3）研制新型可生产富氧的超大型空分和大型低温法制氧机。

研发既能生产纯氧又能生产富氧的超大型空分，将生产纯氧的精馏系统组织进行重新设计计算和组织，在上塔设置富氧产品出口，并能对纯氧与富氧产品的产量进行灵活调节。研发单塔精馏制纯产品的流程的超低压制氧机，解决提取率和多产品等关键问题。

（4）加强与钢铁生产协调。

1）适应炼钢流程结构变革，为应对未来电炉钢产能比例扩大，废钢使用量增加的趋势，制氧设备也要能适应电炉流程经济高效制氧和制氩的需求。

2）根据钢铁企业生产动态，及时调整设备运行的台数，保证运行能耗较低的设备，尽可能停开能耗高的制氧机。

3）充分利用冶炼设备检修时间处理制氧设备问题，制氧设备检修与用户设备检修尽可能保持同步。

4）合理调度炼钢生产，均衡用氧，充分利用气体球罐的缓冲调节能力。提高转炉的操作水平，有效降低吨钢耗氧量。合理掌握好点吹与正常吹炼的时间节奏，尽量避免转炉同时吹氧或集中停吹。

5）及时并超前调整空分设备的运行方式。总结用户的用氧规律，调度人员提前调整空分设备的运行方式。用氧高峰到来前，提前让空分设备处于最大氧气量运行，低谷到来前，提前减少空分设备的氧气产量，增加液体产量，使氧气的生产情况与使用情况相协调，减少放散。

6）配合炼钢工艺改革，改造钢铁供氧系统，降低供氧压力，由原供氧压力3.0MPa，可以降到1.4~1.6MPa，压氧和输氧能耗能够大幅度下降。

（5）稀有气体全提取。

回收原料空气中的氖、氦、氪、氙，集中实现全提取。氖气、氦气、氪气、氙气四种气体含量极其稀少，且提取困难，技术含量高，价格昂贵（氪、氙被称为黄金气体），故称稀有气体。稀有气体在国防军工、航空航天、电光源、激光技术、高能物理、低温超导、节能减排、高端医疗等高新科技产业和民用方面有广泛用途，也是国防科研不可或缺的战略物资。目前，大型空分稀有气体提取设备主要靠进口，来自林德、俄罗斯深冷等国际大公司，邯钢、武钢、上海启元等稀有气体生产设备国产化取得阶段性成果。但是稀有气体精制部分提取设备仍有较大差距，需强化攻关，加大研发力度，在技术路线、工艺流程、关键材料和生产设备上有所突破。

二、中长期（到2050年）发展目标和规划

随着时间推移到21世纪中叶，冶金工业气体行业有可能实现颠覆性的变革，在各领域日新月异的形势下，通过发展新概念、新原理和新技术，冶金工业气体中长期（到2050年）发展目标和实施规划包括：

（1）国产装备水平达到国际领先水平，实现20万立方米/时等级空分；空分设备国内市场占有率和成套空分设备的国产化率均达到100%，同时向国际市场迈进，占领一定国际市场份额。

（2）依托钢铁企业，积极发展区域性管网供气和液体产品外销，弱化钢铁用氧与空分产氧不匹配的矛盾，充分挖掘空分装置的潜能，使得生产最优化和利益最大化。

（3）配合氢冶炼等重大技术变革发展氢能技术，贯穿氢气生产、配送、充装、应用和燃料电池等全产业链研发创新，改善设备材质工艺和减少氢能链成本，加快氢能应用更全面实现，完成氢燃料商业化并建立氢气运输基础设施。

（4）开发用于分离、存储或使用工业企业排放废气的二氧化碳（碳捕捉存储和碳捕获使用，即CCS/CCU）的技术，研发天然气制氢释放的二氧化碳的捕获和存储技术。

三、中短期和中长期发展技术路线图

中短期和中长期发展路线图见图23-1。

目标、方向和关键技术	2025年	2050年
目标	（1）6万立方米/时等级及以下空分设备国内市场占有率达80%以上，8万~12万立方米/时等级空分设备国内市场占有率达50%以上 （2）6万立方米/时等级及以下成套空分设备的国产化率从现在的50%~70%提高到90%以上；6万立方米/时以上等级成套空分设备的国产化率从现在的35%提高到80%以上 （3）氧气零放散	（1）实现20万立方米/时等级空分 （2）空分设备国内市场占有率和成套空分设备的国产化率均达到100%
方向	（1）实现特大型空分设备的研制和产业化推广 （2）实现大型、特大型空分设备及配套机组的国产化 （3）产品水平上台阶 （4）实现氧气零放散	（1）国产装备水平达到国际领先水平 （2）依托钢铁企业，积极发展区域性管网供气和液体产品外销 （3）空分设备国内市场占有率和成套空分设备的国产化率均达到100% （4）向国际市场迈进，占领一定国际市场份额
关键技术	（1）高效、大通量规整填料上、下塔技术 （2）立式四层或更多层主冷 （3）立式径向流分子筛吸附器技术 （4）液氧与液氮周期倒灌的自动变负荷 （5）对已运行空分装置的变负荷措施 （6）采用新型可生产富氧的超大型空分和大型低温法制氧机 （7）加强与钢铁生产协调 （8）稀有气体全提取	（1）配合氢冶炼等重大技术变革发展氢能技术 （2）二氧化碳捕获技术

图 23-1　中短期和中长期发展路线图

第五节　与相关行业、相关民生的链接

我国经济经过十年的高速增长，重化工业建设基本完成。冶金、石化、有色等领域已形成产能过剩的局面，新上项目越来越少，预计未来需求呈下降趋势。经过多年的经济改革、现行行业政策以及节能环保要求，化工、能源、环保、医疗的需求增长速度已超过了传统的钢铁、有色等行业，半导体、光伏等下游新能源产业的迅猛发展。

一、钢铁行业

钢铁行业一直是工业气体的最大市场，但随着国内经济结构的调整，钢铁行业对

于工业气体需求已饱和甚至有下滑趋势。国家对钢铁行业化解过剩产能的举措无疑会对工业气体市场产生重大影响，空分装置利用率降低，气体市场需求减弱。

二、石化行业

化学加工业及石油炼制是工业气体第二大市场，而化工方面特别是新型煤化工项目目前备受推崇。基于我国"富煤少油缺气"的基本国情，新型煤化工是我国发展的大方向，也势必带动着空分装置的投产热情。我国现代煤化工行业的兴起和快速发展为大型、特大型空分设备及其他气体分离设备提供了新的巨大的市场。目前石油化工和煤化工已逐渐超过钢铁工业对工业气体的需求，有望成为第一大用户。但要防止煤化工投资过热、亏损退出等潜在风险。

三、光伏技术产品和半导体产品

半导体产品和光伏技术产品一直是消费电子特种气体的主力军，随着一系列半导体和光伏利好政策的出台及太阳能发电技术的成熟，国内半导体和光伏产业持续回暖，电子工业气体的需求也将随之激增，光伏技术的发展加大了电子工业气体的需求量。同时，国内对于光伏产业的信贷、并网、监督、补贴等扶持政策也会引导工业气体企业对于这一板块的靠拢，形成新的行业支撑。半导体行业也处于上升周期，半导体国产化政策的出台也使得半导体行业有望迎来爆发期，进而带动上游工业气体行业的大量需求。

四、能源建设

我国能源发展的战略目标是加快构建低碳、高效、可持续的现代能源体系。冶金工业气体行业要积极参与以能源项目所需设备的研发与应用，为能源发展提供装备保障，主要包括推进煤炭清洁高效开发利用、稳步提高国内石油产量、大力发展天然气、积极发展能源替代、加强储备应急能力建设、稳步发展天然气交通运输、加快天然气管网和储气设施建设等方面。

五、节能减排技术改造

节能减排是我国的基本国策，冶金工业气体行业要积极配合工业、电力行业做好节能减排工作，与工业用户密切合作，共同研发适合用户需求的工艺技术解决方案，在加快自身发展的同时，推动绿色能源和清洁生产的发展。以钢铁行业的熔融还原炼铁技术为例，使用普通煤代替焦炭，使用高压工业纯氧代替空气，利用煤与高压纯氧燃烧产生一氧化碳和氢气等对铁矿石进行还原，实现富氧燃烧能够有效降低能耗。

六、医疗养老保健行业

随着我国老龄化趋势和程度的加深，医疗、保健品、养老等行业必将越发受到人们的重视，老龄产业在国外被称为"银色产业"，而我国的养老产业目前仍处于初始发展阶段，医用氧气及养老疗养用气的市场前景也比较广阔。冶金工业气体行业与大型医院合作长期供氧，也可在气体供应充足的地区投资建设疗养院，利用自有气体、技术为疗养院提供全面服务。

第六节 政策建议

一、培育造就配置合理的人才队伍

以技术领军人才为突破，逐步建立和完善一支覆盖企业各技术要素、布局合理的技术业务人才队伍；以提升职业素质和职业技能为核心，以高技能人才发展为重点，推动产品设计、制造工艺、零部件加工、组装调试、维修服务等技术要素高技能人才的比例，培育造就高技能人才队伍。

二、走以龙头企业带动产业规模发展的道路

培育一批有国际竞争力的大型企业集团，按照行业特点和市场规划实现行业的联合，推动冶金工业气体产业结构调整和资源整合、增强竞争力，形成若干个产业集群。通过产业集聚，强化专业化分工、优化生产要素配置、降低创新成本，提高产业竞争力。积极推动以产业链为纽带、提升集约化水平，增强产业自主创新能力。

三、加快软实力建设

加快软实力建设，注重企业文化建设，着力提升企业的创新能力、应变能力、学习能力、洞察能力、人才凝聚力和吸引力；加强企业自律，提高诚信，自觉履行社会责任，实现强大竞争力。

四、规范市场竞争秩序

行业竞争环境进一步恶化，有些厂商通过减少材料量、加工量来追求低成本，甚至采用不规范的手段、标准，降低产品质量及可靠性。为了规范市场竞争秩序，行业协会要制定相关行规，并适时向社会发布各类产品的参考价，让用户及时掌握产品的合理价格区间，规范市场竞争秩序。

五、加大技术基础平台建设

鼓励国家重点实验室为企业产品可靠性提供技术服务，在全行业逐步推行产品可靠性考评；鼓励企业加快产品试验、检测等技术基础平台建设，为产品开发、性能测试等提供基础保障。建议政府相关部门在政策和资金上给予扶植。

六、形成政府、用户和制造企业共同推进重大装备国产化合力

集中行业优势，对主要承担单位进行合理分工，重点抓好一批承担任务的企业；研发费用尽可能向承担任务的骨干企业倾斜，鼓励和支持基础较好的企业，通过上市或其他融资方式加强技术改造，提高企业承担国产化任务的能力；制造企业也需加大研发和改造投入，以争取更大的突破；业主单位有义务也有责任积极协助制造企业做好重大装备的研发工作，业主单位之间还要加强国产化经验的交流，共同推进重大技术装备国产化。

撰稿人：彭　锋　熊　超　李　冰